Studienbücher Wirtschaftsmathematik

T0200341

Herausgegeben von
Prof. Dr. Bernd Luderer, Technische Universität Chemnitz

Die Studienbücher Wirtschaftsmathematik behandeln anschaulich, systematisch und fachlich fundiert Themen aus der Wirtschafts-, Finanz- und Versicherungsmathematik entsprechend dem aktuellen Stand der Wissenschaft.
Die Bände der Reihe wenden sich sowohl an Studierende der Wirtschaftsmathematik, der Wirtschaftswissenschaften, der Wirtschaftsinformatik und des Wirtschaftsingenieurwesens an Universitäten, Fachhochschulen und Berufsakademien als auch an Lehrende und Praktiker in den Bereichen Wirtschaft, Finanz- und Versicherungswesen.

Bernd Luderer · Uwe Würker

Einstieg in die Wirtschaftsmathematik

9., aktualisierte Auflage

 Springer Gabler

Prof. Dr. Bernd Luderer
Fakultät für Mathematik
Technische Universität Chemnitz
Chemnitz, Deutschland

Dr. Uwe Würker
Sächsische Informatik Dienste
Niederwiesa OT Lichtenwalde, Deutschland

ISBN 978-3-658-05936-1   ISBN 978-3-658-05937-8 (eBook)
DOI 10.1007/978-3-658-05937-8

Die Deutsche Nationalbibliothek verzeichnet diese Publikation in der Deutschen Nationalbibliografie; detaillierte bibliografische Daten sind im Internet über http://dnb.d-nb.de abrufbar.

Springer Gabler
© Springer Fachmedien Wiesbaden 1995, 1997, 2000, 2001, 2003, 2005, 2009, 2011, 2015

Gedruckt auf säurefreiem und chlorfrei gebleichtem Papier.

Springer Gabler ist eine Marke von Springer DE. Springer DE ist Teil der Fachverlagsgruppe Springer Science+Business Media
www.springer-gabler.de

Vorwort zur 9. Auflage

Mathematik als propädeutisches Fach am Beginn eines wirtschaftswissenschaftlichen Studiums: Was soll gelehrt werden? Wie soll gelehrt werden? Wie umfangreich darf oder muss der Inhalt sein? So viele Personen, so viele Meinungen. Bei der Konzeption des vorliegenden Buches und somit bei der Beantwortung der aufgeworfenen Fragen sind wir von unseren langjährigen Lehrerfahrungen im Fach Mathematik für Wirtschaftswissenschaftler an der TU Chemnitz ausgegangen und zu den im Folgenden realisierten Positionen gekommen:

▶ **Mathematik muss verständlich, aber korrekt gelehrt werden.** Will heißen: Im Vordergrund steht der „Normalfall" einer Formel, eines Algorithmus, einer mathematischen Aussage; Sonderfälle, Entartungen, notwendige Voraussetzungen werden besprochen, aber nicht in den Vordergrund geschoben.

▶ **Ein Wirtschaftswissenschaftler soll Mathematik anwenden.** Will heißen: Er muss wissen, was Mathematik ist und kann. Er muss wichtige mathematische Begriffe kennen und sicher beherrschen, fundamentale Lösungsmethoden kennen und an kleinen Beispielen ausprobiert haben, um deren Eigenschaften und Anwendungsmöglichkeiten nutzen und ihre Grenzen einschätzen zu können. Er muss Fertigkeiten im Umgang mit der Mathematik als „Handwerkszeug" für wirtschaftswissenschaftliche Untersuchungen erwerben. Deshalb steht auch die Demonstration mathematischer Aussagen an Beispielen im Vordergrund, während Beweise sehr kurz wegkommen und nur exemplarischen Einblick in mathematische Denkweisen gewähren. Ein Wirtschaftswissenschaftler muss sich aber dessen bewusst sein, dass man Mathematik niemals bedenkenlos anwenden darf, dass man – wie in jeder Wissenschaft – an bestimmte Gültigkeitsvoraussetzungen gebunden ist.

▶ **Die Anwendung mathematischer Methoden in Wirtschaftswissenschaft und -praxis geht vom Wirtschaftswissenschaftler aus.** Will heißen: Der zukünftige Absolvent muss neben profunder Kenntnis seines Faches auch Basiswissen in Mathematik besitzen und in der Lage sein, ökonomische Probleme in der Sprache der Mathematik zu formulieren, er muss abschätzen können, inwieweit die Mathematik zur Lösung oder Lösungsunterstützung des betreffenden

Problems beitragen kann, und er muss die mittels mathematischer Methoden erhaltenen Resultate ökonomisch interpretieren und umsetzen können. In der Praxis wird er hierbei natürlich vom Mathematiker nicht im Stich gelassen. Diesem Ziel dienen im Buch die Untersuchung der vielfältigsten Fragestellungen und ihre Umsetzung in die Sprache der Mathematik – kurzum, die Modellierung komplexer Sachverhalte.

▶ **Ein Wirtschaftswissenschaftler sollte von der Wichtigkeit der Mathematik überzeugt sein.** Will heißen: Er muss sehen, wo und wie ihm mathematische Lösungsmethoden bei der Untersuchung der ihn interessierenden Fragen helfen können. Dieses Anliegen wird im Buch dadurch realisiert, dass die behandelten mathematischen Themen an vielen Anwendungsbeispielen illustriert werden und dass großer Wert auf die Interpretation der erzielten Ergebnisse gelegt wird.

Die Darlegungen des Buches berücksichtigen natürlich, dass ein Student im ersten Semester noch kein fertig ausgebildeter Wirtschaftswissenschaftler ist. Deshalb werden sehr spezielle Termini vermieden. Zur Anregung der selbstständigen Beschäftigung mit dem behandelten Stoff werden viele Übungsaufgaben gestellt, von denen in der Regel auch die Lösungen am Ende des Buches zu finden sind. Schließlich ist die Vielzahl von Abbildungen dazu gedacht, das Vorstellungsvermögen anzuregen und zu verbessern.

Das vorliegende Lehrbuch vereint gewissermaßen **drei Bücher in einem**: einen **Vorkurs** zum Erwerb oder zur Festigung von Abiturkenntnissen, den eigentlichen **Grundkurs** Mathematik für Wirtschaftswissenschaftler, der die Gebiete Lineare Algebra, Lineare Optimierung und Analysis mehrerer Veränderlicher umfasst, sowie eine relativ umfangreiche Einführung in die **Finanzmathematik**. Nicht unerwähnt sollte bleiben, dass das Buch so angelegt ist, dass es sich auch vorzüglich zum Selbststudium eignet.

Ergänzend zum vorliegenden Lehrbuch sind eine umfangreiche Aufgabensammlung, ein etwas kürzer gehaltenes Buch zur Klausurvorbereitung sowie eine Formelsammlung verfügbar:

- Luderer, B., Paape, C. und Würker U.: Arbeits- und Übungsbuch Wirtschaftsmathematik, Beispiele – Aufgaben – Formeln (6. Auflage), Vieweg + Teubner, Wiesbaden 2011,
- Luderer, B.: Klausurtraining Mathematik und Statistik für Wirtschaftswissenschaftler (4. Auflage), Springer Gabler, Wiesbaden 2014,
- Luderer, B., Nollau, V., und Vetters, K.: Mathematische Formeln für Wirtschaftswissenschaftler (7. Auflage), Vieweg + Teubner, Wiesbaden 2011.

Unser besonderer Dank gilt dem Springer Gabler Verlag für die stets konstruktive und angenehme Zusammenarbeit. Wir hoffen auf weitere positive Aufnahme des Lehrbuches durch die Leser und sind für Hinweise und Anregungen zu seiner Verbesserung dankbar.

Chemnitz, im Sommer 2014   Bernd Luderer, Uwe Würker

Inhaltsverzeichnis

Zeichenerklärung

$\mathbb{N}$ – Menge der natürlichen Zahlen

$\mathbb{Z}$ – Menge der ganzen Zahlen

$\mathbb{Q}$ – Menge der rationalen Zahlen

$\mathbb{R}$ – Menge der reellen Zahlen

$\mathbb{C}$ – Menge der komplexen Zahlen

$\mathbb{R}^+$ – Menge der nichtnegativen reellen Zahlen

$\mathbb{R}^n$ – Menge der n-dimensionalen Vektoren bzw. n-Tupel reeller Zahlen

$|x|$ – absoluter Betrag der reellen Zahl x

$\|x\|$ – Norm des Vektors x

$\overset{!}{=}$ – Gleichheit per Forderung

$\overset{\text{def}}{=}$ – Gleichheit per Definition

$\Longleftrightarrow$ – Äquivalenz von Aussagen; genau dann, wenn

$\Longrightarrow$ – Implikation; aus ... folgt ...

$\forall$ – für alle; für beliebige

$\exists$ – es existiert; es gibt

$\varnothing$ – leere Menge

$\{x \mid E(x)\}$ – Menge aller Elemente x mit der Eigenschaft $E(x)$

e – Euler'sche Zahl

i – imaginäre Einheit

p – Zinssatz, Zinsfuß

i – Zinsrate, $i = \frac{p}{100}$

q – Aufzinsungsfaktor, $q = 1 + i$

K_t – Kapital zum Zeitpunkt t

B_n^{vor} – Barwert der vorschüssigen Rente

B_n^{nach} – Barwert der nachschüssigen Rente

E_n^{vor} – Endwert der vorschüssigen Rente

E_n^{nach} – Endwert der nachschüssigen Rente

S_k – Restschuld am Ende der k-ten Periode

A_k – Annuität in der k-ten Periode

Z_k – Zinsen in der k-ten Periode

T_k – Tilgung in der k-ten Periode

A^{-1} – inverse Matrix

$A^\top$ – transponierte Matrix

rang A – Rang der Matrix A

det $A, |A|$ – Determinante der Matrix A

$\langle a, b \rangle$ – Skalarprodukt der Vektoren a und b

E – Einheitsmatrix

e_j – j-ter Einheitsvektor

x_B – Vektor der Basisvariablen

x_N – Vektor der Nichtbasisvariablen

c – Vektor der Zielfunktionskoeffizienten

c_B – Vektor der Zielfunktionskoeffizienten der Basisvariablen

Δ_j – Optimalitätsindikatoren

$\dfrac{\partial f}{\partial x_j}, f_{x_j}$ – partielle Ableitungen erster Ordnung

$\nabla f(x)$ – Gradient der Funktion f im Punkt x

$\dfrac{\partial^2 f}{\partial x_i \, \partial x_j}, f_{x_i x_j}$ – partielle Ableitungen zweiter Ordnung

$H_f(x)$ – Hessematrix der Funktion f im Punkt x

$L(x, \lambda)$ – Lagrangefunktion

$\varepsilon_{f,x}$ – (Punkt-) Elastizität der Funktion f im Punkt x

ε_{f,x_i} – partielle Elastizität von f bezüglich x_i

$w(t, f)$ – Wachstumstempo der Funktion f im Zeitpunkt t

Grundlagen

1

In diesem Kapitel werden die für das Verständnis des vorliegenden Buches wesentlichen Grundbegriffe und Rechenregeln der Schulmathematik noch einmal kurz dargestellt und an einigen Beispielen (mit Lösungen) illustriert. Anhand von weiteren Übungsaufgaben kann der Leser überprüfen, ob er die behandelten Teilgebiete der Mathematik ausreichend beherrscht.

Bei entsprechenden Vorkenntnissen kann das gesamte Kapitel auch übersprungen werden.

1.1 Instrumente der Elementarmathematik

1.1.1 Zahlbereiche. Zahlendarstellung

Ein wichtiges mathematisches Objekt ist die *Zahl*. Zahlen können zu verschiedenen *Zahlbereichen* gehören; in wachsender Allgemeinheit sind dies:

▸ $\mathbb{N}$ – Bereich der *natürlichen* Zahlen: $1, 2, 3, \ldots$ (oft wird auch die Zahl 0 mit zu $\mathbb{N}$ gezählt);

▸ $\mathbb{Z}$ – Bereich der *ganzen* Zahlen: $\ldots, -2, -1, 0, 1, 2, \ldots$;

▸ $\mathbb{Q}$ – Bereich der *rationalen* Zahlen: alle Zahlen, die sich als Bruch ganzer Zahlen, d. h. in der Form $z = \frac{p}{q}$ mit p und q aus $\mathbb{Z}$, darstellen lassen, z. B. $5 = \frac{5}{1}, \frac{7}{8}, -\frac{15}{2}, \frac{1}{100}$.

Die Dezimaldarstellung rationaler Zahlen bricht entweder nach endlich vielen Stellen nach dem Komma ab (z. B. $\frac{1}{4} = 0{,}25$) oder sie ist – von einer gewissen Stelle an – periodisch (d. h., eine feste endlich lange Folge von Ziffern wiederholt sich immer wieder, wie z. B. $\frac{2}{3} = 0{,}666\ldots$, $-\frac{1}{11} = -0{,}090909\ldots$).

B. Luderer, U. Würker, *Einstieg in die Wirtschaftsmathematik*,
Studienbücher Wirtschaftsmathematik, DOI 10.1007/978-3-658-05937-8_1,
© Springer Fachmedien Wiesbaden 2015

▶ $\mathbb{R}$ – Bereich der *reellen* Zahlen: alle Zahlen, die entweder rational oder *irrational* sind. Irrationale Zahlen sind solche, die sich nicht in der Form $z = \frac{p}{q}$ mit p und q aus $\mathbb{Z}$ darstellen lassen. Gut bekannte Beispiele sind etwa $\sqrt{2} = 1{,}41421\ldots$, das oft als „Kreiszahl" bezeichnete $\pi = 3{,}1415926\ldots$ oder die Euler'sche Zahl[1] e = $2{,}71828\ldots$, die als Grenzwert des Ausdrucks $(1 + \frac{1}{n})^n$ für $n \to +\infty$ definiert ist (zum Begriff des Grenzwertes siehe Abschn. 1.5.4).

Im Gegensatz zu rationalen Zahlen lässt sich bei irrationalen Zahlen in ihrer Dezimaldarstellung keine endliche Periode finden, d. h., die entsprechende Ziffernfolge ist unendlich lang ohne regelmäßige Wiederholungen.

Die reellen Zahlen lassen sich mithilfe der Zahlengeraden sehr gut veranschaulichen, wobei jeder Zahl ein Punkt zugeordnet wird und umgekehrt. Bei praktischen Rechnungen, insbesondere mit dem Taschenrechner oder Computer, arbeitet man aufgrund der beschränkten Speicherkapazität mit rationalen Zahlen als Näherung für zu bestimmende reelle Zahlen, d. h., man rechnet mit Brüchen oder – in der Dezimaldarstellung – mit endlich vielen Nachkommastellen. In diesem Zusammenhang sei ergänzend auf die *Exponentialdarstellung* einer Zahl verwiesen (vgl. dazu auch Abschn. 1.1.4 zur Potenzrechnung):

$$12.345{,}6 = 1{,}23456 \cdot 10^4 = 1.23456\mathrm{E}4$$
$$0{,}000123 = 1{,}23 \cdot 10^{-4} = 1.23\mathrm{E}\text{-}4$$

(E4 und E-4 stehen dabei für 10^4 bzw. 10^{-4}).

▶ $\mathbb{C}$ – Bereich der *komplexen* Zahlen: Zahlen der Form $z = a + bi$, wobei $i = \sqrt{-1}$ die so genannte *imaginäre Einheit* ist (für die $i^2 = -1$ gilt) und a, b reelle Zahlen sind. Im Bereich der komplexen Zahlen ist es möglich, auch aus negativen Zahlen Wurzeln zu ziehen. Die komplexen Zahlen bilden ein wichtiges Hilfsmittel zur vollständigen Beschreibung der Lösungsmengen von Polynomgleichungen, Differenzialgleichungen usw.

Für die Aussage „a ist eine natürliche Zahl" bzw. „a gehört zur Menge der natürlichen Zahlen" wird meist kurz geschrieben $a \in \mathbb{N}$ (lies: „a ist Element der Menge der natürlichen Zahlen"). Ferner wird eine *Menge* zusammengehöriger Objekte (*Elemente*) durch Aufzählung derselben bzw. in der Form $\{x \mid E(x)\}$ (lies: „Menge aller x, die die Eigenschaft $E(x)$ besitzen") dargestellt. Auf die damit verbundenen Sachverhalte gehen wir später in Abschn. 2.2 noch näher ein.

Beispiel 1.1

a) $\{z \mid z = 2k, \ k \in \mathbb{N}\} = \{2, 4, 6, \ldots\}$ – Menge der geraden Zahlen;

b) $\{x \in \mathbb{R} \mid 0 \le x \le 1\}$ – Menge reeller Zahlen zwischen 0 und 1.

---

[1] Euler, Leonhard (1707–1783), Schweizer Mathematiker, Physiker und Astronom.

Die oben verwendeten Bezeichnungen (Buchstaben) $a, b, p, q, z, \ldots$ stellen stets Zahlen dar, deren konkrete Werte zunächst nicht festgelegt bzw. vorerst unbekannt sind.

Um im Weiteren bestimmte Sachverhalte mathematisch kurz und präzise beschreiben zu können, benötigen wir die folgenden – der Logik entstammenden und in Abschn. 2.1 noch ausführlich diskutierten – Symbole:

$\forall$ Allquantor; für alle; für beliebige;

$\exists$ Existenzquantor; es existiert; es gibt ein;

$\Longrightarrow$ aus … folgt;

$\Longleftrightarrow$ genau dann, wenn; dann und nur dann.

Beispiel 1.2

a) $x^2 \geq 0$ $\forall\, x \in \mathbb{R}$ (lies: „für alle reellen Zahlen x gilt $x^2 \geq 0$“);

b) $\exists\, a \in \mathbb{Q}: a = a^3$ (lies: „es gibt mindestens eine rationale Zahl a, die gleich ihrer dritten Potenz ist, z. B. $a = 1$“);

c) $x \in \mathbb{Q} \implies \frac{x}{5} \in \mathbb{Q}$ (lies: „wenn x eine rationale Zahl ist, so ist $\frac{x}{5}$ ebenfalls eine rationale Zahl“);

d) $x + a = x - a \iff a = 0$ (lies: „die Gleichung $x + a = x - a$ ist genau dann richtig, wenn $a = 0$ gilt“).

1.1.2 Rechnen mit Zahlen

Gleichheitszeichen in mathematischen Ausdrücken können verschiedene Bedeutungen besitzen:

- Aussage $a = b$ (drückt die Tatsache aus, dass die linke und die rechte Seite exakt den gleichen Wert haben; äquivalent hierzu ist die Aussage $b = a$, d. h., die beiden Seiten einer Gleichung können vertauscht werden);
- Bestimmungs- oder Bedingungsgleichung $f(x) \stackrel{!}{=} 0$ (stellt eine zu lösende Aufgabe dar: setze den Ausdruck $f(x)$ gleich null und bestimme die Lösung oder Lösungen der entstandenen Gleichung);
- Definitionsgleichung $a \stackrel{\text{def}}{=} b + c$ (a ist per Definition gleich $b + c$);
- Erhöhung des Iterationszählers $k := k + 1$ (der Iterationszähler k wird um eins erhöht).

In diesem Abschnitt beschäftigen wir uns mit dem ersten Fall, d. h., mit so genannten *äquivalenten Ausdrücken*. Dabei handelt es sich um eine der häufigsten Anwendungen der Schulmathematik: Ein gegebener Ausdruck a bzw. eine gegebene Gleichung $a = b$ muss in geeigneter Weise so umgeformt bzw. vereinfacht werden, dass sich der Wert des Ausdrucks nicht ändert bzw. die Gleichung nicht verletzt wird (so genanntes *äquivalentes Umformen*). Regeln für die Umformung von Zahlen-Ausdrücken sind Gegenstand der folgenden Unterabschnitte.

Für beliebige reelle Zahlen a, b, c gelten nachstehende Regeln:

Kommutativgesetze: $a + b = b + a$, $a \cdot b = b \cdot a$

(In einer Summe oder einem Produkt können die beiden Summanden bzw. Faktoren vertauscht werden.)

Assoziativgesetze: $(a + b) + c = a + (b + c)$, $(a \cdot b) \cdot c = a \cdot (b \cdot c)$

(In Mehrfachsummen und -produkten ist die Reihenfolge der Summanden bzw. Faktoren beliebig.)

Distributivgesetze: $(a + b) \cdot c = a \cdot c + b \cdot c$, $a \cdot (b + c) = a \cdot b + a \cdot c$

(Ein vor oder hinter einer Summe stehender Faktor wird mit einer Klammer multipliziert, indem er mit jedem einzelnen Summanden multipliziert wird.)

Allgemein gilt: Zur Vereinfachung eines Ausdrucks mit mehreren Operationszeichen bzw. mit Klammern sind zunächst die Klammern aufzulösen, danach sind eventuelle Multiplikationen und Divisionen sowie zuletzt Additionen und Subtraktionen auszuführen („Punktrechnung geht vor Strichrechnung"). Manchmal ist jedoch anstelle des Auflösens von Klammern auch die umgekehrte Operation sinnvoll: Insbesondere beim Umstellen einer Gleichung nach einer Variablen ist oft *Ausklammern* entsprechend obigen Distributivgesetzen der Weg zur gesuchten Lösung.

Rechnen mit Klammern

▸   Steht vor einem Klammerausdruck ein Pluszeichen, kann die Klammer einfach weggelassen werden.

▸   Ein vor der Klammer stehendes Minuszeichen ist wie der Faktor -1 aufzufassen, d. h., jeder Bestandteil der entsprechenden Klammer ist entsprechend dem Distributivgesetz mit dem umgekehrten Vorzeichen zu versehen.

Beispiel 1.3

a) $2a + (a + b - c) = 2a + a + b - c = 3a + b - c$;

b) $2a - (a + b - c) = 2a + (-a - b + c) = 2a - a - b + c = a - b + c$.

▸   Ein in Klammern stehender Ausdruck wird mit einer Zahl multipliziert, indem jedes in der Klammer stehende Glied mit dieser Zahl multipliziert wird. Entsprechend dem Kommutativgesetz kann dabei die Zahl vor oder auch nach der Klammer stehen.

▷ Ein in jedem Glied eines Ausdrucks vorkommender gemeinsamer Faktor, der nicht null ist, kann ausgeklammert (vor oder hinter die Klammer geschrieben) werden, wobei jedes Glied durch den Faktor zu dividieren ist.

Beispiel 1.4

a) $5 \cdot (3a - 4b) = (3a - 4b) \cdot 5 = 5 \cdot 3a + 5 \cdot (-4b) = 15a - 20b;$

b) $(-3) \cdot (a - b) = -3a + 3b;$

c) $5a + 10b = 5\left(\frac{5a}{5} + \frac{10b}{5}\right) = 5(a + 2b);$

d) $ab + bc = b \cdot \left(\frac{ab}{b} + \frac{bc}{b}\right) = b(a + c).$

Bemerkung Die Umformung in d) ist nur bei $b \neq 0$ richtig, das Endergebnis aber auch für $b = 0$.

▷ Kommen in einem Ausdruck mehrere ineinandergeschachtelte Klammern vor, so sind diese von innen nach außen unter Anwendung obiger Regeln aufzulösen.

Beispiel 1.5

$$-7\{2[a + 2b - 3(c - a)] - [(2a - b) - 6(c - 4b)]\}$$
$$= -7\{2[a + 2b - 3c + 3a] - [2a - b - 6c + 24b]\}$$
$$= -7\{2[4a + 2b - 3c] - [2a + 23b - 6c]\}$$
$$= -7\{8a + 4b - 6c - 2a - 23b + 6c\}$$
$$= -7\{6a - 19b\} = -42a + 133b.$$

Es wurden zunächst die runden, danach die eckigen bzw. geschweiften Klammern aufgelöst.

Multiplikation zweier Klammerausdrücke

▷ Zwei Klammerausdrücke werden multipliziert, indem jedes Glied in der ersten Klammer mit jedem Glied der zweiten Klammer (unter Beachtung der Vorzeichenregeln) multipliziert wird.

Beispiel 1.6

a) $(3a + 4)(5b - 6) = 15ab - 18a + 20b - 24;$

b) $(a - b)(a + b + 2) = a^2 + ab + 2a - ab - b^2 - 2b = a^2 + 2a - b^2 - 2b.$

Bemerkung Die Verallgemeinerung auf mehr als zwei Faktoren erfolgt in entsprechender Weise.

Summenzeichen Um größere Summen übersichtlich darzustellen, bedient man sich häufig des Summenzeichens:

$$\sum_{i=1}^{n} a_i = a_1 + a_2 + \ldots + a_n$$

(lies: „Summe der Glieder a_i für i von 1 bis n"); hierbei ist i der *Summationsindex*. Es ist unschwer zu sehen, dass folgende Rechenregeln gelten:

▶
$$\sum_{i=1}^{n} (a_i + b_i) = \sum_{i=1}^{n} a_i + \sum_{i=1}^{n} b_i;$$

▶
$$\sum_{i=1}^{n} c \cdot a_i = c \cdot \sum_{i=1}^{n} a_i.$$

Im Spezialfall können die Glieder a_i auch von i unabhängig und somit konstant sein. Unter Verwendung des Summenzeichens ergibt sich in diesem Fall

▶
$$\sum_{i=1}^{n} a = n \cdot a.$$

Auch doppelt oder mehrfach indizierte Glieder lassen sich mithilfe von Summenzeichen übersichtlich darstellen (wobei man z. B. von *Doppelsummen* spricht):

▶
$$\sum_{i=1}^{m} \sum_{j=1}^{n} a_{ij} = a_{11} + a_{12} + \ldots + a_{1n} + a_{21} + a_{22} + \ldots + a_{2n}$$

$$+ \ldots + a_{m1} + \ldots + a_{mn}.$$

Ordnet man die Glieder um, erkennt man, dass gilt

$$\sum_{i=1}^{m} \sum_{j=1}^{n} a_{ij} = \sum_{j=1}^{n} \sum_{i=1}^{m} a_{ij}.$$

Beispiel 1.7

a) $\sum_{i=1}^{5} i = 1 + 2 + 3 + 4 + 5 = 15;$

b) $\sum_{i=1}^{4} i^2 = 1^2 + 2^2 + 3^2 + 4^2 = 1 + 4 + 9 + 16 = 30;$

c) $\sum_{i=1}^{10} 1 = 1 + 1 + \ldots + 1 = 10;$

d) $\sum_{i=1}^{2} \sum_{j=1}^{3} (b_{ij} + i \cdot j) = (b_{11} + 1) + (b_{12} + 2) + (b_{13} + 3)$

$$+ (b_{21} + 2) + (b_{22} + 4) + (b_{23} + 6) = \left(\sum_{i=1}^{2} \sum_{j=1}^{3} b_{ij} \right) + 18.$$

1.1.3 Bruchrechnung

Eine Zahl, die als Quotient zweier ganzer Zahlen darstellbar ist, wurde oben als *rational* bezeichnet. Ebenso gebräuchlich ist die Bezeichnung *Bruch*. In der *Bruchrechnung* sind die Regeln zusammengefasst, die bei der Ausführung von Rechenoperationen mit Brüchen zu beachten sind. Leider wird beim Rechnen gegen diese Regeln sehr häufig verstoßen.

Im Weiteren sollen $a, b, c, \ldots$ beliebige ganze Zahlen bedeuten. In einem Bruch $\frac{a}{b}$, a, $b \in \mathbb{Z}$, wird a als *Zähler*, b als *Nenner* bezeichnet. Ein Bruch ist nur definiert, wenn der Nenner ungleich null ist. Division durch null ist verboten!

Die Schreibweise $\frac{a}{b}$ ist der Darstellung a/b vorzuziehen, da letztere eine Fehlerquelle sein kann: Ist mit $1/3 \cdot a$ der Ausdruck $\frac{1}{3}a$ oder $\frac{1}{3a}$ gemeint?

Merke: Der Bruchstrich ersetzt eine Klammer. Werden also Brüche durch Umformungen beseitigt, müssen gegebenenfalls Klammern gesetzt werden.

Beispiel 1.8

a) $\dfrac{a+b}{c+d} = (a+b):(c+d)$;

b) $\dfrac{a-b}{4} + c = (a-b):4 + c$.

Erweitern und Kürzen eines Bruchs

▸   Ein Bruch ändert seinen Wert nicht, wenn man Zähler und Nenner mit derselben Zahl (ungleich null) multipliziert, d. h. den Bruch mit c *erweitert*:

$$\frac{a}{b} = \frac{a \cdot c}{b \cdot c}, \quad a, b \in \mathbb{Z}, \; c \neq 0.$$

▸   Ein Bruch ändert seinen Wert nicht, wenn man Zähler und Nenner durch dieselbe Zahl (ungleich null) dividiert:

$$\frac{a \cdot c}{b \cdot c} = \frac{(a \cdot c):c}{(b \cdot c):c} = \frac{a}{b}, \quad a, b \in \mathbb{Z}, \; c \neq 0.$$

Diese, zum Erweitern umgekehrte Operation nennt man *Kürzen*. Sie läuft darauf hinaus, gemeinsame Faktoren in Zähler und Nenner zu finden, was nicht immer einfach ist.

Beispiel 1.9

a) $\dfrac{5}{6} = \dfrac{10}{12} = \dfrac{25}{30} = \dfrac{500}{600} = \dfrac{5a}{6a} = \dfrac{20(b+1)}{24(b+1)}$;

b) $\dfrac{-5}{6} = \dfrac{5}{-6} = -\dfrac{5}{6}$;

c) $\dfrac{52}{39} = \dfrac{13 \cdot 4}{13 \cdot 3} = \dfrac{4}{3}$;

d) $\dfrac{1517}{1443} = \dfrac{37 \cdot 41}{37 \cdot 39} = \dfrac{41}{39}$.

Multiplikation von Brüchen

▹ Zwei Brüche werden miteinander multipliziert, indem ihre Zähler und ihre Nenner miteinander multipliziert werden:

$$\frac{a}{b} \cdot \frac{c}{d} = \frac{a \cdot c}{b \cdot d}.$$

Beispiel 1.10

a) $\dfrac{2}{5} \cdot \dfrac{3}{7} = \dfrac{2 \cdot 3}{5 \cdot 7} = \dfrac{6}{35}$;

b) $-\dfrac{5}{6} \cdot 7 = \dfrac{-5}{6} \cdot \dfrac{7}{1} = \dfrac{-35}{6}$.

Division von Brüchen

▹ Zwei Brüche werden dividiert, indem der im Zähler stehende Bruch mit dem Kehrwert des im Nenner stehenden multipliziert wird:

$$\frac{\frac{a}{b}}{\frac{c}{d}} = \frac{a}{b} : \frac{c}{d} = \frac{a}{b} \cdot \frac{d}{c} = \frac{a \cdot d}{b \cdot c}.$$

Beispiel 1.11

a) $\dfrac{4}{9} : \dfrac{2}{3} = \dfrac{4}{9} \cdot \dfrac{3}{2} = \dfrac{4 \cdot 3}{9 \cdot 2} = \dfrac{2}{3}$;

b) $\dfrac{2}{3} : \dfrac{5}{4} = \dfrac{2 \cdot 4}{3 \cdot 5} = \dfrac{8}{15}$;

c) $1 : \dfrac{1}{10} = 1 \cdot \dfrac{10}{1} = 10$;

d) $\dfrac{a+1}{b} : \dfrac{a(a+1)}{3b} = \dfrac{(a+1) \cdot 3b}{b \cdot a(a+1)} = \dfrac{3}{a}$.

Addition und Subtraktion von Brüchen

▹ Besitzen zwei Brüche den *gleichen Nenner*, so werden sie addiert bzw. subtrahiert, indem (bei unverändertem Nenner) die Zähler addiert bzw. subtrahiert werden:

$$\frac{a}{c} + \frac{b}{c} = \frac{a+b}{c}, \quad \frac{a}{c} - \frac{b}{c} = \frac{a-b}{c}.$$

▹ Weisen zwei Brüche unterschiedliche Nenner auf, werden sie zunächst durch Erweiterung gleichnamig gemacht, indem ein *Hauptnenner* gebildet wird; danach wird wie oben verfahren. Es ist günstig, aber nicht unbedingt erforderlich, als Hauptnenner das *kleinste gemeinsame Vielfache* aller eingehenden Nenner (das ist der kleinstmögliche gemeinsame Nenner) zu wählen.

Das kleinste gemeinsame Vielfache mehrerer natürlicher Zahlen wird ermittelt, indem jede Zahl als das Produkt der in ihr enthaltenen *Primzahlen*, die auch mehrfach auftreten können, dargestellt wird. Primzahlen sind solche natürlichen Zahlen p ($p \neq 1$, $p \neq 0$), die nur durch 1 und sich selbst teilbar sind. Jede natürliche Zahl ist entweder selbst eine Primzahl oder lässt sich als Produkt von Primzahlen schreiben. Die beschriebene Produktdarstellung nennt man *Zerlegung in Primfaktoren*. Bei der Bestimmung des kleinsten gemeinsamen Vielfachen geht jede Primzahl so oft ein, wie sie in der Zerlegung der einzelnen Zahlen maximal auftritt.

Beispiel 1.12 Das kleinste gemeinsame Vielfache von 24, 36 und 60 ist 360, denn

$$
\begin{array}{rcccccccccccc}
24 &=& 2 &\cdot& 2 &\cdot& 2 &\cdot& 3 & & & & \\
36 &=& 2 &\cdot& 2 & & &\cdot& 3 &\cdot& 3 & & \\
60 &=& 2 &\cdot& 2 & & &\cdot& 3 & & &\cdot& 5 \\
\hline
360 &=& 2 &\cdot& 2 &\cdot& 2 &\cdot& 3 &\cdot& 3 &\cdot& 5
\end{array}
$$

Mitunter ist es leichter, einfach das Produkt aller beteiligten Nenner als Hauptnenner zu nehmen (hier: $24 \cdot 36 \cdot 60 = 51.840$). Entsprechend den Regeln zur Erweiterung eines Bruchs ergibt sich dabei für den Bruch der gleiche Wert. Damit gilt für die Addition und Subtraktion ungleichnamiger Brüche:

$$
\frac{a}{b} \pm \frac{c}{d} = \frac{a \cdot d}{b \cdot d} \pm \frac{c \cdot b}{d \cdot b} = \frac{ad \pm bc}{bd}.
$$

Beispiel 1.13

a) $\dfrac{5}{3} - \dfrac{10}{3} + \dfrac{11}{3} = \dfrac{5 - 10 + 11}{3} = \dfrac{6}{3} = 2;$

b) $\dfrac{3}{2} + \dfrac{7}{3} = \dfrac{9}{6} + \dfrac{14}{6} = \dfrac{23}{6};$

c) $5 + \dfrac{7}{6} = \dfrac{30}{6} + \dfrac{7}{6} = \dfrac{37}{6};$

d) $\dfrac{7}{9} - \dfrac{5}{12} = \dfrac{7 \cdot 12 - 5 \cdot 9}{9 \cdot 12} = \dfrac{3(7 \cdot 4 - 5 \cdot 3)}{9 \cdot 3 \cdot 4} = \dfrac{28 - 15}{36} = \dfrac{13}{36}.$

1.1.4 Potenzrechnung

Wird ein und dieselbe Zahl oder Variable mehrfach mit sich selbst multipliziert, kann man zur kürzeren und übersichtlicheren Darstellung die Potenzschreibweise nutzen. So schreibt man etwa 2^3 anstelle von $2 \cdot 2 \cdot 2$ oder x^2 anstelle von $x \cdot x$. Allgemein definiert man für $a \in \mathbb{R}$

$$
a^n = \underbrace{a \cdot a \cdot \ldots \cdot a}_{n\text{-mal}} \qquad (\text{gesprochen}: a \text{ hoch } n),
$$

wobei a als *Basis*, n als *Exponent* und a^n als *Potenzwert* bezeichnet werden. Die Zahl n, die die Anzahl der Faktoren angibt, ist zunächst sinnvollerweise eine natürliche Zahl. Ist der Exponent 2, so sagt man für „a hoch 2" auch „a Quadrat" oder „a in der zweiten Potenz".

Zur Berechnung von Potenzwerten mit einem Taschenrechner benötigt man die Funktionstaste y^x. Insbesondere im Kapitel Finanzmathematik werden solche Berechnungen ständig vorkommen.

Beispiel 1.14

a) $2^6 = 2 \cdot 2 \cdot 2 \cdot 2 \cdot 2 \cdot 2 = 64;$

b) $3^3 \cdot 5^4 = 3 \cdot 3 \cdot 3 \cdot 5 \cdot 5 \cdot 5 \cdot 5 = 16.875;$

c) $(3 \cdot 7)^2 = 21^2 = (3 \cdot 7) \cdot (3 \cdot 7) = 3^2 \cdot 7^2 = 441.$

Die Schreibweise im Beispiel b) ist so zu verstehen, dass zunächst die Potenz berechnet, danach erst die Multiplikation ausgeführt wird. Bei abweichender Reihenfolge der Operationen müssen Klammern gesetzt werden; vgl. c).

Für beliebiges $a \neq 0$ definiert man

$$a^0 \stackrel{\text{def}}{=} 1$$

(dass dies zweckmäßig ist, zeigen die nachstehenden *Potenzgesetze*). Dagegen ist 0^0 nicht definiert (oder wie man sagt, ein *unbestimmter Ausdruck*).

Es gelten die folgenden Rechenregeln (wobei $a, b \in \mathbb{R}, \ a, b \neq 0, \ m, n \in \mathbb{N}$ vorausgesetzt sei):

▸ Zwei Potenzen mit gleicher Basis werden multipliziert (dividiert), indem ihre Exponenten addiert (subtrahiert) werden:

$$a^m \cdot a^n = a^{m+n}, \quad a^m : a^n = a^{m-n}.$$

Hieraus ergibt sich speziell, dass eine Potenz mit negativem Exponenten gleich dem Kehrwert des Potenzwertes ist, der sich bei positivem Exponenten ergibt:

$$a^{-n} = \frac{1}{a^n}, \quad \text{denn} \quad 1 : a^n = a^0 : a^n = a^{0-n} = a^{-n}.$$

▸ Zwei Potenzen mit gleichem Exponenten werden multipliziert (dividiert), indem ihre Basen multipliziert (dividiert) werden:

$$a^n \cdot b^n = (a \cdot b)^n, \quad \frac{a^n}{b^n} = \left(\frac{a}{b}\right)^n.$$

▸ Potenzen werden potenziert, d. h. mit sich selbst multipliziert, indem ihre Exponenten multipliziert werden:

$$(a^m)^n = a^{m \cdot n} = \underbrace{a^m \cdot a^m \cdot \ldots \cdot a^m}_{n-\text{mal}}.$$

Stimmen weder Basis noch Exponent überein, so lassen sich derartig verknüpfte Ausdrücke in der Regel nicht weiter vereinfachen.

Die angeführten Rechengesetze sollen nun anhand einer Reihe von Beispielen illustriert werden.

Beispiel 1.15

a) $2^3 \cdot 2^4 = 2^7 = 128$;

b) $7^6 \cdot 7^{-6} = 7^0 = 1$;

c) $5^{-3} = \dfrac{1}{5^3} = \dfrac{1}{125}$;

d) $(-1,5)^3 = (-1,5) \cdot (-1,5) \cdot (-1,5) = -3,375$;

e) $a^5 \cdot a^{-7} \cdot a^6 : a^3 = a^{5-7+6-3} = a^1 = a$;

f) $\dfrac{5a^7}{a^6} = 5a^7 \cdot a^{-6} = 5a^{7-6} = 5a$;

g) $2^3 \cdot 5^3 = (2 \cdot 5)^3 = 10^3 = 1\,000$;

h) $(x^2 \cdot y^3)^4 = x^8 \cdot y^{12}$;

i) $\left(\frac{a}{b}\right)^{-2} = \frac{a^{-2}}{b^{-2}} = \frac{b^2}{a^2} = \left(\frac{b}{a}\right)^2$;

j) $(-1)^n = \begin{cases} 1, & n \text{ gerade} \\ -1, & n \text{ ungerade} \end{cases}$.

Stehen keine Klammern, so ist als erstes immer die Potenz im Exponenten zu berechnen: $2^{3^4} = 2^{3 \cdot 3 \cdot 3} = 2^{81}$, aber $(2^3)^4 = 8^4 = 2^{12}$.

Bemerkung Ein Verwechseln dieser beiden Schreibweisen kann fatale Folgen nach sich ziehen: Während $(2^3)^4 = 4096$ ist, stellt 2^{3^4} eine wahrhaft riesige Zahl[2] (mit 25 Dezimalstellen!) dar.

1.1.5 Binomische Formeln. Partialdivision

Binomische Formeln Im Abschn. 1.1.2 wurde beschrieben, wie Klammerausdrücke miteinander multipliziert werden. In diesem Zusammenhang sind die so genannten *binomi-*

---

[2] Wer es ganz genau wissen will: 2.417.851.639.229.258.349.412.352.

schen Formeln von besonderem Interesse, die angeben, welche Ausdrücke bei der Multiplikation von *Binomen* (das sind zweigliedrige Ausdrücke) entstehen:

$$(a+b)^2 = (a+b)(a+b) = a^2 + ab + ba + b^2 = a^2 + 2ab + b^2;$$
$$(a-b)^2 = (a-b)(a-b) = a^2 - ab - ba + b^2 = a^2 - 2ab + b^2; \qquad (1.1)$$
$$(a+b)(a-b) = a^2 + ab - ba + b^2 = a^2 - b^2.$$

Hierbei spricht man von der *ersten, zweiten* bzw. *dritten* binomischen Formel.

Analoge Formeln lassen sich für höhere Potenzen entwickeln. Exemplarisch geben wir für das Binom $(a+b)$ Formeln für die dritte, vierte und fünfte Potenz an:

$$(a+b)^3 = (a+b)^2(a+b) = (a^2 + 2ab + b^2)(a+b)$$
$$= a^3 + a^2b + 2a^2b + 2ab^2 + b^2a + b^3$$
$$= a^3 + 3a^2b + 3ab^2 + b^3;$$
$$(a+b)^4 = a^4 + 4a^3b + 6a^2b^2 + 4ab^3 + b^4;$$
$$(a+b)^5 = a^5 + 5a^4b + 10a^3b^2 + 10a^2b^3 + 5ab^4 + b^5.$$

Man erkennt folgende Gesetzmäßigkeiten für den Ausdruck $(a+b)^n$:

▶   die Anzahl der Summanden beträgt $n+1$;

▶   die Summe der Exponenten in jedem Summanden ist gleich n;

▶   die Potenzen von a fallen, die von b steigen;

▶   die Koeffizienten der entstehenden *Polynome* (mehrgliedrige Ausdrücke) sind symmetrisch; ferner lassen sie sich leicht aus dem *Pascal'schen Zahlendreieck*[3] ermitteln:

$$
\begin{array}{ccccccccccc}
 & & & & & 1 & & & & & \\
 & & & & 1 & & 1 & & & & \\
 & & & 1 & & 2 & & 1 & & & \\
 & & 1 & & 3 & & 3 & & 1 & & \\
 & 1 & & 4 & & 6 & & 4 & & 1 & \\
1 & & 5 & & 10 & & 10 & & 5 & & 1 \\
\end{array}
$$

In diesem Schema berechnen sich die Zahlen in einer Zeile jeweils aus der Summe der beiden (schräg) darüber stehenden Zahlen (z. B. 10 = 4 + 6 in der letzten Zeile), wobei die Elemente am Rand stets gleich eins sind. Die Zahlen in der n-ten Zeile des Dreiecks entsprechen den Koeffizienten des Ausdrucks $(a+b)^n$. Für diese Größen wurde deshalb auch

---

[3] Pascal, Blaise (1623–1662), frz. Mathematiker und Philosoph.

die Bezeichnung *Binomialkoeffizienten* geprägt. Da sie darüber hinaus auch in Problemen der *Kombinatorik* eine bedeutende Rolle spielen, wollen wir kurz auf einige ihrer Eigenschaften und eine weitere Beschreibungsmöglichkeit eingehen, wozu zunächst das Symbol

$$n! \stackrel{\text{def}}{=} 1 \cdot 2 \cdot \ldots \cdot (n-1) \cdot n \tag{1.2}$$

(lies: „n Fakultät") benötigt wird. Somit steht $n!$ abkürzend für das Produkt der ersten n natürlichen Zahlen. Ausdrücke dieser Art spielen bei Anordnungsproblemen eine Rolle. Sollen beispielsweise fünf Busfahrer fünf Autobussen zugeordnet werden, so gibt es dafür $5! = 1 \cdot 2 \cdot 3 \cdot 4 \cdot 5 = 120$ Möglichkeiten. Allgemein spricht man von *Permutationen*, wenn es um verschiedene Anordnungen von n Elementen geht.

Binomialkoeffizienten In verschiedenen Bereichen der Mathematik werden oftmals Ausdrücke der folgenden Art benötigt:

$$\binom{n}{k} \stackrel{\text{def}}{=} \frac{n \cdot (n-1) \cdot \ldots \cdot (n-[k-1])}{1 \cdot 2 \cdot \ldots \cdot k} = \frac{n!}{k! \, (n-k)!} \tag{1.3}$$

(lies: „n über k"), die zunächst für natürliche Zahlen n und k erklärt sind und *Binomialkoeffizienten* genannt werden, da sich die bereits oben betrachteten Koeffizienten der Glieder der n-ten Potenz eines Binoms gerade durch die Größen $\binom{n}{k}$ beschreiben lassen, wovon man sich unschwer überzeugen kann; $k = 0,1, \ldots, n$ gibt dabei die Nummer des Summanden an. Es ist zweckmäßig, $\binom{n}{0} \stackrel{\text{def}}{=} 1$ und $0! \stackrel{\text{def}}{=} 1$ zu vereinbaren.

Wichtige Eigenschaften der Binomialkoeffizienten sind:

$$\binom{n}{k} + \binom{n}{k+1} = \binom{n+1}{k+1}$$

(Bildungsgesetz der Zahlen im Pascal'schen Dreieck);

$$\binom{n}{k} = \binom{n}{n-k} \qquad (n \geq k)$$

(Symmetrie der Binomialkoeffizienten). Zu weiteren Eigenschaften von Binomialkoeffizienten siehe [6].

Schließlich gibt der *binomische Lehrsatz* die allgemeine Vorschrift an, wie die Entwicklung einer Potenz $(a+b)^n$ lautet ($a, b \in \mathbb{R}$, $n \in \mathbb{N}$):

$$(a+b)^n = \sum_{i=0}^{n} \binom{n}{i} a^{n-i} b^i$$
$$= \binom{n}{0} a^n + \binom{n}{1} a^{n-1}b + \ldots + \binom{n}{n-1} ab^{n-1} + \binom{n}{n} b^n . \tag{1.4}$$

Übungsaufgabe 1.1 Berechnen Sie alle Binomialkoeffizienten vom Typ $\binom{6}{k}$ ohne Benutzung des Pascal'schen Dreiecks.

Übungsaufgabe 1.2 Weisen Sie nach, dass die Summe aller Binomialkoeffizienten für festes n gleich 2^n ist, d. h. $\sum_{i=0}^{n} \binom{n}{i} = 2^n$. Hinweis: Nutzen Sie die Beziehung (1.4).

In der Kombinatorik gibt der Binomialkoeffizient $\binom{n}{k}$ an, wie viele Möglichkeiten existieren, aus n Elementen k Stück auszuwählen, wobei die **Reihenfolge unberücksichtigt** bleiben soll und jedes Element nur **einmal** in der Auswahl enthalten sein darf.

Beispiel 1.16 Wie viele Möglichkeiten gibt es, beim Lotto 6 aus 49 Zahlen zu ziehen? Die Anzahl beträgt

$$\binom{49}{6} = \frac{49 \cdot 48 \cdot 47 \cdot 46 \cdot 45 \cdot 44}{1 \cdot 2 \cdot 3 \cdot 4 \cdot 5 \cdot 6} = 13.983.816.$$

Partialdivision Eine zur Berechnung der Potenzen von Binomen oder Polynomen gewissermaßen umgekehrte Operation stellt die *Partialdivision* (oder *Polynomdivision*) dar. Hierbei geht es darum, einen Ausdruck der Art P_n/Q_m, in dem P_n und Q_m Polynome darstellen und der Grad des Zählerpolynoms P_n höher als der des Nennerpolynoms Q_m ist, so umzuformen, dass ein *ganzer rationaler Anteil* (das ist wiederum ein Polynom) und gegebenenfalls ein Rest der Form R_k/Q_m entstehen, wobei nunmehr $k < m$ gilt. Solche Darstellungen sind beispielsweise bei der Nullstellenbestimmung von Polynomfunktionen sowie der Untersuchung von Asymptoten gebrochen rationaler Funktionen von Interesse (siehe Abschn. 1.2.3). Wir wollen das Wesen der Partialdivision an zwei Beispielen erläutern. Die Partialdivision von algebraischen Ausdrücken erfolgt analog zur schriftlichen Division von Zahlen. Der einzige Unterschied besteht darin, dass hierbei Ausdrücke auftreten, die Buchstabensymbole enthalten, welche letztlich aber auch nur für Zahlen stehen.

Beispiel 1.17 Das Polynom $a^3 - 3a^2 + a + 2$, das bereits nach fallenden Potenzen sortiert ist, soll unter der Annahme $a \neq 2$ durch den Ausdruck $a - 2$ dividiert werden:

$$
\begin{array}{l}
(a^3 \quad -3a^2 \qquad +a \quad +2) \;\; : (a-2) = a^2 - a - 1 \\
\underline{-(a^3 \quad -2a^2)} \\
\qquad\quad -a^2 \quad\; +a \\
\qquad\quad \underline{-(-a^2 \quad +2a)} \\
\qquad\qquad\qquad\quad -a \;\; +2 \\
\qquad\qquad\qquad\quad \underline{-(-a \;\; +2)} \\
\qquad\qquad\qquad\qquad\qquad 0
\end{array}
$$

Im vorliegenden Beispiel ist die Division „aufgegangen", d. h., es verblieb kein Rest. Das muss nicht immer so sein, wie das nachstehende Beispiel deutlich macht.

Beispiel 1.18 $\dfrac{x^3 + 3x^2 - 4x + 7}{x^2 - 3x + 2} = x + 6 + \dfrac{12x - 5}{x^2 - 3x + 2},$

denn

$$
\begin{array}{l}
(x^3 \quad +3x^2 \quad -4x \quad +7) \quad : (x^2 - 3x + 2) = x + 6 \\
\underline{-(x^3 \quad -3x^2 \quad +2x)} \\
\qquad\quad 6x^2 \quad -6x \\
\qquad\quad \underline{-(6x^2 \quad -18x \quad +12)} \qquad \text{Rest: } \frac{12x-5}{x^2-3x+2} \\
\qquad\qquad\quad 12x \quad -5
\end{array}
$$

Dividiert man Ausdrücke, die mehrere Buchstabensymbole enthalten, muss man sich – falls dies nicht ohnehin aus dem Kontext klar ist – für eine der Größen entscheiden, den Divisor nach fallenden Potenzen bezüglich dieser Größe ordnen und ansonsten genauso verfahren, wie oben beschrieben.

Beispiel 1.19 $\dfrac{a^3 + 2a^2 b - ab^2 - 2b^3}{a^2 + 3ab + 2b^2} = a - b,$

denn

$$
\begin{array}{l}
(a^3 \quad +2a^2 b \quad - ab^2 \quad -2b^3) \quad : (a^2 + 3ab + 2b^2) = a - b \\
\underline{-(a^3 \quad +3a^2 b \quad +2ab^2)} \\
\qquad\quad - a^2 b \quad -3ab^2 \quad -2b^3 \\
\qquad\quad \underline{-(- a^2 b \quad -3ab^2 \quad -2b^3)} \\
\qquad\qquad\qquad\qquad\qquad\quad 0
\end{array}
$$

Selbstverständlich müssen auch solche Divisionen im Allgemeinen nicht „aufgehen". Zum Abschluss geben wir noch eine interessante Beziehung an, deren Nachweis (mittels Partialdivision) dem Leser überlassen wird. Dabei wird ein Bruch ganz formal in eine unendliche Summe von Potenzen umgewandelt.

Beispiel 1.20 Für $x \neq 1$ gilt

$$
\frac{1}{1-x} = 1 + x + x^2 + x^3 + \ldots + x^n + \ldots \tag{1.5}
$$

Unter welchen Bedingungen dem Ausdruck auf der rechten Seite ein sinnvoller Wert zugeordnet werden kann, soll hier nicht erörtert werden.

1.1.6 Wurzelrechnung

Im vorangehenden Abschnitt wurden Potenzen mit ausschließlich ganzzahligen Exponenten betrachtet. Ist auch das Rechnen mit rationalen (oder gar reellen) Exponenten sinnvoll und interpretierbar? Die Antwort auf diese Frage gibt der Begriff der *Wurzel*, den wir nachstehend einführen. Man beachte, dass das *Wurzelziehen* (oder *Radizieren*) eine Umkehroperation zum Potenzieren darstellt. Hierbei sind der *Potenzwert b* und der *Exponent n* gegeben, während die *Basis a* gesucht ist. Beim Potenzieren waren dagegen Basis und Exponent gegeben, und der Potenzwert wurde berechnet. Zunächst gelte $a, b \geq 0$, $n \in \mathbb{N}$. Dann ist die *n-te Wurzel*, bezeichnet mit $\sqrt[n]{b}$, folgendermaßen definiert:

$$a = \sqrt[n]{b} \quad \Longleftrightarrow \quad a^n = b.$$

Das bedeutet, es wird diejenige Zahl *a* gesucht, die – in die *n*-te Potenz erhoben – die Zahl *b* ergibt. Im Zusammenhang mit der Operation Wurzelziehen werden *b* als *Radikand* und *n* als *Wurzelexponent* bezeichnet. Die zweite Wurzel heißt auch *Quadratwurzel* oder einfach *Wurzel* (vereinfachte Schreibweise: $\sqrt[2]{b} = \sqrt{b}$).

Beispiel 1.21

a) $4 = \sqrt{16}$, denn $4^2 = 16$;

b) $3 = \sqrt[3]{27}$, denn $3^3 = 27$.

Wir werden nur positive (exakter: nichtnegative) Radikanden zulassen und unter der Wurzel (Hauptwurzel) jeweils den *positiven* (nichtnegativen) Wert *a* verstehen, für den $a^n = b$ gilt, obwohl für gerades *n* auch $a = -\sqrt[n]{b}$ Lösung der Gleichung $a^n = b$ ist. Ist $b < 0$ und *n* ungerade, bestimmt sich die eindeutige Lösung der Gleichung $a^n = b$ aus der Beziehung $a = -\sqrt[n]{-b}$. Wegen $0^n = 0$ für beliebiges $n \in \mathbb{N}$ ($n \neq 0$), gilt stets $\sqrt[n]{0} = 0$.

Beispiel 1.22

a) $\sqrt[4]{16} = 2$, obwohl $a^4 = 16$ die beiden Lösungen $a = \pm 2$ hat;

b) $\sqrt[3]{-27} = -\sqrt[3]{27} = -3$,   denn $(-3)^3 = -27$;

c) $\sqrt{-9}$ ist nicht definiert im Bereich der reellen Zahlen, denn $a^2 = -9$ besitzt keine reelle Lösung (allerdings erfüllen die beiden komplexen Zahlen $a = 3i$ und $a = -3i$ die Beziehung $a^2 = -9$);

d) $\sqrt[n]{1} = 1 \; \forall \; n \in \mathbb{N}$, denn $1^n = 1$.

Die Berechnung von Wurzelwerten erfolgt heutzutage in der Regel mit dem Taschenrechner, während die Nutzung von Zahlentafeln, Logarithmenrechnung oder Näherungsverfahren der Vergangenheit angehören.

Unmittelbar aus der obigen Definition folgen die nachstehenden Regeln:

▸ $(\sqrt[n]{b})^n = b$ (denn für $a = \sqrt[n]{b}$ gilt $a^n = b$), d. h., Wurzelziehen und Potenzieren mit demselben Exponenten heben sich (als Umkehroperationen) auf.

▸ $\sqrt[n]{b^n} = b$ (da mit $a = \sqrt[n]{b^n}$ offensichtlich $a^n = b^n$ gilt), d. h., die *n*-te Wurzel aus einer *n*-ten Potenz ist gleich der Basis.

Unter Beachtung dieser Gesetze ist es sinnvoll,

$$\sqrt[n]{b} = b^{1/n} \qquad \text{bzw.} \qquad \sqrt[n]{b^m} = b^{m/n}$$

zu setzen und damit Wurzeln als Potenzen mit rationalen Exponenten zu schreiben. Für diese gelten die gleichen Rechenregeln wie für Potenzen mit natürlichen Zahlen als Exponenten. Aus den Potenzgesetzen ergeben sich dann die Regeln

$$\sqrt[n]{a \cdot b} = \sqrt[n]{a} \cdot \sqrt[n]{b}, \qquad \sqrt[n]{\frac{a}{b}} = \frac{\sqrt[n]{a}}{\sqrt[n]{b}}, \qquad \sqrt[n]{a^k} = \left(\sqrt[n]{a}\right)^k.$$

Diese Rechenregeln können leicht aus den entsprechenden Rechengesetzen der Potenzrechnung hergeleitet werden.

Beispiel 1.23

a) $27^{2/3} = \sqrt[3]{729} = \sqrt[3]{9^3} = \left(\sqrt[3]{3^3}\right)^2 = \left(\sqrt[3]{27}\right)^2 = 3^2 = 9$;

b) $x^{-4/5} = \dfrac{1}{x^{4/5}} = \dfrac{1}{\sqrt[5]{x^4}}$;

c) $3^{7/3} = 3^{2+\frac{1}{3}} = 3^2 \cdot 3^{1/3} = 9 \cdot \sqrt[3]{3} = 12{,}98\ldots$;

d) $\sqrt{24} \cdot \sqrt{6} = \sqrt{144} = 12$;

e) $\sqrt[3]{\dfrac{125}{s^6}} = \dfrac{\sqrt[3]{125}}{\sqrt[3]{s^6}} = \dfrac{5}{s^2} = 5 \cdot s^{-2}$.

Schließlich sei noch bemerkt, dass man mittels Grenzwertbetrachtungen von Potenzen mit rationalen zu solchen mit beliebigen reellen Exponenten übergehen kann (vgl. den nachfolgenden Abschn. 1.1.7 über Logarithmen sowie die Darlegungen zur Exponentialfunktion in Abschn. 1.2.3).

1.1.7 Logarithmenrechnung

Eine weitere Umkehroperation zum Potenzieren ist das *Logarithmieren*. In diesem Fall sind der Potenzwert b sowie die Basis a gegeben und der (reelle, nicht notwendig natürliche) Exponent x gesucht. Man definiert

$$x = \log_a b \qquad \Longleftrightarrow \qquad a^x = b$$

(gesprochen: x ist gleich Logarithmus von b zur Basis a), wobei a und b als positiv und $a \neq 1$ vorausgesetzt werden. Somit ist der Logarithmus von b (in diesem Zusammenhang *Numerus* genannt) zur Basis a derjenige Exponent x, mit dem a potenziert werden muss, um b zu erhalten.

Direkt aus der Definition folgen die Beziehungen

▸ $\log_a a = 1$ (denn $a^1 = a$);

▸ $\log_a 1 = 0$ (denn $a^0 = 1$);

▸ $\log_a(a^n) = n$ (denn $a^n = a^n$).

Weitere Rechenregeln sind:

▸ Ein Produkt bzw. ein Quotient werden logarithmiert, indem die Logarithmen der Faktoren bzw. von Zähler und Nenner addiert (subtrahiert) werden:

$$\log_a(c \cdot d) = \log_a c + \log_a d; \quad \log_a \frac{c}{d} = \log_a c - \log_a d.$$

Im Zeitalter der Taschenrechner und Computer sind diese beiden Regeln von untergeordneter Bedeutung, während die folgende Regel wichtig für das Umformen von Ausdrücken und Lösen von Gleichungen ist.

▸ Eine Potenz wird logarithmiert, indem der Logarithmus der Basis mit dem Exponenten multipliziert wird:

$$\log_a\left(b^n\right) = n \cdot \log_a b.$$

Logarithmen mit gleicher Basis bilden ein Logarithmensystem. Die beiden gebräuchlichsten Systeme sind dabei

• die dekadischen Logarithmen mit der Basis $a = 10$, meist bezeichnet mit $\lg b \overset{\text{def}}{=} \log_{10} b$, seltener $\log b$;
• und die natürlichen Logarithmen mit der Euler'schen Zahl $a = e = 2{,}71828\ldots$ als Basis; Bezeichnung $\ln b \overset{\text{def}}{=} \log_e b$.

Beispiel 1.24
a) $\lg 1000 = \lg 10^3 = 3 \cdot \lg 10 = 3 \log_{10} 10 = 3 \cdot 1 = 3$;
b) $\lg 200 = \lg(2 \cdot 100) = \lg 2 + \lg 100 = 0{,}30103 + 2 = 2{,}30103$;
c) $\ln 0{,}5 = \ln \frac{1}{2} = \ln 1 - \ln 2 = 0 - 0{,}69315 = -0{,}69315$.

Die Logarithmenrechnung bildete früher ein wichtiges Rechenhilfsmittel; ihre Werte waren in Logarithmentafeln tabelliert. Heutzutage haben Logarithmen diese Funktion als Rechenhilfsmittel verloren. Nach wie vor aber werden sie zur exakten Darstellung der Lösungen von Exponentialgleichungen benötigt. Ein kleines Beispiel mag dies verdeutlichen.

Beispiel 1.25 Das *Verdopplungsproblem* in der Finanzmathematik beantwortet die Frage, in welcher Zeit sich ein Kapital bei gegebenem Zinssatz verdoppelt.

Dies führt auf die Gleichung

$$2K = K \cdot q^n,$$

wenn K das Kapital, n die Laufzeit, p den Zinssatz und $q = 1 + \frac{p}{100}$ den Aufzinsungsfaktor bedeuten (vgl. Abschn. 3.1.2). Daraus folgt die Beziehung

$$q^n = 2,$$

deren exakte Lösung sich mittels der Logarithmenrechnung gewinnen lässt:

$$\log q^n = \log 2 \quad \Longrightarrow \quad n \cdot \log q = \log 2 \quad \Longrightarrow \quad n = \frac{\log 2}{\log q}.$$

Will man die Anwendung der Logarithmenrechnung vermeiden, muss man sich mit der näherungsweisen Lösung der obigen Gleichung begnügen. Möglichkeiten der approximativen Lösung von Gleichungen werden in Abschn. 6.4 behandelt.

So ergibt sich etwa für $q = 1,06$ (was einer jährlichen Verzinsung mit 6 % entspricht) als Laufzeit

$$n = \frac{\ln 2}{\ln 1,06} = \frac{0,693147}{0,058269} = 11,896$$

(hier wurde als Basis die Zahl e gewählt, d. h. mit natürlichen Logarithmen gerechnet). Bei 6%iger Verzinsung verdoppelt sich also ein Kapital innerhalb von ca. 12 Jahren.

1.1.8 Rechenregeln und Auflösung von Gleichungen

Eine *Gleichung* $a = b$ drückt die Gleichheit bzw. den gleichen Wert zweier mathematischer Ausdrücke a und b aus. Diese Ausdrücke können dabei ein oder mehrere unbekannte Größen (*Variable*) sowie eine beliebige (endliche) Anzahl von konstanten Größen enthalten, die mithilfe der bekannten Rechenoperationen sowie elementarer Funktionen miteinander verknüpft sind.

Als *Lösungen* einer Gleichung bezeichnet man diejenigen Zahlen, die man anstelle der Variablen in die beiden Ausdrücke a und b einsetzen kann, sodass dann beide Seiten der Gleichung exakt den gleichen Wert haben. Nach Einsetzen der Lösungen in die Gleichung entsteht also eine wahre Aussage. Oft werden die die Gleichung erfüllenden Zahlen auch als *Wurzeln* oder (besonders bei Funktionsgleichungen der Art $f(x) = 0$) als *Nullstellen* der Gleichung bezeichnet.

Anhand der Menge ihrer Lösungen kann man drei wesentliche Typen von Gleichungen unterscheiden:

▸   *Identität* (oder *Tautologie*) – Gleichung, die für *alle* Werte der Variablen richtig ist.

Beispiel 1.26 $2(x + y) = 2y + 2x, \quad x - 4 = \dfrac{2x - 8}{2}.$

▸   *Widerspruch* (oder *falsche Aussage*) – Gleichung, die *für keinen einzigen Wert* der Variablen eine wahre Aussage darstellt.

Beispiel 1.27 $x = x + 3, \quad x^2 + 5 = 0$ (im Bereich der reellen Zahlen).

▸   *Bedingungsgleichung* – Gleichung, die *für einen Teil* aller möglichen Variablen-werte eine wahre Aussage darstellt. (Oft ist sogar nur eine einzige Zahl eine Lösung, die dann auch *eindeutige* Lösung heißt.)

Beispiel 1.28
a) $2x + 1 = 5$ (eindeutige Lösung $x = 2$);
b) $x^2 - 9 = 0$ (mehrdeutige Lösung $x = \pm 3$).

Unter dem *Auflösen* einer Gleichung nach der unbekannten Variablen x versteht man die Bestimmung der Lösungsmenge dieser Gleichung, d. h., das **vollständige** Auffinden aller (in der Regel reellen) Zahlen, die – anstelle von x in die ursprüngliche Gleichung ein-gesetzt – zu einer wahren Aussage führen. Dieses Einsetzen in die Ausgangsgleichung dient dabei gleichzeitig als **Probe**, die bei komplizierten Umformungen immer als Kontrolle ge-macht werden sollte.

Beim Auflösen einer Bestimmungsgleichung kommt es darauf an, weder einen Teil der Lösungen zu vergessen, noch zusätzliche „Scheinlösungen" hinzuzufügen. Als Mittel zu diesem Zweck dient das „äquivalente Umformen" einer Gleichung, dessen Grundregeln wie folgt lauten:

- Ein beliebiger Ausdruck kann gleichzeitig auf beiden Seiten einer Gleichung addiert oder subtrahiert werden:

$$a = b \quad \Longrightarrow \quad a \pm c = b \pm c.$$

- Beide Seiten einer Gleichung können gleichzeitig mit einem beliebigem **konstanten** Ausdruck multipliziert oder durch ihn dividiert werden:

$$a = b \quad \Longrightarrow \quad a \cdot c = b \cdot c, \quad a : c = b : c.$$

Zu beachten ist, dass hier die Multiplikation und die Division zwei grundlegenden Ein-schränkungen unterliegen: Zum einen darf weder mit null multipliziert werden, denn das würde zu der Identität $0 = 0$ führen. Dies ist zwar offensichtlich eine richtige Aussa-ge, jegliche vorher in der Gleichung enthaltene Information geht aber verloren, sodass jetzt **alle** reellen Zahlen x Lösungen sind. Zum anderen darf nicht durch null dividiert werden, da dies bekanntlich eine unerlaubte Operation in der Mathematik ist.

- Beide Seiten einer Gleichung können gleichzeitig als Exponent einer gemeinsamen festen, positiven Basis (ungleich 1) benutzt werden:

$$a = b \quad \Longrightarrow \quad c^a = c^b.$$

Beide Seiten können auch logarithmiert werden (mit einer beliebigen, aber natürlich auf beiden Seiten gleichen Basis des Logarithmus), falls dadurch keine Logarithmen nichtpositiver Zahlen auftreten:

$$a = b \quad \Longrightarrow \quad \log_c a = \log_c b.$$

Einige Besonderheiten sind zu beachten, wenn man mit unbekannten Größen, z. B. mit einem Faktor, der selbst wieder die Variable x enthält, multipliziert oder durch solche Ausdrücke dividiert. Ferner ist Vorsicht geboten, wenn man auf beide Seiten einer Gleichung Rechenoperationen anwendet, die nicht eineindeutigen Funktionen (siehe Abschn. 2.2) entsprechen. Derartige „nichtäquivalente Umformungen" lassen sich durch folgende Zusatzregeln beschreiben:

- Beide Seiten einer Gleichung können mit einem von x abhängigen Ausdruck als Faktor multipliziert oder durch ihn dividiert werden.

Achtung! Bei Multiplikation mit einem von x abhängigen Faktor können *Scheinlösungen* entstehen; bei Division durch einen solchen Ausdruck können echte Lösungen wegfallen.

Zum besseren Nachvollziehen sind in den folgenden Beispielen rechts neben der Gleichung die jeweils benutzen Operationen in Kurzform mit angegeben.

Beispiel 1.29

a)
$$3x = 9 \qquad |\cdot(x-5)$$
$$3x\cdot(x-5) = 9\cdot(x-5)$$
Lösungen der letzten Gleichung sind $x = 3$ und $x = 5$, obwohl $x = 5$ vorher keine Lösung war (Scheinlösung).

b)
$$(x-4)(x-7) = 0 \qquad |:(x-7)$$
$$x-4 = 0$$
$$x = 4$$
Einzige Lösung der umgeformten Gleichung ist $x = 4$, obwohl $x = 7$ eine Lösung der ursprünglichen Gleichung ist.

▶   Beide Seiten einer Gleichung können quadriert (oder in eine andere Potenz erhoben) werden.

Achtung! Auch hierbei können Scheinlösungen zusätzlich zur Lösungsmenge neu entstehen.

Beispiel 1.30 $x = 1$

Durch Quadrieren entsteht die Gleichung

$$x^2 = 1$$

mit den beiden Lösungen $x = 1$ und $x = -1$; die zweite ist eine Scheinlösung.

▸ Aus beiden Seiten einer Gleichung kann man die Quadratwurzel (oder eine Wurzel höherer Ordnung) ziehen, wenn dadurch keine offensichtlichen Wurzeln aus negativen Zahlen entstehen. Hierbei ist mittels **Fallunterscheidungen** zu sichern, dass keine Lösung verloren geht.

Beispiel 1.31 $x^2 = 1$

Beim Ziehen der Wurzel auf beiden Seiten der Gleichung muss man die Doppeldeutigkeit berücksichtigen, sodass $x = 1$ und $x = -1$ als Lösungen entstehen.

Bemerkung In allen Fällen „nichtäquivalenter Umformungen" hat man mit Zusatzbetrachtungen bzw. einer **Probe** anhand der **ursprünglichen** Gleichung zu sichern, dass die erhaltenen Lösungen tatsächlich Lösungen sind (bei Multiplikation, Quadrieren, ...). Ferner dienen Fallunterscheidungen dazu, keine Lösungen verloren gehen zu lassen (bei Division, Wurzelziehen, ...).

Lineare Gleichungen einer Variablen

Ein polynomialer Ausdruck erster Ordnung mit der Variablen x hat die allgemeine Gestalt $a \cdot x + b$, wobei a und b beliebige Konstanten (d. h., fixierte reelle Zahlen) sind. Die Lösung einer Gleichung mit zwei solchen Ausdrücken ist relativ einfach: Mit Hilfe obiger Regeln isoliert man die unbekannte Variable x auf der einen Seite der Gleichung (meist links), während alle anderen konstanten Ausdrücke auf die andere Seite gebracht werden.

Beispiel 1.32

a)
$$
\begin{aligned}
3x + 3 &= x + 5 \quad &|-x, -3 \\
3x - x &= 5 - 3 \\
2x &= 2 \quad &|:2 \\
x &= 1
\end{aligned}
$$

b)
$$
\begin{aligned}
x - 3 &= \tfrac{3x-9}{3} \quad &|\cdot 3 \\
3x - 9 &= 3x - 9 \quad &|-3x, +9 \\
0 &= 0
\end{aligned}
$$

Identität, alle x sind Lösungen

c) $\quad x + 2 \quad = \quad x - 9 \quad \mid -x, -2$

$\quad x - x \quad = \quad -9 - 2$

$\qquad 0 \quad = \quad -11$

Widerspruch, kein x ist Lösung

Quadratische Gleichungen einer Variablen

Ein polynomialer Ausdruck zweiter Ordnung mit der Variablen x hat die allgemeine Gestalt $a \cdot x^2 + b \cdot x + c$, wobei a, b und c beliebige Konstanten sind. Die Lösung einer Gleichung mit zwei solchen Ausdrücken ist in zwei Schritten möglich: Zunächst werden mithilfe obiger Regeln alle Ausdrücke auf eine Seite der Gleichung (meist die linke) gebracht und nach Potenzen geordnet zusammengefasst, sodass man die *allgemeine quadratische Gleichung* $A \cdot x^2 + B \cdot x + C = 0$ erhält. Anschließend kann entweder sofort die folgende Formel (1.6) oder (nach Division der Gleichung durch den vor x^2 stehenden Faktor A) die einfachere Formel (1.7) angewendet werden:

$$Ax^2 + Bx + C = 0 \quad \Longrightarrow \quad x_{1,2} = \frac{-B \pm \sqrt{B^2 - 4AC}}{2A} \tag{1.6}$$

$$x^2 + px + q = 0 \quad \Longrightarrow \quad x_{1,2} = -\frac{p}{2} \pm \sqrt{\frac{p^2}{4} - q}. \tag{1.7}$$

Dabei gilt $p = \frac{B}{A}$ und $q = \frac{C}{A}$. Beachtet man noch, dass $\frac{p^2}{4} = (-\frac{p}{2})^2$ ist, kann man Rechenarbeit sparen, indem man den ersten Summanden im Radikanden durch Quadrieren von $-\frac{p}{2}$ gewinnt. Je nach Vorzeichen des unter der Wurzel stehenden Ausdrucks, der so genannten *Diskriminante*[4], sind drei mögliche Fälle zu unterscheiden:

$$B^2 - 4AC > 0 \quad \text{bzw.} \quad \frac{p^2}{4} - q > 0 \quad \Longrightarrow \text{zwei verschiedene reelle Lösungen}$$

$$B^2 - 4AC = 0 \quad \text{bzw.} \quad \frac{p^2}{4} - q = 0 \quad \Longrightarrow \text{eine einzige reelle Lösung}$$

$$B^2 - 4AC < 0 \quad \text{bzw.} \quad \frac{p^2}{4} - q < 0 \quad \Longrightarrow \text{keine reelle Lösung.}$$

Beispiel 1.33

a) Die Gleichung $2x^2 - 4x - 96 = 0$ ist entweder mittels der Formel (1.6) mit $A = 2$, $B = -4$ und $C = -96$ oder, nach Division durch 2, was auf $p = -2$ und $q = -48$ führt, einfacher mit Formel (1.7) zu lösen:

$$x_{1,2} = -\frac{-2}{2} \pm \sqrt{\left(\frac{-2}{2}\right)^2 - (-48)} = 1 \pm \sqrt{1 + 48} = 1 \pm \sqrt{49} = 1 \pm 7.$$

---

[4] discrimen: lat. „Unterschied", „Entscheidung".

Benutzt man das „+", so erhält man als erste Lösung $x_1 = 1 + 7 = 8$, bei Benutzung des „−" bekommt man dagegen die zweite Lösung $x_2 = 1 − 7 = −6$.

b) $2x^2 + 3x + 4 = 0 \implies x_{1,2} = \frac{-3 \pm \sqrt{3^2 - 4 \cdot 4}}{2 \cdot 2} = \frac{-3 \pm \sqrt{-23}}{4}$

Da $\sqrt{-23}$ nicht definiert ist, gibt es in diesem Fall keine Lösungen dieser Gleichung (im Bereich der reellen Zahlen).

c) $x^2 - 4x + 4 = 0 \implies x_{1,2} = -\frac{-4}{2} \pm \sqrt{\left(\frac{-4}{2}\right)^2 - 4} = 2 \pm \sqrt{4 - 4} = 2 \pm \sqrt{0} = 2$

Hier ist $x = 2$ die einzige und damit eindeutige Lösung der Gleichung.

Bemerkung Für Gleichungen 3. und 4. Ordnung gibt es ebenfalls Formeln zur Bestimmung der (maximal drei bzw. vier) Lösungen. Diese sind jedoch sehr kompliziert und daher wenig gebräuchlich. Für Polynomgleichungen vom Grade $n \geq 5$ gibt es derartige Formeln nicht. Als Lösungsmethoden für Gleichungen höherer als 2. Ordnung kommen daher die Partialdivision (sobald mindestens eine Lösung, etwa durch Erraten, bekannt ist; siehe Abschn. 1.1.5) sowie diverse, im Abschn. 6.4 beschriebene Näherungsverfahren wie Intervallhalbierung, Sekantenverfahren (Regula Falsi) und Newtonverfahren in Frage.

1.1.9 Koordinatensysteme

Genauso, wie reelle Zahlen als Punkte der Zahlengeraden dargestellt werden können, lassen sich *Zahlenpaare* als Punkte der Ebene interpretieren. Diese Zuordnung von Zahlenpaaren und Punkten ist vielfach nützlich, um mathematische Objekte wie Funktionen (s. Abschn. 1.2.1), Lösungsmengen von Gleichungs- oder Ungleichungssystemen (s. Abschn. 1.4.3) usw. grafisch darzustellen und damit anschaulich zu machen. Dazu verwendet man zweckmäßigerweise *Koordinatensysteme*. Am verbreitetsten sind *rechtwinklige kartesische*[5]) Koordinatensysteme, bei denen zwei Koordinatenachsen senkrecht aufeinander stehen.

Die waagerechte Achse (*Abszissenachse*[6]) trägt häufig die Bezeichnung x-Achse, während die senkrechte Achse (*Ordinatenachse*[7]) in der Regel y-Achse genannt wird. Die Bezeichnungen der Achsen sind jedoch willkürlich und der jeweiligen Problemstellung anzupassen. So sind x_1, x_2-Koordinatensysteme ebenso gebräuchlich wie x, y-Koordinatensysteme, und ein K, t-System ist gut geeignet, Kosten K in Abhängigkeit von der Zeit t darzustellen.

Der Schnittpunkt der beiden Achsen wird meist als *Koordinatenursprung* oder *Nullpunkt* bezeichnet. Ein Punkt (a, b) der Ebene ist durch seine x-*Koordinate* (erster Wert) und y-*Koordinate* (zweiter Wert) eindeutig bestimmt (s. Abb. 1.1). Die Reihenfolge der beiden Koordinatenwerte ist wichtig und darf nicht verwechselt werden! So haben z. B. alle Punkte auf der x-Achse den y-Wert null. Umgekehrt, alle Punkte, deren erste Koordinate

---

[5] benannt nach René Descartes (1596–1650), frz. Philosoph, Physiker und Mathematiker.
[6] abscidere: lat. „trennen"; Abszisse: „die Abgetrennte".
[7] ordinare: lat. „ordnen", „in einer gewissen Reihenfolge aufstellen".

Abb. 1.1 Kartesisches Koordinatensystem

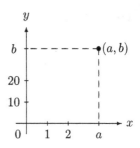

(x-Wert) gleich null ist, sind auf der y-Achse gelegen. Der Punkt (a, b) ist Schnittpunkt der durch a verlaufenden Parallelen zur y-Achse und der durch b verlaufenden Parallelen zur x-Achse. In Abb. 1.2 links sind exemplarisch einige Punkte in ein Koordinatensystem eingezeichnet.

Durch die beiden Koordinatenachsen wird die Ebene in vier Teile geteilt, die *Qua-dranten* genannt werden. Der 1. Quadrant entspricht demjenigen Teil, in dem beide Koordinaten positiv sind; die weitere Nummerierung erfolgt in mathematisch positivem Umlaufsinn, d. h. entgegengesetzt zur Uhrzeigerrichtung.

Wichtig ist die Wahl eines geeigneten *Maßstabes*, der auf beiden Achsen verschieden sein kann und es erlaubt, den darzustellenden Sachverhalt gut sichtbar zu machen. Wählt man die Maßstabseinheit (z. B. den Abstand der Skalenstriche 0 und 1) zu klein, „sieht man keine Details", wählt man sie zu groß, „sieht man zu wenig", da man nur einen kleinen Ausschnitt einer Kurve, einer Menge bzw. eines anderen mathematischen Objekts vor sich hat.

Neben kartesischen Koordinatensystemen können auch *schiefwinklige* oder *Polarkoor-dinatensysteme* gut geeignet sein, zweidimensionale Sachverhalte darzustellen. Polarkoor-dinaten sind dadurch gekennzeichnet, dass ein Punkt P in der Ebene beschrieben wird durch seinen Abstand r vom Ursprung O sowie den Winkel φ, den die Strecke $\overline{OP}$ mit der positiven x-Achse einschließt, wobei $-\pi < \varphi \leq \pi$ vereinbart wird (siehe Abb. 1.3). Diese Darstellung ist eindeutig.

Polarkoordinaten und kartesische Koordinaten lassen sich mithilfe trigonometrischer Beziehungen (s. Abschn. 1.1.10) ineinander überführen. Eine wichtige Anwendung haben Polarkoordinaten bei der Darstellung komplexer Zahlen (s. Abschn. 1.1.11).

Abb. 1.2 Punkte im Koordinatensystem und Quadranten
in der Ebene

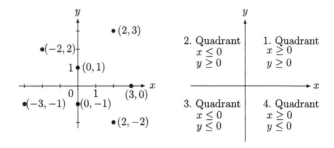

Abb. 1.3 Polarkoordinaten
eines Punktes

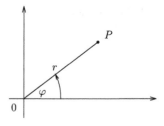

Abb. 1.4 Rechtwinkliges Dreieck

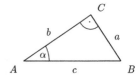

Während sich *Zahlentripel* in entsprechenden dreidimensionalen Koordinatensystemen darstellen und mittels kartesischen, Kugel-, Zylinder- oder anderen Koordinaten
beschreiben lassen, ist eine Veranschaulichung von mehr als vierdimensionalen Objekten
im Anschauungsraum nicht mehr möglich.

1.1.10 Winkelbeziehungen

Zur Beschreibung verschiedener mathematischer Sachverhalte benötigt man Ausdrücke,
die mit der Größe eines Winkels im Zusammenhang stehen. Dazu werden in erster Linie die Seitenverhältnisse im rechtwinkligen Dreieck genutzt. Ausgangspunkt ist das in
Abb. 1.4 dargestellte Dreieck ABC, das einen rechten Winkel bei C besitzt.

Bezogen auf den Winkel $\alpha = \sphericalangle CAB$ definiert man:

$$\sin \alpha = \frac{a}{c} = \frac{\text{Gegenkathete}}{\text{Hypotenuse}} \qquad (\text{Sinus von } \alpha),$$

$$\cos \alpha = \frac{b}{c} = \frac{\text{Ankathete}}{\text{Hypotenuse}} \qquad (\text{Kosinus von } \alpha),$$

$$\tan \alpha = \frac{a}{b} = \frac{\text{Gegenkathete}}{\text{Ankathete}} \qquad (\text{Tangens von } \alpha),$$

$$\cot \alpha = \frac{b}{a} = \frac{\text{Ankathete}}{\text{Gegenkathete}} \qquad (\text{Kotangens von } \alpha).$$

Diesen vier Größen entsprechen zunächst konkrete Seitenverhältnisse am rechtwinkligen
Dreieck; folglich sind sie nur für α-Werte zwischen 0 und $90° \widehat{=} \pi/2$ definiert (bekanntlich
hat der Vollkreis 360° und besitzt – bei einem Radius von eins – einen Umfang der Länge
2π). Fasst man jedoch den bisher fixierten Winkel α als Variable auf, kommt man zu den
Winkelfunktionen (siehe Abschn. 1.2.3), die sich – unter Einbeziehung negativer Strecken
– für beliebige Winkel definieren lassen.

1.1.11 Komplexe Zahlen

Bei der Untersuchung quadratischer Gleichungen hatten wir beobachtet, dass nicht immer reelle Lösungen existieren. In bestimmten Bereichen der Mathematik (wie z. B. bei der Eigenwertbestimmung, der Lösung von Polynomgleichungen oder Differenzialgleichungen) ist es aber erforderlich, die Lösung einer quadratischen Gleichung oder Gleichung höheren Grades in jedem Fall zu erzwingen. Dies wird möglich durch die Erweiterung des Bereichs der reellen Zahlen zur Menge der *komplexen Zahlen*.

Dazu wird die so genannte *imaginäre Einheit* $i = \sqrt{-1}$ als symbolische Größe mit der Eigenschaft $i^2 = -1$ eingeführt. Der Ausdruck $z = a + b\,i$ mit $a, b \in \mathbb{R}$ wird dann *komplexe Zahl* und $\overline{z} = a - b\,i$ die dazu *konjugiert komplexe Zahl* genannt. Dabei heißt die reelle Zahl a *Realteil* und die reelle Zahl b *Imaginärteil* von z. Eine komplexe Zahl der Form $b\,i$ heißt *rein imaginäre* Zahl.

Es zeigt sich, dass sich mit komplexen Zahlen sinnvolle Rechengesetze aufstellen lassen und viele Aussagen in der Mathematik sogar „runder" werden, geht man von reellen zu komplexen Zahlen über. Für komplexe Zahlen $z = a + b\,i$ mit $b = 0$, d. h. reelle Zahlen, stimmen diese Rechengesetze mit den bisherigen Regeln überein. Im Weiteren vereinbaren wir

$$z = a + b\,i, \quad w = c + d\,i, \quad a, b, c, d \in \mathbb{R}.$$

Gleichheit komplexer Zahlen Die komplexen Zahlen z und w heißen *gleich*, wenn ihre Realteile und ihre Imaginärteile übereinstimmen:

$$z = w \quad \Longleftrightarrow \quad a = c \quad \text{und} \quad b = d.$$

Operationen mit komplexen Zahlen Für das Rechnen mit komplexen Zahlen werden die folgenden Rechenoperationen vereinbart:

▶ Addition und Subtraktion: $z \pm w = (a \pm c) + (b \pm d)\,i$;

▶ Multiplikation mit reeller Zahl: $\lambda z = \lambda a + \lambda b\,i$;

▶ Multiplikation: $z \cdot w = (ac - bd) + (ad + bc)\,i$;

▶ Division: $\dfrac{z}{w} = \dfrac{ac + bd}{c^2 + d^2} + \dfrac{bc - ad}{c^2 + d^2}\,i$, falls $c^2 + d^2 > 0$.

Bemerkung

1) Die Festlegung zur Multiplikation stimmt mit der üblichen Multiplikation von Klammerausdrücken (unter Berücksichtigung der getroffenen Vereinbarung $i^2 = -1$) überein. Tatsächlich: $z \cdot w = ((a + b\,i)(c + d\,i)) = ac + ad\,i + bc\,i + bd\,i^2 = (ac - bd) + (ad + bc)\,i$.

Abb. 1.5 Gauß'sche Zahlenebene

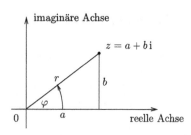

2) Das Ergebnis bei der Division entsteht durch Erweitern des Quotienten $\dfrac{z}{w}$ mit der zu w konjugiert komplexen Zahl $\overline{w} = c - d\,\mathrm{i}$:

$$\frac{z}{w} = \frac{(a + b\,\mathrm{i})(c - d\,\mathrm{i})}{(c + d\,\mathrm{i})(c - d\,\mathrm{i})} = \frac{(ac + bd) + (bc - ad)\,\mathrm{i}}{c^2 + d^2}.$$

Komplexe Zahlen lassen sich gut in der *Gauß'schen Zahlenebene*[8] veranschaulichen. Diese ist durch ein rechtwinkliges Koordinatensystem charakterisiert, in dem die eine Achse (die x-Achse) als *reelle Achse* und die andere (die y-Achse) als *imaginäre Achse* gekennzeichnet sind. Einer reellen Zahl $z = a + b\,\mathrm{i}$ mit dem Realteil a und dem Imaginärteil b wird dann der Punkt P mit den Koordinaten $x = a$ und $y = b$ zugeordnet, wodurch eine eindeutig umkehrbare Beziehung zwischen komplexen Zahlen und Punkten in der Gauß'schen Zahlenebene hergestellt wird. Der Punkt P (und damit die komplexe Zahl z) lässt sich ebenso eindeutig beschreiben, wenn anstelle des Paares kartesischer Koordinaten (a, b) die im Abschn. 1.1.9 eingeführten Polarkoordinaten (r, φ) verwendet werden (siehe Abb. 1.5).

In diesem Zusammenhang werden r *absoluter Betrag* und φ *Argument* der komplexen Zahl z genannt. Entsprechend dem Satz von Pythagoras sowie den in Abschn. 1.1.10 eingeführten Winkelbeziehungen gilt dabei

$$r = \sqrt{a^2 + b^2}, \quad \sin \varphi = \frac{b}{r}, \quad \cos \varphi = \frac{a}{r}. \tag{1.8}$$

Mehr zu komplexen Zahlen findet man z. B. in [1, 10].

1.2   Darstellung von Funktionen einer Variablen

Funktionen beschreiben den Zusammenhang zwischen zwei veränderlichen Größen. In der Praxis vorkommende Funktionen sind mitunter nur verbal beschrieben. Für mathematische Untersuchungen müssen jedoch die Zusammenhänge auch in der „Sprache der

---

[8] Gauß, Johann Carl Friedrich (1777–1855), deutscher Mathematiker, Astronom, Geodät und Naturforscher.

Mathematik" formulierbar sein, wobei die *analytische Form (Gleichungsform)*, die *grafische Form* sowie die *Tabellenform* gebräuchlich sind. In diesem Abschnitt beschränken wir uns auf Darstellungsmöglichkeiten und elementare Eigenschaften von Funktionen; bezüglich weiterer Eigenschaften sowie einer theoretischen Fundierung wird auf Kap. 6 verwiesen.

Die Menge aller Werte x, für die eine Funktion f erklärt ist, wird *Definitionsbereich* der Funktion genannt und meist mit $D(f)$ bezeichnet, während unter dem *Wertebereich* $W(f)$ die Gesamtheit aller y verstanden wird, die als Funktionswert angenommen werden können, für die es also ein x mit $y = f(x)$ gibt. Besteht der Definitionsbereich nur aus voneinander isolierten Punkten, so spricht man von einer *diskreten*, anderenfalls von einer *kontinuierlichen* Funktion. Bei einer Funktion gehört zu jedem Element x des Definitionsbereiches $D(f)$ genau ein Element y des Wertebereiches $W(f)$, weshalb die Bezeichnung

$$y = f(x) \tag{1.9}$$

(lies: „y ist gleich f an der Stelle x") gerechtfertigt ist. In der Schreibweise (1.9) tritt auch die Abhängigkeit zwischen den *veränderlichen Größen (Variablen)* x und y klar zu Tage: während die Variable x innerhalb des Definitionsbereiches $D(f)$ beliebige Werte annehmen kann und deshalb als *unabhängige* Variable (oder *Argument*) bezeichnet wird, ist vermittels der Zuordnung $f(x)$ der Wert y eindeutig festgelegt, sobald x gewählt wurde. Aus diesem Grunde heißt y die *abhängige* Variable.

Die Bezeichnungen der Variablen sind beliebig wählbar und können dem jeweiligen Kontext angepasst werden. So ist es durchaus sinnvoll, die Bezeichnungen $K(x)$ für eine Kostenfunktion oder $p(r)$ für die Funktion des Preises in Abhängigkeit von der verkauften Menge r zu verwenden. Wichtig ist allein die deutliche Kennzeichnung von abhängigen und unabhängigen Variablen.

Beispiel 1.34

a) $f(x) = 2x + 3$ (Beispiel einer linearen Funktion);

b) $g(x) = \operatorname{sign} x = \begin{cases} +1, & \text{falls } x > 0 \\ 0, & \text{falls } x = 0 \\ -1, & \text{falls } x < 0 \end{cases}$ (Vorzeichenfunktion);

c) $h(x) = |x| = \begin{cases} x, & \text{falls } x \geq 0 \\ -x, & \text{falls } x < 0 \end{cases}$

(Funktion, die jeder reellen Zahl x ihren Absolutbetrag zuordnet).

Eine Funktion $y = f(x)$ heißt *eineindeutig* oder *eindeutig umkehrbar*, wenn nicht nur jedem x genau ein y zugeordnet ist, sondern auch umgekehrt jedem y-Wert genau ein x-Wert entspricht.

Beispiel 1.35

a) Die Funktion $y = f(x) = x^2$ ist zwar eindeutig (jedem Wert x entspricht nur ein y), aber nicht eineindeutig. So entsprechen z. B. dem Funktionswert $y = 9$ die beiden Argumente $x = +3$ und $x = -3$.

b) Die Funktion $y = f(x) = x^3$ ist eineindeutig, denn für jedes x gibt es genau ein zugehöriges y (z. B. entspricht $x = 4$ der Wert $y = 64$), und für jeden y-Wert findet sich nur ein Wert x, welcher der Beziehung $y = x^3$ genügt (so gehört z. B. zu $y = -125$ der Wert $x = -5$).

Eineindeutige Funktionen lassen sich umkehren; ihre *Umkehrfunktion* ergibt sich, indem die Beziehung $y = f(x)$ nach x aufgelöst wird:

$$x = f^{-1}(y) \tag{1.10}$$

(lies: „x ist gleich f hoch -1 von y"). Hierbei ist f^{-1} lediglich eine symbolische Bezeichnung für die Umkehrfunktion, die die Abhängigkeit der (vorher unabhängigen) Variablen x von der (vorher abhängigen und jetzt unabhängigen) Variablen y beschreibt.

Beispiel 1.36 Zu der Funktion $y = f(x) = x^3$ gehört die Umkehrfunktion $x = f^{-1}(y) = \sqrt[3]{y}$ bzw. $y = f^{-1}(x) = \sqrt[3]{x}$ (nach Variablenvertauschung).

Für die Darstellung von f und f^{-1} in ein und demselben Koordinatensystem hat man zunächst in (1.10) die Variablen x und y miteinander zu vertauschen. Bei gleichem Maßstab auf den beiden Koordinatenachsen ergibt sich dann die Umkehrfunktion durch Spiegelung an der Winkelhalbierenden des 1. Quadranten, d. h. an der Geraden $y = x$ (siehe z. B. Abb. 1.18).

Im Weiteren interessieren uns verschiedene Eigenschaften von Funktionen. Die wichtigsten sind *Stetigkeit* (wenn sich die Funktion „ohne den Stift abzusetzen" zeichnen lässt), *Monotonie* (wenn die Funktionswerte mit wachsenden x-Werten ebenfalls wachsen), *Beschränktheit* (wenn die Funktionswerte nicht beliebig groß oder klein werden können). Schließlich interessiert häufig das *Grenzverhalten* einer Funktion für unbeschränkt wachsende Werte des Arguments, d. h. für $x \to \infty$ (lies: „x gegen Unendlich"). Um das Verhalten der Funktionswerte im erwähnten Grenzfall beschreiben zu können, hat man $\lim\limits_{x \to \infty} f(x)$ zu untersuchen (lies: „Limes[9] f von x für x gegen Unendlich"). Es kann aber auch das Grenzverhalten einer Funktion in der Nähe eines endlichen Punktes, etwa einer Polstelle x_P von Interesse sein, was auf die Untersuchung des Grenzwertes $\lim\limits_{x \to x_P} f(x)$ hinausläuft. Die exakten Definitionen der genannten Begriffe sind im Kap. 6 zu finden.

---

[9] limes: lat. „Grenzlinie", „Grenzwall"; math. „Grenzwert".

1.2.1 Formen der Darstellung

Analytische Darstellung von Funktionen

Unter der *analytischen Darstellung* einer Funktion versteht man deren Beschreibung in expliziter oder impliziter Gleichungsform:

$$y = f(x) \quad \text{oder} \quad F(x, y) = 0. \tag{1.11}$$

Nicht immer ist die Auflösung der Beziehung $F(x, y) = 0$ nach y möglich; Genaueres hierzu siehe Abschn. 7.3.6 zu impliziten Funktionen.

Beispiel 1.37

a) $F(n, q) = 2\,000 \cdot \dfrac{q^n - 1}{q - 1} - 30.000 = 0$ (nicht explizit nach q auflösbar);

b) $K = f(x) = 350 + 6x$ (Kostenfunktion, bereits explizit nach K aufgelöst).

Tabellarische Darstellung von Funktionen

Ausgehend von der expliziten analytischen Darstellung $y = f(x)$ einer Funktion oder auch von Messwerten, statistischen Daten usw. werden für ausgewählte Werte der unabhängigen Variablen x die zugehörigen y-Werte berechnet (gemessen, beobachtet) und zu einer *Wertetabelle* zusammengestellt. Zur Berechnung werden die entsprechenden x-Werte in die Gleichung $y = f(x)$ eingesetzt. Man erhält z. B. $y_0 = f(x_0)$ (Sprechweise: „y_0 ist der Funktionswert von f an der Stelle x_0").

Beispiel 1.38 $y = f(x) = 2x + 3$:

x	-2	-1	0	1	2
y	-1	1	3	5	7

Grafische Darstellung von Funktionen

Die grafische Darstellung einer Funktion macht deren wesentliche Eigenschaften oft am deutlichsten sichtbar. Dazu wird die Funktion in ein Koordinatensystem eingezeichnet, indem jedem Wertepaar $(\bar{x}, \bar{y})$ der Punkt mit den Koordinaten $x = \bar{x}$ und $y = \bar{y}$ zugeordnet wird. Der Maßstab kann dabei auf beiden Koordinatenachsen unterschiedlich sein, muss aber so festgelegt werden, dass die interessierenden Bereiche der Funktion gut zu erkennen sind. Dazu sind meist einige „Probewerte" für x zu wählen und die zugehörigen Funktionswerte y zu berechnen, um zu sehen, wie die Kurve in etwa verläuft.

Die Menge aller Punkte der Form $(x, y) = (x, f(x))$ wird *Graph* der Funktion f genannt („Verbindungslinie" aller Punkte (x, y), bei denen die zweite Koordinate y gleich dem Funktionswert der ersten Koordinate x ist). Diesen Graph kann man gewinnen, indem zunächst alle Zahlenpaare aus der Wertetabelle übertragen werden, wodurch man endlich viele isolierte Punkte erhält. Diese müssen dann in geeigneter Weise miteinander

Abb. 1.6 Beispiel einer Stückkostenfunktion

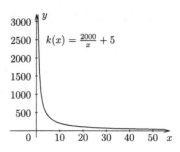

verbunden werden. Dazu ist es nützlich, über Informationen bezüglich des prinzipiellen
Kurvenverhaltens bzw. wichtiger Eigenschaften der Funktion zu verfügen. So weiß man
z. B. von differenzierbaren Funktionen (siehe Abschn. 6.2), dass sie „glatt" sind, d. h. in
jedem Punkt eine Tangente und nirgends Knickstellen besitzen.

Beispiel 1.39 $y = k(x) = \dfrac{2000}{x} + 5, \; x > 0$ (siehe Abb. 1.6)

1.2.2 Operationen mit Funktionen

Viele praktisch relevante Funktionen können leicht grafisch dargestellt werden, wenn man
die Graphen weniger „Standardfunktionen" und die Wirkung einiger Operationen mit
Funktionen kennt, die nachstehend beschrieben werden. Dies ist deshalb so wichtig, weil
Funktionen meist nicht in „reiner" Form auftreten, sondern mittels einfacher Operationen
zusammengesetzt sind. Weitere wichtige Eigenschaften von Funktionen werden in Kap. 6
diskutiert.

Multiplikation mit einem Faktor
Eine Funktion f wird mit einem Faktor $a \in \mathbb{R}$ multipliziert, indem jeder Funktionswert $f(x)$ mit dem Faktor multipliziert wird:

$$(a \cdot f)(x) = a \cdot f(x) \qquad \forall x \in D(f).$$

Ist der Faktor $a > 1$, ergibt sich eine *Streckung* der Funktion in y-Richtung, für $0 < a < 1$ eine
Stauchung. Gilt $a < 0$, kehrt sich die Funktion um. Speziell für $a = -1$ wird die Funktion an
der x-Achse gespiegelt.

In Abb. 1.7 sind neben der Funktion $f(x) = x^2$ auch die Funktionen $g(x) = 3 \cdot f(x) = 3x^2$ (Streckung), $h(x) = \frac{1}{2} \cdot f(x) = \frac{1}{2}x^2$ (Stauchung) und $j(x) = -f(x) = -x^2$ (Spiegelung)
dargestellt.

Auch eine Maßstabsveränderung führt zur Streckung oder Stauchung des Graphen einer
Funktion. Dabei entspricht einer Längenänderung auf der Abszissenachse eine Transformation der unabhängigen Variablen x in $t \cdot x$.

Abb. 1.7 Streckung, Stauchung und Spiegelung einer Funktion

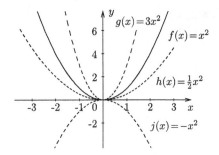

Addition und Subtraktion von Funktionen

Zwei Funktionen f und g mit gleichem Definitionsbereich werden *addiert* (*subtrahiert*), indem ihre Funktionswerte in jedem Punkt addiert (subtrahiert) werden:

$$(f \pm g)(x) = f(x) \pm g(x) \qquad \forall x \in D(f) = D(g).$$

Mit anderen Worten, die Addition bzw. Subtraktion von Funktionen ist punktweise erklärt. Stimmen dabei die Definitionsbereiche der beiden Funktionen nicht überein, sind die Summen- bzw. Differenzfunktion nur für diejenigen Werte x definiert, die gleichzeitig zu beiden Definitionsbereichen $D(f)$ und $D(g)$ gehören.

Beispiel 1.40 $f(x) = x^2$, $g(x) = x$, $h(x) = f(x) + g(x) = x^2 + x$

Vertikale und horizontale Verschiebung

Die Addition einer Konstanten führt zu einer Parallelverschiebung der Funktion in vertikaler Richtung.

Beispiel 1.41 $f(x) = x^2$, $g(x) = x^2 + 2$, $h(x) = x^2 - 1$ (siehe Abb. 1.8 und 1.9)

Entsprechend wird eine Funktion um $\bar{x}$ Einheiten *horizontal verschoben*, wenn $\bar{x}$ von der Variablen x subtrahiert wird, sodass sich als neue Funktion $y = f(x - \bar{x})$ ergibt. Ist dabei $\bar{x} > 0$, ergibt sich eine Verschiebung nach rechts, während $\bar{x} < 0$ eine Verschiebung des Graphen der Funktion nach links bewirkt.

Abb. 1.8 Addition zweier Funktionen

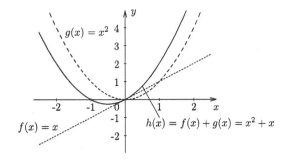

Abb. 1.9 Parallelverschiebung
der Funktion $y = x^2$

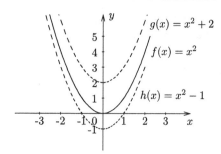

Beispiel 1.42 Die Verschiebung der Funktion $y = f(x) = |x|$ um eine Einheit nach rechts
führt auf $y = f(x) = |x - 1|$. (siehe Abb. 1.10)

Multiplikation und Division von Funktionen

Auch die *Multiplikation* und *Division* zweier Funktionen sind punktweise definiert, wobei
bei der Division zusätzlich gefordert werden muss, dass die Nennerfunktion ungleich null
ist:

$$(f \cdot g)(x) = f(x) \cdot g(x); \qquad \left(\frac{f}{g}\right)(x) = \frac{f(x)}{g(x)}, \quad g(x) \neq 0.$$

Zusammensetzung von Funktionen

Allgemeinere Verknüpfungen von Funktionen entstehen dadurch, dass man Funktionen
zusammensetzt (ineinander einsetzt). Die dabei entstehenden Konstruktionen $y = f(g(x))$
nennt man meist *mittelbare* Funktionen, bestehend aus der *inneren* Funktion $z = g(x)$ und
der *äußeren* Funktion $y = f(z)$. Auch hier hat man sorgfältig darauf zu achten, in welchen
Bereichen die vorkommenden Funktionen definiert sind. So muss der Wertebereich von g
im Definitionsbereich von f enthalten sein. Funktionen können auch mehrfach geschachtelt sein.

Beispiel 1.43
a) $y = f(x) = e^{x+1}$, $f(z) = e^z$, $z = g(x) = x + 1$;
b) $y = f(x) = e^{(x-1)^2}$, $f(z) = e^z$, $z = g(w) = w^2$, $w = h(x) = x - 1$.

Abb. 1.10 Horizontale Ver-
schiebung von $y = |x|$

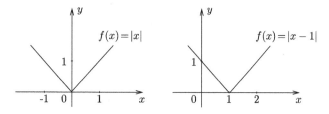

Im Allgemeinen werden wir es im Weiteren mit *elementaren* Funktionen zu tun haben, die reellwertige Funktionen reellwertiger Veränderlicher sind. Zu ihnen zählt man die *algebraischen* Funktionen und die nichtalgebraischen oder *transzendenten*[10] Funktionen sowie alle Funktionen, die sich als Summe, Produkt oder Quotient bzw. durch Bilden der Umkehrfunktion aus ihnen gewinnen und sich durch einen analytischen Ausdruck darstellen lassen.

Zu den algebraischen Funktionen gehören die ganzen rationalen (oder Polynomfunktionen), die gebrochen rationalen sowie nichtrationale algebraische Funktionen, wie etwa die Wurzelfunktionen, während zu den transzendenten Funktionen die Exponential- und Logarithmusfunktionen, die trigonometrischen und ihre Umkehrfunktionen sowie weitere Klassen gerechnet werden.

Zu den *nichtelementaren* Funktionen gehören die Dirichlet-Funktion (siehe (9.6)), die Funktion $e(x) = [x]$ (lies: „entier von x"), die jeder reellen Zahl x die größte ganze, x nicht übersteigende Zahl zuordnet, und viele weitere.

Nachstehend stellen wir die für wirtschaftswissenschaftliche Anwendungen wichtigsten Funktionen vor.

1.2.3 Wichtige spezielle Funktionen

Potenz- und Polynomfunktionen

Die allgemeine Gestalt einer Potenzfunktion lautet

$$y = f(x) = x^n, \quad n \in \mathbb{N},$$

wobei die Variable x als Basis auftritt, während der Exponent eine fixierte natürliche Zahl ist.

Für gerades n gilt wegen $(-x)^n = (-1)^n x^n = x^n$ offensichtlich $f(-x) = f(x)$ (so genannte *gerade Funktionen*, spiegelsymmetrisch zur vertikalen Achse), während im Falle einer ungeraden Zahl n die Beziehung $(-x)^n = (-1)^n x^n = -x^n$ und somit $f(-x) = -f(x)$ gültig ist (*ungerade Funktionen*, punktsymmetrisch zum Koordinatenursprung). Alle geraden Potenzfunktionen haben die Punkte $(-1, 1)$, $(0, 0)$ und $(1, 1)$ gemeinsam, während es bei den ungeraden Potenzfunktionen die Punkte $(-1, -1)$, $(0, 0)$, $(1, 1)$ sind (vgl. Abb. 1.11).

Auch wenn an die Stelle der natürlichen Zahl n eine rationale (oder sogar reelle) Zahl q tritt, spricht man von Potenzfunktionen (im weiteren Sinne), für $q = \frac{1}{n}$, $n \in \mathbb{N}$, speziell von Wurzelfunktionen (siehe unten). Potenzfunktionen bilden gemeinsam mit den oben beschriebenen einfachen Operationen die Grundlage für die Konstruktion von Polynomfunktionen, einer Klasse von Funktionen, die insbesondere für ökonomische Anwendungen (etwa bei der Beschreibung von Kosten-, Umsatz-, Gewinn- und anderen Funktionen) von großer Bedeutung ist.

---

[10] transcendere: lat. „etw. überschreiten".

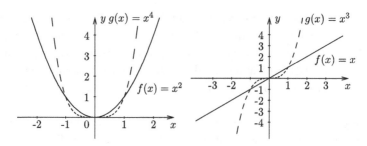

Abb. 1.11 Gerade und ungerade Potenzfunktionen

Eine *Polynomfunktion n-ten Grades* (oder auch *ganze rationale* Funktion) ist eine Funktion der Gestalt

$$y = P_n(x) = a_n x^n + a_{n-1} x^{n-1} + \ldots + a_1 x + a_0 = \sum_{i=0}^{n} a_i x^i \, , \tag{1.12}$$

wobei $a_0, a_1, \ldots, a_{n-1}, a_n$ reelle Zahlen mit $a_n \neq 0$ sind, die *Koeffizienten* genannt werden und gegebene konstante Größen sind. Somit stellen Polynomfunktionen die Summe von mit reellen Faktoren multiplizierten Potenzfunktionen dar. Sie sind für jeden Wert von x definiert und stetig.

Hat man Funktionswerte einer Polynomfunktion (für konkrete Zahlenwerte von x) zu berechnen, so ist – insbesondere bei Benutzung eines einfachen Taschenrechners – die folgende Umformulierung von (1.12) eine wertvolle Hilfe:

$$P_n(x) = ((\ldots (a_n \cdot x + a_{n-1}) \cdot x + \ldots + a_2) \cdot x + a_1) \cdot x + a_0 \, . \tag{1.13}$$

Bei diesem so genannten *Horner-Schema*[11] wird also zunächst (Klammerauflösung von innen nach außen) der Koeffizient a_n mit x multipliziert, dann der nächstfolgende Koeffizient a_{n-1} hinzuaddiert, die Summe wieder mit x multipliziert usw., bis zuletzt das Absolutglied a_0 addiert wird. Diese Vorgehensweise hat den Vorteil, dass keine höheren Potenzen von x explizit zu berechnen sind (z. B. durch mehrfache Multiplikationen), sondern nur abwechselnd je eine einfache Multiplikation und eine Addition durchzuführen ist.

Bemerkung Für die Berechnung von Polynomwerten mit dem Hornerschema benötigt man noch nicht einmal unbedingt einen zusätzlichen Speicherplatz für die Zwischensummen, da jedes berechnete Teilergebnis sofort wieder der Ausgangswert für die nachfolgende Addition bzw. Multiplikation ist. Es empfiehlt sich jedoch, den immer wieder benutzten Wert von x vor Beginn der Rechnung im Taschenrechner abzuspeichern (insbesondere bei vielen Nachkommastellen von x).

---

[11] Horner, William George (1786–1837), engl. Mathematiker.

Beispiel 1.44 Der Wert der Polynomfunktion $y = p(x) = 3{,}45x^4 - 2{,}80x^3 + 0{,}33x^2 + x + 10{,}34$ soll für $x = \bar{x} = 3{,}14$ berechnet werden.

Entsprechend (1.13) erhält man dabei schrittweise die folgenden Zwischenwerte:

$$
\begin{aligned}
p(\bar{x}) \quad &= (((\underline{(3{,}45\bar{x} - 2{,}80)} \cdot \bar{x} + 0{,}33) \cdot \bar{x} + 1) \cdot \bar{x} + 10{,}34 \\[-2pt]
&\qquad\qquad\;\downarrow \\
&= ((\;\underline{\quad 8{,}033 \quad} \cdot \bar{x} + 0{,}33) \cdot \bar{x} + 1) \cdot \bar{x} + 10{,}34 \\[-2pt]
&\qquad\qquad\qquad\downarrow \\
&= (\;\underline{\quad 25{,}55362 \quad} \cdot \bar{x} + 1) \cdot \bar{x} + 10{,}34 \\[-2pt]
&\qquad\qquad\qquad\quad\downarrow \\
&= \;\underline{\quad 81{,}2383668 \quad} \cdot \bar{x} + 10{,}34 \\[-2pt]
&\qquad\qquad\qquad\qquad\downarrow \\
&= \;\underline{\quad 265{,}42847175 \quad} \qquad\qquad \approx 265{,}43\,.
\end{aligned}
$$

Fehlt in einem Polynom eine der Potenzen x^i, so muss im Horner-Schema unbedingt der zugehörige Koeffizient a_i mit dem Wert null einbezogen werden:

Beispiel 1.45 $y = 2x^5 - 5x^4 + 3x^2 + x - 2 = ((((2x - 5) \cdot x + 0) \cdot x + 3) \cdot x + 1) \cdot x - 2$
bzw. $y = (((2x - 5) \cdot x \cdot x + 3) \cdot x + 1) \cdot x - 2$.

Über die Anzahl der Nullstellen einer Polynomfunktion kann folgende mathematisch bedeutsame Aussage getroffen werden (*Hauptsatz der Algebra*).

Satz 1.1 *Die Polynomgleichung*

$$p_n(x) = x^n + a_{n-1}x^{n-1} + \ldots + a_2x^2 + a_1x + a_0 = 0 \tag{1.14}$$

besitzt höchstens n Lösungen im Bereich der reellen Zahlen bzw. genau n Lösungen im Bereich der komplexen Zahlen unter Beachtung ihrer Vielfachheit. Bezeichnet man diese Lösungen mit $x_1, x_2, \ldots, x_n$, so kann die Polynomfunktion $p_n(x)$ aus (1.14) wie folgt dargestellt werden:

$$p_n(x) = (x - x_1)(x - x_2) \ldots (x - x_n)\,. \tag{1.15}$$

Bemerkung 1) Es ist durchaus möglich, dass in (1.15) ein und derselbe Wert x_i mehrfach auftritt. Die (maximale) Anzahl, wie oft dies geschieht, wird *Vielfachheit* der entsprechenden Nullstelle genannt.

2) Aus der Darstellung (1.15) lässt sich die folgende, mitunter nützliche Tatsache schließen: Sind die Nullstellen von $p_n(x)$ alle ganzzahlig, so müssen sie Teiler des Absolutgliedes sein. Das ist unmittelbar klar, denn das Absolutglied wird gerade aus dem Produkt $x_1 \cdot x_2 \cdot \ldots \cdot x_n$ gebildet.

3) Eine Polynomfunktion ungeraden Grades besitzt **immer** mindestens eine reelle Nullstelle, was darauf zurückzuführen ist, dass die Funktionswerte von $p(x)$ für $x \to +\infty$ gegen

$+\infty$ streben, während sie für sehr kleine x-Werte ($x \to -\infty$) immer kleiner werden, d. h. gegen $-\infty$ streben. Da eine Polynomfunktion stetig ist und somit keine Lücken oder Sprünge besitzt, muss es mithin mindestens einen Punkt geben, der den Funktionswert null hat.

4) In *einfachen* Nullstellen hat die Funktionskurve stets einen von null verschiedenen Anstieg, während er in *mehrfachen* Nullstellen null ist, d. h., die Tangente an die Funktionskurve verläuft in diesen Punkten waagerecht und fällt mit der x-Achse zusammen. Aus der Vielfachheit einer Nullstelle x_i kann man noch eine weitere Aussage über den Funktionsverlauf in der Nähe der Nullstelle ableiten: ist sie ungerade, so ändert das Polynom sein Vorzeichen beim Übergang von $x < x_i$ zu $x > x_i$, bei gerader Vielfachheit wird das Vorzeichen beibehalten.

5) Die Ermittlung der Nullstellen einer Polynomfunktion ist in der Regel eine komplizierte Aufgabe und nur in Spezialfällen in geschlossener Form realisierbar. Im allgemeinen Fall muss auf numerische Näherungsverfahren zurückgegriffen werden (siehe Abschn. 6.4).

Übrigens kann die Darstellung (1.15) genutzt werden, um bei Kenntnis einer Nullstelle den Grad des Polynoms um eins zu reduzieren (etwa zum Zwecke der leichteren Bestimmung weiterer Nullstellen). Nehmen wir an, uns sei (durch „Erraten", aus zusätzlichen Informationen usw.) z. B. die Nullstelle x_1 bekannt, d. h. es gilt $p_n(x_1) = 0$. Formt man dann Beziehung (1.15) unter der Annahme $x \neq x_1$ in die Gestalt

$$\frac{p_n(x)}{x - x_1} = (x - x_2) \ldots (x - x_n) \tag{1.16}$$

um, so ist der Grad des Polynoms auf der rechten Seite von (1.16) um eins kleiner als der von $p_n(x)$.

Da uns die Nullstellen $x_2, \ldots, x_n$ noch unbekannt sind, kennen wir auch die Faktorzerlegung auf der rechten Seite von (1.16) nicht, wohingegen die linke Seite mittels *Partialdivision* (siehe Abschn. 1.1.5) berechnet werden kann.

Beispiel 1.46 Gesucht sind die Nullstellen des Polynoms $P_3(x) = x^3 - x^2 - \frac{5}{4}x + \frac{3}{4}$. Durch „scharfes Hinschauen" bzw. gezieltes Probieren erkennt man die Nullstelle $x_1 = -1$. Nach Partialdivision des Polynoms $P_3(x)$ durch den Ausdruck $x - x_1 = x - (-1) = x + 1$ erhält man $P_2(x) = \left(x^3 - x^2 - \frac{5}{4}x + \frac{3}{4}\right) : (x + 1) = x^2 - 2x + \frac{3}{4}$. Dieser Ausdruck stellt eine quadratische Funktion dar, deren Nullstellen leicht mit der Lösungsformel 1.7 für quadratische Gleichungen bestimmt werden können und $x_2 = \frac{1}{2}$, $x_3 = \frac{3}{2}$ lauten.

Eine weitere Aussage über die Anzahl von Nullstellen eines Polynoms, die im Kap. 3 zur Finanzmathematik mehrfach genutzt werden wird, liefert die *Descartes'sche Vorzeichenregel*. Dazu hat man die Vorzeichen der Koeffizienten a_i des Polynoms $P_n(x)$ aus (1.12) der Reihe nach aufzuschreiben (Nullen werden weggelassen) und die Vorzeichenwechsel zu zählen; deren Anzahl betrage w.

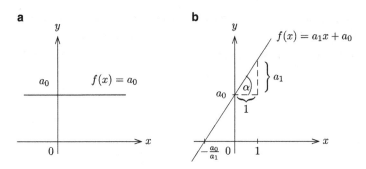

Abb. 1.12 **a** Konstante und **b** lineare Funktion

Satz 1.2 *Die Anzahl positiver Nullstellen des Polynoms* $P_n(x) = \sum\limits_{i=0}^{n} a_i x^i$ *ist gleich w oder w −2, w − 4, …, während sich die Anzahl negativer Nullstellen aus der Zahl der Vorzeichenwechsel in* $P_n(-x)$ *ergibt.*

Beispiel 1.47 Das Polynom $P_3(x) = 20x^3 - 33x^2 - 108x + 121$ führt auf die Vorzeichenkette + − − +, die zwei Wechsel aufweist. Gemäß Satz 1.2 beträgt die Zahl positiver Nullstellen 2 oder 0. Sie ist tatsächlich gleich 2, wie aus Abb. 1.14 erkennbar ist. Ersetzt man x durch $-x$, ergibt sich $P_3(-x) = -20x^3 - 33x^2 + 108x + 121$, wozu die Vorzeichenkette − − + + gehört. In dieser Folge gibt es nur einen Wechsel. Deshalb besitzt das Polynom $P_3(x)$ eine negative Nullstelle, wie auch Abb. 1.14 bestätigt.

Nachstehend sollen Polynomfunktionen der Grade $n = 0, 1, 2, 3$ etwas detaillierter untersucht werden.

Konstante

Konstante Funktionen haben die Form

$$y = f(x) = a_0 ,$$

wobei a_0 eine gegebene reelle Zahl ist. Der Funktionswert y hängt also nicht vom Wert der unabhängigen Variablen x ab und beträgt immer a_0. Die grafische Darstellung einer konstanten Funktion ist eine parallel zur x-Achse verlaufende Gerade (vgl. Abb. 1.12a). Für $a_0 > 0$ liegt sie oberhalb der x-Achse, für $a_0 < 0$ unterhalb, $a_0 = 0$ entspricht der x-Achse selbst.

Lineare Funktion

Eine *lineare* Funktion oder Polynomfunktion 1. Grades hat die Gestalt

$$y = f(x) = a_1 x + a_0 \qquad (1.17)$$

mit gegebenen reellen Zahlen a_0, a_1 (weitverbreitet ist auch die Schreibweise $y = mx + n$). Sie ist überall definiert und stetig (siehe Abschn. 6.1) und besitzt für $a_1 \neq 0$ genau eine Nullstelle, die sich aus der Bestimmungsgleichung $f(x) \overset{!}{=} 0$ leicht ermitteln lässt:

$$a_1 x + a_0 = 0 \implies a_1 x = -a_0 \implies x = -\frac{a_0}{a_1}.$$

Ihr grafisches Bild ist eine Gerade. Die beiden Koeffizienten a_0 und a_1 haben folgende Bedeutung (vgl. Abb. 1.12b):

▶   das Absolutglied a_0 ist der Achsenabschnitt auf der y-Achse (Verschiebung vom Nullpunkt, Funktionswert für $x = 0$),

▶   der Faktor a_1 stellt den Anstieg (die Steigung) der Geraden dar.

Eine lineare Funktion lässt sich grafisch darstellen, indem zwei **beliebige** x-Werte x_1, x_2 gewählt, die zugehörigen y-Werte $y_1 = f(x_1)$, $y_2 = f(x_2)$ berechnet werden und durch die beiden Punkte (x_1, y_1) und (x_2, y_2) eine Gerade gelegt wird. Alternativ kann das *Steigungsdreieck* genutzt werden: ausgehend von einem beliebigen Punkt der Geraden (z. B. Achsendurchgang durch die y-Achse bei $y = a_0$) wird ein zweiter Punkt des Graphen der Funktion gefunden, indem eine Einheit nach rechts und a_1 Einheiten nach oben (bei $a_1 > 0$) bzw. nach unten (bei $a_1 < 0$) gegangen wird (vgl. Abb. 1.12b).

Für $a_0 = 0$ verläuft der Graph der Funktion durch den Koordinatenursprung (Ursprungsgerade). Haben zwei lineare Funktionen dieselbe Steigung, jedoch verschiedene Absolutglieder a_0, so verlaufen die zugehörigen Geraden parallel.

Quadratische Funktionen

Quadratische Funktionen oder Polynomfunktionen 2. Grades besitzen die Form

$$y = f(x) = a_2 x^2 + a_1 x + a_0, \tag{1.18}$$

$a_2 \neq 0$, $a_0, a_1, a_2 \in \mathbb{R}$. Sie sind für beliebige Werte x definiert und stetig und haben höchstens zwei reelle Nullstellen.

Der Graph quadratischer Funktionen ist eine Parabel, die für $a_2 > 0$ nach oben, für $a_2 < 0$ nach unten geöffnet ist (der Fall $a_2 = 0$ führt wieder auf eine lineare Funktion). Die zum Spezialfall $a_2 = 1$, $a_1 = 0$, $a_0 = 0$, d. h. zur Potenzfunktion $y = x^2$ gehörende Kurve wird *Normalparabel* genannt.

Durch Umformung der Beziehung (1.18) mithilfe der so genannten *quadratischen Ergänzung* findet man den *Scheitelpunkt* der Parabel, d. h. den tiefsten (höchsten) Punkt einer nach oben (unten) geöffneten Parabel. Zunächst gilt

$$f(x) = a_2 x^2 + a_1 x + a_0 = a_2 \left(x^2 + \frac{a_1}{a_2} x + \frac{a_1^2}{4a_2^2} \right) - \frac{a_1^2}{4a_2} + a_0$$

$$= a_2 \left(x + \frac{a_1}{2a_2} \right)^2 - \frac{a_1^2}{4a_2} + a_0.$$

Abb. 1.13 Quadratische Funktion ($a_2 < 0$)

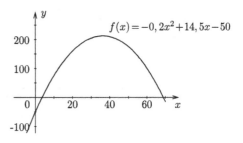

Hieraus erkennt man, dass der kleinste (bei $a_2 > 0$) bzw. größte (bei $a_2 < 0$) Wert von $f(x)$ für $x = -\frac{a_1}{2a_2}$ angenommen wird, weil für diesen x-Wert der quadratische Ausdruck im ersten Summanden gleich null wird. Der zugehörige y-Wert beträgt $y = a_0 - \frac{a_1^2}{4a_2}$. Damit hat der Scheitelpunkt die Koordinaten $(x_S, y_S) = (-\frac{a_1}{2a_2}, a_0 - \frac{a_1^2}{4a_2})$. Die Nullstellen der Funktion (1.18) werden mit der Lösungsformel (1.6) bestimmt.

Beispiel 1.48 $y = f(x) = -0{,}2x^2 + 14{,}5x - 50$ (siehe Abb. 1.13)

Hier ist $a_2 = -0{,}2$, $a_1 = 14{,}5$, $a_0 = -50$, sodass der Scheitelpunkt die Koordinaten $x_S = -\frac{a_1}{2a_2} = -\frac{14{,}5}{-0{,}4} = 36{,}25$, $y_S = a_0 - \frac{a_1^2}{4a_2} = -50 - \frac{210{,}25}{-0{,}8} = 212{,}81$ besitzt. Die Nullstellen berechnen sich zu $x_1 = 3{,}63$ und $x_2 = 68{,}87$.

Wertetabelle:

x	0	10	20	30	40	50	60	70
y	−50	75	160	205	210	175	100	−15

Kubische Funktionen

Kubische Funktionen oder *Polynomfunktionen 3. Grades* bzw. *3. Ordnung* sind Funktionen der Form

$$y = f(x) = a_3x^3 + a_2x^2 + a_1x + a_0$$

mit $a_0, a_1, a_2, a_3 \in \mathbb{R}$ und $a_3 \neq 0$. Sie haben mindestens eine Nullstelle, können aber auch zwei oder drei reelle Nullstellen besitzen. Ihre konkrete Gestalt hängt von den Werten der Koeffizienten a_0, a_1, a_2, a_3 ab.

Beispiel 1.49
a) $f(x) = -x^3 + 4$;
b) $f(x) = 20x^3 - 33x^2 - 108x + 121$

Die **exakte** Ermittlung der Nullstellen kubischer Funktionen ist – von Ausnahmefällen abgesehen – schwierig, sodass meist auf numerische **Näherungsverfahren** zurückgegriffen werden muss (siehe dazu Abschn. 6.4).

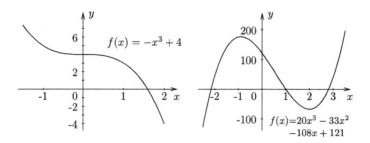

Abb. 1.14 Polynomfunktionen 3. Grades mit 1 bzw. 3 Nullstellen

Gebrochen rationale Funktionen

Eine *gebrochen rationale* Funktion ist der Quotient zweier Polynomfunktionen:

$$f(x) = \frac{\sum\limits_{i=0}^{m} a_i x^i}{\sum\limits_{j=0}^{n} b_j x^j} = \frac{a_m x^m + a_{m-1} x^{m-1} + \ldots + a_1 x + a_0}{b_n x^n + b_{n-1} x^{n-1} + \ldots + b_1 x + b_0}.$$

Charakteristisch für den Funktionsverlauf ist das Auftreten von *Polstellen*, d. h. solcher Werte x, für die das Nennerpolynom gleich null, das Zählerpolynom aber ungleich null ist. In Polstellen ist die Funktion nicht definiert und somit auch nicht stetig. Bei Annäherung der x-Werte an eine Polstelle wächst oder fällt der Funktionswert unbeschränkt (d. h., er strebt gegen $+\infty$ oder $-\infty$). Für die grafische Darstellung gebrochen rationaler Funktionen verdienen x-Werte in der Nähe von Polstellen und ihre zugehörigen Funktionswerte besonderes Interesse. Es können auch Grenzwertbetrachtungen einfließen. Genauere Untersuchungen führen zum Begriff des *Grades* einer Polstelle bzw. zu *geraden* und *ungeraden* Polstellen (siehe hierzu z. B. [3]).

Beispiel 1.50 $y = f(x) = \dfrac{x+1}{x-1}$ (siehe Abb. 1.15 links)

Für $x = 1$ ist der Nenner 0, der Zähler gleich 2, sodass eine Polstelle vorliegt. Die Umformung $f(x) = \frac{x+1}{x-1} = \frac{1 + \frac{1}{x}}{1 - \frac{1}{x}}$ lässt erkennen, dass für $x \to +\infty$ bzw. $x \to -\infty$ die Funktionswerte dem Grenzwert 1 zustreben, da $\frac{1}{x} \to 0$.

Beispiel 1.51 $y = f(x) = \dfrac{x^2 + 2x + 2}{x + 2}$ (siehe Abb. 1.15 rechts)

Hier zeigt die mittels Partialdivision (vgl. Abschn. 1.1.5) durchgeführte Umformung $f(x) = \frac{x^2+2x+2}{x+2} = x + \frac{2}{x+2}$, dass sich für betragsmäßig große Werte x, für die der Summand $\frac{2}{x+2}$ vernachlässigbar klein wird, die Funktionswerte der Geraden $y = x$ annähern; letztere wird in diesem Zusammenhang *Asymptote* von f genannt. Für $x = -2$ liegt eine Polstelle vor.

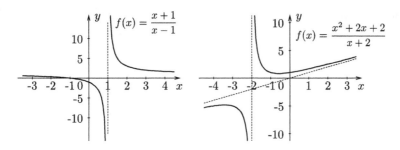

Abb. 1.15 Gebrochen rationale Funktionen mit einer Polstelle

Der Fall, dass für einen bestimmten x-Wert gleichzeitig die Zähler- und die Nenner-funktion null sind, kann ebenfalls auftreten; es liegt dann ein *unbestimmter Ausdruck* $\frac{0}{0}$ vor. Diese Unkorrektheit kann in bestimmten Fällen (nämlich dann, wenn die Vielfachheit der Nullstellen in der Zählerfunktion größer oder gleich der Vielfachheit der Nullstellen in der Nennerfunktion ist) durch Kürzen gemeinsamer Faktoren behoben werden, weshalb man in diesen Fällen von *hebbarer Unstetigkeit* spricht.

Beispiel 1.52 $y = f(x) = \dfrac{x^2 - 1}{x^2 + x - 2}$.

Für $x = 1$ wird sowohl der Zähler als auch der Nenner gleich null; gleichzeitig gilt die Darstellung

$$f(x) = \frac{(x+1)(x-1)}{(x+2)(x-1)} \,. \tag{1.19}$$

Zunächst werde $x = 1$ ausgeschlossen. Dann lässt sich $f(x)$ in (1.19) mit dem Faktor $x - 1$ kürzen. Dabei geht der für $x = 1$ nicht definierte Ausdruck (1.19) in den nunmehr für $x = 1$ wohldefinierten Ausdruck $\widetilde{f}(x) = \frac{x+1}{x+2}$ über. Der Funktionswert von $\widetilde{f}(x)$ an der Stelle $x = 1$ hat ebenso wie der Grenzwert $\lim\limits_{x \to 1} f(x)$ den Wert $\frac{2}{3}$, weshalb es sinnvoll ist, den Funktionswert der ursprünglichen Funktion f an der Stelle $x = 1$ als $f(1) = \widetilde{f}(1) = \frac{2}{3}$ zu definieren. Somit stellt $x = 1$ eine hebbare Unstetigkeit dar. Der Wert $x = -2$ hingegen ist eine Polstelle.

Wurzelfunktionen

Wurzelfunktionen sind Potenzfunktionen, deren Exponenten rationale (und nicht wie bis-her natürliche) Zahlen der Form $\frac{1}{n}$, $n \in \mathbb{N}$ sind:

$$y = f(x) = x^{\frac{1}{n}} = \sqrt[n]{x} \,.$$

(Zur Definition von Wurzeln siehe Abschn. 1.1.6.) Wurzelfunktionen sind nur für nichtne-gative Werte definiert, sodass gilt $D(f) = \mathbb{R}^+ = \{x \mid x \geq 0\}$, und stellen Umkehrfunktionen der Potenzfunktionen $y = x^n$ dar.

Abb. 1.16 Wurzelfunktion
$y = \sqrt{x}$

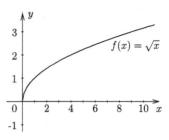

Besonders wichtig ist die Funktion $y = f(x) = \sqrt{x}$, wobei entsprechend der Definition der Quadratwurzel unter $\sqrt{x}$ nur der positive Wert verstanden wird, dessen Quadrat x ergibt (siehe Abb. 1.16). Damit ist $f(x) = \sqrt{x}$ eindeutig definiert.

Wertetabelle:

x	0	1	2	3	4	9
y	0	1	1,41	1,73	2	3

Exponentialfunktionen

Eine herausragende Rolle bei der Beschreibung ökonomischer Prozesse, insbesondere von Wachstumsvorgängen (Bevölkerungswachstum, Zinseszins usw.) oder Zerfallsprozessen, spielen *Exponentialfunktionen*. Das sind Funktionen der Gestalt

$$y = f(x) = a^x, \qquad a > 0, \qquad a \neq 1. \tag{1.20}$$

Im Unterschied zur Potenzfunktion tritt hier die Variable nicht als Basis, sondern als Exponent auf. Den Definitionsbereich einer Exponentialfunktion bildet die gesamte Zahlengerade, wo die Funktion auch stetig ist.

Beispiel 1.53

a) $y = f(x) = 2^x$

b) $y = g(x) = \left(\frac{1}{3}\right)^x$ (siehe Abb. 1.17)

Wertetabelle:

x	-2	-1	0	1	2	10
2^x	0,25	0,5	1	2	4	1024
$\left(\frac{1}{3}\right)^x$	9	3	1	0,33	0,11	0,000017

Besonders wichtig ist der Fall, dass die Basis a gleich der Euler'schen Zahl e ist, wobei gilt $e = \lim\limits_{n \to \infty} \left(1 + \frac{1}{n}\right)^n = 2{,}718\,281\,828\,46\ldots$

Abb. 1.17 Exponentialfunktionen 2^x und $\left(\frac{1}{3}\right)^x$

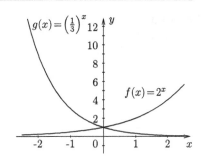

Beispiel 1.54

a) $h(x) = e^x$,

b) $k(x) = e^{-x}$ (vgl. Abb. 1.18)

Wertetabelle:

x	-2	-1	0	1	2	5	10
e^x	0,135	0,368	1	2,718	7,389	148,413	22.026,47
e^{-x}	7,389	2,718	1	0,368	0,135	0,0067	0,000 045

Beispiel 1.55 Eine Anwendung der Exponentialfunktion liegt in der Finanzmathematik (Kap. 3). So kann beispielsweise das Kapital K_t, das sich nach t Jahren aus dem Anfangskapital K_0 bei kontinuierlicher Verzinsung (d. h. Verzinsung in jedem Augenblick) entwickelt, durch die Exponentialfunktion $K_t = K_0 \cdot e^{jt}$ dargestellt werden, wobei $j = \ln(1 + i)$ die so genannte *Zinsintensität* ist (i – Jahreszinsrate).

Beispiel 1.56 Der Verbrauch an Schokoladenerzeugnissen in Abhängigkeit vom monatlichen Familieneinkommen (beide Größen gemessen in €/Monat) werde durch die Funktion $v = f(x) = 40 \cdot e^{-\frac{a}{x}}$ beschrieben, wobei $a > 0$ eine aus Umfrageergebnissen ermittelte Konstante ist und sinnvollerweise $x \geq 0$ gelte. Welchem „Sättigungswert" strebt der Schokoladenverbrauch für (unbeschränkt) wachsendes Einkommen zu und was ergibt sich, wenn das Einkommen gegen null geht? Man erhält

$$\lim_{x \to \infty} f(x) = 40 \cdot e^0 = 40, \quad \lim_{x \downarrow 0} f(x) = 40 \cdot \lim_{z \to \infty} e^{-z} = 40 \cdot 0 = 0,$$

d. h., der Schokoladenkonsum übersteigt selbst bei sehr großem Einkommen den Wert von 40 € nicht, während er mit sinkendem Einkommen gegen null geht.

Logarithmusfunktionen

Logarithmusfunktionen stellen Umkehrfunktionen zu den Exponentialfunktionen dar. Sie haben die Gestalt

$$y = f(x) = \log_a x$$

Abb. 1.18 Logarithmus- und
Exponentialfunktion

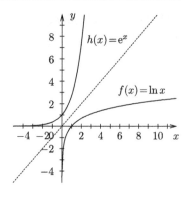

$(a > 0,\ a \neq 1$ – Basis) und sind nur für positive Werte von x definiert, d. h. $D(f) = \{x | x > 0\}$. Von besonderer Bedeutung für ökonomische Anwendungen ist die Logarithmusfunktion zur Basis $a = e$, also diejenige Funktion, die jeder positiven reellen Zahl ihren natürlichen Logarithmus zuordnet:

$$y = f(x) = \ln x\,.$$

Sie ist die Umkehrfunktion zu $y = e^x$ und gemeinsam mit e^x und der Symmetrieachse $y = x$ in Abb. 1.18 dargestellt.

Wertetabelle:

x	0,001	0,1	0,5	1	2	2,72	10
y	−6,91	−2,30	−0,69	0	0,69	1	2,30

Trigonometrische Funktionen

Die *Winkelfunktionen* oder *trigonometrischen* Funktionen sind Verallgemeinerungen der in Abschn. 1.1.10 eingeführten Winkelbeziehungen im rechtwinkligen Dreieck:

$$
\begin{aligned}
y &= f(x) = \sin x \quad &&\text{(Sinusfunktion)}\\
y &= f(x) = \cos x \quad &&\text{(Kosinusfunktion)}\\
y &= f(x) = \tan x \quad &&\text{(Tangensfunktion)}\\
y &= f(x) = \cot x \quad &&\text{(Kotangensfunktion)}.
\end{aligned}
$$

Diese Funktionen sind vor allem in Fragestellungen von Interesse, wo es um die Beschreibung periodischer Vorgänge geht (saisonbedingte Veränderungen von Arbeitslosenzahlen, Umsätzen usw.).

Für die Sinusfunktion gilt $D(f) = \mathbb{R}$, $W(f) = [-1,1]$, die (unendlich vielen) Nullstellen liegen bei $x_k = k\pi$, $k \in \mathbb{Z}$, die Periode beträgt 2π (vgl. Abb. 1.19).

Bei der Berechnung von Werten der Winkelfunktionen mit dem Taschenrechner hat man darauf zu achten, ob der Winkel im *Gradmaß* (Schalter DEG) oder im *Bogenmaß* (Schalter RAD) gegeben ist.

Abb. 1.19 Sinusfunktion

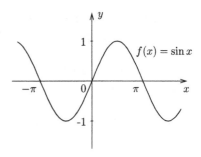

Bezüglich anderer trigonometrischer Funktionen, weiterer Eigenschaften und Formeln sei auf einschlägige Formelsammlungen (z. B. [6]) verwiesen.

1.3 Ergänzende Fragen

1.3.1 Intervalle

Da für zwei reelle Zahlen $a, b \in \mathbb{R}$ immer genau eine der Beziehungen

$$a = b, \qquad a < b \qquad \text{oder} \qquad a > b$$

gilt, ist es möglich, die Menge der reellen Zahlen zu *ordnen*.

Eine anschauliche Darstellung der Anordnung von Zahlen ist mithilfe der *Zahlengeraden* möglich, indem jeder (reellen) Zahl ein Punkt zugeordnet wird. Dazu ist es nötig, einen *Nullpunkt* sowie einen *Maßstab* festzulegen. Die Beziehung $a < b$ bedeutet dann, dass der Punkt a links von b liegt. In Abb. 1.20 sind die Zahlen (Punkte) 2 und −1,5 dargestellt.

Es ist üblich, Abschnitte auf der Zahlengeraden, d. h. Mengen geordneter reeller Zahlen, in der folgenden Intervallschreibweise darzustellen:

▸ (a, b) – *offenes Intervall*; Menge aller reellen Zahlen x, für die die Beziehung $a < x < b$ gilt (ohne Randpunkte);

▸ $[a, b]$ – *abgeschlossenes Intervall*; Menge aller reellen Zahlen x mit $a \leq x \leq b$ (mit beiden Randpunkten);

▸ $(a, b]$ – *halboffenes Intervall*; Menge der reellen Zahlen x, für die die Ungleichung $a < x \leq b$ gilt (linker Randpunkt nicht zugehörig);

▸ $[a, b)$ – *halboffenes Intervall*; Menge der reellen Zahlen x, für die die Ungleichung $a \leq x < b$ gilt (rechter Randpunkt nicht zugehörig).

Abb. 1.20 Zahlengerade

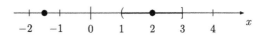

In Abb. 1.20 ist als Beispiel das halboffene Intervall $(1, 3]$ hervorgehoben.

Ein abgeschlossenes Intervall I, das nur aus einem einzigen Punkt besteht, d. h., bei dem linker und rechter Randpunkt übereinstimmen, kann auch als einelementige Menge $I = \{a\}$ oder in der Form $I = [a, a]$ geschrieben werden. Die Schreibweise $I = a$ ist dagegen formal falsch, da das Gleichheitszeichen nicht zwischen völlig unterschiedlichen Objekten stehen darf, wie auch Operationen im Allgemeinen nur mit gleichartigen Objekten sinnvoll definiert sind (z. B. könnte man ja zu der Zahl a eine andere Zahl addieren, bei einem Intervall müsste man hingegen eine entsprechende Additionsoperation erst einmal erklären).

Für die Bezeichnung von Intervallen, die sich auf der Zahlengeraden unbeschränkt nach links oder nach rechts erstrecken, benutzt man die bekannten Symbole „$-\infty$" und „$+\infty$". Zu beachten ist dabei einerseits, dass man mit diesen Bezeichnungen nicht wie mit Zahlen rechnen kann (z. B. ist der Ausdruck $(-\infty) + (+\infty)$ nicht definiert). Andererseits sind diese Intervalle auf einer „unendlichen" Seite immer offen: $(-\infty, +\infty)$ bezeichnet also die gesamte Zahlengerade (= Menge aller reellen Zahlen, d. h. die Menge $\mathbb{R}$), $[0, +\infty)$ bezeichnet den Strahl der nichtnegativen reellen Zahlen $\mathbb{R}^+$.

1.3.2 Auflösung von Ungleichungen

Bei der Behandlung von Ungleichungen zwischen reellen Zahlen gelten hinsichtlich der Addition und Subtraktion von Ausdrücken die gleichen Umformungsregeln wie bei Gleichungen (Abschn. 1.1.8), d. h., $a < b$ impliziert $a \pm c < b \pm c$ für beliebige Zahlen oder Ausdrücke c. Dagegen sind bei der Multiplikation und Division die folgenden Zusatzregeln zu beachten:

▶ Nach Multiplikation oder Division einer Ungleichung mit einer negativen Zahl ist stets das Relationszeichen umzukehren, d. h., die Relationszeichen „$<$" bzw. „$\leq$" sind in „$>$" bzw. „$\geq$" zu verwandeln (und umgekehrt).

▶ Bei Multiplikation oder Division einer Ungleichung mit einem unbekannten Ausdruck, z. B. mit dem Faktor $(x - 4)$, ist stets eine Fallunterscheidung notwendig: Es ist je eine komplette Untersuchung für den Fall eines positiven Faktors (in unserem Beispiel also $x - 4 > 0$, d. h. $x > 4$) sowie für den Fall eines negativen Faktors (hier also $x - 4 < 0$, d. h. $x < 4$) getrennt durchzuführen.

Die Gültigkeit der besonders wichtigen, weil sehr häufig anzuwendenden ersten Regel veranschaulicht auch das folgende einfache Beispiel:

Die Ungleichung $-2 < 3$ stellt offensichtlich eine gültige Aussage dar. Multipliziert man beide Seiten mit -1, so erhält man ohne Umkehrung der Relationszeichen jedoch die falsche Aussage $2 < -3$, richtig ist dagegen die Ungleichung mit „gedrehtem" Relationszeichen: $2 > -3$.

Nicht so offensichtlich ist diese Regel bei Ungleichungen, die zur Bestimmung einer Unbekannten umzuformen sind. Hier ist zur Kontrolle der richtigen Rechnung immer eine Probe der erhaltenen Lösungen zu empfehlen (zumindest mit einigen aussagekräftigen x-Werten).

Beispiel 1.57 Es sind alle reellen Lösungen der Ungleichung $-2x \leq 6$ zu bestimmen. Nach Division der Ungleichung durch -2 erhält man $x \geq -3$, d. h., alle Elemente des halboffenen Intervalls $[-3, +\infty)$ sind Lösungen der gegebenen Ungleichung. Als Probe kann man sich z. B. davon überzeugen, dass sowohl $x = +4$ (ein beliebiger Punkt aus dem Intervall) als auch $x = -3$ (ein Randpunkt des Intervalls) eingesetzt in die Beziehung $-2x \leq 6$ zu einer wahren Aussage führen, $x = -10$ hingegen zu einer falschen.

Schwieriger ist die Anwendung der zweiten Rechenregel für Ungleichungen: die Fallunterscheidung bei unbekanntem Wert eines Faktors. Wir verdeutlichen auch dies an einem Zahlenbeispiel.

Beispiel 1.58 Gesucht sind alle Lösungen der Ungleichung $\frac{5x-7}{x+1} \leq 1$. Es ist klar, dass man zum Auflösen dieser Beziehung nach x die ganze Ungleichung mit dem Faktor $x + 1$, d. h. dem Nenner, multiplizieren muss. Den Wert dieses Faktors, insbesondere sein Vorzeichen, kennen wir im Moment jedoch nicht. Demzufolge ist eine Fallunterscheidung für den Fall eines positiven Faktors (i) sowie den Fall eines negativen Faktors (ii) nötig:

(i) Voraussetzung: positiver Faktor, d. h. $x + 1 > 0$ bzw. $\underline{x > -1}$.
Multiplikation mit positivem Faktor:

$$
\begin{array}{rcll}
\frac{5x-7}{x+1} & \leq & 1 & \quad | \cdot (x+1) \\
5x - 7 & \leq & x + 1 & \\
5x - x & \leq & 1 + 7 & \\
4x & \leq & 8 & \\
x & \leq & 2 &
\end{array}
$$

Zusammenfassung von Voraussetzung ($x > -1$) und Umformungsergebnis ($x \leq 2$) ergibt: $\underline{-1 < x \leq 2}$. Lösungen im Fall (i) sind somit alle reellen Zahlen des halboffenen Intervalls $(-1, 2]$.

(ii) Voraussetzung: negativer Faktor, d. h. $x + 1 < 0$ bzw. $\underline{x < -1}$.
Multiplikation mit negativem Faktor:

$$
\begin{array}{rcll}
\frac{5x-7}{x+1} & \leq & 1 & \quad | \cdot (x+1) \\
5x - 7 & \geq & x + 1 & \\
5x - x & \geq & 1 + 7 & \\
4x & \geq & 8 & \\
x & \geq & 2 &
\end{array}
$$

Zusammenfassung von Voraussetzung ($x < -1$) und Umformungsergebnis ($x \geq 2$ bzw. $2 \leq x$) ergibt: $\underline{2 \leq x < -1}$. Hier liegt offensichtlich ein Widerspruch vor, sodass es im Fall (ii) keine Lösungen gibt.

Jede der in den beiden Teiluntersuchungen gefundenen Lösungen ist auch eine Lösung der Gesamtaufgabe, weshalb im allgemeinen Fall beide Teilmengen zu vereinigen sind. Im konkreten Beispiel wurden dagegen alle Lösungen in Teil (i) gefunden, sodass wir als End-ergebnis erhalten: Alle Zahlen aus dem halboffenen Intervall $(-1, 2]$ erfüllen die gegebene Ungleichung, für alle anderen x (die kleiner oder gleich -1 bzw. größer als $+2$ sind) stellt die Ungleichung dagegen eine falsche Aussage dar oder führt wie bei $x = -1$ wegen Division durch null auf einen nicht definierten Ausdruck.

Bemerkung Bei den Lösungsmengen von Ungleichungen handelt es sich in der Regel nicht um einzelne, isolierte x-Werte wie bei Gleichungen, sondern um ganze Intervalle (mit unendlich vielen reellen Zahlen). Erst durch solche Zusatzforderungen an die Lösun-gen wie etwa Ganzzahligkeit entstehen wieder einzelne Zahlen als Lösung.

Übungsaufgabe 1.3 Für die beiden reellen Zahlen a und b gelte die Ungleichung $a < b$. In welcher Relation stehen dann ihre Kehrwerte zueinander, d. h., gilt $\dfrac{1}{a} < \dfrac{1}{b}$ oder $\dfrac{1}{a} > \dfrac{1}{b}$?

1.3.3 Absolute Beträge

Der *absolute Betrag* von Ausdrücken kommt oft in Beziehungen vor, bei denen nicht das Vorzeichen einer Zahl, sondern nur ihr Abstand vom Nullpunkt auf der Zahlengeraden von Interesse ist. In diesem Sinne ist also der absolute Betrag der Zahl -3, bezeichnet mit $|-3|$, genauso groß wie der absolute Betrag der Zahl $+3$. Es gilt also: $|-3| = |+3| = 3$.

Mathematisch ist der absolute Betrag $|a|$ einer reellen Zahl a mittels einer Fallunter-scheidung definiert:

Definition $|a| = \begin{cases} a & \text{wenn } a \geq 0, \\ -a & \text{wenn } a < 0, \end{cases}$

d. h., der absolute Betrag der Zahl a ist gleich a, wenn die Zahl a selbst größer oder gleich null ist, er ist dagegen gleich $-a$, wenn die Zahl a kleiner als null ist.

Zu beachten ist bei dieser Definition, dass der Ausdruck $-a$ keineswegs eine negative Zahl beschreibt, sondern als Produkt $-1 \cdot a$ aufzufassen ist und wegen der Negativität von a in diesem Fall selbst wieder eine positive Zahl darstellt! (Das Produkt der beiden negativen Zahlen -1 und a ist offensichtlich stets größer als null.)

Der absolute Betrag besitzt einige Eigenschaften, die bei seiner Verwendung zu beachten sind:

▸   Der absolute Betrag ist immer eine nichtnegative Zahl: $|a| \geq 0 \ \forall a$.

Anwendungsbeispiel: Die Betragsgleichung $|a| = -4$ stellt offensichtlich einen Widerspruch dar, d. h., es gibt keine reelle Zahl a mit dieser Eigenschaft.

▶ Der absolute Betrag einer Zahl a ist genau dann null, wenn die Zahl selbst gleich null ist: $|a| = 0 \iff a = 0$.

Anwendungsbeispiel: Aus $|x - 4| = 0$ lässt sich sofort die Beziehung $x - 4 = 0$ ableiten.

▶ Die absoluten Beträge der beiden sich nur durch das Vorzeichen unterscheidenden Zahlen a und $-a$ sind gleich: $|a| = |-a|$.

Anwendungsbeispiel: Aus $|x| = 4$ lassen sich sofort die beiden Lösungen $x = +4$ und $x = -4$ ableiten; alternative Schreibweise: $x = \pm 4$.

▶ Der absolute Betrag einer Summe bzw. einer Differenz ist nie größer als die Summe der einzelnen Beträge (*Dreiecksungleichung*): $|a \pm b| \le |a| + |b|$.

▶ Der absolute Betrag eines Produkts bzw. eines Quotienten ist gleich dem Produkt bzw. Quotienten der einzelnen Beträge: $|a \cdot b| = |a| \cdot |b|$, $\left|\frac{a}{b}\right| = \frac{|a|}{|b|}$.

Übungsaufgabe 1.4 Man benutze die Dreiecksungleichung zum Nachweis der Ungleichung $\big||a| - |b|\big| \le |a + b|$ für beliebige reelle Zahlen a und b.

Bei der Lösung von Gleichungen und Ungleichungen, in denen absolute Beträge von noch unbekannten Größen vorkommen, sind in der Regel Fallunterscheidungen notwendig. Dabei wird der Betrag des unbekannten Ausdrucks $|a|$ entsprechend der obigen Definitionsgleichung im ersten Fall durch (a) zusammen mit der Voraussetzung $a \ge 0$, im zweiten Fall dagegen durch $(-1) \cdot (a)$ mit der Voraussetzung $a < 0$ ersetzt. Die Klammern stehen zur besseren Abgrenzung, da a auch ein komplizierter Ausdruck mit mehreren Summanden sein kann.

Zu beachten ist, dass im Unterschied zur Fallunterscheidung bei der Multiplikation von Ungleichungen mit einem unbekannten Faktor (siehe den vorigen Abschnitt) hier auch der Fall $a = 0$ untersucht werden muss. Deshalb ist er in der Voraussetzung $a \ge 0$ im ersten Fall als Spezialfall mit eingeschlossen.

Beispiel 1.59 Wir betrachten die Ungleichung $|x - 5| \le 3$. Da hier der unbekannte Ausdruck $x - 5$ zwischen den Betragsstrichen steht, unterscheiden wir die beiden Fälle $x - 5 \ge 0$ sowie $x - 5 < 0$.

(i) Voraussetzung: $x - 5 \ge 0$ bzw. $\underline{x \ge 5}$.
     Wir ersetzen $|x - 5|$ durch den positiven Wert $x - 5$:

$$|x - 5| = x - 5 \le 3$$

also

$$x - 5 \;\leq\; 3$$
$$x \;\;\;\;\leq\; 8$$

Zusammenfassung von Voraussetzung ($x \geq 5$) und Umformungsergebnis ($x \leq 8$) ergibt: $\underline{5 \leq x \leq 8}$. Lösungen im Fall (i) sind somit alle reellen Zahlen des abgeschlossenen Intervalls $[5, 8]$.

(ii) Voraussetzung: $x - 5 < 0$ bzw. $\underline{x < 5}$.

Wir ersetzen $|x - 5|$ durch den positiven Wert $(-1) \cdot (x - 5)$:

$$|x - 5| = (-1) \cdot (x - 5) \leq 3$$

also

$$-x + 5 \;\leq\; 3$$
$$-x \;\;\;\;\leq\; -2$$
$$x \;\;\;\;\geq\; 2$$

Zusammenfassung von Voraussetzung ($x < 5$) und Umformungsergebnis ($x \geq 2$ bzw. $2 \leq x$) ergibt: $\underline{2 \leq x < 5}$. Lösungen im Fall (ii) sind somit alle reellen Zahlen des halboffenen Intervalls $[2, 5)$.

Wir fassen nun noch die in den beiden Teilfällen gefundenen Ergebnisse zusammen: Lösung der ursprünglichen Ungleichung sind alle reellen Zahlen x, die entweder im Intervall $[2, 5)$ oder im Intervall $[5, 8]$ liegen. Da diese beiden Intervalle im Punkt 5 auf der Zahlengeraden direkt aneinandergrenzen und dieser Grenzpunkt auch in einem der beiden Intervalle mit enthalten ist, besteht die Gesamtlösung aus dem ganzen abgeschlossenen Intervall $[2, 8]$, was der Ungleichungskette $2 \leq x \leq 8$ entspricht.

1.4 Analytische Geometrie

Das Gebiet Analytische Geometrie ist ein Teilbereich der Mathematik, in dem es darum geht, geometrische Objekte (wie Geraden, Ebenen, Kreise usw.) oder Relationen (wie Orthogonalität, Parallelität, Schneiden, Verbinden usw.) mithilfe von analytischen (d. h. formelmäßigen) Mitteln zu beschreiben. Die entsprechenden Aussagen werden beispielsweise in der linearen Algebra und der linearen Optimierung sowie bei der geometrischen Interpretation von Gradienten in der Analysis (Kap. 4, 5 und 6) benötigt. Sie sind aber auch in vielen anderen Bereichen der Mathematik von Nutzen.

1.4.1 Geradengleichungen in der Ebene

Eine Gerade ist durch zwei (nicht identische) Punkte eindeutig charakterisiert und lässt sich mithilfe einer linearen Gleichung beschreiben. Zur Aufstellung dieser Gleichung gibt es verschiedene Wege, und auch die Form der Gleichung kann unterschiedlich sein. Wir machen im Weiteren wiederum Gebrauch von der eineindeutigen Zuordnung eines Zahlenpaares (x_1, x_2) zu den Koordinaten eines Punktes P im kartesischen x_1, x_2-Koordinatensystem, über die bereits im Abschn. 1.1.9 gesprochen wurde. Alle nachfolgend beschriebenen Formen von Geradengleichungen lassen sich unter gewissen Voraussetzungen ineinander überführen.

Allgemeine Geradengleichung

$$a_1 x_1 + a_2 x_2 = b \tag{1.21}$$

Der Punkt $P(x_1, x_2)$ liegt genau dann auf der durch (1.21) beschriebenen Geraden, wenn seine Koordinaten x_1 und x_2 (1.21) erfüllen. In dieser Gleichung wird $a_1^2 + a_2^2 > 0$ vorausgesetzt, d. h., a_1 und a_2 dürfen nicht gleichzeitig null sein. Ansonsten wären alle Punkte (für $b = 0$) bzw. kein einziger Punkt (für $b \neq 0$) der Ebene Lösung von (1.21) und man könnte nicht von einer Geraden sprechen. Die drei Parameter a_1, a_2, b sind nicht eindeutig bestimmt, da (1.21) auch nach Multiplikation mit einer beliebigen Zahl $c \neq 0$ richtig bleibt und dieselbe Gerade beschreibt.

Normalform einer Geradengleichung

$$x_2 = m x_1 + n \tag{1.22}$$

Diese Gleichung ist nach x_2 aufgelöst und kann als analytische Darstellung einer linearen Funktion $x_2 = f(x_1)$ aufgefasst werden. Damit lässt sich die in Abb. 1.12 gegebene Interpretation der Parameter m und n (als Anstieg der Geraden bzw. Abschnitt auf der x_2-Achse) wortwörtlich übernehmen. Ergänzend sei bemerkt, dass der Faktor m gleich $\tan \alpha$ ist, wenn α den Winkel zwischen der x_1-Achse und der Geraden bezeichnet. Für $n = 0$ verläuft die Gerade durch den Ursprung.

Achtung! Nicht jede Gerade lässt sich in der Form (1.22) darstellen, da dieselbe aus (1.21) nur für $a_2 \neq 0$ gewonnen werden kann. Eine andere Erklärung für die Nichtdarstellbarkeit einer Geraden in der Form (1.22) resultiert aus der Interpretation des Faktors m als Anstieg: Bei einer senkrecht stehenden Geraden müsste $m = \infty$ sein, was sich mathematisch nur im Sinne eines Grenzwertes beschreiben lässt. Oder noch anders gesagt: Die Gleichung (1.22) beschreibt eine **Funktion**, d. h. einen eindeutigen Zusammenhang zwischen x_1 und x_2. Eine senkrecht stehende Gerade vermittelt aber keine eindeutige Zuordnung, da einem x_1-Wert unendlich viele Werte x_2 entsprechen. Sie stellt damit eine mehrdeutige Abbildung (siehe Abschn. 2.2) dar.

Zwei-Punkte-Form Sind die Punkte $A(a_1, a_2)$ und $B(b_1, b_2)$ gegeben, so lautet die Gleichung einer durch A und B verlaufenden Geraden

$$\frac{x_2 - a_2}{x_1 - a_1} = \frac{b_2 - a_2}{b_1 - a_1} \tag{1.23}$$

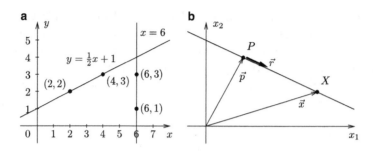

Abb. 1.21 **a** Zwei-Punkte-Form und **b** Punkt-Richtungs-Form

bzw.

$$x_2 = \frac{b_2 - a_2}{b_1 - a_1}(x_1 - a_1) + a_2. \tag{1.24}$$

Beide Gleichungen sind nur für $b_1 - a_1 \neq 0$ erklärt. In Abb. 1.21a sind zwei konkrete Beispiele dargestellt.

Punkt-Richtungs-Form Sind ein (vom Ursprung ausgehender und zum Punkt $P(p_1, p_2)$ verlaufender) *Ortsvektor* $\vec{p} = (p_1, p_2)^\top$ sowie ein (frei in der Ebene verschiebbarer) *Richtungsvektor* $\vec{r} = (r_1, r_2)^\top$ gegeben, so lässt sich die Gerade durch P in Richtung $\vec{r}$ wie folgt beschreiben: Ist $\vec{x} = (x_1, x_2)^\top$ der zu einem beliebigen Punkt X auf der Geraden führende Ortsvektor, so gilt

$$\vec{x} = \vec{p} + t \cdot \vec{r}, \qquad t \in \mathbb{R} \text{ beliebig.} \tag{1.25}$$

Das bedeutet: Der Vektor $\vec{x}$ ergibt sich aus der Summe (im Sinne der Vektorrechnung) des Vektors $\vec{p}$ und eines beliebigen Vielfachen (im Sinne der Vektorrechnung) des Vektors $\vec{r}$ (siehe Abb. 1.21b). Man kann (1.25) auch komponentenweise schreiben, was auf

$$x_1 = p_1 + t \cdot r_1, \quad x_2 = p_2 + t \cdot r_2 \tag{1.26}$$

führt.

Stellungsvektor einer Geraden Sind zwei Richtungsvektoren $\vec{a} = \binom{a_1}{a_2}$ und $\vec{b} = \binom{b_1}{b_2}$ gegeben, so wird als *Skalarprodukt* dieser beiden Vektoren die Zahl

$$\vec{a} \cdot \vec{b} = |\vec{a}| \cdot |\vec{b}| \cdot \cos \sphericalangle (\vec{a}, \vec{b}) \tag{1.27}$$

bezeichnet, wobei $|\vec{x}|$ die Länge des Vektors $\vec{x}$ bedeutet und $\sphericalangle (\vec{a}, \vec{b})$ der von den beiden Vektoren eingeschlossene Winkel ist. In *Koordinatenschreibweise* hat das Skalarprodukt die Form

$$\vec{a} \cdot \vec{b} = a_1 b_1 + a_2 b_2. \tag{1.28}$$

Abb. 1.22 Stellungsvektor
einer Geraden

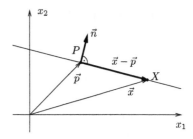

Dies kann man sich wie folgt überlegen: Sind $\vec{e}_1$ und $\vec{e}_2$ die Vektoren der Länge 1, die in Richtung der x- bzw. y-Achse zeigen (so genannte *Einheitsvektoren*), so gelten offensichtlich die Beziehungen

$$\vec{e}_1 \cdot \vec{e}_1 = 1, \quad \vec{e}_2 \cdot \vec{e}_2 = 1, \quad \vec{e}_1 \cdot \vec{e}_2 = \vec{e}_2 \cdot \vec{e}_1 = 0$$

sowie die Darstellungen

$$\vec{a} = a_1 \cdot \vec{e}_1 + a_2 \cdot \vec{e}_2, \quad \vec{b} = b_1 \cdot \vec{e}_1 + b_2 \cdot \vec{e}_2 \,.$$

Unter Beachtung dieser Gleichungen sowie der Regeln der Klammerrechnung aus Abschn. 1.1.2, die sich auf das Rechnen mit Vektoren übertragen lassen, erhält man für das Skalarprodukt:

$$\begin{aligned}
\vec{a} \cdot \vec{b} &= (a_1 \cdot \vec{e}_1 + a_2 \cdot \vec{e}_2) \cdot (b_1 \cdot \vec{e}_1 + b_2 \cdot \vec{e}_2) \\
&= a_1 b_1 \cdot (\vec{e}_1 \cdot \vec{e}_1) + a_1 b_2 \cdot (\vec{e}_1 \cdot \vec{e}_2) + a_2 b_1 \cdot (\vec{e}_2 \cdot \vec{e}_1) + a_2 b_2 \cdot (\vec{e}_2 \cdot \vec{e}_2) \\
&= a_1 b_1 \cdot 1 + a_1 b_2 \cdot 0 + a_2 b_1 \cdot 0 + a_2 b_2 \cdot 1 = a_1 b_1 + a_2 b_2 \,.
\end{aligned}$$

Haben $\vec{a}$ und $\vec{b}$ beide eine von null verschiedene Länge, so gilt offensichtlich

$$\vec{a} \cdot \vec{b} = 0 \quad \Longleftrightarrow \quad \vec{a} \perp \vec{b},$$

d. h., das Skalarprodukt ist genau dann null, wenn die Vektoren senkrecht aufeinander stehen (oder, wie man auch sagt, *orthogonal* sind).

Diesen Sachverhalt kann man sich für eine weitere Form einer Geradengleichung zunutze machen. Da sich eine Gerade eindeutig durch die Angabe eines auf ihr liegenden Punktes P und eines *Stellungsvektors* (oder *Normalenvektors*) $\vec{n} = \binom{n_1}{n_2}$ beschreiben lässt (vgl. Abb. 1.22), muss für jeden auf der Geraden liegenden Punkt X (bzw. den zugehörigen Ortsvektor $\vec{x}$) gelten

$$\vec{n} \cdot (\vec{x} - \vec{p}) = 0, \tag{1.29}$$

was besagt, dass der Stellungsvektor $\vec{n}$ und der Differenzvektor $\vec{x} - \vec{p}$, der ein Richtungsvektor der Geraden ist, senkrecht aufeinander stehen.

Unter Benutzung der Koordinatenform des Skalarprodukts (1.28) lautet Beziehung
(1.29)

$$n_1 \cdot (x_1 - p_1) + n_2 \cdot (x_2 - p_2) = 0 \tag{1.30}$$

bzw. nach Umformung

$$n_1 x_1 + n_2 x_2 = n_1 p_1 + n_2 p_2,$$

was der allgemeinen Form (1.21) mit $a_1 = n_1$, $a_2 = n_2$, $b = n_1 p_1 + n_2 p_2$ entspricht. Eine
Auflösung nach x_2 ist nur für $n_2 \neq 0$ möglich, was bedeutet, dass der Stellungsvektor nicht
waagerecht und die Gerade somit nicht senkrecht verlaufen darf.

Beispiel 1.60 Gegeben seien die Punkte $A(2, 3)$ und $B(4, 7)$. Gesucht ist die Gleichung
der durch A und B verlaufenden Geraden.

a) Benutzt man die allgemeine Form (1.21), so hat man einen der Parameter, beispielsweise
   b, frei zu wählen und die restlichen beiden durch Einsetzen der Koordinaten von A und
   B in (1.21) zu berechnen. Wählt man etwa $b = 2$, so erhält man

$$a_1 \cdot 2 + a_2 \cdot 3 = 2, \quad a_1 \cdot 4 + a_2 \cdot 7 = 2,$$

   woraus sich die Lösung $a_1 = 4$, $a_2 = -2$ und damit die Geradengleichung $4x_1 - 2x_2 = 2$
   ergibt.

b) Verwendet man die Normalform (1.22), so erhält man nach Einsetzen der Koordinaten
   das Gleichungssystem

$$3 = m \cdot 2 + n, \quad 7 = m \cdot 4 + n,$$

   dessen eindeutige Lösung $m = 2$ und $n = -1$ lautet. Hieraus resultiert die Geradengleichung $x_2 = 2x_1 - 1$. Diese ergibt sich auch aus der in a) erhaltenen nach Division
   durch (-2) und Umstellung. (Mehr über lineare Gleichungssysteme findet man in den
   Abschn. 4.3 und 4.4.)

c) Die Zwei-Punkte-Form (1.23) liefert

$$\frac{x_2 - 3}{x_1 - 2} = \frac{7 - 3}{4 - 2} = 2 \quad \text{bzw.} \quad x_2 = 2(x_1 - 2) + 3 = 2x_1 - 1,$$

   was wiederum mit den in a) und b) erzielten Resultaten übereinstimmt.

d) Will man die Punkt-Richtungs-Form (1.25) nutzen, hat man zunächst den Richtungs-
   vektor $\vec{r} = \vec{b} - \vec{a} = \binom{4}{7} - \binom{2}{3} = \binom{2}{4}$ von A nach B zu ermitteln und daraus die Beziehung

$$\vec{x} = \binom{x_1}{x_2} = \vec{a} + t\vec{r} = \binom{2}{3} + t \cdot \binom{2}{4} \tag{1.31}$$

   aufzustellen, die sich aus (1.25) für $P = A$ ergibt. Die vektorielle Gleichung (1.31) ist
   äquivalent zu den beiden Beziehungen

$$x_1 = 2 + 2t, \quad x_2 = 3 + 4t$$

(vgl. (1.26)). Diese enthalten den Parameter t. Eliminiert man diesen, indem man nach t auflöst und beide Gleichungen gleichsetzt, ergibt sich

$$t = \frac{x_1 - 2}{2} = \frac{x_2 - 3}{4} \quad \Longrightarrow \quad x_2 - 3 = 2(x_1 - 2) \quad \Longrightarrow \quad x_2 = 2x_1 - 1,$$

und wir erhalten erneut das bereits mehrfach erzielte Ergebnis.

e) Offensichtlich ist $\vec{n} = (4, -2)^\top$ ein Stellungsvektor der Geraden durch A und B, denn $\vec{n}$ und $\vec{r} = (2, 4)^\top$ sind orthogonal zueinander, wie man wegen $\vec{n} \cdot \vec{r} = 4 \cdot 2 + (-2) \cdot 4 = 0$ sofort sieht. Mit $\vec{p} = (2, \ 3)^\top$ resultiert dann aus (1.29) bzw. (1.30) die Geradengleichung

$$4(x_1 - 2) - 2(x_2 - 3) = 0,$$

d. h. $4x_1 - 2x_2 = 2$ bzw. die nach x_2 aufgelöste Form $x_2 = 2x_1 - 1$.

Bezüglich näherer Einzelheiten zur Vektorrechnung sei beispielsweise auf [10] verwiesen. Ferner machen wir auf die engen Zusammenhänge zu der in den Abschn. 4.1 und 4.2 dargelegten Matrizenrechnung aufmerksam, wo „Vektoren" auf anderem Wege eingeführt werden. Schließlich weisen wir darauf hin, dass es weitere Formen von Geradengleichungen gibt: die Achsenabschnittsform, die Hessesche Normalform und andere.

Wie kann man Geraden am einfachsten grafisch darstellen?

Wir empfehlen die folgende Methode. Man ermittle zwei auf der Geraden gelegene Punkte (nicht zu nahe beieinander), zeichne diese in das Koordinatensystem ein und verbinde sie. Sicherheitshalber kann man noch einen dritten Punkt wählen. Am einfachsten lässt sich dieser Weg realisieren, wenn man (in irgendeiner der oben betrachteten Formen von Geradengleichungen) $x_1 = 0$ setzt und x_2 berechnet, danach $x_2 = 0$ wählt und x_1 berechnet. Auf diese Weise erhält man gerade die beiden Achsenschnittpunkte. Diese Methode funktioniert nicht, wenn es sich um eine Ursprungsgerade handelt oder die Gerade zu einer der beiden Achsen parallel ist. In diesem Fall muss man einfach zwei **beliebige** Punkte (z. B. durch Vorgabe zweier x_1-Werte) berechnen.

Alternativ kann man auch vom Achsenabschnitt auf der x_2- (bzw. y-) Achse und dem Steigungsdreieck ausgehen (siehe Abb. 1.12). Allerdings ist aus unserer Erfahrung bei diesem Weg die Fehlergefahr höher. Letztere Methode ist wiederum nicht anwendbar, wenn es sich um eine senkrecht stehende Gerade handelt.

Übungsaufgabe 1.5 Man ermittle die Gleichung der Geraden, die

a) durch die Punkte $(5, 2)$ und $(-1, 5)$ verläuft;
b) im Punkt $(1, 1)$ den Anstieg 3 hat;
c) durch $(2, 2)$ und senkrecht zur Geraden a) verläuft;
d) durch $(3, 0)$ und parallel zur Geraden a) verläuft.

Übungsaufgabe 1.6 Man zeichne die in Aufgabe 1.5 erhaltenen Geraden in ein kartesisches Koordinatensystem ein.

1.4.2 Geraden und Ebenen im Raum

Im (dreidimensionalen) Raum ist jeder Punkt bzw. Vektor durch drei Koordinaten festgelegt. Eine Gerade lässt sich am einfachsten mithilfe der Punkt-Richtungs-Form darstellen, deren Gestalt völlig analog zum zweidimensionalen Fall ist.

Punkt-Richtungs-Form einer Geradengleichung

$$\vec{x} = \vec{p} + t\vec{r}, \qquad t \in \mathbb{R} \text{ beliebig} \tag{1.32}$$

Hierbei gilt $\vec{x} = (x_1, x_2, x_3)^\top$, $\vec{p} = (p_1, p_2, p_3)^\top$, $\vec{r} = (r_1, r_2, r_3)^\top$, sodass die komponentenweise Darstellung der auch als *parametrische Form* bezeichneten Beziehung (1.32)

$$x_1 = p_1 + tr_1, \quad x_2 = p_2 + tr_2, \quad x_3 = p_3 + tr_3, \quad t \in \mathbb{R} \text{ beliebig}$$

lautet.

Geraden lassen sich auch als Schnittgebilde zweier Ebenen darstellen, was algebraisch auf die Menge aller Lösungen eines linearen Gleichungssystems hinausläuft.

Zur Darstellung einer Ebene im Raum gibt es mehrere Möglichkeiten. Die erste ergibt sich als unmittelbare Verallgemeinerung der allgemeinen Geradengleichung (1.21).

Allgemeine Ebenengleichung

$$a_1 x_1 + a_2 x_2 + a_3 x_3 = b \tag{1.33}$$

Diese Gleichung wird auch *parameterfreie Form* genannt. Eine der vier Größen a_1, a_2, a_3, b kann frei gewählt werden, wobei es allerdings von der konkreten Lage der Ebene abhängt, welche. Für $b = 0$ verläuft die Ebene durch den Ursprung. Damit wirklich eine Ebene vorliegt, dürfen in (1.33) nicht alle drei Faktoren a_1, a_2, a_3 gleich null sein. Falls $a_3 \neq 0$ ist, kann (1.33) nach x_3 aufgelöst werden, was auf eine Beziehung der Art

$$x_3 = ax_1 + bx_2 + c \tag{1.34}$$

führt, in der x_3 als Funktion der beiden Variablen x_1 und x_2 aufgefasst werden kann.

Eine Ebene lässt sich auch eindeutig charakterisieren durch die Angabe eines auf ihr liegenden Punktes (bzw. des zugehörigen Ortsvektors) sowie zweier Richtungsvektoren, die die Ebene „aufspannen".

Punkt-Richtungs-Form einer Ebenengleichung

$$\vec{x} = \vec{p} + t_1\vec{r} + t_2\vec{s}, \qquad t_1, t_2 \in \mathbb{R} \text{ beliebig} \tag{1.35}$$

(vgl. Abb. 1.23a). Die Formel (1.35) wird auch *parameterabhängige Form* genannt, da sie die beiden frei wählbaren Parameter t_1 und t_2 enthält.

Schließlich kann eine Ebene auch durch einen Punkt und einen Stellungsvektor beschrieben werden, was eine direkte Verallgemeinerung der Beziehung (1.29) darstellt.

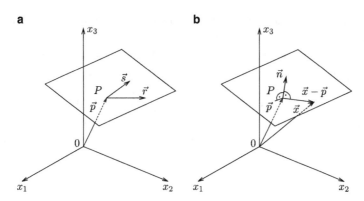

Abb. 1.23 Darstellungsformen einer Ebene

Stellungsvektor einer Ebene Betrachtet man einen festen Punkt P (mit Ortsvektor $\vec{p}$), so zeichnet sich ein *Stellungsvektor* (oder *Normalenvektor*) dadurch aus, dass er für einen **beliebigen** Punkt X (mit Ortsvektor $\vec{x}$) senkrecht auf dem Differenzvektor $\vec{x} - \vec{p}$ steht:

$$\vec{n} \cdot (\vec{x} - \vec{p}) = 0 \qquad (1.36)$$

(vgl. Abb. 1.23b). Unter Nutzung der Koordinatenschreibweise des Skalarprodukts (vgl. (1.28)) erhält man aus (1.36) die Gleichung

$$n_1(x_1 - p_1) + n_2(x_2 - p_2) + n_3(x_3 - p_3) = 0, \qquad (1.37)$$

in der n_i und p_i, $i = 1, 2, 3$, gegebene Größen sind. Nach Umformung ergibt sich aus (1.37)

$$n_1 x_1 + n_2 x_2 + n_3 x_3 = n_1 p_1 + n_2 p_2 + n_3 p_3 \,,$$

was der allgemeinen Ebenengleichung (1.33) mit $b = n_1 p_1 + n_2 p_2 + n_3 p_3$ entspricht.

Übungsaufgabe 1.7 Bestimmen Sie die Gleichung der Ebene E, die durch den Koordinatenursprung sowie die Punkte $P_1(1, 0, 0)$ und $P_2(0, 0, 1)$ verläuft, und geben Sie einen Stellungsvektor zu E an.

1.4.3 Grafische Darstellung von Ungleichungssystemen

In Abschn. 1.3.2 wurden Lösungsmengen linearer Ungleichungen untersucht, die jeweils nur eine Variable enthielten. Die Darstellung der Lösungen konnte dabei algebraisch (durch die Angabe von Ungleichungen, denen die Zahl x genügen muss) oder grafisch (durch die Angabe von Intervallen auf der Zahlengeraden, in denen der Punkt x liegen muss) erfolgen.

Liegt eine Ungleichung oder ein ganzes System von Ungleichungen vor, in denen mehrere Variable $x_1, x_2, \ldots, x_n$ enthalten sind, so ist es im Allgemeinen sehr schwierig, die Menge aller Lösungen zu beschreiben, d. h. Bereiche anzugeben, in denen die einzelnen Variablen liegen müssen, da die gegenseitigen Abhängigkeiten schwer darstellbar sind. Es gibt jedoch mindestens einen Fall, in dem eine grafische Angabe der Lösungsmenge leicht realisierbar ist: wenn nur zwei Variable x_1 und x_2 vorkommen. Das entsprechende Vorgehen soll anhand eines konkreten Beispiels beschrieben werden, wobei wir uns auf lineare Ungleichungen beschränken. Wir machen wiederum Gebrauch von der Zuordnung eines Zahlenpaares (x_1, x_2) zu den Koordinaten eines Punktes im kartesischen Koordinatensystem.

Beispiel 1.61 Man stelle die Menge aller Lösungen des folgenden Ungleichungssystems dar:

$$
\begin{array}{rcrcll}
x_1 & + & x_2 & \leq & 5 & \quad\text{(I)} \\
x_1 & - & x_2 & \geq & -3 & \quad\text{(II)} \\
x_1 & + & 5x_2 & \geq & 9 & \quad\text{(III)} \\
& & x_1 & \geq & 0 & \quad\text{(IV)}
\end{array}
$$

Zunächst betrachten wir die Ungleichung (I). Wir verwandeln sie in die Gleichung $x_1 + x_2 = 5$, was dem „Grenzfall" entspricht, und zeichnen die zugehörige Gerade (I) mithilfe einer beliebigen der in Abschn. 1.4.1 beschriebenen Methoden in das Koordinatensystem ein. Dann untersuchen wir, welche der beiden durch die Gerade erzeugten Halbebenen der Relation $\leq$ entspricht. Dazu wählen wir einen beliebigen, nicht auf der Geraden (I) liegenden Punkt („Probepunkt") und überprüfen, ob seine Koordinaten der Ungleichung (I) genügen. Ist dies der Fall, liegt der Punkt in der „richtigen" (mit einem Pfeil markierten) Halbebene, anderenfalls in der falschen. Alternativ kann man die jeweilige Ungleichung nach x_2 auflösen (sofern das möglich ist), was im Falle von (I) die Ungleichung $x_2 \leq 5 - x_1$ ergibt. Damit liegen alle „richtigen" Punkte unterhalb der Geraden (I).

Dieses Vorgehen wird für alle Ungleichungen wiederholt. Im Ergebnis liegen vier Geraden mit Markierung der jeweils zutreffenden Halbebene vor. Nun sind all jene Punkte hervorzuheben, die auf der „richtigen" Seite von **allen vier** Geraden liegen. In Abb. 1.24 ist das der schraffierte Bereich.

Problemstellungen dieser Art treten vor allem innerhalb der linearen Optimierung (Kap. 5) auf, wenn es darum geht, in einer Optimierungsaufgabe den Bereich zulässiger Lösungen darzustellen.

Abschließend soll vermerkt werden, dass Ungleichungen und Ungleichungssysteme selbstverständlich auch nichtlinearer Natur sein können, was zu krummlinig berandeten Gebieten führt, wie wir sie beispielsweise in der Integralrechnung (Kap. 9) wiederfinden werden.

Abb. 1.24 Lösungsmenge
eines Ungleichungssystems

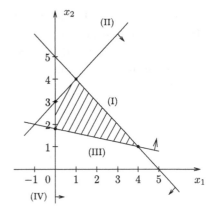

1.5 Zahlenfolgen und Zahlenreihen

1.5.1 Grundbegriffe

Eine *Zahlenfolge* $\{a_n\}$ ist eine Abbildung, die jeder natürlichen Zahl $n \in \mathbb{N}$ (oder jedem $n \in I \subset \mathbb{N}$) eine reelle Zahl $a_n \in \mathbb{R}$ zuordnet. Die Zahl a_n heißt dabei *n-tes Glied* der Folge, die Zahl n stellt den Zählindex dar, d. h., sie beschreibt, um das wievielte Glied der Folge es sich handelt ($n = 1$: erstes Glied a_1, $n = 2$: zweites Glied a_2, ...).

Beispiel 1.62

a) 1, 3, 5, 7, 9 (Folge der ungeraden Zahlen von 1 bis 9); hier lautet das 1. Glied $a_1 = 1$, das 4. Glied beträgt $a_4 = 7$;

b) 2, 4, 6, 8, 10, ... (Folge aller positiven geraden Zahlen); hier ist z. B. das zweite Glied die Zahl $a_2 = 4$, allgemein lautet das n-te Glied $a_n = 2n$.

Eine Folge heißt

▸ *endlich*, wenn die Anzahl ihrer Glieder endlich ist (Beispiel 1.62 a);

▸ *unendlich*, wenn die Anzahl der Glieder unendlich ist (Beispiel 1.62 b);

▸ *gesetzmäßig gebildet*, wenn sich ihre Glieder nach einem bestimmten Bildungs-gesetz ermitteln lassen (in Beispiel 1.62 b) lautet das Bildungsgesetz $a_n = 2n$, $n \in \mathbb{N}$, in Beispiel 1.62 a) ist die Berechnungsvorschrift für das n-te Glied $a_n = 2n - 1$, $n = 1, \ldots, 5$);

▸ *zufällig*, wenn die Werte der Glieder zufallsabhängig entstehen (wie etwa die Augenzahl beim Würfeln oder Messwerte tiefster Nachttemperaturen).

Die den Beispielen 1.62 a) und b) zugrunde liegenden Bildungsgesetze sind *expliziter* Natur, d. h., es ist möglich, eine nur vom Zählindex n abhängige Formel zur Bildung des n-ten Gliedes anzugeben. Im Gegensatz dazu erfolgt bei einer *rekursiven* Beschreibung von Zahlenfolgen die Berechnung eines Gliedes unter Zuhilfenahme der Werte vorangehender Glieder.

Beispiel 1.63

a) $a_n = \frac{1}{n}$ ist eine explizite Bildungsvorschrift, die die Folge $1, \frac{1}{2}, \frac{1}{3}, \frac{1}{4}, \ldots$ erzeugt;

b) $a_{n+2} = a_{n+1} + a_n$ ist eine rekursive Darstellung; sind die beiden Anfangsglieder a_1 und a_2 vorgegeben, lassen sich alle weiteren Glieder auf eindeutige Weise daraus berechnen. Gilt beispielsweise $a_1 = a_2 = 1$, so ergeben sich nacheinander (für $n = 1, n = 2, \ldots$) die Glieder

$$a_3 = a_2 + a_1 = 2, \quad a_4 = a_3 + a_2 = 3, \quad a_5 = a_4 + a_3 = 5 \quad \text{usw.}$$

Rekursive Bildungsgesetze entstehen häufig bei Betrachtung von stufenweise ablaufenden Prozessen oder Algorithmen. Manche Eigenschaften der zugehörigen Folgen lassen sich besser studieren, wenn man die Rekursionsvorschrift in eine explizite Formel überführt. Im Beispiel 1.63 b) erhält man dabei allerdings mit $a_n = \sqrt{\frac{1}{5}} \cdot \left[\left(\frac{1+\sqrt{5}}{2}\right)^n - \left(\frac{1-\sqrt{5}}{2}\right)^n \right]$ eine ebenfalls recht komplexe Formel.

Ist eine unendliche Folge nur durch eine (evtl. sogar sehr große) endliche Anzahl von vorgegebenen Gliedern beschrieben, so kann daraus das zugehörige allgemeine Bildungsgesetz niemals eindeutig abgeleitet werden. So ist es z. B. möglich, die Folge der Zahlen $1, 2, 4, \ldots$ auf vielerlei Art fortzusetzen:

$$1, 2, 4, 8, 16, 32, \ldots \quad \text{(allgemeines Glied: } a_n = 2^{n-1});$$
$$1, 2, 4, 7, 11, 16, \ldots \quad \text{(allgemeines Glied: } a_n = 1 + \frac{n(n-1)}{2});$$
$$1, 2, 4, 67, 275, \ldots \quad \text{(allgemeines Glied: } a_n = n^4 - \frac{49}{2}n^2 + \frac{119}{2}n - 35).$$

Bildet man die Summe aus den jeweils ersten n Gliedern einer Folge, das sind die so genannten *Teil-* oder *Partialsummen*, entsteht eine aus den Gliedern $s_1, s_2, s_3, \ldots$ bestehende, neue Zahlenfolge, die als *Reihe* bezeichnet wird:

$$s_1 = a_1$$
$$s_2 = a_1 + a_2$$
$$s_3 = a_1 + a_2 + a_3$$
$$\cdots \cdots \cdots \cdots$$
$$s_n = a_1 + a_2 + \ldots + a_n = \sum_{i=1}^{n} a_i$$
$$\cdots \cdots \cdots \cdots$$

Beispiel 1.64

a) Aus der Folge der ungeraden natürlichen Zahlen $a_1 = 1$, $a_2 = 3$, $a_3 = 5$, $a_4 = 7, \ldots$
   entsteht die Folge $s_1 = 1$, $s_2 = 4$, $s_3 = 9$, $s_4 = 16, \ldots$ (hier ist die bemerkenswerte
   Tatsache festzustellen, dass die zur Folge der ungeraden Zahlen gehörende Reihe gerade
   die Folge der Quadratzahlen bildet).

b) $a_1 = 1$, $a_2 = 1$, $a_3 = 1, \ldots$ führt auf $s_1 = 1$, $s_2 = 2$, $s_3 = 3, \ldots$

c) $a_1 = 1$, $a_2 = 2$, $a_3 = 4$, $a_4 = 8$, $a_5 = 16, \ldots$ liefert $s_1 = 1$, $s_2 = 3$, $s_3 = 7$, $s_4 = 15$, $s_5 = 31, \ldots$

d) Die Folge der Kontostände auf einem Sparbuch stellt (bei Vernachlässigung von Zinsen)
   die zur Folge der Einzahlungen gehörige Reihe dar.

Von Interesse insbesondere für finanzmathematische Problemstellungen (siehe Kap. 3)
sind spezielle Zahlenfolgen und -reihen, deren charakteristische Eigenschaften wie die
konstante Differenz bzw. der konstante Quotient aufeinander folgender Glieder in der einfachen Zinsrechnung bzw. in der Zinseszinsrechnung zum Tragen kommen. In diesem
Zusammenhang konzentrieren wir uns auf Zahlenfolgen und -reihen mit einer endlichen
Anzahl an Gliedern. Hat man es hingegen mit einer unendlich großen Zahl an Folgenglie-
dern zu tun, so sind Begriffe wie Grenzwert bzw. Konvergenz von großer Bedeutung. Diese
werden in Abschn. 1.5.4 behandelt.

Weitere im Zusammenhang mit Zahlenfolgen wichtige Begriffe sind die der Monotonie
und der Beschränktheit.

Definition Die Zahlenfolge $\{a_n\}$ heißt *beschränkt*, falls es eine positive Zahl C gibt mit
der Eigenschaft $|a_n| \leq C$ für alle $n = 1, 2, \ldots$ Ferner heißt die Zahlenfolge $\{a_n\}$

monoton wachsend,	falls	$a_n \leq a_{n+1}$
streng monoton wachsend,	falls	$a_n < a_{n+1}$
monoton fallend,	falls	$a_n \geq a_{n+1}$
streng monoton fallend,	falls	$a_n > a_{n+1}$

für alle $n = 1, 2, \ldots$ gilt.

1.5.2 Arithmetische Folgen und Reihen

Eine Zahlenfolge wird *arithmetisch* genannt, wenn die Differenz aufeinander folgender
Glieder konstant ist, d.h., wenn die Beziehung $a_{n+1} - a_n = d = $ const für alle Indizes
$n = 1, 2, \ldots$ gilt. Stellt man diese Gleichung nach a_{n+1} um, so erhält man die allgemeine
rekursive Formel der arithmetischen Folge:

$$a_{n+1} = a_n + d, \quad n = 1, 2, \ldots \tag{1.38}$$

Ist das Anfangsglied der Folge a_1 gegeben, so kann man durch wiederholtes Anwenden der Vorschrift (1.38) die Beziehungen

$$a_2 = a_1 + d,$$
$$a_3 = a_2 + d = a_1 + 2d,$$
$$a_4 = a_3 + d = a_2 + 2d = a_1 + 3d,$$
$$\dots\dots\dots\dots\dots\dots\dots\dots\dots\dots\dots$$

erhalten, woraus man die *explizite* Bildungsvorschrift für das allgemeine n–te Glied der arithmetischen Folge erhält:

$$a_n = a_1 + (n-1)d. \tag{1.39}$$

In Worten: Das n–te Glied einer arithmetischen Folge ergibt sich als Summe von Anfangsglied und $(n-1)$-facher Differenz aufeinander folgender Glieder.

Fragt man nach einer Formel für die n–te Teilsumme, kommt man durch einen kleinen „Trick" schnell zum Ziel. Man schreibt die Summanden einmal von vorn beginnend (erstes bis n-tes Glied) und einmal von hinten beginnend (n-tes bis erstes Glied) auf und addiert beide Zeilen:

$$
\begin{array}{ccccccc}
s_n & = & a_1 & + & \dots & + & (a_1 + (n-1)d) \\
s_n & = & (a_1 + (n-1)d) & + & \dots & + & a_1 \\
\hline
2s_n & = & (2a_1 + (n-1)d) & + & \dots & + & (2a_1 + (n-1)d)
\end{array}
$$

Da jeder auftretende Summand in der unteren Zeile gleich dem konstanten Ausdruck $2a_1 + (n-1)d = a_1 + a_n$ ist und es davon genau n Summanden gibt, erhält man $2s_n = n(a_1 + a_n)$, also

$$s_n = n \cdot \frac{a_1 + a_n}{2}. \tag{1.40}$$

Die n-te Teilsumme einer arithmetischen Folge ist also gleich dem Produkt aus der Anzahl der Glieder und dem arithmetischen Mittel aus Anfangs- und Endglied.

Beispiel 1.65

a) $1, \frac{3}{2}, 2, \frac{5}{2}, 3, \dots \left(a_n = 1 + \frac{n-1}{2} = \frac{n+1}{2}\right);$

b) $100, 98, 96, 94, \dots \left(a_n = 100 - 2(n-1) = 102 - 2n\right);$

c) für $a_1 = 1$, $d = 3$ und $n = 10$ erhält man die Werte $a_{10} = a_1 + 9 \cdot d = 1 + 9 \cdot 3 = 28$ und $s_{10} = \frac{10}{2}(1 + 28) = 145;$

d) aus $a_1 = 10$ und $a_{21} = 110$ lässt sich d ermitteln: $a_{21} = a_1 + 20 \cdot d$, d. h. $110 = 10 + 20d$, also $100 = 20d$ und somit $d = 5$.

1.5.3 Geometrische Folgen und Reihen

Eine Zahlenfolge heißt *geometrisch*, wenn der Quotient aufeinander folgender Glieder konstant ist, d. h., wenn für alle Indizes $n = 1, 2, \dots$ die Beziehung $\frac{a_{n+1}}{a_n} = q = \text{const}$ gilt. Stellt man diese Gleichung nach a_{n+1} um, so erhält man die allgemeine rekursive Formel der geometrischen Folge:

$$a_{n+1} = q \cdot a_n, \quad n = 1, 2, \ldots \tag{1.41}$$

Ist das Anfangsglied der Folge a_1 gegeben, so lassen sich durch wiederholtes Anwenden der Vorschrift (1.41) die Beziehungen

$$a_2 = q \cdot a_1$$
$$a_3 = q \cdot a_2 = q^2 \cdot a_1$$
$$a_4 = q \cdot a_3 = q^2 \cdot a_2 = q^3 \cdot a_1$$
$$\ldots\ldots\ldots\ldots\ldots\ldots\ldots\ldots\ldots\ldots\ldots$$

erhalten, woraus man die *explizite* Bildungsvorschrift für das allgemeine n-te Glied der geometrischen Folge gewinnt:

$$a_n = a_1 \cdot q^{n-1}. \tag{1.42}$$

In Worten: Das n-te Glied einer geometrischen Folge ergibt sich als Produkt von Anfangsglied und $(n-1)$-ter Potenz des Quotienten aufeinander folgender Glieder.

Für die Ermittlung der n-ten Partialsumme muss man wieder eine geschickte Umformung vornehmen. Der Ausdruck für s_n wird einmal hingeschrieben, danach mit dem Faktor q multipliziert. Anschließend wird die Differenz beider Ausdrücke gebildet:

$$
\begin{array}{rcccccccccc}
s_n & = & a_1 & + & a_1 q & + & a_1 q^2 & + & \ldots & + & a_1 q^{n-1} \\
q \cdot s_n & = & & & a_1 q & + & a_1 q^2 & + & \ldots & + & a_1 q^{n-1} & + & a_1 q^n \\
\hline
(1-q)s_n & = & a_1 & + & 0 & + & 0 & + & \ldots & + & 0 & - & a_1 q^n
\end{array}
$$

Nach Division durch $1 - q$ (Achtung: Dabei muss $1 - q \neq 0$, also $q \neq 1$ gelten!) erhält man die allgemeine Formel für die n-te Teilsumme einer geometrischen Folge:

$$s_n = a_1 \cdot \frac{1 - q^n}{1 - q} = a_1 \cdot \frac{q^n - 1}{q - 1} \quad \text{für} \quad q \neq 1. \tag{1.43}$$

In dem für die Finanzmathematik (Kap. 3) typischen Fall $q > 1$ ist dabei die durch Erweiterung des Bruches mit -1 entstandene äquivalente Darstellungsform $s_n = a_1 \frac{q^n - 1}{q - 1}$ vorzuziehen, weil hierbei keine negativen Zahlen auftreten.

Der Fall $q = 1$ ist noch offen. In diesem Fall handelt es sich um eine konstante Folge ($a_n = a_1 = \text{const}$), deren n-te Teilsumme offensichtlich gleich $s_n = n \cdot a_1$ ist.

Beispiel 1.66

a) $1, 2, 4, 8, 16, \ldots$ $\quad$ ($a_n = 2^n$);

b) $4, -2, 1, -\frac{1}{2}, \frac{1}{4}, \ldots$ $\quad$ ($a_n = 4 \cdot \left(-\frac{1}{2}\right)^n$);

c) Ein Roulettespieler verdoppelt bei jedem Spiel seinen Einsatz (bis er einmal gewinnt). Wie viel muss er beim 7. Mal setzen, wenn er mit 3 € beginnt? Hier gilt $a_1 = 3$, $q = 2$, woraus sich $a_7 = a_1 q^6 = 3 \cdot 2^6 = 192$ [€] ergibt.

Abb. 1.25 ε-Umgebung eines Punktes

1.5.4 Grenzwerte von Zahlenfolgen

Definition Man sagt, die Zahlenfolge $\{x_n\}$ *konvergiere* gegen den Wert $\bar{x}$, wenn sich mit wachsendem n die Werte x_n dem Punkt $\bar{x}$ immer mehr annähern, wenn also gilt $\lim\limits_{n \to \infty} x_n = \bar{x}$.

Bemerkung Konvergieren bedeutet sowohl im allgemeinen Sprachgebrauch als auch in der Mathematik soviel wie „sich an etwas annähern". Und zwar nähern sich die Glieder x_n der Zahlenfolge dem Zahlenwert $\bar{x}$ „beliebig genau" an, wenn nur der Index n „genügend groß" ist. Das ist eine typisch mathematische Sprech- und Denkweise, die folgendes besagt: Wähle eine **beliebig kleine** Zahl $\varepsilon > 0$. Nachdem diese Zahl einmal gewählt ist, ist sie festgelegt. Nun wähle oder berechne eine (im Allgemeinen von ε abhängige) Zahl $\bar{n} = \bar{n}(\varepsilon)$ derart, dass

$$|x_n - \bar{x}| < \varepsilon, \tag{1.44}$$

sobald $n > \bar{n}(\varepsilon)$. Die Zahl $\bar{n}(\varepsilon)$ braucht dabei (im Gegensatz zu n) keine natürliche Zahl zu sein. Gleichbedeutend mit (1.44) ist die Ungleichungskette

$$\bar{x} - \varepsilon < x_n < \bar{x} + \varepsilon, \tag{1.45}$$

wobei das offene Intervall $\mathcal{U}_\varepsilon(\bar{x}) = (\bar{x} - \varepsilon, \bar{x} + \varepsilon) = \{x \mid \bar{x} - \varepsilon < x < \bar{x} + \varepsilon\}$ als *ε-Umgebung* des Punktes $\bar{x}$ bezeichnet wird (vgl. Abb. 1.25). Konvergenz bedeutet also, dass für „hinreichend große" Indizes (d. h. für $n \geq \bar{n}(\varepsilon)$) alle Glieder der Zahlenfolge in der ε-Umgebung von $\bar{x}$ liegen müssen.

Als spezielle Vertreter konvergierender Folgen sind unbedingt die so genannten *Nullfolgen* zu nennen, d. h. Folgen mit dem Grenzwert null. Die Zahlenfolge $\{x_n\}$ mit $x_n = \frac{2}{n+1}$ ist ein konkreter Vertreter einer solchen Folge. In der nachstehenden Tabelle sind die Glieder der Zahlenfolge $\{x_n\}$ für ausgewählte Werte von n angegeben:

n	1	2	3	4	5	10	15	19	20	100
x_n	1,0	0,667	0,5	0,4	0,333	0,182	0,125	0,1	0,095	0,020

Die Werte in der Tabelle legen die Vermutung nahe, der Grenzwert $\bar{x}$ der Folge $\{x_n\}$ sei null. Zum exakten Nachweis dieser Behauptung haben wir zunächst eine (kleine) Zahl $\varepsilon > 0$ zu wählen, z. B. $\varepsilon = 0,1$. Für diese gewählte Zahl ist nun eine Zahl $\bar{n}(\varepsilon)$ zu finden, für die

$$|x_{\bar{n}} - 0| = |x_{\bar{n}}| = \frac{2}{\bar{n} + 1} = \varepsilon \tag{1.46}$$

Abb. 1.26 Nullfolge

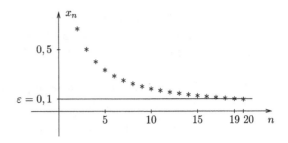

ist und $|x_n - 0| < \varepsilon$, sobald $n > \bar{n}(\varepsilon)$. Die Auflösung von (1.46) ergibt $2 = \varepsilon(\bar{n} + 1)$ bzw. $\bar{n} = \frac{2-\varepsilon}{\varepsilon}$. Man beachte, dass die durchgeführte Konstruktion zur Bestimmung von $\bar{n}(\varepsilon)$ für **jede** Zahl $\varepsilon > 0$ durchführbar sein muss; im konkreten Beispiel ist die allgemeine Vorschrift gerade durch $\bar{n} = \frac{2-\varepsilon}{\varepsilon}$ gegeben. Für die speziell gewählte Zahl $\varepsilon = 0,1$ ergibt sich also $\bar{n} = \frac{1,9}{0,1} = 19$ (vgl. Abb. 1.26).

Übungsaufgabe 1.8 Man überzeuge sich davon, dass für $n > 19$ tatsächlich $|x_n| < 0,1$ gilt. Ferner berechne man in analoger Weise die Zahl $\bar{n}(\varepsilon)$ für die Werte $\varepsilon = 0,01$ und $\varepsilon = 0,0001$.

Nicht jede Zahlenfolge besitzt einen Grenzwert im oben definierten Sinne. Eine nicht konvergente Folge wird *divergent* genannt, wobei zwischen bestimmter und unbestimmter Divergenz unterschieden wird. Bestimmte Divergenz besagt, dass es einen *uneigentlichen* Grenzwert gibt. Genauer: Eine Zahlenfolge $\{x_n\}$ wird *bestimmt divergent* genannt, wenn es zu jeder (beliebig großen) positiven Zahl Z eine Zahl $n(Z)$ gibt mit der Eigenschaft, dass $x_n > Z$ (bzw. $x_n < -Z$) für alle Indizes $n \geq n(Z)$. Es liegt dann der uneigentliche „Grenzwert" $+\infty$ (bzw. $-\infty$) vor. Mathematische Schreibweise:

$$\lim_{n\to\infty} x_n = +\infty \quad \text{bzw.} \quad \lim_{n\to\infty} x_n = -\infty.$$

Als Beispiele bestimmt divergenter Zahlenfolgen können $\{a_n\} = \{n^2\}$ und $\{b_n\} = \{-2^n\}$ dienen. *Unbestimmte* Divergenz liegt vor, wenn die betrachtete Folge weder konvergent noch bestimmt divergent ist. Die *alternierenden* (d. h. ständig das Vorzeichen wechselnden) Zahlenfolgen $\{c_n\} = \{(-1)^n\}$ und $\{d_n\} = \{(-3)^n\}$ liefern Beispiele divergenter Folgen.

Auch alternierende Zahlenfolgen können konvergieren, wie man an der Folge $\{e_n\} = \{(-\frac{1}{n})^n\}$ mit dem Grenzwert null sieht.

Übungsaufgabe 1.9 Im vorigen Abschnitt war für die geometrische Zahlenreihe die n-te Partialsumme als $s_n = a_1 \cdot \frac{1-q^n}{1-q}$ berechnet worden. Man diskutiere den Grenzwert der Zahlenfolge $\{s_n\}$, auch Grenzwert der Reihe genannt, für $n \to \infty$ für verschiedene Werte von $q: |q| < 1, q = 1, q > 1, q = -1, q < -1$.

Die Überprüfung, ob eine Folge konvergiert oder nicht, kann in manchen Fällen einfach sein, in anderen erhebliche Mühe bereiten. So wird z. B. bei der Folge $\{a_n\}$ mit

$a_n = (1 + \frac{1}{n})^n$ der Wert in der Klammer mit wachsendem n immer kleiner, dafür wird der Exponent größer. Die Frage ist, welche der beiden Tendenzen überwiegt.

Zwei nützliche Konvergenzaussagen liefert der folgende

Satz 1.3 *(i) Jede beschränkte und monotone Folge ist konvergent.*
(ii) Eine konvergente Folge ist notwendigerweise beschränkt.

In [1] findet man einen sehr eleganten Nachweis für die Monotonie und Beschränktheit und folglich auch für die Konvergenz der Folge $a_n = (1 + \frac{1}{n})^n$.

Die Aussage von Satz 1.3 ist leider nicht konstruktiv, d. h., selbst wenn man weiß, dass ein Grenzwert existiert, so kennt man ihn noch nicht. Hilfreich bei der Berechnung von Grenzwerten ist hingegen die Kenntnis der folgenden, häufig verwendeten Grenzwerte:

$$\lim_{n\to\infty} \sqrt[n]{c} = 1 \ \forall \ c \in \mathbb{R}^+; \quad \lim_{n\to\infty} \sqrt[n]{n} = 1; \quad \lim_{n\to\infty} \left(1 + \frac{1}{n}\right)^n = e.$$

Die folgenden Aussagen liefern weitere Konvergenzkriterien.

▸ Sind $\{a_n\}$ und $\{b_n\}$ konvergente Zahlenfolgen, so sind auch die Zahlenfolgen $\{a_n + b_n\}$, $\{a_n - b_n\}$, $\{a_n \cdot b_n\}$ und $\{\frac{a_n}{b_n}\}$ konvergent (letztere, falls $b_n \neq 0$, $n = 1,2,\ldots$, und $\lim_{n\to\infty} b_n \neq 0$ gilt). Dabei gelten die Beziehungen

$$\lim_{n\to\infty} (a_n + b_n) = \lim_{n\to\infty} a_n + \lim_{n\to\infty} b_n,$$

$$\lim_{n\to\infty} (a_n - b_n) = \lim_{n\to\infty} a_n - \lim_{n\to\infty} b_n,$$

$$\lim_{n\to\infty} (a_n \cdot b_n) = (\lim_{n\to\infty} a_n) \cdot (\lim_{n\to\infty} b_n), \qquad \lim_{n\to\infty} \frac{a_n}{b_n} = \frac{\lim\limits_{n\to\infty} a_n}{\lim\limits_{n\to\infty} b_n}.$$

Diese Rechenregeln lassen sich auch auf unendliche Grenzwerte übertragen, solange dabei keine unbestimmten Ausdrücke auftreten.

▸ Ist die Zahlenfolge $\{a_n\}$ konvergent mit dem Grenzwert $\lim_{n\to\infty} a_n = a$ und c eine reelle Zahl, so ist auch die Zahlenfolge $\{c \cdot a_n\}$ konvergent mit dem Grenzwert $\lim_{n\to\infty} c \cdot a_n = c \cdot a$.

▸ Ist c eine reelle Zahl und $\{c_n\}$ eine konvergente Folge rationaler Zahlen $c_n = \frac{u_n}{v_n}$ ($n = 1,2,\ldots, u_n \in \mathbb{Z}, v_n \in \mathbb{N}$) mit $\lim_{n\to\infty} c_n = c$, so ist für jede positive reelle Zahl $x > 0$ die Folge $\{x^{c_n}\}$ mit $x^{c_n} \stackrel{\text{def}}{=} \sqrt[v_n]{x^{u_n}}$ ebenfalls konvergent. Durch ihren Grenzwert $x^c \stackrel{\text{def}}{=} \lim_{n\to\infty} x^{c_n}$ wird dann die c-te *Potenz* der Zahl x definiert.

Für beliebiges $x > 0$ und beliebige reelle Zahlen α, β gelten dann die folgenden *Potenzgesetze*:

$$x^{\alpha+\beta} = x^\alpha \cdot x^\beta, \qquad (x^\alpha)^\beta = x^{\alpha\beta}.$$

Diese stellen offensichtlich eine Verallgemeinerung der für natürliche Zahlen geltenden Potenzgesetze dar (vgl. Beispiel 1.14).

Beispiel 1.67 Der Grenzwert der Zahlenfolge $a_n = \dfrac{3n^2 + 4}{2n^2 + 1}$ lautet $\lim_{n \to \infty} a_n =$ $\lim_{n \to \infty} \dfrac{3 + \frac{4}{n^2}}{2 + \frac{1}{n^2}} = \dfrac{3 + \lim_{n \to \infty} \frac{4}{n^2}}{2 + \lim_{n \to \infty} \frac{1}{n^2}} = \dfrac{3}{2}$, denn für beliebiges $c \in \mathbb{R}$ gilt $\lim_{n \to \infty} \dfrac{c}{n^2} = 0$.

1.5.5 Konvergenz von Reihen

In Abschn. 1.5.1 war die zu einer Zahlenfolge $\{a_n\}$ gehörige Reihe $\{s_n\}$ über die Bildung von Partialsummen eingeführt worden. Man kann nun nach der Konvergenz dieser neuen Folge $\{s_n\}$ für $n \to \infty$ fragen.

Definition Eine unendliche Reihe $\sum_{k=1}^{\infty} a_k$ heißt *konvergent*, wenn die Folge $\{s_n\}$ der Partialsummen konvergiert. Der Grenzwert s der Partialsummenfolge $\{s_n\}$ wird, sofern er existiert, *Summe* der Reihe genannt: $\lim_{n \to \infty} s_n = s = \sum_{k=1}^{\infty} a_k$. Ist die Folge $\{s_n\}$ der Partialsummen divergent, so heißt die Reihe $\sum_{k=1}^{\infty}$ *divergent*.

Eine Entscheidung über die Konvergenz von Reihen kann mit Hilfe von *Konvergenzkriterien* getroffen werden. Dabei wird auf die Glieder der zugrunde liegenden Folgen zurückgegriffen. Exemplarisch seien drei Kriterien angegeben:

▸ **Vergleichs-Kriterium:** Gelten für die Glieder der Folgen $\{a_n\}$ und $\{b_n\}$ die Beziehungen $0 \leq a_n \leq b_n$, $n = 1, 2, \ldots$, und ist die Reihe $\sum_{n=1}^{\infty} b_n$ konvergent, so ist $\sum_{n=1}^{\infty} a_n$ ebenfalls konvergent, wobei gilt $\sum_{n=1}^{\infty} a_n \leq \sum_{n=1}^{\infty} b_n$. Umgekehrt, ist $\sum_{n=1}^{\infty} a_n$ divergent, so ist auch $\sum_{n=1}^{\infty} b_n$ divergent.

▸ **Quotientenkriterium:** Gilt $\dfrac{a_{n+1}}{a_n} \leq q$, $n = 1, 2, \ldots$, mit $0 < q < 1$ oder $\lim_{n \to \infty} \dfrac{a_{n+1}}{a_n} < 1$, so konvergiert die Reihe $\sum_{n=1}^{\infty} a_n$; gilt $\dfrac{a_{n+1}}{a_n} \geq 1$, $n = 1, 2, \ldots$ oder $\lim_{n \to \infty} \dfrac{a_{n+1}}{a_n} > 1$, so divergiert sie.

▸ **Wurzelkriterium:** Gilt $\sqrt[n]{a_n} \leq \lambda$, $n = 1, 2, \ldots$ mit $0 < \lambda < 1$ oder $\lim_{n \to \infty} \sqrt[n]{a_n} < 1$, so konvergiert die Reihe $\sum_{n=1}^{\infty} a_n$; gilt $\sqrt[n]{a_n} \geq 1$, $n = 1, 2, \ldots$ oder $\lim_{n \to \infty} \sqrt[n]{a_n} > 1$, so divergiert sie.

Weitere Ausführungen zu Zahlenfolgen und -reihen, deren Konvergenz und der Berechnung ihrer Grenzwerte findet man z. B. in [1, 6, 9].

Beispiel 1.68 Die Reihe $\sum\limits_{n=1}^{\infty} \frac{x^k}{k!}$ ist für beliebiges $x \in \mathbb{R}$ konvergent, denn nach dem Quotientenkriterium gilt: $\lim\limits_{n \to \infty} \frac{a_{n+1}}{a_n} = \lim\limits_{n \to \infty} \frac{x^{n+1} \cdot n!}{(n+1)! \cdot x^n} = \lim\limits_{n \to \infty} \frac{x}{n+1} = 0$.

Beispiel 1.69 Die Reihe $\sum\limits_{n=1}^{\infty} x^k$ ist für $x \in (0, 1)$ konvergent, denn nach dem Wurzelkriterium gilt: $\lim\limits_{n \to \infty} \sqrt[n]{a_n} = \lim\limits_{n \to \infty} \sqrt[n]{x^n} = x < 1$.

Literatur

1. Heuser, H.: Lehrbuch der Analysis. Teil 1, 2 (17./14. Auflage), Vieweg + Teubner, Wiesbaden (2009/2008)

2. Huang, D. S., Schulz, W.: Einführung in die Mathematik für Wirtschaftswissenschaftler (9. Auflage), Oldenbourg Verlag, München (2002)

3. Kemnitz, A.: Mathematik zum Studienbeginn: Grundlagenwissen für alle technischen, mathematisch-naturwissenschaftlichen und wirtschaftswissenschaftlichen Studiengänge (11. Auflage), Springer Spektrum, Wiesbaden (2014)

4. Kurz, S., Rambau, J.: Mathematische Grundlagen für Wirtschaftswissenschaftler (2. Auflage), Kohlhammer, Stuttgart (2012)

5. Luderer, B.: Klausurtraining Mathematik und Statistik für Wirtschaftswissenschaftler (4. Auflage), Springer Gabler, Wiesbaden (2014)

6. Luderer, B., Nollau, V., Vetters, K.: Mathematische Formeln für Wirtschaftswissenschaftler (7. Auflage), Vieweg + Teubner, Wiesbaden (2011)

7. Luderer, B., Paape, C., Würker, U.: Arbeits- und Übungsbuch Wirtschaftsmathematik (6. Auflage), Vieweg + Teubner, Wiesbaden (2011)

8. Pfeifer A., Schuchmann M.: Kompaktkurs Mathematik: Mit vielen Übungsaufgaben und allen Lösungen (3. Auflage), Oldenbourg, München (2009)

9. Purkert, W.: Brückenkurs Mathematik für Wirtschaftswissenschaftler (7. Auflage), Vieweg + Teubner, Wiesbaden (2011)

10. Schäfer, W., Georgi, K., Trippler, G.: Mathematik-Vorkurs: Übungs- und Arbeitsbuch für Studienanfänger (6. Auflage), Vieweg + Teubner, Wiesbaden (2006)

11. Tietze, J.: Einführung in die angewandte Wirtschaftsmathematik: Das praxisnahe Lehrbuch – inklusive Brückenkurs für Einsteiger (17. Auflage), Springer Spektrum, Wiesbaden (2014)

12. Tietze, J: Übungsbuch zur angewandten Wirtschaftsmathematik: Aufgaben, Testklausuren und Lösungen (7. Auflage), Vieweg + Teubner, Wiesbaden (2011)

Logik und Mengenlehre

In diesem Kapitel werden die Grundlagen der mathematischen Logik und der Mengenlehre behandelt. Die dabei eingeführten Begriffe und Denkweisen sind von besonderer Bedeutung für die folgenden Kapitel, da sie die Basis für das Verständnis weiterführender mathematischer Betrachtungen bilden.

2.1 Aussagenlogik

Die Logik ist die Lehre vom folgerichtigen Denken, d. h., sie befasst sich mit den Regeln des Schließens von gegebenen Aussagen auf neue, daraus ableitbare Folgerungen. Mit Hilfe der Logik ist es erst möglich, wissenschaftliche Aussagen eindeutig und widerspruchsfrei zu formulieren.

2.1.1 Aussagen

Von zentraler Bedeutung innerhalb der mathematischen Logik ist der bereits im Kap. 1 mehrfach verwendete Begriff der *Aussage*. In der Umgangssprache wird eigentlich jeder mit einem Punkt abgeschlossene Satz als ein Aussagesatz bezeichnet, d. h., bis auf Frage- und Aufforderungssätze wie „Wo geht es zum Bahnhof?" und „Gehen Sie an der nächsten Ampel nach rechts!" sind alle sinnvollen Sätze im Sinne der Umgangssprache als Aussagen anzusehen.

Zu den Eigentümlichkeiten der Umgangssprache gehört es aber, dass solche Sätze nicht immer eindeutig interpretierbar sind. Beispiele dafür sind so einfache alltägliche Aussagen wie „Das Wetter ist schön" oder „Der Film ist super", die entsprechend dem jeweiligen Geschmack des beurteilenden Menschen mehr oder weniger zutreffend sind. Noch schwieriger ist oft die Einschätzung von fachspezifischen Sätzen aus Wissenschaft oder Politik. Zum Beispiel kann die Aussage „Der Aktienmarkt zeigt positive Tendenzen" sowohl einen

B. Luderer, U. Würker, *Einstieg in die Wirtschaftsmathematik*,
Studienbücher Wirtschaftsmathematik, DOI 10.1007/978-3-658-05937-8_2,
© Springer Fachmedien Wiesbaden 2015

allgemeinen Aufschwung als auch vereinzelte gute Ergebnisse inmitten einer Depressions-
phase meinen. Weitere Aussagen haben zwar einen eindeutigen Wahrheitswert, dieser kann
aber (nach unserem derzeitigen Wissensstand) nicht mehr oder noch nicht bestimmt werden. Beispiele dafür sind „Im Jahre 2050 leben mehr als 30 Milliarden Menschen auf der
Erde" oder „Mindestens eine Million Tier- und Pflanzenarten sind in den letzten 200 Jahren ausgestorben."

Schließlich gibt es noch Sätze, die Widersprüche oder Paradoxa in sich enthalten, wie
z. B. **Diese fett gedruckte Aussage ist falsch.** Wäre die Aussage richtig, so müsste sie deshalb falsch sein; wäre sie dagegen falsch, so müsste sie richtig sein.

In der mathematischen Logik wollen wir uns dagegen nur mit solchen Aussagen beschäftigen, die einen objektiven Wahrheitsgehalt besitzen, d. h., für sie muss eindeutig
feststellbar sein, ob sie wahr oder falsch sind.

Definition Eine *Aussage A* ist ein Satz (in einer gewöhnlichen Sprache), der entweder wahr
oder falsch ist.

Die Definition besagt zum einen, dass keine Aussage gleichzeitig wahr und falsch sein
kann (so genannte *Prinzip vom ausgeschlossenen Widerspruch*). Dieser Sachverhalt bildet
die Grundlage zum Führen indirekter Beweise. Zum anderen bedeutet diese Definition
aber auch, dass eine mathematische Aussage nur wahr oder falsch sein kann, d. h., es gibt
keine dritte Möglichkeit wie z. B. die unbestimmten Wahrheitswerte „teilweise richtig",
„vielleicht richtig" oder „mit Wahrscheinlichkeit p richtig" (so genannte *Prinzip vom ausgeschlossenen Dritten*). Mit derartigen Begriffe befasst sich das relativ junge Gebiet der Fuzzy
Logik, auf das an dieser Stelle jedoch nicht näher eingegangen werden kann.

Im Folgenden werden wir Aussagen stets mit großen lateinischen Buchstaben benen-
nen. Der Wahrheitswert einer Aussage A soll mit $v(A)$ bezeichnet werden. Er muss laut
Definition stets genau einen der beiden Werte „wahr" (Abkürzung w) oder „falsch" (Abkürzung f) annehmen:

$$v(A) = \begin{cases} w, & A \text{ ist wahr,} \\ f, & A \text{ ist falsch.} \end{cases}$$

Für die Abkürzungen w bzw. f sind auch die Schreibweisen TRUE, 1 oder L bzw. FALSE, 0
oder O üblich. Diese oder ähnliche Bezeichnungen findet man in eigentlich allen Program-
miersprachen, die im Übrigen als exakte Anwendungsbeispiele für alle logischen Begriffe
und Operationen dienen können.

Die Bestimmung des Wahrheitsgehaltes von konkreten Aussagen kann, wie wir bereits weiter oben gesehen haben, von sehr unterschiedlicher Schwierigkeit sein. Zum
Beispiel besteht der Satz „Wenn die Sonne scheint und er keinen Besuch bekommt, dann
geht Peter am Sonntag Pilze sammeln" aus den drei Teilaussagen „Die Sonne scheint",
„Peter bekommt Besuch" und „Peter geht am Sonntag Pilze sammeln", die mithilfe der
Verbindungsworte „und" sowie „wenn..., dann..." miteinander verbunden sind. Die Ge-
samtaussage ist offensichtlich z. B. dann wahr, wenn die Sonne scheint, Peter keinen Besuch

bekommt und er am Sonntag Pilze suchen geht. Sie ist allerdings auch dann wahr, wenn Peter in die Pilze geht, egal ob die Sonne scheint oder ob er Besuch bekommt. Diese auf den ersten Blick verblüffende Behauptung wird nur verständlich, wenn man exakt zwischen Aussage und Wahrheitswert unterscheidet.

Die logische Verknüpfung von Einzelaussagen zu zusammengesetzten Aussagen wie in diesem Beispiel ist der eigentliche Gegenstand der mathematischen Aussagenlogik und soll im Folgenden näher dargestellt werden.

2.1.2 Aussagenverbindungen

In der Umgangssprache werden zur Verknüpfung mehrerer Aussagen meist Worte wie „nicht", „und", „oder", „wenn ... dann ...", „entweder ... oder ..." usw. benutzt. Tatsächlich lassen sich alle, auch die kompliziertesten Konstruktionen, auf wenige Grundoperationen von jeweils höchstens zwei Aussagen zurückführen, die wir im Folgenden mit ihrer Fachbezeichnung, dem mathematischen Kurzsymbol und dem umgangssprachlichen Äquivalent einführen wollen.

Negation (Symbol „$\neg$", lies: „nicht") Diese *einstellige Operation* (da sie nur auf **eine** Aussage angewendet wird) bewirkt die Umkehrung des Wahrheitswertes der betreffenden Aussage. D. h., die Negation $\neg A$ von A ist genau dann wahr, wenn A eine falsche Aussage ist, und sie ist falsch, wenn A eine wahre Aussage ist.

Dies kann auch anschaulich anhand der folgenden *Wahrheitswertetafel* dargestellt werden, die für jeden möglichen Wert des Arguments (d. h. für jeden möglichen Wahrheitswert von A) den zugehörigen Wahrheitswert der Negation $\neg A$ angibt:

A	$\neg A$
w	f
f	w

Die Negation einer bereits negierten Aussage ergibt logischerweise wieder die ursprüngliche Aussage, wie der folgende *Satz von der Negation der Negation* allgemein beschreibt:

$$\neg(\neg A) = A. \tag{2.1}$$

Neben dieser einstelligen Operation, die den Wahrheitswert von einer Aussage verändert, gibt es eine Reihe von *zweistelligen* Operationen, die jeweils Wahrheitswerte liefern, welche von **zwei** Teilaussagen abhängig sind. Wir wollen an dieser Stelle die vier wichtigsten einführen, nämlich die Konjunktion, die Disjunktion, die Implikation und die Äquivalenz.

Konjunktion (Symbol „$\wedge$", lies: „und") Diese Verknüpfung soll genau dann eine wahre Aussage als Ergebnis liefern, wenn beide Teilaussagen richtig sind, d.h., $A \wedge B$ ist wahr, wenn sowohl A als auch B wahre Aussagen sind. Sobald eine der beiden Teilaussagen (oder beide) falsch sind, ist auch die konjunktive Verknüpfung $A \wedge B$ falsch.

Auch diese Operation kann anschaulich mit einer Wahrheitswertetafel dargestellt werden, wobei jetzt alle Kombinationen möglicher Wahrheitswerte von A und B sowie die jeweils dazugehörigen Wahrheitswerte von $A \wedge B$ in einer Tabelle aufgelistet sind (siehe Tab. 2.1).

Disjunktion (Symbol „$\vee$“, lies: „oder“) Diese Verknüpfung soll genau dann eine wahre Aussage als Ergebnis liefern, wenn mindestens eine der beiden Teilaussagen richtig ist, d. h., $A \vee B$ ist wahr, wenn A oder B oder beide wahre Aussagen darstellen. Nur wenn beide Teilaussagen falsch sind, ist auch die disjunktive Verknüpfung $A \vee B$ falsch (siehe auch Wahrheitswertetafel in Tab. 2.1).

Zu beachten ist dabei der Unterschied zur Formulierung „entweder ... oder ...“ (*exklusives Oder* bzw. *logische Antivalenz*): Diese Aussagenverbindung ist genau dann wahr, wenn genau eine der beiden Teilaussagen richtig ist, nicht jedoch, falls beide Teile wahr sind. Umgangssprachlich wird „oder“ zumeist im Sinne von „entweder ... oder ...“ gebraucht.

Beispiel 2.1 In einer Zeitungsanzeige war zu lesen: „Zimmer zu vermieten an Studentin oder ehrliches Mädchen.“ Fasst man die Aussagenverbindung „Studentin oder ehrliches Mädchen“ im Sinne von „entweder Studentin oder ehrliches Mädchen“ auf, so hat eine ehrliche Studentin keine Chance, dieses Zimmer zu mieten. Oder ist eine Studentin niemals ehrlich?

Implikation (Symbol „$\Longrightarrow$“, lies: „wenn ..., dann ...“) Diese Operation ist eng verbunden mit logischen Schlussregeln (siehe auch Abschn. 2.1.4), die die wesentliche Grundlage für mathematische Beweise bilden. Die Implikation liefert genau dann eine wahre Aussage als Ergebnis, wenn aus einer wahren Voraussetzung (*Prämisse*) A eine richtige Schlussfolgerung (*Konklusion*) B gezogen wird. Das heißt, die zusammengesetzte Aussage $A \Longrightarrow B$ ist nur dann falsch, wenn aus einer wahren Aussage A eine falsche Aussage B abgeleitet wird (siehe auch Wahrheitswertetafel in Tab. 2.1).

Man sagt auch, dass die Voraussetzung A eine *hinreichende Bedingung* für die Konklusion B ist, wogegen Aussage B nur eine *notwendige Bedingung* für A darstellt.

Diese Beziehung lässt sich im Allgemeinen nicht umkehren, d. h., aus B kann man nicht auf A schließen. (Beispiel: „Wenn der Dollar steigt, dann wird das Benzin teurer“, aber nicht unbedingt „Wenn Benzin teurer wird, steigt der Dollar.“)

Von besonderem Interesse ist aber der Fall, dass neben einer Implikation ebenfalls ihre Umkehrung gilt. Diese beidseitige Schlussfolgerung („A ist wahr dann und nur dann, wenn B wahr ist“) heißt *logische Äquivalenz*.

Äquivalenz (Symbol „$\Longleftrightarrow$“, lies: „...genau dann, wenn ...“) Die Äquivalenz zweier Aussagen A und B besagt, dass beide Aussagen denselben Wahrheitswert haben, also entweder beide wahr oder beide falsch sind. In diesem Fall ist A also eine notwendige und hinreichende Voraussetzung für Aussage B, und umgekehrt (siehe die Wahrheitswertetafel in Tab. 2.1).

Tab. 2.1 Wahrheitswertetafel

A	B	$A \wedge B$	$A \vee B$	$A \Longrightarrow B$	$A \Longleftrightarrow B$
w	w	w	w	w	w
w	f	f	w	f	f
f	w	f	w	w	f
f	f	f	f	w	w

Beispiel 2.2 Gegeben sind Aussagen über den Marktanteil eines weltweit vertriebenen Markenerzeugnisses P in zwei Handelszonen EU (Europäische Union) sowie NA (Nordamerika):

$A = $ „Das Produkt P hat in der EU einen Marktanteil von mehr als 25 %."
$B = $ „Das Produkt P hat in NA einen Marktanteil von mehr als 25 %."

Dann kann man folgende abgeleitete Aussagen aufstellen:

$\neg A$ „Der Marktanteil von P in der EU beträgt höchstens 25 %."
$A \wedge B$ „Der Marktanteil von P beträgt in der EU und in NA mehr als 25 %."
$A \vee B$ „Der Marktanteil von P beträgt in der EU oder in NA mehr als 25 %."
$A \Longrightarrow B$ „Wenn der Marktanteil von P in der EU mehr als 25 % beträgt, so liegt er auch in NA bei über 25 %."
$A \Longleftrightarrow B$ „Der Marktanteil von P in der EU beträgt genau dann mehr als 25 %, wenn er auch in NA bei über 25 % liegt."

Abschließend sei noch erwähnt, dass man weitere logische Operationen definieren kann, die z. B. auch in Form von logischen Bauelementen (Schaltalgebra) Anwendung finden. Diese lassen sich jedoch alle auf die oben eingeführten und allgemein üblichen Verknüpfungen zurückführen. Als Hilfsmittel bei der Untersuchung solcher komplizierterer Operationen und Aussagenverbindungen sind verallgemeinerte Wahrheitswertetafeln wie in Tab. 2.1 gut geeignet.

So stellt z. B. die Aussagenverbindung

$$(A \Longrightarrow B) \wedge (B \Longrightarrow C) \Longrightarrow (A \Longrightarrow C) \tag{2.2}$$

(*Satz von der Transitivität*, *Kettenschluss*) eine so genannte *Tautologie*, d. h. eine stets wahre Aussage, dar (unabhängig vom Wahrheitswert der Teilaussagen A, B und C). Davon überzeugt man sich, indem man analog zu Tab. 2.1 alle möglichen Kombinationen der Wahrheitswerte von A, B und C auflistet (erste drei Spalten in Tab. 2.2), dann die einzelnen Teilausdrücke V_1 bis V_5 der zu überprüfenden Aussagenverbindungen berechnet und damit den Gesamtwahrheitswert bestimmt (Vorgehen von links nach rechts in Tab. 2.2).

Tab. 2.2 Wahrheitswertetafel zum Kettenschluss

A	B	C	$V_1 =$ $(A \Rightarrow B)$	$V_2 =$ $(B \Rightarrow C)$	$V_3 =$ $(V_1 \wedge V_2)$	$V_4 =$ $(A \Rightarrow C)$	$V_5 =$ $(V_3 \Rightarrow V_4)$
w	w	w	w	w	w	w	w
w	w	f	w	f	f	f	w
w	f	w	f	w	f	w	w
w	f	f	f	w	f	f	w
f	w	w	w	w	w	w	w
f	w	f	w	f	f	w	w
f	f	w	w	w	w	w	w
f	f	f	w	w	w	w	w

Als weitere Beispiele für Tautologien können die *Morgan'schen Gesetze*[1]

$$
\begin{array}{llll}
\text{(i)} & \neg(A \vee B) & \Longleftrightarrow & (\neg A \wedge \neg B) \\
\text{(ii)} & \neg(A \wedge B) & \Longleftrightarrow & (\neg A \vee \neg B)
\end{array}
\tag{2.3}
$$

dienen, deren Grundaussage man vereinfacht als „Die Negation der Disjunktion ist die Konjunktion" (und umgekehrt) beschreiben kann.

Beispiel 2.3 Für A = „Es regnet" und B = „Es schneit" bedeutet z. B. (i), dass die Aussagen „Es regnet **oder** schneit nicht" sowie „Es regnet nicht **und** es schneit nicht" logisch äquivalent sind.

Übungsaufgabe 2.1 Überzeugen Sie sich durch Aufstellen von Wahrheitswertetafeln, dass die Morgan'schen Gesetze (2.3) Tautologien sind.

Neben den stets wahren Aussagen (Tautologien) wie z. B. „Der Dollar steigt oder er steigt nicht" gibt es auch so genannte *Kontradiktionen* (Widersprüche), d. h. Aussagen, die für alle möglichen Kombinationen der Teilaussagen stets falsch sind. Ein Beispiel dafür ist die Aussage „x^2 hat den Wert 100 und $x = 1$."

2.1.3 Quantoren

In der Mengenlehre, im Zusammenhang mit der Aussagenlogik oder bei mathematischen Aussagen ganz allgemein spielen so genannte *Quantoren* eine wichtige Rolle. Diese abkürzenden Bezeichnungen beziehen sich entweder auf die Gesamtheit aller Bezugselemente oder auf eines davon.

---

[1] De Morgan, Augustus (1806–1871), engl. Mathematiker und Logiker.

Definition Der universelle Quantor oder Allquantor $\forall$ (umgedrehtes A) bedeutet „für alle", „für beliebige". Der Existenzquantor $\exists$ (umgedrehtes E) steht für „es gibt mindestens ein", „es existiert ein".

Beispiel 2.4 Die Beziehung

$$a + a = 2 \cdot a \quad \forall \, a$$

bedeutet, dass die Gleichung $a + a = 2 \cdot a$ für alle Zahlen a gilt. Dagegen heißt

$$\exists \, a : a \cdot a = 1,$$

dass es mindestens eine Zahl a gibt, für die die Gleichung $a \cdot a = 1$ erfüllt ist (nämlich die beiden Zahlen $a = -1$ und $a = 1$).

Übungsaufgabe 2.2 Überlegen Sie sich die Bedeutung der nachstehenden Aussage: „$\forall \, \varepsilon > 0 \, \exists \, \delta > 0 : \, |x - y| < \delta \implies |x^2 - y^2| < \varepsilon$".

Bemerkung Die Wahrheit von Existenzaussagen ist durch Angabe eines Beispiels beweisbar. Allaussagen kann mann mit einem Gegenbeispiel widerlegen.

2.1.4 Einfache Schlussweisen

Als eine wichtige Anwendung der mathematischen Logik wollen wir uns im Folgenden kurz mit der Technik von *Beweisverfahren* beschäftigen. Beweise sind nicht nur für Mathematiker und Naturwissenschaftler von zentraler Bedeutung, Grundkenntnisse über ihre Anwendung gehören eigentlich zu jedem ernsthaften wissenschaftlichen Studium.

Im vorigen Abschnitt haben wir uns bereits mit dem Wahrheitswert von Aussagen beschäftigt. Dabei ist es leicht, eine Aussage zu *widerlegen*, indem man ein *Gegenbeispiel* angibt. So ist die Behauptung „Jede Quadratzahl ist durch 2 teilbar" falsch, weil z. B. die Quadratzahl $9 = 3^2$ nicht durch 2 teilbar ist. Dagegen reicht es zum Beweis der Richtigkeit einer Aussage, d. h. zum Beweis ihrer *Allgemeingültigkeit*, nicht aus, eines oder mehrere Beispiele anzugeben! Einzige Ausnahme: Ein solcher Nachweis ist theoretisch auch möglich, indem *alle* möglichen Fälle als Beispiel aufgeführt und die Gültigkeit der Behauptung in all diesen Fällen überprüft wird (Beweis durch *vollständige Enumeration*).

Gegenstand eines mathematischen Beweises ist die logisch richtige Ableitung von Schlussfolgerungen (Konklusionen) aus Voraussetzungen (Prämissen), deren Wahrheitswert als richtig bekannt ist. Dabei kann man sowohl direkt als auch indirekt vorgehen, wie die folgenden drei grundlegenden Typen von Beweistechniken zeigen werden.

Direkter Beweis Hierbei wird – ausgehend von den als wahr bekannten Voraussetzungen – versucht, mithilfe von logisch richtigen Verknüpfungen (also Tautologien), auf direktem Wege die Behauptung abzuleiten.

Beispiel 2.5 Es ist zu zeigen, dass das geometrische Mittel $\sqrt{x \cdot y}$ zweier nichtnegativer reeller Zahlen nicht größer ist als ihr arithmetisches Mittel $\frac{x+y}{2}$.

Diese Behauptung kann durch direkte Umformung einer bekannten wahren Aussage, nämlich $(x - y)^2 \geq 0$, erhalten werden:

$$(x - y)^2 \geq 0 \iff x^2 - 2xy + y^2 \geq 0 \iff x^2 + 2xy + y^2 \geq 4xy$$
$$\iff (x + y)^2 \geq 4xy \iff x + y \geq \sqrt{4xy} = 2\sqrt{xy} \iff \frac{x+y}{2} \geq \sqrt{xy}.$$

Die vierte Äquivalenzbeziehung ist richtig, da laut Voraussetzung $x, y \geq 0$ und damit $x + y \geq 0$ sowie $x \cdot y \geq 0$ gilt.

Bei der Anwendung der direkten Beweistechnik ist es oft günstig, „rückwärts" vorzugehen, d. h., Überlegungen darüber anzustellen, welche Voraussetzungen denn für die Gültigkeit der Behauptung ausreichen würden, und wie diese Voraussetzungen selbst nachweisbar sind. Im obigen Beispiel ist sicherlich die umgekehrte Schlussweise (von $\frac{x+y}{2} \geq \sqrt{xy}$ über äquivalente Umformungen zu $(x - y)^2 \geq 0$) leichter zu finden als der Beweis in der notierten Form.

Indirekter Beweis Hier wird versucht, ausgehend von der Negation der Behauptung, einen Widerspruch zu den Voraussetzungen zu konstruieren. Man beweist also, dass das logische Gegenteil falsch ist und damit die Behauptung selbst richtig sein muss (vgl. Prinzip vom ausgeschlossenen Dritten (Abschn. 2.1.1)). Der Vorteil dieser Technik liegt darin, dass man häufig zur Widerlegung der gegenteiligen Aussage ein Gegenbeispiel verwenden kann.

Beispiel 2.6 Es ist zu zeigen, dass $\sqrt{2}$ keine rationale Zahl ist, d. h. nicht als Bruch $\frac{m}{n}$ mit natürlichen Zahlen m und n dargestellt werden kann.

Zum Beweis gehen wir vom Gegenteil aus, nehmen also die Existenz zweier ganzer Zahlen m und n an, für die $\frac{m}{n} = \sqrt{2}$ gilt. Zusätzlich können wir ohne Einschränkung der Allgemeinheit (o.E.d.A.) annehmen, dass der Bruch $\frac{m}{n}$ in gekürzter Form vorliegt, d. h. m und n keinen gemeinsamen Teiler mehr haben. Offensichtlich muss auch $n \neq 0$ sein. Dann formen wir um:

$$\frac{m}{n} = \sqrt{2} \implies \frac{m^2}{n^2} = 2 \implies m^2 = 2n^2.$$

Aus der letzten Beziehung folgt, dass m^2 durch zwei teilbar und damit eine gerade Zahl ist. Dies ist nur möglich, wenn auch m durch zwei teilbar ist, d. h. eine Darstellung $m = 2 \cdot p$ mit einer ganzen Zahl p besitzt. Setzen wir diesen Ausdruck für m in die Gleichung $m^2 = 2n^2$ ein, so erhalten wir:

$$(2p)^2 = 2n^2 \implies 4p^2 = 2n^2 \implies 2p^2 = n^2.$$

Hieraus erhalten wir nun diesmal, dass n^2 und damit auch n eine gerade Zahl sein muss. Folglich sind m und n beides gerade Zahlen und mithin nicht wie vorausgesetzt teilerfremd. Dieser Widerspruch beweist, dass die Gegenannahme falsch und deshalb die zu beweisende Aussage richtig ist.

Beweis durch vollständige Induktion Diese Beweistechnik ist insbesondere für Behauptungen geeignet, die sich auf eine unendliche Anzahl von Fällen beziehen. Zu beweisen sei die Richtigkeit einer von einer natürlichen Zahl n abhängigen Aussage, und zwar für alle Werte von n. Die Idee der vollständigen Induktion ist es nun, die Gültigkeit zunächst für den ersten Parameterwert n zu zeigen, dann für den nächsten, den übernächsten usw. Um dabei nicht „unendlich" lange arbeiten zu müssen, geht man in drei Schritten vor, die ihrerseits wieder Beweise (einfacherer Art) erfordern:

Induktionsanfang: Beweise die Gültigkeit der Behauptung für den kleinstmöglichen Wert von n (meist $n = 0$ oder $n = 1$).

Induktionsvoraussetzung: Man nimmt an, die Aussage sei wahr für $n = k$ (bzw. für alle Werte von n kleiner oder gleich k).

Induktionsschluss: Beweise unter Benutzung der Induktionsvoraussetzung, dass die Aussage auch für den folgenden Parameterwert $n = k + 1$ richtig ist.

Die eigentlich unendlich vielen Beweisschritte sind dabei durch die allgemeine Hintereinanderausführbarkeit von Induktionsvoraussetzung und Induktionsschluss ersetzt: Zunächst erhält man die Gültigkeit z. B. für $n = k = 1$, daraus schließt man auf den Fall $n = k + 1 = 2$, unter Voraussetzung der Gültigkeit für $n \leq k = 2$ erhält man daraus die Gültigkeit für $n = k + 1 = 3$ usw.

Beispiel 2.7 Es ist zu zeigen, dass für alle natürlichen Zahlen gilt: $2^n > n$.

Induktionsanfang: Die Behauptung gilt für die kleinste natürliche Zahl $n = 0$, da $2^0 = 1 > 0$.

Induktionsvoraussetzung: Es gelte $2^n > n$ für alle Werte $n = 0, \ldots, k$.

Induktionsschluss: Aus der Induktionsvoraussetzung erhalten wir insbesondere für $n = k$ die Relation $2^k > k$. Addieren wir dazu die offensichtlich erfüllte Ungleichung $2^k \geq 1$, so erhalten wir $2^k + 2^k > k + 1$, d. h. $2 \cdot 2^k = 2^{k+1} > k + 1$. Dies entspricht genau der Behauptung für den folgenden Parameterwert $n = k + 1$, sodass die Behauptung für alle $n \geq 0$ bewiesen ist.

Übungsaufgabe 2.3 Weisen Sie nach, dass sich die Morgan'schen Gesetze (2.3) auf eine beliebige (aber endlich große) Zahl von Teilaussagen $A_1, \ldots, A_n$ verallgemeinern lassen:

$$
\begin{aligned}
&\text{(i)} \quad \neg(A_1 \vee A_2 \vee \ldots \vee A_n) \quad \Longleftrightarrow \quad (\neg A_1 \wedge \neg A_2 \wedge \ldots \wedge \neg A_n) \\
&\text{(ii)} \quad \neg(A_1 \wedge A_2 \wedge \ldots \wedge A_n) \quad \Longleftrightarrow \quad (\neg A_1 \vee \neg A_2 \vee \ldots \vee \neg A_n).
\end{aligned}
\tag{2.4}
$$

2.2 Mengenlehre

In diesem Abschnitt sollen lediglich die im Weiteren verwendeten Grundbegriffe und Bezeichnungen eingeführt werden.

Abb. 2.1 Mengendarstellung
mit Venn-Diagramm

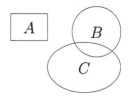

2.2.1 Grundbegriffe

Definition Unter einer *Menge* verstehen wir eine wohldefinierte Zusammenfassung von bestimmten unterscheidbaren Objekten zu einer Gesamtheit. Die (realen oder abstrakten) Objekte nennen wir *Elemente* der Menge.

Diese Definition geht auf Cantor[2] zurück. Besonders wichtig sind dabei die Begriffe „wohldefiniert" und „unterscheidbar": Zum einen müssen sich die Elemente einer Menge *eindeutig* beschreiben lassen, d. h., für jedes beliebige Objekt x und jede Menge A muss stets entscheidbar sein, ob x als Element zu A gehört oder nicht. Zum anderen muss sich jedes Element von den anderen Elementen anhand mindestens eines Merkmals unterscheiden.

Im Folgenden bezeichnen wir Mengen i. Allg. mit Großbuchstaben (A, B, ..., oder auch Ω, ...), die Elemente mit kleinen Buchstaben (a, b, ..., x, y, ...).

Die Aussage, dass ein Element a in der Menge A enthalten ist, wird in Kurzform als $a \in A$ (lies: „a ist Element von A", oder: „a gehört zur Menge A") geschrieben. Gehört a nicht zu A, schreibt man $a \notin A$.

Zur Veranschaulichung von Mengen und insbesondere Mengenbeziehungen sind so genannte *Venn-Diagramme*[3] üblich, die zuerst von L. Euler verwendet wurden. Dazu wird in einer Zeichenebene jeder Menge ein Gebiet zugeordnet, wobei die Punkte innerhalb bzw. auf dem Rand dieses Gebietes die einzelnen Elemente der Menge repräsentieren. Die Form der benutzten Gebiete spielt dabei keine wesentliche Rolle, wichtig sind nur die gegenseitigen Lagebeziehungen.

Konkrete Mengen können im wesentlichen auf zwei Arten definiert werden: Entweder zählt man alle Elemente explizit auf (Notation: in geschweiften Klammern), oder man gibt durch eine eindeutige Beschreibung vor, welche Objekte einer gewissen Grundgesamtheit zur Menge gehören sollen und welche nicht.

Beispiel 2.8 Die Menge aller geraden Zahlen kann man neben der verbalen Beschreibung auch durch die Beschreibung $G = \{z \mid z = 2n, n \in \mathbb{N}\}$ charakterisieren. In dieser Darstellung wird also eine Menge durch die Eigenschaften angegeben, denen ihre Elemente genügen müssen.

---

[2] Cantor, Georg (1845–1918), deutscher Mathematiker.
[3] Venn, John (1834–1923), engl. Mathematiker, Priester und Philosoph.

Beispiel 2.9 Die Menge M_1 aller Ziffern lässt sich ebenfalls verbal beschreiben als Menge aller einstelligen natürlichen Zahlen. Alternativ sind die Schreibweise $M_1 = \{0, 1, 2, 3, 4, 5, 6, 7, 8, 9\}$ als Aufzählung aller Elemente oder die bedingte Definition $M_1 = \{n \in \mathbb{N} \mid 0 \leq n \leq 9\}$. Letzteres ist dabei zu lesen als: „M_1 ist die Menge aller derjenigen Elemente n aus der Menge $\mathbb{N}$ der natürlichen Zahlen, die zwischen 0 und 9 liegen."

Beispiel 2.10 Die in Abschn. 1.3.1 eingeführten Intervalle lassen sich in Mengenschreibweise so angeben:

$$[a, b] = \{x \in \mathbb{R} \mid a \leq x \leq b\}; \qquad (a, b) = \{x \in \mathbb{R} \mid a < x < b\}.$$

Die Anzahl von verschiedenen Elementen einer Menge A wird *Mächtigkeit* der Menge genannt und meist als $|A|$ oder card(A) bezeichnet (wobei „card" als Abkürzung für *Kardinalzahl* steht; unter den Mengen mit unendlich vielen Elementen gibt es dabei noch unterschiedliche Mächtigkeiten).

Es gibt nur eine einzige Menge, deren Mächtigkeit gleich null ist: die *leere Menge*. Sie besitzt kein einziges Element und wird im Allgemeinen mit $\varnothing$ bezeichnet.

Beispiel 2.11 Die Menge aller Ziffern besitzt die Mächtigkeit card(M_1)= 10.

2.2.2 Mengenrelationen

Zunächst befassen wir uns mit der Vergleichbarkeit von Mengen.

Zwei Mengen A und B heißen *gleich* (Schreibweise $A = B$), wenn sie (unabhängig von der Art der Definition der Mengen) genau dieselben Elemente besitzen, d. h., wenn jedes Element von A auch Element von B und umgekehrt jedes Element von B auch Element von A ist. Ansonsten heißen die Mengen ungleich (Schreibweise $A \neq B$).

Beispiel 2.12 Die Lösungsmenge L_1 der linearen Gleichung $15x = 165$ kann über die Beziehung $L_1 = \{x \mid 15x = 165\}$ definiert werden. Andererseits überzeugt man sich leicht davon, dass die aus der Lösungszahl 11 bestehende Menge $L_2 = \{11\}$ offensichtlich gleich L_1 ist, so dass gilt: $L_1 = L_2$.

Eine weitere Vergleichsmöglichkeit zwischen zwei Mengen bietet die Teilmengenbeziehung. Wir sagen, dass A eine *Teilmenge* (oder *Untermenge*) von B ist (Schreibweise $A \subseteq B$), wenn jedes Element von A gleichzeitig auch Element von B ist (*Mengeninklusion*). Zur Veranschaulichung dient ein spezielles Venn-Diagramm (Abb. 2.2).

Die Teilmengenbeziehung $A \subseteq B$ schließt den Fall der Mengengleichheit $A = B$ mit ein. Oft wird die Bezeichnung $A \subset B$ für die **echte** Teilmengenbeziehung verwendet, bei der wenigstens ein Element der Obermenge B nicht zu A gehören darf. Allerdings findet man in vielen Büchern auch das Zeichen $\subset$ im Sinne der Inklusion $\subseteq$.

Abb. 2.2 Teilmenge $A \subseteq B$

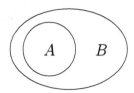

Falls zwei Mengen A und B gegenseitig ineinander enthalten sind, also gleichzeitig $A \subseteq B$ und $B \subseteq A$ gilt, so entspricht dies gerade der Definition der Mengengleichheit, d. h., es gilt dann $A = B$.

Zu beachten ist, dass für zwei beliebige Mengen A und B neben den drei Beziehungen $A \subseteq B$, $A = B$ und $B \subseteq A$ noch eine vierte Relation möglich ist: Wenn es sowohl Elemente von A gibt, die nicht in B liegen, als auch Elemente von B, die nicht in A enthalten sind, dann sind die beiden Mengen nicht vergleichbar. Dies steht im Gegensatz zur entsprechenden Eigenschaft beim Vergleich zweier (reeller) Zahlen, wo immer mindestens eine der Beziehungen $a \leq b$, $a = b$ oder $b \leq a$ gilt.

Beispiel 2.13

a) Die in Beispiel 2.9 definierte Menge M_1 der Ziffern von 0 bis 9 ist offensichtlich eine (echte) Teilmenge der natürlichen Zahlen $\mathbb{N}$.

b) Die leere Menge $\varnothing$ ist Teilmenge jeder beliebigen Menge A: $\varnothing \subseteq A$.

c) Die Mengen B und C in Abb. 2.1 sind nicht miteinander vergleichbar.

2.2.3 Mengenoperationen

Ähnlich wie bei Zahlen gibt es auch bei Mengen verschiedene Operationen, die durch Verknüpfung mehrerer Argumente (hier: Mengen) eine neue Menge erzeugen. Diese Mengenoperationen stehen in engem Zusammenhang mit der im Abschn. 2.1 behandelten Aussagenlogik. So kann man z. B. die im vorigen Abschnitt eingeführte Gleichheit von Mengen im Sinne der Aussagenlogik als Äquivalenz der Aussagen „$a \in A$" und „$a \in B$" auffassen, und es gibt je eine den logischen Aussagenverbindungen „Konjunktion" und „Disjunktion" entsprechende Mengenoperation.

Durchschnitt von Mengen Der Durchschnitt der zwei Mengen A und B (Notation: $A \cap B$) enthält alle diejenigen Elemente, die sowohl in A als auch in B enthalten sind (Analogon zur logischen Konjunktion):

$$A \cap B = \{x \mid x \in A \wedge x \in B\}. \tag{2.5}$$

Abb. 2.3 a Durchschnitt $A \cap B$,
b Vereinigung $A \cup B$

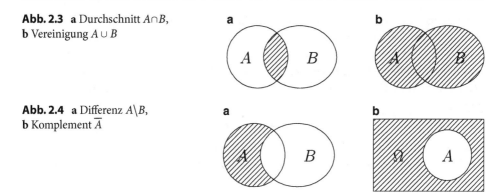

Abb. 2.4 a Differenz $A \backslash B$,
b Komplement $\overline{A}$

Vereinigung von Mengen Die Vereinigung der zwei Mengen A und B (Notation: $A \cup B$) enthält alle diejenigen Elemente, die in A oder in B (oder in beiden Mengen) enthalten sind (Analogon zur logischen Disjunktion):

$$A \cup B = \{x \,|\, x \in A \vee x \in B\}. \tag{2.6}$$

Zur Veranschaulichung der beiden Mengenoperationen zeigen die Abb. 2.3a und b entsprechende Venn-Diagramme, in denen die entstehenden Mengen $A \cap B$ bzw. $A \cup B$ durch Schraffur hervorgehoben sind.

In Übereinstimmung mit der Definition der Gleichheit von Mengen tritt bei der Aufzählung der Elemente einer Menge jedes Element nur einmal auf, und ihre Reihenfolge ist ohne Bedeutung.

Beispiel 2.14 $A = \{2, 3\},\ B = \{3, 4\}$

Dann gilt $A \cup B = \{2, 3, 4\}$ oder auch $A \cup B = \{3, 4, 2\}$, aber nicht $A \cup B = \{2, 3, 3, 4\}$. Für $A \cap B$ erhält man eine Menge mit nur einem einzigen Element: $A \cap B = \{3\}$.

Zusätzlich zu den bisherigen Mengenoperationen führen wir noch die Mengendifferenz sowie das Komplement von Mengen ein.

Differenz von Mengen Die Differenz der zwei Mengen A und B (Notation: $A \backslash B$) enthält alle diejenigen Elemente von A, die nicht in B enthalten sind. Mit anderen Worten, man erhält $A \backslash B$ aus A, indem man alle Elemente von B aus A herausnimmt:

$$A \backslash B = \{x \,|\, x \in A \wedge x \notin B\}. \tag{2.7}$$

Zur Veranschaulichung ist in Abb. 2.4a $A \backslash B$ wieder durch Schraffur hervorgehoben (wobei genaugenommen ein Teil des Randes der schraffierten Fläche nicht zu $A \backslash B$ gehört, da dieser Teil gleichzeitig den Rand von B beschreibt und damit ja nicht zur Differenz gehören kann).

Im Spezialfall $B \subseteq A$ stellt die Differenz $A \backslash B$ sozusagen den verbleibenden „Rest" von A nach Abzug der Teilmenge B dar. Diese spezielle Differenz wird häufig bezüglich einer

Obermenge Ω gebildet, die die Grundgesamtheit aller betrachteten Elemente darstellt. In diesem Fall spricht man vom

Komplement einer Menge bezüglich der Universalmenge Ω Als Komplementärmenge (Notation: $\overline{A}$ oder $C_\Omega A$) der Teilmenge A bezüglich Ω bezeichnet man die Differenzmenge $\Omega \backslash A$:

$$\overline{A} = \{x \in \Omega \mid x \notin A\}.\tag{2.8}$$

Zur Veranschaulichung ist in Abb. 2.4b die Menge $\overline{A}$ durch Schraffur hervorgehoben (wobei genaugenommen wiederum der innere Rand der schraffierten Fläche nicht zu $\overline{A}$ gehört, da er ja Teil von A ist).

Beispiel 2.15 Die Komplementärmenge der Menge der geraden Zahlen (Beispiel 2.8) bezüglich der Menge aller natürlichen Zahlen ist offensichtlich die Menge aller ungeraden Zahlen: $\overline{G} = \mathbb{N} \backslash G = \{z \mid z = 2n + 1,\ n \in \mathbb{N}\}$.

Übungsaufgabe 2.4 Gegeben seien die Intervalle $A = [-1, 2)$, $B = (-2, 1)$ und $C = [0, 2]$. Man führe die folgenden Mengenoperationen aus:

$$A \cup B, A \cup C, A \cap C, B \cap C,\ C \backslash A, C \backslash B, \mathbf{C}_{B \cup C} A.$$

Aus den im Abschn. 2.1.2 eingeführten Morgan'schen Gesetzen für logische Aussagen lassen sich folgende nützliche Rechenregeln für Mengenvereinigungen und -durchschnitte ableiten, die ebenfalls als *Morgan'sche Gesetze* bezeichnet werden:

$$\overline{(A \cup B)} = \overline{A} \cap \overline{B}, \quad \overline{(A \cap B)} = \overline{A} \cup \overline{B}.\tag{2.9}$$

2.2.4 Abbildungen und Funktionen

Unter einer *Abbildung* oder auch *Relation* versteht man zunächst ganz allgemein irgendeine zuordnende Beziehung zwischen den Elementen zweier Mengen X und Y. Zum besseren Verständnis dessen führen wir zunächst das Kreuzprodukt zweier Mengen ein.

Definition Unter dem *Produkt* oder *Kreuzprodukt* der Mengen X und Y versteht man die Menge aller geordneten Paare (x, y), wobei x ein (beliebiges) Element von X und y ein (ebenfalls völlig beliebiges) Element von Y ist.

„Geordnet" bedeutet, dass es – im Unterschied zur Aufzählung der Elemente einer Menge – auf die Reihenfolge der beiden Elemente x und y ankommt.

Als Bezeichnung für das Kreuzprodukt hat sich die Schreibweise $X \times Y$ eingebürgert, sodass die obige Definition auch kurz geschrieben werden kann als:

$$X \times Y = \{(x, y) : x \in X \wedge y \in Y\}.\tag{2.10}$$

Abb. 2.5 Venn-Diagramm
einer Abbildung $F : X \to Y$

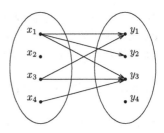

Beispiel 2.16 Für die Menge $M_1 = \{a, b, c\}$ und $M_2 = \{1, 2\}$ erhält man als Kreuzprodukt $M_1 \times M_2 = \{(a,1), (a,2), (b,1), (b,2), (c,1), (c,2)\}$. Man erkennt leicht, dass wegen der Mächtigkeit der Ausgangsmengen von 3 bzw. 2 Elementen das Produkt genau $3 \cdot 2 = 6$ verschiedene Elemente haben muss, deren Reihenfolge in der Aufzählung keine Rolle spielt. Dagegen muss man die Reihenfolge innerhalb eines Paares (x, y) sehr genau beachten: Zwar ist das geordnete Paar $(a, 1)$ Element von $M_1 \times M_2$, dagegen ist $(1, a)$ i. Allg. kein Element dieses Produkts.

Unter einer *Abbildung* F aus der Ursprungsmenge X in die Bildmenge Y versteht man nun eine beliebige Teilmenge des Kreuzproduktes $X \times Y$. Man sagt auch, F ordnet gewissen Elementen der einen Menge ($x \in X$) Elemente der anderen Menge ($y \in Y$) zu, und notiert dies in Kurzform als $F : X \to Y$ (lies: „F bildet X auf Y ab") bzw. $F \subseteq X \times Y$. Damit besitzt das Symbol F doppelte Bedeutung: als Teilmenge des Kreuzprodukts und als Zuordnungsvorschrift.

Die Struktur dieser Zuordnung unterliegt dabei keinerlei Einschränkungen, d. h., jedem einzelnen Element $x \in X$ können beliebig viele Elemente $y \in Y$ zugeordnet werden. In Abb. 2.5 ist dies mithilfe eines Venn-Diagrammes veranschaulicht, wobei die Zuordnung eines konkreten Elements $x_i \in X$ zu Elementen $y_j \in Y$ durch Pfeile symbolisiert wurde.

Für jedes Element $x \in X$ bezeichnet man die Menge aller mittels der Abbildung F zugeordneten Elemente $y \in Y$ als *Bild* von x und schreibt dies kurz als $F(x)$. Zu beachten ist, dass $F(x)$ hier eine Teilmenge von Y ist und aus beliebig vielen Elementen bestehen kann (bis hin zu den beiden Extremfällen der leeren Menge und der Gesamtmenge Y).

Die Menge aller Originalelemente $x \in X$, für die mindestens ein Bild $y \in Y$ mit $y \in F(x)$ existiert (für die also $(x, y) \in F$ gilt), heißt *Definitionsbereich* der Abbildung F:

$$D(F) = \{x \in X \mid \exists\, y \in Y\colon y = F(x)\}. \tag{2.11}$$

Analog heißt die Menge aller Bildelemente $y \in Y$, für die ein Original (oder *Urbild*) $x \in X$ mit $y \in F(x)$ existiert, *Wertebereich* dieser Abbildung:

$$W(F) = \{y \in Y \mid \exists\, x \in X\colon y = F(x)\}. \tag{2.12}$$

Ist der Definitionsbereich einer Abbildung mit der Ausgangsmenge X identisch, d. h. $D(F) = X$, so spricht man von einer überall definierten Abbildung (besonders bei Funktionen gebräuchlich) bzw. von einer Abbildung *von* X, im Gegensatz zum allgemeinen Fall

$D(F) \subset X$, wo von einer Abbildung *aus* X gesprochen wird. Analog nennt man Abbildungen je nach der Relation von Wertebereich $W(F)$ und Gesamt-Bildraum Y entweder Abbildung *auf* Y (im Spezialfall $W(F) = Y$) bzw. Abbildung *in* Y (bei $W(F) \subset Y$).

Beispiel 2.17 Wir betrachten als spezielle Abbildungen zwei Teilmengen des Kreuzproduktes der Menge $X = \mathbb{R}$ der reellen Zahlen mit sich selbst, d. h. also Teilmengen von geordneten Paaren (x, y) reeller Zahlen:

$$T_1 = \{(x, y) \in \mathbb{R} \times \mathbb{R} \mid y = x\}, \quad T_2 = \{(x, y) \in \mathbb{R} \times \mathbb{R} \mid y^2 = x\}.$$

Im Fall der ersten Abbildung stimmen sowohl der Definitions- als auch der Wertebereich jeweils mit der Gesamtmenge $\mathbb{R}$ überein, d. h., es handelt sich bei T_1 um eine Abbildung von $\mathbb{R}$ auf $\mathbb{R}$. Der Definitionsbereich der zweiten Abbildung T_2 umfasst jedoch nur die Menge aller nichtnegativen reellen Zahlen x (da die Gleichung $y^2 = x$ für negative Zahlen x nicht lösbar in $\mathbb{R}$ ist). Da der Wertebereich wieder mit $\mathbb{R}$ übereinstimmt, ist T_2 eine Abbildung aus $\mathbb{R}$ auf $\mathbb{R}$.

Besteht das Bild irgendeines Elements $x \in X$ aus mindestens zwei Elementen (wie z. B. $F(x_1)$ in Abb. 2.5), so wird die Abbildung *mehrdeutig* genannt. Ist dagegen jedes Bild eindeutig definiert, so spricht man von einer *eindeutigen Abbildung* oder einer *Funktion*.

Definition Eine eindeutige Abbildung $f : X \rightarrow Y$, für die also $f(x)$ aus genau einem Element $y \in Y$ besteht, wird als *Funktion* bezeichnet (Schreibweise $y = f(x)$, lies: „y ist f von x"), wobei man im engeren Sinne unter einer Funktion eine Abbildung in die Menge der reellen Zahlen versteht.

Beispiel 2.18 Wir betrachten noch einmal die Mengen T_1 und T_2 aus Beispiel 2.17. Da die Gleichung $y = x$ für jede Zahl $x \in \mathbb{R}$ offensichtlich eine eindeutige reelle Zahl y definiert, ist T_1 eine Funktion. Dagegen ordnet $y^2 = x$ nichtnegativen x-Werten jeweils zwei verschiedene y-Werte zu, wie z. B. zu $x = 4$ die y-Werte -2 und $+2$ gehören. Also ist T_2 eine mehrdeutige Abbildung und damit keine Funktion.

Das Kreuzprodukt zweier Mengen lässt sich in analoger Weise auch auf endlich viele Mengen erweitern:

$$A_1 \times A_2 \times \ldots \times A_n = \{(a_1, a_2, \ldots, a_n) \mid a_i \in A_i, \ i = 1, \ldots, n\}. \tag{2.13}$$

Spricht man bei $n = 2$ von *Paaren*, so sind es für $n = 3$ *Tripel* und allgemein *n-Tupel*.

Sind insbesondere alle Mengen gleich, d. h. $A_i = A \ \forall i$, so schreibt man anstelle $A \times A \times \ldots \times A$ kürzer A^n. In diesem Sinne bezeichnet $\mathbb{R}^2$ die Menge aller Paare reeller Zahlen, $\mathbb{R}^n$ entsprechend n-Tupel von reellen Zahlen bzw. Vektoren mit n Komponenten (vgl. Abschn. 4.1).

Von besonderer Bedeutung sind *lineare* Abbildungen (oder auch Funktionen) $A : \mathbb{R}^n \rightarrow \mathbb{R}^m$, die den Elementen des Raumes $\mathbb{R}^n$ Elemente des Raumes $\mathbb{R}^m$ zuordnen, wobei sie für beliebige Zahlen $\lambda, \mu \in \mathbb{R}$ und beliebige Elemente $x, y \in \mathbb{R}^n$ der Eigenschaft $A(\lambda x + \mu y) = \lambda A(x) + \mu A(y)$ genügen.

Lineare Abbildungen stellen die in gewissem Sinne einfachsten Abbildungen dar, sind aber andererseits für eine sachgemäße Beschreibung in vielen wirtschaftswissenschaftlichen Modellen ausreichend. Wir werden auf sie vor allem im Zusammenhang mit Matrizen und linearen Gleichungssystemen in Kap. 4 sowie den Begriffen Differenzial und vollständiges Differenzial in den Kap. 6 und 7 zurückkommen. Es sei noch bemerkt, dass die Hintereinanderausführung zweier linearer Abbildungen $A : \mathbb{R}^n \to \mathbb{R}^m$ und $B : \mathbb{R}^m \to \mathbb{R}^p$, d. h. die Abbildung $C(x) = B(A(x))$, wiederum eine lineare Abbildung $C : \mathbb{R}^n \to \mathbb{R}^p$ darstellt, die mit $C = B \circ A$ bezeichnet wird.

Literatur

1. Huang, D. S., Schulz, W.: Einführung in die Mathematik für Wirtschaftswissenschaftler (9. Auflage), Oldenbourg Verlag, München (2002)

2. Kemnitz, A.: Mathematik zum Studienbeginn: Grundlagenwissen für alle technischen, mathematisch-naturwissenschaftlichen und wirtschaftswissenschaftlichen Studiengänge (11. Auflage), Springer Spektrum, Wiesbaden (2014)

3. Kurz, S., Rambau, J.: Mathematische Grundlagen für Wirtschaftswissenschaftler (2. Auflage), Kohlhammer, Stuttgart (2012)

4. Luderer, B.: Klausurtraining Mathematik und Statistik für Wirtschaftswissenschaftler (4. Auflage), Springer Gabler, Wiesbaden (2014)

5. Luderer, B., Nollau, V., Vetters, K.: Mathematische Formeln für Wirtschaftswissenschaftler (7. Auflage), Vieweg + Teubner, Wiesbaden (2011)

6. Luderer, B., Paape, C., Würker, U.: Arbeits- und Übungsbuch Wirtschaftsmathematik (6. Auflage), Vieweg + Teubner, Wiesbaden (2011)

7. Pfeifer, A., Schuchmann M.: Kompaktkurs Mathematik: Mit vielen Übungsaufgaben und allen Lösungen (3. Auflage), Oldenbourg, München (2009)

8. Purkert, W.: Brückenkurs Mathematik für Wirtschaftswissenschaftler (7. Auflage), Vieweg + Teubner, Wiesbaden (2011)

9. Schäfer, W., Georgi, K., Trippler, G.: Mathematik-Vorkurs: Übungs- und Arbeitsbuch für Studienanfänger (6. Auflage), Vieweg + Teubner, Wiesbaden (2006)

10. Tietze, J.: Einführung in die angewandte Wirtschaftsmathematik: Das praxisnahe Lehrbuch – inklusive Brückenkurs für Einsteiger (17. Auflage), Springer Spektrum, Wiesbaden (2014)

11. Tietze, J: Übungsbuch zur angewandten Wirtschaftsmathematik: Aufgaben, Testklausuren und Lösungen (7. Auflage), Vieweg + Teubner, Wiesbaden (2011)

Finanzmathematik

3

In diesem Kapitel werden betriebs- und volkswirtschaftlich wichtige Fragen wie die Bewertung von Zahlungen zu unterschiedlichen Zeitpunkten, Zinsen als Äquivalent für das Überlassen eines Kapitals, Ermittlung von Kapitalwerten als Bewertungsgrundlage von Investitionen u. a. behandelt.

Beim ersten Lesen kann dieses Kapitel auch übersprungen werden, da aus mathematischer Sicht nur relativ einfache Hilfsmittel, nämlich vor allem arithmetische und geometrische Zahlenfolgen und -reihen (siehe Abschn. 1.5) benötigt werden. Andererseits kann es als Grundlage eines eigenständigen Kurses zur Finanzmathematik dienen. In der Darlegung wird eine Art „Baustein"-Zugang gewählt, um den Leser mit einfachen, aber für finanzmathematische Probleme typischen Fragestellungen soweit vertraut zu machen, dass er in der Lage ist, in der Praxis vorkommende, kompliziertere Modelle selbstständig untersuchen zu können. Mehr zur Finanzmathematik findet man z. B. in [3, 9].

In der Finanzmathematik spielt neben **Geld** (in Form von Zahlungen) der Faktor **Zeit** (als Zeitpunkt, zu dem die Zahlungen erfolgen, bzw. als Zeitraum zwischen Zahlungen) eine entscheidende Rolle. Weiterhin ist der **Zinssatz**, zu dem Geld überlassen wird, von wesentlicher Bedeutung. Alle anderen Aspekte, wie etwa Risiko oder Inflation, spiegeln sich darin wider. Unberücksichtigt im Rahmen der Finanzmathematik bleiben auch solche Gesichtspunkte wie Liquidität (Verfügbarkeit von Kapital zu einem bestimmten Zeitpunkt), stochastische Aspekte (z. B. in Form von Sterbetafeln, die in der Lebensversicherungsmathematik wichtig sind), steuerliche Gesichtspunkte oder Emotionen („was ich jetzt habe, weiß ich, was die Zukunft bringt, ist ungewiss").

Eine letzte Vorbemerkung: Finanzmathematische Fragestellungen führen zum Teil auf relativ einfache Aufgaben; insbesondere in der Renditerechnung ergeben sich aber auch mathematisch kompliziertere Probleme, die auf das näherungsweise Lösen von Polynomgleichungen hinauslaufen (vgl. Abschn. 6.4).

B. Luderer, U. Würker, *Einstieg in die Wirtschaftsmathematik*,
Studienbücher Wirtschaftsmathematik, DOI 10.1007/978-3-658-05937-8_3,
© Springer Fachmedien Wiesbaden 2015

3.1 Zins- und Zinseszinsrechnung

Unter *Zinsen* versteht man die Vergütung für das Überlassen eines Kapitals in einer bestimmten Zeit (*Zinsperiode*). In den meisten Anwendungsfällen beträgt eine Zinsperiode ein Kalenderjahr (dies wird unsere generelle Annahme sein), üblich sind aber durchaus auch andere Perioden der Verzinsung, wie ein Quartal (z. B. bei vielen Girokonten), ein oder mehrere Monate (z. B. bei Festgeldanlagen) usw.

Die Höhe der Zinsen hängt von drei Einflussgrößen ab: *Kapital*, *Laufzeit* (Dauer der Überlassung); *Zinssatz* oder *Zinsfuß* (Betrag an Zinsen in Geldeinheiten (GE), der für ein Kapital von 100 GE in einer Zinsperiode zu zahlen ist). Je nachdem, ob man Zinsen (für ein Guthaben) erhält oder (für ein Darlehen) bezahlen muss, handelt es sich um *Habenzinsen* oder *Sollzinsen*. In aller Regel erfolgen Zinszahlungen *nachschüssig*, d. h. am Ende der Zinsperiode, mitunter werden aber auch *vorschüssige* (*antizipative*) Zinsen vereinbart, die am Anfang einer Verzinsungsperiode anfallen.

Für die Entwicklung eines zu verzinsenden Kapitals über mehrere Zinsperioden ist es von entscheidender Bedeutung, ob am Ende einer Periode die Zinsen ausbezahlt (bzw. einem anderen Konto gutgeschrieben) werden oder ob sie dem (dann weiter zu verzinsenden) Kapital zugeschlagen werden. Im ersten Fall spricht man von *einfacher Verzinsung*, während im zweiten Fall so genannter *Zinseszins* vorliegt.

3.1.1 Einfache Verzinsung

Einfache Zinsrechnung ist in der Praxis vor allem dann von Bedeutung, wenn der Zeitraum zwischen den Zinszahlungen kürzer als eine Zinsperiode ist.

Wir verwenden folgende Bezeichnungen:

K_0 – Anfangskapital;
t – Teil der Zinsperiode;
p – Zinssatz (in Prozent);
Z_t – Zinsen für die Zeit t;
K_t – Endkapital nach der Zeit t.

Mit diesen Bezeichnungen können die im Zeitraum der Länge t anfallenden Zinsen sowie das entstehende Endkapital wie folgt berechnet werden:

$$Z_t = K_0 \cdot \frac{p}{100} \cdot t; \quad K_t = K_0 + Z_t = K_0 \cdot \left(1 + \frac{p}{100} \cdot t\right). \tag{3.1}$$

Da (in Deutschland) ein Jahr zu 360 und jeder Monat zu 30 Zinstagen gerechnet wird, kann man anstelle von t auch $\frac{T}{360}$ einsetzen, wobei T die Anzahl der *Zinstage* beschreibt.

Anstelle von Endkapital spricht man auch vom *Zeitwert* (zum Zeitpunkt t). Der Zeitwert für $t = 0$ heißt *Barwert*. Er berechnet sich aus einem beliebigen Zeitwert nach der Formel

$$K_0 = \frac{K_t}{1 + \frac{p}{100} t}, \qquad (3.2)$$

die sich durch Umstellung von (3.1) ergibt.

Wir heben hervor, dass die Größe t zwei Bedeutungen hat: zum einen bezeichnet sie den **Zeitpunkt**, zum anderen den **Zeitraum**.

Beispiel 3.1 Ein am 11. März eines Jahres eingezahlter Betrag von 3000 € wird am 16. August desselben Jahres wieder abgehoben. Wie viel Zinsen erbringt er bei einer jährlichen Verzinsung von 5 %?

Hier gilt $p = 5$, $K_0 = 3000$, $T = 5 + 5 \cdot 30 = 155$, woraus sich mit $t = \frac{155}{360}$ entsprechend (3.1) ein Zinsbetrag von $Z_t = 3000 \cdot \frac{5}{100} \cdot \frac{155}{360} = 64{,}58$ € bzw. ein Endkapital von $K_t = 3064{,}58$ € ergibt.

Liegen Zahlungen zu unterschiedlichen Zeitpunkten vor (oder betrachtet man mehrere Zahlungen) und will man diese miteinander vergleichen, so hat man sie auf einen einheitlichen Zeitpunkt zu beziehen, wozu häufig der Zeitpunkt $t = 0$ verwendet wird. Man spricht dann vom *Barwertvergleich*.

Beispiel 3.2 Auf einer Handwerkerrechnung (über die Summe S) lauten die Zahlungsbedingungen: „Entweder Zahlung innerhalb von 10 Tagen mit 2 % Skonto (Nachlass) oder Zahlung innerhalb von 30 Tagen ohne Abzug".

Setzt man Zahlungsfähigkeit zu einem beliebigen Zeitpunkt voraus und betrachtet zu Vergleichszwecken jeweils Zahlung zum spätesten Termin, so kann man die Frage stellen, welcher Verzinsung die 2 % Skonto entsprechen. Zu ihrer Beantwortung hat man die sofortige Zahlung von $0{,}98 \cdot S$ dem Barwert der Zahlung in Höhe S nach 20 Tagen (Zeitdifferenz) gegenüberzustellen. Unter Berücksichtigung von (3.2) führt dieser Vergleich auf die Beziehung

$$0{,}98 \cdot S = \frac{S}{1 + \frac{p}{100} \cdot \frac{20}{360}}$$

bzw. nach Multiplikation mit dem Nenner und Division durch S auf

$$0{,}98 + 0{,}98 \cdot \frac{p}{100} \cdot \frac{1}{18} = 1,$$

woraus $p = 36{,}73$ folgt. Man sollte also unbedingt von der Möglichkeit des Skontos Gebrauch machen, da dies einer Verzinsung mit 36,73 % entspricht (wo bekommt man schon solch hohe Zinsen?).

Wir betrachten nun den in der Praxis häufig vorkommenden Fall regelmäßiger Ratenzahlungen innerhalb eines Jahres. Welchen Gesamtwert (bezogen auf das Jahresende) haben zwölf Raten von r Euro, die zu jedem Monatsbeginn eingezahlt und mit einem Zinssatz von $p\,\%$ verzinst werden? Oder anders gefragt: Welcher einmaligen Zahlung am Jahresende sind die zwölf Einzelzahlungen äquivalent?

Hier haben wir es mit mehrfachen Zahlungen zu tun, wobei jeweils r die Rolle des Anfangskapitals K_0 spielt. Die erste Rate (Januareinzahlung) wird ein ganzes Jahr (12 Monate bzw. 360 Tage) lang verzinst und wächst entsprechend Formel (3.1) auf einen Endwert von $r \cdot (1 + \frac{p}{100} \cdot \frac{12}{12})$ an. Die Februareinzahlung wird nur 11 Monate lang verzinst und wächst daher bis zum Jahresende auf den Wert $r \cdot (1 + \frac{p}{100} \cdot \frac{11}{12})$ an usw. Die Dezemberzahlung liefert schließlich einen Endbetrag von $r \cdot (1 + \frac{p}{100} \cdot \frac{1}{12})$, da sie nur einen einzigen Monat lang verzinst wird. Unter Nutzung der Summenformel für die ersten n natürlichen Zahlen

$$\sum_{k=1}^{n} k = \frac{n(n+1)}{2}, \quad \text{speziell} \quad \sum_{k=1}^{12} k = \frac{12 \cdot 13}{2},$$

ergibt sich am Jahresende der Gesamtwert R als Summe der zwölf einzeln berechneten Endwerte:

$$R = r \cdot \left[\left(1 + \frac{p}{100} \cdot \frac{12}{12} \right) + \left(1 + \frac{p}{100} \cdot \frac{11}{12} \right) + \ldots + \left(1 + \frac{p}{100} \cdot \frac{1}{12} \right) \right]$$

$$= r \cdot \left[12 + \frac{p}{100} \cdot \frac{12 + 11 + \ldots + 1}{12} \right] = r \cdot \left[12 + \frac{p}{100} \cdot \frac{13}{2} \right].$$

Damit erhalten wir die allgemeine Formel für den Jahresendwert, der sich ergibt, wenn zwölf Monatsraten in Höhe r jeweils vorschüssig gezahlt werden:

$$R = r \cdot \left(12 + \frac{p}{100} \cdot 6{,}5 \right). \tag{3.3}$$

Auf analoge Weise kann eine entsprechende Formel hergeleitet werden, wenn die einzelnen Raten jeweils erst am Monatsende gezahlt werden (Jahresendwert nachschüssig gezahlter Monatsraten r):

$$R = r \cdot \left(12 + \frac{p}{100} \cdot 5{,}5 \right). \tag{3.4}$$

Die Details der Herleitung überlassen wir dem Leser.

Die beiden Formeln (3.3) und (3.4) stellen z. B. in der Renten- und Tilgungsrechnung (siehe Abschn. 3.3) ein wichtiges Hilfsmittel dar, um jährliche Verzinsung und monatliche Ratenzahlungen einander „anzupassen". In diesem Zusammenhang wird der Jahresendwert R mitunter auch als *Jahresersatzrate* bezeichnet, da es – bei vereinbartem Zinssatz – aus finanzmathematischer Sicht gleichgültig ist, ob zwölfmal eine Rate in Höhe von r oder einmal, am Jahresende, eine Rate der Höhe R gezahlt wird.

Beispiel 3.3 Ein sparsamer Student spart regelmäßig zu Monatsbeginn 100 €, die vom Bafög übrigbleiben. Über welche Summe kann er am Jahresende verfügen, wenn eine Verzinsung von 6 % p. a. („per annum", „pro anno") angenommen wird?

Für die konkreten Werte $r = 100$ € und $p = 6$ ergibt sich entsprechend der obigen Formel (3.3)

$$R = 100 \cdot \left(12 + \frac{6}{100} \cdot 6{,}5\right) = 1239\,,$$

d. h., der Student kann am Jahresende über 1239 € verfügen.

3.1.2   Zinseszinsrechnung

Wird ein Kapital über mehrere Zinsperioden (Jahre) hinweg angelegt und werden dabei die jeweils am Jahresende fälligen Zinsen angesammelt und folglich in den nachfolgenden Jahren mitverzinst, entstehen *Zinseszinsen*. Wie bei der einfachen Verzinsung in Abschn. 3.1.1 unterstellen wir auch hier zunächst eine *einmalige* Zahlung (Kapitalüberlassung), während im nächsten Abschnitt im Rahmen der Rentenrechnung mehrfache Zahlungen betrachtet werden. Im Weiteren verwenden wir die folgenden Bezeichnungen:

K_0 – Anfangskapital; Barwert (Zeitwert zum Zeitpunkt $t = 0$);
n – Anzahl der Zinsperioden (Jahre);
p – Zinssatz (in Prozent);
i – Zinsrate, $i = \frac{p}{100}$;
q – Aufzinsungsfaktor, $q = 1 + i$;
K_n – Kapital am Ende des n-ten Jahres, Endwert.

Es genügt, von den drei Größen p, i und q eine zu kennen; die anderen beiden können dann leicht bestimmt werden.

Wir berechnen nun nacheinander das am Ende jeden Jahres verfügbare Kapital, wenn das Kapital am Anfang des ersten Jahres K_0 beträgt. Die jährlichen Zinsen werden jeweils entsprechend Formel (3.1) mit $t = 1$ bestimmt. Dabei ist unmittelbar klar, dass das Kapital am Ende eines Jahres gleich dem Anfangskapital im nächsten Jahr ist.

Kapital am Ende des 1. Jahres:

$$K_1 = K_0 + Z_1 = K_0 \cdot \left(1 + \frac{p}{100}\right) = K_0 \cdot (1 + i) = K_0 \cdot q\,;$$

Kapital am Ende des 2. Jahres:

$$K_2 = K_1 + Z_2 = K_1 \cdot \left(1 + \frac{p}{100}\right) = K_1 \cdot q = K_0 \cdot q^2\,;$$

...

Kapital am Ende des n-ten Jahres:

$$K_n = K_0 \cdot \left(1 + \frac{p}{100}\right)^n = K_0 \cdot (1 + i)^n = K_0 \cdot q^n\,. \tag{3.5}$$

Die *Endwertformel* (3.5) wird mitunter auch *Leibniz'sche Zinseszinsformel* genannt. Der darin auftauchende *Aufzinsungsfaktor* q^n gibt an, auf welchen Betrag ein Kapital von 1 GE bei einem Zinssatz p und Wiederanlage der Zinsen nach n Jahren anwächst. Mit Hilfe eines Taschenrechners kann er leicht berechnet werden.

Vergleicht man die Formeln (3.5) und (1.42), so erkennt man, dass die Entwicklung eines Kapitals bei Zinseszins einer geometrischen Folge mit $a_n = K_n$, $a_1 = K_0(1 + i)$ und $q = 1 + i$ genügt.

3.1.3 Grundaufgaben der Zinseszinsrechnung

Von den vier in Beziehung (3.5) vorkommenden Größen K_0, K_n, i und n müssen jeweils drei gegeben sein, um die vierte berechnen zu können. (Wie bereits oben erwähnt, sehen wir die drei Größen p, i und q im Grunde genommen als eine Größe an, da bei Kenntnis einer von ihnen die restlichen beiden einfach berechnet werden können.) Formel (3.5) selbst entspricht dann der *ersten Grundaufgabe der Zinseszinsrechnung*, nämlich der Berechnung des Endkapitals bei gegebener Zinsrate i, Laufzeit n und gegebenem Anfangskapital K_0.

Die *zweite Grundaufgabe der Zinseszinsrechnung* besteht im Finden des Anfangskapitals K_0, wenn alle anderen Größen bekannt sind. Ihre Lösung ergibt sich unmittelbar aus (3.5), indem durch den Faktor $(1 + i)^n$ dividiert wird:

$$K_0 = \frac{K_n}{(1 + i)^n} . \tag{3.6}$$

Beziehung (3.6) wird auch als *Barwertformel* der Zinseszinsrechnung bezeichnet. Dabei versteht man unter dem *Barwert* denjenigen Wert, den man „heute" (zum Zeitpunkt Null) einmalig anlegen muss, um bei einem Zinssatz p nach n Jahren das Endkapital K_n zu erreichen. Die Größe $\frac{1}{q^n}$ heißt *Abzinsungsfaktor für n Jahre*; sie gibt an, welchen Wert ein nach n Jahren erreichtes Endkapital von 1 GE zum Zeitpunkt 0 besitzt. Die Berechnung des Barwertes wird *Abzinsen* oder *Diskontieren* genannt.

Will man zu unterschiedlichen Zeitpunkten fällige Zahlungen (bzw. auch Mehrfachzahlungen) miteinander vergleichen, hat man diese auf einen einheitlichen Zeitpunkt, z. B. $t = 0$ zu beziehen.

Beispiel 3.4 Der Verkäufer einer Antiquität erhält von zwei potentiellen Käufern folgende Angebote: Käufer A bietet eine Sofortzahlung von 10.000 €; Käufer B verfügt momentan nicht über soviel Geld und bietet 5000 € in 3 Jahren sowie 10.000 € in 10 Jahren. Wofür soll sich der Verkäufer entscheiden?

Zunächst bemerken wir, dass die Gesamtsumme, die zweifellos für B spricht, aus finanzmathematischer Sicht keinerlei Bedeutung hat, da sie die Zahlungszeitpunkte ignoriert. Für einen echten Vergleich hat man die Barwerte (oder die Endwerte) unter Zugrundelegung eines Kalkulationszinssatzes einander gegenüberzustellen. Setzt man einen Zinssatz von $p = 6$ an, so ergibt sich aus (3.6) als Barwert der Zahlungen von Käufer B:

$$B_B = \frac{5000}{1{,}06^3} + \frac{10.000}{1{,}06^{10}} = 4198{,}10 + 5583{,}95 = 9782{,}05,$$

was schlechter ist als der Barwert $B_A = 10.000$. Also sollte dem Käufer A der Vorzug gegeben werden. Für einen unterstellten Zinssatz von $p = 4$ ergibt sich jedoch ein anderes Bild:

$$B_B = \frac{5000}{1{,}04^3} + \frac{10.000}{1{,}04^{10}} = 11.200{,}62 > B_A = 10.000,$$

d. h., das Angebot von Käufer B ist in diesem Falle deutlich besser.

In der *dritten Grundaufgabe* wird nach dem Zinssatz gefragt, bei dem für gegebenen Barwert K_0 nach einer Laufzeit von n Zinsperioden der Endwert K_n entsteht. Die Lösung erhält man aus (3.5) durch Umformen und Wurzelziehen:

$$(1 + i)^n = \frac{K_n}{K_0} \quad \Longrightarrow \quad 1 + i = \sqrt[n]{\frac{K_n}{K_0}} \quad \Longrightarrow \quad i = \sqrt[n]{\frac{K_n}{K_0}} - 1,$$

woraus sich wegen $i = \frac{p}{100}$ die Beziehung

$$p = 100 \left(\sqrt[n]{\frac{K_n}{K_0}} - 1 \right) \tag{3.7}$$

ergibt.

Beispiel 3.5 Ein Bürger kauft ein abgezinstes Wertpapier mit einer Laufzeit von zwei Jahren im Nominalwert von 5000 € und muss dafür 4441,60 € bezahlen. Welcher Verzinsung (Rendite) entspricht dies?

Aus Formel (3.7) ergibt sich mit $n = 2$, $K_0 = 4441{,}60$, $K_n = 5000$

$$p = 100 \left(\sqrt{\frac{5000}{4441{,}60}} - 1 \right) = 6{,}10,$$

d. h., bei der betrachteten Geldanlage kann sich der Bürger eine Verzinsung von 6,10 % p. a. sichern.

Schließlich kann man noch in der *vierten Grundaufgabe* nach der Laufzeit fragen, in der ein Anfangskapital K_0 bei einer Verzinsung von p % (bzw. einer Zinsrate i) auf ein Endkapital K_n anwächst (hier ergibt sich im Gegensatz zu den bisherigen Betrachtungen in der Regel keine ganze Zahl n von Zinsperioden). Zur exakten Lösung dieses Problems

Abb. 3.1 Kapitalwertberech-   Überschüsse G_0 G_1 G_2 $\cdots$ G_n
nung
$$
\begin{array}{ccccc}
& & & & \\
\hline
0 & 1 & 2 & \cdots & n
\end{array}
\quad t
$$

Abzinsung

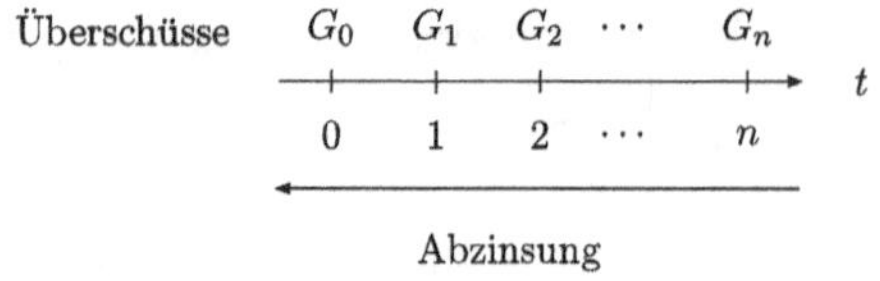

muss auf die Logarithmenrechnung zurückgegriffen werden (wobei eine beliebige Basis für den Logarithmus benutzt werden kann, z. B. die des natürlichen Logarithmus):

$$
(1 + i)^n = \frac{K_n}{K_0} \quad \Longrightarrow \quad n \cdot \ln(1 + i) = \ln \frac{K_n}{K_0} = \ln K_n - \ln K_0 \, ,
$$

d. h.

$$
n = \frac{\ln K_n - \ln K_0}{\ln(1 + i)} \, . \tag{3.8}
$$

Weitere Beispiele zu den eben beschriebenen vier Grundaufgaben der Zinseszinsrechnung findet der Leser in den Übungsaufgaben am Ende dieses Abschnitts.

3.1.4 Methoden der mehrperiodigen Investitionsrechnung

In diesem Abschnitt wollen wir uns mit einer betriebswirtschaftlichen Anwendung der Barwertrechnung befassen, wobei mehrere Ein- und Auszahlungen, die zu unterschiedlichen Zeitpunkten erfolgen, miteinander zu vergleichen sind.

Aus der Investitionsrechnung sind die *Kapitalwertmethode* und die *Methode des internen Zinsfußes* bekannt. Hierbei handelt es sich um Verfahren zur Bewertung von Investitionen. Alle mit einer Investition verbundenen (geschätzten) zukünftigen Einnahmen und Ausgaben werden einander gegenübergestellt. Da zu unterschiedlichen Zeitpunkten fällige Zahlungen nur dann vergleichbar sind, wenn man sie auf einen festen Zeitpunkt bezieht, geht man hierbei so vor, dass alle Einnahmen und Ausgaben auf den Zeitpunkt Null abgezinst werden, d. h., es werden die Barwerte berechnet.

Die im Weiteren verwendeten Größen haben folgende Bedeutung, wobei jeweils $k = 0, 1, \ldots, n$ gilt:

E_k – (zu erwartende) Einnahmen zum Zeitpunkt k,

A_k – (zu erwartende) Ausgaben zum Zeitpunkt k,

G_k – (zu erwartende) Gewinne bzw. Einnahmeüberschüsse,

K_I – Kapitalwert der Investition = Summe der Barwerte der Einnahmeüberschüsse.

Dabei gilt $G_k = E_k - A_k$, sodass die Größen G_k sowohl positiv als auch negativ sein können. Das Schema in Abb. 3.1 verdeutlicht den Sachverhalt.

In der Regel entstehen Ausgaben ab dem Zeitpunkt Null, Einnahmen hingegen sind erst in späteren Perioden zu erwarten, sodass die Werte $G_0, G_1, \ldots$ negativ sind und erst ab einem gewissen Zeitpunkt $\bar{k}$ damit zu rechnen ist, dass $G_k \geq 0 \;\; \forall k \geq \bar{k}$ gilt.

Unabhängig von diesen Überlegungen gilt wegen der Barwertformel (3.6) immer die Beziehung

$$K_I = \sum_{k=0}^{n} G_k \cdot \frac{1}{q^k} = G_0 + \frac{G_1}{q} + \frac{G_2}{q^2} + \ldots + \frac{G_n}{q^n}. \tag{3.9}$$

Bei der Kapitalwertmethode wird nun ein *Kalkulationszinsfuß* angesetzt und eine Investition als vorteilhaft bewertet, wenn ihr Kapitalwert K_I (also die Summe aller Barwerte der Einnahmeüberschüsse) nichtnegativ ist: $K_I \geq 0$. Stehen mehrere Investitionen zur Auswahl, wird derjenigen mit dem höchsten Kapitalwert der Vorzug gegeben.

Bei der Methode des internen Zinsfußes hingegen wird nach demjenigen Zinsfuß p bzw. dem zugehörigen Aufzinsungsfaktor $q = 1 + i$ gefragt, bei dem sich der Kapitalwert $K_I = 0$ ergibt. Dies führt auf die Lösung der Polynomgleichung n-ten Grades

$$p_n(q) = G_0 q^n + G_1 q^{n-1} + \ldots + G_{n-1} q + G_n = 0, \tag{3.10}$$

die unmittelbar aus (3.9) resultiert. Wie im Abschn. 1.2.3 ausgeführt, lässt sich eine Gleichung der Art (3.10) im Allgemeinen nur näherungsweise (z. B. mit einer der in Abschn. 6.4 beschriebenen Methoden) lösen. Das ist zwar nicht ganz einfach, aber prinzipiell immer realisierbar. Von entscheidender Bedeutung ist jedoch die folgende Fragestellung: Ist die gesuchte Lösung eindeutig oder kann es in dem interessierenden Bereich von, sagen wir, $1 \leq q \leq 2$, was einer Verzinsung zwischen 0 % und 100 % entspricht, mehrere Nullstellen geben? Falls dies so wäre, welche Nullstelle soll man dann auswählen? Die Antwort im allgemeinen Fall ist offen. Zumindest hilft uns der Hauptsatz der Algebra, der eine Nullstellenzahl von maximal n garantiert, nicht viel weiter.

In mindestens einem speziellen Fall kann allerdings die Eindeutigkeit gesichert werden. Betrachtet man die Vorzeichen der Einnahmeüberschüsse, so ergibt sich bei vielen Investitionsvorhaben das folgende typische Bild:

$$- \quad - \quad \ldots \quad - \quad + \quad + \quad \ldots \quad + \tag{3.11}$$

Dies bedeutet: In den ersten Jahren treten Verluste auf, ehe in späterer Zeit Gewinne, d. h. tatsächlich positive Einnahmeüberschüsse entstehen.

Unter Nutzung der Descartes'schen Vorzeichenregel aus Abschn. 1.2.3 kann man die folgende Aussage treffen: Da im betrachteten Beispiel die Vorzeichenkette (3.11) nur einen Wechsel aufweist, gibt es genau eine positive Nullstelle q^*. Diese muss dem gesuchten Zinsfuß entsprechen. Man kann außerdem nachweisen, dass wirklich $q^* > 1$ gelten muss (und nur dieser Bereich ist für den Aufzinsungsfaktor interessant). Wie man sich nämlich leicht überlegen kann, muss die Ungleichung $S = \sum_{k=0}^{n} G_k > 0$ gelten, sonst wäre die Investition auf jeden Fall ein Verlustgeschäft. Nun erhält man aber den Wert S gerade aus dem Polynom $p_n(q)$ in (3.10) für das Argument $q = 1$. Folglich ist $p_n(1) > 0$. Andererseits gilt unter der Annahme (3.11) offensichtlich $\lim_{q \to \infty} p_n(q) = -\infty$. Da Polynomfunktionen stetig sind, muss die gesuchte Nullstelle somit im Intervall $(1, \infty)$ liegen.

Beispiel 3.6 Ein Biotech-Unternehmen beabsichtigt, eine Biogasanlage zu errichten. Es rechnet innerhalb der nächsten drei Jahre mit folgenden Einnahmen und Ausgaben (in Euro):

Zeitpunkt k	Ausgaben A_k	Einnahmen E_k
1/2012	150.000	0
1/2013	50.000	80.000
1/2014	60.000	100.000
1/2015	80.000	190.000

a) Ist die Investition lohnend, wenn das Unternehmen mit einem Kalkulationszinssatz von 6 % bzw. 10 % rechnet?

Verwendet man als Kalkulationzinssatz $i = 6\,\%$, ergibt sich:

$$K_{\text{Inv}} = -150.000 + \frac{30.000}{1,06} + \frac{40.000}{1,06^2} + \frac{110.000}{1,06^3} = 6260,$$

die Investition lohnt sich demnach. Bei einem Rechenzinssatz von 10 % erhält man

$$K_{\text{Inv}} = -150.000 + \frac{30.000}{1,10} + \frac{40.000}{1,10^2} + \frac{110.000}{1,10^3} = -7025,$$

die Investition lohnt sich also nicht.

b) Wie lautet der interne Zinsfuß (der mit einer Genauigkeit von einer Nachkommastelle ermittelt werden soll)?

Aus dem Ansatz $K_{\text{Inv}} \stackrel{!}{=} 0$ ergibt sich

$$-150.000 + \frac{30.000}{1+i} + \frac{40.000}{(1+i)^2} + \frac{110.000}{(1+i)^3} = 0. \tag{3.12}$$

Aus den obigen Überlegungen ist bereits bekannt, dass der interne Zinsfuß zwischen 6 und 10 Prozent liegt. Mittels linearer Interpolation bzw. Sekantenverfahren (vgl. Abschn. 6.4.2) erkennt man, dass er bei knapp 8 % liegt. Nun setzen wir verschiedene Werte für i in die linke Seite ein:

i	linke Seite
7,9 %	−275
7,8 %	59
7,7 %	393

Man ersieht bereits aus diesen wenigen Werten, dass $i^* \approx 7,8\,\%$ gilt. Natürlich könnte man auch – nach Multiplikation von (3.12) mit $(1+i)^3$ – das Newton-Verfahren (siehe Abschn. 6.4.3) anwenden.

Abb. 3.2 Gemischte Verzinsung

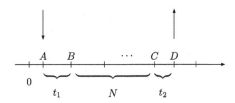

3.1.5 Gemischte Verzinsung

In praktischen Situationen der Zinsberechnung wird nur äußerst selten sowohl der Einzahlungs- als auch der Auszahlungstermin eines Kapitals jeweils mit dem Anfang bzw. Ende einer Zinsperiode zusammenfallen. Realistischer ist der in Abb. 3.2 dargestellte Sachverhalt.

Wird ein Kapital im Laufe einer Zinsperiode eingezahlt und nach mehreren Jahren wieder zu einem Zeitpunkt zwischen zwei Zinsterminen abgehoben, so müssen die bisher betrachteten Modelle zur Zinsberechnung erweitert werden. Dazu soll angenommen werden, dass zwischen den Zeitpunkten A und B der Zeitraum t_1, $0 < t_1 < 1$, und zwischen C und D ein Zeitabschnitt t_2, $0 < t_2 < 1$, liegen. Die Dauer zwischen den Zeitpunkten B und C möge N Jahre betragen. Zur korrekten Zinsberechnung ist im ersten und dritten Zeitabschnitt die einfache Verzinsung, im zweiten Abschnitt die Zinseszinsrechnung anzuwenden. Dies führt auf die Formel

$$K_D = K_0 \cdot (1 + i \cdot t_1) \cdot (1 + i)^N \cdot (1 + i \cdot t_2), \qquad (3.13)$$

die sich durch kombinierte Anwendung von (3.1) und (3.5) ergibt. Formel (3.13) bildet die Grundlage für taggenaue Zinsberechnungen, die im Zeitalter der Computer eine Selbstverständlichkeit sind. Alternativ erhält man einen Näherungswert für das Endkapital zum Zeitpunkt D durch Anwendung der Formel (3.5) für gebrochene Werte von n, im vorliegenden Fall für $n = t_1 + N + t_2$. In vielen Fällen genügt ein solcher Näherungswert, weshalb er in der Finanzmathematik auch häufig benutzt wird.

Beispiel 3.7 Auf welchen Betrag wächst ein Kapital von 2000 € an, das bei 6%iger Verzinsung vom 10.3.2002 bis 19.7.2006 angelegt wird?

a) Exakte Berechnung mittels Formel (3.13) der gemischten Verzinsung: Es gilt $K_0 = 2000$ [€], $i = \frac{6}{100} = 0{,}06$, $t_1 = \frac{290}{360}$ [Jahre], $N = 3$ [Jahre], $t_2 = \frac{199}{360}$ [Jahre], woraus sich der Endwert zum Zeitpunkt D (19.7.2006)

$$K_D = 2000 \cdot \left(1 + 0{,}06 \cdot \frac{290}{360}\right) (1 + 0{,}06)^3 \left(1 + 0{,}06 \cdot \frac{199}{360}\right) = 2579{,}99$$

ergibt, d. h., einschließlich der angefallenen Zinsen kann man am 19.7.2006 über 2579,99 € verfügen.

b) Näherungsweise Berechnung mittels Formel (3.5): Hierbei wird das Kapital über vier volle Jahre vom 10.3.2002 bis 10.3.2006, danach 129 Tage = $\frac{129}{360}$ Jahre bis zum 19.7.2006 verzinst, d. h., die Länge des Zeitraumes, für den Zinsen zu zahlen sind, berechnet sich zu $n = \frac{290}{360} + 3 + \frac{199}{360} = 4{,}3583$. Setzt man diese gebrochene Zahl in (3.5) ein, erhält man

$$K_n = 2000 \cdot 1{,}06^{4,3583} = 2578{,}23 \,.$$

Die Abweichung dieses Näherungswertes vom exakten Endwert beträgt somit lediglich 1,76 € oder 0,09 % des Anfangskapitals.

Wir weisen darauf hin, dass in der deutschen Preisangabenverordnung (PAngV) bei der Berechnung von Effektivzinssätzen für beliebige Zeiträume die **geometrische** Verzinsung, also Formel (3.5) bzw. die Barwertformel (3.6), anzuwenden ist; siehe dazu Abschn. 3.4.1.

3.1.6 Unterjährige Verzinsung

Es ist vielfach üblich, nicht jährliche, sondern in kürzeren Zeitabschnitten zu leistende Zinszahlungen zu vereinbaren (halbjährliche, vierteljährliche, monatliche). Dies führt auf die so genannte *unterjährige Verzinsung*, bei der die Zinsperiode einen kürzeren Zeitraum als ein Jahr umfasst.

Ist m die Anzahl unterjähriger Zinsperioden der Länge $\frac{1}{m}$ Jahre, d. h. die Anzahl, wie oft während eines Jahres verzinst wird, so entsprechen diesem kürzeren Zeitraum anteilige Jahreszinsen in Höhe von

$$Z = K \cdot \frac{i}{m}\,,$$

was (bezogen auf die kürzere Zinsperiode) als Verzinsung mit der *unterjährigen Zinsrate* $i_m = \frac{i}{m}$ aufgefasst werden kann. Da im Laufe eines Jahres m-mal verzinst wird, ergibt sich nach einem Jahr ein Endwert von

$$K_{1,m} = K_0 \cdot (1 + i_m)^m = K_0 \cdot \left(1 + \frac{i}{m}\right)^m \tag{3.14}$$

und analog nach n Jahren

$$K_{n,m} = K_0 \cdot \left(1 + \frac{i}{m}\right)^{m \cdot n}\,.$$

Es ist leicht einzusehen, dass der bei unterjähriger Verzinsung mit der Zinsrate $\frac{i}{m}$ entstehende Endwert $K_{n,m}$ größer ist als der sich bei jährlicher Verzinsung gemäß (3.5) ergebende Endwert K_n, da im Falle der unterjährigen Verzinsung die Zinsen wieder mitverzinst werden (Zinseszinseffekt). Damit ergibt sich, auf das Jahr bezogen, ein höherer Effektivzinssatz als der nominal ausgewiesene.

Beispiel 3.8 Ein Kapital von K_0 = 10.000 [€] wird über drei Jahre bei 6 % Verzinsung p. a. angelegt. Dann ergeben sich bei unterjähriger Verzinsung die folgenden Endwerte:

Zinsperiode		Kapitalendwert nach 3 Jahren	
Jahr	$(m = 1)$	$K_3 = K_0 \cdot 1{,}06^3$	= 11.910,16 [€]
Halbjahr	$(m = 2)$	$K_{3,2} = K_0 \cdot (1 + \frac{0{,}06}{2})^{3 \cdot 2}$	= 11.940,52 [€]
Quartal	$(m = 4)$	$K_{3,4} = K_0 \cdot (1 + \frac{0{,}06}{4})^{3 \cdot 4}$	= 11.956,18 [€]
Monat	$(m = 12)$	$K_{3,12} = K_0 \cdot (1 + \frac{0{,}06}{12})^{3 \cdot 12}$	= 11.966,80 [€]

Bei Betrachtung dieses Beispiels entsteht die Frage, ob die Endkapitalien bei immer kürzer werdenden Zeiträumen (d. h. bei $\frac{1}{m} \to 0$ bzw. $m \to \infty$) unbeschränkt anwachsen oder einem Grenzwert zustreben. Letzteres ist der Fall, wie gleich begründet werden soll.

Es wurde bereits an früherer Stelle erwähnt, dass $\lim\limits_{m \to \infty} (1 + \frac{1}{m})^m = $ e gilt. Unter Nutzung dieser Gleichung ist es nicht schwer nachzuweisen (vgl. etwa [2]), dass analog die Grenzwertbeziehung

$$\lim_{m \to \infty} \left(1 + \frac{i}{m}\right)^m = e^i \tag{3.15}$$

besteht. Berücksichtigt man (3.15), so ergibt sich aus (3.14) sofort die Formel

$$K_{n,\infty} = K_0 \cdot e^{in}, \tag{3.16}$$

die den Endwert eines Anfangskapitals K_0 nach n Jahren bei so genannter *stetiger* (oder *kontinuierlicher*) Verzinsung beschreibt. Dieser Endwert ist somit endlich. Aufgrund der geltenden Ungleichungsbeziehung $1 + i \leq e^i$, die für beliebiges $i \in \mathbb{R}$ richtig ist und Gleichheit nur für $i = 0$ aufweist, hat für beliebige Werte $i \in \mathbb{R}^+$ und $n \in \mathbb{N}$ die Ungleichung $(1 + i)^n < e^{in}$ Gültigkeit. Das bedeutet: Der Endwert bei stetiger Verzinsung ist höher als der bei einmaliger Verzinsung jeweils am Jahresende.

Nun entsteht in natürlicher Weise die Frage nach derjenigen Größe j (genannt *Zinsintensität*), die bei stetiger Verzinsung auf den gleichen Endwert führt, der bei jährlicher Verzinsung mit der Zinsrate i erreicht wird. Diese Fragestellung führt auf die Gleichung $K_0 e^{jn} = K_0 (1 + i)^n$, die der Beziehung $e^j = 1 + i$ äquivalent ist. Letztere hat die Lösung $j = \ln(1 + i)$.

Übungsaufgabe 3.1 Am 3. März eines Jahres erfolgt eine Einzahlung von 3500 €. Auf welchen Endwert wächst das Guthaben bis zum 18. August desselben Jahres bei 3 % Jahreszinsen?

Übungsaufgabe 3.2 Ein Sparer zahlt 3000 € ein. Auf welchen Wert wächst dieser Betrag in 10 Jahren bei 5 % jährlicher Verzinsung?

Übungsaufgabe 3.3 Einem Kind werden bei seiner Geburt 1000 € geschenkt, die vom Sparkonto erst bei Vollendung des 18. Lebensjahres abgehoben werden dürfen. Auf welchen Betrag wächst das Geschenk bei 7 % jährlicher Verzinsung an?

Abb. 3.3 Zahlungszeitpunkte bei vor- und nachschüssiger Rente

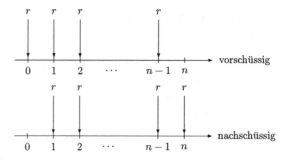

Übungsaufgabe 3.4 Welcher Betrag muss angelegt werden, damit dieser in 10 Jahren bei 4 % jährlicher Verzinsung auf 5000 € wächst?

Übungsaufgabe 3.5 Ein Betrag von 1000 € ist in 10 Jahren auf 1376,90 € angewachsen. Mit wie viel Prozent p. a. wurde er verzinst?

Übungsaufgabe 3.6 Wie viele Jahre muss man einen Betrag von 2000 € auf einem Konto stehen lassen, damit er bei 6 % Verzinsung auf 3000 € anwächst?

3.2 Rentenrechnung

Die *Rentenrechnung* befasst sich mit der Problematik, mehrere regelmäßig wiederkehrende Zahlungen zu einem Wert zusammenzufassen bzw. mit dem umgekehrten Problem, einen gegebenen Wert unter Beachtung anfallender Zinsen in eine bestimmte Anzahl von (Renten-) Zahlungen aufzuteilen (*Verrentung eines Kapitals*).

3.2.1 Grundbegriffe der Rentenrechnung

Eine in gleichen Zeitabständen erfolgende Zahlung bestimmter Höhe nennt man *Rente*. Nach dem Zeitpunkt, an dem die Rentenzahlungen erfolgen, unterscheidet man zwischen Renten, die

- *vorschüssig* (praenumerando; jeweils zu Periodenbeginn);
- *nachschüssig* (postnumerando; jeweils zu Periodenende)

gezahlt werden. Die Abb. 3.3 veranschaulicht die unterschiedlichen Zahlungszeitpunkte.
    Vorschüssige Renten treten z. B. im Zusammenhang mit regelmäßigem Sparen (Sparpläne, Bausparen, …) oder Mietzahlungen auf, nachschüssige Zahlungen sind sachgemäß bei der Rückzahlung von Krediten und Darlehen.

Abb. 3.4 Endwerte der Einzelzahlungen (vorschüssige Rente)

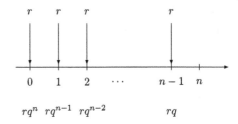

Ferner unterscheidet man:

- *Zeitrenten* (von begrenzter Dauer);
- *ewige Renten* (von unbegrenzter Dauer).

Zeitrenten bilden das Kernstück der Finanzmathematik, während ewige Renten eine mehr oder weniger theoretische, aber häufig nützliche Konstruktion darstellen. An dieser Stelle sei noch auf den Begriff der *Leibrente* hingewiesen, der in der Versicherungsmathematik eine wichtige Rolle spielt und von stochastischen (d. h. zufälligen) Einflüssen abhängig ist, insbesondere vom Lebensalter und damit der durchschnittlichen Lebenserwartung des Versicherungsnehmers.

Nach der *Rentenhöhe* unterscheidet man weiterhin:

- *starre* (gleichbleibende) Rente;
- *dynamische* (veränderliche, meist wachsende) Rente.

Im Rahmen dieses Buches werden vor allem Zeitrenten konstanter Höhe betrachtet.

Wichtige Größen in der Rentenrechnung sind:

- Gesamtwert einer Rente (zu einem bestimmten Zeitpunkt); bedeutsam sind vor allem der *Barwert B* und der *Endwert E* aller Rentenzahlungen;
- r – Höhe der Ratenzahlung;
- n – Dauer (Anzahl der Ratenzahlungen bzw. Perioden).

Zur Vereinfachung der weiteren Darlegungen sei zunächst vereinbart, dass die **Ratenperiode gleich der Zinsperiode (gleich einem Jahr)** ist.

3.2.2   Vorschüssige Renten

Werden die Raten jeweils zu Periodenbeginn gezahlt, so spricht man von *vorschüssiger* Rente.

Zunächst soll der *Rentenendwert* E_n^{vor} berechnet werden. Dabei handelt es sich um denjenigen Betrag, der zum Zeitpunkt n ein Äquivalent für die n zu zahlenden Raten darstellt.

Abb. 3.5 Endwerte der Einzelzahlungen (nachschüssige Rente)

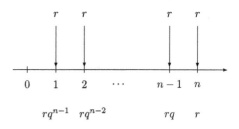

Zur Berechnung von E_n^{vor} bestimmen wir die Endwerte der einzelnen Zahlungen gemäß Formel (3.5) mit $K_0 = r$ (siehe Abb. 3.4).

Entsprechend den unterschiedlichen Zahlungszeitpunkten werden die Raten der Höhe r über eine unterschiedliche Anzahl von Perioden aufgezinst. Anschließend werden alle einzelnen Endwerte aufsummiert:

$$E_n^{vor} = rq + rq^2 + \ldots + rq^{n-1} + rq^n = rq(1 + q + \ldots + q^{n-2} + q^{n-1}).$$

Unter Nutzung von Formel (1.43) ergibt sich

$$E_n^{vor} = rq \cdot \frac{q^n - 1}{q - 1}. \tag{3.17}$$

Der in (3.17) vorkommende Ausdruck $q \cdot \frac{q^n-1}{q-1}$ wird *Rentenendwertfaktor* der vorschüssigen Rente genannt und mit REF^{vor} bezeichnet; er gibt an, wie groß der Endwert einer n-mal vorschüssig gezahlten Rente von 1 GE ist (bei einem Zinssatz von p Prozent und Zinseszins). Die Größe REF^{vor} kann mithilfe eines Taschenrechners leicht berechnet werden. In manchen Büchern oder Tafelwerken zur Finanzmathematik findet man die Größe REF^{vor} auch tabelliert.

Zur Ermittlung des *Rentenbarwertes* könnte man die Barwerte aller Einzelzahlungen (also die Zeitwerte für den Zeitpunkt 0) durch Abzinsen berechnen und addieren. Einfacher ist es jedoch, das eben erzielte Resultat zu nutzen und den Barwert durch Abzinsen des Ausdrucks (3.17) über n Jahre zu bestimmen (vgl. Formel (3.6)):

$$B_n^{vor} = \frac{1}{q^n} \cdot E_n^{vor} = \frac{rq}{q^n} \cdot \frac{q^n - 1}{q - 1} = \frac{r}{q^{n-1}} \cdot \frac{q^n - 1}{q - 1}. \tag{3.18}$$

3.2.3 Nachschüssige Renten

Hierbei erfolgen – wie in Abb. 3.5 dargestellt – die Rentenzahlungen jeweils am Ende einer Zinsperiode:

Durch Addition der n einzelnen Endwerte ergibt sich der *Rentenendwert der nachschüssigen Rente* (als geometrische Reihe mit dem Anfangswert r, dem konstanten Quotienten $q = 1 + i$ und der Gliederzahl n; vgl. Abschn. 1.5.3):

$$E_n^{nach} = r + rq + \ldots + rq^{n-1} = r(1 + q + \ldots + q^{n-1}),$$

d. h.

$$E_n^{\text{nach}} = r \cdot \frac{q^n - 1}{q - 1}. \tag{3.19}$$

Vergleicht man die Ausdrücke (3.17) und (3.19) miteinander, so stellt man fest, dass in Beziehung (3.19) der Faktor q fehlt. Das erklärt sich daraus, dass jede Zahlung um eine Periode später erfolgt und damit einmal weniger aufgezinst wird. Logischerweise ist damit auch der Endwert einer vorschüssigen Rentenzahlung (bei sonst gleichen Parametern) größer als der Endwert bei nachschüssiger Zahlung.

Schließlich ergibt sich der *Rentenbarwert der nachschüssigen Rente* durch Abzinsen des Rentenendwertes E_n^{nach} aus (3.19) über n Jahre:

$$B_n^{\text{nach}} = \frac{1}{q^n} \cdot E_n^{\text{nach}} = r \cdot \frac{q^n - 1}{q^n(q - 1)}. \tag{3.20}$$

Beispiel 3.9 Ein Großvater zahlt für seine Enkeltochter jeweils zu Jahresende 1200 € bei einer Bank ein. Auf welchen Betrag sind die Einzahlungen nach 15 Jahren bei 6,5 % jährlicher Verzinsung angewachsen und welchem Barwert entspricht dieses Guthaben?

Man erhält den Endwert $E_n^{\text{nach}} = r\frac{q^n-1}{q-1} = 1200 \cdot \frac{1{,}065^{15}-1}{1{,}065-1} = 29.018{,}60$ € sowie den Barwert $B_n^{\text{nach}} = \frac{E_n^{\text{nach}}}{q^n} = 29.018{,}60 : 1{,}065^{15} = 11.283{,}20$ €. Der Großvater könnte also alternativ sofort 11.283,20 € anlegen, um nach 15 Jahren auf denselben Endwert zu kommen. Zum Vergleich: Die Gesamtsumme der Einzahlungen beträgt 18.000 €.

Die nachstehende Übersicht zeigt Berechnungsmöglichkeiten und Zusammenhänge von Bar- und Endwerten vor- und nachschüssiger Renten:

	Vorschüssige Rente	Nachschüssige Rente
Rentenbarwert	$B_n^{\text{vor}} = \dfrac{1}{q^n} \cdot E_n^{\text{vor}}$	$B_n^{\text{nach}} = r \cdot \text{RBF}^{\text{nach}}$
Rentenendwert	$E_n^{\text{vor}} = r \cdot \text{REF}^{\text{vor}}$	$E_n^{\text{nach}} = q^n \cdot B_n^{\text{nach}}$

Hierbei bedeuten:

$$\text{RBF}^{\text{nach}} = \frac{q^n - 1}{q^n(q - 1)} \ - \text{nachschüssiger Rentenbarwertfaktor};$$

$$\text{REF}^{\text{vor}} = q \cdot \frac{q^n - 1}{q - 1} \ - \text{vorschüssiger Rentenendwertfaktor}.$$

In analoger Weise werden die in den Formeln (3.17) bzw. (3.19) auftretenden Faktoren $\text{RBF}^{\text{vor}} = \frac{q^n-1}{q^{n-1}(q-1)}$ und $\text{REF}^{\text{nach}} = \frac{q^n-1}{q-1}$ als *vorschüssiger Rentenbarwertfaktor* bzw. *nachschüssiger Rentenendwertfaktor* bezeichnet. Für diese Größen gelten die folgenden bemerkenswerten Zusammenhänge (die Indizes n bzw. $n-1$ geben die Periodenzahl an):

$$\text{REF}_n^{\text{nach}} = \text{REF}_{n-1}^{\text{vor}} + 1, \quad \text{RBF}_n^{\text{vor}} = \text{RBF}_{n-1}^{\text{nach}} + 1.$$

Übungsaufgabe 3.7 Weisen Sie die Gültigkeit dieser beiden Formeln nach.

3.2.4 Grundaufgaben der Rentenrechnung

Analog wie in der Zinseszinsrechnung lassen sich auch in der Rentenrechnung verschiedene Grundaufgaben betrachten. Der Bestimmtheit halber beziehen wir uns im Weiteren auf vorschüssige Renten und somit auf die Formeln aus Abschn. 3.2.2. Von den fünf darin auftretenden Größen E_n^{vor}, B_n^{vor}, r, q und n müssen jeweils drei gegeben sein, um die restlichen beiden zu berechnen. Daraus ergeben sich mehrere Aufgaben, deren wichtigste nun kurz besprochen werden sollen.

In der *ersten Grundaufgabe* der Rentenrechnung geht es um die Ermittlung des Endwertes bei gegebenen Werten von r, q und n, was gerade der Formel (3.17) entspricht. Fragt man bei denselben Ausgangsgrößen nach dem Barwert, ergibt sich die *zweite Grundaufgabe*, deren Lösung durch (3.18) beschrieben wird. Stellt man die Frage, wie viel jemand jährlich sparen muss, um in einer bestimmten Zeit bei festgelegtem Zinssatz einen angestrebten Endwert zu erreichen, kommt man zur *dritten Grundaufgabe*, in der bei fixierten Werten von E_n^{vor}, q und n die Größe r gesucht ist. Durch Umstellung von (3.17) ergibt sich leicht

$$r = E_n^{\mathrm{vor}} \cdot \frac{q-1}{q(q^n-1)} \,.$$

Ein analoges Vorgehen ist zu wählen, wenn anstelle des Endwertes E_n^{vor} der Barwert B_n^{vor} gegeben ist.

Beispiel 3.10 Ein 50-jähriger Angestellter schließt einen Sparplan ab, bei dem er über 15 Jahre hinweg jährlich (vorschüssig) $r = 3000\,€$ einzahlen und dafür ab seinem 65. Lebensjahr zehn Jahre lang (vorschüssig) einen bestimmten Betrag erhalten wird. Wie hoch ist dieser Betrag bei einer angenommenen Verzinsung von 6 % in der Sparphase und 7 % in der Rentenphase?

Entsprechend Formel (3.17) berechnet sich der Endwert aller Einzahlungen (mit $n = 15$, $q = 1{,}06$, $r = 3000$) zu

$$E_n^{\mathrm{vor}} = r \cdot q \cdot \frac{q^n-1}{q-1} = 3000 \cdot 1{,}06 \cdot \frac{1{,}06^{15}-1}{0{,}06} = 74.017{,}57.$$

Diese Summe stellt gleichzeitig den Barwert für die Auszahlphase dar. Aus der Barwertformel (3.18) ergibt sich nach Umstellung

$$r = B_n^{\mathrm{vor}} \cdot \frac{q^{n-1}(q-1)}{q^n-1}$$

und daraus (mit $q = 1{,}07$, $n = 10$, $B_n^{\mathrm{vor}} = 74.017{,}57$) der Betrag von $r = 9849{,}01$. Der Angestellte wird also alljährlich zu Jahresbeginn 9849,01 € erhalten.

Etwas komplizierter ist die Lösung der *vierten Grundaufgabe*, in der nach der Laufzeit n gefragt ist, in der ein bestimmter Betrag bei bekanntem Zinssatz regelmäßig jährlich vorschüssig zu sparen ist, um nach n Jahren über einen vorgegebenen Endwert E_n^{vor} verfügen zu können. Hier ist die Gleichung (3.17) nach n aufzulösen, wozu die Logarithmenrechnung zu Hilfe genommen werden muss:

$$E_n^{\text{vor}} = r \cdot q \frac{q^n - 1}{q - 1} \quad \Longrightarrow \quad E_n^{\text{vor}} \cdot \frac{q - 1}{rq} = q^n - 1 \quad \Longrightarrow$$

$$q^n = E_n^{\text{vor}} \cdot \frac{q - 1}{rq} + 1 \quad \Longrightarrow \quad \ln q^n = n \ln q = \ln \left(E_n^{\text{vor}} \cdot \frac{q - 1}{rq} + 1 \right).$$

Letzten Endes erhält man

$$n = \frac{1}{\ln q} \cdot \ln \left(E_n^{\text{vor}} \cdot \frac{q - 1}{rq} + 1 \right).$$

Schließlich geht es in der *fünften Grundaufgabe* der Rentenrechnung um die Bestimmung des Aufzinsungsfaktors q oder – gleichbedeutend – des Zinssatzes $p = 100(q - 1)$, wenn E_n^{vor}, n und r gegeben sind. Fragen dieser Art treten vor allem im Zusammenhang mit der Berechnung von Renditen bzw. Effektivzinssätzen auf. Ausgehend von (3.17) führt diese Problemstellung auf eine Polynomgleichung $(n+1)$-ten Grades, die i. Allg. nur näherungsweise gelöst werden kann (siehe dazu Abschn. 6.4):

$$E_n^{\text{vor}} = \frac{rq(q^n - 1)}{q - 1} \quad \Longrightarrow \quad E_n^{\text{vor}}(q - 1) = rq(q^n - 1)$$

$$\Longrightarrow \quad rq^{n+1} - (r + E_n^{\text{vor}})q + E_n^{\text{vor}} = 0.$$

Hieraus ergibt sich

$$q^{n+1} - \left(1 + \frac{E_n^{\text{vor}}}{r} \right) q + \frac{E_n^{\text{vor}}}{r} = 0. \tag{3.21}$$

Weitere mögliche Aufgaben lassen sich entweder relativ einfach auf die obigen fünf Grundaufgaben zurückführen oder sind praktisch irrelevant.

Dem Leser wird empfohlen, die eben betrachteten Grundaufgaben auf den Fall nachschüssiger Renten zu übertragen und zu lösen.

3.2.5 Ewige Rente

Eine *ewige Rente* liegt vor, wenn die Rentenzahlungen (zumindest theoretisch) zeitlich nicht begrenzt sind. Dies erscheint für die Praxis zunächst unrealistisch, stellt aber zum einen eine interessante Methode dar, mit der Berechnungen bei einer sehr großen Anzahl n an Perioden vereinfacht werden können. Zum anderen gibt es durchaus reale Situationen, in denen die Anwendung des Formalismus der ewigen Rente sachgemäß ist, so z. B. bei tilgungsfreien Hypothekendarlehen. Auch Stiftungen, bei denen nur die Zinserträge ausbezahlt werden und das eigentliche Kapital unangetastet bleiben soll, entsprechen diesem Modell.

Aufgrund der zeitlichen Unbeschränktheit ist die Frage nach einem Endwert der ewigen Rente nicht sinnvoll, sodass allein der *Rentenbarwert* von Interesse ist. Diesen ermittelt man sowohl im vor- als auch im nachschüssigen Fall leicht durch Umformung der Ausdrücke (3.18) bzw. (3.20) und anschließende Grenzwertbetrachtung, was der Summe einer unendlichen geometrischen Reihe entspricht.

Vorschüssiger Rentenbarwert der ewigen Rente

$$B_\infty^{\text{vor}} = \lim_{n\to\infty} B_n^{\text{vor}} = \lim_{n\to\infty} \frac{r}{q^{n-1}} \cdot \frac{q^n - 1}{q - 1} = \lim_{n\to\infty} r \cdot \frac{q - \frac{1}{q^{n-1}}}{q - 1} = \frac{rq}{q - 1}.$$

Da in der Finanzmathematik der Faktor $q = 1 + i$ stets größer als 1 ist, gilt $\lim_{n\to\infty} q^{n-1} = \infty$ bzw. $\lim_{n\to\infty} \frac{1}{q^{n-1}} = 0$, weshalb der entsprechende Term im obigen Grenzwert nicht mehr auftritt.

Nachschüssiger Rentenbarwert der ewigen Rente

$$B_\infty^{\text{nach}} = \lim_{n\to\infty} B_n^{\text{nach}} = \lim_{n\to\infty} r \cdot \frac{q^n - 1}{q^n(q - 1)} = \lim_{n\to\infty} r \cdot \frac{1 - \frac{1}{q^n}}{q - 1} = \frac{r}{q - 1}.$$

Beispiel 3.11 Ein Unternehmen stiftet einen (nicht öffentlich gemachten) Betrag, aus dessen Zinserträgen jährlich (vorschüssig) ein Preis für die beste an der TU Chemnitz angefertigte Diplomarbeit verliehen werden soll. Um welchen Betrag handelt es sich, wenn der Preis 1000 € beträgt und eine Verzinsung von 7 % unterstellt wird?

Hier ist nach dem Barwert einer ewigen Rente gefragt, sodass man leicht

$$B_\infty^{\text{vor}} = \frac{rq}{q - 1} = \frac{1000 \cdot 1{,}07}{0{,}07} = 15.285{,}71$$

berechnet. Das Unternehmen hat also dankenswerterweise 15.285,71 € gestiftet.

Übungsaufgabe 3.8 Jemand zahlt fünf Jahre lang jeweils einen Betrag von 3600 € auf ein mit 3,25 % jährlich verzinstes Konto ein. Welcher Endbetrag kann nach Ablauf des 5. Jahres abgehoben werden, wenn die Einzahlungen jeweils zu Jahresanfang bzw. zu Jahresende erfolgten?

Übungsaufgabe 3.9 Welchen Betrag muss man heute (am Anfang eines Jahres) auf dem Konto haben, wenn man bei 7 % jährlicher Verzinsung über 6 Jahre am Ende bzw. am Anfang jedes Jahres 2000 € abheben will (und am Ende der Kontostand null sein soll)?

Übungsaufgabe 3.10 Am Anfang eines Jahres hat jemand 24.332,70 € auf seinem Konto. Er will 10 Jahre lang am Ende jedes Jahres eine feste Rate abheben. Welche Rate kann er bei 4 % Verzinsung höchstens abheben?

Übungsaufgabe 3.11 Welchen gleichbleibenden Betrag muss man zu Beginn eines jeden Jahres bei einer Bank einzahlen, wenn man nach zehn Jahren über ein Kapital von 73.918 € verfügen will und das Geldinstitut 7 % Zinsen gewährt?

Übungsaufgabe 3.12 Welche Zeit muss vergehen, damit bei regelmäßigen jährlichen Einzahlungen von 2000 € (jeweils am Jahresende) und einem Zinssatz von 8 % ein Endbetrag von 22.000 € zusammenkommt?

Übungsaufgabe 3.13 Lieschen Müller hat in der Lotterie gewonnen und erhält jetzt ein Leben lang monatlich zu Monatsbeginn 5000 €. Die Direktion der Lotterie bietet ihr – aus Vereinfachungsgründen – eine sofort zahlbare größere Summe als Alternative an.

Welchen Betrag darf Lieschen Müller erwarten, wenn man eine restliche Lebenserwartung von 40 Jahren und einen Kalkulationszinssatz von 6 % zu Grunde legt? Welches Ergebnis erhält man bei 50 bzw. 60 verbleibenden Lebensjahren bzw. bei einem Zinssatz von 7 %? Was ergibt sich schließlich, wenn die monatlichen Zahlungen (theoretisch) unendlich lange erfolgen würden?

Hinweis: Zunächst sind die monatlichen Zahlungen mittels der Formel (3.3) in eine Jahresersatzrate umzurechnen.

Übungsaufgabe 3.14 Herr Vorsorglich zahlt gemäß einem Sparplan 20 Jahre lang jährlich 5000 € vorschüssig ein (Sparphase), was ihm mit 6 % Verzinsung honoriert wird. Anschließend (Entnahmephase) wird er bei 5 % Verzinsung 15 Jahre lang jährlich vorschüssig einen konstanten Betrag zur Aufbesserung seiner Rente ausgezahlt bekommen. Wie viel darf er bei Kapitalverzehr erwarten?

3.3 Tilgungsrechnung

Bei der *Tilgungsrechnung* (oder auch *Anleiherechnung*) geht es um die Berechnung der Rückzahlungsraten für Zinsen und Tilgung eines aufgenommenen Kapitalbetrages (Darlehen, Hypothek, Kredit). Es können aber auch andere Bestimmungsgrößen wie Laufzeit oder Effektivverzinsung gesucht sein. Grundlagen der Tilgungsrechnung bilden die Formeln der Zinseszins- und insbesondere der Rentenrechnung.

3.3.1 Grundbegriffe. Formen der Tilgung

Grundsätzlich erwartet der Gläubiger, dass der Schuldner seine Schuld verzinst und vereinbarungsgemäß zurückzahlt. Dazu werden häufig *Tilgungspläne* aufgestellt, die in anschaulicher Weise die Rückzahlungen (Annuitäten) in ihrem zeitlichen Ablauf aufzeigen. Dabei versteht man unter *Annuität* die jährliche Gesamtzahlung, bestehend aus Tilgungs-

und Zinsrate. Diese Tilgungspläne beruhen auf bestimmten Gesetzmäßigkeiten, die im Weiteren dargelegt werden sollen. In der Praxis gibt es meist eine Reihe von Besonderheiten zu beachten, wie etwa monatliche Ratenzahlungen und jährliche Verzinsung, tilgungsfreie Zeiten und ähnliches.

Um nicht gleich mit dem schwierigsten Modell zu beginnen, sollen die folgenden generellen Vereinbarungen getroffen werden:

- Ratenperiode = Zinsperiode = 1 Jahr;
- die Anzahl der Rückzahlungsperioden beträgt n Jahre;
- die Annuitätenzahlungen erfolgen am Periodenende.

Letztere Annahme hat zur Folge, dass die Formeln der nachschüssigen Rentenrechnung anwendbar sind. Je nach Rückzahlungsmodalitäten unterscheidet man verschiedene Formen der Tilgung:

- *Ratentilgung* (konstante Tilgungsraten);
- *Annuitätentilgung* (konstante Annuitäten);
- *Zinsschuldtilgung* (zunächst nur Zinszahlungen, in der letzten Periode Zahlung von Zinsen plus Rückzahlung der Gesamtschuld).

Verwendete Symbole:

S_0 – Kreditbetrag, Anfangsschuld;
S_k – Restschuld am Ende der k-ten Periode;
T_k – Tilgung in der k-ten Periode;
Z_k – Zinsen in der k-ten Periode;
A_k – Annuität in der k-ten Periode;
p – vereinbarter (Nominal-) Zinssatz (in Prozent).

3.3.2 Ratentilgung

Bei dieser Tilgungsform sind die jährlichen Tilgungsraten konstant:

$$T_k = T = \text{const} = \frac{S_0}{n}, \quad k = 1, \dots, n. \tag{3.22}$$

Die Zinsen, die für die jeweilige Restschuld S_{k-1} zu zahlen sind, betragen

$$Z_k = S_{k-1} \cdot \frac{p}{100}. \tag{3.23}$$

Da sich durch die jährlichen Tilgungszahlungen die Restschuld verringert, nehmen die Zinsen im Laufe der Zeit ab. Daraus ergibt sich eine fallende Annuität $A_k = T_k + Z_k$.

Bemerkung In der Praxis gibt es mitunter auch andere Formen der Ratentilgung, z. B. mit gleichbleibenden oder steigenden Zinszahlungen. Das erste Modell hat den Vorteil, dass die jährlichen Gesamtzahlungen konstant bleiben; das zweite ist für den Schuldner insofern günstig, als die anfänglichen Belastungen geringer sind. In beiden Fällen unterscheidet sich der effektiv zu zahlende Zins vom nominal vereinbarten (Näheres hierzu siehe Abschn. 3.4 über Renditeberechnung).

3.3.3 Annuitätentilgung

Bei dieser häufig angewendeten Form der Tilgung sind die jährlichen Annuitäten konstant:

$$A_k = T_k + Z_k = A = \text{const}$$

Durch die jährlichen Tilgungszahlungen verringert sich die Restschuld, sodass die auf die aktuelle Restschuld zu zahlenden Zinsen abnehmen und ein ständig wachsender Anteil der Annuität für die Tilgung zur Verfügung steht. Für die Berechnung der Annuität sind die Formeln der nachschüssigen Rentenrechnung zu verwenden.

Zur Berechnung der Annuität wird – wie auch bei einer Reihe anderer Überlegungen in der Finanzmathematik – das so genannte *Äquivalenzprinzip* genutzt. Dieses stellt (bei gegebenem Zinssatz p) die Leistungen des Gläubigers den Leistungen des Schuldners gegenüber, wobei man der Vergleichbarkeit halber alle Zahlungen auf einen festen Zeitpunkt umrechnen muss. Häufig ist das der Zeitpunkt Null, sodass also die Barwerte von Gläubiger- und Schuldnerleistungen miteinander verglichen werden.

Die Leistung des Gläubigers (Bank, Geldgeber, ...) besteht in der Bereitstellung des Kreditbetrages S_0 zum Zeitpunkt Null und ist demzufolge mit ihrem Barwert identisch.

Der Barwert aller Zahlungen des Schuldners ist unter Beachtung der vereinbarten Zahlungsweise der Annuitäten gleich dem Barwert einer nachschüssigen Rente mit gleichbleibenden Raten in Höhe der gesuchten Annuität A, woraus sich entsprechend Formel (3.20) die Beziehung

$$S_0 = A \cdot \text{RBF}_n^{\text{nach}} = A \cdot \frac{q^n - 1}{q^n(q-1)}$$

ergibt. Durch Umformung dieses Ausdrucks erhält man die folgende Formel zur Berechnung der Annuität:

$$A = S_0 \cdot \frac{1}{\text{RBF}_n^{\text{nach}}} = S_0 \cdot \frac{q^n(q-1)}{q^n - 1}. \tag{3.24}$$

Mit $\text{AF} = 1/\text{RBF}_n^{\text{nach}} = \frac{q^n(q-1)}{q^n-1}$ bezeichnet man den so genannten *Annuitätenfaktor*. Er gibt an, welcher Betrag jährlich nachschüssig zu zahlen ist, um in n Jahren eine Schuld von 1 GE zu tilgen, wobei die jeweils verbleibende Restschuld mit dem Zinssatz p verzinst wird.

Monatliche Tilgungsraten In praktischen Fällen der Darlehensausreichung und -rückzahlung hat man es (bei vereinbarter jährlicher Zinsberechnung) häufig mit **monatlichen**

Rückzahlungsraten zu tun. In diesem Fall kann man Formel (3.24) mit den Überlegungen zur Jahresersatzrate aus Abschn. 3.1.1, insbesondere Formel (3.4), verknüpfen und erhält als zu zahlende Monatsrate

$$a = \frac{A}{12 + 5{,}5(q-1)} = \frac{S_0 \cdot q^n \cdot (q-1)}{[12 + 5{,}5(q-1)] \cdot (q^n - 1)}.$$

Restschuldformel Ohne Beweis soll die nachstehende Formel für die Restschuld S_k am Ende der Periode k bei Annuitätentilgung angegeben werden:

$$S_k = S_0 q^k - A \cdot \frac{q^k - 1}{q - 1}, \tag{3.25}$$

auf die wir im Abschn. 3.4 zurückkommen werden. Sie lässt sich aus der Sicht des Gläubigers wie folgt interpretieren: Hätte der Gläubiger nicht dem Schuldner den Betrag S_0 zum Zinssatz p (mit zugehörigem Aufzinsungsfaktor q) überlassen, so hätte er denselben zum gleichen Zinssatz anlegen können und nach k Jahren einen Endwert von $S_0 q^k$ erzielt. Davon abzuziehen sind die Annuitätenzahlungen des Schuldners (die der Gläubiger ja nach und nach auch wieder anlegen könnte); bezogen auf den Zeitpunkt k ergeben diese den Endwert von $A \cdot \frac{q^k-1}{q-1}$, der von $S_0 q^k$ zu subtrahieren ist.

Prozentannuität In einem Darlehensvertrag kann man folgenden Passus lesen: „Die jährliche Tilgung beträgt anfänglich 1 % der Darlehenssumme und erhöht sich jährlich um die durch die Tilgungsbeträge eingesparten Zinsen."

Dies entspricht genau dem Modell der Annuitätentilgung, wobei die Annuität durch den vereinbarten Zinssatz und die anfängliche Tilgung (in Prozent des Darlehensbetrages) festgelegt ist, weshalb man von *Prozentannuität* spricht.

Beispiel 3.12 Welche Laufzeit bis zur vollständigen Rückzahlung des Darlehens ergibt sich bei einem Zinssatz von $p = 8{,}5$ und einer anfänglichen Tilgung von 1 %?

Zunächst ist klar, dass das Darlehen in spätestens 100 Jahren zurückgezahlt ist, aufgrund der ständig steigenden Tilgungsraten aber natürlich viel eher.

Bezeichnet man mit t die anfängliche Tilgungsrate (in Prozent), so beträgt die Annuität A offensichtlich $\frac{p+t}{100} \cdot S_0$. Andererseits ist sie gemäß Formel (3.24) gleich $S_0 \cdot \frac{q^n(q-1)}{q^n-1}$. Gleichsetzen beider Ausdrücke liefert

$$\frac{p+t}{100} \cdot S_0 = S_0 \cdot \frac{q^n(q-1)}{q^n - 1},$$

woraus sich nach einigen Umformungen (die wir dem Leser überlassen)

$$n = \frac{\ln\left(1 + \frac{p}{t}\right)}{\ln q} \tag{3.26}$$

ergibt. Für $t = 1$ und $p = 8,5$ liefert Formel (3.26) das Ergebnis $n = 27,6$. Das Darlehen ist also nach knapp 28 Jahren vollständig zurückgezahlt.

Übungsaufgabe 3.15 Verlängert oder verkürzt sich die Zeit bis zur vollständigen Darlehenstilgung bei steigendem Zinssatz p?

3.3.4 Tilgungspläne

Ein *Tilgungsplan* ist eine tabellarische Aufstellung über die geplante Rückzahlung eines aufgenommenen Kapitalbetrages innerhalb einer bestimmten Laufzeit. Er enthält für jede Rückzahlungsperiode (z. B. Jahr) die Restschuld zu Periodenbeginn und zu Periodenendee, Zinsen, Tilgung, Annuität und gegebenenfalls weitere notwendige Informationen (etwa dann, wenn gewisse Tilgungsaufschläge zu zahlen sind). Einem Tilgungsplan liegen die folgenden Gesetzmäßigkeiten zugrunde, aus denen Formeln für T_k, Z_k und S_k abgeleitet werden können:

- $Z_k = S_{k-1} \cdot i$ (Zahlung von Zinsen jeweils auf die Restschuld);
- $A_k = T_k + Z_k$ (Annuität = Tilgung plus Zinsen);
- $S_k = S_{k-1} - T_k$ (Restschuld am Periodenende = Restschuld zu Periodenbeginn minus Tilgung).

Beispiel 3.13 Für ein Hypothekendarlehen, das einen Darlehensbetrag von $S_0 = 300.000$ €, eine vereinbarte Laufzeit von zehn Jahren und einen Nominalzinssatz von $p = 8$ aufweist, soll ein Tilgungsplan bei Ratentilgung aufgestellt werden.

Die jährlichen Tilgungsraten sind konstant und betragen $T_k = T = \dfrac{S_0}{n} = \dfrac{300.000}{10} = 30.000$ €.

Jahr	Restschuld zu Periodenbeginn	Zinsen	Tilgung	Annuität	Restschuld zu Periodenende
k	S_{k-1}	Z_k	T_k	A_k	S_k
1	300.000	24.000	30.000	54.000	270.000
2	270.000	21.600	30.000	51.600	240.000
3	240.000	19.200	30.000	49.200	210.000
4	210.000	16.800	30.000	46.800	180.000
5	180.000	14.400	30.000	44.400	150.000
6	150.000	12.000	30.000	42.000	120.000
7	120.000	9.600	30.000	39.600	90.000
8	90.000	7.200	30.000	37.200	60.000
9	60.000	4.800	30.000	34.800	30.000
10	30.000	2.400	30.000	32.400	0
Gesamtbetrag		132.000	300.000	432.000	

Beispiel 3.14 Unter den gleichen Bedingungen wie im obigen Beispiel 3.13 soll ein Tilgungsplan unter Zugrundelegung einer Annuitätentilgung aufgestellt werden.

Die jährliche Annuität ist konstant und beträgt $A_k = A = S_0 \cdot \dfrac{q^n(q-1)}{q^n-1} = 300.000 \cdot$

$\dfrac{1,08^{10} \cdot 0,08}{1,08^{10}-1} = 300.000 \cdot 1,490295 = 44.708,85 \,€.$

Jahr	Restschuld zu Periodenbeginn	Zinsen	Tilgung	Annuität	Restschuld zu Periodenende
k	S_{k-1}	Z_k	T_k	A_k	S_k
1	300.000,00	24.000,00	20.708,85	44.708,85	279.291,15
2	279.291,15	22.343,29	22.365,56	44.708,85	256.925,59
3	256.925,59	20.554,05	24.154,80	44.708,85	232.770,79
4	232.770,79	18.621,66	26.087,19	44.708,85	206.683,60
5	206.683,60	16.534,69	28.174,16	44.708,85	178.509,44
6	178.509,44	14.280,76	30.428,09	44.708,85	148.081,35
7	148.081,35	11.846,51	32.862,34	44.708,85	115.219,01
8	115.219,01	9.217,52	35.491,33	44.708,85	79.727,68
9	79.727,68	6.378,21	38.330,64	44.708,85	41.397,04
10	41.397,04	3.311,76	41.397,04	44.708,80	0
Gesamtbetrag		147.088,45	300.000,00	447.088,45	

Die Annuität im letzten Jahr ist hier aufgrund von Rundungsfehlern geringfügig kleiner als die übrigen.

Bemerkung In beiden Fällen entspricht die tatsächliche (effektive) Verzinsung der nominal vereinbarten von 8 % pro Jahr. Trotzdem sind die Gesamtrückzahlungen unterschiedlich hoch. Der niedrigere Gesamtbetrag bei der Ratentilgung ist darauf zurückzuführen, dass bei dieser Tilgungsform anfänglich höhere Annuitäten gezahlt werden als bei der Annuitätentilgung.

Übungsaufgabe 3.16 Stellen Sie den Tilgungsplan für die Abtragung einer Schuld von 10.000 € in fünf Jahren bei Ratentilgung mit 4 % p. a. auf.

Übungsaufgabe 3.17 Stellen Sie den Tilgungsplan für die gleichmäßige Abtragung eines Kredits von 500.000 € in acht Jahren mit 7,5 % p. a. auf.

3.4 Renditeberechnung

In praktischen Situationen der Kreditvergabe kommen oftmals kompliziertere als die oben betrachteten Modelle zur Anwendung, in denen Gebühren oder Zuschläge enthalten und tilgungsfreie Zeiten möglich sind, nicht die volle Kreditsumme zur Auszahlung kommt, die Rückzahlungen monatlich bzw. vierteljährlich erfolgen, rückgezahlte Beträge erst zu einem späteren Zeitpunkt gutgeschrieben werden usw. In diesen Fällen weicht die vereinbarte Nominalverzinsung von der tatsächlich zugrunde liegenden *Effektivverzinsung* ab. Deren (in der Regel komplizierte) Berechnung erfolgt stets mittels des bereits mehrfach benutzten *Äquivalenzprinzips*, indem jeweils die Gläubigerleistung dem Barwert aller Schuldnerleistungen gegenübergestellt wird bzw. verschiedene Zahlungsformen – bezogen auf einen einheitlichen Zeitpunkt – miteinander verglichen werden.

Bei der Berechnung der *Rendite* einer Geldanlage bzw. des *Effektivzinssatzes*, der den Zinszahlungen zugrunde liegt (beide Begriffe stellen aus finanzmathematischer Sicht dieselben Rechengrößen dar), geht es also darum, den bei einem bestimmten Zahlungsmodell erzielten (bzw. zu zahlenden) tatsächlichen Zinssatz zu ermitteln. Dabei sind alle Zahlungen genau zu dem Zeitpunkt und in der Höhe zu berücksichtigen, zu dem und wie sie erfolgen. Wir verzichten in diesem Abschnitt auf theoretische Darlegungen und untersuchen statt dessen exemplarisch einige praxisrelevante Modelle. Dabei werden wir zumeist auf Aufgaben stoßen, die sich nur näherungsweise lösen lassen, wozu die in Abschn. 6.4 beschriebenen Methoden dienen können.

3.4.1 Effektivzinssatz gemäß Preisangabenverordnung

In der Neufassung der Preisangabenverordnung vom 28.7.2000 (BGBl I S. 1244) wird in § 6 sowie im Anhang die Vorgehensweise zur Ermittlung des (anfänglichen) effektiven Jahreszinssatzes von Krediten vorgeschrieben.

m – Anzahl der Einzelzahlungen des Darlehens (Darlehensabschnitte)

n – Anzahl der Tilgungszahlungen (inklusive Zahlungen von Kosten)

t_k – der in Jahren oder Jahresbruchteilen ausgedrückte Zeitabstand zwischen dem Zeitpunkt der ersten Darlehensauszahlung und dem Zeitpunkt der Darlehensauszahlung mit der Nummer k, $k = 1, \ldots, m$; $t_1 = 0$

t'_j – der in Jahren oder Jahresbruchteilen ausgedrückte Zeitabstand zwischen dem Zeitpunkt der ersten Darlehensauszahlung und dem Zeitpunkt der Tilgungszahlung oder Zahlung von Kosten mit der Nummer j, $j = 1, \ldots, n$

A_k – Auszahlungsbetrag des Darlehens mit der Nummer k, $k = 1, \ldots, m$

A'_j – Betrag der Tilgungszahlung oder einer Zahlung von Kosten mit der Nummer j, $j = 1, \ldots, n$

Ansatz zur Berechnung der effektiven Jahreszinsrate i (Äquivalenzprinzip):

$$\sum_{k=1}^{m} \frac{A_k}{(1+i)^{t_k}} = \sum_{j=1}^{n} \frac{A'_j}{(1+i)^{t'_j}} .$$

Wie man sieht, verlangt der Gesetzgeber die Anwendung der geometrischen Verzinsung bzw. Abzinsung, und zwar für beliebige Zeiträume (insbesondere auch unterjährig). Er beschreibt im Gesetz explizit die folgenden Festlegungen und gibt mehrere Beispiele an, von denen hier einige vorgestellt werden sollen.

- Die von Kreditgeber und Kreditnehmer zu unterschiedlichen Zeitpunkten gezahlten Beträge sind nicht notwendigerweise gleich groß und werden nicht notwendigerweise in gleichen Zeitabständen entrichtet.
- Anfangszeitpunkt ist der Tag der ersten Darlehensauszahlung ($t_1 = 0$).
- Die Zeiträume t_k und t'_j werden in Jahren oder Jahresbruchteilen ausgedrückt. Zugrunde gelegt werden für das Jahr 365 Tage, 52 Wochen oder 12 gleichlange Monate, wobei für letztere eine Länge von $365/12 = 30{,}41\overline{6}$ Tagen angenommen wird.
- Der Vomhundertsatz ist auf zwei Dezimalstellen genau anzugeben; die zweite Dezimalstelle wird aufgerundet, wenn die folgende Ziffer größer oder gleich 5 ist.
- Der effektive Zinssatz wird entweder algebraisch oder mittels eines numerischen Näherungsverfahrens berechnet.

Beispiel 3.15 Die Darlehenssumme beträgt 1000 € und wird 1,5 Jahre (d. h. 547,5 Tage oder 18 Monate oder 78 Wochen) nach Darlehensauszahlung in einer einzigen Zahlung in Höhe von 1200 € zurückgezahlt:

$$1000 = \frac{1200}{\left(1 + i\right)^{\frac{547{,}5}{365}}} = \frac{1200}{\left(1 + i\right)^{\frac{18}{12}}} = \frac{1200}{\left(1 + i\right)^{\frac{78}{52}}}$$

Hier ist eine algebraische Lösung möglich. Nach Multiplikation mit dem Nenner und Ziehen der Wurzel (Wurzelexponent: 1,5) ergibt sich $1 + i = \left(\frac{1200}{1000}\right)^{\frac{2}{3}}$ bzw. $i \approx 12{,}92\,\%$.

Beispiel 3.16 Die Darlehenssumme beträgt 1000 €, jedoch behält der Darlehensgeber 50 € für Kreditwürdigkeitsprüfungs- und Bearbeitungskosten ein, so dass sich der Auszahlungsbetrag auf 950 € beläuft. Die Rückzahlung der 1200 € erfolgt 1,5 Jahre nach Darlehensauszahlung:

$$950 = \frac{1200}{\left(1 + i\right)^{\frac{547{,}5}{365}}} = \frac{1200}{\left(1 + i\right)^{\frac{18}{12}}} = \frac{1200}{\left(1 + i\right)^{\frac{78}{52}}}$$

Auch hier ist eine algebraische Lösung analog zum vorhergehenden Beispiel möglich, die $i = \left(\frac{1200}{950}\right)^{\frac{2}{3}} - 1 \approx 16{,}85\,\%$ liefert.

Beispiel 3.17 Die Darlehenssumme beträgt 1000 €, die in zwei Raten von jeweils 600 € nach einem bzw. nach zwei Jahren rückzahlbar sind:

$$1000 = \frac{600}{\left(1 + i\right)^1} + \frac{600}{\left(1 + i\right)^2}$$

Dieser Ansatz führt nach Multiplikation mit dem Hauptnenner $(1 + i)^2$ auf eine quadratische Gleichung, die sich mithilfe der bekannten Lösungsformel lösen lässt (wir setzen $q = 1 + i$): Aus $1000q^2 - 600q - 600 = 0$ folgt zunächst die Beziehung $q^2 - 0,6q - 0,6 = 0$ und daraus $q_{1,2} = 0,3 \pm \sqrt{0,09 + 0,6} \approx 0,3 \pm 0,83066$. Als finanzmathematisch sinnvolle Lösung erhält man $q \approx 1,1307$ bzw. $i \approx 0,1307 = 13,07\,\%$.

Beispiel 3.18 Die Darlehenssumme beträgt 1000 €. Der Darlehensnehmer hat folgende Raten zurückzuzahlen: nach 3 Monaten (0,25 Jahre bzw. 13 Wochen bzw. 91,25 Tage) 272 €, nach 6 Monaten 272 €, nach 12 Monaten 544 €:

$$1000 = \frac{272}{(1 + i)^{\frac{3}{12}}} + \frac{272}{(1 + i)^{\frac{6}{12}}} + \frac{544}{(1 + i)^{\frac{12}{12}}}$$

Nach Multiplikation mit $q = 1 + i$ erhalten wir die Beziehung

$$1000q - 272q^{\frac{3}{4}} - 272q^{\frac{1}{2}} - 544 = 0 \tag{3.27}$$

Die linke Seite von (3.27) sei die Funktion $f(q)$. Dann lautet deren Ableitung

$$f'(q) = 1000 - 204q^{-\frac{1}{4}} - 136q^{-\frac{1}{2}}.$$

Die Vorzeichenregel von Descartes (Satz 1.2) liefert die Vorzeichenkette der Koeffizienten $+ - - -$, die einen Wechsel aufweist. Daher gibt es genau eine positive Nullstelle.

Die Wertetabelle

q	0	1	2
$f(q)$	−544	−88	613,89

zeigt, dass die (positive) Nullstelle zwischen 1 und 2 liegt, eher bei 1 als bei 2.

Wendet man lineare Interpolation an (vgl. Abschn. 6.4), erhält man eine Aufteilung des Intervalls (1,2) entsprechend der Höhendifferenzen von etwa $\frac{88}{702} \approx 0,125$, sodass die Nullstelle bei ca. 1,125 liegt. Mit diesem Wert als Startwert wird nun das Newtonverfahren gemäß der Iterationsvorschrift $q_{k+1} = q_k - f(q_k)/f'(q_k)$ gestartet. Wir erhalten:

k	q_k	$f(q_k)$	$f'(q_k)$
0	1,12500	−4,6204	673,697
1	1,131858	0,00208	674,387
2	1,131855	/	/

Bereits im zweiten Schritt stagniert das Verfahren bei (gerundet) $q = 1,13186$, sodass ein Effektivzinssatz von $i \approx 13,19\,\%$ resultiert.

Übungsaufgabe 3.18 Die Darlehenssumme beträgt 4000 €, jedoch behält der Darlehensgeber 80 € für Bearbeitungskosten ein, so dass sich der Auszahlungsbetrag auf 3920 €

beläuft. Die Darlehensauszahlung erfolgt am 28.2.2000. Der Darlehensnehmer hat folgende Raten zurückzuzahlen: 30 € am 30.3.2000, 1360 € am 30.3.2001, 1270 € am 30.3.2002, 1180 € am 30.3.2003, 1082,50 € am 28.2.2004:

$$3920 = \frac{30}{(1+i)^{\frac{1}{12}}} + \frac{1360}{(1+i)^{\frac{13}{12}}} + \frac{1270}{(1+i)^{\frac{25}{12}}} + \frac{1180}{(1+i)^{\frac{37}{12}}} + \frac{1082,50}{(1+i)^{\frac{48}{12}}}.$$

3.4.2 Vermischte Aufgaben der Renditeberechnung

Beispiel 3.19 Die von der Bundesbank für eine einmalige Geldanlage angebotenen Schatzbriefe Typ B (mit Zinsansammlung) weisen eine von Jahr zu Jahr steigende Verzinsung auf. Die aktuellen Konditionen seien: 3,00 % im 1. Jahr, 4,50 % im 2. Jahr, 5,50 % im 3. Jahr, 6,00 % im 4. und 5. Jahr, 6,25 % im 6. und 7. Jahr.

Welche Rendite kann man mit solchen Schatzbriefen erzielen, wenn man sie über die volle Laufzeit von sieben Jahren behält und nicht vorzeitig zurückgibt?

Wählt man hier das Ende des 7. Jahres als Vergleichszeitpunkt, so ist also nach einem durchschnittlichen Zinssatz p_{eff} gefragt, der nach sieben Jahren auf denselben Endbetrag führt wie er mittels der „Zinstreppe" erzielt wird. Ist K_0 das angelegte Kapital und setzt man $q_{\text{eff}} = 1 + \frac{p_{\text{eff}}}{100}$, so gilt:

$$K_0 \cdot q_{\text{eff}}^7 = K_0 \cdot 1,03 \cdot 1,045 \cdot 1,055 \cdot 1,06 \cdot 1,06 \cdot 1,0625 \cdot 1,0625,$$

woraus sich unmittelbar

$$q_{\text{eff}} = \sqrt[7]{1,440375} = 1,053512$$

bzw. $p_{\text{eff}} = 5,35$ ergibt.

Beispiel 3.20 Ein Student schließt folgenden Bonussparplan ab: Einzahlungen jeweils zu Monatsbeginn in (beliebiger, aber gleichbleibender) Höhe r, Verzinsung mit dem Zinssatz p, am Ende des n-ten Jahres zahlt das Geldinstitut einen einmaligen Bonus B_n auf alle **eingezahlten** Beträge in folgender Höhe (Angaben in Prozent):

n	1	2	3	4	5	...	10
B_n	–	–	3	5	7	...	12

Die Laufzeit kann vom Sparer individuell festgelegt werden, indem er seine Einzahlungen jederzeit (allerdings nur am Jahresende) beenden kann.

Welche Rendite weist dieses Sparmodell bei einer Laufzeit von zehn Jahren und $p = 3$ auf?

Um die gesuchte Rendite zu ermitteln, hat man das Modell mit einem zweiten zu vergleichen, das dieselben Einzahlungen des Sparers, aber keinen Bonus des Geldinstituts aufweist. Unter Nutzung der Formel (3.3) für die Jahresersatzrate rechnet man zunächst die monatlichen Zahlungen in Höhe r auf eine (nachschüssige) Zahlung in Höhe $R = r(12+6,5i)$ um, wobei wie immer $i = \frac{p}{100}$ gilt. Nach n Jahren ergibt sich damit entsprechend Formel (3.19) sowie der Bonuszahlung (für $12 \cdot n$ eingezahlte Raten r) der Endwert

$$E_n = r\,(12 + 6,5i)\,\frac{q^n - 1}{q - 1} + B_n\,, \tag{3.28}$$

der mit dem Wert

$$E_n = r\,[12 + 6,5\,(q_{\text{eff}} - 1)]\,\frac{q_{\text{eff}}^n - 1}{q_{\text{eff}} - 1} \tag{3.29}$$

zu vergleichen ist.

Für $n = 10$, $q = 1,03$ und $B_n = 0,12 \cdot 120r$ erhält man aus der Formel (3.28) $E_n = 154,202r$. Setzt man diesen Wert in (3.29) ein, so ergibt sich nach einigen Umformungen die Polynomgleichung

$$6,5q_{\text{eff}}^{11} + 5,5q_{\text{eff}}^{10} - 160,702q_{\text{eff}} + 148,702 \overset{!}{=} 0\,, \tag{3.30}$$

aus der q_{eff} zu bestimmen ist. Mittels des Newton-Verfahrens aus Abschn. 6.4 bzw. einer anderen Methode ermittelt man $q_{\text{eff}} = 1,049$. Dass es sich dabei tatsächlich um eine Lösung handelt, bestätigt man leicht durch Einsetzen. Sie ist auch die einzige Lösung. Dies ergibt sich aus der Descartes'schen Vorzeichenregel (Abschn. 1.2.3). Notiert man nämlich die Vorzeichenfolge der Polynomkoeffizienten in (3.30), so erhält man + + −+, also zwei Vorzeichenwechsel. Entsprechend dem Satz von Descartes besitzt das Polynom somit zwei positive Nullstellen oder keine. Da aber $q = 1$ eine Nullstelle ist, wie man leicht sieht (und was aus der Multiplikation von (3.29) mit $q - 1$ resultiert), so müssen es zwei Nullstellen sein, und $q_{\text{eff}} = 1,049$ ist die uns interessierende. Demnach ist $i_{\text{eff}} = 4,90\,\%$ die gesuchte Rendite.

Übungsaufgabe 3.19 Welcher Endbetrag und welche Rendite ergeben sich in Beispiel 3.20 nach fünf Jahren bei monatlichen Einzahlungen von 100 €?

Beispiel 3.21 Ein Autohändler wirbt für einen Autokauf auf Raten mit folgendem Finanzierungsmodell: „Zahlen Sie anstelle von 24.999 € nur 4999 € sofort an; den Rest können Sie in 36 bequemen monatlichen Raten (jeweils am Monatsende) begleichen. Der Effektivzinssatz beträgt lediglich 3,9 %." Wie hoch sind die zu zahlenden Monatsraten?

Zur Berechnung der Raten r hat man wiederum das Äquivalenzprinzip auszunutzen und die Barwerte bei beiden Zahlungsweisen zu vergleichen. Unter Anwendung der Formeln (3.4) und (3.20) liefert dies

$$24.999 = 4999 + r\,(12 + 5,5i) \cdot \frac{q^n - 1}{q^n(q - 1)}\,, \tag{3.31}$$

woraus man für die konkreten Daten $n = 3$, $i = 0,039$, $q = 1,039$

$$r = \frac{20.000 \cdot 1,039^3 \cdot 0,039}{(12 + 5,5 \cdot 0,039)(1,039^3 - 1)} = 588,91\,[\text{€}]$$

ermittelt.

Wären die monatlichen Raten gegeben, aber der Effektivzinssatz p_{eff} unbekannt, könnte man diesen (bzw. $q_{\text{eff}} = 1 + \frac{p_{\text{eff}}}{100}$) aus (3.31) berechnen, was wiederum auf die Lösung einer Polynomgleichung höheren Grades führen würde.

Beispiel 3.22 Bei Darlehen wird mitunter nicht die volle Darlehenssumme ausbezahlt, sondern ein Abschlag (*Disagio*) einbehalten. Dafür erniedrigt sich der für das Darlehen zu zahlende Nominalzins. Da die Darlehenskonditionen i. Allg. für einen Zeitraum festgeschrieben werden, der kürzer ist als der bis zur vollständigen Tilgung, ist die Frage nach dem *anfänglichen effektiven Jahreszinssatz* von Interesse, welcher sich auf den vereinbarten Zeitraum bezieht. Im Weiteren soll von folgenden Bezeichnungen Gebrauch gemacht werden:

S_B – Bruttokredit;

S_N – Nettokredit (= Bruttokredit – Disagio);

p_{nom} – Nominalzinssatz (mit zugehörigem Aufzinsungsfaktor q_{nom});

p_{eff} – Effektivzinssatz (mit zugehörigem Aufzinsungsfaktor q_{eff});

k – vereinbarte Darlehenslaufzeit.

Unter Nutzung der Restschuldformel (3.25) sowie der Tatsache, dass (unabhängig von der Betrachtungsweise) Annuitäten in Höhe A gezahlt werden, erhält man bei Anwendung des Äquivalenzprinzips (bezogen auf das Ende der k-ten Periode)

$$S_B \cdot q_{\text{nom}}^k - A \cdot \frac{q_{\text{nom}}^k - 1}{q_{\text{nom}} - 1} = S_N \cdot q_{\text{eff}}^k - A \cdot \frac{q_{\text{eff}}^k - 1}{q_{\text{eff}} - 1}, \tag{3.32}$$

woraus man für gegebene Größen S_B, S_N, q_{nom}, A und k den Wert q_{eff} als (näherungsweise) Lösung einer Polynomgleichung berechnen kann.

Für die gegebenen Werte $S_B = 200.000$, $S_N = 194.000$ (d. h. Disagio von 3 %), $q_{\text{nom}} = 1,08$ (entsprechend einer Nominalverzinsung von 8 % p. a.), $A = 0,09 S_B$ (resultierend aus einer anfänglichen Tilgung von 1 %) sowie einer vereinbarten Laufzeit von $k = 5$ (Jahren) ergibt sich

$$188.266,80 = 194.000 q_{\text{eff}}^5 - 18.000 \cdot \frac{q_{\text{eff}}^5 - 1}{q_{\text{eff}} - 1}$$

bzw. nach Umformung

$$q_{\text{eff}}^6 - 1,0928 q_{\text{eff}}^5 - 0,9704 q_{\text{eff}} + 1,0632 = 0. \tag{3.33}$$

Letztere Gleichung besitzt neben der Lösung $\overline{q}_{\text{eff}} = 1$ (die ausscheidet, da für sie die Beziehung (3.32) nicht definiert ist und da sie der unrealen Verzinsung mit 0 % entspricht) die Lösung $q_{\text{eff}}^0 = 1,0878$, wie man mittels Probe bestätigt. Der gesuchte anfängliche effektive Jahreszinssatz beträgt somit $p_{\text{eff}} = 8,78$.

Mehr positive Lösungen als die beiden angegebenen $\overline{q}_{eff}$ und q_{eff}^0 besitzt die Gleichung (3.33) nicht, wie man aus der Vorzeichenfolge + − −+ der Faktoren in (3.33) erkennt. Da diese Folge zwei Wechsel aufweist, gibt es gemäß dem Satz von Descartes (siehe Satz 1.2) zwei oder keine, hier also zwei positive Nullstellen.

Beispiel 3.23 Wir wollen das Modell der Ratentilgung mit gleichmäßigen Tilgungsraten untersuchen und beziehen uns dabei auf die beiden Beispiele 3.13 und 3.14 aus Abschn. 3.3.4. Während bei der früher beschriebenen Ratentilgung mit fallenden Zinsen der effektive Zinssatz gleich dem nominalen ist, erkennt man leicht, dass bei konstanter Zinszahlung in Höhe der durchschnittlich anfallenden Zinsen der Effektivzinssatz geringer ist, da zu früheren Zeitpunkten geringere Zahlungen geleistet werden als sie dem vereinbarten Zinssatz entsprechen. Es ist allerdings recht kompliziert, diese Überlegungen durch strenge mathematische Beweise im allgemeinen Fall zu untermauern, weswegen wir uns im Weiteren auf konkrete Daten beziehen (vgl. Beispiel 3.13).

Bei der Ratentilgung mit gleichmäßigen Raten werden alle zu zahlenden Zinsen addiert und durch die Anzahl der Zinsperioden dividiert. Aufgrund der dabei geltenden Gesetzmäßigkeiten erhält man (unter Verwendung der Beziehungen aus Abschn. 3.3):

$$Z_k = S_{k-1} \cdot i, \quad T_k = T = \frac{S_0}{n}, \quad S_k = S_0 - k \cdot \frac{S_0}{n} = S_0 \left(1 - \frac{k}{n}\right);$$

$$\sum_{k=1}^{n} Z_k = i \cdot \sum_{k=1}^{n} S_{k-1} = iS_0 \cdot \sum_{k=1}^{n} \left(1 - \frac{k-1}{n}\right) = \frac{iS_0}{2}(n+1).$$

Damit ergibt sich eine durchschnittliche Zinszahlung von

$$\overline{Z} = \frac{i\,S_0\,(n+1)}{2n},$$

sowie die konstante Annuität

$$\overline{A} = \overline{Z} + T = \frac{i\,S_0\,(n+1)}{2n} + \frac{S_0}{n} = \frac{S_0}{2n}\left[2 + (n+1)i\right].$$

Will man nun den Effektivzinssatz p_{eff} (bzw. die zugehörige Größe q_{eff}) berechnen, hat man wieder das Äquivalenzprinzip anzuwenden und die Leistung des Gläubigers (Zahlung des Darlehens S_0 zum Zeitpunkt $t = 0$) den Barwerten aller Leistungen des Schuldners gegenüberzustellen:

$$S_0 \stackrel{!}{=} \overline{A} \cdot \frac{1}{q_{eff}^n} \cdot \frac{q_{eff}^n - 1}{q_{eff} - 1} = \frac{S_0}{2n}\left[2 + (n+1)i\right] \cdot \frac{1}{q_{eff}^n} \cdot \frac{q_{eff}^n - 1}{q_{eff} - 1}. \tag{3.34}$$

Hierbei ist $\overline{A}$ die oben berechnete gleichmäßige Annuität und i die Nominalzinsrate. Für die konkreten Werte $i = 0{,}08$ und $n = 10$ führt Gleichung (3.34) nach einigen Umformungen (die wir dem Leser überlassen) auf die Polynomgleichung

$$q_{eff}^{11} - 1{,}144\,q_{eff}^{10} + 0{,}144 = 0, \tag{3.35}$$

die neben der Lösung $\overline{q}_{eff} = 1$ die uns interessierende Lösung $q_{eff} = 1{,}0725$ besitzt. Diese entspricht einer Effektivverzinsung von 7,25 %, was niedriger als der Nominalzinssatz von $p_{nom} = 8$ ist. Dass dies die einzigen positiven Lösungen von (3.35) sind, erkennt man wie oben aus der Vorzeichenfolge $+ - +$ der Faktoren, welche zwei Wechsel aufweist. Entsprechend der Vorzeichenregel von Descartes gibt es folglich höchstens zwei positive Nullstellen.

Literatur

1. Grundmann, W., Luderer, B.: Formelsammlung Finanzmathematik, Versicherungsmathematik, Wertpapieranalyse (3. Auflage), Vieweg + Teubner, Wiesbaden (2009)

2. Heuser, H.: Lehrbuch der Analysis. Teil 1, 2 (17./14. Auflage), Vieweg + Teubner, Wiesbaden (2009/2008).

3. Kruschwitz, L.: Finanzmathematik: Lehrbuch der Zins-, Renten-, Tilgungs-, Kurs- und Renditerechnung (5. Auflage), Oldenbourg, München (2010)

4. Kurz, S., Rambau, J.: Mathematische Grundlagen für Wirtschaftswissenschaftler (2. Auflage), Kohlhammer, Stuttgart (2012)

5. Luderer, B.: Starthilfe Finanzmathematik (3. Auflage), Vieweg + Teubner, Wiesbaden (2011)

6. Luderer, B.: Klausurtraining Mathematik und Statistik für Wirtschaftswissenschaftler (4. Auflage), Springer Gabler, Wiesbaden (2014)

7. Luderer, B., Nollau, V., Vetters, K.: Mathematische Formeln für Wirtschaftswissenschaftler (7. Auflage), Vieweg + Teubner, Wiesbaden (2011)

8. Luderer, B., Paape, C., Würker, U.: Arbeits- und Übungsbuch Wirtschaftsmathematik (6. Auflage), Vieweg + Teubner, Wiesbaden (2011)

9. Pfeifer, A.: Praktische Finanzmathematik. Mit Futures, Optionen, Swaps und anderen Derivaten (5. Auflage), Verlag Harri Deutsch, Frankfurt a. M. (2009)

10. Pfeifer, A., Schuchmann, M.: Kompaktkurs Mathematik: Mit vielen Übungsaufgaben und allen Lösungen (3. Auflage), Oldenbourg, München (2009)

Lineare Algebra

4

4.1 Matrizen. Vektoren. Vektorräume

In diesem Kapitel werden wir ein wichtiges neues mathematisches Objekt (so wie etwa Zahlen, Vektoren in der Ebene oder Funktionen) kennenlernen, das zur einfachen Beschreibung mathematischer Zusammenhänge dient: die *Matrix*. Insbesondere bei der übersichtlichen Darstellung ökonomischer Zusammenhänge und Gesetzmäßigkeiten wie z. B. der Beschreibung von miteinander verbundenen Produktionsprozessen, Bilanzbeziehungen oder bei der Formulierung linearer Optimierungsaufgaben leistet der Begriff der Matrix wertvolle Dienste. Auch für die Aufbereitung großer Datenmengen und deren Strukturierung, etwa zum Zwecke ihrer Bearbeitung auf dem Computer, erweisen sich Matrizen als unentbehrliche Hilfsmittel. Da Matrizen und lineare Abbildungen (siehe Abschn. 2.2) in engem Zusammenhang stehen, ist in jedem Fall die Linearität der eingehenden Größen wichtig, wie sie für viele Fragestellungen in der Ökonomie ohnehin charakteristisch ist.

4.1.1 Begriff der Matrix

Wir wollen unsere Betrachtungen mit einem einführenden Beispiel beginnen.

Für die Kalkulation des Rohstoffeinsatzes der Gerichte in einem chinesischen Restaurant wird (ausschnittweise) folgende Tabelle zugrunde gelegt:

	Gericht Nr. 1	Gericht Nr. 2	Gericht Nr. 3
Reis (in g)	100	50	75
Sojasauce (in ml)	10	0	15
Bambussprossen (in Stück)	17	83	0
Zahl der Portionen	30	100	5

B. Luderer, U. Würker, *Einstieg in die Wirtschaftsmathematik*,
Studienbücher Wirtschaftsmathematik, DOI 10.1007/978-3-658-05937-8_4,
© Springer Fachmedien Wiesbaden 2015

Aus dieser Tabelle lassen sich z. B. die mathematischen Größen

$$\begin{pmatrix} 100 & 50 & 75 \\ 10 & 0 & 15 \\ 17 & 83 & 0 \end{pmatrix}, \quad (30 \quad 100 \quad 5), \quad \begin{pmatrix} 100 & 10 & 17 \\ 50 & 0 & 83 \\ 75 & 15 & 0 \end{pmatrix}$$

ableiten, letztere etwa dann, wenn es günstiger erscheint, Zeilen und Spalten der Tabelle miteinander zu vertauschen.

An dieser Stelle sei auf einen wichtigen Umstand hingewiesen, der bei der nachfolgenden mathematischen Abstraktion verloren geht, der aber – insbesondere bei der Anwendung der Matrizenrechnung in praktischen Aufgabenstellungen – eine außerordentlich wichtige Rolle spielt: die Größen innerhalb einer Zeile bzw. Spalte stehen in einem engen sachlichen Zusammenhang. So besitzen im betrachteten Beispiel die Größen einer Zeile jeweils dieselbe Maßeinheit (die von Zeile zu Zeile verschieden sein kann), während sich die Werte in jeder Spalte auf ein bestimmtes Gericht beziehen.

Die aus Zahlen bestehenden Rechtecke nennt man *Matrizen*. Erstaunlicherweise lassen sich für sie eine Reihe sinnvoller Operationen beschreiben, man kann also mit solchen Rechtecken in vernünftiger Weise „rechnen".

Definition   Unter einer *Matrix vom Typ* (m, n) oder einer $(m \times n)$-*Matrix* versteht man ein rechteckiges Zahlenschema mit m Zeilen und n Spalten:

$$A = \begin{pmatrix} a_{11} & a_{12} & \dots & a_{1n} \\ a_{21} & a_{22} & \dots & a_{2n} \\ \dots & \dots & & \\ a_{m1} & a_{m2} & \dots & a_{mn} \end{pmatrix}. \tag{4.1}$$

Die Größen a_{ij}, $i = 1, \dots, m$, $j = 1, \dots, n$, werden *Elemente* der Matrix genannt; sie stellen reelle (oder komplexe) Zahlen dar. Das Element a_{ij} steht in der i-ten Zeile und j-ten Spalte, sodass immer der erste Index die Zeilennummer und der zweite die Spaltennummer angibt. Anstelle vom Typ wird manchmal auch von der *Dimension* einer Matrix gesprochen.

Matrizen werden i. Allg. mit Großbuchstaben bezeichnet, mitunter wird auch zusätzlich ihr Typ angegeben:

$$A, \ B, \ \dots, \ A_{(m,n)}, \ B_{(3,4)}, \ \dots$$

Ferner stellen

$$A = \left(a_{ij} \right) \quad \text{bzw.} \quad A = \left(a_{ij} \right)_{i=1, \, j=1}^{m \quad n}$$

abkürzende Schreibweisen für (4.1) dar.

4.1.2 Spezielle Matrizen

Vektoren

Matrizen mit nur jeweils einer Zeile bzw. einer Spalte werden als *Vektoren* bezeichnet. Eine Matrix des Typs $(1, n)$ stellt einen *Zeilenvektor* (eine Zeile mit n Spalten bzw. Elementen), eine Matrix des Typs $(m, 1)$ einen *Spaltenvektor* (eine Spalte mit m Zeilen bzw. Elementen) dar. Im Gegensatz zu Matrizen werden zur Benennung von Vektoren im Allgemeinen kleine lateinische Buchstaben benutzt: $a, b, c, \ldots$ usw. Die Elemente eines Vektors werden häufig auch als *Komponenten* bezeichnet.

Beispiel 4.1 $a = \begin{pmatrix} 1 \\ 2 \\ 3 \end{pmatrix}$, $\quad b = \begin{pmatrix} b_1 \\ b_2 \end{pmatrix}$, $\quad c = (c_1, \ c_2, \ c_3, \ c_4)$.

Im Weiteren soll die Festlegung gelten, dass ein beliebiger Vektor a stets als Spaltenvektor aufgefasst wird, sofern nichts anderes vereinbart ist.

Nullmatrix

Eine Matrix heißt *Nullmatrix*, wenn gilt $a_{ij} = 0 \ \ \forall \ i = 1, \ldots, m, \ j = 1, \ldots, n$. Zu jedem Typ von Matrizen gibt es eine „eigene" Nullmatrix (Bezeichnung: 0). Entsprechend spricht man von einem *Nullvektor*, wenn alle Komponenten des Vektors gleich null sind.

Beispiel 4.2 $0 = \begin{pmatrix} 0 & 0 \\ 0 & 0 \end{pmatrix}$, $\qquad 0 = \begin{pmatrix} 0 \\ 0 \\ 0 \end{pmatrix}$.

Die Nullmatrix (bzw. der Nullvektor) spielt bei der Addition von Matrizen (siehe Abschn. 4.1.4) dieselbe Rolle wie die Zahl Null bei der Addition von Zahlen: addiert man sie zu einer gegebenen Matrix, so bleibt dieselbe unverändert.

Quadratische Matrix

Eine Matrix A wird *quadratische* Matrix genannt, wenn die Anzahl ihrer Zeilen gleich der Anzahl ihrer Spalten ist, wenn also $m = n$ gilt. In diesem Fall spricht man von einer quadratischen Matrix n-ter Ordnung. Die Größen a_{ij} mit $i = j$ bilden die Elemente der *Hauptdiagonalen* der quadratischen Matrix A. Die Hauptdiagonale verläuft somit von links oben nach rechts unten, während die von links unten nach rechts oben verlaufende Diagonale entsprechend als *Nebendiagonale* bezeichnet wird.

Beispiel 4.3 $Q = \begin{pmatrix} 1 & 2 & 3 \\ 4 & 5 & 6 \\ 7 & 8 & 9 \end{pmatrix}$

Diagonalmatrix

Eine quadratische Matrix, die höchstens in der Hauptdiagonalen von null verschiedene Elemente aufweist, wird als *Diagonalmatrix* bezeichnet. Mit anderen Worten, A ist eine Diagonalmatrix, wenn gilt $a_{ij} = 0$, $i \neq j$. Die Elemente auf der Hauptdiagonalen, für die also Zeilen- und Spaltenindex übereinstimmen, werden *Diagonalelemente* genannt.

Beispiel 4.4 $D = \begin{pmatrix} d_{11} & 0 & \dots & 0 \\ 0 & d_{22} & \dots & 0 \\ & & \dots\dots\dots & \\ 0 & 0 & \dots & d_{nn} \end{pmatrix}$, $F = \begin{pmatrix} 1 & 0 & 0 \\ 0 & 2 & 0 \\ 0 & 0 & 0 \end{pmatrix}$

Einheitsmatrix

Eine Diagonalmatrix, in deren Hauptdiagonalen ausschließlich Einsen stehen, heißt *Einheitsmatrix*. Für die Einheitsmatrix wird das Symbol E verwendet:

$$E = \begin{pmatrix} 1 & 0 & \dots & 0 \\ 0 & 1 & \dots & 0 \\ & & \dots\dots & \\ 0 & 0 & \dots & 1 \end{pmatrix}.$$

Zu jeder Ordnung von quadratischen Matrizen gibt es eine „eigene" Einheitsmatrix. Die Spalten der Einheitsmatrix werden *Einheitsvektoren* genannt. Sie bestehen jeweils aus einer Eins, während die restlichen Komponenten Nullen sind. Für jede Ordnung n gibt es somit n verschiedene Einheitsvektoren.

Beispiel 4.5 $E = \begin{pmatrix} 1 & 0 & 0 \\ 0 & 1 & 0 \\ 0 & 0 & 1 \end{pmatrix}$, $e_1 = \begin{pmatrix} 1 \\ 0 \\ 0 \end{pmatrix}$, $e_2 = \begin{pmatrix} 0 \\ 1 \\ 0 \end{pmatrix}$, $e_3 = \begin{pmatrix} 0 \\ 0 \\ 1 \end{pmatrix}$

Die Einheitsmatrix spielt bei der Multiplikation von Matrizen (siehe Abschn. 4.2) dieselbe Rolle wie die Zahl Eins bei der Multiplikation von Zahlen: multipliziert man eine beliebige Matrix mit der (passenden) Einheitsmatrix, so bleibt die ursprüngliche Ausgangsmatrix unverändert.

Dreiecksmatrix

Eine quadratische Matrix A, für deren Elemente gilt $a_{ij} = 0$ $\forall i < j$ ist, wird als *untere Dreiecksmatrix* bezeichnet. Analog wird eine quadratische Matrix A mit $a_{ij} = 0$ $\forall i > j$ *obere Dreiecksmatrix* genannt. Bei einer unteren (oberen) Dreiecksmatrix sind somit alle Elemente oberhalb (unterhalb) der Diagonalelemente null, während die restlichen Elemente a_{ij} von null verschieden sein können (aber nicht müssen).

Beispiel 4.6

$$
\begin{array}{cc}
\text{untere Dreiecksmatrix} & \text{obere Dreiecksmatrix} \\[4pt]
\begin{pmatrix}
a_{11} & 0 & 0 & 0 \\
a_{21} & a_{22} & 0 & 0 \\
a_{31} & a_{32} & a_{33} & 0 \\
a_{41} & a_{42} & a_{43} & a_{44}
\end{pmatrix}
&
\begin{pmatrix}
a_{11} & a_{12} & a_{13} & a_{14} \\
0 & a_{22} & a_{23} & a_{24} \\
0 & 0 & a_{33} & a_{34} \\
0 & 0 & 0 & a_{44}
\end{pmatrix}
\end{array}
$$

Im Zusammenhang mit der Lösung linearer Gleichungssysteme treten ferner noch so genannte *Trapezmatrizen* auf, deren Nicht-Null-Elemente trapezförmig angeordnet sind; diese Matrizen sind in der Regel nicht quadratisch.

4.1.3 Matrizenrelationen

Um mit Matrizen arbeiten zu können, muss man zunächst erklären, wann zwei dieser neuen mathematischen Objekte als gleich anzusehen sind. Dies erfolgt, indem man den Gleichheitsbegriff für Matrizen zurückführt auf die Gleichheit zwischen ihren Elementen. Analog geht man bezüglich der Relationen $<, >, \le, \ge$ vor. Dabei haben Gleichheits- und Ungleichheitsbeziehungen zwischen Matrizen und Vektoren nur unter der Voraussetzung Sinn, dass die Dimensionen der betrachteten Matrizen bzw. Vektoren übereinstimmen; Matrizen unterschiedlicher Dimension sind nicht vergleichbar.

Definition Man sagt, die beiden Matrizen A und B des Typs (m, n) seien *gleich*, wenn alle an entsprechender Stelle stehenden Elemente gleich sind. Mit anderen Worten, sind die Matrizen

$$A = (a_{ij}), \quad B = (b_{ij}), \quad i = 1, \dots, m, \ j = 1, \dots, n,$$

gegeben, so gilt

$$A = B \iff a_{ij} = b_{ij} \quad \forall \, i = 1, \dots, m, \ j = 1, \dots, n.$$

Matrizen gleichen Typs sind folglich *ungleich*, wenn für wenigstens ein Element gilt $a_{ij} \ne b_{ij}$. Während zwei Zahlen a und b immer vergleichbar sind (es gilt entweder $a = b$ oder $a \ne b$), trifft dies für Matrizen nicht zu: Matrizen unterschiedlichen Typs sind nicht vergleichbar, es handelt sich dabei um verschiedene Objekte.

Beispiel 4.7

a) $A = \begin{pmatrix} a & b \\ c & d \end{pmatrix}$ und $B = \begin{pmatrix} 4 \\ 5 \end{pmatrix}$ sind nicht vergleichbar, da von unterschiedlichem Typ;

b) $\begin{pmatrix} 1 & a \\ b & c \end{pmatrix} = \begin{pmatrix} 1 & 2 \\ 3 & c \end{pmatrix} \quad \Longleftrightarrow \quad a = 2, \ b = 3;$

die Beziehung $A = B$ gilt genau dann, wenn $a = 2$, $b = 3$ (c beliebig);

c) für $A = \begin{pmatrix} 1 & 2 \\ 3 & 4 \end{pmatrix}$ und $B = \begin{pmatrix} 1 & 2 \\ 3 & 5 \end{pmatrix}$ gilt $A \neq B$, da $a_{22} = 4 \neq b_{22} = 5$.

Analog zur Gleichheitsrelation vereinbart man

$$A \geq B \qquad \Longleftrightarrow \qquad a_{ij} \geq b_{ij} \quad \forall \ i = 1, \ldots, m, \ j = 1, \ldots, n \qquad (4.2)$$

(sinngemäß für $>$, $\leq$, $<$).

Bemerkung Während für zwei Zahlen a und b stets eine der Relationen $a = b$, $a < b$ oder $a > b$ gilt (man sagt: Zahlen lassen sich *ordnen*), trifft dies für Matrizen nicht zu. Selbst wenn zwei Matrizen A und B vom selben Typ sind, muss keine der möglichen Relationen $=$, $<$, $>$, $\leq$ bzw. $\geq$ erfüllt sein. Man spricht in diesem Zusammenhang von einer *Halbordnung* der Matrizen.

Beispiel 4.8 Für $A = \begin{pmatrix} 5 & 6 \\ 7 & 8 \end{pmatrix}$ und $B = \begin{pmatrix} 6 & 7 \\ 8 & 1 \end{pmatrix}$ gilt weder $A = B$ noch $A \leq B$ oder $A \geq B$.

Es ist jedoch sinnvoll, an Matrizen **Forderungen** der Form (4.2) zu stellen; nicht alle Paare von Matrizen erfüllen dann diese Bedingung (und stehen somit in Relation zueinander). Insbesondere treten in der linearen Optimierung (siehe Kap. 5) so genannte *Nichtnegativitätsbedingungen* an Vektoren auf (x sei ein n Komponenten umfassender Spaltenvektor):

$$x \geq \mathbf{0} \qquad \Longleftrightarrow \qquad x_j \geq 0, \ j = 1, \ldots, n \,.$$

Mit anderen Worten, man schreibt $x \geq \mathbf{0}$, wenn alle Komponenten von x nichtnegativ (also positiv oder gleich null) sind. Identifiziert man im zweidimensionalen Fall die Komponenten eines Vektors mit den Koordinaten des zugehörigen Punktes, so bedeutet $x = \begin{pmatrix} x_1 \\ x_2 \end{pmatrix} \geq \mathbf{0}$, dass der Punkt (x_1, x_2) im 1. Quadranten gelegen ist.

Es wird nochmals darauf hingewiesen, dass Matrizen unterschiedlichen Typs als verschiedene mathematische Objekte zu betrachten sind, sodass zwischen ihnen keinerlei Relationen bestehen können und sinnvolle Operationen nur unter bestimmten Bedingungen ausgeführt werden können.

4.1.4 Operationen mit Matrizen

Zwei Matrizen $A = (a_{ij})$ und $B = (b_{ij})$ desselben Typs (m, n) werden *addiert*, indem die an gleicher Stelle stehenden Elemente addiert werden:

$$\begin{pmatrix} a_{11} & a_{12} & \cdots & a_{1n} \\ a_{21} & a_{22} & \cdots & a_{2n} \\ & \cdots\cdots\cdots & \\ a_{m1} & a_{m2} & \cdots & a_{mn} \end{pmatrix} + \begin{pmatrix} b_{11} & b_{12} & \cdots & b_{1n} \\ b_{21} & b_{22} & \cdots & b_{2n} \\ & \cdots\cdots\cdots & \\ b_{m1} & b_{m2} & \cdots & b_{mn} \end{pmatrix}$$

$$= \begin{pmatrix} a_{11}+b_{11} & a_{12}+b_{12} & \cdots & a_{1n}+b_{1n} \\ a_{21}+b_{21} & a_{22}+b_{22} & \cdots & a_{2n}+b_{2n} \\ & \cdots\cdots\cdots\cdots\cdots & \\ a_{m1}+b_{m1} & a_{m2}+b_{m2} & \cdots & a_{mn}+b_{mn} \end{pmatrix}.$$

Das Ergebnis wird als *Summe* $A + B$ bezeichnet. Analoges gilt für die Subtraktion von Matrizen.

Eine Matrix wird *mit einer reellen Zahl multipliziert*, indem jedes Element mit der Zahl multipliziert wird:

$$\lambda \cdot \begin{pmatrix} a_{11} & a_{12} & \cdots & a_{1n} \\ a_{21} & a_{22} & \cdots & a_{2n} \\ & \cdots\cdots\cdots & \\ a_{m1} & a_{m2} & \cdots & a_{mn} \end{pmatrix} = \begin{pmatrix} \lambda a_{11} & \lambda a_{12} & \cdots & \lambda a_{1n} \\ \lambda a_{21} & \lambda a_{22} & \cdots & \lambda a_{2n} \\ & \cdots\cdots\cdots & \\ \lambda a_{m1} & \lambda a_{m2} & \cdots & \lambda a_{mn} \end{pmatrix}.$$

Beispiel 4.9

a) $\begin{pmatrix} 2 & 3 & 4 \\ 1 & 5 & 7 \end{pmatrix} + \begin{pmatrix} 3 & -1 & 0 \\ 1 & 2 & 3 \end{pmatrix} = \begin{pmatrix} 5 & 2 & 4 \\ 2 & 7 & 10 \end{pmatrix}$;

b) $3 \cdot \begin{pmatrix} 1 \\ 2 \\ 3 \end{pmatrix} = \begin{pmatrix} 3 \\ 6 \\ 9 \end{pmatrix}$

Eine weitere, im Zusammenhang mit Matrizen wichtige Operation, für die es – im Gegensatz zu den eben betrachteten beiden Operationen – nichts Vergleichbares bei Zahlen gibt, ist das Transponieren.

Definition Die zu der Matrix $A = \begin{pmatrix} a_{11} & a_{12} & \cdots & a_{1n} \\ a_{21} & a_{22} & \cdots & a_{2n} \\ & \cdots \cdots \cdots & \\ a_{m1} & a_{m2} & \cdots & a_{mn} \end{pmatrix}$ *transponierte* Matrix ist $A^\top =$

$$\begin{pmatrix} a_{11} & a_{21} & \cdots & a_{m1} \\ a_{12} & a_{22} & \cdots & a_{m2} \\ & \cdots \cdots \cdots & \\ a_{1n} & a_{2n} & \cdots & a_{mn} \end{pmatrix}.$$

Bemerkung

1) Beim Transponieren einer Matrix werden also Zeilen und Spalten einer Matrix miteinander vertauscht, wodurch sich der Typ der Matrix ändert: aus der $(m \times n)$-Matrix A
   wird die $(n \times m)$-Matrix $A^\top$. Insbesondere geht ein Spaltenvektor durch Transponieren
   in einen Zeilenvektor über und umgekehrt. Meist sind inhaltliche Gründe ausschlagge-
   bend dafür, dass anstelle eines Vektors dessen transponierter betrachtet wird, mitunter
   spielen auch nur formale Gründe eine Rolle: ein Zeilenvektor benötigt im Text nicht so
   viel Platz wie ein Spaltenvektor.
2) Für Matrizen gleichen Typs gilt

$$(A + B)^\top = A^\top + B^\top,$$

   d. h., die Operationen Summenbildung und Transponieren sind vertauschbar. Weiterhin gilt offensichtlich

$$(A^\top)^\top = A,$$

   d. h., zweifaches Transponieren ergibt wieder die ursprüngliche Matrix. Gilt sogar $A^\top = A$, was nur für eine quadratische Matrix A möglich ist, wird A *symmetrisch* genannt.
   Wie wir später sehen werden, ist Symmetrie eine sehr nützliche Eigenschaft. Diagonal-
   matrizen sind offensichtlich symmetrisch.

Beispiel 4.10

a) $\begin{pmatrix} 1 & 2 & 3 \\ 4 & 5 & 6 \end{pmatrix}^\top = \begin{pmatrix} 1 & 4 \\ 2 & 5 \\ 3 & 6 \end{pmatrix}$;

b) $\begin{pmatrix} a_1 \\ a_2 \\ a_3 \end{pmatrix}^\top = (a_1,\ a_2,\ a_3)$

Übungsaufgabe 4.1 Man berechne $\quad 3 \cdot \begin{pmatrix} 2 & 0 & -1 \\ 3 & -1 & -2 \\ 1 & 0 & 4 \end{pmatrix} - \begin{pmatrix} 2 & 0 & 0 \\ 2 & 2 & 0 \\ 3 & 1 & 2 \end{pmatrix}^{\mathsf{T}}.$

Übungsaufgabe 4.2 Man bestimme die Lösung X der Matrixgleichung $A+3\cdot(X-A-E) = 2 \cdot B^{\mathsf{T}} + X - E$ zunächst allgemein (auflösen nach X), danach speziell für $A = \begin{pmatrix} 3 & -1 \\ 2 & 5 \end{pmatrix}$ und $B = \begin{pmatrix} 1 & -2 \\ 0 & -3 \end{pmatrix}$.

Übungsaufgabe 4.3 Ein Energieversorgungsunternehmen hat in einer Aufstellung den für das Jahr 1999 ermittelten durchschnittlichen täglichen Energieverbrauch in drei Versorgungsregionen nach Energiearten aufgeschlüsselt. Eine analoge Tabelle liegt in Form von Schätzwerten auch für das Jahr 2009 vor:

		Jahr 1999		
		Region 1	Region 2	Region 3
Erdöl/Erdgas	[Barrel]	360	245	600
Strom	[MWh]	120	156	165

		Jahr 2009		
		Region 1	Region 2	Region 3
Erdöl/Erdgas	[Barrel]	480	335	760
Strom	[MWh]	165	200	215

Berechnen Sie anhand dieser Daten mithilfe einfacher Matrizenoperationen:

a) die im Zeitraum 1999–2009 erwarteten Änderungen im durchschnittlichen täglichen Energieverbrauch,
b) die erwarteten durchschnittlichen jährlichen Änderungen,
c) den geschätzten Verbrauch im Jahr 2009, wenn man (als vereinfachende Annahme) von einer pauschalen 30%igen Steigerung der Energiemengen in allen Regionen und bei allen Energiearten ausgeht.

4.1.5 Lineare Vektorräume

Wir wollen einen kleinen theoretischen Exkurs unternehmen, um einen Begriff einzuführen, der für die Anwendung der Matrizenrechnung zwar nicht unbedingt erforderlich ist, aber wichtige Einblicke in mathematische Strukturen erlaubt, die den verschiedensten mathematischen Objekten eigen sind und die im Rahmen der Algebra detailliert untersucht werden.

Mit $\mathcal{M}$ soll die Menge aller $(m \times n)$-Matrizen bezeichnet werden. Entsprechend den oben verwendeten Definitionen sind die beiden Operationen + (Addition zweier Matrizen) und · (Multiplikation einer Matrix mit einer Zahl) erklärt, die man auch als Funktionen

$$f : \mathcal{M} \times \mathcal{M} \to \mathcal{M}, \quad f(A, B) = A + B,$$
$$g : \mathbb{R} \times \mathcal{M} \to \mathcal{M}, \quad g(\lambda, A) = \lambda \cdot A$$

auffassen kann. (Eigentlich hätte man an dieser Stelle neue Operationszeichen, etwa $\oplus$ und $\odot$ einführen müssen, um eine Verwechslung mit der Addition und Multiplikation von Zahlen zu vermeiden; allerdings würde man auf diese Weise sehr viele verschiedene Symbole in der Mathematik benötigen. Zudem ist aus dem Kontext meist klar, wie die verwendeten Symbole zu interpretieren sind.)

Dann gelten für beliebige Matrizen $A, B, C \in \mathcal{M}$ und Zahlen $\lambda, \mu \in \mathbb{R}$ die folgenden Rechengesetze und Aussagen:

1. $A + B = B + A$ (Kommutativgesetz)
2. $(A + B) + C = A + (B + C)$ (Assoziativgesetz)
3. $\lambda(A + B) = \lambda A + \lambda B$ (1. Distributivgesetz)
4. $(\lambda + \mu)A = \lambda A + \mu A$ (2. Distributivgesetz)
5. $(\lambda \cdot \mu)A = \lambda(\mu A)$
6. $1 \cdot A = A$
7. Es gibt genau ein Element $X \in \mathcal{M}$, für das $A + X = X + A = A$ für alle $A \in \mathcal{M}$ gilt (dieses Element ist die Nullmatrix $\mathbf{0}$ der Dimension $m \times n$ und wird *neutrales Element* bezüglich der Operation + genannt).
8. Für beliebiges $A \in \mathcal{M}$ existiert jeweils genau ein Element $X \in \mathcal{M}$ mit der Eigenschaft $A + X = X + A = \mathbf{0}$ (dieses Element wird als *additiv inverses Element* zu A bezeichnet und ist gerade die Matrix $(-1) \cdot A = -A$).

Bemerkung Da Operationen mit Matrizen auf solche mit Zahlen zurückgeführt werden, sind die Eigenschaften 1–8 relativ leicht einzusehen und nachzuweisen (siehe Kap. 1; sie sind aber durchaus nicht selbstverständlich!). Der Leser ist aufgefordert, diese Regeln allgemein nachzuweisen oder sich zumindest an konkreten Beispielen zu verdeutlichen.

Da man in der Mathematik immer wieder auf Strukturen stößt, die analoge Eigenschaften wie die oben für Matrizen beschriebenen Regeln 1–8 besitzen, wurde dafür ein allgemeiner Begriff geprägt.

Definition Eine nichtleere Menge $\mathcal{M}$, für deren Elemente die Operationen (Verknüpfungen) $\oplus : \mathcal{M} \times \mathcal{M} \to \mathcal{M}$ und $\odot : \mathbb{R} \times \mathcal{M} \to \mathcal{M}$ erklärt sind, die den obigen Regeln 1–8 genügen, heißt *(reeller) linearer Vektorraum*.

Beispiele linearer Vektorräume sind neben den $(m \times n)$-Matrizen speziell die Menge aller Spalten- oder Zeilenvektoren der Dimension n. Selbstverständlich bilden auch die reellen Zahlen einen linearen Vektorraum (die entsprechenden Rechenregeln sind aus der Schule gut bekannt). Als weitere Beispiele wären etwa die Menge aller reellen Polynome mit fixiertem Grad, die Menge aller stetigen Funktionen $f : \mathbb{R} \to \mathbb{R}$ oder die Menge aller Lösungen eines homogenen linearen Gleichungssystems (siehe Abschn. 4.5.4) zu nennen.

Bemerkung: Die linearen Vektorräume $\mathbb{R}^1$, $\mathbb{R}^2$, $\mathbb{R}^3$ lassen sich geometrisch gut veranschaulichen mithilfe der Zahlengeraden, zweidimensionaler oder räumlicher kartesischer Koordinatensysteme, indem man jedem Vektor (betrachtet als Element des jeweiligen Vektorraumes) einen Punkt zuordnet, dessen Koordinaten gerade die Komponenten des Vektors bilden. Betrachtet man dazu noch den Pfeil, der den Koordinatenursprung mit diesem Punkt verbindet (Ortsvektor), hat man auch die begriffliche Verbindung zwischen Vektoren im Sinne der Vektorrechnung und Vektoren als Elemente eines linearen Vektorraumes.

4.2 Matrizenmultiplikation

Nachdem im vorigen Abschnitt die Operationen der Addition und der Multiplikation einer Matrix mit einer Zahl eingeführt wurden, ist auch die Frage von Interesse, ob sich zwei Matrizen in vernünftiger Weise miteinander multiplizieren lassen, was eine solche (gegenüber den Operationen mit Zahlen echt neue) Operation bedeutet und wie sie sich in konkreten Anwendungen interpretieren lässt. Wir werden sehen, dass sich die Multiplikation von Matrizen nur unter bestimmten Voraussetzungen an deren Dimension definieren lässt. Unsere Vorgehensweise wird dabei so sein, dass wir zunächst Vektoren in geeigneter Weise miteinander multiplizieren und erst danach zu Matrizen übergehen.

4.2.1 Skalarprodukt

Definition Die Zahl (oft auch das *Skalar* genannt), die dadurch entsteht, dass die Komponenten des Vektors $a = (a_1, a_2, \ldots, a_n)^\top$ mit den entsprechenden Komponenten des Vektors $b = (b_1, b_2, \ldots, b_n)^\top$ multipliziert und danach die n Produkte addiert werden, wird *Skalarprodukt* der beiden Vektoren a und b genannt und mit $\langle a, b \rangle$ bezeichnet:

$$\langle a, b \rangle = a_1 \cdot b_1 + \cdots + a_n \cdot b_n = \sum_{i=1}^{n} a_i \cdot b_i . \tag{4.3}$$

Auch die Symbolik (a, b) ist weitverbreitet; da jedoch runde Klammern in der Mathematik die vielfältigsten Bedeutungen haben, ziehen wir die Schreibweise $\langle a, b \rangle$ vor (vgl. den Begriff des Skalarprodukts in der analytischen Geometrie und die dort gebräuchliche Schreibweise, Abschn. 1.4.1).

Achtung! Wichtig ist die gleiche Dimension der beiden Vektoren, sonst ließe sich das Skalarprodukt überhaupt nicht bilden.

Beispiel 4.11

a) $\left\langle \begin{pmatrix} 1 \\ 2 \\ 3 \end{pmatrix}, \begin{pmatrix} 4 \\ 5 \\ 6 \end{pmatrix} \right\rangle = 1 \cdot 4 + 2 \cdot 5 + 3 \cdot 6 = 32;$

b) $\left\langle \begin{pmatrix} a_1 \\ a_2 \\ a_3 \end{pmatrix}, \begin{pmatrix} 0 \\ 1 \\ 0 \end{pmatrix} \right\rangle = a_1 \cdot 0 + a_2 \cdot 1 + a_3 \cdot 0 = a_2,$ allgemein liefert das Skalarprodukt des i-ten

Einheitsvektors mit einem beliebigen Vektor dessen i-te Komponente;

c) $\left\langle \begin{pmatrix} a_1 \\ a_2 \\ a_3 \end{pmatrix}, \begin{pmatrix} 1 \\ 1 \\ 1 \end{pmatrix} \right\rangle = a_1 + a_2 + a_3 = \sum_{i=1}^{3} a_i;$ wegen seiner Eigenschaft, die Komponenten

des ersten Vektors zu addieren, wird der Vektor $s = (1,1,\ldots,1)^\top$ *summierender* Vektor genannt;

d) $a = \begin{pmatrix} 1 \\ 2 \end{pmatrix}, \; b = \begin{pmatrix} -2 \\ 1 \end{pmatrix}, \; \langle a,b \rangle = -2 + 2 = 0.$

Das letzte Beispiel demonstriert einen gegenüber dem Rechnen mit Zahlen neuen Effekt: Obwohl weder a noch b gleich dem Nullvektor sind, gilt für das Skalarprodukt $\langle a,b \rangle = 0$. (Zur Erinnerung: Bei den Zahlen ist ein Produkt genau dann gleich null, wenn mindestens einer der Faktoren gleich null ist; eine wichtige Grundlage für Fallunterscheidungen.)

Von Vektoren, für die $\langle a,b \rangle = 0$ gilt, sagt man, sie stünden *senkrecht (orthogonal)* aufeinander. Das lässt sich anschaulich für den Fall $n = 2$ oder $n = 3$ nachprüfen und hat seine Grundlage in der Interpretation von Vektoren (im Sinne der Matrizenrechnung) als Vektoren (Pfeile) im Sinne der Vektorrechnung der Ebene oder des Raumes und den dort geltenden Rechenregeln (vgl. Abschn. 1.4, insbesondere Formel (1.27) zur Berechnung des Skalarprodukts).

Für höhere Dimensionen ist eine geometrische Interpretation der Orthogonalität von Vektoren nicht mehr möglich da dieselbe das menschliche Anschauungsvermögen übersteigen würde.

Übungsaufgabe 4.4 Man stelle die beiden orthogonalen Vektoren aus Beispiel 4.11 d) grafisch dar.

Für das Skalarprodukt gelten die folgenden Rechenregeln:

1. $\langle a,b \rangle = \langle b,a \rangle$ (Kommutativgesetz)
2. $\langle a + b,c \rangle = \langle a,c \rangle + \langle b,c \rangle$ (Distributivgesetz)
3. $\langle \lambda a,b \rangle = \langle a, \lambda b \rangle = \lambda \langle a,b \rangle$ (Ausklammern eines reellen Faktors)

Nunmehr sind wir gerüstet, das Matrizenprodukt einzuführen, wozu allerdings noch der Begriff der Verkettbarkeit von Matrizen benötigt wird.

4.2.2 Produkt von Matrizen

Definition Die beiden Matrizen A und B heißen *verkettbar*, wenn die Spaltenzahl von A gleich der Zeilenzahl von B ist.

Achtung! Da A und B nicht symmetrisch eingehen, kommt es bei der Verkettbarkeit auf die Reihenfolge der beiden Matrizen an. So können z. B. A und B verkettbar sein, B und A hingegen nicht.

Beispiel 4.12 Die (2×3)-Matrix $A = \begin{pmatrix} 1 & 2 & 3 \\ 4 & 5 & 1 \end{pmatrix}$ und die (3×4)-Matrix $B = \begin{pmatrix} 5 & 0 & 1 & 2 \\ 6 & 1 & 0 & 0 \\ 7 & 2 & 1 & 2 \end{pmatrix}$

sind verkettbar, wogegen B und A nicht verkettbar sind.

Übungsaufgabe 4.5 Man überlege sich, unter welchen Bedingungen an die Dimensionen der Matrizen A und B vom Typ (m, n) bzw. (p, q) Verkettbarkeit in beiden Richtungen vorliegt.

Definition Als *Produkt* der beiden (verkettbaren) Matrizen $A = (a_{is})_{i=1, s=1}^{m, \, n}$ und $B = (b_{sj})_{s=1, j=1}^{n, \, p}$ bezeichnet man die Matrix $C = A \cdot B = (c_{ij})_{i=1, j=1}^{m, \, p}$, deren Elemente c_{ij} das Skalarprodukt der i-ten Zeile von A und der j-ten Spalte von B darstellen:

$$c_{ij} = \left\langle \begin{pmatrix} a_{i1} \\ a_{i2} \\ \vdots \\ a_{in} \end{pmatrix}, \begin{pmatrix} b_{1j} \\ b_{2j} \\ \vdots \\ b_{nj} \end{pmatrix} \right\rangle = \sum_{s=1}^{n} a_{is} b_{sj} \quad \forall i, j.$$

Bemerkungen
1) Unter den getroffenen Annahmen über den Typ von A und B hat die Produktmatrix C die Dimension (m, p). Das kann man sich an dem Schema im linken Teil von Abb. 4.1 klarmachen, mithilfe dessen gleichzeitig die Verkettbarkeit überprüft wird (Übereinstimmung der mittleren Zahlen).
2) Für den AIM (Anfänger im Matrizenmultiplizieren) ist auch das so genannte Falk'sche Schema sehr nützlich (Abb. 4.1 rechts).

Es stellt sehr anschaulich dar, wie das Element c_{ij} der Produktmatrix als Skalarprodukt der i-ten Zeile von A und der j-ten Spalte von B entsteht.

Abb. 4.1 Matrixdimensionen
und Falk'sches Schema

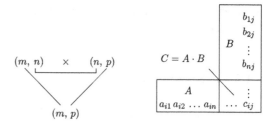

Beispiel 4.13 Für die (2×3)-Matrix $A = \begin{pmatrix} 1 & 2 & 3 \\ 4 & 5 & 1 \end{pmatrix}$ und die (3×4)-Matrix $B = \begin{pmatrix} 5 & 0 & 1 & 2 \\ 6 & 1 & 0 & 0 \\ 7 & 2 & 1 & 2 \end{pmatrix}$ erhält man mit dem Falk'schen Schema als Produkt die (2×4)-Matrix

$$C = A \cdot B = \begin{pmatrix} 38 & 8 & 4 & 8 \\ 57 & 7 & 5 & 10 \end{pmatrix}:$$

			5	0	1	2
			6	1	0	0
			7	2	1	2
1	2	3	38	8	4	8
4	5	1	57	7	5	10

Beispielsweise ergibt sich das Element c_{21} als Skalarprodukt der zweiten Zeile von A und der ersten Spalte von B: $c_{21} = 4 \cdot 5 + 5 \cdot 6 + 1 \cdot 7 = 57$.

3) Dass die oben eingeführte Definition des Matrizenprodukts sinnvoll ist, wird durch zahlreiche Anwendungsbeispiele belegt. Natürlich kann man auch mathematische Gründe dafür angeben, dass das Produkt zweier Matrizen gerade so und nicht anders eingeführt wird. Man kann nämlich zeigen, dass sich jede lineare Abbildung (siehe Abschn. 2.2) durch eine geeignet gewählte Matrix beschreiben lässt. Umgekehrt vermittelt das Produkt einer $(m \times n)$-Matrix mit einem n-dimensionalen Vektor eine lineare Abbildung. Die Hintereinanderausführung zweier linearer Abbildungen entspricht dann gerade dem Produkt zweier Matrizen.

4) Unter Nutzung der Symbolik des Matrizenprodukts lässt sich das Skalarprodukt der beiden Spaltenvektoren a und b auch so schreiben:

$$\langle a, b \rangle = a^{\top} \cdot b.$$

5) Selbst wenn sowohl A und B als auch B und A verkettbar sind und selbst wenn $A \cdot B$ und $B \cdot A$ vom selben Typ sind, gilt im Allgemeinen $AB \neq BA$, d. h., die Matrizenmultiplikation ist nicht kommutativ.

Beispiel 4.14 $A = \begin{pmatrix} 1 & 2 \\ 3 & 4 \end{pmatrix}$, $B = \begin{pmatrix} 5 & 6 \\ 7 & 8 \end{pmatrix}$:

$$A \cdot B = \begin{pmatrix} 19 & 22 \\ 43 & 50 \end{pmatrix}, \quad B \cdot A = \begin{pmatrix} 23 & 34 \\ 31 & 46 \end{pmatrix}$$

6) Für quadratische Matrizen ist es sinnvoll, die Potenzschreibweise als mehrfache Hintereinanderausführung von Multiplikationen einzuführen:

$$A^2 = A \cdot A, \quad A^3 = A \cdot A \cdot A, \quad \ldots, \quad A^n = \underbrace{A \cdot \ldots \cdot A}_{n\text{-mal}}.$$

4.2.3 Eigenschaften der Matrizenmultiplikation

Ehe die Anwendung der Matrizenmultiplikation an einigen Beispielen demonstriert wird, sollen ohne Beweis noch die wichtigsten Eigenschaften dieser Operation angegeben werde. Der Leser ist aufgerufen, sich dieselben am konkreten Beispiel klarzumachen. Die – ansonsten beliebigen – Matrizen A, B und C seien in geeigneter Weise verkettbar.

1. $A \cdot (B \cdot C) = (A \cdot B) \cdot C$ (Assoziativgesetz)
2. $(A + B) \cdot C = AC + BC$, $A \cdot (B + C) = AB + AC$ (Distributivgesetze)
3. $(A \cdot B)^\top = B^\top \cdot A^\top$
   Achtung! Man beachte die Vertauschung der Reihenfolge der Faktoren.
4. $A \cdot 0 = 0$, $0 \cdot A = 0$ Achtung! Die beiden Nullmatrizen auf der rechten Seite müssen nicht vom selben Typ sein.
5. $A \cdot E = A$, $E \cdot A = A$
   Achtung! Die beiden Einheitsmatrizen müssen nicht vom selben Typ sein.

Gegeben seien die folgenden quadratischen Matrizen des Typs (m, m):

T_1 – Diagonalmatrix mit $a_{ii} = \alpha$, $a_{jj} = 1$, $j \neq i$, $j = 1, \ldots, n$;

T_2 – Matrix, die sich von der Einheitsmatrix dadurch unterscheidet, dass eines der Nullelemente ungleich null ist: $a_{ij} = \alpha \neq 0$;

T_3 – Matrix, die sich von der Einheitsmatrix dadurch unterscheidet, dass zwei Diagonalelemente gleich null sind, dafür sind zwei Nichtdiagonalelemente gleich eins: $a_{ii} = a_{jj} = 0$, $a_{ij} = a_{ji} = 1$.

Man überlege sich, dass die Multiplikation einer Matrix A vom Typ (m, n) mit den beschriebenen Transformationsmatrizen von links folgendes bewirkt:

$T_1 \cdot A$: die i-te Zeile von A wird mit α multipliziert;

$T_2 \cdot A$: das α-Fache der j-ten Zeile wird zur i-ten Zeile von A addiert;

$T_3 \cdot A$: die i-te und die j-te Zeile von A werden miteinander vertauscht.

Übungsaufgabe 4.6 Wie lässt sich ein Spaltentausch in A realisieren?

4.2.4   Anwendungen der Matrizenmultiplikation

Beispiel 4.15 Gegeben seien die Matrix $A = \begin{pmatrix} 2 & 3 & 4 \\ 5 & 6 & -1 \end{pmatrix}$ sowie die Vektoren $x = \begin{pmatrix} x_1 \\ x_2 \\ x_3 \end{pmatrix}$ und $d = \begin{pmatrix} 10 \\ 20 \end{pmatrix}$.

Was besagt die Matrizen- (bzw. Vektor-) Gleichung

$$Ax = d ? \tag{4.4}$$

Zunächst berechnen wir das Produkt Ax und erhalten mit

$$Ax = \begin{pmatrix} 2 & 3 & 4 \\ 5 & 6 & -1 \end{pmatrix} \begin{pmatrix} x_1 \\ x_2 \\ x_3 \end{pmatrix} = \begin{pmatrix} 2x_1 + 3x_2 + 4x_3 \\ 5x_1 + 6x_2 - x_3 \end{pmatrix},$$

einen Spaltenvektor der Dimension 2. Gleichsetzen des eben berechneten Vektors mit d liefert unter Beachtung der Definition der Gleichheit von Vektoren (Vektoren vom selben Typ sind gleich, wenn die einander entsprechenden Komponenten alle gleich sind)

$$2x_1 + 3x_2 + 4x_3 = 10$$
$$5x_1 + 6x_2 - x_3 = 20 . \tag{4.5}$$

Wir erhielten ein lineares Gleichungssystem mit zwei Gleichungen und drei Unbekannten. Die Matrizenschreibweise (4.4) und die ausführliche Form (4.5) stellen also lediglich verschiedene Schreibweisen ein und desselben Sachverhaltes dar, wobei die erste allerdings wesentlich kürzer ist und sich somit gut zur übersichtlichen Darstellung qualitativer Zusammenhänge eignet. Näheres zu linearen Gleichungssystemen findet man im nächsten Abschn. 4.3.

Beispiel 4.16 (Teileverflechtung, Input-Output-Analyse). Es wird ein Produktionsprozess betrachtet, der aus zwei Stufen besteht. In der ersten Stufe werden aus vier Rohstoffen R_1, R_2, R_3 und R_4 drei Halbfabrikate H_1, H_2 und H_3 hergestellt, während in der zweiten Stufe aus den Halbfabrikaten zwei Endprodukte E_1 und E_2 produziert werden. (Die Naschkatzen unter den Lesern können sich unter den Rohstoffen z. B. Zucker, Kakao, Sahne und Nüsse, unter den Halbfabrikaten Vollmilch- und Zartbitterschokoladenmasse sowie Nougatcreme und unter den Endprodukten gefüllte Schokoladenfiguren vorstellen.) In der folgenden

Tabelle ist angegeben, welche Mengen (gemessen in Mengeneinheiten ME) an Rohstoffen (bzw. Halbfabrikaten) für jeweils eine ME von Halbfabrikaten (bzw. Endprodukten) benötigt werden:

	je ME		
	H_1	H_2	H_3
R_1	$0,4$	$0,4$	$0,3$
R_2	$0,2$	$0,5$	$0,2$
R_3	$0,4$	$0,1$	$0,3$
R_4	0	0	$0,2$

	je ME	
	E_1	E_2
H_1	50	0
H_2	0	50
H_3	40	40

Bemerkung

1) Aus der zweiten Tabelle lässt sich beispielsweise ablesen, dass für die Fabrikation einer Mengeneinheit an E_1 von H_1 50 und von H_3 40 ME benötigt werden, während das Halbfabrikat H_2 nicht verwendet wird für E_1 (hierbei handelt es sich also um gefüllte Vollmilchschokoladenfiguren).

2) Ebenso wie die Festlegung der korrekten Bedeutung der Problemvariablen ist die Angabe von Mengeneinheiten (kg, Stück, l, …) sehr wichtig; insbesondere hat man darauf zu achten, dass sie bei den vorzunehmenden Verknüpfungen „zusammenpassen" (in der Art und Größe). Mengeneinheiten können somit gleichzeitig zur Kontrolle des Modells bzw. des Rechenweges dienen. (Im vorliegenden Beispiel wäre es z. B. sinnvoll, die Menge an Endprodukten in Stück und die der Halbfabrikate und der Rohstoffe in Gramm bzw. Milliliter anzugeben.)

Es sollen 10.000 bzw. 20.000 ME (Stück) der Endprodukte E_1 und E_2 hergestellt werden. Wie viele ME (g, ml) an Rohstoffen werden dafür gebraucht?

Ohne je von Matrizenrechnung etwas gehört zu haben, könnte man an die Lösung der Aufgabe so herangehen (wobei exemplarisch die benötigte Menge an R_1 ermittelt werden soll): Für eine ME an E_1 benötigt man 50 ME an H_1 und 40 ME an H_3. Für eine ME von H_1 werden 0,4 ME von R_1 gebraucht, also für 50 ME von E_1 demzufolge $50 \cdot 0,4 = 20$ ME von R_1. Dazu kommen noch $40 \cdot 0,3 = 12$ ME, die zur Produktion von 40 ME des Halbfabrikats H_3 gebraucht werden, ergibt zusammen 32 ME des Rohstoffs R_1 für eine ME von E_1. Da aber 10.000 ME benötigt werden, müssen entsprechend 320.000 ME von R_1 bereitgestellt werden. Nun muss aber noch E_2 in einer Gesamtmenge von 20.000 ME berücksichtigt werden usw. Auf diese Weise ist eine Lösung der Aufgabe selbstverständlich möglich, man verliert allerdings sehr schnell den Überblick, vor allem bei größeren Problemen.

Eleganter und übersichtlicher ist die Nutzung der Matrizenrechnung, indem man die eben erworbenen Kenntnisse der Matrizenmultiplikation anwendet. Dazu bezeichnen wir mit A die der ersten Tabelle entsprechenden Zahlen und mit B die aus den Zahlen der zweiten Tabelle gebildete Matrix sowie mit e den Vektor zu produzierender Mengen an

Endprodukten:

$$A = \begin{pmatrix} 0{,}4 & 0{,}4 & 0{,}3 \\ 0{,}2 & 0{,}5 & 0{,}2 \\ 0{,}4 & 0{,}1 & 0{,}3 \\ 0 & 0 & 0{,}2 \end{pmatrix}, \quad B = \begin{pmatrix} 50 & 0 \\ 0 & 50 \\ 40 & 40 \end{pmatrix}, \quad e = \begin{pmatrix} e_1 \\ e_2 \end{pmatrix} = \begin{pmatrix} 10.000 \\ 20.000 \end{pmatrix}.$$

Weiterhin werden die – zunächst unbekannten – Vektoren

$$h = \begin{pmatrix} h_1 \\ h_2 \\ h_3 \end{pmatrix} \quad \text{und} \quad r = \begin{pmatrix} r_1 \\ r_2 \\ r_3 \\ r_4 \end{pmatrix}$$

der für die Herstellung der Endprodukte erforderlichen Mengen an Halbfabrikaten sowie Rohstoffen eingeführt. Man überlegt sich nun zunächst, dass die Beziehung

$$h = B \cdot e \tag{4.6}$$

gültig ist, d. h., der den Bedarf an Halbprodukten beschreibende Vektor h ergibt sich aus dem Produkt der Matrix B mit dem Vektor e. Betrachtet man etwa die gesuchte Menge h_3, so wird entsprechend den Multiplikationsregeln tatsächlich in der dritten Komponente die für jeweils eine Mengeneinheit der Endprodukte E_1 und E_2 erforderliche Menge an H_1 mit den zu produzierenden Mengen e_1 und e_2 multipliziert. Schematisch kann das als Rechenhilfe folgendermaßen geschrieben werden:

$$h = B \cdot e = \begin{matrix} \\ H_1 \\ H_2 \\ H_3 \end{matrix} \begin{matrix} \text{je ME} \\ E_1 \quad E_2 \\ \begin{pmatrix} 50 & 0 \\ 0 & 50 \\ 40 & 40 \end{pmatrix} \end{matrix} \cdot \begin{matrix} E_1 \\ E_2 \end{matrix} \begin{pmatrix} 10.000 \\ 20.000 \end{pmatrix} = \begin{pmatrix} 500.000 \\ 1.000.000 \\ 1.200.000 \end{pmatrix} \begin{matrix} H_1 \\ H_2 \\ H_3 \end{matrix}$$

Also: Die Produktbezeichnungen an den Spalten der Matrix B müssen mit denen an den Zeilen von e übereinstimmen; die Übereinstimmung der Bedeutung der Zeilen von B bzw. h ergibt sich automatisch: hier stehen die benötigten Mengen an Halbprodukten (allerdings einmal bezogen auf eine ME, zum anderen als Gesamtmenge).

Interpretation für „Naschkatzen": Zur Produktion von 10.000 Stück nougatgefüllten Vollmilchschokoladenfiguren und 20.000 Stück Figuren aus Zartbitterschokolade benötigt man 500.000 g = 500 kg Vollmilchschokoladenmasse, 1000 kg Zartbitterschokolade und 1200 kg Nougatcreme.

Die Überlegungen für die erste Produktionsstufe wiederholend, erhält man

$$
r = A \cdot h = \begin{array}{c} \\ R_1 \\ R_2 \\ R_3 \\ R_4 \end{array} \overset{\begin{array}{ccc} \text{je ME} \\ H_1 & H_2 & H_3 \end{array}}{\begin{pmatrix} 0{,}4 & 0{,}4 & 0{,}3 \\ 0{,}2 & 0{,}5 & 0{,}2 \\ 0{,}4 & 0{,}1 & 0{,}3 \\ 0 & 0 & 0{,}2 \end{pmatrix}} \cdot \begin{array}{c} H_1 \\ H_2 \\ H_3 \end{array} \begin{pmatrix} 500.000 \\ 1.000.000 \\ 1.200.000 \end{pmatrix} = \begin{pmatrix} 960.000 \\ 840.000 \\ 660.000 \\ 240.000 \end{pmatrix} \begin{array}{c} R_1 \\ R_2 \\ R_3 \\ R_4 \end{array}.
$$

Die korrekte Interpretation der erhaltenen Ergebnisse besagt, dass für die Produktion der geforderten Stückzahlen an Endprodukten die folgenden Mengen an Rohstoffen bereitzu-stellen sind: 960.000 g = 960.000 ME von R_1, 840.000 ME von R_2, 660.000 ME von R_3 und 240.000 ME von R_4.

Naschkatzeninterpretation: Zur Produktion von 10.000 gefüllten Vollmilch- und 20.000 Zartbitterfiguren sind durch den Chefeinkäufer 960 kg Zucker, 840 kg Kakao, 660 l Sahne und 240 kg Nüsse bereitzustellen.

Weitere Problemstellungen: 1) Sind die Kosten k_i, $i = 1, \ldots, 4$, für die einzukaufenden Rohstoffe gegeben, so kann man die Gesamtkosten K leicht durch Multiplikation des Kos-tenvektors $k = (k_1, k_2, k_3, k_4)^\top$ mit dem Bedarfsvektor der Rohstoffe ermitteln: $K = \langle k, r \rangle$.

2) Ist zusätzlich zu der oben untersuchten Grundaufgabe noch gefordert, eine Reserve h_r an Halbprodukten anzulegen, so hat man zunächst h aus der Beziehung $h = B \cdot e$ zu berechnen und danach h_r zu addieren, sodass gilt: $h_{ges} = h + h_r$. Anschließend wird h_{ges} mit A multipliziert, um r_{ges} zu erhalten: $r_{ges} = A \cdot h_{ges}$.

3) Geht ein Teil der Rohstoffe nicht nur in die Herstellung der Halbfabrikate, sondern auch direkt in die Produktion der Endprodukte ein (wird für diese Rohstoffe also gewisser-maßen eine Produktionsstufe übersprungen), so enthält folglich die (veränderte) Matrix $\widehat{B}$ neben Zeilen für H_i auch solche für gewisse Rohstoffe R_i. Man kann dann wie folgt vorge-hen: Die betreffenden Rohstoffe werden gleichzeitig als Halbprodukte betrachtet, indem die Matrix A um entsprechend viele Einheitsspalten zur Matrix $\widehat{A}$ erweitert wird. Anschließend verfährt man wie oben beschrieben:

$$
\widehat{h} = \widehat{B} \cdot e, \quad \widehat{r} = \widehat{A} \cdot \widehat{h}. \tag{4.7}
$$

Beispiel 4.16a (für Naschkatzen). Die Zartbitterfiguren sollen zusätzlich mit einer Zucker-glasur überzogen werden, was auf die Matrix

$$
\widehat{B} = \begin{array}{c} H_1 \\ H_2 \\ H_3 \\ R_1 \end{array} \overset{\begin{array}{cc} \text{je ME} \\ E_1 & E_2 \end{array}}{\begin{pmatrix} 50 & 0 \\ 0 & 50 \\ 40 & 40 \\ 0 & 10 \end{pmatrix}}
$$

führt. Unter Verwendung der um eine Spalte erweiterten Matrix

$$\widehat{A} = \begin{array}{c} \\ R_1 \\ R_2 \\ R_3 \\ R_4 \end{array} \begin{array}{cccc} \multicolumn{4}{c}{\text{je ME}} \\ H_1 \quad H_2 \quad H_3 \quad R_1 \\ \begin{pmatrix} 0{,}4 & 0{,}4 & 0{,}3 & 1 \\ 0{,}2 & 0{,}5 & 0{,}2 & 0 \\ 0{,}4 & 0{,}1 & 0{,}3 & 0 \\ 0 & 0 & 0{,}2 & 0 \end{pmatrix} \end{array}$$

kann man unschwer die nunmehr bereitzustellenden Rohstoffmengen aus den Beziehungen (4.7) bzw. – durch Zusammenfassen – aus der einen Beziehung

$$\widehat{r} = \widehat{A} \cdot \widehat{B} \cdot e \tag{4.8}$$

berechnen. Die in $\widehat{A}$ ergänzte Einheitsspalte lässt sich wie folgt interpretieren: Für die Herstellung einer Einheit von R_1 benötigt man genau eine Einheit von R_1 und keine von R_2, R_3, R_4.

Übungsaufgabe 4.7 Bestimmen Sie die Lösung des obigen Beispiels mit Hilfe der Beziehung (4.8).

4) Bezeichnet man mit G das Produkt der beiden Matrizen $\widehat{A}$ und $\widehat{B}$, die so genannte *Gesamtaufwandsmatrix* (das ist diejenige Matrix, die den gesamten Produktionsprozess, also den direkten Zusammenhang zwischen Endprodukten und Rohstoffen, beschreibt und damit den Gesamtprozess als eine einzige Produktionsstufe darstellt), so kann man die Gleichung (4.8) auch in der Form

$$\widehat{r} = G \cdot e \tag{4.9}$$

darstellen. Dieser Zugang funktioniert selbstverständlich auch für die ursprüngliche Aufgabe (wobei dann in Gleichung (4.9) $G = AB$ ist) und hat den Vorteil, bei häufig wechselndem Bedarfsvektor jeweils nur eine Matrizenmultiplikation ausführen zu müssen, wobei die Matrix G nur ein einziges Mal zu Beginn der Rechnung ermittelt wird.

Übungsaufgabe 4.8 Gehen Sie den soeben skizzierten Weg über die Gesamtaufwandsmatrix und vergleichen Sie Ihr Ergebnis mit den obigen Werten.

5) Die als Ausgangspunkt für die Matrizenmultiplikation dienenden Tabellen (etwa die Tabelle aus Beispiel 4.16) sind insofern willkürlich, als dass es im Grunde genommen gleich ist, welche Größen die Zeilen und welche die Spalten charakterisieren. Mit anderen Worten: Vertauscht man in einer solchen Tabelle Zeilen und Spalten miteinander, bleibt die wesentliche Information erhalten. Beim Multiplizieren der zugehörigen Matrizen hat man jedoch genau darauf zu achten, dass sachlich richtige Größen miteinander verknüpft werden (entsprechend dem Schema in Beispiel 4.16). Dazu hat man gegebenenfalls eine oder beide der eingehenden Matrizen zu transponieren.

Beispiel 4.17 Gegeben seien die Matrizen

$$A = \begin{array}{c} \\ H_1 \\ H_2 \end{array} \overset{\begin{array}{cc} R_1 & R_2 \end{array}}{\begin{pmatrix} 1 & 2 \\ 3 & 4 \end{pmatrix}}, \qquad B = \begin{array}{c} \\ H_1 \\ H_2 \end{array} \overset{\begin{array}{cc} E_1 & E_2 \end{array}}{\begin{pmatrix} 10 & 20 \\ 5 & 0 \end{pmatrix}},$$

wobei – wie oben – die Bezeichnungen E_i, H_i, R_i entsprechend für Endprodukte, Halbfabrikate und Rohstoffe stehen sollen. Das Produkt $A \cdot B$ ergibt (trotz Verkettbarkeit) keinen Sinn, ebenso wenig wie $B \cdot A$. Sachlich richtig lassen sich die Matrizen nur in der Form $G = A^\top B$ verknüpfen, wobei G wiederum als Gesamtaufwandsmatrix zu interpretieren ist.

Abschließend sei schließlich bemerkt, dass „viele Wege nach Rom führen": Durch Kombination der oben vorgestellten bzw. noch anderer Herangehensweisen lassen sich weitere Lösungswege für die verschiedenen Problemstellungen gewinnen.

Übungsaufgabe 4.9 Es werden drei Produkte P_1, P_2 und P_3 aus drei Baugruppen B_1, B_2 und B_3 und diese aus drei Ausgangsteilen R_1, R_2 und R_3 in folgender Art gefertigt:

	je Stck.		
	P_1	P_2	P_3
B_1	2	4	4
B_2	2	0	2
B_3	2	2	6

	R_1	R_2	R_3
je Stck. B_1	2	4	1
je Stck. B_2	1	1	2
je Stck. B_3	3	1	1

Insgesamt sind 200 Stck. von P_1, 100 Stck. von P_2 und 300 Stck. von P_3 zu produzieren, sowie als Austauschbaugruppen 100 Stck. von B_1 und 80 Stck. von B_3 bereitzustellen. Welche Mengen an Ausgangsstoffen werden dafür benötigt? Stellen Sie außerdem die Gesamtaufwandsmatrix des Produktionsprozesses ohne Berücksichtigung der Austauschbaugruppenproduktion auf.

Übungsaufgabe 4.10 Ein Haushaltgeräteproduzent erhält einen Auftrag über die Herstellung von 100 Geräten G_1, 400 Geräten G_2 und 200 Geräten des Typs G_3 sowie von 25 Austauschbaugruppen B_1 und 40 Baugruppen des Typs B_2, die der Ersatzteilversorgung dienen sollen. Zur Produktion der Geräte und Baugruppen werden drei verschiedene Teile T_i in folgenden Stückzahlen eingesetzt:

	B_1	B_2	T_1	T_2	T_3
je G_1	4	2	2	.	.
je G_2	1	2	4	.	.
je G_3	1	5	0	.	.

	je B_1	je B_2
T_1	5	4
T_2	5	1
T_3	3	2

Welche Mengen Teile werden für diesen Auftrag benötigt? Berechnen Sie auch die Gesamtaufwandsmatrix für den Produktionsprozess (ohne Berücksichtigung der zusätzlichen Austauschbaugruppen).

Übungsaufgabe 4.11 Die folgende Tabelle gibt einen Überblick über die durchschnittlichen Personalbewegungen bei einem Großdiscounter. In den Spalten ist für jede Beschäftigungskategorie angegeben, wie viel Prozent der entsprechenden Angestellten nach einem Jahr ihre Tätigkeit beibehalten, innerhalb der Firma in eine andere Kategorie gewechselt bzw. die Firma verlassen haben:

Kategorie	Beschäftigung im folgenden Jahr	A	B	C	D	E	F	G	H
						Beschäftigung im laufenden Jahr			
A	Filialleiter	90	5				5		
B	Stellv. Filialleiter		65	10			5	5	
C	Bereichsleiter			65	10				
D	Stellv. Bereichsleiter				80	30			
E	Kassenpersonal					45			20
F	Einkäufer						75	10	
G	Assistent des Einkäufers			10		10		65	
H	Lagerpersonal								70
I	Verlassen der Firma	10	30	15	10	15	15	20	10

Im Personalbüro des expandierenden Unternehmens liegt ein Ist-Personalbestand für das Jahr 2003 sowie eine Personalplanung für das Jahr 2007 (Werte in Klammern) vor:

$$
\begin{array}{lll}
500 & (550) & \text{Filialleiter und 850 (920) Stellvertreter,} \\
3600 & (3900) & \text{Bereichsleiter und 14.500 (15.200) Stellvertreter,} \\
8600 & (9200) & \text{Kassierer(innen),} \\
1600 & (1700) & \text{Einkäufer und 3000 (3200) Assistenten,} \\
6000 & (6800) & \text{Lagerangestellte.}
\end{array}
$$

Anhand dieser Werte ist eine Prognose zu entwickeln, wie viele Arbeitskräfte jeder Kategorie 2007 zu entlassen bzw. von außerhalb neu einzustellen sind (zusätzlich zur normalen Fluktuation im Zeitraum von 2003 bis 2007).

4.3 Lineare Gleichungssysteme (LGS)

Einen der zentralen Begriffe innerhalb der Linearen Algebra und ihrer Anwendungen in den Wirtschaftswissenschaften stellt der des *linearen Gleichungssystems* (LGS) dar. Modelle, in denen Bilanzbeziehungen aufgestellt werden oder in denen es um die vollständige Ausnutzung von Ressourcen geht, führen unmittelbar auf lineare Gleichungssysteme.

In diesem Abschnitt werden wir den Begriff des linearen Gleichungssystems einführen und erörtern sowie verschiedene Schreibweisen eines solchen Systems vorstellen, während im nächsten Abschnitt eine universelle und leicht zu erlernende Methode zur Lösung linearer Gleichungssysteme, der *Gauß'sche Algorithmus*, im Mittelpunkt der Betrachtungen stehen wird.

4.3.1 Begriff des linearen Gleichungssystems

Wir wollen unsere Überlegungen mit zwei Beispielen beginnen.

Beispiel 4.18 Aus der Schulmathematik gut bekannt sind Aufgaben der folgenden Art: Gesucht sind Zahlen x und y, die den beiden Gleichungen

$$\begin{aligned} x + 2y &= 1 \\ x + y &= 2 \end{aligned} \qquad (4.10)$$

gleichzeitig genügen. Setzt man die Werte $x = 3$ und $y = -1$ in das System (4.10) ein, so erkennt man, dass es sich tatsächlich um Lösungen handelt, denn es entstehen zwei wahre Aussagen:

$$\begin{aligned} 3 + 2 \cdot (-1) &= 1 \\ 3 + (-1) &= 2 \,. \end{aligned}$$

Ob das System (4.10) noch weitere Lösungen besitzt bzw. ob es passieren kann, dass ein solches System – bei etwas geänderten Zahlenwerten – vielleicht überhaupt keine Lösung hat, darüber macht man sich in der Schule in der Regel keine Gedanken. Man geht vielmehr stillschweigend davon aus, dass es genau ein Zahlenpaar (x, y) gibt, welches das Gleichungssystem erfüllt.

Beispiel 4.19 Wir betrachten das folgende Modell der vollen Ausnutzung von Ressourcen. Aus zwei Rohstoffen R_1 und R_2 sollen die (zunächst unbekannten) Mengen x_1, x_2 bzw. x_3 der Erzeugnisse E_1, E_2, E_3 hergestellt werden. Mit a_{ij}, $i = 1,2$, $j = 1,2,3$, bezeichnen wir die benötigte Menge (in gewissen Mengeneinheiten ME) an Rohstoff R_i, die zur Herstellung einer Mengeneinheit des Erzeugnisses E_j benötigt wird. Die vorhandenen Mengen an Rohstoffen seien r_1 bzw. r_2 (ME). Stellen wir uns nun das Ziel, die Produktion so zu gestalten, dass die Rohstoffe vollständig verbraucht werden, so führt das auf das System von Beziehungen

$$\begin{aligned} a_{11}x_1 + a_{12}x_2 + a_{13}x_3 &= r_1 \\ a_{21}x_1 + a_{22}x_2 + a_{23}x_3 &= r_2 \,, \end{aligned} \qquad (4.11)$$

dessen Lösungen x_1, x_2 und x_3 gesucht sind.

Ein Vergleich der beiden Systeme (4.10) und (4.11) zeigt, dass sie in ihrer Struktur übereinstimmen. In beiden Fällen spricht man von *linearen Gleichungssystemen*: *linear*, weil die Unbekannten nur in der ersten Potenz vorkommen, *System*, weil es sich (in der Regel) um mehrere *Gleichungs*beziehungen handelt. Jede Regel hat Ausnahmen: Natürlich kann auch eine einzelne Gleichung als Gleichungssystem betrachtet werden.

Bei der Untersuchung linearer Gleichungssysteme sind die folgenden Fragen von Bedeutung:

- Ist das LGS lösbar oder besitzt es keine Lösung?
- Mit welchen Verfahren kann man eine Lösung oder alle Lösungen finden?
- Wie kann – sofern die Lösung nicht eindeutig ist – die Gesamtheit aller Lösungen (die so genannte *allgemeine Lösung*) dargestellt werden?

In der mathematischen Literatur sind eine Reihe verschiedener Kriterien und Herangehensweisen zur Beantwortung dieser drei Fragen zu finden. Es ist jedoch bemerkenswert, dass es gelingt, „alle drei auf einen Streich" zu beantworten, indem man den *Gauß'schen Algorithmus* anwendet (mitunter auch als *Verfahren von Gauß-Jordan* bezeichnet). Ehe wir zur Beantwortung der gestellten Probleme kommen, benötigen wir noch einige vorbereitende Überlegungen.

4.3.2 Darstellungsformen von LGS

Für lineare Gleichungssysteme sind – je nach Verwendungszweck – verschiedene Schreibweisen gebräuchlich. Im Weiteren beziehen wir uns stets auf ein System mit m Gleichungen und n Unbekannten.

Ausführliche Form

$$
\begin{array}{ccccccccc}
a_{11}x_1 & + & a_{12}x_2 & + & \ldots & + & a_{1n}x_n & = & b_1 \\
a_{21}x_1 & + & a_{22}x_2 & + & \ldots & + & a_{2n}x_n & = & b_2 \\
& & & & \ldots\ldots\ldots\ldots & & & & \\
a_{m1}x_1 & + & a_{m2}x_2 & + & \ldots & + & a_{mn}x_n & = & b_m
\end{array}
\tag{4.12}
$$

Hierbei sind a_{ij}, $i = 1,\ldots,m$, $j = 1,\ldots,n$ die (gegebenen) Koeffizienten, $b_1,\ldots,b_m$ die (gegebenen) rechten Seiten und $x_1, x_2, \ldots, x_n$ die (gesuchten) Unbekannten.

Matrixform

$$
Ax = b \tag{4.13}
$$

In dieser Schreibweise bedeuten: A – Koeffizientenmatrix vom Typ $m \times n$ (gegeben), $b \in \mathbb{R}^m$ – Vektor der rechten Seite (gegeben), $x \in \mathbb{R}^n$ – Vektor der Unbekannten (gesucht).

Übungsaufgabe 4.12 Unter Anwendung der Regeln der Matrizenrechnung (Multiplikation von Matrizen bzw. einer Matrix mit einem Vektor, Gleichheit von Matrizen bzw. Vektoren) zeige man, dass die Darstellungsformen (4.12) und (4.13) äquivalent sind, sofern gilt

$$
A = \left(a_{ij} \right)_{i=1, j=1}^{m \quad n}, \quad b = \begin{pmatrix} b_1 \\ \vdots \\ b_m \end{pmatrix}, \quad x = \begin{pmatrix} x_1 \\ \vdots \\ x_n \end{pmatrix}.
$$

Tabellenform Diese entspricht im Wesentlichen der ausführlichen Form, ist aber für das praktische Lösen linearer Gleichungssysteme die effektivste Darstellung, indem nur die Koeffizienten (Zahlen) tabellarisch aufgeführt werden und die Variablen lediglich als Spaltenbezeichnungen dienen:

$$
\begin{array}{cccc|c}
x_1 & x_2 & \dots & x_n & \text{rechte Seite} \\
\hline
a_{11} & a_{12} & \dots & a_{1n} & b_1 \\
& \dots\dots\dots & & & \dots \\
a_{m1} & a_{m2} & \dots & a_{mn} & b_m
\end{array}
\tag{4.14}
$$

Vektorform Unter Beachtung der Regeln der Matrizenrechnung kann ein lineares Gleichungssystem auch so dargestellt werden:

$$
\begin{pmatrix} a_{11} \\ \vdots \\ a_{m1} \end{pmatrix} \cdot x_1 + \begin{pmatrix} a_{12} \\ \vdots \\ a_{m2} \end{pmatrix} \cdot x_2 + \dots + \begin{pmatrix} a_{1n} \\ \vdots \\ a_{mn} \end{pmatrix} \cdot x_n = \begin{pmatrix} b_1 \\ \vdots \\ b_m \end{pmatrix}
\tag{4.15}
$$

$$
\iff \quad A_1 x_1 + A_2 x_2 + \dots + A_n x_n = \sum_{j=1}^{n} A_j x_j = b \,.
$$

Hier entsprechen die Vektoren A_j den Spalten der Koeffizientenmatrix A.

Jede der genannten Darstellungsformen besitzt ihre Vor- und Nachteile; welche der Schreibweisen man verwendet, hängt von der jeweiligen Zielstellung ab. Die ausführliche Form ist die in gewissem Sinne einfachste, zugleich aber umfangreichste und damit – bei großen Datenmengen (man denke z. B. an 100 Gleichungen und 200 Variable) – unübersichtlichste. Die Matrixform ist sehr schön kompakt und übersichtlich und deshalb für qualitative Untersuchungen bzw. Umformungen gut geeignet. Die Tabellendarstellung stellt die Vorstufe einer Computeranwendung dar (Daten in Dateien angeordnet), während die Vektorschreibweise z. B. in theoretischen Untersuchungen von Vorteil ist (vgl. den Begriff der linearen Unabhängigkeit in Abschn. 4.5).

4.3.3 Begriff der Lösung eines LGS

Jeder Vektor $\bar{x} = (\bar{x}_1, \dots, \bar{x}_n)^\top \in \mathbb{R}^n$, für den $A\bar{x} = b$ gilt, heißt *Lösung* des linearen Gleichungssystems (4.13). Mit anderen Worten, setzt man für den Variablenvektor x den konkreten Vektor $\bar{x}$ ein, d. h. in (4.12) für x_1 den Wert $\bar{x}_1$, für x_2 die Zahl $\bar{x}_2$ usw., so müssen **alle** Gleichungen als Identitäten erfüllt sein (linke Seite = rechte Seite). Ist wenigstens eine Beziehung nicht erfüllt, liegt keine Lösung vor.

Man beachte, dass im Weiteren unter einer Lösung stets der gesamte Vektor, bestehend aus n Komponenten, verstanden wird. Insofern waren wir in den obigen Beispielen 4.18 und 4.19 unexakt im Sprachgebrauch, als wir von „Lösungen" sprachen.

Die Gesamtheit aller Lösungen des Systems (4.13) wird als *Lösungsmenge L* bezeichnet: $L = \{x \mid Ax = b\}$. Sie kann *leer* sein (d. h. es gibt keine Lösung), *genau ein* Element besitzen (eindeutige Lösung) oder aus *unendlich vielen* Elementen bestehen. Der Fall, dass es mehrere, aber endlich viele Lösungen gibt, kann bei **linearen** Gleichungssystemen nicht auftreten.

Diese Behauptungen sollen durch drei kleine Beispiele motiviert und geometrisch illustriert werden. Eine genauere Begründung wird in Abschn. 4.4 erfolgen.

Eindeutige Lösung

$$2x_1 - 3x_2 = -1 \qquad\qquad (4.16)$$

$$x_1 + x_2 = 2 \qquad\qquad (4.17)$$

Ein beliebiges der bekannten Lösungsverfahren (Einsetzungs-, Additions-, Gleichsetzungsverfahren) liefert die einzige Lösung $\bar{x}_1 = 1$, $\bar{x}_2 = 1$. So ergibt sich z. B. beim *Einsetzungsverfahren*:

(4.17) $\Longrightarrow$ $x_1 = 2 - x_2$ $\Longrightarrow$ Einsetzen in (4.16) $\Longrightarrow$ $2(2 - x_2) - 3x_2 = -1$
$\Longrightarrow$ $4 - 5x_2 = -1$ $\Longrightarrow$ $5 = 5x_2$ $\Longrightarrow$ $x_2 = 1$
$\Longrightarrow$ Einsetzen in (4.17) $\Longrightarrow$ $x_1 + 1 = 2$ $\Longrightarrow$ $x_1 = 1$.

Geometrische Interpretation: Die Beziehungen (4.16) und (4.17) stellen Geradengleichungen dar (siehe Abschn. 1.4.1). Ein Vektor $x = (x_1, x_2)^\top$, der Lösung des LGS ist, muss sowohl (4.16) als auch (4.17) erfüllen, somit auf beiden Geraden liegen. Diese Eigenschaft besitzt nur der (eindeutige) Schnittpunkt beider Geraden. Dessen Koordinaten sind gerade die beiden Komponenten der Lösung (Abb. 4.2a).

Keine Lösung

$$x_1 + x_2 = 4 \qquad\qquad (4.18)$$

$$x_1 + x_2 = 2 \qquad\qquad (4.19)$$

Diesem System ist die Unlösbarkeit unmittelbar anzusehen: bei gleichen linken Seiten sind die rechten Seiten unterschiedlich. Noch deutlicher tritt der Widerspruch z. B. bei Anwendung des *Additionsverfahrens* zutage: Subtrahiert man (4.19) von (4.18) (Subtraktion entspricht Addition mit umgekehrtem Vorzeichen!), so ergibt sich

$$0 = 2, \qquad\qquad (4.20)$$

ein offensichtlicher Widerspruch. Unlösbare Systeme enthalten immer einen solchen Widerspruch; er ist aber gerade in größeren Systemen meist „versteckt" und wird erst nach entsprechenden Umformungen, die auf eine Zeile der Art (4.20) führen, sichtbar.

Geometrische Interpretation: Die den beiden Beziehungen (4.18) und (4.19) entsprechenden Geraden verlaufen parallel (s. Abb. 4.2b).

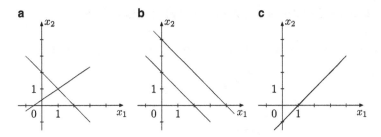

Abb. 4.2 Geometrische Interpretation der Lösungen eines LGS

Unendlich viele Lösungen

$$x_1 - x_2 = 1 \qquad\qquad (4.21)$$

$$-2x_1 + 2x_2 = -2 \qquad\qquad (4.22)$$

Bei „scharfem Hinsehen" erkennt man hier, dass (4.22) das (-2)-Fache von (4.21) darstellt, somit keine neue Information enthält. Bei größeren Systemen sind solche Abhängigkeiten natürlich i. Allg. nicht so einfach zu sehen. Die Anwendung der o. g. Lösungsverfahren, etwa des *Gleichsetzungsverfahrens*, auf die Beziehungen (4.21) und (4.22)

$$\left.\begin{array}{l} x_1 - x_2 = 1 \implies x_1 = 1 + x_2 \\ -2x_1 + 2x_2 = -2 \implies x_1 = 1 + x_2 \end{array}\right\} \implies 1 + x_2 = 1 + x_2 \implies 0 = 0$$

führt im vorliegenden Fall auf die zwar wahre, aber keinerlei Information tragende Aussage $0 = 0$, ein für nicht eindeutig lösbare Systeme charakteristischer Effekt. Damit reduziert sich das System (4.21), (4.22) auf die Beziehung (4.21). Stellt man diese nach x_1 um, ergibt sich

$$x_1 = 1 + x_2 . \qquad\qquad (4.23)$$

In (4.23) ist x_2 nicht festgelegt und kann einen beliebigen Wert haben. Hat man aber einmal x_2 gewählt, ist auch x_1 vermittels (4.23) bestimmt. So bilden z. B. die Paare $(x_1, x_2) = (1,0)$, $\left(\frac{1}{2}; -\frac{1}{2}\right)$, $(7{,}38; 6{,}38)$ Lösungen von (4.23) und damit des Ausgangssystems (4.21), (4.22). Da $x_2 \in \mathbb{R}$ unendlich viele Werte annehmen kann, gibt es für das betrachtete LGS unendlich viele Lösungen.

Geometrische Interpretation: Die den Gleichungen (4.21) und (4.22) entsprechenden Geraden sind deckungsgleich; vgl. Abb. 4.2c.

Übungsaufgabe 4.13 Der Leser überlege sich, in welcher gegenseitigen Lage sich zwei bzw. drei Ebenen im Raum befinden können; algebraisch entspricht dies der Untersuchung der Lösungsmenge von LGS mit drei Unbekannten und zwei bzw. drei Gleichungen.

4.3.4   Lineare Gleichungssysteme mit Einheitsmatrix

Wir betrachten ein LGS, das in seiner Struktur eine Besonderheit aufweist:

$$
\begin{array}{rcrcrcl}
\boxed{\begin{array}{rr} x_1 & \\ & x_2 \end{array}} & \begin{array}{c} + \\ + \end{array} & \begin{array}{r} x_3 \\ 3x_3 \end{array} & \begin{array}{c} \\ + \end{array} & \begin{array}{r} \\ 2x_4 \end{array} & = & \begin{array}{r} 4 \\ 7 \end{array}
\end{array}
$$

$$
\iff \left(\boxed{\begin{array}{cc} 1 & 0 \\ 0 & 1 \end{array}} \begin{array}{cc} 1 & 0 \\ 3 & 2 \end{array} \right) \cdot \begin{pmatrix} x_1 \\ x_2 \\ x_3 \\ x_4 \end{pmatrix} = \begin{pmatrix} 4 \\ 7 \end{pmatrix}
\tag{4.24}
$$

Das charakteristische an diesem System ist das Enthaltensein einer Einheitsmatrix in der Koeffizientenmatrix. Solche Systeme, in allgemeiner Schreibweise

$$
Ax = b \iff (E\ R) \cdot \begin{pmatrix} x_B \\ x_N \end{pmatrix} = b \iff Ex_B + Rx_N = b \,,
\tag{4.25}
$$

besitzen nützliche Eigenschaften, wie wir gleich erläutern werden. Zunächst zu den verwendeten Bezeichnungen:

E – Einheitsmatrix (der entsprechenden Größe),

R – *Restmatrix*, der „restliche Teil" von A, d. h. $A = (E\ R)$,

x_B – Vektor der *Basisvariablen*, d. h. der zu E gehörigen Variablen,

x_N – Vektor der *Nichtbasisvariablen* (restliche Variable).

Im betrachteten Beispiel (4.24) gilt:

$$
A = \left(\boxed{\begin{array}{cc} 1 & 0 \\ 0 & 1 \end{array}} \begin{array}{cc} 1 & 0 \\ 3 & 2 \end{array} \right), \quad R = \begin{pmatrix} 1 & 0 \\ 3 & 2 \end{pmatrix}, \quad x_B = \begin{pmatrix} x_1 \\ x_2 \end{pmatrix}, \quad x_N = \begin{pmatrix} x_3 \\ x_4 \end{pmatrix}.
$$

Der Vektor der Unbekannten wurde also in zwei Teile aufgeteilt: $x = \begin{pmatrix} x_B \\ x_N \end{pmatrix}$. Dabei gehört der Teil x_B zur Einheitsmatrix E, während der Vektor x_N aus denjenigen Variablen besteht, die mit der Matrix R zu multiplizieren sind. Warum für x_B und x_N die Bezeichnungen Basis- bzw. Nichtbasisvariablen gewählt wurden, wird später erklärt werden.

Also: Ein System der Gestalt (4.25), speziell das System (4.24), besitzt gegenüber einem allgemeinen LGS einige Besonderheiten:

- es enthält eine Einheitsmatrix und eine verbleibende Restmatrix,
- der Vektor x ist entsprechend in x_B und x_N aufgeteilt,
- es ist nach den Basisvariablen „aufgelöst", denn diese kommen jeweils nur in einer Zeile und dort nur mit dem Koeffizienten 1 vor. Dies wird noch deutlicher, formt man (4.24)

so um, dass die Variablen $x_N = (x_3, x_4)^\top$ auf der rechten Seite stehen und auf der linken Seite nur die Basisvariablen $x_B = (x_1, x_2)^\top$ vorkommen:

$$x_1 = 4 - x_3$$
$$x_2 = 7 - 3x_3 - 2x_4 \,, \tag{4.26}$$

- es ist immer lösbar, wobei eine Lösung sofort abgelesen werden kann:

$$x_N = 0, \ x_B = b \iff \begin{pmatrix} x_3 \\ x_4 \end{pmatrix} = \begin{pmatrix} 0 \\ 0 \end{pmatrix}, \ \begin{pmatrix} x_1 \\ x_2 \end{pmatrix} = \begin{pmatrix} 4 \\ 7 \end{pmatrix}$$

(im vorliegenden Fall (4.24) gibt es unendlich viele weitere Lösungen),
- die Darstellung (4.26) ist gleichzeitig die *allgemeine Lösung* von (4.24); vgl. hierzu Abschn. 4.4.3.

Entsprechend der in (4.25) vereinbarten Schreibweise soll die Einheitsmatrix stets **links** stehen, die Restmatrix rechts. Ist das nicht der Fall, sind aber trotzdem alle die Matrix E bildenden Einheitsvektoren vorhanden, kann durch *Umsortieren* (*Variablentausch*) die Form (4.25) hergestellt werden.

Beispiel 4.20

$$
\begin{aligned}
2x_1 \qquad\quad + \ \boxed{x_3} \ + \ x_4 &= 10 \\
x_1 \ + \ \boxed{x_2} \qquad\qquad\quad &= 11
\end{aligned}
$$

$$
\iff
\begin{aligned}
\boxed{x_3} \qquad + \ 2x_1 \ + \ x_4 &= 10 \\
\boxed{x_2} \ + \ x_1 \qquad\quad &= 11
\end{aligned}
$$

$$
\iff
\begin{aligned}
\boxed{x_4} \qquad + \ 2x_1 \ + \ x_3 &= 10 \\
\boxed{x_2} \qquad x_1 \qquad\quad &= 11
\end{aligned}
$$

Dieses Beispiel verdeutlicht gleichzeitig, dass die Darstellung ein und desselben Gleichungssystems in der Form (4.25) nicht unbedingt auf eindeutige Weise möglich sein muss.

Hätte jedes LGS die Form (4.24), wäre die Frage nach der Lösung linearer Gleichungssysteme vollständig beantwortet. Deshalb ist es wünschenswert, über einfache Mittel zu verfügen, die es gestatten, ein beliebiges LGS in ein solches mit Einheitsmatrix zu überführen, ohne dass sich die Lösungsmenge des Systems verändert.

4.3.5 Elementare Umformungen eines LGS

Im Weiteren spielen die folgenden *elementaren Umformungen* eines linearen Gleichungssystems eine wichtige Rolle:

(U1) Multiplikation (Division) einer Zeile mit (durch) eine Zahl $c \neq 0$,
(U2) Addition (Subtraktion) einer Zeile zu (von) einer anderen Zeile,

(U3) Vertauschen zweier Zeilen,

(U4) Vertauschen zweier Spalten (mit Merken, welche Variablen gegeneinander ausge-
      tauscht wurden!).

Die Umformungen (U1) und (U2) lassen sich auch zusammenfassen zu

(U5) Addition des Vielfachen einer Zeile zu einer anderen.

Satz 4.1 *Die elementaren Umformungen* (U1)–(U5) *verändern die Lösungsmenge eines linearen Gleichungssystems nicht.*

Beweis Die Richtigkeit der Behauptung hinsichtlich (U3) und (U4) ist offensichtlich, während sie für (U1) bzw. (U2) (und damit auch für (U5)) aus den Regeln zur Umformung von
Gleichungen (vgl. Abschn. 1.1.8) folgt.   □

Übungsaufgabe 4.14 Man verdeutliche sich die Aussage des Satzes am Beispiel des Systems

$$\begin{array}{rcrcr} x_1 & + & x_2 & = & 4 \\ 2x_1 & - & 3x_2 & = & -2 \,. \end{array}$$

4.4 Gauß'scher Algorithmus

In diesem Abschnitt wird erklärt, wie ein beliebiges lineares Gleichungssystem in ein
solches mit Einheitsmatrix überführt werden kann, sofern es lösbar ist. Ferner wird beschrieben, wie man die allgemeine Lösung eines LGS angeben kann bzw. feststellt, dass
das System keine Lösung besitzt. Das Mittel besteht in der Anwendung elementarer Umformungen gemäß dem Gauß'schen Algorithmus, der als eine Modifikation des oben
erwähnten Additionsverfahrens betrachtet werden kann. Es sei bemerkt, dass unter dem
Gauß'schen Algorithmus mitunter auch nur die Erzeugung eines linearen Gleichungssystems in Dreiecks- bzw. Trapezform verstanden wird. Wir geben aber Systemen mit
Einheitsmatrix den Vorzug, da zum einen aus ihnen die allgemeine Lösung leichter abgelesen werden kann und sie zum anderen unmittelbare Anwendung in der linearen
Optimierung (siehe Kap. 5) finden.

Die Methode wird zunächst an konkreten Beispielen demonstriert, ehe sie in Form eines
Ablaufplans allgemein dargestellt wird.

4.4.1 Anwendung elementarer Umformungen

An einigen Beispielen soll die Anwendung der Umformungen (U1)–(U4) zum Zwecke der
Erzeugung einer Einheitsmatrix demonstriert werden. Da die Einheitsmatrix nur die Ele-

mente 1 und 0 aufweist, besteht unser Ziel darin, an den erforderlichen Stellen gerade diese Einsen und Nullen zu schaffen. Der Übersichtlichkeit halber verwenden wir zur Durchführung der Rechnung die Tabellenform.

Beispiel 4.21

$$3x_1 + 6x_2 + 3x_3 + 3x_4 = 6$$
$$2x_1 + 3x_2 + 2x_3 + 3x_4 = 5$$
$$4x_1 + 9x_2 + 9x_3 + 13x_4 = 12$$

		x_1	x_2	x_3	x_4	rechte Seite	
		3	6	3	3	6	$\mid$:3
		2	3	2	3	5	$\mid +(-2)\cdot AZ1$
		4	9	9	13	12	$\mid +(-4)\cdot AZ1$
1. Schritt	AZ1	1	2	1	1	2	$\mid +(-2)\cdot AZ2$
		0	-1	0	1	1	$\mid :(-1)$
		0	1	5	9	4	$\mid +(-1)\cdot AZ2$
2. Schritt		1	0	1	3	4	$\mid +(-1)\cdot AZ3$
	AZ2	0	1	0	-1	-1	$\mid +0\cdot AZ3$
		0	0	5	10	5	$\mid :5$
3. Schritt		1	0	0	1	3	
		0	1	0	-1	-1	
	AZ3	0	0	1	2	1	

Zur Erläuterung: Im **1. Schritt** ist die **1. Zeile** die *Arbeitszeile* (AZ 1). In dieser Zeile wird in der **1. Spalte** mittels (U1) eine 1 geschaffen, indem durch das dort stehende Element (hier: 3) dividiert wird. Anschließend wird in der **1. Spalte** in den restlichen Zeilen (hier: Zeilen 2 und 3) mittels (U5) jeweils eine 0 erzeugt, indem das (−2)- bzw. (−4)-Fache der Arbeitszeile AZ 1 addiert wird (2 und 4 sind die an diesen Stellen stehenden Zahlen in der Ausgangstabelle). Damit ist der **1. Schritt** beendet. Im Ergebnis ist in der **1. Spalte** ein Einheitsvektor mit der 1 in der **1. Zeile** entstanden.

Im **2. Schritt** wird zunächst die **2. Zeile** durch das in der **2. Spalte** stehende Element −1 dividiert, was im Resultat zur Arbeitszeile AZ 2 führt. Danach werden in den verbleibenden beiden Zeilen (hier: Zeilen 1 und 3) Nullen geschaffen, indem das (−2)- bzw. (−1)-Fache der Arbeitszeile AZ 2 addiert wird (2 und 1 sind die an den entsprechenden Stellen stehenden Zahlen in der zum 1. Schritt gehörenden Tabelle). Ende des **2. Schritts**: In der **2. Spalte** wurde ein Einheitsvektor mit der 1 in der **2. Zeile** erzeugt.

Im **3. Schritt** ergibt sich nach Division der **3. Zeile** durch 5 (das in der **3. Spalte** stehende Element) die **3. Zeile** als Arbeitszeile AZ 3. Zeile 2 bleibt unverändert, da dort in der 3. Spalte bereits eine 0 steht, während zur 1. Zeile in der Tabelle des 2. Schritts das

(-1)-Fache von AZ 3 addiert wird, um eine 0 zu erzeugen. Die **3. Spalte** wurde damit zum Einheitsvektor mit der 1 in der **3. Zeile**.

Damit wurde die gewünschte Einheitsmatrix erzeugt. Man kann sich relativ leicht davon überzeugen, dass einmal geschaffene Einheitsvektoren durch die nachfolgende Rechnung nicht wieder zerstört werden, wenn man wie oben beschrieben vorgeht. Die fettgedruckten Hervorhebungen zeigen die Logik und Einfachheit des Algorithmus: Im i-ten Schritt ist die i-te Zeile die Arbeitszeile, an der Stelle (i, i) wird eine 1 erzeugt, ansonsten werden in der i-ten Spalte Nullen geschaffen.

Beispiel 4.21 zeigte den „Normalfall". Welche sonstigen Effekte auftreten können, ist aus den nachstehenden Beispielen 4.22–4.24 ersichtlich.

Beispiel 4.22
$$
\begin{aligned}
2x_1 &- 3x_2 &- x_3 &= 4 \\
4x_1 &- 6x_2 &- 5x_3 &= 7
\end{aligned}
$$

		x_1	x_2	x_3	r. S.	
		2	-3	-1	4	$\lvert :2$
		4	-6	-5	7	$\lvert +(-4)\cdot$AZ 1
1. Schritt	AZ 1	1	$-\frac{3}{2}$	$-\frac{1}{2}$	2	
		0	0	-3	-1	

		x_1	x_3	x_2		
Spaltentausch		1	$-\frac{1}{2}$	$-\frac{3}{2}$	2	$\lvert +\frac{1}{2}$AZ 2
		0	-3	0	-1	$\lvert :(-3)$
2. Schritt		1	0	$-\frac{3}{2}$	$\frac{13}{6}$	
	AZ 2	0	1	0	$\frac{1}{3}$	

Der 1. Schritt läuft wie oben beschrieben ab: In der 1. Spalte wird ein Einheitsvektor mit der 1 in der 1. Zeile erzeugt.

Das analoge Vorgehen ist im nächsten Schritt für die 2. Spalte nicht unmittelbar möglich, da das an Position $(2,2)$ stehende Element den Wert null hat, woraus man durch keine der elementaren Umformungen (U1)–(U3) eine 1 erzeugen kann, ohne den bereits entstandenen Einheitsvektor in Spalte 1 wieder zu zerstören. Somit verbleibt nur noch Umformung (U4), d. h. Spaltentausch, für eine Fortführung der Rechnung. Dabei ist die aktuelle Spalte 2 mit der weiter rechts stehenden Spalte 3 unter Einbeziehung der zugehörigen Variablennamen (x_2 und x_3) auszutauschen. Im Ergebnis des 2. Schritts entsteht anschließend wieder eine Einheitsmatrix.

Beispiel 4.23
$$
\begin{aligned}
x_1 &+ x_2 &+ x_3 &+ x_4 &= 4 \\
2x_1 &+ x_2 &+ 2x_3 &+ 3x_4 &= 5 \\
4x_1 &+ 3x_2 &+ 4x_3 &+ 5x_4 &= 13
\end{aligned}
$$

	x_1	x_2	x_3	x_4	r. S.	
	1	1	1	1	4	$\mid :1$
	2	1	2	3	5	$\mid +(-2)\cdot$ AZ 1
	4	3	4	5	13	$\mid +(-4)\cdot$ AZ 1
AZ 1	1	1	1	1	4	$\mid +(-1)\cdot$ AZ 2
	0	−1	0	1	−3	$\mid :(-1)$
	0	−1	0	1	−3	$\mid +$ AZ 2
	1	0	1	2	1	
AZ 2	0	1	0	−1	3	
	0	0	0	0	0	

Hier ist eine komplette Nullzeile entstanden, was der Beziehung

$$0 \cdot x_1 + 0 \cdot x_2 + 0 \cdot x_3 + 0 \cdot x_4 = 0$$

entspricht. Diese stellt zwar für beliebige Vektoren $(x_1, x_2, x_3, x_4)^\top$ eine wahre Aussage dar, liefert aber keinerlei Information.

Merke: Eine komplette Nullzeile kann ersatzlos gestrichen werden.

Übungsaufgabe 4.15 Man überlege sich, dass bei Vorliegen zweier gleicher Zeilen in einer Tabelle in einem der nächsten Schritte eine Nullzeile entsteht.

Beispiel 4.24

$$
\begin{aligned}
x_1 + x_2 + x_3 + x_4 &= 4 \\
x_1 + 2x_2 + 3x_3 + 4x_4 &= 9 \\
3x_1 + 4x_2 + 5x_3 + 6x_4 &= 13
\end{aligned}
$$

	x_1	x_2	x_3	x_4	r. S.	
	1	1	1	1	4	
	1	2	3	4	9	$\mid +(-1)\cdot$ AZ 1
	3	4	5	6	13	$\mid +(-3)\cdot$ AZ 1
AZ 1	1	1	1	1	4	$\mid +(-1)\cdot$ AZ 2
	0	1	2	3	5	
	0	1	2	3	1	$\mid +(-1)\cdot$ AZ 2
	1	0	−1	−2	−1	
AZ 2	0	1	2	3	5	
	0	0	0	0	−4	

Hier tritt der Effekt auf, dass in der letzten Zeile auf der linken Seite nur Nullen stehen, während das Element auf der rechten Seite (hier: −4) von null verschieden ist. Dies entspricht der Beziehung

$$0 \cdot x_1 + 0 \cdot x_2 + 0 \cdot x_3 + 0 \cdot x_4 = -4,$$

die für keine Wertebelegung von $(x_1, x_2, x_3, x_4)^\top$ in eine wahre Aussage übergeht. Damit stellt sie einen Widerspruch dar, der zeigt, dass das vorgelegte LGS keine Lösung besitzt. Die Bearbeitung der Aufgabe ist an dieser Stelle beendet.

4.4.2   Ablaufplan des Gauß'schen Algorithmus

Ausgangspunkt ist ein LGS der Form $Ax = b$, $A = (a_{ij})$, wobei A eine Matrix vom Typ (m, n), $b \in \mathbb{R}^m$ und $x \in \mathbb{R}^n$ sind. Da die Elemente a_{ij} sich durch die Rechnung in jedem Schritt verändern, sollen mit $\tilde{a}_{ij}$ die jeweils **aktuellen** Werte bezeichnet werden. Bei der Beschreibung des Algorithmus verzichten wir soweit wie möglich auf Formeln, die man ohnehin schnell vergisst (sich aber auch schnell wieder herleiten kann). Wichtig ist die generelle Vorgehensweise, die man mit dem Motto **„Einsen schaffen, Nullen schaffen"** charakterisieren kann. Exakter ausgedrückt: Das Ziel besteht im Gewinnen einer links stehenden Einheitsmatrix.

Wir beschreiben den k-ten Schritt, $1 \le k \le m$:

1. **Erzeugung des Koeffizienten 1 an der Stelle** $\tilde{a}_{kk}$ mittels Division der k-ten Zeile durch $\tilde{a}_{kk}$. Falls $\tilde{a}_{kk} = 0$ gilt, ist **vorher** nötig:

   ▸   Austausch der k-ten Zeile mit einer weiter unten stehenden Zeile i, $i \in \{k + 1, \ldots, m\}$, sofern es dort einen Koeffizienten $\tilde{a}_{ik} \ne 0$ gibt;   **oder**

   ▸   Austausch der k-ten Spalte (mit Merken!) mit einer weiter rechts stehenden Spalte j, $j \in \{k + 1, \ldots, n\}$, falls es dort ein Element $\tilde{a}_{kj} \ne 0$ gibt.

   Als Resultat erhält man die Arbeitszeile AZ k.

2. **Erzeugung von Nullen in Spalte** k (außer an der Stelle $\tilde{a}_{kk}$) mittels Addition des $(-\tilde{a}_{ik})$-Fachen der Arbeitszeile AZ k zu allen anderen Zeilen.

   ▸   Entsteht eine komplette Nullzeile $\boxed{0\ 0\ \ldots\ 0 \mid 0}$, so wird sie ersatzlos gestrichen, wodurch sich die Zeilenzahl des LGS um eins verringert.

   ▸   Entsteht eine Zeile der Art $\boxed{0\ 0\ \ldots\ 0 \mid \tilde{b}_i}$ mit $\tilde{b}_i \ne 0$, so ist das Verfahren beendet: das LGS besitzt keine Lösung.

3. **Übergang zum nächsten Schritt** (d. h. $k := k + 1$)

Die Anzahl der Schritte beträgt höchstens m. Für das Ende des Gauß'schen Algorithmus gibt es zwei Alternativen:

▸   man stellt fest, dass das Gleichungssystem widersprüchlich ist und somit keine Lösung besitzt   **oder**

▸   es wurde eine Darstellung der Form (4.25) gewonnen, d. h., es liegt ein LGS mit Einheitsmatrix vor (welches ja stets mindestens eine Lösung hat).

Bemerkung Die Elementartransformationen (U1)–(U3) bzw. (U5) lassen sich mittels der in Abschn. 4.2.3 eingeführten Transformationsmatrizen T_1, T_2, T_3 realisieren. Verzichtet man auf Spaltentausch, so entsprechen die Umformungen nach dem Gauß'schen Algorithmus der Multiplikation der ursprünglichen Matrix A mit einer geeigneten Matrix T von links, die sich aus dem mehrfachen Produkt von Matrizen der Form T_i, $i = 1, 2, 3$, ergibt.

Satz 4.2 *Das lineare Gleichungssystem $Ax = b$ besitzt genau dann Lösungen (eine oder unendlich viele), wenn es sich auf die Form eines linearen Gleichungssystems mit Einheitsmatrix bringen lässt.*

Damit stellt der Gauß'sche Algorithmus nicht nur ein **Verfahren zur Ermittlung einer Lösung** sondern gleichzeitig auch ein **Lösbarkeitskriterium** dar. Mehr noch, aus der erzeugten Form (4.25) (mit Einheitsmatrix) ergibt sich unmittelbar die **Darstellung der allgemeinen Lösung** (siehe den nachfolgenden Abschn. 4.4.3).

Übungsaufgabe 4.16 Man präzisiere den Ablaufplan zum Gauß'schen Algorithmus soweit, dass er sich als Grundlage für ein Computerprogramm eignet.

4.4.3 Lösungsdarstellung

Wie im vorigen Abschnitt ausgeführt, kann im Falle der Lösbarkeit ein LGS $Ax = b$ stets auf die Form

$$E \cdot x_B + R \cdot x_N = \widetilde{b} \tag{4.27}$$

gebracht werden. Über die Struktur der Lösung lässt sich dann folgendes aussagen.

Satz 4.3 (i) *Kommt in der Darstellung (4.27) die Restmatrix R (und damit der Vektor x_N) nicht vor, d. h. gilt $Ex = \widetilde{b}$, so besitzt das LGS genau eine Lösung, nämlich $x = \widetilde{b}$.*
  (ii) *Ist in (4.27) $R \neq \mathbf{0}$, so besitzt das LGS unendlich viele Lösungen, die sich wie folgt beschreiben lassen:*

$$x = \begin{pmatrix} x_B \\ x_N \end{pmatrix}, \quad x_N - \text{beliebiger Vektor,} \quad x_B = \widetilde{b} - R \cdot x_N .$$

Wir wollen die Aussage (ii) des Satzes an Beispiel 4.23 näher erläutern. Die dort stehende letzte Tabelle (nach gestrichener Nullzeile)

x_1	x_2	x_3	x_4	r. S.
1	0	1	2	1
0	1	0	−1	3

bedeutet in ausführlicher Schreibweise

$$
\begin{array}{rcrcrcl}
x_1 & & + & x_3 & + & 2x_4 & = & 1 \\
& x_2 & & & - & x_4 & = & 3.
\end{array}
\tag{4.28}
$$

Um hervorzuheben, dass die Nichtbasisvariablen x_3 und x_4 beliebige Werte annehmen können, setzen wir an ihrer Stelle die Parameter t_1 und t_2 ein:

$$
x_3 = t_1, \quad x_4 = t_2, \quad t_1, t_2 \in \mathbb{R}.
\tag{4.29}
$$

Gleichzeitig lösen wir (4.28) nach den Basisvariablen x_1, x_2 auf:

$$
x_1 = 1 - t_1 - 2t_2, \quad x_2 = 3 + t_2.
\tag{4.30}
$$

Aus den Beziehungen (4.29) und (4.30) ergibt sich nun endgültig

$$
\begin{array}{rclclcl}
x_1 & = & 1 & - & t_1 & - & 2t_2 \\
x_2 & = & 3 & & & + & t_2 \\
x_3 & = & & & t_1 & & \\
x_4 & = & & & & & t_2
\end{array}
\quad , \quad t_1, t_2 \text{ beliebig} .
\tag{4.31}
$$

Das System (4.31) beschreibt alle möglichen Lösungen des vorgelegten LGS und wird deshalb *allgemeine Lösung* genannt. Für jede konkrete Wertebelegung von t_1 und t_2 ergibt sich eine *spezielle Lösung*, wie die folgenden Beispiele zeigen:

t_1	t_2	x_1	x_2	x_3	x_4
1	3	-6	6	1	3
0	-1	3	2	0	-1
$\frac{1}{2}$	$\frac{3}{2}$	$-\frac{5}{2}$	$\frac{9}{2}$	$\frac{1}{2}$	$\frac{3}{2}$
. .		. . . .			

Umgekehrt lässt sich zu jeder speziellen Lösung $\bar{x}$ des LGS ein Paar von Zahlen $\bar{t}_1, \bar{t}_2$ derart finden, dass $\bar{x}$ in der Form (4.31) mit $t_1 = \bar{t}_1$, $t_2 = \bar{t}_2$ darstellbar ist. Die spezielle Lösung $x_1 = 1$, $x_2 = 3$, $x_3 = 0$, $x_4 = 0$, oder allgemeiner $x_N = 0$, $x_B = \widetilde{b}$, wird *Basislösung* genannt.

Unter Nutzung der Regeln der Matrizen- (bzw. Vektor-) Rechnung kommt man von (4.31) zu folgender *Vektordarstellung*:

$$
x = \begin{pmatrix} x_1 \\ x_2 \\ x_3 \\ x_4 \end{pmatrix} = \begin{pmatrix} 1 \\ 3 \\ 0 \\ 0 \end{pmatrix} + t_1 \begin{pmatrix} -1 \\ 0 \\ 1 \\ 0 \end{pmatrix} + t_2 \begin{pmatrix} -2 \\ 1 \\ 0 \\ 1 \end{pmatrix}
$$
$$
= \quad s \quad + \quad t_1 \cdot h_1 \quad + \quad t_2 \cdot h_2, \qquad t_1, t_2 \in \mathbb{R}.
\tag{4.32}
$$

Im Weiteren sind die folgenden beiden Begriffe nützlich.

Ein lineares Gleichungssystem $Ax = b$ wird *homogen* genannt, wenn $b = 0$ ist, anderenfalls heißt es *inhomogen*.

Also: Sind alle Zahlen auf der rechten Seite gleich null, liegt ein homogenes System vor, gibt es wenigstens eine von null verschiedene Zahl, ein inhomogenes.

Bezeichnen wir nun das ursprünglich vorgelegte Gleichungssystem (siehe obiges Beispiel 4.23) mit $Ax = b$ und mit $Ax = 0$ das zugehörige homogene System, so lassen sich bezüglich (4.32) folgende Aussagen treffen:

▸ der Vektor s ist eine spezielle Lösung des inhomogenen Systems ($t_1 = t_2 = 0$),

▸ die Vektoren h_1 und h_2 sind spezielle Lösungen des zugehörigen homogenen Systems,

▸ der Ausdruck $t_1 h_1 + t_2 h_2$ stellt die allgemeine Lösung des homogenen LGS dar (zur Begründung siehe Abschn. 4.5.4),

▸ für beliebige konkrete Wahl von t_1 und t_2 ergibt sich eine spezielle Lösung des inhomogenen LGS.

Damit gilt: Die allgemeine Lösung eines inhomogenen linearen Gleichungssystems setzt sich zusammen aus einer speziellen Lösung des inhomogenen LGS und der allgemeinen Lösung des zugehörigen homogenen LGS.

Übungsaufgabe 4.17 Man überprüfe die getroffenen Aussagen, indem man mit den Vektoren s, h_1, h_2 aus (4.32) die Probe in Beispiel 4.23 durchführt.

Übungsaufgabe 4.18 Man begründe, dass ein homogenes LGS stets lösbar ist.

4.4.4 Numerische Aspekte

Wir betrachten die Aufgabe

$$
\begin{array}{rcrcrcl}
x_1 & + & x_2 & + & x_3 & = & 2 \\
x_1 & - & 2x_2 & & & = & 2 \\
x_1 & - & x_2 & + & \frac{1}{3}x_3 & = & 2.
\end{array}
$$

Die Lösung mit dem Gauß'schen Algorithmus (siehe zum Vergleich Tab. 4.1a) liefert als Ergebnis der exakten Rechnung unendlich viele Lösungen:

$$
x = \begin{pmatrix} x_1 \\ x_2 \\ x_3 \end{pmatrix} = \begin{pmatrix} 2 \\ 0 \\ 0 \end{pmatrix} + t_1 \cdot \begin{pmatrix} -\frac{2}{3} \\ -\frac{1}{3} \\ 1 \end{pmatrix}.
$$

Tab. 4.1 Rechenschemata mit unterschiedlicher Genauigkeit

x_1	x_2	x_3	r. S.	x_1	x_2	x_3	r. S.
1	1	1	2	1	1	1	2
1	-2	0	2	1	-2	0	2
1	-1	$\frac{1}{3}$	2	1	-1	0,333	2
1	1	1	2	1	1	1	2
0	-3	-1	0	0	-3	-1	0
0	-2	$-\frac{2}{3}$	0	0	-2	$-0,667$	0
1	0	$\frac{2}{3}$	2	1	0	0,667	2
0	1	$\frac{1}{3}$	0	0	1	0,333	0
0	0	0	0	0	0	$-0,001$	0
				1	0	0	2
				0	1	0	0
				0	0	1	0
(a)				(b)			

Wie wichtig dabei das exakte Rechnen mit Brüchen ist, erkennt man anhand einer zweiten Rechnung derselben Aufgabe, bei der alle Teilergebnisse numerisch auf drei Nachkommastellen genau berechnet werden, d. h. also unter Verwendung von 0,333 anstelle von $\frac{1}{3}$ usw. (siehe Tab. 4.1b). Dabei ergibt sich die **eindeutige** Lösung

$$x = (2, 0, 0)^{\top}.$$

Man sieht, dass durch den Verzicht auf die höchstmögliche Genauigkeit unendlich viele Lösungen „verloren gegangen" sind. Bemerkenswert dabei ist außerdem, dass beim aufgeführten Beispiel dieser Effekt bei **jeder** eingeschränkten Genauigkeit auftritt (d. h. also auch bei Rechnung mit 12 oder 20 Taschenrechner-Stellen). Nur durch zusätzliche Fehlerüberlagerung ist auch mit Näherungsrechnungen das exakte Ergebnis erreichbar (so kann z. B. ein späterer Rundungsfehler einen vorherigen Fehler wieder auslöschen).

4.4.5 Zusammenfassende Bemerkungen

In den Abschn. 4.3 und 4.4 haben wir verschiedene Darstellungsformen linearer Gleichungssysteme sowie ein universelles Lösungsverfahren, den Gauß'schen Algorithmus, kennengelernt. Dieser erwies sich für beliebig dimensionierte Systeme (m Gleichungen, n Unbekannte) als effektive Lösungsmethode, während andere Methoden, wie das Auflösungs-, Gleichsetzungs- oder Additionsverfahren nur für kleine (z. B. 2×2) Systeme gut geeignet sind.

In etwas erweiterter Form werden wir den Gauß'schen Algorithmus im Rahmen der linearen Optimierung bei der Simplexmethode wiedertreffen, ferner bei der Berechnung inverser Matrizen, der Rangbestimmung sowie der Determinantenberechnung.

Abschließend noch einige Bemerkungen zu Themen, über die wir hier **nicht** gesprochen haben:

▸ *Rechenvereinfachungen* (durch Anwendung der Transformationen (U1)–(U5) in anderer Reihenfolge)

▸ *Rechenkontrollen* (z. B. durch Einführung einer zusätzlichen Spalte, die die Zeilensummen enthält und genauso umgeformt wird wie die übrigen Spalten)

▸ Anwendung anderer Algorithmen zur Lösung von LGS wie z. B. *Austauschverfahren, LU-Zerlegung* usw.

▸ Fragen der *numerischen Stabilität*, die beispielsweise durch geeignete Wahl des *Pivotelementes* erhöht werden kann (als Pivotelement bezeichnet man dasjenige Element, aus dem im i-ten Schritt eine 1 erzeugt wird)

Zu diesen und anderen weiterführenden Aspekten verweisen wir z. B. auf die Bücher [1, 3].

Übungsaufgabe 4.19 Überprüfen Sie, ob die folgenden linearen Gleichungssysteme Lösungen besitzen und bestimmen Sie gegebenenfalls deren allgemeine Form.

a)
$$\begin{aligned}
x_1 + 2x_2 - x_3 &= 12 \\
2x_1 - x_2 + 3x_3 &= 4 \\
x_1 - 8x_2 + 9x_3 &= 16
\end{aligned}$$

b)
$$\begin{aligned}
x_1 + x_2 + 2x_3 &= 6 \\
3x_1 + x_2 + 3x_3 &= 10 \\
x_1 - x_2 + 2x_3 &= 10
\end{aligned}$$

c)
$$\begin{aligned}
2x_1 - x_2 &= 0 \\
3x_2 - 4x_3 &= 0 \\
2x_3 - x_4 &= -1 \\
-6x_1 + 2x_4 &= 2
\end{aligned}$$

d)
$$\begin{aligned}
x_1 + 2x_2 - x_3 + x_4 + x_5 &= 0 \\
2x_1 + x_2 + x_3 - x_4 - x_5 &= 0 \\
3x_1 + 2x_2 - x_3 + 2x_4 + x_5 &= 0
\end{aligned}$$

e)
$$\begin{aligned}
2x_1 + x_2 + 3x_4 &= 4 \\
x_1 + 2x_3 + x_4 &= 5 \\
4x_1 + x_2 + 4x_3 + 5x_4 &= 8
\end{aligned}$$

f)
$$\begin{aligned}
x_2 + 2x_3 + 3x_4 + 4x_5 &= 3 \\
2x_1 + x_2 + 2x_4 &= 3 \\
2x_1 + 3x_2 + 4x_3 + 8x_4 + 8x_5 &= 9 \\
2x_1 + 2x_2 + 2x_3 + 5x_4 + 4x_5 &= 6
\end{aligned}$$

g) $2x_1 + 3x_2 + x_3 + 2x_4 \quad\quad = 6$
$\quad\; 3x_1 + 4x_2 \quad\quad\; + \; x_4 + x_5 = 8$
$\quad\; 4x_1 + 5x_2 \quad\quad\; + \; x_4 \quad\quad = 2$

Übungsaufgabe 4.20 Die Nachfragefunktionen für drei Produkte P_1, P_2 und P_3 seien

$$N_1 = 10 - p_1 + p_2 + p_3, \quad N_2 = 15 + p_1 - p_2 + 3p_3 \quad \text{und}$$

$$N_3 = 18 + 2p_1 + p_2 - p_3 .$$

Dabei bezeichnet p_i den Preis des Produkts P_i, $i = 1, 2, 3$. Die entsprechenden Angebotsfunktionen mögen

$$A_1 = p_1, \quad A_2 = 4p_2, \quad A_3 = 2p_3$$

lauten. Man bestimme Preis und Menge der umgesetzten Güter für den Fall, dass alle drei Waren im Gleichgewicht von Angebot und Nachfrage stehen.

Übungsaufgabe 4.21 Ein Kind spielt in Vaters Geschäft mit Nägeln. Es gibt dort eine große Kiste mit drei Sorten von Schachteln S_1, S_2 und S_3.

In jeder der Schachteln sind – in jeweils unterschiedlicher Menge und Zusammensetzung – drei Sorten Nägel N_1, N_2, N_3:

		je Schachtel		
		S_1	S_2	S_3
Stück	N_1	20	10	98
	N_2	20	20	0
	N_3	50	100	50

Nach zwei Stunden kommt der Vater zurück – und ist einem Nervenzusammenbruch nahe: 1170 Nägel N_1, 260 von N_2 und 1500 von N_3 liegen auf dem Boden verstreut; die Kiste ist vollständig ausgeräumt.

a) Wie viele Schachteln von jeder Sorte befanden sich in der Kiste?

b) Kann man diese Aufgabe (für beliebige Stückzahlen) immer lösen?

Übungsaufgabe 4.22 Ein Chemiebetrieb produziert vier verschiedene Waschmittel W_1 bis W_4, wobei drei Rohstoffe R_1, R_2 und R_3 in folgenden Mengen verbraucht werden:

	je Tonne			
	W_1	W_2	W_3	W_4
R_1 (in t)	1/2	0	1/2	1/4
R_2 (in t)	3/5	3/5	0	3/5
R_3 (in t)	0	1	3/5	3/5

Kurz vor den Betriebsferien sind noch 2 t von R_1, 3 t von R_2 und 1 t von R_3 vorhanden. Welche Waschmittel müssen in welchen Mengen produziert werden, damit diese Rohstoffe noch vollständig verbraucht werden? Weisen Sie zusätzlich die Eindeutigkeit der Lösung dieser Aufgabe nach.

Übungsaufgabe 4.23 In einer Stanzerei werden aus Blechen drei verschiedene Teile T_1, T_2 und T_3 gestanzt. Aufgrund der Geometrie der Teile wurden vier sinnvoll erscheinende Varianten des Stanzens aus einer Blechtafel technologisch vorbereitet. Beim Stanzen dieser Varianten entstehen folgende Stückzahlen Teile:

je Variante	V_1	V_2	V_3	V_4
Anzahl T_1	1	1	0	0
Anzahl T_2	1	0	1	0
Anzahl T_3	2	4	6	8

Es ist nun ein Auftrag von 3 Stück T_1, 2 Stück T_2 und 40 Stück T_3 zu stanzen. Wie oft müssen die Varianten zur Anwendung kommen, damit möglichst wenig Bleche verbraucht werden?

4.5 Lineare Unabhängigkeit

In diesem Abschnitt wird die Theorie die dominierende Rolle spielen, was eigentlich nicht der Grundkonzeption des Buches entspricht. Ohne eine gewisse Anzahl an Begriffen und Definitionen kommt man aber in der Mathematik nicht aus. Die nachfolgenden Begriffe entstammen der Theorie der linearen Vektorräume, über die in Abschn. 4.1.5 gesprochen wurde; wir werden sie jedoch fast ausschließlich in Anwendung auf Matrizen und Vektoren untersuchen.

4.5.1 Linearkombination

Gegeben seien k Spaltenvektoren mit jeweils n Komponenten:

$$x^{(1)} = \begin{pmatrix} x_1^{(1)} \\ \vdots \\ x_n^{(1)} \end{pmatrix}, \; x^{(2)} = \begin{pmatrix} x_1^{(2)} \\ \vdots \\ x_n^{(2)} \end{pmatrix}, \ldots, \; x^{(k)} = \begin{pmatrix} x_1^{(k)} \\ \vdots \\ x_n^{(k)} \end{pmatrix}.$$

Die oberen Indizes dienen lediglich der Nummerierung, sind also nicht mit Exponenten zu verwechseln, die unteren Indizes beschreiben die Komponenten. Die Zahlen k und n stehen in keinerlei Zusammenhang zueinander, sodass die Fälle $k < n$, $k = n$ oder $k > n$ möglich sind.

Ein (weiterer) Vektor $x = (x_1, \ldots, x_n)^\top \in \mathbb{R}^n$ wird *Linearkombination* der Vektoren $x^{(1)}, \ldots, x^{(k)} \in \mathbb{R}^n$ genannt, wenn es reelle Zahlen $\lambda_1, \ldots, \lambda_k$ gibt derart, dass

$$x = \lambda_1 x^{(1)} + \lambda_2 x^{(2)} + \cdots + \lambda_k x^{(k)} = \sum_{i=1}^{k} \lambda_i x^{(i)}, \qquad (4.33)$$

d. h., wenn sich x aus den gegebenen Vektoren $x^{(i)}$, $i = 1, \ldots, k$, „kombinieren" lässt. Das ist nicht immer so, sonst wäre der eingeführte Begriff inhaltsleer.

Beispiel 4.25   Gegeben seien die beiden Vektoren $x^{(1)} = \binom{1}{2}$ und $x^{(2)} = \binom{1}{0}$.
   a) Der Vektor $\widehat{x} = \binom{1}{6}$ ist eine Linearkombination von $x^{(1)}$ und $x^{(2)}$, denn

$$\binom{1}{6} = 3 \cdot \binom{1}{2} - 2 \cdot \binom{1}{0}. \qquad (4.34)$$

Mit anderen Worten, man hat $\lambda_1 = 3$ und $\lambda_2 = -2$ zu wählen.
   b) Der Vektor $\mathbf{0} = (0, 0)^\top$ ist eine Linearkombination von $x^{(1)}$ und $x^{(2)}$, da offensichtlich gilt

$$\binom{0}{0} = 0 \cdot \binom{1}{2} + 0 \cdot \binom{1}{0}.$$

Beispiel 4.26   Gegeben seien die Vektoren $x^{(3)} = \binom{2}{2}$ und $x^{(4)} = \binom{-1}{-1}$ des Raumes $\mathbb{R}^2$. Der Vektor $\bar{x} = \binom{4}{1}$ stellt keine Linearkombination von $x^{(3)}$ und $x^{(4)}$ dar, denn es gibt keine Zahlen λ_3 und λ_4 mit der Eigenschaft $\bar{x} = \lambda_3 x^{(3)} + \lambda_4 x^{(4)}$. Um dies einzusehen, hat man die Vektorgleichung

$$\lambda_3 \binom{2}{2} + \lambda_4 \binom{-1}{-1} = \binom{4}{1}$$

oder, was hierzu äquivalent ist, das lineare Gleichungssystem

$$\begin{array}{rcrcl} 2\lambda_3 & - & \lambda_4 & = & 4 \\ 2\lambda_3 & - & \lambda_4 & = & 1 \end{array} \qquad (4.35)$$

mit den Unbekannten λ_3 und λ_4 zu lösen. Die Subtraktion der zweiten von der ersten Gleichung liefert die Beziehung $0 = 3$, welche offensichtlich einen Widerspruch darstellt, den man auch unmittelbar aus (4.35) ersehen kann. Somit gibt es keine Lösung von (4.35).

Bemerkung
1) Genauso wie der Nachweis der Nichtexistenz von Größen λ_i, $i = 1, \ldots, k$, im Falle des Beispiels 4.26 läuft das Finden von Zahlen λ_i in Gleichungen der Art (4.34) auf das Ermitteln der Lösungen von linearen Gleichungssystemen hinaus.

Abb. 4.3 Linearkombination
von Vektoren

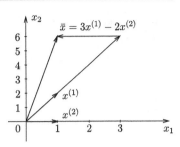

2) Geometrische Interpretation: Wir interpretieren die Elemente des Raumes $\mathbb{R}^2$ als Pfeile
(Ortsvektoren, Verschiebungen) der Ebene (mit der aus der Vektorrechnung bekannten
Summe, gebildet als Resultierende der eingehenden Vektoren sowie der Multiplikation
eines Vektors mit einer Zahl, aufgefasst als eine Streckung bzw. Stauchung des Vektors).
Dann ergibt sich aus (4.34) die in Abb. 4.3 dargestellte Situation, während das zweite
Beispiel auf den in Abb. 4.4 wiedergegebenen Sachverhalt führt.

Man stellt fest, dass $x^{(3)}$ und $x^{(4)}$ auf einer Geraden liegen, oder – wie man auch sagt –
kollinear sind, während $\bar{x} = (4,1)^{\top}$ nicht zu dieser Geraden gehört.

3) Neben dem Begriff der Linearkombination ist insbesondere im Rahmen der linearen
Optimierung (siehe Kap. 5) auch der Begriff der konvexen Linearkombination von Interesse. Hierbei treten zusätzlich zu der Forderung (4.33) die Bedingungen

$$\sum_{i=1}^{k} \lambda_i = 1, \quad \lambda_i \geq 0, \ i = 1, \ldots, k$$

auf. Also: Ein Vektor $x \in \mathbb{R}^n$ wird *konvexe Linearkombination* der Vektoren $x^{(1)}, \ldots, x^{(k)} \in$
$\mathbb{R}^n$ genannt, wenn es Zahlen λ_i gibt, die den Bedingungen

$$\lambda_i \geq 0, \quad i = 1, \ldots, k, \qquad \sum_{i=1}^{k} \lambda_i = 1, \qquad x = \sum_{i=1}^{k} \lambda_i x^{(i)} \qquad (4.36)$$

Abb. 4.4 Kollineare Vektoren

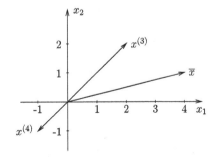

Abb. 4.5 Konvexe Linearkombination

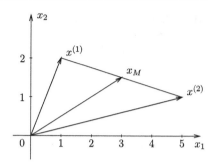

genügen. Geometrische Interpretation (für den Fall $n = 2$): Für die Vektoren $x^{(1)} = \binom{1}{2}$, $x^{(2)} = \binom{5}{1}$ stellt die Menge aller konvexen Linearkombinationen die Verbindungsstrecke der Punkte $x^{(1)}$ und $x^{(2)}$ dar. In der Tat erhält man aus (4.36) mit $k = 2$ beispielsweise für $\lambda_1 = 1$, $\lambda_2 = 0$ den Punkt $x^{(1)} = \binom{1}{2}$, für $\lambda_1 = 0$, $\lambda_2 = 1$ den Punkt $x^{(2)} = \binom{5}{1}$ und für $\lambda_1 = \lambda_2 = \frac{1}{2}$ den Mittelpunkt $x_M = \binom{3}{1,5}$ der Strecke $\overline{x^{(1)}x^{(2)}}$ (siehe Abb. 4.5).

Übungsaufgabe 4.24 Der Leser berechne für weitere Werte $\lambda \in [0,1]$ die zugehörigen Punkte. Ferner überlege er sich, welche Punkte x sich mithilfe der Darstellung (4.36) erzeugen lassen, wenn man auf die Bedingung $\lambda_i \geq 0$ oder $\sum_{i=1}^{k} = 1$ oder auf beide Bedingungen verzichtet und nur $\lambda_i \in \mathbb{R}$ fordert.

4.5.2   Begriff der linearen Unabhängigkeit

Man überlegt sich leicht, dass der Nullvektor (entsprechender Dimension) stets eine Linearkombination beliebiger anderer Vektoren (derselben Dimension) darstellt. Dazu hat man lediglich $\lambda_1 = \lambda_2 = \ldots = \lambda_k = 0$ zu wählen und erhält dieso genannte *triviale Linearkombination*.

Im Zusammenhang mit dieser Tatsache ist die folgende Fragestellung von besonderem Interesse: Kann für k gegebene Vektoren $x^{(1)}, \ldots, x^{(k)} \in \mathbb{R}^n$ der Nullvektor auch als Linearkombination dargestellt werden, in der **nicht alle Koeffizienten λ_i gleich null sind**?

In Abhängigkeit von der Antwort auf diese Frage schreibt man den betrachteten k Vektoren die Eigenschaft der linearen Abhängigkeit oder Unabhängigkeit zu. Exakter: Die Vektoren $x^{(1)}, \ldots, x^{(k)} \in \mathbb{R}^n$ heißen *linear abhängig*, wenn es Zahlen $\lambda_1, \ldots, \lambda_k$ gibt, die nicht alle null sind und der Beziehung

$$\sum_{i=1}^{k} \lambda_i x^{(i)} = \mathbf{0} \tag{4.37}$$

genügen. Anderenfalls werden die Vektoren $x^{(i)}$, $i = 1, \ldots, k$ *linear unabhängig* genannt.

Mit anderen Worten, die gegebenen Vektoren $x^{(i)}$, $i = 1, \ldots, k$, sind linear abhängig, wenn das lineare Gleichungssystem (4.37) nichttriviale Lösungen besitzt, was bedeutet, dass von den Unbekannten λ_i, $i = 1, \ldots, k$, mindestens eine ungleich null ist. Umgekehrt werden die Vektoren $x^{(1)}, \ldots, x^{(k)}$ linear unabhängig genannt, wenn aus (4.37) folgt, dass alle λ_i gleich null sind, wenn also das lineare Gleichungssystem (4.37) als einzige Lösung die triviale Lösung (Nulllösung) besitzt. Zur Illustration sollen die bereits in Beispiel 4.25 betrachteten Vektoren untersucht werden.

Beispiel 4.27   Gegeben seien die Vektoren

$$x^{(1)} = \begin{pmatrix} 1 \\ 2 \end{pmatrix} \text{ und } x^{(2)} = \begin{pmatrix} 1 \\ 0 \end{pmatrix}.$$

Zur Beantwortung der Frage, ob diese linear abhängig oder unabhängig sind, hat man die Lösungsmenge des homogenen linearen Gleichungssystems

$$
\begin{aligned}
\lambda_1 &+ \lambda_2 &= 0 \\
2\lambda_1 & &= 0
\end{aligned}
$$

zu untersuchen. Mit Hilfe des Gauß'schen Algorithmus (siehe Abschn. 4.4), einem beliebigen anderen Verfahren bzw. durch „scharfes Hinsehen" erhält man als einzige Lösung $\lambda_1 = \lambda_2 = 0$, woraus man die lineare Unabhängigkeit von $x^{(1)}$ und $x^{(2)}$ folgert. Geometrisch bedeutet lineare Unabhängigkeit für Vektoren der Ebene, dass sie nicht auf einer Geraden liegen dürfen (vgl. Abb. 4.3).

Beispiel 4.28   Für die Vektoren $x^{(3)} = \begin{pmatrix} 2 \\ 2 \end{pmatrix}$ und $x^{(4)} = \begin{pmatrix} -1 \\ -1 \end{pmatrix}$ liefert das homogene lineare Gleichungssystem

$$
\begin{aligned}
2\lambda_1 &- \lambda_2 &= 0 \\
2\lambda_1 &- \lambda_2 &= 0
\end{aligned}
$$

die unendlich vielen Lösungen $\lambda = \begin{pmatrix} \lambda_1 \\ \lambda_2 \end{pmatrix} = t \cdot \begin{pmatrix} 1/2 \\ 1 \end{pmatrix}$, t beliebig.

Da es also von null verschiedene Lösungen gibt, sind die Vektoren $x^{(3)}$ und $x^{(4)}$ linear abhängig. Geometrisch dokumentiert sich dieser Umstand darin, dass die beiden Vektoren $x^{(3)}$, $x^{(4)}$ auf einer Geraden liegen (vgl. Abb. 4.4).

Der Begriff der linearen Unabhängigkeit, auf den wir noch mehrfach zurückkommen werden, stellt eine wesentliche Grundlage der linearen Algebra dar. Deshalb soll er detaillierter untersucht werden. Ferner werden eine Reihe von damit im Zusammenhang stehenden Aussagen formuliert und teilweise bewiesen. (Das Beweisen mathematischer Sachverhalte ist zwar nicht das „Brot" zukünftiger Wirtschaftswissenschaftler, es vermittelt jedoch nützliche Einblicke in mathematische Strukturen und Denkweisen.)

Satz 4.4   *Ist der Vektor $x^* \in \mathbb{R}^n$ eine Linearkombination der k Vektoren $x^{(1)}, \ldots, x^{(k)} \in \mathbb{R}^n$, so sind die $k + 1$ Vektoren $x^{(1)}, \ldots, x^{(k)}, x^*$ linear abhängig.*

Beweis Da nach Voraussetzung der Vektor x^* Linearkombination der Vektoren $x^{(1)}, \ldots,$ $x^{(k)}$ ist, muss es Zahlen $\bar{\lambda}_1, \ldots, \bar{\lambda}_k$ geben derart, dass

$$x^* = \bar{\lambda}_1 x^{(1)} + \cdots + \bar{\lambda}_k x^{(k)}.$$

Durch Umformung erhält man hieraus die Vektorgleichung

$$\bar{\lambda}_1 x^{(1)} + \cdots + \bar{\lambda}_k x^{(k)} - \boxed{1} \cdot x^* = 0.$$

Diese kann als homogenes lineares Gleichungssystem der Form (4.37) aufgefasst werden (allerdings mit $k + 1$ Summanden), welches die spezielle Lösung $\left(\bar{\lambda}_1, \ldots, \bar{\lambda}_k, -1 \right)^\top$ besitzt. Diese ist nichttrivial, denn ganz gleich, wie die Werte $\bar{\lambda}_1, \ldots, \bar{\lambda}_k$ lauten, die letzte Komponente $\overline{\lambda}_{k+1}$ ist gleich -1 und somit nicht null. Da es also (mindestens) eine von null verschiedene Lösung von (4.37) gibt, sind die $k + 1$ Vektoren $x^{(1)}, \ldots, x^{(k)}, x^*$ linear abhängig. Der Satz ist damit bewiesen. $\square$

Wie viele linear unabhängige Vektoren kann es im Raum $\mathbb{R}^n$ der Vektoren mit n Komponenten geben?

Satz 4.5 (i) *Die n Einheitsvektoren $e_i = (0, 0, \ldots, 1, \ldots, 0)^\top \in \mathbb{R}^n$, $i = 1, \ldots, n$, sind stets linear unabhängig.*
(ii) *Im Raum $\mathbb{R}^n$ sind mehr als n Vektoren immer linear abhängig.*

Übungsaufgabe 4.25 Man zeige die Richtigkeit von Aussage (i) für die Fälle $n = 2$ und $n = 3$ und stelle die entsprechenden Vektoren dar. Finden Sie außerdem weitere Vektoren in der Ebene bzw. im Raum (als geometrische Interpretation der Räume $\mathbb{R}^2$ bzw. $\mathbb{R}^3$), die linear unabhängig sind.

Übungsaufgabe 4.26 Unter Verwendung der Kenntnisse aus der Theorie der linearen Gleichungssysteme überlege man sich die Richtigkeit der Aussage (ii).

Die zweite Behauptung von Satz 4.5 besagt also, dass es im $\mathbb{R}^n$ maximal n linear unabhängige Vektoren geben kann (wofür die n Einheitsvektoren ein Beispiel bilden). Da die Maximalzahl linear unabhängiger Vektoren (in einem abstrakten linearen Vektorraum) auch als *Dimension* des Raumes bezeichnet wird, ist der Raum $\mathbb{R}^n$ also n-dimensional. Diese mathematische Definition stimmt für die Werte $n = 1, 2, 3$ mit unserer Anschauung und dem üblichen Sprachgebrauch überein, ist aber natürlich allgemeiner.

4.5.3 Basis und Rang

Unter welchen Voraussetzungen lässt sich ein fixierter Vektor als Linearkombination anderer Vektoren darstellen?

Denken wir an die obigen Beispiele aus den Abb. 4.3 und 4.4, so kann dies, muss aber nicht unbedingt der Fall sein. Intuitiv ist klar, dass es „genügend viele" linear unabhängige unter den gegebenen Vektoren geben muss. In diesem Zusammenhang sind die nachfolgenden Begriffe und Aussagen von Interesse.

Definition   Sind n (beliebige) Vektoren des Raumes $\mathbb{R}^n$ linear unabhängig, so werden sie als *Basis* des $\mathbb{R}^n$ bezeichnet; die einzelnen Vektoren selbst heißen *Basisvektoren*.

Bemerkungen
1) Eine aus n Basisvektoren bestehende Matrix wird als *Basismatrix* bezeichnet. Dieser Begriff spielt insbesondere in der Theorie der linearen Gleichungssysteme sowie in der Theorie der linearen Optimierung eine große Rolle.
2) Offensichtlich bilden die n Einheitsvektoren $e_i \in \mathbb{R}^n$, $i = 1, \ldots, n$, eine Basis, die so genannte *Standardbasis*. In der geometrischen Interpretation ist diese mit denjenigen (Einheits-) Vektoren verbunden, die ein zwei- oder dreidimensionales kartesisches Koordinatensystem erzeugen oder – wie man auch sagt – aufspannen. Jeder Vektor lässt sich dann als Linearkombination dieser Einheitsvektoren darstellen, wobei die Koeffizienten in der Linearkombination den Koordinaten entsprechen.
3) Koordinatensysteme müssen nicht rechtwinklig sein, mitunter ist es günstiger, nicht die „Standard-Basisvektoren" $(1, 0)^\top$ und $(0, 1)^\top$ zu benutzen, sondern andere. Offensichtlich erzeugen die beiden Vektoren

$$x^{(1)} = \begin{pmatrix} 1 \\ 1 \end{pmatrix}, \; x^{(2)} = \begin{pmatrix} 1 \\ 0 \end{pmatrix}$$

ebenfalls ein Koordinatensystem, nunmehr aber ein schiefwinkliges.

Welche Koordinaten hat z. B. der Vektor $x^{(3)} = \begin{pmatrix} 4 \\ 2 \end{pmatrix}$ in diesem System? Geometrisch führt dies auf die Bestimmung der Projektionen des Punktes $x^{(3)}$ auf die beiden Koordinatenachsen, indem man jeweils eine Parallele zur anderen Koordinatenachsen legt und den Schnittpunkt abliest. Das Ergebnis lautet $(2, 2)$, d. h., $x^{(3)} = 2 \cdot x^{(1)} + 2 \cdot x^{(2)}$ (siehe Abb. 4.6).
Aus algebraischer Sicht läuft die Beantwortung dieser Frage auf das Lösen des linearen Gleichungssystems

$$\begin{array}{rcrcl} \lambda_1 & + & \lambda_2 & = & 4 \\ \lambda_1 & & & = & 2 \end{array}$$

hinaus, was dasselbe Ergebnis liefert. Dieses Ergebnis ist auch eindeutig, wie aus der folgenden allgemeinen Aussage folgt.

Satz 4.6 *Bilden die Vektoren $b^{(1)}, \ldots, b^{(n)}$ eine Basis des Raumes $\mathbb{R}^n$, so lässt sich jeder Vektor $c \in \mathbb{R}^n$ in eindeutiger Weise als Linearkombination aus den Basisvektoren darstellen,*

Abb. 4.6 Schiefwinkliges
Koordinatensystem

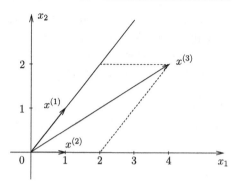

d. h., es existieren Zahlen $\lambda_1, \ldots, \lambda_n$, die eindeutig bestimmt sind und für die gilt

$$c = \sum_{i=1}^{n} \lambda_i b^{(i)} \,.$$

Im Zusammenhang mit dem Begriff der linearen Unabhängigkeit haben wir bisher Systeme von Vektoren betrachtet. Diese kann man auch zu Matrizen zusammenfassen. Für Matrizen gilt die folgende interessante Aussage.

Satz 4.7 *Die maximale Anzahl linear unabhängiger Spaltenvektoren einer Matrix A ist gleich der maximalen Anzahl linear unabhängiger Zeilenvektoren der Matrix A.*

Diese Eigenschaft liefert die Grundlage für die nachstehende

Definition Die maximale Anzahl linear unabhängiger Spalten- bzw. Zeilenvektoren einer Matrix A heißt *Rang* von A (Schreibweise: rang A).

Bemerkungen

1) Ist die untersuchte Matrix A vom Typ (m, n), so kann ihr Rang höchstens so groß wie die Anzahl der Zeilen oder der Spalten sein, wobei man die kleinere der beiden Zahlen zu wählen hat:
$$\text{rang } A \leq \min\{m, n\}.$$

2) Für den Rang einer Basismatrix B, gebildet aus n linear unabhängigen Vektoren des $\mathbb{R}^n$, gilt offensichtlich rang $A = n$. Da die Einheitsmatrix E vom Typ (n, n) eine Basismatrix im $\mathbb{R}^n$ ist, gilt folglich auch rang $E = n$.

3) Die Berechnung des Rangs einer Matrix nur mithilfe der obigen Definition kann sehr arbeitsaufwändig sein, wie das nachfolgende Beispiel zeigt. Wir werden aber bald sehen, dass der Gauß'sche Algorithmus bzw. die Determinantenrechnung (siehe Abschn. 4.7) eine effektive Rangbestimmung gestatten.

Beispiel 4.29 Wie groß ist der Rang der Matrix $A = \begin{pmatrix} 1 & 1 & 2 \\ 1 & 2 & 3 \\ 3 & 3 & 6 \end{pmatrix}$?

Zunächst kann rang A wegen $m = n = 3$ höchstens 3 betragen und ist mindestens gleich 1, da beispielsweise die 1. Spalte ungleich dem Nullvektor ist (man beachte die Definition der linearen Unabhängigkeit!). Bei aufmerksamem Betrachten sieht man ferner, dass

$$\begin{pmatrix} 1 \\ 1 \\ 3 \end{pmatrix} + \begin{pmatrix} 1 \\ 2 \\ 3 \end{pmatrix} = \begin{pmatrix} 2 \\ 3 \\ 6 \end{pmatrix}$$

gilt, sodass der dritte Spaltenvektor eine Linearkombination der ersten beiden darstellt. Gemäß Satz 4.4 sind die drei Spaltenvektoren somit linear abhängig. Also gilt rang $A < 3$, d. h. rang $A \leq 2$. Andererseits hat das lineare Gleichungssystem

$$\lambda_1 \begin{pmatrix} 1 \\ 1 \\ 3 \end{pmatrix} + \lambda_2 \begin{pmatrix} 1 \\ 2 \\ 3 \end{pmatrix} = \begin{pmatrix} 0 \\ 0 \\ 0 \end{pmatrix}$$

nur die triviale Lösung $\lambda_1 = \lambda_2 = 0$ (der Leser überprüfe dies!). Definitionsgemäß sind damit die ersten beiden Spaltenvektoren linear unabhängig, woraus rang $A = 2$ folgt.

Die in dem betrachteten Beispiel angewandte Methode des „scharfen Hinschauens" trägt natürlich keinen allgemeingültigen Charakter, da sie recht unsystematisch ist. Eine systematische Untersuchung aller Kombinationen aus $k \leq \min\{m, n\}$ Spalten- bzw. Zeilenvektoren kann hingegen sehr aufwändig sein. Deshalb ist die folgende Aussage von großem Nutzen.

Satz 4.8 *Die im Gauß'schen Algorithmus angewendeten Elementartransformationen (U1)–(U4) verändern den Rang einer Matrix nicht.*

Dieser Satz ermöglicht auf einfache Weise die Rangbestimmung einer gegebenen Matrix A: Man wende auf A den Gauß'schen Algorithmus an; die Dimension der entstehenden Einheitsmatrix ist dann gleich rang A. (Da es hier keine rechte Seite gibt, wie bei linearen Gleichungssystemen, kann kein Widerspruch auftreten, sodass man stets eine Einheitsmatrix erzeugen kann.)

Übungsaufgabe 4.27 Man bestimme den Rang der Matrix $A = \begin{pmatrix} 1 & 1 & 2 \\ 1 & 2 & 3 \\ 3 & 3 & 6 \end{pmatrix}$ mithilfe des Gauß'schen Algorithmus.

Bemerkung   Ein häufig in der Literatur zu findendes Lösbarkeitskriterium für ein lineares Gleichungssystem lautet: Das System $Ax = b$ ist genau dann lösbar, wenn rang $A =$ rang $(A \,|\, b)$, wobei $(A \,|\, b)$ die (um die rechte Seite) *erweiterte Systemmatrix* genannt wird. Speziell besagt dies, dass das betrachtete Gleichungssystem nicht lösbar ist, wenn rang $A \neq$ rang $(A \,|\, b)$, wobei dann gerade rang $(A \,|\, b) = ($rang$\,A) + 1$ gilt. Im Gauß'schen Algorithmus entspricht das dem Fall, dass auf der linken Seite des LGS eine Nullzeile steht, auf der rechten Seite hingegen ein von null verschiedenes Element (Widerspruch).

4.5.4   Zur Lösungsstruktur linearer Gleichungssysteme

Abschließend machen wir noch einige Ausführungen, die die Aussagen aus Abschn. 4.4.3 über die Struktur der allgemeinen Lösung eines linearen Gleichungssystems theoretisch untermauern. Beim ersten Lesen kann dieser Teil notfalls übergangen werden.

Zunächst erinnern wir uns, dass in einem aus dem linearen Gleichungssystem $Ax = b$ entstandenen LGS mit Einheitsmatrix $Ex_B + Rx_N = \widetilde{b}$ die Variablen x_B, die mit der Einheitsmatrix verbunden sind, als Basisvariablen bezeichnet werden. Das hängt mit folgendem zusammen: Entsprechend Satz 4.8 hat der Teil B der Matrix A, der zu den Basisvariablen gehört, denselben Rang wie die nach den Umformungen entstandene Einheitsmatrix. Also besteht B aus linear unabhängigen Spalten, die damit eine Basis bilden (in einem Raum der Dimension wie sie der Vektor $\widetilde{b}$ hat). Für eine beliebige rechte Seite kann folglich eine Lösung bestimmt werden. Unter diesen Lösungen gibt es eine ausgezeichnete, die so genannte *Basislösung*:

$$x_N = \mathbf{0}, \quad x_B = \widetilde{b} = B^{-1}b.$$

Zu jedem LGS mit Einheitsmatrix gehört eine Basislösung. Da jedoch die Umformung eines beliebigen linearen Gleichungssystems auf ein solches, das eine Einheitsmatrix enthält, im Allgemeinen nicht auf eindeutige Weise möglich ist, kann es mehrere Basislösungen zu einem linearen Gleichungssystem geben. Basislösungen werden vor allem im Kap. 5 zur linearen Optimierung eine große Rolle spielen.

In Abschn. 4.4.3 war gesagt worden, dass sich die allgemeine Lösung eines inhomogenen linearen Gleichungssystems darstellen lässt aus einer speziellen Lösung des inhomogenen Systems und der allgemeinen Lösung des zugehörigen homogenen Gleichungssystems. Was versteht man unter der letzteren? Ehe diese Frage beantwortet wird, formulieren und beweisen wir eine dafür notwendige Aussage über homogene Systeme.

Satz 4.9   *Jede Linearkombination von Lösungen eines homogenen linearen Gleichungssystems $Ax = \mathbf{0}$ ist wieder Lösung dieses Systems.*

Beweis   Der Beweis soll hier für den Fall zweier Lösungen geführt werden, für endlich viele Lösungen verläuft er vollständig analog. Es seien $x^{(1)}$ und $x^{(2)}$ Lösungen des Systems $Ax = \mathbf{0}$, d. h. $Ax^{(1)} = \mathbf{0}$, $Ax^{(2)} = \mathbf{0}$. Um eine (beliebige) Linearkombination z dieser beiden

Lösungen zu betrachten, hat man zwei Zahlen λ_1, λ_2 zu wählen und $z = \lambda_1 x^{(1)} + \lambda_2 x^{(2)}$ zu setzen. Dann gilt gemäß den Regeln der Matrizenrechnung:

$$
\begin{aligned}
Az &= A\left(\lambda_1 x^{(1)} + \lambda_2 x^{(2)}\right) = A\left(\lambda_1 x^{(1)}\right) + A\left(\lambda_2 x^{(2)}\right) \\
&= \lambda_1 A x^{(1)} + \lambda_2 A x^{(2)} = \lambda_1 \cdot \mathbf{0} + \lambda_2 \cdot \mathbf{0} = \mathbf{0}.
\end{aligned}
$$

Aus der Beziehung $Az = \mathbf{0}$ erkennt man, dass z tatsächlich Lösung des homogenen Systems ist. □

Nun können wir auf die Frage nach der allgemeinen Lösung eines homogenen linearen Gleichungssystems zurückkommen. Bezeichnet man wie bisher die Anzahl der Variablen mit n, die Dimension der Einheitsmatrix im umgeformten linearen Gleichungssystem (die gleich der Anzahl der Basisvariablen und gleich dem Rang der Matrix A ist) mit r und die Anzahl der Nichtbasisvariablen (die gleich der Anzahl der freien Parameter t_i ist) mit f, so folgt daraus die Beziehung $f = n - r$, und die allgemeine Lösung x^* des homogenen Gleichungssystems $Ax = \mathbf{0}$ lässt sich darstellen als Linearkombination von genau f linear unabhängigen (speziellen) Lösungen x^i dieses Systems:

$$
x^* = \sum_{i=1}^{f} \lambda_i x^i, \quad \lambda_i \in \mathbb{R}.
$$

Übrigens wird die Zahl $f = n - r$ *Freiheitsgrad* des linearen Gleichungssystems genannt.

4.6 Matrizeninversion

4.6.1 Definition der inversen Matrix

Bekanntlich gibt es im Bereich der rationalen oder reellen Zahlen zur Operation Multiplikation auch eine Umkehroperation, die Division. Insbesondere kann man jeder Zahl a, $a \neq 0$, eine weitere Zahl x zuordnen, für die gilt

$$
a \cdot x = x \cdot a = 1. \tag{4.38}
$$

Die Zahl $x = \frac{1}{a}$ wird *Kehrwert* von a oder zu a *inverse* Zahl genannt und in Übereinstimmung mit den Regeln der Potenzrechnung auch als a^{-1} bezeichnet. Demnach gilt

$$
a \cdot a^{-1} = a^{-1} \cdot a = 1.
$$

Zu $a = 0$ gibt es keine inverse Zahl, da die Division durch null auf einen unbestimmten Ausdruck führt und deshalb nicht erlaubt ist.

Nun wurde in Abschn. 4.2 die Multiplikation von Matrizen behandelt, und wiederum kann man die Frage stellen, ob es dazu (eventuell unter gewissen einschränkenden Voraussetzungen) eine Umkehroperation gibt. Dies führt auf das Problem der Existenz einer Matrix X, die den Beziehungen

$$A \cdot X = X \cdot A = E \tag{4.39}$$

genügt. (Hier wird übrigens die Vertauschbarkeit von A und X gefordert, was im Falle zweier beliebiger Matrizen wegen der Nichtkommutativität der Matrizenmultiplikation im Allgemeinen nicht gilt.) Man sieht leicht ein, dass es nicht zu jeder Matrix A eine der Forderung (4.39) genügende Matrix X gibt. Besitzt A den Typ (m, n), so muss X vom Typ (n, m) sein; die resultierende Einheitsmatrix hätte dann aber zum einen den Typ (m, m), zum anderen den Typ (n, n), was für $n \neq m$ zu einem Widerspruch führt. Damit kommen nur quadratische Matrizen in Betracht. Aber so, wie die Beziehung (4.38) nur für $a \neq 0$ erfüllbar ist, müssen auch an A weitere Forderungen gestellt werden, wofür der Begriff der Regularität einer Matrix benötigt wird.

Definition Eine quadratische Matrix vom Typ (n, n) heißt *regulär*, wenn ihre n Spalten linear unabhängig sind, d. h., wenn gilt rang $A = n$. Besitzt sie weniger als n linear unabhängige Spalten, sodass also rang $A < n$ ist, wird sie *singulär* genannt.

Bemerkungen
1) Die per Definition quadratische Einheitsmatrix E vom Typ (n, n) besteht aus n linear unabhängigen Spalten und ist somit regulär.
2) Die in Übungsaufgabe 4.27 bereits betrachtete Matrix $A = \begin{pmatrix} 1 & 1 & 2 \\ 1 & 2 & 3 \\ 3 & 3 & 6 \end{pmatrix}$ ist wegen
   rang $A = 2 < 3$ singulär.

Nachfolgend konzentrieren wir uns auf reguläre quadratische Matrizen.

Definition Gegeben sei eine reguläre quadratische Matrix A. Eine der Beziehung (4.39) genügende Matrix X wird zu A *inverse* Matrix oder *Inverse* genannt und mit A^{-1} bezeichnet.

Die Inverse zu einer regulären Matrix A existiert und ist eindeutig bestimmt. Eine Matrix, die eine Inverse besitzt, heißt *invertierbar*. Die Begriffe Regularität und Invertierbarkeit sind also synonym verwendbar. Die Bezeichnung A^{-1} stellt lediglich eine symbolische Schreibweise dar und wurde in Analogie zur Potenzrechnung von Zahlen eingeführt.

Aus der Beziehung (4.39) ergibt sich unter Verwendung der neuen Symbolik

$$A \cdot A^{-1} = A^{-1} \cdot A = E \, ,$$

d. h., A und A^{-1} sind bezüglich der Matrizenmultiplikation vertauschbar.

Ohne Beweis seien noch drei wichtige Rechenregeln für inverse Matrizen angegeben:

$$(A \cdot B)^{-1} = B^{-1} \cdot A^{-1}, \tag{4.40}$$

d. h., beim Invertieren eines Produkts von Matrizen verändert sich die Reihenfolge der Faktoren,

$$\left(A^{\mathsf{T}}\right)^{-1} = \left(A^{-1}\right)^{\mathsf{T}}, \tag{4.41}$$

d. h., die Operationen Invertieren und Transponieren sind vertauschbar,

$$\left(A^{-1}\right)^{-1} = A, \tag{4.42}$$

d. h., die Inverse der Inversen einer Matrix ist die Matrix selbst.

Beispiel 4.30 Gegeben seien $A = \begin{pmatrix} 1 & 0 \\ 2 & 1 \end{pmatrix}$ und $B = \begin{pmatrix} 1 & 0 \\ -2 & 1 \end{pmatrix}$. Wegen $A \cdot B = B \cdot A = \begin{pmatrix} 1 & 0 \\ 0 & 1 \end{pmatrix}$ (der Leser überprüfe dies!) ist sowohl B die inverse Matrix zu A als auch A invers zu B, d. h. $B = A^{-1}$, $A = B^{-1}$.

Übungsaufgabe 4.28 Überprüfen Sie anhand der in obigem Beispiel betrachteten Matrizen A und B die Rechengesetze (4.40)–(4.42).

Ist das im letzten Beispiel erzielte Ergebnis $B = A^{-1}$ Zufall? Haben wir (für gegebenes A) die inverse Matrix A^{-1} irgendwoher „gezaubert"? Seriöser gefragt: Wie kann man die zu einer gegebenen Matrix A Inverse berechnen und möglichst gleichzeitig überprüfen, ob A überhaupt invertierbar ist? Eine relativ einfache Möglichkeit liefert der Gauß'sche Algorithmus, der sehr vielfältig einsetzbar ist. Im Abschn. 4.7 und vor allem im Kap. 5 werden wir ihm erneut begegnen.

Zur Begründung der unten beschriebenen Methode zur Berechnung der Inversen gehen wir von der Matrixgleichung

$$Ax + Ey = 0 \tag{4.43}$$

aus, in der die quadratische Matrix A sowie die dazu passende Einheitsmatrix vorkommen. Unter der Annahme der Existenz von A^{-1} kann man (4.43) von links mit A^{-1} multiplizieren und erhält

$$A^{-1}Ax + A^{-1}Ey = A^{-1}0,$$

d. h.

$$Ex + A^{-1}y = 0. \tag{4.44}$$

Die Vektorgleichungen (4.43) und (4.44) lassen sich als ein homogenes lineares Gleichungssystem und ein zugehöriges LGS mit Einheitsmatrix auffassen, das durch Anwendung des Gauß'schen Algorithmus entstanden ist. Dabei ergibt sich aus A die Matrix E und gleichzeitig aus E die Matrix A^{-1}. Schematisch lässt sich das so notieren:

$$(A\,|\,E) \quad \overset{\text{Gauß'scher Algorithmus}}{\Longrightarrow} \quad (E\,|\,A^{-1}) \tag{4.45}$$

Mit anderen Worten: Schreibt man neben die quadratische Matrix A die Einheitsmatrix passender Dimension und wendet auf die erweiterte Matrix den Gauß'schen Algorithmus (ohne Spaltentausch!) an, um aus A die Einheitsmatrix E zu erzeugen, dann entsteht simultan aus E die zu A inverse Matrix A^{-1}. Tritt im Verlaufe der Rechnung im linken Teil eine Nullzeile auf, so bedeutet dies das Vorhandensein linearer Abhängigkeiten zwischen den Zeilen (oder gleichbedeutend: Spalten) von A, demzufolge ist in diesem Fall rang $A < n$ und A damit nicht invertierbar.

Beispiel 4.31 Zur Matrix $A = \begin{pmatrix} 1 & 2 & 1 \\ 0 & 1 & 0 \\ 1 & 2 & 2 \end{pmatrix}$ soll A^{-1} berechnet werden oder festgestellt werden, dass A nicht invertierbar ist. Unter Anwendung des Schemas (4.45), hier in Tabellenform aufgeschrieben, ergibt sich:

A	1	2	1	1	0	0	E
	0	1	0	0	1	0	
	1	2	2	0	0	1	
	1	2	1	1	0	0	
	0	1	0	0	1	0	
	0	0	1	-1	0	1	
	1	0	1	1	-2	0	
	0	1	0	0	1	0	
	0	0	1	-1	0	1	
E	1	0	0	2	-2	-1	A^{-1}
	0	1	0	0	1	0	
	0	0	1	-1	0	1	

Bemerkungen

1) Die Elementartransformation (U4) Spaltentausch darf bei der Bestimmung der inversen Matrix nicht angewendet werden, da man sonst z. B. einfach die zu A gehörigen Spalten mit den anfangs rechts daneben stehenden Spalten von E vertauschen und damit das i. Allg. falsche Ergebnis $A^{-1} = A$ erhalten könnte. Das hängt mit folgendem zusammen: Ist eine $(n \times n)$-Matrix A invertierbar, so besitzt sie den vollen Rang n und kann durch Multiplikation mit einer geeigneten Matrix T von links (entsprechend

dem Gauß'schen Algorithmus) auf die Einheitsmatrix E gebracht werden. Offenbar ist $T = A^{-1}$. Multiplikation von links mit T bzw. mit den Transformationsmatrizen T_1, T_2, T_3 von Aufgabe 4.6 entspricht aber den Elementartransformationen (U1)–(U3) bzw. (U5) aus Abschn. 4.3.5, während Spaltentausch einer Multiplikation von rechts entspricht.

2) Die Ermittlung der inversen Matrix

$$A^{-1} = \begin{pmatrix} b_{11} & b_{12} & \dots & b_{1n} \\ b_{21} & b_{22} & \dots & b_{2n} \\ & & \dots\dots\dots & \\ b_{n1} & b_{n2} & \dots & b_{nn} \end{pmatrix}$$

kann auch als gleichzeitiges Lösen von n Gleichungssystemen mit jeweils n Unbekannten aufgefasst werden: Ausgehend von der Beziehung $A \cdot A^{-1} = E$ kann man in A^{-1} und E jeweils die j-te Spalte betrachten und erhält das lineare Gleichungssystem

$$A \cdot \begin{pmatrix} b_{1j} \\ \vdots \\ b_{nj} \end{pmatrix} = e_j,$$

wobei $e_j = (0, \dots, 1, \dots, 0)^\top$ der j-te Einheitsvektor (mit der 1 an der j-ten Stelle) ist und b_{kj}, $k = 1, \dots, n$, die Unbekannten sind.

4.6.2   Anwendungen der Matrizeninversion

Matrizengleichungen

Von einer *Matrizengleichung* spricht man, wenn in einer Gleichung eine oder mehrere Matrizen mit unbekannten Elementen vorkommen. Im Weiteren wollen wir einige ausgewählte Fälle solcher Gleichungen untersuchen, in denen eine unbekannte Matrix X linear auftritt. Dabei sollen Lösungen mit den Hilfsmitteln der Matrizenrechnung gesucht werden; andere Lösungswege, etwa die Bestimmung der unbekannten Elemente von X mittels linearer Gleichungssysteme sind ebenfalls möglich, sollen hier aber nicht betrachtet werden.

Die allgemeine lineare Matrizengleichung

$$A_1 X B_1 + A_2 X B_2 + \dots + A_n X B_n = C, \tag{4.46}$$

in der die Matrizen A_i, B_i und C gegeben sind und X gesucht ist, muss nicht immer explizit lösbar sein. Aus diesem Grunde wollen wir uns exemplarisch auf einige Sonderfälle einschränken, in denen es gelingt, mittels Addition, Subtraktion, Inversion und Multiplikation von Matrizen eine Lösung von (4.46) zu finden, d. h. eine Matrix $\overline{X}$, für die die Beziehung (4.46) nach Einsetzen von $\overline{X}$ anstelle von X als Identität erfüllt ist. Im Weiteren seien A, B, C Matrizen geeigneter Dimension, x und y Vektoren und λ eine reelle Zahl.

Beispiel 4.32 Die Gleichung
$$A + X - B = C \tag{4.47}$$
hat die Lösung $X = C + B - A$, die sich aus (4.47) nach Addition von B und Subtraktion von A ergibt.

Beispiel 4.33 Die Gleichung

$$\lambda X = A, \quad \lambda \in \mathbb{R}^1, \quad \lambda \neq 0 \tag{4.48}$$

besitzt die Lösung $X = \frac{1}{\lambda} A$.

Beispiel 4.34 Für die Gleichung
$$AX = B \tag{4.49}$$
ergibt sich nach Multiplikation mit A^{-1} von links (Voraussetzung: A ist regulär) die Lösung $X = A^{-1} B$.

Beispiel 4.35 Aus der Gleichung

$$XA - XB = C \tag{4.50}$$

erhält man nach Ausklammern von X die Beziehung $X(A - B) = C$. Unter der Voraussetzung, dass $A - B$ regulär ist, erhält man hieraus nach Multiplikation mit $(A - B)^{-1}$ von rechts die Lösung $X = C(A - B)^{-1}$.

Beispiel 4.36 Schwierig wird es, wenn X sowohl als Rechts- als auch als Linksfaktor auftritt, wie beispielsweise in der Beziehung

$$AX = XA \tag{4.51}$$

mit regulärer Matrix A, weil es dann i. Allg. keine explizite Methode der Berechnung von X gibt.

Übungsaufgabe 4.29 Man überprüfe, dass $X = 0$ und $X = A^{-1}$ Lösungen von (4.51) sind und finde weitere Lösungen.

Lösung linearer Gleichungssysteme
Es gelte $X = x$, d. h., die gesuchte Matrix X ist ein Vektor, und es soll das lineare Gleichungssystem
$$Ax = b \tag{4.52}$$
untersucht werden.

Zunächst sei die Matrix A quadratisch und regulär. Dann existiert A^{-1}, und (4.52) kann von links mit A^{-1} multipliziert werden, was aufgrund der Beziehungen $A^{-1} Ax = Ex = x$

die eindeutige Lösung $x = A^{-1}b$ liefert. Man hat folglich die Matrix A^{-1} zu berechnen und mit dem Vektor b zu multiplizieren.

Dieser Lösungszugang ist vor allem dann sinnvoll und effektiver gegenüber dem direkten Lösen des Gleichungssystems (4.52), wenn letzteres **häufig** gelöst werden muss bei konstanter Matrix A und ständig wechselnder rechter Seite b. Dies ist etwa dann der Fall, wenn (4.52) einen Produktionsprozess beschreibt, wobei b der Bedarfsvektor und x der Vektor an Ausgangsmaterialien sind, während A die Technologiematrix darstellt, deren Elemente angeben, wie viele Einheiten an Ausgangsmaterialien zur Produktion jeweils einer Einheit der nachgefragten Güter benötigt werden. Häufig bleibt die Technologie über einen längeren Zeitraum gleich, wohingegen die Nachfrage ständig wechselt. In diesem Fall muss die Matrix A^{-1} nur einmal berechnet werden, danach wird jeweils nur die Multiplikation $A^{-1}b$ ausgeführt, die wesentlich weniger Rechenoperationen erfordert als der Gauß'sche Algorithmus.

Übungsaufgabe 4.30 Man vergleiche die Anzahl der Rechenoperationen für die beiden beschriebenen Lösungszugänge (entscheidend sind Multiplikationen bzw. Divisionen).

Übungsaufgabe 4.31 Man diskutiere die Lösung von (4.52) für folgende Fälle: A ist vom Typ (m, n) mit $m > n = \text{rang } A$; $\text{rang } A < \min\{m, n\}$ und (4.52) ist lösbar.

Übungsaufgabe 4.32 Man bestätige die Lösungen der Gleichungen (4.47)–(4.52) für die konkreten Größen $A = \begin{pmatrix} 1 & 2 \\ 3 & 4 \end{pmatrix}$, $B = \begin{pmatrix} 5 & 6 \\ 7 & 8 \end{pmatrix}$, $C = \begin{pmatrix} 9 & 5 \\ 3 & -3 \end{pmatrix}$, $b = \begin{pmatrix} 100 \\ 200 \end{pmatrix}$, $z = \frac{1}{4}$.

Leontief-Modell

Wir betrachten die Gleichung

$$x - Ax = y, \tag{4.53}$$

in der die Matrix A und der Vektor y gegeben sind, während x gesucht ist. Ausklammern von x ist nicht ohne weiteres möglich, sondern erst nach Nutzung der Beziehung $Ex = x$ realisierbar: $x - Ax = Ex - Ax = (E - A)x$. Unter der Voraussetzung der Invertierbarkeit von $E - A$ erhält man nach Multiplikation von (4.53) mit $(E - A)^{-1}$ von links die eindeutige Lösung

$$x = (E - A)^{-1}y. \tag{4.54}$$

Diese Gleichung spielt im so genannten *Leontief-Modell*[1] die zentrale Rolle. Dabei stellt x den Vektor der Bruttoproduktion und y den Vektor der Nettoproduktion dar, und A ist eine Matrix, die den Eigenverbrauch der Produktionseinheiten charakterisiert. Gleichung (4.53) beschreibt dann den Zusammenhang zwischen diesen Größen und liefert die Grundlage zur Berechnung des Bruttoproduktionsvektors x.

---

[1] Leontief, Wassily (1906–1999), US-amerik. Nationalökonom russischer Herkunft, 1973 Nobelpreis für Wirtschaftswissenschaften.

Abb. 4.7 Beispiel eines Gozintographen

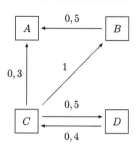

Beispiel 4.37 Wir betrachten die innerbetrieblichen Leistungsverflechtungen in einem Unternehmen mit 4 Produkten A, B, C und D. Für die Herstellung einer Mengeneinheit (ME) des Produktes A sollen 0,5 zusätzliche Mengeneinheiten von B sowie 0,3 ME des Produkts C notwendig sein. Analog benötigt man zur Herstellung einer ME von B eine zusätzliche ME von C, für eine ME C zusätzlich 0,4 ME D sowie für eine ME D zusätzlich 0,5 ME C.

Zur grafischen Veranschaulichung einer solchen Leistungsverflechtung sind Pfeildiagramme, so genannte „Gozintographen", übliche Hilfsmittel: Jedem der Produkte (hier: A bis D) wird ein „Knoten" (dargestellt durch Kreise oder Kästchen) zugeordnet, die dazwischen verlaufenden beschrifteten Pfeile geben den entsprechenden Bedarf für die einzelnen Produktionsschritte an. So entspricht z. B. der Pfeil mit der Beschriftung 0,4 von D nach C dem Zusatzbedarf von 0,4 ME D je produzierter ME C (siehe Abb. 4.7).

Praktisch bedeutet dies, dass nach der Produktion von p ME der Produkte A bis D nicht die volle Menge p als Output des Produktionsprozesses zur Verfügung steht und verkauft werden kann, sondern eine um den Eigenverbrauch verminderte Menge n, die Nettomenge. Dieser Eigenverbrauch an Produkten A bis D lässt sich durch die aus den gegebenen Zahlen abgeleitete Matrix

$$M = \begin{pmatrix} 0 & 0 & 0 & 0 \\ 0,5 & 0 & 0 & 0 \\ 0,3 & 1 & 0 & 0,5 \\ 0 & 0 & 0,4 & 0 \end{pmatrix}$$

sowie die Verflechtungsbeziehung $n = p - M \cdot p$, d. h. Nettomenge = hergestellte Menge – Eigenverbrauch, beschreiben. Unter Verwendung der Formeln (4.53) bzw. (4.54) erhält man daraus die Gleichungen $n = (E - M) \cdot p$ bzw. nach Umstellung $p = (E - M)^{-1}n$.

Die zur Berechnung von p bei gegebenem n nötige inverse Matrix $(E - M)^{-1}$ hat dabei den Wert

$$(E - M)^{-1} = \begin{pmatrix} 1 & 0 & 0 & 0 \\ 0,5 & 1 & 0 & 0 \\ 1 & 1,25 & 1,25 & 0,625 \\ 0,4 & 0,5 & 0,5 & 1,25 \end{pmatrix}.$$

Daraus kann man z. B. ableiten, dass zum Verkauf einer ME der Sorte A, was dem Vektor $n = (1, 0, 0, 0)^{\top}$ entspricht, genau 1 ME von A, 0,5 ME von B, 1 ME von C sowie 0,4 ME von D hergestellt werden müssen. Diese Zahlen entsprechen den Werten in der ersten Spalte von $(E - M)^{-1}$.

Will man allgemeiner den Bedarf an herzustellenden Produkten berechnen, um z. B. 10, 8, 4 und 8 ME von A, B, C bzw. D verkaufen zu können, so setzt man analog $n = (10, 8, 4, 8)^\top$ und erhält $p = (E - M)^{-1} \cdot (10, 8, 4, 8)^\top = (10, 13, 30, 20)^\top$. Es sind also 10 ME von A, 13 ME von B, 30 ME von C sowie 20 ME von D herzustellen.

Übungsaufgabe 4.33 In einem Unternehmen werden die Produkte E_1, E_2 und E_3 hergestellt, wobei die Rohstoffe R_1, R_2 und R_3 in Mengen entsprechend der linken Tabelle benötigt werden. Außerdem verbraucht das Unternehmen aufgrund technologischer Besonderheiten einen Teil seiner Produktion gemäß der rechten Tabelle selbst.

	Verbrauch an				Verbrauch an		
	R_1	R_2	R_3		E_1	E_2	E_3
	in Einheiten				in Einheiten		
je Einheit E_1	2	1	4	je Einheit E_1	$\frac{1}{2}$	0	1
je Einheit E_2	1	0	3	je Einheit E_2	0	0	$\frac{1}{2}$
je Einheit E_3	0	2	5	je Einheit E_3	$\frac{1}{4}$	$\frac{1}{4}$	0

Der zu deckende Bedarf betrage 5 Einheiten an E_1, 5 Einheiten an E_2 und 10 Einheiten an E_3. Welche Mengen an Rohstoffen sind für deren Produktion zu beschaffen?

Übungsaufgabe 4.34 Die folgende Tabelle enthält die Aufwandsmatrizen eines Produktionsprozesses, bei dem zwei Endprodukte E_1 und E_2 aus Zwischenprodukten Z_1, Z_2, Z_3 sowie Rohstoffen R_1, R_2, R_3, R_4 unter auftretendem Eigenverbrauch an Zwischenprodukten hergestellt werden:

	je ME		je ME		
	E_1	E_2	Z_1	Z_2	Z_3
Z_1	2	3	0	0	0
Z_2	2	1	2	0	0
Z_3	0	2	3	0	0
R_1	3	0	0	1	0
R_2	0	0	0	4	0
R_3	0	0	1	4	3
R_4	0	0	0	2	5

Wie viele Rohstoffe sind zur Herstellung von 100 ME von E_1 und 200 ME von E_2 nötig? Geben Sie die Gesamtaufwandsmatrix des Produktionsprozesses an.

4.7 Determinanten

Der Begriff der Determinante spielt in der Mathematik eine wichtige Rolle und sollte zum mathematischen Grundwissen jedes Wirtschaftswissenschaftlers gehören. Er ist eng mit den Begriffen Rang und lineare Unabhängigkeit verbunden und wird beispielsweise bei der Berechnung von Eigenwerten oder bei der Überprüfung der Definitheit quadratischer Formen (siehe 4.7.3 und 4.7.4 in diesem Abschnitt) oder bei der Untersuchung linearer Gleichungssysteme benötigt. Wäre es nicht nützlich, „auf einen Blick" sagen zu können, ob eine quadratische Matrix invertierbar ist oder nicht, so wie man bei einer Zahl sofort sagen kann, ob sich ihr Kehrwert bilden lässt? Im Abschn. 4.7.6 wird diese Frage mithilfe des Wertes einer Determinante beantwortet.

4.7.1 Definition der Determinante

Determinanten lassen sich auf verschiedene Weise definieren. Wir gehen hier den praktisch orientierten Weg über den so genannten Laplace'schen Entwicklungssatz und werden den Determinantenbegriff in Abhängigkeit von der Dimension schrittweise einführen. Dazu benötigen wir den Begriff der Teilmatrix.

Gegeben sei die quadratische Matrix $A = \begin{pmatrix} a_{11} & a_{12} & \ldots & a_{1n} \\ a_{21} & a_{22} & \ldots & a_{2n} \\ & \ldots\ldots\ldots & \\ a_{n1} & a_{n2} & \ldots & a_{nn} \end{pmatrix}$ vom Typ (n, n). Als

Teilmatrix A_{ij} bezeichnen wir diejenige $(n-1) \times (n-1)$-Matrix, die entsteht, wenn die i-te Zeile und die j-te Spalte von A gestrichen werden.

Beispiel 4.38 $A = \begin{pmatrix} 1 & 2 & 3 \\ 4 & 5 & 6 \\ 7 & 8 & 9 \end{pmatrix}$, $A_{13} = \begin{pmatrix} 4 & 5 \\ 7 & 8 \end{pmatrix}$, $A_{32} = \begin{pmatrix} 1 & 3 \\ 4 & 6 \end{pmatrix}$

Definition Gegeben sei die quadratische Matrix $A = (a_{ij})$. Die *Determinante* von A, bezeichnet als det A oder $|A|$, ist eine Zahl, die der Matrix A wie folgt zugeordnet wird:

1) Für $n = 1$ wird det $A = a_{11}$ gesetzt.
2) Für $n = 2$ ist

$$\det A = \begin{vmatrix} a_{11} & a_{12} \\ a_{21} & a_{22} \end{vmatrix} = a_{11}a_{22} - a_{21}a_{12}. \tag{4.55}$$

3) Für $n = 3$ ist

$$\det A = \begin{vmatrix} a_{11} & a_{12} & a_{13} \\ a_{21} & a_{22} & a_{23} \\ a_{31} & a_{32} & a_{33} \end{vmatrix} = \begin{matrix} a_{11}a_{22}a_{33} + a_{12}a_{23}a_{31} + a_{13}a_{21}a_{32} \\ -(a_{31}a_{22}a_{13} + a_{32}a_{23}a_{11} + a_{33}a_{21}a_{12}). \end{matrix} \tag{4.56}$$

4) Für $n \geq 4$ werden Determinanten rekursiv definiert, indem eine Dimensionsreduzierung der zugehörigen Matrix erfolgt. Es sei j der Index einer beliebigen Spalte. Dann gilt die folgende Formel, die auch *Entwicklungssatz von Laplace* genannt wird:

$$\det A = a_{1j}(-1)^{1+j}|A_{1j}| + a_{2j}(-1)^{2+j}|A_{2j}| + \ldots + a_{nj}(-1)^{n+j}|A_{nj}|. \tag{4.57}$$

Sie ermöglicht eine Rückführung von Determinanten der Ordnung n auf solche der Ordnung $n - 1$.

Die vorstehende Definition ist, obwohl konstruktiv, für den Anfänger schwer verständlich und bedarf eingehender Erläuterungen.

Bemerkungen

1) Zunächst ist festzustellen, dass der Übergang von der Matrix A zu der Zahl det A eine Abbildung aus dem Raum $\mathbb{R}^{n \cdot n}$ der quadratischen Matrizen der Ordnung n (mit n^2 Elementen) in den Raum $\mathbb{R}$ der reellen Zahlen darstellt. Die Determinante selbst ist eine Zahl (der Funktionswert der Determinantenabbildung), jedoch wird häufig auch das zugrunde liegende Zahlenschema als Determinante bezeichnet. In diesem Zusammenhang spricht man mitunter vom *Wert* der Determinante und sagt, det A sei eine *Determinante der Ordnung n*, wenn die zugehörige Matrix vom Typ (n, n) ist.

2) Für $n = 1$ ist die Berechnungsregel sehr einfach: Die Determinante ist gleich dem einzigen Element der Matrix $A = (a_{11})$. Dieser Fall dient eher der Vollständigkeit als dass er von praktischem Interesse ist.

3) Für $n = 2$ und $n = 3$ lässt sich die Berechnungsformel (4.55) mithilfe eines Schemas einfach merken (*Regel von Sarrus*):

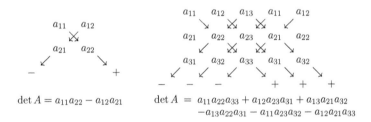

Die Determinante ergibt sich also im Fall $n = 2$, indem vom Produkt der *Hauptdiagonalelemente* (auf der von links oben nach rechts unten führenden Diagonalen) das Produkt der *Nebendiagonalelemente* (auf der von links unten nach rechts oben verlaufenden Diagonalen) subtrahiert wird. Für $n = 3$ hat man die ersten beiden Spalten nochmals neben die Matrix A zu schreiben. Die Determinante ergibt sich als Summe der Produkte der Hauptdiagonalelemente minus der Summe der Produkte auf den Nebendiagonalen. Sie lässt sich also in beiden Fällen auf einfache und direkte Weise aus den Matrixelementen berechnen.

Beispiel 4.39

$$\begin{vmatrix} 1 & 2 \\ 3 & 4 \end{vmatrix} = 1 \cdot 4 - 3 \cdot 2 = -2$$

Beispiel 4.40

$$\begin{vmatrix} 1 & 2 & 3 \\ 4 & 5 & 6 \\ 7 & 8 & 9 \end{vmatrix} = 1\cdot5\cdot9 + 2\cdot6\cdot7 + 3\cdot4\cdot8 - (7\cdot5\cdot3 + 8\cdot6\cdot1 + 9\cdot4\cdot2) = 0$$

4) Für $n \geq 4$ ist ein analoges Schema wie in den Fällen $n = 2$ und $n = 3$ nicht gültig! Hier muss man auf den Entwicklungssatz von Laplace, d. h. Formel (4.57), zurückgreifen, mit dessen Hilfe die Berechnung einer Determinante der Ordnung n auf die Berechnung von n Determinanten der Ordnung $n - 1$ zurückgeführt wird. Wie hat man dabei vorzugehen? Zunächst wählt man sich irgendeine Spalte j aus, nach der „entwickelt" wird, vorzugsweise eine solche, die möglichst viele Nullen enthält. Dann hat man die Matrixelemente a_{ij}, $i = 1, \ldots, n$, jeweils mit der *Unterdeterminante* $|A_{ij}|$ zu multiplizieren (das ist die Determinante der Teilmatrix A_{ij}, die durch Streichen der i-ten Zeile und der j-ten Spalte von A entsteht). Ist A z. B. von der Ordnung 4, so entstehen auf diese Weise vier Determinanten der Ordnung 3, die sich gemäß (4.56) explizit berechnen lassen. Schließlich sind noch die Faktoren $(-1)^{i+j}$ zu beachten, die nichts anderes als das Vorzeichen charakterisieren, da sich für eine gerade Zahl $i + j$ der Wert $+1$ und für ungerades $i + j$ die Zahl -1 ergibt. Am einfachsten lässt sich das Vorzeichen mittels der „Schachbrettregel" bestimmen:

	1	2	3	...	n
1	+	−	+	⋯	
2	−	+	−	⋯	
3	+	−	+	⋯	
⋮	⋮	⋮	⋮	⋱	
n					

Beispiel 4.41 Die Determinante der Matrix $\begin{pmatrix} 1 & 2 & 3 & 4 \\ 0 & 0 & 2 & 3 \\ 0 & 1 & 0 & 1 \\ 2 & 1 & 0 & 0 \end{pmatrix}$ soll berechnet werden, indem nach der ersten Spalte entwickelt wird. Entsprechend Formel (4.57) erhält man

$$\det A = 1\cdot \begin{vmatrix} 0 & 2 & 3 \\ 1 & 0 & 1 \\ 1 & 0 & 0 \end{vmatrix} - 0\cdot \begin{vmatrix} 2 & 3 & 4 \\ 1 & 0 & 1 \\ 1 & 0 & 0 \end{vmatrix} + 0\cdot \begin{vmatrix} 2 & 3 & 4 \\ 0 & 2 & 3 \\ 1 & 0 & 0 \end{vmatrix} - 2\cdot \begin{vmatrix} 2 & 3 & 4 \\ 0 & 2 & 3 \\ 1 & 0 & 1 \end{vmatrix}$$

$$= 1\cdot[0 + 2 + 0 - (0 + 0 + 0)] - 0 + 0 - 2\cdot[4 + 9 + 0 - (8 + 0 + 0)]$$

$$= 1\cdot 2 - 0 + 0 - 2\cdot 5 = -8 \,.$$

Die zweite und dritte Unterdeterminante müssen nicht ausgerechnet werden, da sie ja ohnehin mit null multipliziert werden.

5) Analog der Entwicklung nach einer Spalte lässt sich eine Determinante auch nach einer Zeile entwickeln. Für die Zeile i lautet die entsprechende Formel

$$\det A = a_{i1}(-1)^{i+1}|A_{i1}| + a_{i2}(-1)^{i+2}|A_{i2}| + \ldots + a_{in}(-1)^{i+n}|A_{in}|. \qquad (4.58)$$

Übungsaufgabe 4.35 Man berechne die Determinante der Matrix A aus dem letzten Beispiel, indem man nach der 2., 3. und 4. Zeile entwickelt. (Die Ergebnisse müssen selbstverständlich übereinstimmen.)

Übungsaufgabe 4.36 Man berechne die Determinante einer allgemeinen Matrix $A = (a_{ij})$ der Ordnung 3 nach dem Entwicklungssatz durch Rückführung auf drei Determinanten der Ordnung 2 (Entwicklung nach einer beliebigen Zeile oder Spalte) und vergleiche das Ergebnis mit der Formel (4.56).

4.7.2 Eigenschaften von Determinanten

Zunächst soll die Determinante einer oberen Dreiecksmatrix berechnet werden, indem nach der ersten Spalte entwickelt wird.

Beispiel 4.42
$$\begin{vmatrix} 1 & 2 & 3 & 4 \\ 0 & 2 & 2 & 3 \\ 0 & 0 & 4 & 2 \\ 0 & 0 & 0 & 5 \end{vmatrix} = 1 \cdot \begin{vmatrix} 2 & 2 & 3 \\ 0 & 4 & 2 \\ 0 & 0 & 5 \end{vmatrix} = 1 \cdot 2 \cdot \begin{vmatrix} 4 & 2 \\ 0 & 5 \end{vmatrix} = 1 \cdot 2 \cdot 4 \cdot 5 = 40$$

Alle Summanden, die gleich null sind, wurden weggelassen, und auch die drei- bzw. zweireihigen Determinanten wurden hier nicht nach der Regel von Sarrus sondern nach dem Entwicklungssatz berechnet. Am Ende blieb nur das Produkt aus den Hauptdiagonalelementen übrig. Es ist leicht einzusehen, dass sich das Beispiel auf beliebige n-reihige Determinanten von Dreiecksmatrizen verallgemeinern lässt.

Satz 4.10 *Die Determinante einer Dreiecksmatrix ist gleich dem Produkt der Elemente auf der Hauptdiagonalen.*

Bemerkung Oftmals ist nicht der konkrete Wert einer Determinante von Interesse, sondern nur die Frage, ob $\det A = 0$ oder $\det A \neq 0$ gilt (z. B. bei der Rangbestimmung einer Matrix). Für eine Dreiecksmatrix, speziell eine Diagonalmatrix, ist diese Frage leicht beantwortet: Sind alle Diagonalelemente ungleich null, ist $\det A \neq 0$; gibt es auf der Hauptdiagonalen wenigstens ein Nullelement, so gilt $\det A = 0$.

Wenn es also gelingt, eine Matrix auf Dreiecksgestalt umzuformen, ohne dass sich dabei die Determinante ändert, so kann die Determinante leicht berechnet werden. Dies ist in der Tat möglich und erfordert häufig einen geringeren Rechenaufwand als die direkte

Anwendung des Entwicklungssatzes. Wiederum spielen Transformationen eine Rolle, die auch im Gauß'schen Algorithmus von Bedeutung sind. Nachstehend geben wir die wichtigsten Rechenregeln für Determinanten ohne Beweis an, werden sie aber jeweils an einem Beispiel demonstrieren.

Satz 4.11 *Die Determinante einer Matrix A ist gleich der Determinante der zu A transponierten Matrix $A^\top$: $\det A = \det A^\top$.*

Beispiel 4.43 $\begin{vmatrix} 1 & 7 \\ 4 & 8 \end{vmatrix} = \begin{vmatrix} 1 & 4 \\ 7 & 8 \end{vmatrix} = 8 - 28 = -20$

Unter Beachtung dieses Satzes werden wir die Eigenschaften von Determinanten nur bezüglich der Zeilen formulieren; für Spalten gelten sie in analoger Weise.

Satz 4.12 *Die Determinante einer Matrix A ändert ihren Wert nicht, wenn in A zu einer beliebigen Zeile das Vielfache einer anderen Zeile addiert wird.*

Beispiel 4.44 In der Determinante aus dem vorigen Beispiel addieren wir das Doppelte der zweiten Zeile zur ersten und erhalten

$$\begin{vmatrix} 9 & 23 \\ 4 & 8 \end{vmatrix} = 72 - 92 = -20\,.$$

Satz 4.13 *Eine Determinante $\det A$ ändert ihr Vorzeichen, wenn in der zugehörigen Matrix A zwei Zeilen vertauscht werden.*

Beispiel 4.45 $\begin{vmatrix} 1 & 2 \\ 3 & 4 \end{vmatrix} = 4 - 6 = -2, \qquad \begin{vmatrix} 3 & 4 \\ 1 & 2 \end{vmatrix} = 6 - 4 = 2$

Satz 4.14 *Wird eine Zeile von A mit dem Faktor λ multipliziert, so wird $\det A$ mit λ multipliziert.*

Beispiel 4.46 $\begin{vmatrix} 1 & 2 \\ 5 \cdot 3 & 5 \cdot 4 \end{vmatrix} = 5 \cdot \begin{vmatrix} 1 & 2 \\ 3 & 4 \end{vmatrix} = -10$

Bemerkungen
1) Enthalten die Elemente einer Zeile von A einen gemeinsamen Faktor, so kann dieser bei der Berechnung der Determinante „ausgeklammert" werden.
2) Es sei ausdrücklich auf folgende Verwechslungsgefahr hingewiesen: In Abschn. 4.1 wurde die Operation „Multiplikation einer Matrix A mit einer reellen Zahl λ" eingeführt, wobei **alle Elemente** von A mit λ multipliziert wurden. Hier geht es jedoch um die Multiplikation nur **einer Zeile** von A mit λ.

Übungsaufgabe 4.37 Es seien A eine quadratische Matrix vom Typ (n, n) und $B = \lambda A$. In welchem Zusammenhang stehen $\det B$ und $\det A$?

Satz 4.15 *Sind die Zeilen von A linear abhängig, so gilt $\det A = 0$.*

Beispiel 4.47 $\begin{vmatrix} 1 & 0 & 3 \\ 0 & 1 & -3 \\ 1 & 1 & 0 \end{vmatrix} = 0 + 0 + 0 - (3 - 3 + 0) = 0$

Hier ist die dritte Zeile die Summe der ersten beiden, sodass gemäß Satz 4.4 die Zeilenvektoren von A linear abhängig sind.

Folgerung 4.16 (i) Sind in einer Matrix A zwei Zeilen gleich, so ist $\det A = 0$.
(ii) Enthält die Matrix A eine Nullzeile, so ist $\det A = 0$.

Beispiel 4.48

$$\begin{vmatrix} 1 & 2 & 3 \\ 1 & 2 & 3 \\ 0 & 1 & 1 \end{vmatrix} = 2 + 0 + 3 - (0 + 3 + 2) = 0$$

Übungsaufgabe 4.38 Man beweise die Folgerungen 4.16 (i) und (ii) mithilfe der Sätze 4.12 bzw. 4.14.

Die angegebenen Rechenregeln, insbesondere Satz 4.12, erlauben es, analog zum Gauß'schen Algorithmus systematisch Nullen zu erzeugen und somit die Matrix auf Dreiecksform zu bringen; deren Determinante lässt sich als Produkt der Diagonalelemente quasi „ablesen".

Ohne Beweis seien noch die folgenden Aussagen über das Produkt von Matrizen angegeben.

Satz 4.17 *Für zwei quadratische Matrizen A und B gleicher Ordnung gilt*

$$\det (A \cdot B) = \det (B \cdot A) = (\det A) \cdot (\det B). \tag{4.59}$$

Folgerung 4.18 Ist A eine reguläre Matrix, so gilt

$$\det A^{-1} = \frac{1}{\det A}. \tag{4.60}$$

Die Richtigkeit der Folgerung erkennt man leicht, wenn man in (4.59) speziell $B = A^{-1}$ setzt, denn $A \cdot A^{-1} = E$ und $\det E = 1$.

Beispiel 4.49 Die Matrizen $A = \begin{pmatrix} 1 & 2 & 2 \\ 0 & 1 & 0 \\ 1 & 0 & 1 \end{pmatrix}$ und $B = \begin{pmatrix} -1 & 2 & 2 \\ 0 & 1 & 0 \\ 1 & -2 & -1 \end{pmatrix}$ sind invers zuein-

ander, wovon man sich z. B. durch Ausmultiplizieren der beiden Produkte $A \cdot B$ und $B \cdot A$ überzeugen kann (man erhält in beiden Fällen die Einheitsmatrix E). Da sowohl die Matrix A als auch ihre Inverse $A^{-1} = B$ nur ganze Zahlen als Elemente besitzen und damit auch ihre Determinanten $\det A$ und $\det A^{-1}$ offensichtlich ganzzahlig sein müssen, kann man sich mithilfe von Formel (4.60) leicht überlegen, dass entweder $\det A = \det A^{-1} = +1$ oder $\det A = \det A^{-1} = -1$ gelten muss, denn $+1$ und -1 sind die einzigen ganzen Zahlen d, deren reziproker Wert $d^{-1} = \frac{1}{d}$ ebenfalls eine ganze Zahl ist. Durch Berechnung überzeugt man sich davon, dass tatsächlich die Beziehung $\det A = \det A^{-1} = -1$ gilt.

4.7.3 Anwendungen der Determinantenrechnung

Wir geben zunächst drei Probleme aus dem bisher behandelten Stoff dieses Kapitels an, die mithilfe der Determinantenrechnung beantwortet werden können, ehe wir als neuen Begriff den des Eigenwertes einführen.

Problem 1: Ist es möglich, das lineare Gleichungssystem

$$\begin{array}{rcl} x_1 + x_2 + 2x_3 + x_4 & = & 1 \\ 2x_1 - x_2 + 7x_3 + 2x_4 & = & 2 \\ 3x_1 + 2x_2 + 7x_3 - x_4 & = & 3 \end{array}$$

nach x_1, x_2, x_3 aufzulösen?

Die Auflösung ist möglich, wenn die aus den Koeffizienten der ersten drei Spalten gebildeten Vektoren linear unabhängig sind und die daraus zusammengesetzte Matrix B somit eine Basismatrix bildet. In diesem Fall führt die Anwendung des Gauß'schen Algorithmus zu einem LGS mit Einheitsmatrix, in dem x_1, x_2, x_3 Basisvariablen sind. Dies ist genau dann der Fall, wenn $\det B \ne 0$. Da aber gilt

$$\det B = \begin{vmatrix} 1 & 1 & 2 \\ 2 & -1 & 7 \\ 3 & 2 & 7 \end{vmatrix} = -7 + 21 + 8 - (-6 + 14 + 14) = 0,$$

ist eine Auflösung nach x_1, x_2, x_3 **nicht** möglich. (Im Gauß'schen Algorithmus hätte man die Transformation (U4) Spaltentausch anzuwenden.)

Eine solche Fragestellung ist beispielsweise in der Extremwertrechnung unter Nebenbedingungen (Abschn. 8.2) von Interesse.

Problem 2: Sind die Vektoren $\begin{pmatrix} 1 \\ 0 \\ 1 \end{pmatrix}, \begin{pmatrix} 0 \\ 1 \\ 0 \end{pmatrix}, \begin{pmatrix} 0 \\ 1 \\ 1 \end{pmatrix}$ linear unabhängig, sodass sie eine Ba-

sis des Raumes $\mathbb{R}^3$ bilden (und als erzeugende Vektoren eines schiefwinkligen räumlichen Koordinatensystems dienen könnten)?

Dies ist genau dann der Fall, wenn die Determinante der aus den Vektoren gebildeten Matrix von null verschieden ist. Wegen

$$\begin{vmatrix} 1 & 0 & 0 \\ 0 & 1 & 1 \\ 1 & 0 & 1 \end{vmatrix} = 1 + 0 + 0 - (0 + 0 + 0) = 1 \neq 0$$

sind die untersuchten Vektoren tatsächlich linear unabhängig.

Problem 3: Ist die Matrix $A = \begin{pmatrix} 1 & -1 & 1 & 0 \\ 0 & 1 & 1 & 0 \\ 5 & -8 & 2 & 0 \\ 0 & 0 & 0 & 1 \end{pmatrix}$ invertierbar?

Zur Beantwortung haben wir wiederum det A zu berechnen, wobei nach der vierten Spalte entwickelt werden soll. Wegen

$$\det A = \begin{vmatrix} 1 & -1 & 1 & 0 \\ 0 & 1 & 1 & 0 \\ 5 & -8 & 2 & 0 \\ 0 & 0 & 0 & 1 \end{vmatrix} = \begin{vmatrix} 1 & -1 & 1 \\ 0 & 1 & 1 \\ 5 & -8 & 2 \end{vmatrix} = 2 - 5 + 0 - (5 - 8 + 0) = 0$$

existiert A^{-1} nicht.

Problem 4 (Eigenwertproblem): Gegeben sei eine quadratische Matrix A der Ordnung n. Für welche Zahlen λ gilt dann die Beziehung

$$Ax = \lambda x \tag{4.61}$$

für gewisse Vektoren $x \in \mathbb{R}^n$, $x \neq \mathbf{0}$?

Solche Zahlen λ heißen *Eigenwerte* der Matrix A. Die zugehörigen Vektoren $x \neq \mathbf{0}$, die für einen fixierten Eigenwert λ Lösungen der Gleichung (4.61) sind, werden *Eigenvektoren* genannt.

Nach Umformung der Vektorgleichung (4.61) unter Anwendung der Matrizenrechnung ergibt sich $Ax = \lambda Ex$ bzw. $Ax - \lambda Ex = \mathbf{0}$, woraus die Eigenwertgleichung

$$(A - \lambda E)x = \mathbf{0} \tag{4.62}$$

folgt. Diese Beziehung stellt ein homogenes lineares Gleichungssystem mit der von λ abhängigen quadratischen Systemmatrix $A - \lambda E$ dar.

Nun erinnern wir uns an die Theorie der linearen Gleichungssysteme (vgl. Abschn. 4.4) und können folgendes aussagen: Wäre die Matrix $A - \lambda E$ regulär, so hätte das System (4.62) die eindeutige (triviale) Lösung $x = \mathbf{0}$. Dieser Wert wurde in der obigen Problemstellung aber gerade ausgeschlossen. Also lautet eine Bedingung für die Existenz nichttrivialer Lösungen von (4.62), d. h. von Eigenvektoren:

$$\det (A - \lambda E) \overset{!}{=} 0 . \tag{4.63}$$

Beziehung (4.63) wird als *charakteristische Gleichung* der Matrix A bezeichnet. Die darin auftretende Determinante enthält die unbekannte Größe λ.

Beispiel 4.50

$$A = \begin{pmatrix} 2 & 2 \\ 1 & 3 \end{pmatrix}, \quad A - \lambda E = \begin{pmatrix} 2 & 2 \\ 1 & 3 \end{pmatrix} - \begin{pmatrix} \lambda & 0 \\ 0 & \lambda \end{pmatrix} = \begin{pmatrix} 2 - \lambda & 2 \\ 1 & 3 - \lambda \end{pmatrix}$$

$$\det(A - \lambda E) = \begin{vmatrix} 2 - \lambda & 2 \\ 1 & 3 - \lambda \end{vmatrix} = (2 - \lambda)(3 - \lambda) - 2 = \lambda^2 - 5\lambda + 4$$

Die Bedingung (4.63) führt auf die quadratische Gleichung $\lambda^2 - 5\lambda + 4 = 0$, die die Lösungen $\lambda_1 = 1$ und $\lambda_2 = 4$ besitzt (der Leser überprüfe dies mithilfe der Lösungsformel (1.7)).

Setzt man den gefundenen Eigenwert λ_1 in (4.62) ein, so ergibt sich als Lösung des homogenen linearen Gleichungssystems $(A - \lambda_1 E)x = 0$ die allgemeine Lösung $x = t \cdot \begin{pmatrix} -2 \\ 1 \end{pmatrix}$, t – beliebig, sodass $x^{(1)} = \begin{pmatrix} -2 \\ 1 \end{pmatrix}$ einen zu λ_1 gehörigen Eigenvektor von A darstellt. Übrigens ist mit jedem Eigenvektor x auch jedes Vielfaches $\alpha \cdot x$, $\alpha \neq 0$, ebenfalls Eigenvektor von A.

Übungsaufgabe 4.39   Man ermittle in obigem Beispiel den zu λ_2 gehörigen Eigenvektor.

4.7.4   Definitheit von Matrizen

Hier soll kurz über eine Eigenschaft quadratischer Matrizen gesprochen werden, die vor allem im Zusammenhang mit der Bestimmung von Extremwerten bei Funktionen mehrerer Veränderlicher sowie in der nichtlinearen Optimierung von Bedeutung ist.

Definition   Die quadratische, symmetrische $(n \times n)$-Matrix A heißt *positiv definit*, wenn $\langle Ax, x \rangle > 0 \;\; \forall \, x \in \mathbb{R}^n$, $x \neq 0$, und *positiv semidefinit*, wenn $\langle Ax, x \rangle \geq 0 \;\; \forall \, x \in \mathbb{R}^n$.

Bemerkungen
1) Die Matrix $A = (a_{ij})$ ist vom Typ (n, n), der Vektor x vom Typ $(n, 1)$, folglich ist Ax ebenfalls ein n-dimensionaler Vektor und das Skalarprodukt $\langle Ax, x \rangle$ wohldefiniert. Der Ausdruck $\langle Ax, x \rangle$ ist demzufolge eine Zahl. Wenn diese Zahl für **jeden** nichttrivialen Vektor $x \in \mathbb{R}^n$ positiv ist, wird A positiv definit genannt.
2) Eine einfache Berechnung zeigt, dass

$$\begin{aligned} \langle Ax, x \rangle \;\; &= \;\; (a_{11}x_1 + a_{12}x_2 + \ldots + a_{1n}x_n)x_1 \\ &\quad + (a_{21}x_1 + a_{22}x_2 + \ldots + a_{2n}x_n)x_2 \\ &\quad + \ldots + (a_{n1}x_1 + a_{n2}x_2 + \ldots + a_{nn}x_n)x_n \\ &= \;\; \sum_{i=1}^{n} \sum_{j=1}^{n} a_{ij}x_i x_j \end{aligned}$$

gilt. Dieser Ausdruck wird *quadratische Form* genannt.

3) Positive Definitheit ist eine stärkere Eigenschaft als positive Semidefinitheit.

Beispiel 4.51 Die Matrix $A = \begin{pmatrix} 2 & 1 \\ 1 & 3 \end{pmatrix}$ ist positiv definit, denn für beliebiges $x = \begin{pmatrix} x_1 \\ x_2 \end{pmatrix}$ gilt

wegen $Ax = \begin{pmatrix} 2 & 1 \\ 1 & 3 \end{pmatrix} \begin{pmatrix} x_1 \\ x_2 \end{pmatrix} = \begin{pmatrix} 2x_1 + x_2 \\ x_1 + 3x_2 \end{pmatrix}$ die Ungleichung

$$\langle Ax, x \rangle = \left\langle \begin{pmatrix} 2x_1 + x_2 \\ x_1 + 3x_2 \end{pmatrix}, \begin{pmatrix} x_1 \\ x_2 \end{pmatrix} \right\rangle = 2x_1^2 + x_2 x_1 + x_1 x_2 + 3x_2^2$$
$$= (x_1 + x_2)^2 + x_1^2 + 2x_2^2 \geq 0.$$

Dabei ist $\langle Ax, x \rangle = 0$ nur für $x_1 = x_2 = 0$; für $x \neq \mathbf{0}$ gilt stets $\langle Ax, x \rangle > 0$.

Beispiel 4.52 Die Matrix $B = \begin{pmatrix} 1 & 1 \\ 1 & 1 \end{pmatrix}$ ist positiv semidefinit, denn für beliebige Vektoren $x = (x_1, x_2)^\top$ gilt

$$\langle Bx, x \rangle = x_1^2 + x_2 x_1 + x_1 x_2 + x_2^2 = (x_1 + x_2)^2 \geq 0.$$

B ist aber nicht positiv definit, denn $(x_1 + x_2)^2 = 0$ ist auch für $x_1 = -x_2$, $x_2 \neq 0$, möglich.

Bereits diese beiden zweidimensionalen Beispiele zeigen, dass Definitheitseigenschaften von Matrizen schwer überprüfbar sind, nimmt man allein die Definition zu Hilfe, weswegen ein handhabbares Kriterium wünschenswert ist. Ein solches wird durch den **Satz von Sylvester**[2] geliefert. Ehe wir diesen formulieren, müssen wir jedoch noch den Begriff der *Hauptabschnittsdeterminante* einer Matrix $A_{(n,n)}$ einführen. Darunter werden diejenigen Determinanten verstanden, die zu den entlang der Hauptdiagonalen gelegenen Teilmatrizen

$$(a_{11}), \quad \begin{pmatrix} a_{11} & a_{12} \\ a_{21} & a_{22} \end{pmatrix}, \quad \begin{pmatrix} a_{11} & a_{12} & a_{13} \\ a_{21} & a_{22} & a_{23} \\ a_{31} & a_{32} & a_{33} \end{pmatrix}, \dots, \begin{pmatrix} a_{11} & \cdots & a_{1n} \\ \vdots & & \vdots \\ a_{n1} & \cdots & a_{nn} \end{pmatrix}$$

gehören.

Satz 4.19 *Die quadratische, symmetrische Matrix $A_{(n,n)}$ ist genau dann positiv definit, wenn sämtliche Hauptabschnittsdeterminanten positiv sind.*

Bemerkungen
1) Die Berechnung der n Determinanten ist zwar mit einigem Aufwand verbunden, aber zumindest für Matrizen kleinerer Dimension leicht durchführbar, weshalb das Kriterium von Sylvester konstruktiv ist.

---

[2] Sylvester, James Joseph (1814–1897), engl.-amerik. Mathematiker und Physiker.

2) Die Überprüfung der positiven Definitheit kann auch mithilfe von Eigenwerten der Matrix A vorgenommen werden, was aber im Allgemeinen eher komplizierter ist. Die Überprüfung der Semidefinitheit ist relativ aufwändig, weshalb wir hier nicht darauf eingehen.

3) Ist die Matrix $-A$ positiv (semi)definit, so wird A *negativ (semi)definit* genannt. Das Kriterium für negative Definitheit kann auch so formuliert werden: Die Hauptabschnittsdeterminanten müssen alternierende Vorzeichen besitzen, wobei mit einem negativen Wert begonnen wird.

4) Ist eine Matrix weder positiv noch negativ (semi)definit, so heißt sie *nicht definit* oder *indefinit*. Im letzteren Fall kann der Ausdruck $\langle Ax, x \rangle$ bei entsprechender Wahl des Vektors x sowohl positive als auch negative Werte annehmen.

Beispiel 4.53

a) $A = \begin{pmatrix} 2 & 1 \\ 1 & 3 \end{pmatrix}$ (siehe oben) ist wegen $a_{11} = 2 > 0$ und $\begin{vmatrix} 2 & 1 \\ 1 & 3 \end{vmatrix} = 6 - 1 = 5 > 0$ positiv definit;

b) $B = \begin{pmatrix} -1 & -1 \\ -1 & -2 \end{pmatrix}$ ist wegen $-b_{11} = 1 > 0$ und $\begin{vmatrix} 1 & 1 \\ 1 & 2 \end{vmatrix} = 2 - 1 = 1 > 0$ negativ definit;

c) $C = \begin{pmatrix} 1 & 1 & 2 \\ 1 & 1 & 3 \\ 2 & 3 & 10 \end{pmatrix}$ ist wegen $c_{11} = 1$, $\begin{vmatrix} 1 & 1 \\ 1 & 1 \end{vmatrix} = 0$, $\det C = -1 < 0$ nicht definit.

Wegen seiner Bedeutung soll der Fall $n = 2$, d. h. $A = \begin{pmatrix} a_{11} & a_{12} \\ a_{21} & a_{22} \end{pmatrix}$, besonders hervorgehoben werden. Es gilt $\det A = a_{11}a_{22} - a_{12}a_{21}$ und, sofern A symmetrisch ist, $\det A = a_{11}a_{22} - (a_{12})^2$. Aus der Definition der Definitheit sowie Satz 4.19 ergibt sich dann:

A ist nicht definit, wenn $\det A < 0$,

A ist positiv definit, wenn $\det A > 0$ und $a_{11} > 0$,

A ist negativ definit, wenn $\det A > 0$ und $a_{11} < 0$.

Übungsaufgabe 4.40 Überprüfen Sie die folgenden Matrizen auf ihre Definitheit:

a) $\begin{pmatrix} 5 & -1 \\ -1 & 1 \end{pmatrix}$

b) $\begin{pmatrix} -1 & 1 & 2 \\ 1 & -2 & 1 \\ 2 & 1 & -20 \end{pmatrix}$

c) $\begin{pmatrix} 1 & 2 & 1 \\ 2 & 0 & 3 \\ 1 & 3 & 5 \end{pmatrix}$.

4.7.5 Die Cramer'sche Regel

Eine theoretisch interessante, wenn auch in der numerischen Praxis nicht relevante Methode zum Finden der Lösungen linearer Gleichungssysteme mit regulärer Koeffizientenmatrix A liefert die *Cramer'sche Regel*.[3]

Der Übersichtlichkeit halber leiten wir sie für den Fall $n = 2$ her; natürlich gilt sie analog für LGS mit regulärer Matrix A beliebiger Größe.

Wir betrachten das folgende lineare Gleichungssystem mit der Koeffizientenmatrix A, für die $\det A \neq 0$ gelten soll:

$$a_{11}x_1 + a_{12}x_2 = b_1$$
$$a_{21}x_1 + a_{22}x_2 = b_2 \,.$$

Mit $\mathcal{A}_i$ bezeichnen wir diejenige Matrix, die entsteht, wenn man in der Matrix A die i-te Spalte durch den Vektor b der rechten Seite ersetzt.

Gemäß den früher beschriebenen Rechengesetzen für Determinanten und unter Beachtung dessen, dass x eine Lösung des LGS sein soll, gilt dann:

$$\det \mathcal{A}_1 = \begin{vmatrix} b_1 & a_{12} \\ b_2 & a_{22} \end{vmatrix} = \begin{vmatrix} a_{11}x_1 + a_{12}x_2 & a_{12} \\ a_{21}x_1 + a_{22}x_2 & a_{22} \end{vmatrix}$$

$$= \begin{vmatrix} a_{11}x_1 & a_{12} \\ a_{21}x_1 & a_{22} \end{vmatrix} = x_1 \cdot \begin{vmatrix} a_{11} & a_{12} \\ a_{21} & a_{22} \end{vmatrix} = x_1 \cdot (\det A).$$

Hierbei wurde das x_2-Fache der 2. Spalte von der 1. Spalte subtrahiert und x_1 „ausgeklammert". Völlig analog lässt sich für die zweite Komponente die Beziehung $\det \mathcal{A}_2 = x_2 \cdot (\det A)$ herleiten.

In Verallgemeinerung der obigen Argumentation gilt somit folgende Aussage.

Satz 4.20 (Cramer'sche Regel) *Ein lineares Gleichungssystem $Ax = b$ mit regulärer $(n \times n)$-Matrix A besitzt die eindeutige Lösung $x = (x_1, \ldots, x_n)^\top$ mit*

$$x_i = \frac{\det \mathcal{A}_i}{\det A} \,.$$

Beispiel 4.54 Im LGS $\begin{matrix} 2x_1 - x_3 = 7 \\ 4x_1 + x_3 = 5 \end{matrix}$ gilt $x_1 = \frac{12}{6} = 2$, $x_2 = \frac{-18}{6} = -3$, denn $\det A = \begin{vmatrix} 2 & -1 \\ 4 & 1 \end{vmatrix} = 6$, $\det \mathcal{A}_1 = \begin{vmatrix} 7 & -1 \\ 5 & 1 \end{vmatrix} = 12$, $\det \mathcal{A}_2 = \begin{vmatrix} 2 & 7 \\ 4 & 5 \end{vmatrix} = -18$

---

[3] Cramer, Gabriel (1704–1752), frz. Mathematiker.

4.7.6   Zusammenfassende Bemerkungen

1) Die Berechnung von Determinanten kann mithilfe des Entwicklungssatzes von Laplace oder mittels Umformung auf Dreiecksgestalt unter Beachtung der entsprechenden Rechenregeln erfolgen.

2) Häufig ist es nur wichtig zu wissen, ob $\det A = 0$ oder $\det A \neq 0$ gilt. In diesem Fall ist die Umformung auf Dreiecksgestalt von Vorteil, da dann lediglich die Diagonalelemente von Bedeutung sind.

3) Spalten und Zeilen der zugrunde liegenden Matrix sind völlig gleichberechtigt: Alle Eigenschaften, die bezüglich der Zeilen formuliert wurden, gelten auch bezüglich der Spalten.

4) Vor folgenden häufig begangenen Fehlern sei ausdrücklich gewarnt:
   – Die Determinante einer nichtquadratischen Matrix lässt sich nicht berechnen! Mitunter muss jedoch die Determinante einer quadratischen Teilmatrix der ursprünglichen Matrix berechnet werden.
   – Die Regel von Sarrus gilt für zwei- und dreireihige Determinanten. Ein analoges Vorgehen für Determinanten der Ordnung $n \geq 4$ führt im Allgemeinen zu falschen Ergebnissen.

5) Schließlich sei nochmals auf den engen Zusammenhang der Begriffe Rang, lineare Unabhängigkeit, Regularität, Determinante und Lösbarkeit eines linearen Gleichungssystems hingewiesen (s. Abschn. 4.4–4.7). Für eine beliebige $(n \times n)$-Matrix A sind alle auf jeweils einer Seite der folgenden Tabelle stehenden Aussagen untereinander äquivalent:

A ist regulär		A ist singulär
$\Longleftrightarrow$ A ist invertierbar		$\Longleftrightarrow$ A ist nicht invertierbar
$\Longleftrightarrow$ rang $A = n$		$\Longleftrightarrow$ rang $A < n$
$\Longleftrightarrow$ $\det A \neq 0$		$\Longleftrightarrow$ $\det A = 0$
$\Longleftrightarrow$ $Ax = \mathbf{0}$ hat nur die Lösung $x = \mathbf{0}$		$\Longleftrightarrow$ $Ax = \mathbf{0}$ besitzt unendlich viele Lösungen
$\Longleftrightarrow$ $Ax = b$ besitzt für beliebiges $b \in \mathbb{R}^n$ eine (eindeutige) Lösung		$\Longleftrightarrow$ es gibt Vektoren $b \in \mathbb{R}^n$, für die $Ax = b$ keine Lösung besitzt
$\Longleftrightarrow$ rang $(A \mid b) = n$ für beliebiges $b \in \mathbb{R}^n$		$\Longleftrightarrow$ es gibt Vektoren $b \in \mathbb{R}^n$ mit rang $A <$ rang $(A \mid b)$
$\Longleftrightarrow$ die Spaltenvektoren (Zeilenvektoren) von A sind linear unabhängig		$\Longleftrightarrow$ die Spaltenvektoren (Zeilenvektoren) von A sind linear abhängig
$\Longleftrightarrow$ die Spaltenvektoren (Zeilenvektoren) von A bilden eine Basis im $\mathbb{R}^n$		$\Longleftrightarrow$ die Spaltenvektoren (Zeilenvektoren) von A bilden keine Basis im $\mathbb{R}^n$

Abschließend noch einige Worte zu **nicht** behandelten Themen:

- In der Literatur wird häufig eine andere Definition der Determinante (unter Verwendung der Begriffe *Permutation* und *Inversion*) angegeben. Dieser Zugang (vgl. z. B. [1]) ist jedoch ziemlich abstrakt und wurde deshalb hier nicht verfolgt.
- In Lehrbüchern oder Tafelwerken ist für die Berechnung der Inversen zu einer Matrix A eine Formel zu finden, die den Kehrwert von det A sowie mit Vorzeichen versehene Unterdeterminanten (so genannte *Adjunkten, Kofaktoren* oder *algebraische Komplemente*) enthält (vgl. z. B. [1]). Obwohl diese Formel zu nützlichen Einblicken verhilft, ist sie für die praktische Berechnung der Inversen schlecht geeignet (außer im Fall $n = 2$).
- Die Berechnung von Flächen und Volumina geometrischer Objekte ist unter Verwendung von Determinanten oftmals auf sehr einfache Weise möglich.

Literatur

1. Huang, D. S., Schulz, W.: Einführung in die Mathematik für Wirtschaftswissenschaftler (9. Auflage), Oldenbourg Verlag, München (2002)

2. Kemnitz, A.: Mathematik zum Studienbeginn: Grundlagenwissen für alle technischen, mathematisch-naturwissenschaftlichen und wirtschaftswissenschaftlichen Studiengänge (11. Auflage), Springer Spektrum, Wiesbaden (2014)

3. Kurz, S., Rambau, J.: Mathematische Grundlagen für Wirtschaftswissenschaftler (2. Auflage), Kohlhammer, Stuttgart (2012)

4. Luderer, B.: Klausurtraining Mathematik und Statistik für Wirtschaftswissenschaftler (4. Auflage), Springer Gabler, Wiesbaden (2014)

5. Luderer, B., Nollau, V., Vetters, K.: Mathematische Formeln für Wirtschaftswissenschaftler (7. Auflage), Vieweg + Teubner, Wiesbaden (2011)

6. Luderer, B., Paape, C., Würker, U.: Arbeits- und Übungsbuch Wirtschaftsmathematik (6. Auflage), Vieweg + Teubner, Wiesbaden (2011)

7. Pfeifer, A., Schuchmann, M.: Kompaktkurs Mathematik: Mit vielen Übungsaufgaben und allen Lösungen (3. Auflage), Oldenbourg, München (2009)

8. Purkert, W.: Brückenkurs Mathematik für Wirtschaftswissenschaftler (7. Auflage), Vieweg + Teubner, Wiesbaden (2011)

9. Schäfer, W., Georgi, K., Trippler, G.: Mathematik-Vorkurs: Übungs- und Arbeitsbuch für Studienanfänger (6. Auflage), Vieweg + Teubner, Wiesbaden (2006)

Lineare Optimierung

5

Die lineare Optimierung ist ein mathematisches Teilgebiet, in dem es darum geht, aus verschiedenen, typischerweise unendlich vielen, zulässigen Varianten die hinsichtlich eines bestimmten Kriteriums beste Variante auszuwählen. Sie wird üblicherweise zur *Unternehmensforschung* oder *Operations Research* gerechnet, eine Disziplin, in der es um die Erstellung und Analyse mathematisch-ökonomischer Modelle zur Lösung von Problemen geht, die vorrangig betriebswirtschaftlicher Natur sind. Ihrem Anliegen nach sind damit die im Rahmen der linearen Optimierung behandelten Probleme den in der Extremwertrechnung (siehe die Abschnitte 6.3, 8.1 und 8.2) untersuchten Fragestellungen verwandt, aus mathematischer Sicht sind die zur Anwendung kommenden Methoden auf das Engste mit dem im Abschn. 4.4 behandelten Gauß'schen Algorithmus zur Lösung linearer Gleichungssysteme verknüpft.

Im vorliegenden Kapitel geht es darum, sich mit einigen Modellsituationen vertraut zu machen, anhand typischer Fragestellungen Fähigkeiten im mathematischen Modellieren zu entwickeln, die Methode der grafischen Lösung linearer Optimierungsaufgaben im Fall zweier Variabler kennenzulernen und dabei gleichzeitig Einblicke in die Struktur der Lösung im allgemeinen Fall zu gewinnen. Darüber hinaus sollen Grobkenntnisse von Verfahren zur Lösung kleinerer Optimierungsaufgaben erworben werden. Auch wenn größere Aufgaben sicher nur mithilfe des Computers gelöst werden können, halten wir dies für sehr wichtig. Schließlich können existierende Programmpakete nur dann sinnvoll und effektiv angewendet werden, wenn der Nutzer weiß, wie sie in etwa funktionieren. Besonderer Wert wird auf die Auswertung der Ergebnisse und deren ökonomische Interpretation gelegt, da dies das eigentliche Arbeitsfeld eines zukünftigen Wirtschaftswissenschaftlers darstellt.

Die lineare Optimierung stellt innerhalb der Mathematik ein recht junges Teilgebiet dar, dessen Anfänge nur etwa 60 Jahre zurückreichen. Zwei Namen herausragender Wissenschaftler, die entscheidende Beiträge zur Entwicklung der linearen Optimierung geleistet haben, sind in diesem Zusammenhang unbedingt zu nennen: G.B. Dantzig[1] und

---

[1] Dantzig, George Bernard (geb. 1914), US-amerikanischer Mathematiker.

B. Luderer, U. Würker, *Einstieg in die Wirtschaftsmathematik*,
Studienbücher Wirtschaftsmathematik, DOI 10.1007/978-3-658-05937-8_5,
© Springer Fachmedien Wiesbaden 2015

L.V. Kantorowitsch[2]. Beide Wissenschaftler haben – neben vielen anderen – entscheidende Grundlagen für die theoretische Entwicklung und die umfassende Anwendung der linearen Optimierung in einer Vielzahl von Wissensgebieten gelegt.

5.1 Gegenstand der linearen Optimierung

Optimierung, ein umgangssprachlich meist sehr unscharf gebrauchter Begriff, bedeutet im engeren mathematischen Sinne die Suche nach einer *optimalen*, sprich besten Lösung innerhalb einer Menge zulässiger Varianten. *Lineare* Optimierung besagt, dass die im entsprechenden mathematischen Modell verwendeten Größen wie Funktionen, Gleichungen und Ungleichungen **linear** vorkommen, dass also die zu bestimmenden Unbekannten nur in der ersten Potenz eingehen. Das mag auf den ersten Blick eine Einschränkung in der Güte der zur Anwendung kommenden Modelle darstellen; die lange praktische Erfahrung in der Anwendung solcher Modelle hat jedoch gezeigt, dass insbesondere im wirtschaftswissenschaftlichen Bereich eine Widerspiegelung der Realität in Form eines ökonomisch-mathematischen Modells, das auf linearen Zusammenhängen basiert, zu ausreichend genauen und praktikablen Lösungen führt.

Aus mathematischer Sicht sind lineare Beziehungen solchen nichtlinearer Natur insofern vorzuziehen als sie es gestatten, einfache Methoden zur Lösung der Modelle zu entwickeln. Hinsichtlich der linearen Optimierung hat dies dazu geführt, dass heutzutage umfangreiche, gut ausgearbeitete und effektive Software für praktisch alle Rechnertypen vorliegt, bis hin zu Programmen, mit deren Hilfe lineare Optimierungsaufgaben (LOA) mit Hunderttausenden von Variablen gelöst werden können.

Sofern die Bedingung der Linearität der eingehenden Funktionen bzw. Relationen nicht erfüllt ist, liegen andere Modelle vor, wie z. B. Probleme der konvexen, nichtlinearen oder nichtdifferenzierbaren Optimierung. Im Rahmen der linearen Optimierung wird jeweils nur **ein** Ziel verfolgt, während man es in vielen realen Problemstellungen mit mehreren Zielen oder Kriterien zu tun hat. Diese gehören in das Gebiet der *Mehrzieloptimierung*.

Das Wort „beste" oder „optimale" Lösung bedarf noch einer Erläuterung, da es eine sehr subjektive Bedeutung besitzen kann. Will sich ein Student beispielsweise ein Handy kaufen, so könnte er unter den vorhandenen das billigste oder das qualitativ beste oder dasjenige mit dem günstigsten Preis-Leistungs-Verhältnis auswählen usw. Man benötigt also ein *Auswahl-* oder *Gütekriterium*, hinsichtlich dessen das beste Gerät ausgewählt wird. Der Mathematiker spricht meist von *Zielfunktion*. Die lineare Optimierung ist dadurch charakterisiert, dass es nur **eine** Zielfunktion gibt. Die Suche nach einer optimalen Lösung bedeutet somit das Bestimmen einer *minimalen* oder *maximalen* Lösung, für die die Ziel-

---

[2] Kantorowitsch, Leonid Witaljewitsch (1912–1986), russischer Mathematiker und Wirtschaftswissenschaftler, 1975 Nobelpreis für Wirtschaftswissenschaften.

funktion ihren kleinsten bzw. größten Wert annimmt. Das Wort Optimum wird also als Oberbegriff für Maximum und Minimum verwendet.

Die Menge zulässiger Varianten oder Lösungen, unter denen eine Auswahl zu treffen ist, wird durch ein System linearer Beziehungen, *Beschränkungen* oder *Restriktionen* genannt, beschrieben. Wir werden meist von *Nebenbedingungen* sprechen.

5.1.1 Betrachtung einer Modellsituation

In diesem Abschnitt soll eine einfache, leicht überschaubare Problemstellung formuliert und modelliert, d. h. in mathematische Beziehungen umgesetzt, werden. Trotz der bewussten Reduktion auf wenige einfließende Aspekte enthält das betrachtete Problem alle typischen Bestandteile einer linearen Optimierungsaufgabe. Später werden wir mehrfach auf diese Aufgabe zurückkommen.

Beispiel 5.1 Eine Unternehmung zur Produktion nichtalkoholischer Getränke stellt die Marken „Superdrink" in Mehrwegflaschen und „Superdrink Superlight" in Dosen her. Aus Absatzgründen und zur Sicherung einer gleichbleibenden Produktqualität sollen täglich nicht mehr als 60 Hektoliter an Erfrischungsgetränken produziert werden. Aus Umweltschutzgründen dürfen nicht mehr als 45 Hektoliter des in Dosen abgefüllten „Superlight"-Drinks hergestellt werden. Die Versandabteilung, die täglich 15 Stunden zur Verfügung steht, wird durch 1 hl des Normaldrinks mit 0,3 Stunden belastet, während 1 hl Superlight 0,15 Stunden fordert. Der Gewinn pro Hektoliter betrage 50 €/hl für den normalen und 150 €/hl für den „superleichten" Superdrink. Wie sieht das für die Unternehmung optimale Produktionsprogramm aus, d. h., wie viel soll von den beiden Getränken hergestellt werden, damit zum einen der Gesamtgewinn maximal wird und zum anderen die vorhandenen Kapazitäten nicht überfordert sowie die Umweltauflagen eingehalten werden?

Wichtig ist zunächst das Festlegen der Problemvariablen einschließlich ihrer Dimension. Bezeichnet man mit x_1 und x_2 die Mengen an Normalgetränk und Leichtgetränk (gemessen in Hektolitern), die täglich produziert werden sollen, so entsteht das folgende mathematische Problem:

$$
\begin{aligned}
50x_1 + 150x_2 &\longrightarrow \text{max} \\
x_1 + x_2 &\leq 60 \\
x_2 &\leq 45 \\
0{,}3x_1 + 0{,}15x_2 &\leq 15 \\
x_1, x_2 &\geq 0 \;.
\end{aligned}
\tag{5.1}
$$

Der Ausdruck $G = 50x_1 + 150x_2$ stellt den erzielbaren Gewinn (in Euro) bei Produktion einer Menge von x_1 hl Normal- und x_2 hl Leichtgetränk dar. Dieser Ausdruck soll – unter

Beachtung der sonstigen Gegebenheiten – so groß wie möglich gemacht werden (angedeutet durch das Symbol $\longrightarrow$ max), d. h., es sind solche Werte x_1 und x_2 gesucht, für die G maximal wird. Da $x_1 + x_2$ die Gesamtproduktion (in Hektolitern) darstellt, beschreibt die erste Ungleichung die Forderung nach Einhaltung der täglichen Produktionsobergrenze, während die nächsten beiden Ungleichungen die Forderungen einer Produktionsbegrenzung wegen des Umweltschutzes (ausgedrückt in hl) sowie die Forderung nach Einhaltung der Kapazität der Versandabteilung (gemessen in h) widerspiegeln. Ferner sind noch die Bedingungen $x_1 \geq 0$ und $x_2 \geq 0$ zu beachten, da Produktionsmengen nicht negativ sein können.

5.1.2   Bestandteile einer LOA. Lösungsbegriff

Eine allgemeine lineare Optimierungsaufgabe (im Weiteren meist kurz LOA genannt) besitzt folgende Form:

$$
\begin{aligned}
c_1 x_1 \; + \quad c_2 x_2 \; + \; \ldots \; + \quad c_n x_n \; &\longrightarrow \; \max / \min \\
a_{11} x_1 \; + \; a_{12} x_2 \; + \; \ldots \; + \; a_{1n} x_n \; &\diamond \quad b_1 \\
a_{21} x_1 \; + \; a_{22} x_2 \; + \; \ldots \; + \; a_{2n} x_n \; &\diamond \quad b_2 \\
&\cdots\cdots\cdots\cdots\cdots\cdots\cdots \\
a_{m1} x_1 \; + \; a_{m2} x_2 \; + \; \ldots \; + \; a_{mn} x_n \; &\diamond \quad b_m \\
x_1, x_2, \ldots, x_k \; &\geq \quad 0, \quad k \leq n.
\end{aligned}
\tag{5.2}
$$

Dabei sind $x_1, x_2, \ldots, x_n$ die Unbekannten oder *Entscheidungsvariablen*, deren (optimale) Werte zu bestimmen sind. Die Größen $c_1, c_2, \ldots, c_n$ nennt man die *Zielfunktionskoeffizienten* des Problems. Das Zeichen $\diamond$ steht für eines der Relationszeichen $\leq$, $\geq$ oder $=$ und kann in jeder Zeile eine andere Bedeutung haben. Schließlich stellen $b_1, b_2, \ldots, b_m$ die *rechten Seiten* dar, und die Koeffizienten a_{ij}, $i = 1, \ldots, m$, $j = 1, \ldots, n$, geben z. B. an, wie jede Einheit der vorkommenden Entscheidungsvariablen x_j die begrenzt verfügbare i-te Ressource (Maschinenkapazität, Arbeitskräfte, Energie usw.) beansprucht (z. B. die Fertigungszeit je Einheit des zu produzierenden Produkts P_j auf der i-ten Anlage).

Die im Modell (5.2) als erste Zeile stehende *Zielfunktion* ermöglicht die Bewertung einer Variante $(x_1, x_2, \ldots, x_n)^\top$ und ist je nach Problemstellung zu maximieren oder zu minimieren. So kann das Ziel beispielsweise in der Maximierung des Gewinns, Deckungsbeitrages, Nutzungsgrades bzw. der Maschinenauslastung bestehen. Andere Zielstellungen sind die Minimierung der Kosten oder des eingesetzten Materials. Entsprechend würden dann z. B. die Größen c_j und x_j den Gewinn pro Stück und die Anzahl herzustellender Produkte P_j bedeuten bzw. den Einkaufspreis je Mengeneinheit und die benötigte Menge an Material R_j. Wichtig und immer zu beachten ist, dass alle diese Größen **Maßeinheiten** besitzen, die „zusammenpassen" müssen, andererseits aber auch der Kontrolle dienen können. Allgemein ist c_j der Beitrag, den eine Einheit der Entscheidungsvariablen x_j, $j = 1, \ldots, n$, zur Zielerreichung leistet.

Die in der letzten Zeile von (5.2) geforderten *Nichtnegativitätsbedingungen* treten in den meisten ökonomischen Aufgabenstellungen in natürlicher Weise auf, z. B. als Anzahl oder Stückzahl, zu produzierende oder transportierende Menge, und werden deshalb in den einschlägigen Lösungsmethoden in gesonderter Weise behandelt. Sie müssen jedoch zunächst nicht für alle Variablen gelten. Auf die Bedeutung dieser Bedingungen für den Lösungsalgorithmus wird später eingegangen.

Andere Forderungen an die Entscheidungsgrößen könnten z. B. $x_j \leq 0$, $x_j \leq S_j$ (Einhaltung *oberer Schranken*), $x_j \geq s_j$ (Einhaltung *unterer Schranken* wie etwa Mindestliefermengen) für gewisse Variablen sein. Man könnte selbstverständlich Bedingungen der genannten Art wie ganz normale Nebenbedingungen behandeln, jedoch ist es effektiver, sie auf Nichtnegativitätsforderungen zurückzuführen. Über Möglichkeiten dazu siehe Abschn. 5.3.1.

Nicht im Rahmen der linearen Optimierung behandelt werden können Ganzzahligkeits- oder Losgrößenforderungen an die Variablen. Letztere verlangen die Gültigkeit der Alternative $x_j = 0$ oder $x_j \geq s_j$ und besagen, dass das Produkt P_j entweder gar nicht oder in der Mindeststückzahl s_j produziert werden soll.

Die restlichen Zeilen in (5.2) stellen allgemeine *Nebenbedingungen* dar, die aus ökonomischen, technischen oder anderen Gründen unbedingt einzuhalten sind. Da es sich in einer linearen Optimierungsaufgabe in der Regel um mehrere Nebenbedingungen handelt, spricht man auch von einem *System linearer Nebenbedingungen*. Bei wirtschaftlichen Fragestellungen können solche Nebenbedingungen durch begrenzte Fertigungskapazitäten oder Finanzierungsmöglichkeiten, Absatzhöchstgrenzen, Mindestanteile an Einsatzgütern, Mindestabnahmeverpflichtungen, Absatzmindestmengen, begrenzte Lagerkapazitäten und dergleichen begründet sein. Handelt es sich beispielsweise um Kapazitäts- oder Rohstoffbeschränkungen und bezeichnen x_j die zu produzierende Menge an Produkt P_j, b_i die Kapazität der i-ten Maschine (bzw. die vorhandene Menge an Rohstoff R_i), $i = 1, \ldots, m$, $j = 1, \ldots, n$, so beschreibt die Ungleichung

$$\sum_{j=1}^{n} a_{ij} x_j \leq b_i$$

die Forderung, die vorhandene Maschinenkapazität (bzw. die Menge an knappem Einsatzgut R_i) nicht zu überschreiten. Ungleichungen in $\geq$-Form beschreiben typischerweise Forderungen, vertraglich vereinbarte Mindestlieferverpflichtungen oder Mindestabnahmemengen einzuhalten, während Gleichungsnebenbedingungen vor allem Bilanzbeziehungen (wie z. B. die Tatsache, dass in einem Produktionsprozess der Output einer Vorproduktionsstufe gleich dem Input der nachfolgenden Stufe ist) oder die vollständige Ausnutzung vorhandener Ressourcen ausdrücken.

Unter Verwendung der Bezeichnungen $c = (c_1, \ldots, c_n)^\top$ für den Vektor der Zielfunktionskoeffizienten, $b = (b_1, \ldots, b_m)^\top$ für den Vektor der rechten Seiten (mitunter auch *Ressourcenvektor* genannt), $x = (x_1, \ldots, x_n)^\top$ für den Variablenvektor und $A = (a_{ij})$, $i = 1, \ldots, m$, $j = 1, \ldots, n$, für die Aufwandsmatrix lässt sich die lineare Optimierungsaufgabe (5.2) in Matrizenschreibweise darstellen:

$$\begin{aligned} \langle c, x \rangle &\longrightarrow \quad \max / \min \\ Ax \quad &\diamond \quad b \\ x \quad &\geq \quad \mathbf{0} \, . \end{aligned} \qquad (5.3)$$

Hierbei gilt $c \in \mathbb{R}^n$, $x \in \mathbb{R}^n$, $b \in \mathbb{R}^m$, A ist eine $(m \times n)$–Matrix, und $\diamond$ steht für $\leq$, $\geq$ oder $=$, wobei in den einzelnen Komponenten (Zeilen) unterschiedliche Relationszeichen auftreten können. Streng genommen ist die Schreibweise $x \geq \mathbf{0}$ nicht korrekt, da zunächst einmal nicht jede der Komponenten von x als nichtnegativ vorausgesetzt sein muss. Wir werden jedoch bald sehen, wie man eine solche Forderung für **alle** Komponenten durch äquivalente Umformungen erreichen kann.

Moderne Computerprogramme sind in der Lage, beliebige lineare Optimierungsaufgaben der Form (5.2) bzw. (5.3) nach entsprechender Dateneingabe zu lösen. Um jedoch die so genannte *Simplexmethode* als bekanntestes rechnerisches Lösungsverfahren möglichst einfach beschreiben zu können, ist die Betrachtung eines speziellen Typs linearer Optimierungsaufgaben von Vorteil. Deshalb wird die *Gleichungsform* einer LOA gesondert behandelt:

$$\begin{aligned} \langle c, x \rangle &\longrightarrow \quad \max \\ Ax \quad &= \quad b \\ x \quad &\geq \quad \mathbf{0} \, . \end{aligned} \qquad (G)$$

Charakteristisch für die Gleichungsform einer LOA sind die folgenden vier Eigenschaften:

- die Zielfunktion wird **maximiert**,
- **alle** Nebenbedingungen sind Gleichungen,
- **alle** Variablen unterliegen der Nichtnegativitätsbedingung,
- **alle** rechten Seiten werden als nichtnegativ vorausgesetzt: $b_i \geq 0 \;\; \forall i$.

Abschließend soll der Begriff der Lösung einer linearen Optimierungsaufgabe präzisiert werden, wobei wir uns auf die Gleichungsform (G) beziehen.

Definition Unter einer *zulässigen* Lösung der Aufgabe (G) versteht man einen Vektor $\bar{x}$, der den Neben- und Nichtnegativitätsbedingungen genügt, für den also $A\bar{x} = b$, $\bar{x} \geq 0$ gilt. Die zulässige Lösung $\bar{x}$ wird *optimal* für (G) genannt, wenn zusätzlich $\langle c, \bar{x} \rangle \geq \langle c, x \rangle$ für alle zulässigen Lösungen x gilt.

Bemerkung Es ist stets möglich, allgemeine lineare Optimierungsaufgaben der Gestalt (5.2) auf die Gleichungsform (G) zu bringen oder auch in eine Optimierungsaufgabe umzuwandeln, die nur Ungleichungen als Nebenbedingungen enthält. Dies lässt sich mithilfe äquivalenter Umformungen realisieren, d. h. solcher, die die Menge zulässiger oder optimaler Lösungen nicht verändern (vgl. Abschn. 5.3.1).

5.2 Modellierung und grafische Lösung von LOA

Das Umsetzen ökonomischer Sachverhalte in ökonomisch-mathematische Modelle ist eine durchaus komplizierte Aufgabe, die häufig das Zusammenwirken von Spezialisten verschiedener Gebiete erfordert. Modellieren lässt sich nicht durch Angabe eines vollständigen Regelwerkes lehren, es lässt sich aber erlernen, indem man eine Reihe von Modellsituationen und ihre mathematische Beschreibung kennenlernt und sich so ein gewisses Arsenal an Möglichkeiten des Aufstellens eines mathematischen Modells erarbeitet. Modellieren ist eine Kunst, die vor allem darin besteht, wichtige Zusammenhänge zu erkennen und in geeigneter Weise zu formulieren sowie Unwichtiges wegzulassen. Es ist vor allem auch ein schöpferischer Prozess, denn die Widerspiegelung ökonomischer Gegebenheiten in mathematischen Beziehungen ist keinesfalls eindeutig, sodass man bis zu gewissem Grade freie Hand hat, aber stets beachten sollte, dass manche Formulierungen zu mathematisch einfach zu lösenden Problemen, andere Beschreibungen zu sehr komplizierten Problemen führen können.

5.2.1 Modellierung typischer Problemstellungen

Ermittlung optimaler Zuschnittpläne
Beim optimalen Zuschnitt handelt es sich um ein Minimierungsproblem, bei dem es darum geht, ein bestimmtes Ausgangsmaterial (z. B. Stahlbleche, Papierrollen, Stoffballen usw.) in kleinere Bestandteile zu zerlegen, die in gewissen Mengen benötigt werden. Dabei wird die Zielsetzung verfolgt, den beim Zuschnitt zwangsläufig auftretenden Verschnitt (Abfall) so gering wie möglich zu halten. Im Folgenden wird wiederum ein konkretes Beispiel als Ausgangspunkt für die Modellierung gewählt.

Ausgangsmaterial sind Papierrollen fester Länge und einer vorgegebenen Breite von 210 cm. Diese werden in Papierrollen kleinerer Breite von 62 cm, 55 cm und 40 cm zerschnitten. Die Länge der zu fertigenden Rollen soll mit derjenigen der Ausgangsrollen übereinstimmen. Diese Längengleichheit führt dazu, dass sich das eigentlich zweidimensionale Verschnittproblem als eindimensionales Problem behandeln lässt.

Es möge insgesamt sechs sinnvolle Varianten geben, um aus einer vorgegebenen Ausgangsrolle die schmaleren Rollen zuzuschneiden. Diese sind zusammen mit dem sich jeweils ergebenden Verschnitt (in cm) sowie den für den betrachteten Zeitraum vorliegenden Bedarfsmengen (in Rollen) in der folgenden Übersicht zusammengestellt:

Rollenbreite in cm	Zuschnittvarianten						Bedarf in cm
	1	2	3	4	5	6	
62	3	2	1	0	0	0	300
55	0	0	1	3	2	0	600
40	0	2	2	1	2	5	600
Verschnitt	24	6	13	5	20	10	

Die Zuschnittvariante 3, d. h. die Spalte $(1, 1, 2; 13)^\top$, besagt etwa, dass aus der 210 cm breiten Ausgangsrolle eine schmale Rolle mit der Breite von 62 cm, eine Rolle mit 55 cm Breite und zwei Rollen zu 40 cm gefertigt werden können, wobei sich ein Verschnitt von $210 - 1 \cdot 62 - 1 \cdot 55 - 2 \cdot 40 = 13$ cm ergibt. Dieser Verschnitt scheidet als weiter einsetzbare Breite aus und stellt deshalb Materialverlust dar. Analog sind die übrigen fünf Zuschnittvarianten zu interpretieren.

Es soll nun ermittelt werden, wie oft welche Zuschnittvariante angewendet werden muss, damit der zu erwartende Materialverlust minimiert und die Einhaltung des Bedarfs an schmalen Rollen gesichert wird. Bringen die Größen x_j, $j = 1, \ldots, 6$, zum Ausdruck, wie viele der Ausgangsrollen nach der Zuschnittvariante j zugeschnitten werden sollen, dann ergibt sich die LOA

$$
\begin{aligned}
24x_1 + 6x_2 + 13x_3 + 5x_4 + 20x_5 + 10x_6 &\longrightarrow \min \\
3x_1 + 2x_2 + x_3 &\geq 300 \\
x_3 + 3x_4 + 2x_5 &\geq 600 \\
2x_2 + 2x_3 + x_4 + 2x_5 + 5x_6 &\geq 600 \\
x_1, x_2, \ldots, x_6 &\geq 0 \, .
\end{aligned}
$$

Dass diese Nebenbedingungen die Produktion einer Menge sichern, die mindestens dem Bedarf entspricht, ist leicht einzusehen. So wird beispielsweise die 62 cm breite Rolle mit einer der Zuschnittvarianten 1 bis 3 erzeugt, wobei bei Variante 1 drei Rollen, bei Variante 2 zwei Rollen und bei Variante 3 eine Rolle anfallen. Unter Berücksichtigung dieser Anzahlen an Rollen ergibt sich auf der linken Seite der ersten Nebenbedingung die zugeschnittene Anzahl von 62 cm-Rollen, während auf der rechten Seite der Bedarf steht.

Sollen die Bedarfsmengen genau eingehalten werden, sind die Nebenbedingungen in Gleichungsform zu formulieren. Dies führt jedoch in der Regel zu schlechteren optimalen Lösungen, da der Entscheidungsspielraum eingeengt wird.

Die Nichtnegativitätsforderungen ergeben sich aus der Tatsache, dass es sich bei den Variablen um Stückzahlen handelt. Eigentlich müsste man noch die Bedingung beachten, dass alle auftretenden Variablen ganzzahlig sind. Die Berücksichtigung dieser Forderung würde jedoch den Rahmen der linearen Optimierung sprengen und auf eine Aufgabe der ganzzahligen (oder diskreten) Optimierung führen. Die dort angewandten Lösungsmethoden sind aber ungleich komplizierter als die unten beschriebene Simplexmethode. Wenn es also irgend möglich ist, Ganzzahligkeitsforderungen vernachlässigen zu können, sollte man dies tun. Dies ist etwa dann zu empfehlen, wenn es sich um große Stückzahlen handelt, da man in diesem Fall bei Rundung auf ganzzahlige Werte keinen großen Verlust an Genauigkeit hinnehmen muss.

Anstelle der betrachteten Zielfunktion, die einen minimalen Verschnitt (Materialverlust) bewirkt, ist alternativ die Minimierung der Anzahl an zuzuschneidenden Ausgangsrollen denkbar. In diesem Fall lautet die Zielfunktion:

$$x_1 + x_2 + x_3 + x_4 + x_5 + x_6 \quad \longrightarrow \quad \min .$$

Übrigens führt die rechnerische Lösung dieses linearen Optimierungsmodells (siehe hierzu Abschn. 5.4) zu folgendem optimalen Zuschnittplan:

$$x_1 = 0, \ x_2 = 150, \ x_3 = 0, \ x_4 = 200, \ x_5 = 0, \ x_6 = 20 .$$

Dies bedeutet, 150 Rollen Ausgangsmaterial sind nach Variante 2, 200 Rollen nach Variante 4 und 20 Rollen nach Variante 6 zuzuschneiden. Der minimal erreichbare Verschnitt beträgt bei diesem Programm 2100 cm, und es werden insgesamt 370 Rollen Ausgangsmaterial zerschnitten. Hierbei sind nur drei der Variablen positiv, sodass nur drei Zuschnittvarianten, so viele, wie Nebenbedingungen vorhanden sind, angewendet werden. Das ist kein Zufall, denn im Abschn. 5.3 zur Theorie der linearen Optimierung wird nachgewiesen, dass es im Falle der Existenz optimaler Lösungen stets auch solche gibt, in denen nicht mehr als m Variablen positiv sind.

Übungsaufgabe 5.1 Überzeugen Sie sich davon, dass bei der angegebenen Lösung alle Nebenbedingungen eingehalten werden.

Zuschnittprobleme können natürlich auch wesentlich komplizierterer Natur sein, insbesondere sind auch zwei- oder dreidimensionale Fragestellungen von Interesse.

5.2.2 Mischungsproblem

Während es im Zuschnittproblem um die Minimierung des Materialaufwandes ging, wird jetzt ein Maximierungsproblem behandelt.

Eine Möbelfabrik hat aus einem Sonderangebot 500 laufende Meter hochwertiger Bretter vom Typ A und 300 laufende Meter speziell veredelter Bretter vom Typ B zur Verfügung. Auf Grund des Bedarfs ist es sinnvoll, daraus wenigstens 40 Spiegelschränke, 130 Konsolen, 30 Hängeschränke und nicht mehr als 10 Wandschränke herzustellen. Der Arbeitszeitfonds für diese zusätzliche Arbeit beläuft sich auf 800 Stunden.

In der folgenden Tabelle ist der Aufwand an Brettern in Metern, der Arbeitszeitaufwand in Stunden sowie der Gewinn in Euro (jeweils pro Stück) angegeben:

	Spiegelschrank	Konsole	Hängeschrank	Wandschrank
Typ A	1,7	0,1	3,1	4
Typ B	0,7	1,1	1,3	0,3
Arbeitszeit	3	0,5	5	10
Gewinn	60	20	80	70

Es ist ein Produktionsplan zu bestimmen, der maximalen Gewinn sichert.

Wir bezeichnen dazu mit

x_1 – die Anzahl der herzustellenden Spiegelschränke,
x_2 – die Anzahl der herzustellenden Konsolen,
x_3 – die Anzahl der herzustellenden Highboards,
x_4 – die Anzahl der herzustellenden Wandschränke

und erhalten das nachstehende Modell:

$$60x_1 + 20x_2 + 80x_3 + 70x_4 \longrightarrow \text{max}$$
$$1,7x_1 + 0,1x_2 + 3,1x_3 + 4x_4 \leq 500$$
$$0,7x_1 + 1,1x_2 + 1,3x_3 + 0,3x_4 \leq 300$$
$$3x_1 + 0,5x_2 + 5x_3 + 10x_4 \leq 800$$
$$x_1 \geq 40,\ x_2 \geq 130,\ x_3 \geq 30,\ 0 \leq x_4 \leq 10 \ .$$

Eigentlich hätte man im vorliegenden Modell wiederum die Forderung der Ganzzahligkeit der Variablen aufzustellen, die aber aus den früher genannten Gründen weggelassen wird.

Modelle des oben beschriebenen Typs werden als *Mischungsprobleme* bezeichnet, da es darum geht, mehrere Varianten in optimaler Weise zu „mischen", um einerseits die Nebenbedingungen überhaupt einhalten zu können und andererseits eine im Sinne der Zielstellung beste Lösung zu erhalten. Im Zusammenhang mit der Aufstellung optimaler Speise- oder Diätpläne findet man in der Literatur auch die Bezeichnungen *Hausfrauen-* bzw. *Diätproblem*.

Transportproblem

Von vier verschiedenen Betonmischanlagen eines Großunternehmens aus beliefern Spezialtransporter drei große Baustellen mit Fertigbeton. Es ist ein Tourenplan aufzustellen, der den Gesamttransportaufwand von den Mischanlagen zu den Baustellen minimiert.

Die Anzahl der an jedem Standort zur Verfügung stehenden Fahrzeuge, der Bedarf jeder Baustelle an ständig liefernden Fahrzeugen und die Entfernungen (in km) zwischen den

Mischanlagen M_1, M_2, M_3, M_4 und den Baustellen B_1, B_2, B_3 können der nachstehenden Tabelle entnommen werden:

Entfernungen	B_1	B_2	B_3	Vorhandene Fahrzeuge
M_1	5	12	7	6
M_2	11	3	4	5
M_3	10	6	3	5
M_4	7	4	10	4
Benötigte Fahrzeuge	5	3	12	20

So erkennt man etwa aus der Tabelle, dass die Entfernung zwischen Mischanlage M_2 und Baustelle B_3 vier Kilometer beträgt und die Baustelle B_1 einen Bedarf von fünf Transportfahrzeugen hat, die sie ständig mit Beton beliefern.

Mit den doppelt indizierten Größen x_{ij}, $i = 1, 2, 3, 4$, $j = 1, 2, 3$, soll die Anzahl der Fahrzeuge bezeichnet werden, die von der Mischanlage M_i zur Baustelle B_j fahren. Haben diese Variablen den Wert null, so wird zwischen M_i und B_j nichts transportiert. Der Gesamttransportaufwand S (gemessen in Fahrzeugkilometern) lässt sich dann mittels der Summe

$$\begin{aligned} S = \ & 5x_{11} + 12x_{12} + 7x_{13} + 11x_{21} + 3x_{22} + 4x_{23} \\ & +10x_{31} + 6x_{32} + 3x_{33} + 7x_{41} + 4x_{42} + 10x_{43} \to \min \end{aligned} \tag{5.4}$$

beschreiben und ist zu minimieren. In diesem Beispiel stimmt die Anzahl der zur Verfügung stehenden Fahrzeuge mit der Anzahl der benötigten Fahrzeuge überein. Dies hat zur Folge, dass alle Fahrzeuge zum Einsatz kommen müssen. (Der Leser überlege sich dies!) Somit muss für jede Mischanlage M_i, $i = 1, 2, 3, 4$, die Anzahl der dort stationierten Transporter gleich der Summe der von M_i aus zu den Baustellen B_1, B_2, B_3 fahrenden Fahrzeuge sein, was auf die Gleichungen

$$\begin{aligned} x_{11} + x_{12} + x_{13} &= 6 \\ x_{21} + x_{22} + x_{23} &= 5 \\ x_{31} + x_{32} + x_{33} &= 5 \\ x_{41} + x_{42} + x_{43} &= 4 \end{aligned} \tag{5.5}$$

führt. Für jede Baustelle wird der Bedarf (als Anzahl ständig kursierender Fahrzeuge) durch die von den verschiedenen Mischanlagen kommenden Betontransporter genau gedeckt. (Man überlege sich, warum der Fall nicht eintreten kann, dass die Gesamtlieferung an eine Baustelle größer als deren Bedarf ist.) Mathematisch ausgedrückt besagt dies

$$\begin{aligned} x_{11} + x_{21} + x_{31} + x_{41} &= 5 \\ x_{12} + x_{22} + x_{32} + x_{42} &= 3 \\ x_{13} + x_{23} + x_{33} + x_{43} &= 12 \ . \end{aligned} \tag{5.6}$$

Auch in diesem Modell müssen alle Variablen nichtnegativ sein:

$$x_{ij} \geq 0, \quad i = 1, 2, 3, 4, \quad j = 1, 2, 3. \tag{5.7}$$

Die Beziehungen (5.4)–(5.7) bilden eine lineare Optimierungsaufgabe, die das betrachtete Transportproblem beschreibt.

Wir wollen wichtige Eigenschaften des vorliegenden Modells hervorheben, da diese die Grundlage für allgemeinere Formulierungen bilden:

- es ist ein einheitliches (homogenes) Gut zu transportieren,
- der Transportaufwand ist proportional zur Menge, die transportiert werden muss, was zu linearen Beziehungen führt,
- das Gut wird an mehreren Orten produziert,
- das Gut wird an mehreren (anderen) Orten benötigt,
- der Transport erfolgt auf einheitliche Weise, somit ist der Transportaufwand proportional zur Entfernung,
- die Summe der Aufkommens- ist gleich der Summe der Bedarfsmengen,
- die Aufwendungen für den Gesamttransport sollen minimal sein.

Bemerkung Nicht auf die beschriebene Weise modelliert werden können Problemstellungen, in denen mehrere unterschiedliche Güter befördert werden müssen oder der Aufwand nicht proportional zur transportierten Menge ist, da z. B. Fixkosten auftreten, wenn überhaupt etwas transportiert wird (z. B. muss ein Kurierfahrzeug fahren, egal ob es nur einen Brief oder eine ganze Ladung befördert). Ebenfalls nicht in den Rahmen des obigen Modells passen Situationen, wo der Transport auf verschiedene Weise erfolgen kann (per Schiff, Schiene oder Straße) oder wo die Fahrzeuge nicht an einen Erzeugerort gebunden sind, sondern Rundreisen (Touren) zwischen verschiedenen Erzeugern ausführen können (vgl. dazu [1]).

Nachstehend soll das eben studierte Modell nochmals allgemein formuliert werden, wobei die oben aufgezählten Eigenschaften beibehalten werden sollen. Wir beginnen mit dem so genannten *klassischen Transportproblem*, in dem die Summen von Aufkommens- und Bedarfsmengen übereinstimmen.

Die Aufgabe besteht in der Bestimmung eines optimalen Transportplanes für eine homogene Ware, die von den Herstellungsorten A_i, $i = 1, \ldots, m$, zu den Verbraucherorten B_j, $j = 1, \ldots, n$, zu befördern ist. Im Weiteren seien

a_i – das Produktionsvolumen am i-ten Herstellungsort,

b_j – der Bedarf am j-ten Verbraucherort,

c_{ij} – die Kosten des Transports einer Wareneinheit von A_i nach B_j.

Es ist ein Transportplan aufzustellen, bei dem der gesamte Bedarf der B_j gedeckt wird und die Gesamttransportkosten minimal sind.

Bezeichnet man mit x_{ij} die Zahl der Wareneinheiten, die von A_i nach B_j transportiert werden, so ergibt sich das Modell

$$
\begin{aligned}
\sum_{i=1}^{m} \sum_{j=1}^{n} c_{ij} x_{ij} &\longrightarrow \quad \min \\
\sum_{i=1}^{m} x_{ij} &= \quad b_j, \qquad j = 1, 2, \ldots, n \\
\sum_{j=1}^{n} x_{ij} &= \quad a_i, \qquad i = 1, 2, \ldots, m \\
x_{ij} &\geq \quad 0, \qquad i = 1, 2, \ldots, m, \quad j = 1, 2, \ldots, n .
\end{aligned} \tag{5.8}
$$

Die erste Gruppe von Nebenbedingungen in (5.8) besagt, dass der Bedarf bei jedem der n Verbraucher gedeckt wird, während die zweite Gruppe die Einhaltung und volle Ausnutzung der Kapazitäten jedes der m Erzeugers sichert. Es ist nahe liegend, $a_i > 0$, $i = 1, \ldots, m$, $b_j > 0$, $j = 1, \ldots, n$, $m > 0$, $n > 0$ zu fordern.

Im klassischen Transportproblem wird die Gültigkeit der *Sättigungsbedingung*

$$
\sum_{i=1}^{m} a_i = \sum_{j=1}^{n} b_j \tag{5.9}
$$

vorausgesetzt; man spricht deshalb auch von *geschlossener* Transportaufgabe. Gilt die Sättigungsbedingung (5.9) nicht, spricht man von einem *offenen* Transportproblem. In diesem Fall müssen auch die Nebenbedingungen verändert werden, um eine sinnvolle Aufgabenstellung zu erhalten.

Gilt anstelle von (5.9) die Ungleichung $\sum_{i=1}^{m} a_i > \sum_{j=1}^{n} b_j$, d. h., ist das Aufkommen größer als der Bedarf, so kann das offene Transportproblem durch die Einführung eines fiktiven Verbrauchers (Lager), für den der Transportaufwand je Einheit gleich null gesetzt wird und der einen Bedarf von $\sum_{i=1}^{m} a_i - \sum_{j=1}^{n} b_j$ hat, auf ein geschlossenes zurückgeführt werden (was einer Zusatzspalte in der Aufwandtabelle entspricht). Dabei gehen die Gleichheitsbeziehungen in der zweiten Nebenbedingungsgruppe von (5.8) in $\sum_{j=1}^{n} x_{ij} \leq a_i$, $i = 1, \ldots, m$, über.

Im Falle $D = \sum_{j=1}^{n} b_j - \sum_{i=1}^{m} a_i > 0$, wenn also das Gesamtaufkommen kleiner als der Bedarf ist, hat man einen fiktiven Erzeuger (Importeur) mit dem Aufkommen D einzuführen, für den wiederum die Transportaufwendungen mit null angesetzt werden (entspricht einer Zusatzzeile in der Aufwandtabelle). Die erste Gruppe von Nebenbedingungen in (5.8) muss dann $\sum_{i=1}^{m} x_{ij} \leq b_j$, $j = 1, \ldots, n$, lauten.

Übungsaufgabe 5.2 Man überlege sich, dass man in der Zielfunktion von (5.8) anstelle der Doppelsumme auch die früher benutzte Form $\langle c, x \rangle = \sum_{i=1}^{N} c_i x_i$ verwenden kann, indem anstelle der x_{ij} andere Variablen x_i benutzt werden.

Bemerkung Transportprobleme stellen lineare Optimierungsaufgaben mit spezieller Struktur der Nebenbedingungsmatrix dar. Folglich gibt es für sie auch spezielle Lösungsmethoden, die noch einfacher und effektiver sind als die unten beschriebene Simplexmethode. Lösungsverfahren für die Transportoptimierung findet man z. B. in [1].

5.2.3 Grafische Lösung von LOA

Lineare Optimierungsaufgaben mit nur zwei Variablen lassen sich grafisch lösen. Dies ist eine einfache und gleichzeitig sehr anschauliche Lösungsmethode, die grundlegende Einblicke in die Struktur linearer Optimierungsaufgaben vermittelt und charakteristische Eigenschaften von Lösungsmethoden erkennen lässt. Das grafische Lösungsverfahren ist mit einiger Mühe auf Probleme mit drei Variablen übertragbar, für mehr als drei Variablen aber leider nicht mehr anwendbar.

Es wird von einem Problem ausgegangen, das nur Ungleichungen enthält, da beim Vorhandensein einer Gleichung diese nach einer Variablen aufgelöst werden könnte, wodurch die Dimension des Problems auf eins reduziert würde und eine trivial lösbare LOA entstünde. Ferner wird zunächst die Beschränktheit des zulässigen Bereichs vorausgesetzt. Eine wichtige Grundlage der nachfolgenden Überlegungen bildet die grafische Darstellung von Lösungsmengen linearer Ungleichungssysteme (vgl. Abschn. 1.4.3).

Grafische Lösung von LOA

1. Konstruktion des zulässigen Bereiches

▸ Forme alle in Ungleichungsform gegebenen Nebenbedingungen in Gleichungen um. Stelle für jede Nebenbedingung die zu der entstandenen linearen Gleichung gehörende Gerade in einem kartesischen x_1, x_2-Koordinatensystem dar.

▸ Bestimme die zu jeder der Ungleichungen gehörende Halbebene und markiere sie. Berücksichtige, sofern vorhanden, die Nichtnegativitätsbedingungen durch Auswahl der entsprechenden Quadranten.

▸ Konstruiere den zulässigen Bereich der LOA, d. h. die Menge aller zulässigen Lösungen, und hebe ihn optisch hervor.

2. Konstruktion der Niveaulinien der Zielfunktion

▸ Setze die Zielfunktion gleich einem geeignet gewählten Wert $K > 0$ (Höhe, Niveau). Zeichne die zu der entstandenen linearen Gleichung gehörige Gerade in das Koordinatensystem ein.

▷   Bestimme aus dem Vergleich zwischen der eingezeichneten Höhenlinie und der zu ihr parallel verlaufenden Geraden durch den Koordinatenursprung mit $K = 0$ die Maximierungsrichtung, in der das Niveau
ansteigt, sodass der Zielfunktionswert wächst. Dies ist die Richtung
vom Ursprung zur Höhenlinie. Die Gegenrichtung ist die Minimierungsrichtung.

3. Bestimmung eines optimalen Punktes

▷   Verschiebe die eingezeichnete Höhenlinie der Zielfunktion so weit wie
möglich in Maximierungs- bzw. Minimierungsrichtung, sodass sie mit
dem zulässigen Bereich gerade noch einen Punkt oder eine Strecke
gemeinsam hat (optimale Lösung).

▷   Falls die Koordinaten des ermittelten Punktes (bzw. der Endpunkte der
Strecke) nicht aus der Zeichnung ablesbar sind, so bestimme die genauen Koordinaten (Werte der optimalen Lösung) als Lösung eines
linearen Gleichungssystems, das dadurch entsteht, dass die zu dem
Schnittpunkt gehörenden beiden Gleichungen aufgelöst werden.

▷   Berechne den zur optimalen Lösung gehörigen optimalen Zielfunktionswert durch Einsetzen der optimalen Lösung in die Zielfunktion.

Die eben beschriebene Methode zur grafischen Lösung linearer Optimierungsaufgaben
soll an dem in 5.1.1 formulierten Getränkeproblem illustriert und näher erläutert werden,
das wir der Einfachheit halber nochmals angeben:

$$
\begin{aligned}
50x_1 + 150x_2 &\longrightarrow \text{max} & &\text{(i)} \\
x_1 + x_2 &\leq 60 & &\text{(ii)} \\
x_2 &\leq 45 & &\text{(iii)} \\
0{,}3x_1 + 0{,}15x_2 &\leq 15 & &\text{(iv)} \\
x_1, x_2 &\geq 0 \;. & &\text{(v)}
\end{aligned}
$$

Zunächst werden die drei Ungleichungsnebenbedingungen (ii)–(iv) in Gleichungen ver-
wandelt und die zugehörigen Geraden (durchgezogene Linien in Abb. 5.1) eingezeichnet.
Mittels der „Methode des Probepunktes" oder durch Umformung der Ungleichungen ermittelt man die jeweils zutreffende Halbebene. So kann man z. B. anhand des Punktes
$(15,15)$ erkennen, dass die Halbebene links unterhalb der Geraden $x_1 + x_2 = 60$ die richtige
ist, da das zugehörige Wertepaar $x_1 = 15$ und $x_2 = 15$ die Ungleichung (ii) erfüllt und der
ausgewählte Punkt somit auf der „richtigen" Seite liegt. Die Umformung der Ungleichung
(ii) auf die Form $x_2 \leq 60 - x_1$ führt zum gleichen Resultat.

Abb. 5.1 Grafische Lösung
des Getränkeproblems

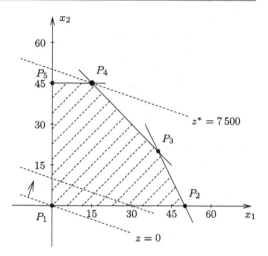

Nun hat man alle diejenigen Punkte hervorzuheben, deren Koordinaten allen drei Ungleichungen (ii)–(iv) gleichzeitig genügen, die also bezüglich jeder Geraden auf der „richtigen" Seite liegen. Wegen der Nichtnegativitätsforderungen (v) müssen diese im 1. Quadranten liegen. Im Ergebnis erhält man den in Abb. 5.1 schraffierten Bereich.

Zur Darstellung der Höhenlinien der Zielfunktion wählen wir im vorliegenden Beispiel den Wert 1500, wodurch aus (i) die Gleichung $50x_1 + 150x_2 = 1500$ entsteht (gestrichelte Linie in Abb. 5.1 durch (30,0) und (0,10)). Alle auf dieser Geraden liegenden Punkte besitzen dasselbe Zielfunktionsniveau, d. h. liefern den Zielfunktionswert $z = 1500$. Hingegen besitzen alle auf der durch den Nullpunkt verlaufenden parallelen Geraden den Zielfunktionswert null. Da der Ursprung links unterhalb der Höhenlinie mit dem Niveau $z = 1500$ liegt, zeigt die Maximierungsrichtung, gekennzeichnet mit einem Pfeil, nach rechts oben. Nunmehr wird die Höhenlinie soweit in Maximierungsrichtung verschoben, bis sie den zulässigen Bereich gerade noch in dem fett eingezeichneten Punkt $P_4 = x^*$ schneidet. Aufgrund der relativ einfachen Nebenbedingungen im vorliegenden Beispiel lässt sich die x_2-Koordinate von P_4 direkt ablesen: $x_2^* = 45$. Aus (ii) kann man dann den zugehörigen Wert $x_1^* = 15$ leicht ermitteln. Im allgemeinen Fall hätte man an dieser Stelle ein (2×2)-Gleichungssystem lösen müssen. Durch Einsetzen der optimalen Werte $x_1^* = 15$ und $x_2^* = 45$ in die Zielfunktion (i) berechnet man den optimalen Zielfunktionswert $z^* = 7500$.

Da das betrachtete Modell einen ökonomischen Sachverhalt beschreibt, muss das erhaltene mathematische Ergebnis **ökonomisch interpretiert** werden. Im vorliegenden Fall bedeutet dies: Der Getränkehersteller hat unter den beschriebenen Bedingungen täglich 15 hl vom Normal-Superdrink und 45 hl „Superlight" herzustellen, was ihm einen Gewinn von 7500 € pro Tag garantiert. Würde man hingegen nach dem **minimalen** Gewinn fragen, den der Hersteller erzielen kann (eine aus ökonomischer Sicht natürlich unsinnige Fragestellung), so müsste man die Höhenlinien der Zielfunktion so weit wie möglich in Minimierungsrichtung, also im vorliegenden Fall nach „Südwesten", verschieben. Dies führt zur Lösung $x_1^* = x_2^* = 0$, also zur völligen Produktionseinstellung.

Bemerkung Aufgrund der Linearität der eingehenden Beziehungen sind in der linearen Optimierung die Niveaulinien Geraden. Liegen den verwendeten Modellen **nichtlineare** Zusammenhänge zugrunde, ergeben sich gekrümmte Linien (wie z. B. die Niveaulinien in der nichtlinearen Optimierung oder die so genannten *Isogewinnkurven* in der Mikroökonomie; vgl. auch Abschn. 8.2).

Mögliche Fälle

Da die grafische Lösung einer LOA die Möglichkeit eröffnet, charakteristische Eigenschaften linearer Optimierungsaufgaben zu verdeutlichen, sollen an dieser Stelle verschiedene mögliche Fälle hinsichtlich der Menge zulässiger bzw. optimaler Lösungen untersucht werden, die auch in Aufgaben mit mehr als zwei Variablen auftreten können. Jeder dieser Fälle wird mittels einer kleinen Optimierungsaufgabe veranschaulicht, wobei der Kürze halber teilweise auf eine ökonomische Interpretation verzichtet wird.

Fall 1: Beschränkter zulässiger Bereich
Genau eine optimale Lösung
Das Getränkeproblem aus Abschn. 5.1.1, das oben grafisch gelöst wurde, liefert ein Beispiel für diesen Fall, der in gewissem Sinne der Normalfall ist. Ein weiteres Beispiel ist nachstehend beschrieben, wobei gleichzeitig die Besonderheit auftritt, dass die Variablen zunächst keinen Nichtnegativitätsbedingungen unterworfen sind.

Beispiel 5.2 Ein Bankkunde verfügt über ein Aktiendepot, in dem momentan deutsche und US-amerikanische Aktien im Kurswert von 10.000 € bzw. 5000 € enthalten sind. Aufgrund einer Erbschaft kann der Kunde weitere 20.000 € in Aktien investieren, wobei ihm gleichzeitig eine Umschichtung der bisherigen Aufteilung angeboten wird. Der Wertpapierberater der Bank prognostiziert, dass – unter Berücksichtigung von Konjunkturlage und Währungsrisiko – die amerikanischen Aktien im Vergleich zu den deutschen Papieren in etwa eine anderthalbfache Rendite erwirtschaften könnten. Trotzdem möchte der Bankkunde aus Sicherheitsgründen sein neu investiertes Geld nicht zur Mehrheit in amerikanische Aktien anlegen.

Die Bestimmung einer – im Sinne der beschriebenen Kundeninteressen – optimalen Anlagestrategie kann mit etwas Erfahrung intuitiv geschehen, sie ist aber auch (sogar auf unterschiedliche Weise) mithilfe der linearen Optimierung möglich. Zu diesem Zweck führen wir die Variablen x_1 bzw. x_2 ein, die den in deutsche bzw. amerikanische Aktien anzulegenden Geldbetrag (in Euro) angeben sollen. Da Umschichtungen zwischen den beiden Aktiensorten möglich sind, können diese Variablen durchaus negative Werte annehmen, da z. B. $x_1 = -3000$ den Verkauf von deutschen Aktien im entsprechenden Kurswert bedeutet. Diese negativen Werte sind aber durch den derzeitigen Aktienbestand nach unten beschränkt, d. h., anstelle von Nichtnegativitätsbedingungen stehen in diesem Fall die Beziehungen $x_1 \geq -10.000$ und $x_2 \geq -5000$. Da insgesamt maximal 20.000 € neu angelegt werden können, ist eine weitere Nebenbedingung mit $x_1 + x_2 \leq 20.000$ gegeben.

Abb. 5.2 LOA ohne Nichtnegativitätsbedingung

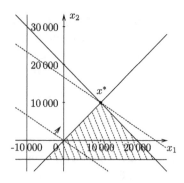

Die vom Kunden formulierte Präferenz für deutsche Aktien lässt sich mit der Bedingung
$x_1 \geq x_2$ (bzw. $x_1 - x_2 \geq 0$) einbeziehen. Schließlich ist der zu erwartende Gewinn proportional zu dem als Zielfunktion dienenden Ausdruck $1 \cdot x_1 + 1,5 \cdot x_2$, sodass die vollständige
Formulierung dieses Problems wie folgt lautet:

$$
\begin{array}{rcl}
x_1 + 1,5x_2 & \longrightarrow & \max \\
x_1 + x_2 & \leq & 20.000 \\
x_1 - x_2 & \geq & 0 \\
x_1 & \geq & -10.000 \\
x_2 & \geq & -5000 \ .
\end{array}
$$

Als optimale Lösung (siehe auch Abb. 5.2) erhält man $x_1^* = x_2^* = 10.000$, d. h., das bestehende Kapital wird nicht umgeschichtet und das neue Kapital wird je zur Hälfte in deutsche
und in amerikanische Aktien investiert.

Bemerkung Setzt man im vorstehenden Beispiel voraus, dass der Kunde sein Kapital von
20.000 € in jedem Fall vollständig einsetzen will, so müsste man die Nebenbedingung $x_1 +$
$x_2 \leq 20.000$ als Gleichungsforderung $x_1 + x_2 = 20.000$ stellen. In diesem Fall ist nicht
mehr das in Abb. 5.2 schraffierte Dreieck der Bereich der zulässigen Lösungen, sondern
nur dessen „Nordost"-Seite. An der oben bestimmten optimalen Lösung ändert sich dabei
jedoch nichts, da x^* gerade auf dieser Kante liegt.

Übungsaufgabe 5.3 Was ändert sich, wenn der Kunde z. Zt. nur amerikanische Aktien
im Wert von 15.000 € besitzt, die Erbschaft mit 5000 € etwas bescheidener ausfällt und
der Gesamtbestand an Aktien (nach Neuerwerb bzw. Umschichtung) keine amerikanische
Mehrheit aufweisen soll?

Unendlich viele optimale Lösungen

Beispiel 5.3 Ein Unternehmen hat in drei Abteilungen A_1, A_2 und A_3 mit unterschiedlicher Maschinenausstattung noch frei verfügbare Zeitfonds, die zur Produktion der Erzeugnisse E_1 und E_2 benutzt werden sollen. In der folgenden Tabelle ist angegeben, wie viel Zeit
(in Stunden) pro Einheit des entsprechenden Erzeugnisses in den einzelnen Abteilungen

Abb. 5.3 LOA mit unendlich
vielen optimalen Lösungen

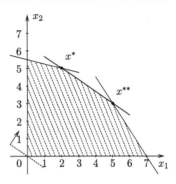

benötigt wird und wie viel Zeit jeweils insgesamt zur Verfügung steht. Außerdem ist noch
bekannt, dass bei der Produktion einer Mengeneinheit von E_1 der erzielbare Gewinn bei 4
Geldeinheiten liegt, wogegen pro Mengeneinheit E_2 sogar 6 Geldeinheiten Gewinn erreicht
werden können.

Abteilung	Erzeugnis E_1	E_2	Zeitfonds (in h)
A_1	1	4	22
A_2	2	3	19
A_3	3	2	21

Bei der Bestimmung eines gewinnmaximierenden Produktionsplans sind logischerweise
die zu produzierenden Mengeneinheiten an E_1 bzw. E_2 die gesuchten Unbekannten, die
wir wieder mit x_1 bzw. x_2 bezeichnen wollen. Damit entspricht jede Zeile der obigen Tabelle genau einer Nebenbedingung im aufzustellenden linearen Optimierungsproblem.
Beispielsweise lautet die Kapazitätsbeschränkung der Abteilung A_1: $1 \cdot x_1 + 4 \cdot x_2 \leq 22$.
Neben diesen drei Restriktionen sind dann nur noch die Nichtnegativitätsbedingungen
$x_1 \geq 0$ und $x_2 \geq 0$ (da es sich um zu produzierende Mengen handelt) sowie die Zielfunktion $4 \cdot x_1 + 6 \cdot x_2 \longrightarrow$ max (die der erwarteten Gewinnsumme in Geldeinheiten entspricht)
in das Modell einzubeziehen. Als Endergebnis erhält man die LOA

$$
\begin{aligned}
4x_1 + 6x_2 &\longrightarrow \text{max} \\
x_1 + 4x_2 &\leq 22 \\
2x_1 + 3x_2 &\leq 19 \\
3x_1 + 2x_2 &\leq 21 \\
x_1, x_2 &\geq 0.
\end{aligned}
$$

In Abb. 5.3 sind der zulässige Bereich (schraffiertes Gebiet) sowie eine Höhenlinie der
Zielfunktion (unterbrochene Linie) dieser LOA erkennbar. Dabei fällt auf, dass die Niveaulinien der Zielfunktion im maximalen Bereich parallel zum Rand des zulässigen Gebietes
verlaufen, so dass alle Randpunkte auf der Verbindungsstrecke zwischen den beiden Eckpunkten $x^* = (2,5)^\top$ und $x^{**} = (5,3)^\top$ optimale Lösungen der Aufgabe (mit einem
Zielfunktionswert von $z^* = 38$) sind.

Diese (unendlich vielen!) Lösungen lassen sich als konvexe Linearkombination (vgl. Abschn. 4.5) der beiden Eckpunkte allgemein beschreiben: Jeder Variablenwert x, der sich in der Form

$$x = \begin{pmatrix} x_1 \\ x_2 \end{pmatrix} = \lambda \cdot x^* + (1 - \lambda) \cdot x^{**} = \lambda \cdot \begin{pmatrix} 2 \\ 5 \end{pmatrix} + (1 - \lambda) \cdot \begin{pmatrix} 5 \\ 3 \end{pmatrix}$$

$$= \begin{pmatrix} 2\lambda + 5(1 - \lambda) \\ 5\lambda + 3(1 - \lambda) \end{pmatrix} = \begin{pmatrix} 5 - 3\lambda \\ 3 + 2\lambda \end{pmatrix}, \quad 0 \le \lambda \le 1,$$

darstellen lässt, ist optimale Lösung der vorliegenden Aufgabe. Beispiele für konkrete Werte sind die beiden Randpunkte x^* (für $t = 1$) und x^{**} (für $t = 0$) sowie der Zwischenpunkt $\widehat{x} = \left(\frac{17}{4}, \frac{14}{4} \right)^\top$ (für $t = \frac{1}{4}$).

Alle diese Lösungen sind aus mathematischer Sicht völlig gleichwertig, aus ökonomischer Sicht gibt es dabei jedoch wesentliche Unterschiede, die sich aus der hinter den Variablen stehenden Bedeutung ergeben. Bei Lösung x^* werden zwei Mengeneinheiten E_1 und fünf Mengeneinheiten E_2 produziert, wobei die Zeitfonds der Abteilungen A_1 und A_2 voll ausgelastet werden und nur bei Abteilung A_3 Reserven bleiben (wie man durch Einsetzen von x^* in die entsprechenden Nebenbedingungen leicht feststellt). Bei einem Punkt im Innern des Lösungsintervalls (z. B. $\widehat{x}$: 4,25 ME von E_1 und 3,5 ME von E_2) ist dagegen ausschließlich der Zeitfonds von A_2 erschöpft, während es bei x^{**} die Fonds der Abteilungen A_2 und A_3 sind.

Aus diesen mathematischen Fakten lassen sich nun eine Reihe betriebswirtschaftlicher Schlüsse ziehen: Zum einen ist bei *jeder* optimalen Lösung der Zeitfonds der Abteilung A_2 voll ausgelastet, d. h., dieser Bereich ist eine „Engpassabteilung", in der jede Überschreitung der verfügbaren Zeitfonds sofort zu einer Verringerung des maximal erzielbaren Gewinns führt. Die beiden anderen Abteilungen könnten – je nach gewählter optimaler Strategie – wechselweise ebenfalls zum Engpass werden. Wenn also die Einhaltung der Zeitfonds in Abteilung A_1 als besonders kritisch eingeschätzt wird, so ist die optimale Lösung x^{**} gegenüber x^* vorzuziehen. Umgekehrt sollte x^* den Vorzug erhalten, wenn eher in Abteilung A_3 Verzögerungen zu erwarten sind. Schließlich kann auch noch eine Mischvariante wie $\widehat{x}$ in Erwägung gezogen werden, wenn sowohl in Abteilung A_1 als auch in A_3 Zeitreserven wünschenswert sind.

Bemerkung Voraussetzung für das Eintreten der eben beschriebenen Situation unendlich vieler Lösungen ist die Parallelität der Höhenlinien der Zielfunktion zu einer der Nebenbedingungsgeraden.

Fall 2: Unbeschränkter zulässiger Bereich
Beispiel 5.4

$$\begin{aligned} 2x_1 + x_2 &\longrightarrow \max \\ x_1 + 6x_2 &\ge 6 \\ x_1 + x_2 &\ge 3 \\ x_1 - x_2 &\ge -1 \\ x_1, x_2 &\ge 0 \end{aligned}$$

Abb. 5.4 LOA mit unbeschränktem zulässigen Bereich

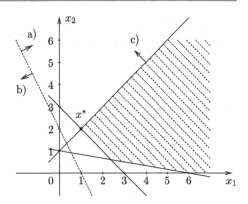

a) Der zulässige Bereich dieser LOA ist in Abb. 5.4 schraffiert dargestellt. Wie man sieht, gibt es keine oberen Schranken für zulässige Variablenwerte. Man spricht in diesem Fall von einem *unbeschränkten* zulässigen Bereich. Dabei ist es möglich, dass die Zielfunktion ebenfalls beliebig große bzw. kleine Werte annehmen kann. In der Tat können im vorliegenden Beispiel die Höhenlinien der Zielfunktion beliebig weit in Maximierungsrichtung verschoben werden. Als Optimierungsergebnis erhält man also: Es gibt keine optimale Lösung, die Zielfunktion kann unbeschränkt anwachsen, wofür man formal $z \to \infty$ oder auch $z^* = +\infty$ schreiben kann.

b) Bei einem unbeschränkten zulässigen Bereich ist aber nicht automatisch jede Zielfunktion unbeschränkt: Ändert man in Beispiel 5.4 die Richtung der Optimierung (also $2x_1 + x_2 \longrightarrow$ min), so gibt es eine eindeutige optimale Lösung, den Punkt $x^* = (1,2)^\top$ in Abb. 5.4, mit dem endlichen optimalen Zielfunktionswert $z^* = 4$.

c) Mit einer dritten Variante der Zielfunktion kann ein weiterer Effekt bei LOA mit unbeschränktem zulässigen Bereich demonstriert werden. Benutzt man z. B. die Zielfunktion $x_1 - x_2 \longrightarrow$ min, so erhält man unendlich viele optimale Lösungen, die nicht auf einem Streckenabschnitt zwischen zwei Eckpunkten, sondern auf einem vom Eckpunkt $x^* = (1,2)^\top$ ausgehenden Strahl parallel zu den Höhenlinien der Zielfunktion liegen. Man kann diese Lösungsmenge ähnlich wie bei der allgemeinen Lösungsdarstellung von linearen Gleichungssystemen mit Hilfe eines Parameters allgemein angeben: Alle Variablenwerte x, die sich in der Form

$$x = \begin{pmatrix} x_1 \\ x_2 \end{pmatrix} = \begin{pmatrix} 1 \\ 2 \end{pmatrix} + t \cdot \begin{pmatrix} 1 \\ 1 \end{pmatrix}, \qquad t \geq 0,$$

darstellen lassen, sind Lösungen der gegebenen LOA mit dem optimalen Zielfunktionswert $z^* = -1$. Als Beispiele sollen hier die Punkte $(1,2)^\top$ (für $t = 0$), $(6,7)^\top$ (für $t = 5$) und $(101,102)^\top$ (für $t = 100$) genügen.

Fall 3: Leerer zulässiger Bereich

Das in Abschn. 5.2.1 formulierte und in Abschn. 5.2.3 grafisch gelöste Getränkeproblem (mit dem Ergebnis $z^* = 7500$) soll modifiziert werden. Es wird zusätzlich gefordert, der Gewinn möge mindestens 8000 € betragen, so dass $50x_1 + 150x_2 \geq 8000$ gelten muss. Dadurch ergibt sich ein Widerspruch in den Nebenbedingungen und folglich ein leerer zulässiger Bereich.

Bemerkungen

1) Aus den betrachteten Beispielen ist ersichtlich, dass die Menge zulässiger Lösungen einer LOA leer, beschränkt oder unbeschränkt sein kann. Ferner kann im Falle eines nichtleeren zulässigen Bereiches eine LOA keine, eine eindeutige oder unendlich viele optimale Lösungen besitzen; dabei ist der optimale Zielfunktionswert aber stets eine eindeutig bestimmte Zahl oder unendlich groß (exakter: er kann unbeschränkt anwachsen).

2) Die oben unterschiedenen Fälle hinsichtlich der Menge zulässiger bzw. optimaler Lösungen sind nicht nur für LOA mit zwei Variablen charakteristisch, sie gelten sinngemäß auch für LOA mit mehr Variablen (so kann beispielsweise im Falle dreier Variablen eine ganze Seitenfläche des dann dreidimensionalen zulässigen Bereiches optimal sein).

3) Lineare Optimierungsaufgaben können *lösbar* (d. h., sie besitzen mindestens eine optimale Lösung) oder *unlösbar* sein. Gründe für die Unlösbarkeit sind entweder ein leerer zulässiger Bereich oder ein unbeschränkter zulässiger Bereich mit gleichzeitig unbeschränkt wachsender oder fallender Zielfunktion. Aus den Ausführungen in Abschn. 5.3 wird ersichtlich werden, dass es keine weiteren Gründe für die Unlösbarkeit einer LOA gibt.

4) Bei der mathematischen Modellierung praktischer ökonomischer Fragestellungen muss man grundsätzlich damit rechnen, dass unlösbare Optimierungsaufgaben entstehen. So kann man insbesondere bei größeren (real-life) Modellen selten auf Anhieb erkennen, ob die erhobenen Forderungen zu einschneidend sind und sich die Nebenbedingungen somit widersprechen. Andererseits können wichtige Beschränkungen vergessen worden sein, was zur Unbeschränktheit des zulässigen Bereiches führen kann, wenn etwa unbegrenzte Produktionsmöglichkeiten zugrunde gelegt werden. Generell ist Modellierung ein Prozess, bei dem man Fehler und Unterlassungen begehen kann, die im Laufe der Erarbeitung schrittweise korrigiert werden sollten, um die Realität immer besser widerzuspiegeln. Übrigens gibt es sogar eine mathematische „Theorie zur Lösung unlösbarer Optimierungsaufgaben", mit deren Hilfe Empfehlungen gegeben werden, wie etwa zu scharfe Beschränkungen „aufgeweicht" werden können, um die Existenz zulässiger Lösungen zu erreichen und damit eine unlösbare Aufgabe in eine lösbare zu verwandeln.

5) Schließlich lässt sich aus obigen Abbildungen die Vermutung ableiten, dass die Eckpunkte des zulässigen Bereiches eine besondere Bedeutung besitzen. Dies ist tatsächlich so und wird im folgenden Abschn. 5.3 präzisiert werden. Zu weiteren Fragen siehe z. B. [1].

5.3 Theorie der linearen Optimierung

5.3.1 Überführung in die Gleichungsform

Im Abschn. 5.1.2 war neben der allgemeinen LOA (5.2) bzw. (5.3) die scheinbar speziellere Aufgabe (G) in Gleichungsform eingeführt worden. Es wird jedoch gleich nachgewiesen werden, dass die (G)-Form einer linearen Optimierungsaufgabe keine Einschränkung der Allgemeingültigkeit darstellt, denn es gilt der folgende

Satz 5.1 *Jede lineare Optimierungsaufgabe lässt sich in eine äquivalente LOA in (G)-Form umformen.*

Dabei versteht man unter zwei äquivalenten Optimierungsaufgaben solche, deren optimaler Zielfunktionswert und deren optimale Lösungen sich aus denen der anderen Aufgabe durch eindeutige Transformationsvorschriften herleiten lassen.

Die Begründung des Satzes wird in konstruktiver Weise erfolgen, indem gezeigt wird, wie die einzelnen Bestandteile einer linearen Optimierungsaufgabe der Form (5.2) derart transformiert werden können, dass sie nach der Umformung allen Forderungen genügen, die oben an die (G)-Form gestellt wurden (Maximierung der Zielfunktion, ausschließlich Gleichungsnebenbedingungen, Nichtnegativität aller Variablen und rechten Seiten). Man hat allerdings folgendes zu beachten: Die transformierte Aufgabe in (G)-Form, auf die letztendlich die Simplexmethode angewendet werden wird, unterscheidet sich in einer Reihe von Punkten von der ursprünglichen LOA; insbesondere besitzt sie i. Allg. mehr Variablen. Deshalb muss die für die (G)-Form berechnete optimale Lösung anschließend wieder rücktransformiert und richtig interpretiert werden. Nachstehend wird die Transformation der einzelnen Bestandteile beschrieben.

Zielfunktion Ist die Zielfunktion in (5.2) bereits zu maximieren, braucht nichts verändert zu werden. Liegt mit (5.2) ein Minimierungsproblem vor, wird anstelle von $\langle c, x \rangle \longrightarrow$ min die Zielfunktion $\langle -c, x \rangle \longrightarrow$ max betrachtet.

Begründung: Der zulässige Bereich von (5.2) soll mit $\mathcal{B}$ bezeichnet werden. Da durch die Veränderung der Zielfunktion die Menge $\mathcal{B}$ nicht verändert wird, lautet die ursprüngliche LOA

$$\langle c, x \rangle \longrightarrow \min, \qquad x \in \mathcal{B}, \tag{5.10}$$

während die transformierte Aufgabe die Form

$$\langle -c, x \rangle \longrightarrow \max, \qquad x \in \mathcal{B} \tag{5.11}$$

hat. Es sei $x^* \in \mathcal{B}$ ein Vektor, für den das Minimum in (5.10) realisiert wird. Dann gilt

$$\langle c, x^* \rangle \leq \langle c, x \rangle \qquad \forall x \in \mathcal{B},$$

folglich

$$\langle -c, x^* \rangle \geq \langle -c, x \rangle \quad \forall x \in \mathcal{B},$$

was bedeutet, dass x^* das Maximum in der Aufgabe (5.11) realisiert. Somit liefern (5.10) und (5.11) dieselben optimalen Lösungen; allerdings unterscheidet sich der optimale Zielfunktionswert in beiden Aufgaben durch das Vorzeichen.

Übungsaufgabe 5.4 Überlegen Sie sich, dass die Multiplikation der Zielfunktion mit −1 auch in den Fällen, wenn der zulässige Bereich $\mathcal{B}$ leer ist bzw. die Zielfunktion (5.10) über $\mathcal{B}$ unbeschränkt nach unten ist, zum richtigen Ergebnis führt.

Rechte Seiten Ist die rechte Seite b_i in der i-ten Zeile größer oder gleich null, braucht nichts verändert zu werden. Gilt aber $b_i < 0$, so wird die i-te Nebenbedingung mit −1 multipliziert.

Nebenbedingungen Liegt die i-te Nebenbedingung in Gleichungsform vor, braucht nichts verändert zu werden. Hat die i-te Nebenbedingung die Form

$$\sum_{j=1}^{n} a_{ij} x_j \leq b_i, \tag{5.12}$$

so führt die Substitution $u_i = b_i - \sum_{j=1}^{n} a_{ij} x_j$ auf die Beziehungen

$$\sum_{j=1}^{n} a_{ij} x_j + u_i = b_i, \quad u_i \geq 0. \tag{5.13}$$

Mit anderen Worten, die Ungleichung (5.12) ist den beiden durch (5.13) beschriebenen Beziehungen äquivalent: einer Gleichung und der Nichtnegativitätsbedingung für die neu eingeführte Variable u_i. Anschaulich kann man den Sachverhalt so verdeutlichen, dass man aus einer Ungleichung in $\leq$-Form eine Gleichung erzeugen kann, indem man die evtl. vorhandene „Lücke" (den so genannten *Schlupf*) mit einer nichtnegativen *Schlupfvariablen* schließt.

Analog hat man im Falle einer Ungleichung der Form

$$\sum_{j=1}^{n} a_{ij} x_j \geq b_i \tag{5.14}$$

zu verfahren. Durch Einführung der Schlupfvariablen $u_i = \sum_{j=1}^{n} a_{ij} x_j - b_i$ geht (5.14) über in

$$\sum_{j=1}^{n} a_{ij} x_j - u_i = b_i, \quad u_i \geq 0. \tag{5.15}$$

Auch (5.15) stellt eine Gleichungsnebenbedingung und eine Nichtnegativitätsbedingung dar. Anschaulich gesprochen muss man etwas Positives (exakter: Nichtnegatives) von der linken Seite subtrahieren, um von einer Ungleichung in $\geq$-Form auf eine Gleichung zu kommen.

Also: Ungleichungen können durch die Einführung von zusätzlichen Schlupfvariablen ($+u_i$ für die $\leq$-Form und $-u_i$ bei der $\geq$-Form) in Gleichungen überführt werden. Dabei gilt in jedem Fall die Nichtnegativitätsbedingung $u_i \geq 0$. Zu jeder Ungleichungszeile gehört eine eigene Schlupfvariable. Das Einführen von Schlupfvariablen vergrößert die Anzahl der Nebenbedingungen nicht, wohl aber die Anzahl der Unbekannten. Die eigentlichen Problemvariablen sind die Größen x_i, während die neu eingeführten Schlupfvariablen u_i im Grunde genommen nicht zur ursprünglichen Aufgabe gehören. Sie liefern aber als Bestandteil der optimalen Lösung wichtige Zusatzinformationen: in $\leq$-Nebenbedingungen geben die optimalen Werte u_i^* an, ob bzw. in welcher Höhe Reserven, freie Kapazitäten usw. vorhanden sind; in $\geq$-Nebenbedingungen stehen die u_i^* für Überschussproduktion, Vorrat etc.

Variablenbeschränkungen Gilt für die j-te Variable $x_j \geq 0$, muss nichts verändert werden. Gilt $x_j \leq 0$, substituiert man $\bar{x}_j = -x_j$, wodurch für $\bar{x}_j$ die Nichtnegativitätsbedingung $\bar{x}_j \geq 0$ gültig ist. (Dieser Fall kommt selten vor.)

Ist die Variable x_j überhaupt nicht vorzeichenbeschränkt (*freie* Variable), ist es ihr also erlaubt, sowohl positive als auch negative Werte anzunehmen, kann man wie folgt verfahren. Man setzt $x_j = x_j^+ - x_j^-$ und fordert $x_j^+ \geq 0$, $x_j^- \geq 0$, wodurch anstelle einer nicht vorzeichenbeschränkten Variablen x_j nunmehr die beiden Variablen x_j^+ und x_j^- auftreten, die als nichtnegativ angenommen werden. Im Hinblick auf die Simplexmethode kann sogar gefordert werden, dass stets eine von beiden Zahlen null ist, denn jede reelle Zahl lässt sich als Differenz einer positiven (exakter: nichtnegativen) Zahl und der Zahl Null (oder umgekehrt) darstellen:

$$a = \begin{cases} a - 0, & \text{falls} \quad a \geq 0, \\ 0 - |a|, & \text{falls} \quad a \leq 0. \end{cases}$$

Beispiel 5.5 $5 = 5 - 0$, $-5 = 0 - 5$

Bemerkung Man ersetzt x_j nur dann auf die beschriebene Weise, wenn die Struktur der Nebenbedingungsmatrix nicht verändert werden soll. Anderenfalls kann ein Teil der Nebenbedingungen nach den nicht vorzeichenbeschränkten Variablen aufgelöst werden (z. B. mittels des Gauß'schen Algorithmus). Diese werden dann in den restlichen Nebenbedingungen und in der Zielfunktion ersetzt, wodurch sich die Zahl der Nebenbedingungen verringert.

Die beschriebenen Umformungsregeln sind die für unsere Zwecke wichtigsten, um eine beliebige lineare Optimierungsaufgabe in eine solche in (G)-Form zu überführen. Es ist jedoch von Nutzen, noch auf zwei weitere, in der Praxis häufig vorkommende Variablenbeschränkungen einzugehen, nämlich auf untere und obere Schranken. Man könnte diese zwar wie gewöhnliche Ungleichungsnebenbedingungen behandeln, jedoch würde dann die notwendige Einführung von Schlupfvariablen zu einer Vergrößerung der Anzahl an Variablen führen. Eleganter und effektiver ist der folgende Zugang.

Ist eine Variable x_j nur nach oben beschränkt, d. h. gilt $x_j \leq S_j$, so setze man $\widetilde{x}_j = S_j - x_j$. Dann gilt einerseits $\widetilde{x}_j \geq 0$ (d. h., die neu eingeführte Variable $\widetilde{x}_j$ erfüllt die Nichtnegativitätsbedingung). Andererseits hat man in der ursprünglichen LOA die Substitution $x_j = S_j - \widetilde{x}_j$ vorzunehmen, was i. Allg. dazu führt, dass sich die rechten Seiten ändern und in der Zielfunktion eine Konstante auftritt. Werden dabei in gewissen Zeilen die rechten Seiten negativ, muss man diese wiederum mit -1 multiplizieren. Die Konstante in der Zielfunktion hat aber keinen Einfluss auf die Menge optimaler Lösungen; lediglich bei der Berechnung des Optimalwertes der Zielfunktion ist sie zu berücksichtigen.

Übungsaufgabe 5.5 Überlegen Sie sich anhand des Vorgehens bei der grafischen Lösung von LOA, dass die Zielfunktionen $c_1 x_1 + c_2 x_2 + c$ und $c_1 x_1 + c_2 x_2$ zu derselben Menge optimaler Lösungen führen, sofern der zulässige Bereich der Aufgabe unverändert bleibt.

Bemerkungen

1) Analog zu oberen Schranken lassen sich untere Schranken für die Variablen berücksichtigen. Gilt beispielsweise $x_j \geq s_j$, so substituiert man $\widehat{x}_j = x_j - s_j$ bzw. $x_j = \widehat{x}_j + s_j$, was zu $\widehat{x}_j \geq 0$ führt. Anschließend verfährt man wie oben beschrieben.

2) Dieses Verfahren ist nicht anwendbar, wenn so genannte *Quadernebenbedingungen* der Art $s_j \leq x_j \leq S_j$ auftreten. Hier kann nur eine der beiden gleichzeitig auftretenden Schranken (meist die untere) durch Substitution ersetzt werden, die andere muss als normale Nebenbedingung in der weiteren Rechnung berücksichtigt werden. Eine Alternative hierzu besteht in der Modifikation der Simplexmethode derart, dass obere und untere Schranken explizit im Algorithmus berücksichtigt werden. So wird in den meisten Computerprogrammen verfahren.

3) Die Umformungen hinsichtlich der Variablenbeschränkungen sind sinnvollerweise immer gleich zu Beginn der Transformation auf die (G)-Form durchzuführen, da sich nach dem Einsetzen der neuen Variablen $\widetilde{x}_j$ bzw. $\widehat{x}_j$ Zielfunktion und Nebenbedingungen ja noch verändern, was insbesondere wegen der Vorzeichen der rechten Seiten b_i auf die Art der weiteren Substitutionen Einfluss haben kann.

Beispiel 5.6

$$
\begin{array}{rcrcrcrcrcr}
-x_1 & + & x_2 & - & x_3 & - & 2x_4 & \longrightarrow & & \min \\
3x_1 & + & x_2 & - & 3x_3 & - & x_4 & \leq & & -12 \\
2x_1 & + & x_2 & + & x_3 & & & = & & 2 \\
x_1 & & & & & & & \geq & & 0 \\
& & & & x_3 & & & \geq & & 2 \\
& & & & & & x_4 & \leq & & 5
\end{array}
$$

Bei der Transformation dieser Aufgabe auf die (G)-Form sind zuerst die gegebenen Variablenbeschränkungen umzuformen: $x_1 \geq 0$ kann unverändert bleiben, die unbeschränkte Variable x_2 wird durch $x_2 = x_2^+ - x_2^-$ ersetzt. Bei x_3 transformiert man die untere Schranke ($s_3 = 2$) mittels $x_3 = \widehat{x}_3 + 2$ (bzw. $\widehat{x}_3 = x_3 - 2$), bei x_4 die obere Schranke ($S_4 = 5$) mittels $x_4 = 5 - \widetilde{x}_4$ (bzw. $\widetilde{x}_4 = 5 - x_4$). Damit entsteht zunächst folgendes äquivalentes System mit Nichtnegativitätsbedingungen:

$$
\begin{array}{rcccccccl}
-x_1 & + & \left(x_2^+ - x_2^-\right) & - & \left(\widehat{x}_3 + 2\right) & - & 2\left(5 - \widetilde{x}_4\right) & \longrightarrow & \min \\
3x_1 & + & \left(x_2^+ - x_2^-\right) & - & 3\left(\widehat{x}_3 + 2\right) & - & \left(5 - \widetilde{x}_4\right) & \leq & -12 \\
2x_1 & + & \left(x_2^+ - x_2^-\right) & + & \left(\widehat{x}_3 + 2\right) & & & = & 2 \\
& & & & x_1, x_2^+, x_2^-, \widehat{x}_3, \widetilde{x}_4 & & & \geq & 0 \ .
\end{array}
$$

Durch Ausmultiplizieren und Vereinfachen erhält man daraus:

$$
\begin{array}{rcccccccccl}
-x_1 & + & x_2^+ & - & x_2^- & - & \widehat{x}_3 & + & 2\widetilde{x}_4 & -12 & \longrightarrow & \min \\
3x_1 & + & x_2^+ & - & x_2^- & - & 3\widehat{x}_3 & + & \widetilde{x}_4 & & \leq & -1 \\
2x_1 & + & x_2^+ & - & x_2^- & + & \widehat{x}_3 & & & & = & 0 \\
& & & & x_1, x_2^+, x_2^-, \widehat{x}_3, \widetilde{x}_4 & & & & & & \geq & 0 \ .
\end{array}
$$

Nun kann in der Zielfunktion zum einen die Konstante -12 weggelassen werden, zum anderen nach Multiplikation mit -1 zur Maximierung übergegangen werden. Die erste Nebenbedingung ist wegen der negativen rechten Seite ebenfalls mit -1 zu multiplizieren, anschließend ist die entstehende $\geq$-Ungleichung mithilfe einer Schlupfvariablen u_1 in eine Gleichung zu überführen. Als Endergebnis dieser Umformungen erhält man die äquivalente Aufgabe

$$
\begin{array}{rcccccccccl}
x_1 & - & x_2^+ & + & x_2^- & + & \widehat{x}_3 & - & 2\widetilde{x}_4 & & \longrightarrow & \max \\
-3x_1 & - & x_2^+ & + & x_2^- & + & 3\widehat{x}_3 & - & \widetilde{x}_4 & - u_1 & = & 1 \\
2x_1 & + & x_2^+ & - & x_2^- & + & \widehat{x}_3 & & & & = & 0 \\
& & & x_1, x_2^+, x_2^-, \widehat{x}_3, \widetilde{x}_4, u_1 & & & & & & \geq & 0 \ .
\end{array}
$$

Eine zulässige Lösung dieser LOA ist z. B. der Vektor $\left(x_1, x_2^+, x_2^-, \widehat{x}_3, \widetilde{x}_4, u_1\right)^\top = (1, 0, 4, 2, 0, 6)^\top$ mit dem Zielfunktionswert 7. Den zugehörigen Vektor des ursprünglichen Modells erhält man durch Rückwärtsanwendung der oben benutzten Transformationsgleichungen: $x_2 = x_2^+ - x_2^- = 0 - 4 = -4$, $x_3 = \widehat{x}_3 + 2 = 2 + 2 = 4$, $x_4 = 5 - \widetilde{x}_4 = 5 - 0 = 5$. Also ist $x = (x_1, x_2, x_3, x_4)^\top = (1, -4, 4, 5)^\top$ die entsprechende zulässige Lösung der ursprünglichen LOA mit dem Zielfunktionswert -19, der durch Einsetzen von x in die ursprüngliche Zielfunktion oder auch durch Multiplikation des transformierten Wertes 7 mit -1 sowie Addition der weggelassenen Konstanten -12 erhalten wird.

Im nachstehenden Schema sind die oben beschriebenen Regeln zur Umformung einer LOA in die (G)-Form nochmals kurz zusammengefasst.

Ausgangsaufgabe	Transformation	Bemerkungen
$\langle c, x \rangle \longrightarrow \max$	keine Änderung	
$\langle c, x \rangle \longrightarrow \min$	$\langle -c, x \rangle \longrightarrow \max$	Vorzeichenänderung der Zielfunktion
$b_i \geq 0$	keine Änderung	
$b_i < 0$	Multiplikation der i-ten Zeile mit (-1)	evtl. Relationszeichen wechseln$(\leq \leftrightarrow \geq)$
$\sum_{j=1}^{n} a_{ij}x_j = b_i$	keine Änderung	
$\sum_{j=1}^{n} a_{ij}x_j \leq b_i$	$\sum_{j=1}^{n} a_{ij}x_j + u_i = b_i,\ u_i \geq 0$	Schlupfvariable
$\sum_{j=1}^{n} a_{ij}x_j \geq b_i$	$\sum_{j=1}^{n} a_{ij}x_j - u_i = b_i,\ u_i \geq 0$	Schlupfvariable
$x_j \geq 0$	keine Änderung	
$x_j \leq 0$	$\tilde{x}_j = -x_j$	$\tilde{x}_j$ ersetzt x_j
x_j nicht vorzeichen-beschränkt	$x_j = x_j^+ - x_j^-$ $x_j^+ \geq 0,\ x_j^- \geq 0$	Vergrößerung der Anzahl an Variablen
$x_j \leq S_j$	$x_j = S_j - \widetilde{x}_j$	$\widetilde{x}_j$ ersetzt x_j
$x_j \geq s_j$	$x_j = \widehat{x}_j + s_j$	$\widehat{x}_j$ ersetzt x_j

5.3.2   Basislösungen und Eckpunkte

In diesem Abschnitt werden wir Optimierungsaufgaben in (G)-Form betrachten und die für das Weitere wichtigen Begriffe einer Basislösung sowie eines Eckpunktes des zulässigen Bereiches näher untersucht und Zusammenhänge zwischen ihnen aufgezeigt. Der Begriff der Basislösung spielte bereits im Abschn. 4.4 über lineare Gleichungssysteme eine Rolle. Dort wurde dargelegt, wie eine Matrizengleichung der Form $Ax = b$ durch Anwendung elementarer Transformationen in die Form $Ex_B + Rx_N = \widetilde{b}$ überführt werden kann. Die mit der Einheitsmatrix E verknüpften Variablen x_B erhielten die Bezeichnung Basisvariablen, da die Teilmatrix B von A, die bei der Umformung in E übergeht, aus linear unabhängigen Spalten besteht, somit eine Basis bildet. Entsprechend werden die restlichen Variablen x_N Nichtbasisvariablen genannt. Um die nachfolgenden Darlegungen nicht mit unnötigen Details zu belasten, werden an dieser Stelle zwei Grundannahmen getroffen:

(A1) Für die $(m \times n)$-Matrix A in (G) gilt $m \leq n$.

(A2) Die Matrix A in (G) besitzt vollen Rang: rang $A = m$.

Durch die beiden Voraussetzungen wird die Allgemeingültigkeit der Betrachtungen kaum eingeschränkt, denn im Falle $m > n$ ist das Gleichungssystem $Ax = b$ entweder widersprüchlich oder es enthält (wie auch im Fall rang $A < m$) linear abhängige Gleichungen, die weggelassen werden könnten (auch wenn dies aus dem Modell schwer ersichtlich ist). Hinzu kommt, dass Optimierungsaufgaben eigentlich nur dort sinnvoll sind, wo es auch genügend Freiheitsgrade gibt, um unter vielen zulässigen Lösungen eine optimale Lösung auszusuchen. Vor allem das Vorhandensein von Ungleichungen führt durch das Einführen notwendiger Schlupfvariablen zur Erhöhung der Variablenzahl, sodass die Annahme (A1) durchaus realistisch erscheint.

Eine Basislösung des linearen Gleichungssystems $Ax = b$ zeichnet sich dadurch aus, dass alle Nichtbasisvariablen null sind, d. h., es gilt: $x_N = \mathbf{0}$, $x_B = \widetilde{b}$. Mit Bezug auf lineare Optimierungsaufgaben spricht man von einer *zulässigen Basislösung* $x = (x_B, x_N)^\top$, wenn $x_N = \mathbf{0}$ und $x_B = \widetilde{b} \geq \mathbf{0}$.

Eine zulässige Basislösung kann folglich nicht mehr als m positive Komponenten besitzen, wenn m die Anzahl der Nebenbedingungen ist.

Eine zulässige Basislösung wird *(primal) entartet* genannt, wenn die Anzahl positiver Komponenten echt kleiner als m ist; ist die Anzahl positiver Komponenten gleich m, spricht man einer *(primal) nichtentarteten* Basislösung.

Beispiel 5.7   Der durch das Gleichungssystem

$$
\begin{array}{rcrcl}
x_1 & + & x_3 & = & 5 \\
x_2 & + & 2x_3 & = & 10
\end{array}
$$

und die Nichtnegativitätsbedingungen $x_1, x_2 \geq 0$ beschriebene zulässige Bereich besitzt zum einen die nichtentartete Basislösung $\widehat{x} = (5, 10, 0)^\top$ mit $x_B = (x_1, x_2)^\top$, $x_N = (x_3)$, zum anderen die entartete Basislösung $\widetilde{x} = (0, 0, 5)^\top$ mit $x_B = (x_1, x_3)^\top$, $x_N = (x_2)$ bzw. $x_B = (x_2, x_3)^\top$, $x_N = (x_1)$.

Bemerkung   Für eine entartete Basislösung muss die zugehörige Basis nicht eindeutig bestimmt sein. Dieser Tatsache sind auch bestimmte Schwierigkeiten geschuldet, die bei der rechnerischen Lösung einer LOA auftreten können, sofern entartete Basislösungen vorliegen. So können im eben betrachteten Beispiel die erste und dritte Spalte, d. h. $x_B = (x_1, x_3)^\top$, aber auch die zweite und die dritte Spalte, d. h. $x_B = (x_2, x_3)^\top$, als Basisvektoren dienen.

Schließlich ist noch der Begriff der *benachbarten* Basislösung von Interesse. Ist eine Basislösung der Gleichungsnebenbedingungen $Ax = b$ und die zugehörige Basismatrix B (bzw. die dazu äquivalente Darstellung $Ex_B + Rx_N = \widetilde{b}$) gegeben und tauscht man einen Basisvektor gegen einen Nichtbasisvektor aus (was bei Anwendung des Gauß'schen Algorithmus bedeutet, dass in einer nicht zu E gehörenden Spalte ein Einheitsvektor erzeugt wird), so spricht man von einer zu der ursprünglichen Basislösung *benachbarten* Basislösung. Im Allgemeinen wird bei diesem Übergang ein bisher zu E gehörender Einheitsvektor zerstört.

Beispiel 5.8 Die nichtentartete Basislösung $\hat{x} = (5, 10, 0)^\top$ aus dem letzten Beispiel ist zu der entarteten Basislösung $\tilde{x} = (0, 0, 5)^\top$ benachbart, da $\tilde{x}$ aus $\hat{x}$ durch Erzeugen einer Einheitsspalte bei x_3 entsteht. Dabei wird entweder die ursprünglich vorhandene Einheitsspalte bei x_1 oder diejenige bei x_2 zerstört.

Satz 5.2 *Die Anzahl zulässiger Basislösungen ist nicht größer als der Binomialkoeffizient $\binom{n}{m}$ und damit endlich.*

Die Aussage von Satz 5.2 liegt darin begründet, dass es in einem linearen Gleichungssystem mit n Unbekannten und m Gleichungen höchstens m linear unabhängige Spaltenvektoren geben kann, die die Basis bilden. Aus n Spalten kann man aber m Spalten nur auf $\binom{n}{m}$ verschiedene Weisen auswählen.

Ferner ist die Zahl zulässiger Basislösungen höchstens so groß wie die Anzahl der Basislösungen, da die Komponenten von x_B in einer Basislösung auch negativ sein können. Weiterhin kann man Folgendes nachweisen (vgl. [1]):

Satz 5.3 *Die zulässigen Basislösungen einer Aufgabe in (G)-Form entsprechen Eckpunkten des zulässigen Bereichs $\mathcal{B} = \{x \mid Ax = b, \, x \geq \mathbf{0}\}$ von (G) und umgekehrt.*

Dabei definiert jede zulässige Basislösung von (G) eindeutig einen Eckpunkt des zulässigen Bereiches $\mathcal{B}$. Umgekehrt, jeder Eckpunkt von $\mathcal{B}$ bestimmt eine (im Allgemeinen nicht eindeutige) zulässige Basislösung von $Ax = b$. Somit ist auch die Anzahl der Eckpunkte endlich und durch die Zahl $\binom{n}{m}$ beschränkt.

Schließlich gilt die folgende Aussage (vgl. [1]):

Satz 5.4 *Der zulässige Bereich $\mathcal{B}$ von (G) besitzt wenigstens einen Eckpunkt, sofern er nicht leer ist.*

Folglich gibt es bei Vorhandensein zulässiger Lösungen in (G) auch mindestens eine Basislösung.

Beispiel 5.9 In den im Kap. 5.2 grafisch gelösten LOA (vgl. Abb. 5.1 bis 5.4) gehört zu jedem Eckpunkt der jeweiligen zulässigen Bereiche auch je eine Basislösung. Für das Getränkeproblem (Abb. 5.1) sind dies die fünf Basislösungen $(0, 0, 60, 45, 15)^\top$ für P_1, $(50, 0, 10, 45, 0)^\top$ für P_2, $(40, 20, 0, 25, 0)^\top$ für P_3, $(15, 45, 0, 0, 3\frac{3}{4})^\top$ für P_4 und $(0, 45, 15, 0, 8\frac{1}{4})^\top$ für P_5.

Wie bereits erwähnt, wird den Basislösungen bzw. Eckpunkten von $\mathcal{B}$ eine besondere Bedeutung in der Simplexmethode zukommen. Ehe wir dieses Lösungsverfahren in Abschn. 5.4 erläutern, werden im nächsten Abschnitt einige Eigenschaften linearer Optimierungsaufgaben zusammengestellt, die die Grundlage für diese Methode bilden.

5.3.3   Eigenschaften von LOA

Ohne Beweis sollen hier wichtige Eigenschaften linearer Optimierungsaufgaben aufgelistet werden, wobei wir uns auf allgemeine LOA, die nicht notwendigerweise in (G)-Form vorliegen, beziehen.

Satz 5.5 *(i) Die Optimallösung einer LOA kann nur auf dem Rand des zulässigen Bereichs liegen.*

(ii) Besitzt der zulässige Bereich einer LOA mindestens einen Eckpunkt und besitzt die LOA eine optimale Lösung, so gibt es unter den optimalen Lösungen mindestens einen Eckpunkt des zulässigen Bereichs.

(iii) Ist die Menge zulässiger Lösungen einer LOA nichtleer und die Zielfunktion über dieser Menge nach oben (bei einer Maximierungsaufgabe) bzw. nach unten (bei einer Minimierungsaufgabe) beschränkt, so gibt es mindestens eine optimale Lösung.

Bemerkungen

1) Die Aussage (i) ist durchaus nicht selbstverständlich und an die Linearität aller eingehenden Beziehungen gebunden. In Problemen der nichtlinearen Optimierung kann genauso gut auch der Fall eintreten, dass der gesuchte Optimalpunkt im Inneren des zulässigen Bereiches liegt. Auch in den Fragestellungen der Extremwertrechnung (vgl. Kap. 8) liegen andere Situationen vor, wo entweder der ganze Raum $\mathbb{R}^n$ zulässig ist oder die Menge zulässiger Lösungen, ausschließlich beschrieben durch Gleichungsnebenbedingungen, eine geringere Dimension als n aufweist, sodass man nicht in gleicher Weise von einem Rand sprechen kann.

2) Im vorigen Abschnitt war festgestellt worden, dass der zulässige Bereich B einer in (G)-Form vorliegenden LOA stets einen Eckpunkt besitzt. Folglich ist unter der Voraussetzung der Lösbarkeit für (G) die Aussage (ii) gültig. Liefert nicht nur ein einziger Eckpunkt die optimale Lösung, so lassen sich bei beschränktem zulässigen Bereich die dann unendlich vielen optimalen Lösungen als konvexe Linearkombinationen aller optimalen Basislösungen darstellen, was geometrisch auf eine Strecke (für $n = 2$, vgl. Abb. 5.3) bzw. Seitenfläche (für $n = 3$) führt; im unbeschränkten Fall ist auch ein Strahl möglich (vgl. Abb. 5.4, Fall c).

3) Behauptung (iii) stellt eine Aussage über die *Lösbarkeit* einer LOA dar, beantwortet also die Frage der Existenz optimaler Lösungen. Aus (iii) kann man zwei Gründe für die *Unlösbarkeit* ableiten:

▸   der zulässige Bereich ist leer,

▸   die Zielfunktion ist über dem zulässigen Bereich unbeschränkt.

Weitere Gründe für die Unlösbarkeit einer LOA gibt es nicht. Auch hierin unterscheidet sich die Situation in der linearen Optimierung von der in nichtlinearen Fragestellungen.

Also: Da sich unter den optimalen Lösungen stets auch ein Eckpunkt des zulässigen Bereiches befindet, würde es zur Lösung von (G) prinzipiell genügen, die Zielfunktionswerte aller Eckpunkte, von denen es nur endlich viele und nicht mehr als $\binom{n}{m}$ gibt, miteinander zu vergleichen.

Freilich kann diese Zahl bereits für relativ kleine Werte m und n sehr groß sein, wie die nachstehende Tabelle verdeutlicht:

n	10	20	20	40
m	5	5	10	20
$\binom{n}{m}$	252	15.504	184.756	$1{,}378 \cdot 10^{11}$

Deshalb ist die Suche nach denjenigen Eckpunkten, in denen die lineare Funktion $\langle c, x \rangle$ ihren optimalen Wert über $\mathcal{B}$ annimmt, mittels einfachem Durchmustern aller Punkte zwar theoretisch möglich (es sind ja nur endlich viele!), praktisch aber ein aussichtsloses Unterfangen, bei dem selbst moderne Computer schnell an die Grenzen ihrer Leistungsfähigkeit stoßen. Aus diesem Grunde ist es wesentlich günstiger, die Eckpunkte von $\mathcal{B}$ **gezielt** (mit dem Ziel einer ständigen Zielfunktionswertverbesserung) abzusuchen. Gerade diese Idee liegt der im nächsten Abschnitt dargelegten Simplexmethode zugrunde. In der Praxis hat sich gezeigt, dass man dabei im Mittel nur eine Schrittzahl benötigt, die in der Größenordnung von m, der Anzahl an Nebenbedingungen, liegt, was natürlich einen wesentlich geringeren Aufwand bedeutet.

5.4 Simplexmethode für Optimierungsaufgaben in Gleichungsform

5.4.1 Grundidee

In diesem Abschnitt wird das wohl bekannteste und am häufigsten zur numerischen Lösung linearer Optimierungsaufgaben angewendete Lösungsverfahren, die *Simplexmethode*, dargelegt. Obwohl das Hauptfeld eines Wirtschaftswissenschaftlers in der mathematischen Modellierung ökonomischer Problemstellungen sowie in der richtigen Interpretation und Umsetzung der mit mathematischen Verfahren ermittelten optimalen Lösungen liegt, wird er doch häufig in die Situation kommen, fertige Software-Pakete für die mathematisch-rechentechnische Lösung von Optimierungsaufgaben anzuwenden. Dass er (oder sie) praktische Probleme „von Hand" lösen wird, ist wohl kaum anzunehmen. Trotzdem ist es wichtig, ja unabdingbar, zu wissen, wie die angewendeten Methoden funktionieren. Und dies lernt man vor allem beim praktischen Rechnen.

Zunächst ein paar Worte zur Erklärung des Namens Simplexmethode. Eine von $n + 1$ Punkten im n-dimensionalen Raum erzeugte konvexe Menge (das ist eine solche Menge, die mit zwei beliebigen Punkten stets auch deren Verbindungsstrecke enthält) mit größtmöglicher Dimension wird n-*dimensionales Simplex* genannt (nulldimensionales: Punkt, eindimensionales: Strecke, zweidimensionales: Dreieck, dreidimensionales: Tetraeder). Ein

Simplex ist gewissermaßen das einfachste Polyeder im $\mathbb{R}^n$. Obwohl nun die Menge zulässiger Lösungen einer LOA in der Regel kein Simplex, sondern ein allgemeines Polyeder bildet, wobei man im unbeschränkten Fall von *polyedraler Menge* spricht, erhielt eine der grundlegendsten Methoden zur Suche des Optimums in der linearen Optimierung die Bezeichnung Simplexmethode.

Nachstehend wird die Idee der Simplexmethode zunächst geometrisch erläutert. Diese besteht darin, dass – ausgehend von einem aktuellen Eckpunkt von $\mathcal{B}$ – zu einem solchen benachbarten Eckpunkt übergegangen wird, der einen besseren (oder zumindest nicht schlechteren) Zielfunktionswert aufweist. Da es nur endlich viele Eckpunkte gibt, stellt die Simplexmethode somit (im nichtentarteten Fall) einen **endlichen** Prozess dar.

Beispiel 5.10 Wir kehren noch einmal zum Getränkeproblem (Abb. 5.1) zurück. Ausgehend vom in diesem Fall zulässigen Koordinatenursprung (Punkt P_1) könnte man z. B. zum benachbarten Eckpunkt $P_2(50, 0)$ (Zielfunktionswertverbesserung von null auf 2500), dann zu $P_3(40, 20)$ (Verbesserung auf 5000) und schließlich zur optimalen Lösung $P_4(15, 45)$ (nochmalige Verbesserung auf $z^* = 7500$) übergehen. Als Alternative wäre auch der kürzere Weg von P_1 über P_5 (mit Zielfunktionswert 6750) nach P_4 möglich.

Das an diesem Beispiel demonstrierte geometrische Vorgehen für Probleme mit zwei Variablen soll nun auf die rechnerische Lösung linearer Optimierungsaufgaben beliebiger Dimension übertragen werden. Um diesen algebraischen Weg gehen zu können, nutzen wir die Korrespondenz zwischen benachbarten Eckpunkten des zulässigen Bereiches und benachbarten zulässigen Basislösungen.

Ausgangspunkt der weiteren Überlegungen ist wieder die Aufgabe (G) aus Abschn. 5.1.2, wobei wie früher $m \leq n$ und rang $A = m$ angenommen wird. Der Übergang von einer Basislösung zu einer benachbarten mit besserem (exakter: nichtschlechterem) Zielfunktionswert erfolgt so, dass **genau eine** Nichtbasisvariable, im Weiteren mit x_k bezeichnet, in die Menge der Basisvariablen aufgenommen wird, was bedeutet, dass die zu x_k gehörige Spalte von A zum Basisvektor wird. Dafür muss **genau eine** bisherige Basisvariable, bezeichnet mit $x_{B,r}$, zur Nichtbasisvariablen werden, sodass der zu $x_{B,r}$ gehörende Spaltenvektor die Basis verlässt. (Unter der oben getroffenen Voraussetzung rang $A = m$ gehören immer genau m Vektoren zur Basis.) Der Index k steht dabei für eine Variablennummer $(1, \ldots, n)$, der Index r dagegen für eine Zeilennummer $(1, \ldots, m)$; $x_{B,r}$ ist dann die in der r-ten Zeile stehende Basisvariable. Da nach Anwendung des Gauß'schen Algorithmus zur Erzeugung eines LGS mit Einheitsmatrix in der r-ten Zeile nicht unbedingt die Variable x_r stehen muss, macht sich diese etwas kompliziert aussehende Bezeichnung erforderlich.

Der angedeutete Basiswechsel, bei dem $x_{B,r}$ durch x_k als Basisvariable ersetzt wird, lässt sich mithilfe des Gauß'schen Algorithmus bewerkstelligen. Einzige Bedingung dafür ist, dass das aktuelle Element $\widetilde{a}_{rk}$ von null verschieden ist. „Aktuelles $\widetilde{a}_{rk}$" bedeutet in diesem Zusammenhang „das in der r-ten Zeile und k-ten Spalte stehende Element" der durch (eventuell mehrfache) Anwendung des Gauß'schen Algorithmus veränderten Tabelle, das aus dem ursprünglichen Element a_{rk} hervorgegangen ist.

Weiterhin hat man Regeln anzugeben, nach denen die Auswahl der in die Basis aufzunehmenden bzw. aus ihr auszuschließenden Vektoren vor sich geht. Die Aufnahme einer neuen Basisvariablen verfolgt dabei das Ziel, den Zielfunktionswert zu verbessern, während der Ausschluss einer Basisvariablen sichern muss, dass die nachfolgende Basislösung wiederum zulässig ist, wie es auch die aktuelle Basislösung ist. Damit besteht die Simplexmethode, kurz gesagt, in der Anwendung des Gauß'schen Algorithmus unter Beachtung zweier Zusatzregeln:

Teilschritte der Simplexmethode	Methode bzw. Ziel
1. Auswahl der Nichtbasisvariablen x_k, die zur Basisvariablen wird	Verbesserung des Zielfunktionswertes
2. Auswahl der Basisvariablen $x_{B,r}$, die zur Nichtbasisvariablen wird	Zulässigkeit der neuen Basislösung
3. Basiswechsel	Gauß'scher Algorithmus

Da der Gauß'sche Algorithmus gut bekannt ist (siehe Abschn. 4.4), wird hier auf den dritten Teilschritt nicht weiter eingegangen, wogegen die Teilschritte 1 und 2 im Detail erörtert werden sollen. Zuvor sind allerdings noch einige Vereinbarungen zur Bezeichnungsweise zu treffen.

Die Nebenbedingungen der in Gleichungsform vorliegenden allgemeinen LOA in (G)-Form

$$
\begin{aligned}
a_{11}x_1 + a_{12}x_2 + \ldots + a_{1n}x_n &= b_1 \\
a_{21}x_1 + a_{22}x_2 + \ldots + a_{2n}x_n &= b_2 \\
&\ldots\ldots\ldots\ldots\ldots \\
a_{m1}x_1 + a_{m2}x_2 + \ldots + a_{mn}x_n &= b_m
\end{aligned}
\tag{5.16}
$$

sollen durch Anwendung des Gauß'schen Algorithmus so umgeformt worden sein, dass die Gestalt

$$
\begin{aligned}
x_1 \qquad\qquad &+ \sum_{j=m+1}^{n} \widetilde{a}_{1j}x_j = \widetilde{b}_1 \\
x_2 \qquad &+ \sum_{j=m+1}^{n} \widetilde{a}_{2j}x_j = \widetilde{b}_2 \\
\ddots \qquad &\quad \ldots\ldots \\
x_m &+ \sum_{j=m+1}^{n} \widetilde{a}_{mj}x_j = \widetilde{b}_m
\end{aligned}
\tag{5.17}
$$

mit $\widetilde{b}_i \geq 0$, $i = 1, \ldots, m$, entstanden ist. Zur Erinnerung: $\widetilde{a}_{ij}$ und $\widetilde{b}_i$ bezeichnen die durch Transformationen entstandenen „aktuellen" Koeffizienten.

Eine Basislösung (und damit spezielle Lösung) des Systems (5.17) lässt sich dann sofort ablesen:

$$
\bar{x}_1 = \widetilde{b}_1, \ldots, \bar{x}_m = \widetilde{b}_m, \quad \bar{x}_{m+1} = 0, \ldots, \bar{x}_n = 0.
$$

Durch Einsetzen der Lösung $\bar{x}$ in die Zielfunktion von (G) berechnet man leicht den zugehörigen Zielfunktionswert:

$$\bar{z} = \sum_{j=1}^{n} c_j \bar{x}_j = c_1 \widetilde{b}_1 + \ldots + c_m \widetilde{b}_m + c_{m+1} \cdot 0 + \ldots + c_n \cdot 0 = \sum_{j=1}^{m} c_j \widetilde{b}_j. \tag{5.18}$$

Bemerkungen

1) Die Umformung des Gleichungssystems (5.16) in ein solches mit Einheitsmatrix muss nicht zwangsläufig auf das System (5.17) führen, in dem gerade nach den ersten m Variablen $x_1, \ldots, x_m$ aufgelöst wurde, sodass diese die Basisvariablen sind, während $x_{m+1}, \ldots, x_n$ die Nichtbasisvariablen darstellen. Im Allgemeinen kann man eine solche Form erst nach Umnummerierung der Variablen erzielen, was einem Spaltentausch entspricht. Im Übrigen können in konkreten Problemen die Variablen auch andere Bezeichnungen als x_i tragen, was z. B. für die Schlupfvariablen u_i (und die später auftretenden künstlichen Variablen v_i) der Fall ist. Aus Gründen einer übersichtlichen Bezeichnung soll aber im Weiteren von (5.17) ausgegangen werden.

2) Die Bedingung $\widetilde{b}_i \geq 0$, $i = 1, \ldots, m$, ist nach der Anwendung des Gauß'schen Algorithmus zur Erzeugung eines LGS mit Einheitsmatrix nicht automatisch erfüllt und stellt eine echte Forderung dar. Sie ist sicherlich dann erfüllt, wenn die ursprüngliche Koeffizientenmatrix A bereits eine Einheitsmatrix enthält oder wenn die Aufgabe (G) durch die Einführung von Schlupfvariablen aus einer LOA in Ungleichungsform mit ausschließlich $\leq$-Beziehungen entstand. Ist die Nichtnegativität der rechten Seiten nicht gewährleistet, muss eine so genannte 1. Phase der Simplexmethode vorgeschaltet werden (siehe Abschn. 5.5).

5.4.2 Auswahl der aufzunehmenden Basisvariablen

Wie oben erwähnt, soll die Auswahl der als Basisvariable aufzunehmenden Variablen x_k so erfolgen, dass sich der Zielfunktionswert verbessert, ungünstigstenfalls gleich bleibt. Wir betrachten das System (5.17). Die zu bestimmende Variable x_k, $k \geq m + 1$, war bisher Nichtbasisvariable, d. h., es galt $\bar{x}_k = 0$. Sie soll nun positiv werden, während alle anderen Nichtbasisvariablen unverändert null bleiben. Da alle Gleichungen in (5.16) bzw. (5.17) weiterhin Bestand haben sollen, ist klar, dass sich die Werte der Basisvariablen bei Änderung des Wertes von x_k ebenfalls verändern werden. Unter Berücksichtigung des eben Gesagten erhalten wir für die neue Basislösung $x = (x_1, \ldots, x_n)^{\top}$ aus (5.17) die Beziehungen

$$\begin{aligned} x_j &= \widetilde{b}_j - \sum_{s=m+1}^{n} \widetilde{a}_{js} \cdot x_s = \widetilde{b}_j - \widetilde{a}_{jk} \cdot x_k, \quad j = 1, 2, \ldots, m, \\ x_k &\geq 0, \\ x_j &= 0, \quad j = m+1, m+2, \ldots, n, \quad j \neq k. \end{aligned} \tag{5.19}$$

Setzt man (5.19) in die Zielfunktion der Aufgabe (G) ein, so ergibt sich als Zielfunktionswert z der neuen Basislösung

$$
\begin{aligned}
z &= \sum_{j=1}^{n} c_j x_j = \sum_{j=1}^{m} c_j x_j + c_k x_k = \sum_{j=1}^{m} c_j \left(\widetilde{b}_j - \widetilde{a}_{jk} x_k \right) + c_k x_k \\
&= \sum_{j=1}^{m} c_j \widetilde{b}_j - \left(\sum_{j=1}^{m} c_j \widetilde{a}_{jk} - c_k \right) x_k = \widetilde{z} - \Delta_k x_k .
\end{aligned}
\tag{5.20}
$$

In der letzten Zeile von (5.20) wurde als neue Bezeichnung die Größe

$$
\Delta_k = \sum_{j=1}^{m} c_j \widetilde{a}_{jk} - c_k
\tag{5.21}
$$

eingeführt, die *Optimalitätsindikator* genannt wird, da sie anzeigt, ob eine aktuelle Basislösung bereits optimal ist oder sich hinsichtlich des Zielfunktionswertes noch verbessern
lässt. Wir wollen Beziehung (5.20) genauer analysieren. Wegen $z = \widetilde{z} - \Delta_k x_k$ erkennt man,
dass sich der Zielfunktionswert z der neuen Basislösung aus dem Zielfunktionswert $\widetilde{z}$ der
aktuellen Basislösung (vgl. (5.18)) und einem von x_k abhängigen Glied zusammensetzt. Da
nach der obigen Vereinbarung $x_k \geq 0$ gilt und der Zielfunktionswert vergrößert werden
soll, muss der Faktor Δ_k negativ sein. Diese Bedingung beschreibt das Auswahlkriterium
für die neue Basisvariable x_k.

Satz 5.6 *Die Aufnahme der Variablen x_k in die Menge der Basisvariablen führt genau dann
zu einem nichtschlechteren Zielfunktionswert der neuen Basislösung, wenn $\Delta_k \leq 0$. Im Falle
$\Delta_k < 0$, $x_k > 0$ ist der neue Zielfunktionswert echt größer als der bisherige.*

Führt man analog zu (5.21) die Größen

$$
\Delta_j = \sum_{i=1}^{m} c_i \widetilde{a}_{ij} - c_j, \; j = 1, \dots, n
\tag{5.22}
$$

als Optimalitätsindikatoren für jede vorkommende Variable ein, so lässt sich das folgende
Optimalitätskriterium formulieren.

Satz 5.7 *Eine aktuelle zulässige Basislösung $\bar{x} = (\bar{x}_B, \bar{x}_N)^\top$ ist genau dann optimal, wenn
$\Delta_j \geq 0, \; j = 1, \dots, n$.*

Bemerkungen

1) Der Grund dafür, dass in (5.22) plötzlich der Laufindex i auftritt (anstelle von j in
   (5.21)), liegt darin begründet, dass in (5.21) der Index k als fixiert vorausgesetzt wurde,
   während in (5.22) der Index j wie im bisherigen Text generell üblich als Bezeichnung
   für eine beliebige Variable dient.

2) Für alle Basisvariablen ist automatisch $\Delta_j = 0$, denn entsprechend der Darstellung (5.17) gilt

$$\widetilde{a}_{ij} = \begin{cases} 0, & \text{falls } j \ne i, \\ 1, & \text{falls } j = i, \end{cases}$$

woraus

$$\Delta_j = \sum_{i=1}^{m} c_i \widetilde{a}_{ij} - c_j = 0 + \ldots + c_j \cdot 1 + \ldots + 0 - c_j = 0$$

resultiert. (Es sei nochmals daran erinnert, dass es lediglich eine vereinfachende Annahme war, die m Nebenbedingungszeilen gerade nach den Variablen $x_1, \ldots, x_m$ in ihrer natürlichen Reihenfolge aufzulösen. Im allgemeinen Fall können an dieser Stelle beliebige Variablen als Basisvariablen stehen, was allerdings nichts an den grundsätzlichen Aussagen ändert.)

3) In der Regel wird k so ausgewählt, dass $\Delta_k = \min_j \Delta_j$ gilt, d. h., man verwendet den kleinsten Optimalitätsindikator zur Festlegung, welche Variable Basisvariable wird, da man sich von dieser Auswahl entsprechend Beziehung (5.20) den größten Zielfunktionswertzuwachs erhofft. Das ist aber nicht zwingend notwendig; es genügt, irgendeinen Index k mit $\Delta_k < 0$ zu wählen.

5.4.3   Auswahl der auszuschließenden Basisvariablen

Entsprechend den Ankündigungen in Abschn. 5.4.1 wird die Auswahl der aus der Gruppe der Basisvariablen auszuschließenden Variablen, bezeichnet mit $x_{B,r}$, so getroffen, dass für die neue Basislösung weiterhin die Nichtnegativitätsbedingungen gelten, diese somit zulässig ist (die Gleichungsnebenbedingungen sind nach Konstruktion ohnehin erfüllt, vgl. Abschn. 5.4.2).

Gemäß den Beziehungen (5.19) ergibt sich

$$\begin{aligned} x_j &= \widetilde{b}_j - \widetilde{a}_{jk} x_k, \quad j = 1, 2, \ldots, m, \\ x_k &\ge 0, \\ x_j &= 0, \quad j = m+1, \ldots, n, \quad j \ne k, \end{aligned}$$

sodass für $j = m+1, \ldots, n$ die Nichtnegativitätsbedingungen automatisch erfüllt sind. Damit auch die ersten m Variablen der neuen Basislösung nichtnegativ sind, hat man

$$x_j = \widetilde{b}_j - \widetilde{a}_{jk} x_k \ge 0, \quad j = 1, \ldots, m \tag{5.23}$$

zu fordern. Nach Voraussetzung gilt $\widetilde{b}_j \ge 0$, $j = 1, \ldots, m$, und nach Annahme $x_k \ge 0$. Nun sind zwei Fälle zu unterscheiden:

1. Bei $\widetilde{a}_{jk} \le 0$ ist x_j für beliebig großes x_k nichtnegativ.

2. Gilt für einen Index j die Beziehung $\widetilde{a}_{jk} > 0$, so kann x_k nicht unbeschränkt wachsen, denn (5.23) führt zur Forderung $\widetilde{a}_{jk}x_k \le \widetilde{b}_j$ bzw. $x_k \le \widetilde{b}_j/\widetilde{a}_{jk}$. Da eine solche Ungleichung für **alle** Indizes j mit der Eigenschaft $\widetilde{a}_{jk} > 0$ gelten muss, hat man die gegen x_k auszutauschende Basisvariable $x_{B,r}$ wie folgt zu wählen:

$$\frac{\widetilde{b}_r}{\widetilde{a}_{rk}} = \min_{1 \le j \le m} \left\{ \frac{\widetilde{b}_j}{\widetilde{a}_{jk}} \,|\, \widetilde{a}_{jk} > 0 \right\}. \qquad (5.24)$$

Mit anderen Worten: Nachdem die Spalte k ausgewählt wurde, hat man in der k-ten Spalte alle diejenigen Elemente $\widetilde{a}_{jk}$ zu betrachten, die positiv sind, und mit ihnen die Quotienten $\Theta_j = \widetilde{b}_j/\widetilde{a}_{jk}$ zu bilden. Von diesen (maximal m) Quotienten ist der kleinste auszuwählen, bei mehreren gleichen kleinsten ein beliebiger davon. Die entsprechende Zeile erhält die Bezeichnung r und die in der r-ten Zeile stehende Basisvariable die Bezeichnung $x_{B,r}$.

Im nachfolgenden Simplexschritt wird die Basisvariable $x_{B,r}$ gegen x_k ausgetauscht. Bei diesem Austausch nimmt entsprechend den Regeln des Gauß'schen Algorithmus sowie der Auswahl der Zeile r die neue Basisvariable x_k den Wert $\Theta_r = \widetilde{b}_r/\widetilde{a}_{rk}$ an, während die bisherige Basisvariable $x_{B,r}$ zur Nichtbasisvariablen und ihr Wert damit zu null wird.

Übungsaufgabe 5.6 Unter der zur Vereinfachung der Bezeichnungen getroffenen Annahme, dass gerade die ersten m Variablen Basisvariablen sind (sodass speziell $x_{B,r} = x_r$ gilt), überzeuge man sich davon, dass nach dem Basiswechsel die Beziehungen $x_j \ge 0$, $j = 1,\dots,m$, $x_j = 0$, $j = m+1,\dots,n$, $j \ne k$, $x_k = \Theta_r$, $x_r = 0$ gelten. Hinweis: Man benutze (5.17) und (5.24).

Bemerkung Ist der aktuelle Wert $\widetilde{b}_r$ der Basisvariablen $x_{B,r}$ echt positiv, d. h. $\widetilde{b}_r > 0$, so ist per Definition $x_k = \Theta_r = \widetilde{b}_r/\widetilde{a}_{rk} > 0$, d. h., die neue Basisvariable ist ebenfalls positiv. In diesem Fall ergibt sich bei Durchführung des Simplexschrittes eine echte Verbesserung des Zielfunktionswertes.

Übungsaufgabe 5.7 Bestätigen Sie, dass sich für $\Delta_k < 0$ (was der Vorgehensweise in der Simplexmethode zur Auswahl der aufzunehmenden Basisvariablen entspricht) und $\widetilde{b}_r > 0$ (was für eine nichtentartete Basislösung garantiert werden kann) eine echte Zielfunktionswertverbesserung beim Austausch von $x_{B,r}$ gegen x_k ergibt und berechnen Sie deren Größe. Hinweis: Nutzen Sie die Formel (5.20). Stimmt es, dass unter den genannten Voraussetzungen aus einer nichtentarteten Basislösung wieder eine nichtentartete Basislösung entsteht?

Frage: Kann man stets wie oben beschrieben eine Zeile r derart finden, dass $x_{B,r}$ gegen x_k ausgetauscht werden kann?

Schaut man sich die Vorschrift (5.24) zur Bestimmung der Zeile r aufmerksam an, stellt man fest, dass die Quotienten Θ_j nur für **positive** Nenner $\widetilde{a}_{jk}$ gebildet werden. Was ist aber, wenn es in der k-ten Spalte überhaupt keine positiven Elemente $\widetilde{a}_{jk}$ gibt?

Satz 5.8 *Gibt es eine Nichtbasisvariable x_k mit $\Delta_k < 0$, für die $\widetilde{a}_{jk} \leq 0$, $j = 1, \ldots, m$, gilt, so ist die Aufgabe (G) unlösbar in dem Sinne, dass ihr Zielfunktionswert unbeschränkt wachsen kann.*

Bemerkungen

1) In der Tat erkennt man aus den Beziehungen (5.23), dass bei beliebiger Vergrößerung von x_k alle Basisvariablen nichtnegativ bleiben, sofern $\widetilde{a}_{jk} \leq 0$, $j = 1, \ldots, m$. Andererseits zeigt die Gleichung (5.20), dass der Zielfunktionswert mit x_k unbeschränkt wächst.

2) Die Unbeschränktheit des Zielfunktionswertes über dem zulässigen Bereich B muss nicht gleich am Anfang des Lösungsprozesses entdeckt, sondern kann in irgendeiner der nachfolgenden Iterationen festgestellt werden.

Satz 5.9 *Gibt es in der Aufgabe (G) nur nichtentartete Basislösungen, so führt die Simplexmethode nach endlich vielen Schritten zu einer optimalen Lösung oder zur Feststellung, dass die vorliegende LOA unlösbar ist.*

Im nächsten Abschnitt soll das oben Gesagte in einem Algorithmus, der *Simplexmethode*, zusammengefasst und gleichzeitig in komprimierter und übersichtlicher Form in Gestalt der *Simplextabelle* dargestellt werden.

5.4.4 Ablaufplan des Simplexalgorithmus

In diesem Abschnitt wird die Simplexmethode beschrieben, wie sie mithilfe einer Simplextabelle durchgeführt wird. Die Begründung für die einzelnen Schritte wurde in den vorangegangenen Abschnitten gegeben.

Ausgangspunkt ist eine LOA in (G)-Form, deren Nebenbedingungsmatrix eine Einheitsmatrix enthält. Ohne Beschränkung der Allgemeinheit wird wie oben vorausgesetzt, dass gerade die Koeffizientenspalten der ersten m Variablen die Einheitsmatrix bilden und dass die rechten Seiten $\widetilde{b}_j$ alle nichtnegativ sind. Wir gehen also von einem Nebenbedingungssystem der Form (5.17) aus. In diesem Fall besitzt (G) zulässige Lösungen, nämlich mindestens die zu (5.17) gehörige Basislösung. Über Möglichkeiten, bei Nichtvorliegen dieser Bedingungen dennoch die Rechnung durchführen zu können, siehe Abschn. 5.5. Es sei nochmals daran erinnert, dass $\widetilde{b}_j$ und $\widetilde{a}_{ij}$ die jeweils aktuellen (nach Umformung mittels des Gauß'schen Algorithmus entstandenen) Werte der rechten Seiten und der Koeffizienten der Nebenbedingungsmatrix A bezeichnen. Ganz am Anfang, noch ehe eine Umrechnung erfolgte, gilt somit $\widetilde{b}_j = b_j$, $\widetilde{a}_{ij} = a_{ij}$. Für die folgenden Darlegungen benötigen wir noch einige Bezeichnungen und Abkürzungen.

Bezeichnungen in der Simplextabelle:

Nr. – laufende Zeilennummer

BV – Namen der Basisvariablen

c_B – zugehörige Zielfunktionskoeffizienten zu den Basisvariablen

x_B – aktuelle Werte der Basisvariablen

Θ – Quotienten zur Ermittlung der auszutauschenden Basisvariablen

Eingetragene Werte in der Simplextabelle:

c_j – Zielfunktionskoeffizient zur Variablen x_j

$\widetilde{a}_{ij}$ – aktuelle Werte der Nebenbedingungskoeffizienten

$\widetilde{b}_j$ – aktuelle Werte der rechten Seiten

Δ_j – Optimalitätsindikatoren zur Variablen x_j

z – aktueller Zielfunktionswert

Simplextabelle:

Nr.	BV	c_B	x_1 c_1	x_2 c_2	$\cdots$ $\ldots$	x_m c_m	x_{m+1} c_{m+1}	$\cdots$ $\ldots$	x_n c_n	x_B	Θ
1	x_1	c_1	1	0	$\ldots$	0	$\widetilde{a}_{1,m+1}$	$\ldots$	$\widetilde{a}_{1n}$	$\widetilde{b}_1$	
2	x_2	c_2	0	1	$\ldots$	0	$\widetilde{a}_{2,m+1}$	$\ldots$	$\widetilde{a}_{2n}$	$\widetilde{b}_2$	
$\vdots$	$\vdots$	$\vdots$	$\vdots$	$\vdots$	$\ddots$	$\vdots$	$\vdots$	$\vdots$	$\vdots$	$\vdots$	
m	x_m	c_m	0	0	$\ldots$	1	$\widetilde{a}_{m,m+1}$	$\ldots$	$\widetilde{a}_{mn}$	$\widetilde{b}_m$	
$m+1$			Δ_1	Δ_2	$\ldots$	Δ_m	Δ_{m+1}	$\ldots$	Δ_n	z	

Der nachstehende Ablaufplan enthält nun eine Zusammenfassung aller notwendigen Schritte für den Start der Simplexmethode, d. h. zum Ausfüllen der allerersten Simplextabelle:

Anfangsschritt der Simplexmethode

1. Trage in die erste Zeile der Simplextabelle die Zielfunktionskoeffizienten c_j, $j = 1, \ldots, n$, ein.
2. Trage alle Koeffizienten der Nebenbedingungen $\widetilde{a}_{ij} = a_{ij}$, $i = 1, \ldots, m$, $j = 1, \ldots, n$, in die Spalten $x_1, \ldots, x_n$ (Zeilen 1 bis m) ein; entsprechend den getroffenen Voraussetzungen sind davon die ersten m Vektoren Einheitsvektoren.
3. Trage die rechten Seiten $\widetilde{b}_j = b_j$, $j = 1, \ldots, m$, in die Spalte x_B ein.
4. Berechne die zur Anfangslösung gehörenden Optimalitätsindikatoren $\Delta_j = \sum_{i=1}^{m} c_{B,i}\widetilde{a}_{ij} - c_j$, $j = 1, \ldots, n$, und den Zielfunktionswert $z = \sum_{i=1}^{m} c_i\widetilde{b}_i$.

Im Ergebnis des Anfangsschrittes liegt eine vollständige und korrekt ausgefüllte erste Simplextabelle vor, auf die sich dann alle weiteren Iterationen der Simplexmethode beziehen werden. Bevor wir die allgemeine Gestalt der nachfolgenden Operationen im Detail beschreiben, geben wir noch einige zusätzliche Hinweise zum Anfangsschritt.

Bemerkungen

1) In der Tabelle stehen nur die Basisvariablen mit ihren aktuellen Werten und der jeweils nach den Basisvariablen aufgelösten Nebenbedingungsmatrix. Diese enthält stets mindestens m Einheitsvektoren; in der ersten Tabelle sind dies die ersten m Spalten, die eine Einheitsmatrix bilden, in nachfolgenden Schritten stehen die Einheitsspalten i. Allg. nicht mehr nebeneinander.

2) Die Informationen über die Zielfunktionskoeffizienten der Basisvariablen sind zweimal in der Tabelle zu finden: in der obersten Zeile und in der Spalte c_B. Dies hat praktische Gründe: Die Berechnung der Größen in der $(m+1)$-ten Zeile (Optimalitätsindikatoren und aktueller Zielfunktionswert) erfolgt zweckmäßigerweise durch Bildung des Skalarprodukts aus den Spaltenvektoren c_B und $\widetilde{A}_j$ bzw. x_B. Dabei ist $\widetilde{A}_j$ der j-te aktuelle Spaltenvektor der Nebenbedingungsmatrix. Schließlich muss bei den Optimalitätsindikatoren noch c_j subtrahiert werden:

$$\Delta_j = \langle c_B, \widetilde{A}_j \rangle - c_j, \ j = 1, \ldots, n, \qquad z = \langle c_B, x_B \rangle. \tag{5.25}$$

Die Formeln (5.25) gelten nicht nur in der ersten Simplextabelle, sondern in jeder weiteren. In den späteren Iterationen kann man sie zur Rechenkontrolle nutzen, da die Größen in der $(m+1)$-ten Zeile auf andere, einfachere Weise berechnet werden. Man kann nämlich nachweisen, dass sich nicht nur die Elemente der Nebenbedingungsmatrix mithilfe des Gauß'schen Algorithmus umrechnen lassen, sondern in einheitlicher Weise auch die Spalte x_B und die $(m+1)$-te Zeile. Dazu hat man sich die Einheitsmatrix der Basisvariablen um eine Spalte und eine Zeile erweitert vorzustellen, die überall Nullen und nur eine Eins an der Stelle enthalten, wo die Variable z steht, die den aktuellen Zielfunktionswert beschreibt. Die entsprechende Spalte wird niemals ausgetauscht und verbleibt immer in der Basis.

3) Wie in Abschn. 5.4.2 nachgewiesen wurde, sind alle zu Basisvariablen gehörigen Optimalitätsindikatoren (in der ersten und allen weiteren Tabellen) automatisch null; auch dies kann zur Rechenkontrolle genutzt werden.

4) Die Basislösung, die zur ersten Tabelle gehört, lautet $x_1 = \widetilde{b}_1, \ldots, x_m = \widetilde{b}_m, x_{m+1} = 0, \ldots, x_n = 0$; ihr Zielfunktionswert beträgt $z = \sum_{j=1}^{m} c_j \widetilde{b}_j$.

Nachfolgend soll nun ein allgemeiner Simplexschritt beschrieben werden, der von einer vollständig ausgefüllten ersten Tabelle ausgeht und im Wesentlichen in der Anwendung des Gauß'schen Algorithmus (mit zwei Zusatzregeln) besteht.

Allgemeiner Iterationsschritt der Simplexmethode

1. (Optimalitätstest) Sind alle $\Delta_j \geq 0$, $j = 1, \ldots, n$? Falls ja, so ist die vorliegende aktuelle Basislösung optimal und die Rechnung beendet.
2. (Auswahl der aufzunehmenden Basisvariablen) Wähle eine Spalte k mit $\Delta_k < 0$ (vorzugsweise die mit dem kleinsten Optimalitätsindikator Δ_k); die zu x_k gehörige Spalte wird in die Basis aufgenommen.
3. (Test auf Unlösbarkeit) Gilt $\widetilde{a}_{ik} \leq 0$ $\forall i = 1, \ldots, m$? Falls ja, so ist die vorliegende LOA unlösbar, da ihr Zielfunktionswert auf dem zulässigen Bereich $\mathcal{B}$ unbeschränkt wachsen kann.
4. (Auswahl der auszuschließenden Variablen) Bestimme die Zeile r und die darin stehende Basisvariable $x_{B,r}$ aus der Beziehung $\Theta_r = \min \Theta_j$, wobei $\Theta_j = \widetilde{b}_j / \widetilde{a}_{jk}$, sofern $\widetilde{a}_{jk} > 0$. Für $\widetilde{a}_{jk} \leq 0$ erfolgt keine Quotientenbildung. Gibt es mehrere Θ_j, die das Minimum realisieren, so wähle eine beliebige solche Zeile. Die Variable $x_{B,r}$ wird zur Nichtbasisvariablen.
5. (Übergang zu einer benachbarten Basislösung)
   a) Ändere die Eintragungen in der Spalte BV ($x_{B,r}$ wird durch x_k ersetzt) und in der Spalte c_B ($c_{B,r}$ wird durch c_k ersetzt).
   b) Rechne die gesamte Tabelle (Zeilen 1 bis $m+1$, Spalten x_1 bis x_n und Spalte x_B) nach den Regeln des Gauß'schen Algorithmus in der Weise um, dass in der k-ten Spalte ein Einheitsvektor mit der Eins in der r-ten Zeile erzeugt wird.

Übungsaufgabe 5.8 Man überzeuge sich davon, dass es entsprechend dem oben beschriebenen Vorgehen in der Simplexmethode tatsächlich gelingt, die Eins in Zeile r und Spalte k zu erzeugen.

5.4.5 Beispiele. Rechenkontrollen

Beispiel 5.11 Wir betrachten die LOA in (G)-Form

$$
\begin{aligned}
3x_1 + 2x_2 - 3x_3 - 4x_4 - x_5 &\longrightarrow \max \\
6x_1 - x_2 + x_3 \qquad\qquad\;\; &= 25 \\
2x_1 - 2x_2 \qquad + x_4 \qquad &= 8 \\
x_1 + 4x_2 \qquad\qquad + x_5 &= 21 \\
x_1, x_2, x_3, x_4, x_5 &\geq 0 \,.
\end{aligned}
$$

Im Folgenden soll die Simplexmethode für dieses Problem komplett durchgerechnet werden. Dazu stellen wir zunächst die Anfangstabelle auf, indem die Koeffizienten von

Zielfunktion, Nebenbedingungen und rechter Seite in das entsprechende Schema eingetragen werden. In der *Anfangsbasislösung* wählen wir x_3 bis x_5 als Basisvariablen und x_1, x_2 als Nichtbasisvariablen. Dann müssen die den Einheitsspalten entsprechenden Variablen x_3 bis x_5 in die Spalte BV übernommen werden, die dazugehörigen Zielfunktionskoeffizienten (-3, -4 und -1) gehören in die c_B-Spalte. Zum Abschluss dieses Anfangsschrittes sind nur noch die Elemente der letzten Zeile (Optimalitätsindikatoren Δ_j sowie der aktuelle Zielfunktionswert z) zu berechnen. Aus den Formeln $\Delta_j = \sum\limits_{i=1}^{m} c_i \widetilde{a}_{ij} - c_j, \ j = 1, \ldots, n$,

bzw. $z = \sum\limits_{i=1}^{m} c_i \widetilde{b}_i$ kann man dabei ablesen, dass diese Berechnung am einfachsten geschieht durch skalare Multiplikation der c_B-Spalte mit der jeweiligen j-ten Matrixspalte und anschließender Subtraktion des (ganz oben in der Tabelle stehenden) zugehörigen Zielfunktionskoeffizienten c_j (außer in der x_B-Spalte, wo diese Subtraktion unterbleibt).

So entsteht z. B. $\Delta_1 = -30$ in der zu x_1 gehörenden Spalte gemäß $\Delta_1 = \left(\begin{pmatrix} -3 \\ -4 \\ -1 \end{pmatrix}, \begin{pmatrix} 6 \\ 2 \\ 1 \end{pmatrix}\right) - 3$.

Als vollständige Anfangstabelle ergibt sich:

| | | | x_1 | x_2 | x_3 | x_4 | x_5 | | |
Nr	BV	c_B	3	2	-3	-4	-1	x_B	Θ
1	x_3	-3	6	-1	1	0	0	25	
2	x_4	-4	2	-2	0	1	0	8	
3	x_5	-1	1	4	0	0	1	21	
4			-30	5	0	0	0	-128	

Nun gehen wir zu den eigentlichen Iterationsschritten über. Zunächst ist festzustellen, dass es (mindestens) einen negativen Optimalitätsindikator Δ_j gibt und deshalb noch keine optimale Lösung vorliegt. Die Spalte mit dem kleinsten Δ_j ist $k = 1$ und soll als nächste in Basis aufgenommen werden. Dazu markieren wir diese Spalte (z. B. durch Einrahmen des gewählten Δ_k) und berechnen für alle positiven Elemente $\widetilde{a}_{jk}$ in dieser Spalte die Quotienten $\Theta_j = \widetilde{b}_j / \widetilde{a}_{jk}$. In der Tabelle entspricht dies dem Dividieren der Elemente der x_B-Spalte durch die (positiven) Elemente der ausgewählten k-ten Spalte. Unter den in der Θ-Spalte in der untenstehenden Tabelle eingetragenen Ergebnissen ($\widetilde{b}_1 / \widetilde{a}_{11} = 25/6$, $\widetilde{b}_2 / \widetilde{a}_{21} = 8/2 = 4$, $\widetilde{b}_3 / \widetilde{a}_{31} = 21/1 = 21$) wird wieder die kleinste Zahl (hier: 4) ausgewählt und die entsprechende Zeile ($r = 2$) markiert. Damit wird also die in Zeile 2 stehende Basisvariable $x_{B,r} = x_4$ zur Nichtbasisvariablen.

Dies geschieht im nun folgenden Umrechnungsschritt: Zunächst wird in der BV-Spalte die alte Basisvariable x_4 durch die neue x_1 ersetzt und daneben in der c_B-Spalte der zugehörige Zielfunktionskoeffizient $c_1 = 3$ eingetragen. Mit Hilfe des Gauß'schen Algorithmus ist dann in der Tabelle (Spalten x_1 bis x_B und Zeilen 1 bis 4) eine neue Einheitsspalte so zu erzeugen, dass an der (markierten) Kreuzung von ausgewählter Spalte und ausgewählter Zeile eine Eins und darüber und darunter Nullen entstehen. Konkret bedeutet dies hier, dass die ausgewählte Zeile 2 durch den markierten Wert 2 zu dividieren ist und danach entsprechende Vielfache der entstandenen Zeile zu allen anderen Zeilen zu addieren bzw. zu subtrahieren sind (das 6fache von der ersten Zeile subtrahieren, das 1fache von der dritten subtrahieren, das 30fache zur vierten addieren):

Nr	BV	c_B	x_1 3	x_2 2	x_3 −3	x_4 −4	x_5 −1	x_B	Θ
1	x_3	−3	6	−1	1	0	0	25	25/6
2	x_4	−4	2	−2	0	1	0	8	4
3	x_5	−1	1	4	0	0	1	21	21
4			−30	5	0	0	0	−128	
1	x_3	−3	0	5	1	−3	0	1	
2	x_1	3	1	−1	0	1/2	0	4	
3	x_5	−1	0	5	0	−1/2	1	17	
4			0	−25	0	15	0	−8	

Da auch in dieser Tabelle wiederum ein Optimalitätsindikator negativ ist ($\Delta_2 = -25$), schließt sich eine weitere Iteration an. Dabei ist zu beachten, dass die Berechnung der Werte der Θ-Spalte hier wegen $\tilde{a}_{22} = -1 < 0$ nicht vollständig möglich ist (markiert durch ein %-Zeichen in der entsprechenden Zeile).

Als Ergebnis der zweiten Iteration (Austausch der alten Basisvariablen $x_{B,1} = x_3$ durch die neue Basisvariable $x_k = x_2$ in Zeile 1 durch Erzeugung einer Einheitsspalte bei x_2) erhalten wir nun eine optimale Tabelle, in der es keine negativen Optimalitätsindikatoren mehr gibt:

Nr	BV	c_B	x_1 3	x_2 2	x_3 −3	x_4 −4	x_5 −1	x_B	Θ
1	x_3	−3	0	5	1	−3	0	1	1/5
2	x_1	3	1	−1	0	1/2	0	4	%
3	x_5	−1	0	5	0	−1/2	1	17	17/5
4			0	−25	0	15	0	−8	
1	x_2	2	0	1	1/5	−3/5	0	1/5	
2	x_1	3	1	0	1/5	−1/10	0	21/5	
3	x_5	−1	0	0	−1	5/2	1	16	
4			0	0	5	0	0	−3	

Die Werte der optimalen Variablen lassen sich aus dieser Tabelle wie folgt ablesen: Die Basisvariablen x_2, x_1 und x_5 haben die in der x_B-Spalte stehenden Werte $\frac{1}{5}$, $\frac{21}{5}$ bzw. 16, die Nichtbasisvariablen x_3 und x_4 sind definitionsgemäß gleich null. Zusammenfassend erhalten wir eine optimale Lösung und den dazugehörigen optimalen Zielfunktionswert:

$$x^* = (x_1, x_2, x_3, x_4, x_5)^\top = \left(\frac{21}{5}, \frac{1}{5}, 0, 0, 16\right)^\top \quad \text{mit} \quad z^* = -3.$$

Betrachtet man sich die optimale Tabelle genauer, so fällt der zur Nichtbasisvariablen x_4 gehörige Optimalitätsindikator $\Delta_4 = 0$ auf. Auf die Bedeutung dieses nichtnegativen und damit für einen weiteren Basisaustausch geeigneten Wertes gehen wir im nachfolgenden Abschn. 5.4.6 über Spezialfälle noch genauer ein.

Beispiel 5.12 Die LOA (in (G)-Form mit Schlupfvariablen)

$$
\begin{array}{rcl}
x_1 - x_2 & \longrightarrow & \max \\
2x_1 + x_2 - x_3 + u_1 & = & 8 \\
x_1 + x_2 - 2x_3 \quad + u_2 & = & 6 \\
x_1, x_2, x_3, u_1, u_2 & \geq & 0
\end{array}
$$

stellt sich nach nur einer Iteration als unlösbar heraus:

Nr	BV	c_B	x_1 1	x_2 −1	x_3 0	u_1 0	u_2 0	x_B	Θ
1	u_1	0	2	1	−1	1	0	8	4
2	u_2	0	1	1	−2	0	1	6	6
3			−1	1	0	0	0	0	
1	x_1	1	1	1/2	−1/2	1/2	0	4	%
2	u_2	0	0	1/2	−3/2	−1/2	1	2	%
3			0	3/2	−1/2	1/2	0	4	

Da in der dritten Spalte nur nichtpositive Elemente $\widetilde{a}_{i3} \leq 0$ vorhanden sind, können die aufzunehmende Nichtbasisvariable x_3 und damit auch die Zielfunktion beliebig große Werte annehmen, d. h., die LOA ist wegen Unbeschränktheit der Zielfunktion unlösbar.

Rechenkontrollen

Bereits in den obigen Ausführungen war auf einige Möglichkeiten zur Kontrolle der durchgeführten Rechnung hingewiesen worden. Weitere Tests ergeben sich aus der Grundidee der Simplexmethode. Nachstehend werden die einfachsten Möglichkeiten der Rechenkontrolle, die bei einer Handrechnung ohne großen Aufwand durchführbar sind, kurz zusammengestellt.

Kontrollmöglichkeiten

1. Für alle Basisvariablen muss gelten $\Delta_j = 0$.
2. Die Werte der Basisvariablen (x_B-Spalte) dürfen wegen der Nichtnegativitätsbedingungen niemals negativ sein.
3. Der aktuelle Zielfunktionswert z muss von Schritt zu Schritt wachsen (exakter: er darf nicht fallen).
4. In jedem Iterationsschritt (und nicht nur in der Anfangstabelle) müssen die Beziehungen (5.25) gelten. Die Überprüfung dieser Formeln bietet eine Probemöglichkeit, sofern die $(m + 1)$-te Zeile mittels des Gauß'schen Algorithmus berechnet wird. Möglich ist natürlich auch der umgekehrte Weg: Berechnung der $(m + 1)$-ten Zeile mittels (5.25) und Probe mithilfe der Regeln des Gauß'schen Algorithmus.

Übungsaufgabe 5.9 Überprüfen Sie, ob die folgenden LOA lösbar sind, und bestimmen Sie gegebenenfalls die optimalen Lösungen und Zielfunktionswerte:

a) $2x_1 - x_2 + 3x_3 - 2x_4 + x_5 \longrightarrow \max$

$$
\begin{aligned}
-x_1 + x_2 + x_3 &&&= 1 \\
x_1 - x_2 &&+ x_4 &= 1 \\
x_1 + x_2 &&+ x_5 &= 2 \\
x_1, x_2, x_3, x_4, x_5 &&&\geq 0
\end{aligned}
$$

b) $-5x_1 + 4x_2 - 2x_3 \longrightarrow \max$

$$
\begin{aligned}
3x_1 + 2x_2 - 4x_3 &\leq 5 \\
-2x_1 + x_2 - x_3 &\leq 2 \\
4x_1 + 3x_2 - 3x_3 &\leq 7 \\
x_1, x_2, x_3 &\geq 0
\end{aligned}
$$

c) $20x_1 + 2x_3 \longrightarrow \max$

$$
\begin{aligned}
2x_1 - x_2 + x_3 &\leq 3 \\
x_1 - x_2 + x_3 &\leq 2 \\
4x_1 + x_2 &\leq 5 \\
x_1, x_2, x_3 &\geq 0
\end{aligned}
$$

d) $2x_1 + 2x_2 + 2x_3 + 2x_4 \longrightarrow \max$

$$
\begin{aligned}
x_1 + x_2 + x_3 + x_4 &\leq 4 \\
3x_1 + 2x_2 + x_3 &\leq 6 \\
2x_3 + 3x_4 &\leq 9 \\
x_1, x_2, x_3, x_4 &\geq 0
\end{aligned}
$$

5.4.6   Sonderfälle

In den bisherigen Darlegungen stand der Normalfall, der so genannte *nichtentartete* Fall, im Vordergrund der Überlegungen, obwohl bereits an einigen Stellen auf mögliche auftretende Effekte hingewiesen wurde, die zur Entartung führen können. An dieser Stelle sollen diese Fälle nochmals kurz zusammengestellt und diskutiert werden.

Primale Entartung

In Abschn. 5.3 wurde erklärt, was unter primaler Entartung verstanden wird: in einer Basislösung sind weniger als m Variablen positiv. (Zur Erklärung der Begriffe primal und dual im Rahmen der Dualitätstheorie siehe Abschn. 5.6.) In diesem Fall kann die folgende Situation eintreten: Beim Übergang von einer Basislösung zu einer benachbarten Basislösung verändert sich der Zielfunktionswert nicht, da $x_k = \Theta_r = 0$ gilt; vgl. Formel (5.20). Es ändert sich also nur die Basis, aber nicht die Basislösung. Hier gerät die Endlichkeit der Simplexmethode in Gefahr, da es vorkommen kann, dass erneut zu einer bereits betrachteten Basislösung übergegangen wird und ein so genannter *Zyklus* auftritt. Geometrisch bedeutet dies, dass sich die Simplexmethode in einem Eckpunkt „festfrisst", dem mehrere Basislösungen entsprechen, zwischen denen sie kreist, eine Erscheinung, die – zumal bei kleineren Aufgaben – sehr selten eintritt. In Computerprogrammen wird im allgemeinen Vorsorge getroffen, dass dieser Effekt nicht auftritt; bei Handrechnung lässt er sich gegebenenfalls durch zusätzliche Auswahlregeln überwinden (siehe Beispiel 5.13).

Eine ähnliche Situation kann auch dann auftreten, wenn die Bestimmung der Basisvariablen, die zur Nichtbasisvariablen gemacht wird, nicht eindeutig möglich ist, da es in der Θ-Spalte mehrere kleinste Quotienten gibt.

Beispiel 5.13 Die Lösung der LOA

$$\frac{3}{4}x_1 \quad - \quad 150x_2 \quad + \quad \frac{1}{50}x_3 \quad - \quad 6x_4 \quad \longrightarrow \quad \max$$

$$\frac{1}{4}x_1 \quad - \quad 60x_2 \quad - \quad \frac{1}{25}x_3 \quad + \quad 9x_4 \quad \leq \quad 0$$

$$\frac{1}{2}x_1 \quad - \quad 90x_2 \quad - \quad \frac{1}{50}x_3 \quad + \quad 3x_4 \quad \leq \quad 0$$

$$x_3 \qquad\qquad\qquad \leq \quad 1$$

$$x_1, x_2, x_3, x_4 \quad \geq \quad 0$$

mithilfe der Standard-Simplexmethode führt wegen primaler Entartung zu einem unendlichen Zyklus, in dem es nie zu einer Verbesserung des Zielfunktionswertes kommt. Insbesondere ist nach sechs Iterationen wieder die Anfangs-Simplextabelle erreicht:

Nr	BV	c_B	x_1 3/4	x_2 −150	x_3 1/50	x_4 −6	u_1 0	u_2 0	u_3 0	x_B	Θ
1	u_1	0	**1/4**	−60	−1/25	9	1	0	0	0	**0**
2	u_2	0	1/2	−90	−1/50	3	0	1	0	0	0
3	u_3	0	0	0	1	0	0	0	1	1	%
4			**−3/4**	150	−1/50	6	0	0	0	0	
1	x_1	3/4	1	−240	−4/25	36	4	0	0	0	%
2	u_2	0	0	**30**	3/50	−15	−2	1	0	0	**0**
3	u_3	0	0	0	1	0	0	0	1	1	%
4			0	**−30**	−7/50	33	3	0	0	0	
1	x_1	3/4	1	0	**8/25**	−84	−12	8	0	0	**0**
2	x_2	−150	0	1	1/500	−1/2	−1/15	1/30	0	0	0
3	u_3	0	0	0	1	0	0	0	1	1	1
4			0	0	**−2/25**	18	1	1	0	0	
1	x_3	1/50	. 25/8	0	1	−525/2	−75/2	25	0	0	%
2	x_2	−150	−1/160	1	0	**1/40**	1/120	−1/60	0	0	**0**
3	u_3	0	−25/8	0	0	525/2	75/2	−25	1	1	2/525
4			1/4	0	0	**−3**	−2	3	0	0	
1	x_3	1/50	−125/2	10500	1	0	**50**	−150	0	0	**0**
2	x_4	−6	−1/4	40	0	1	1/3	−2/3	0	0	0
3	u_3	0	125/2	−10500	0	0	−50	150	1	1	%
4			−1/2	120	0	0	**−1**	1	0	0	
1	u_1	0	−5/4	210	1/50	0	1	−3	0	0	%
2	x_4	−6	1/6	−30	−1/150	1	0	**1/3**	0	0	**0**
3	u_3	0	0	0	1	0	0	0	1	1	%
4			−7/4	330	1/50	0	0	**−2**	0	0	
1	u_1	0	**1/4**	−60	−1/25	9	1	0	0	0	**0**
2	u_2	0	1/2	−90	−1/50	3	0	1	0	0	0
3	u_3	0	0	0	1	0	0	0	1	1	%
4			**−3/4**	150	−1/50	6	0	0	0	0	

Die in diesem Beispiel auftretende *Zyklenbildung*, die die Nicht-Endlichkeit der Simplexmethode zur Folge hat, kann dadurch vermieden werden, dass die Auswahl der auszuschließenden Basisvariablen bei mehreren möglichen Θ-Werten variiert wird: So kann z. B. in der Anfangstabelle entweder $r = 1$ oder $r = 2$ benutzt werden, denn für beide gilt $\Theta_r = \min \Theta_i = 0$. Dabei führt die Wahl von $r = 2$ nach nur einem weiteren Schritt zur optimalen Lösung $x^* = (x_1, x_2, x_3, x_4)^\top = \left(\frac{1}{25}, 0, 1, 0\right)^\top$ mit $z^* = \frac{1}{20}$, wie der nachstehenden Tabelle entnommen werden kann:

Nr	BV	c_B	x_1 3/4	x_2 −150	x_3 1/50	x_4 −6	u_1 0	u_2 0	u_3 0	x_B	Θ
1	u_1	0	1/4	−60	−1/25	9	1	0	0	0	0
2	u_2	0	1/2	−90	−1/50	3	0	1	0	0	0
3	u_3	0	0	0	1	0	0	0	1	1	%
4			−3/4	150	−1/50	6	0	0	0	0	
1	u_1	0	0	−15	−3/100	15/2	1	−1/2	0	0	%
2	x_1	3/4	1	−180	−1/25	6	0	2	0	0	%
3	u_3	0	0	0	1	0	0	0	1	1	1
4			0	15	−1/20	21/2	0	3/2	0	0	
1	u_1	0	0	−15	0	15/2	1	−1/2	3/100	3/100	
2	x_1	3/4	1	−180	0	6	0	2	1/25	1/25	
3	x_3	1/50	0	0	1	0	0	0	1	1	
4			0	15	0	21/2	0	3/2	1/20	1/20	

Unendlich viele optimale Lösungen

Angenommen, im Verlaufe der Rechnung tritt eine Simplextabelle auf, die Optimalität anzeigt, in der aber mehr Optimalitätsindikatoren als nur die der Basisvariablen null sind (*duale Entartung*). Dann könnte der Lösungsprozess fortgesetzt werden, indem eine Nichtbasisvariable x_k mit $\Delta_k = 0$ zur Basisvariablen gemacht wird. Natürlich kann sich durch einen solchen Simplexschritt der Zielfunktionswert nicht vergrößern, aber es ist möglich, dass eine neue Basislösung berechnet wird. Die Gesamtheit der optimalen Lösungen ergibt sich dann als konvexe Linearkombination aller optimalen Basislösungen.

Beispiel 5.14 Wir kehren noch einmal zum Beispiel 5.11 zurück. In der dortigen optimalen Tabelle hat der zur Nichtbasisvariablen x_4 gehörige Optimalitätsindikator Δ_4 den Wert null, weshalb ein weiterer Basisaustausch mit $k = 4$ durchgeführt werdenkann. Da in der vierten Spalte nur ein Element $\widetilde{a}_{i4}$ positiv ist, ergibt sich sofort $r = 3$. Das Ersetzen der

Basisvariablen x_5 durch x_4 führt zu der – ebenfalls optimalen – Tabelle

Nr	BV	c_B	x_1 3	x_2 2	x_3 -3	x_4 -4	x_5 -1	x_B	Θ
1	x_2	2	0	1	-1/25	0	6/25	101/25	
2	x_1	3	1	0	4/25	0	1/25	121/25	
3	x_4	-4	0	0	-2/5	1	2/5	32/5	
4			0	0	5	0	0	-3	

Aus dieser erhält man die zweite optimale Basislösung

$$x^{**} = \left(x_1, x_2, x_3, x_4, x_5\right)^\top = \left(\frac{121}{25}, \frac{101}{25}, 0, \frac{32}{5}, 0\right)^\top,$$

die ebenfalls den optimalen Zielfunktionswert $z^* = -3$ besitzt. Analog zu Beispiel 5.3 können dann alle optimalen Lösungen als konvexe Linearkombination der beiden gefundenen Basislösungen bzw. optimalen Eckpunkte des zulässigen Bereiches dargestellt werden:

$$x = \lambda \cdot x^* + \left(1 - \lambda\right) \cdot x^{**}, \quad 0 \le \lambda \le 1.$$

Geometrisch entspricht das der Verbindungsstrecke der Punkte x^* und x^{**}, lässt sich aber nicht mehr veranschaulichen, da die vorliegende Aufgabe mehr als zwei Variable enthält.

Weiterhin kann der Fall eintreten, dass man nach dem Basiswechsel folgendes erkennt: Die vorliegende LOA besitzt einen unbeschränkten zulässigen Bereich, aber der optimale Zielfunktionswert ist endlich (geometrisch: Strahl als Menge optimaler Lösungen, vgl. Beispiel 5.4 c).

Im diskutierten Fall „überflüssiger" verschwindender Optimalitätsindikatoren kann es schließlich auch geschehen, dass nach dem Basiswechsel wieder dieselbe Basislösung, nur in anderer Darstellung, erhalten wird (Kombination von primaler und dualer Entartung).

5.5 Zwei-Phasen-Methode

In diesem Abschnitt wird die Frage erörtert, wie man zweckmäßig vorgeht, um eine erste zulässige Basislösung zu finden. Enthalten die Nebenbedingungen der Aufgabe bereits eine Einheitsmatrix und sind die rechten Seiten in (5.17) nichtnegativ, so kann sofort gestartet werden, da sich eine zulässige Anfangsbasislösung unmittelbar angeben lässt. Dies ist insbesondere der Fall, wenn die ursprüngliche Optimierungsaufgabe nur Nebenbedingungen vom $\le$-Typ enthält, da dann bei $b_i \ge 0$ die Beziehungen (5.17) durch das Einführen von Schlupfvariablen automatisch entstehen. Im allgemeinen Fall einer Aufgabe (G) mit Nebenbedingungen der Gestalt $Ax = b$ könnte man zwar den Gauß'schen Algorithmus zur

Erzeugung eines LGS mit Einheitsmatrix heranziehen, jedoch ist hierbei die Nichtnegativität der rechten Seiten und somit die Zulässigkeit der ersten Basislösung nicht garantiert.

Wir suchen also eine einfache und sichere Vorgehensweise zur Konstruktion einer äquivalenten LOA, für die eine zulässige Basislösung sofort angebbar ist. Eine bemerkenswerte Möglichkeit dafür eröffnet die Simplexmethode selbst. Mehr noch, es gelingt dabei gleichzeitig festzustellen, ob es überhaupt zulässige Lösungen gibt.

5.5.1 Grundidee

Zur Beschreibung des Zugangs zum Finden einer ersten zulässigen Basislösung mithilfe der so genannten *Zwei-Phasen-Methode* gehen wir von allgemeinen Nebenbedingungen der Form (5.16) aus:

$$
\begin{aligned}
a_{11}x_1 + a_{12}x_2 + \ldots + a_{1n}x_n &= b_1 \\
a_{21}x_1 + a_{22}x_2 + \ldots + a_{2n}x_n &= b_2 \\
&\cdots\cdots\cdots \\
a_{m1}x_1 + a_{m2}x_2 + \ldots + a_{mn}x_n &= b_m \, .
\end{aligned}
$$

Ohne Beschränkung der Allgemeinheit kann man annehmen, alle b_i seien größer oder gleich null. Denn ist $b_i < 0$ für einen Index i, so genügt es, die i-te Zeile mit -1 zu multiplizieren. Jetzt werden so viele nichtnegative *künstliche* Variablen v_i eingeführt, wie Zeilen vorhanden sind, also m Stück, um eine Einheitsmatrix zu erzeugen und somit eine Anfangsbasislösung unmittelbar angeben zu können:

$$
\begin{aligned}
a_{11}x_1 + a_{12}x_2 + \ldots + a_{1n}x_n + v_1 \qquad\qquad\quad &= b_1 \\
a_{21}x_1 + a_{22}x_2 + \ldots + a_{2n}x_n \qquad + v_2 \qquad\quad &= b_2 \\
&\cdots\cdots\cdots \qquad\qquad\qquad\qquad\ddots \qquad \vdots \\
a_{m1}x_1 + a_{m2}x_2 + \ldots + a_{mn}x_n \qquad\qquad\quad + v_m &= b_m \, .
\end{aligned}
$$

Bemerkungen
1) Sind bereits einige Einheitsvektoren als Spalten vorhanden (vielleicht, weil sie durch das Einführen von Schlupfvariablen in $\le$-Nebenbedingungen entstanden sind), können diese genutzt werden, um die Anzahl der künstlichen Variablen zu verringern.
2) Künstliche Variablen und Schlupfvariablen sind unterschiedlicher Natur. Obwohl beide Gruppen nicht zu den eigentlichen Problemvariablen gehören, besitzen Schlupfvariablen eine wichtige Interpretation für Nebenbedingungen in Ungleichungsform. Künstliche Variablen hingegen haben mit der ursprünglichen LOA eigentlich nichts zu tun; sie zeigen jedoch die Verletzung von Restriktionen an.

Damit die neuen, durch Aufnahme der künstlichen Variablen entstandenen Nebenbedingungen denselben zulässigen Bereich wie in der ursprünglichen Aufgabe beschreiben, muss gesichert werden, dass die künstlichen Variablen am Ende der Rechnung alle null und keine Basisvariablen mehr sind. Dies kann man mittels der *Ersatzzielfunktion*

$$v_1 + v_2 + \ldots + v_m \qquad \longrightarrow \qquad \min$$

bzw. gleichbedeutend

$$-v_1 - v_2 - \ldots - v_m \qquad \longrightarrow \qquad \max \qquad\qquad (5.26)$$

erreichen. In der *1. Phase* der Simplexmethode wird demzufolge eine Hilfsaufgabe gelöst, in der die ursprüngliche Zielfunktion durch (5.26) ersetzt wurde, während die Neben- und Nichtnegativitätsbedingungen unverändert bleiben, allerdings kommen noch die Nichtnegativitätsbedingungen für die künstlichen Variablen v_i, $i = 1, \ldots, m$, hinzu:

$$
\begin{aligned}
-v_1 - v_2 \ldots - v_m &\longrightarrow \max \\
a_{11}x_1 + a_{12}x_2 + \ldots + a_{1n}x_n + v_1 \qquad\qquad\quad &= b_1 \\
a_{21}x_1 + a_{22}x_2 + \ldots + a_{2n}x_n \qquad + v_2 \qquad\quad &= b_2 \\
\ldots\ldots\ldots\ldots\ldots \qquad\qquad \ddots \qquad &\;\; \vdots \\
a_{m1}x_1 + a_{m2}x_2 + \ldots + a_{mn}x_n \qquad\qquad\quad + v_m &= b_m \\
x_1, x_2, \ldots, x_n, v_1, v_2, \ldots, v_m &\geq 0 \, .
\end{aligned}
\qquad (5.27)
$$

Beispiel 5.15 Die lineare Optimierungsaufgabe

$$
\begin{aligned}
x_1 + 2x_2 - x_3 &\longrightarrow \max \\
x_1 + x_2 + x_3 &= 1 \\
x_1 - x_2 + 2x_3 &= 2 \\
x_1, x_2, x_3 &\geq 0
\end{aligned}
$$

geht in der 1. Phase über in die Hilfsaufgabe

$$
\begin{aligned}
-v_1 - v_2 &\longrightarrow \max \\
x_1 + x_2 + x_3 + v_1 \qquad\quad &= 1 \\
x_1 - x_2 + 2x_3 \qquad + v_2 &= 2 \\
x_1, x_2, x_3, v_1, v_2 &\geq 0 \, .
\end{aligned}
$$

Die eingeführte Hilfsaufgabe hat folgende nützliche Eigenschaft.

Satz 5.10 *Die lineare Optimierungsaufgabe (5.27) besitzt immer eine optimale Lösung.*

Beweis Die Menge zulässiger Lösungen von (5.27) ist nicht leer, da eine zulässige Basislösung $(\tilde{x}, \tilde{v}) = (0, b)$ sofort angegeben werden kann. Wegen der Nichtnegativitätsbedingungen und der speziellen Form der Zielfunktion hat jede zulässige Lösung einen Zielfunktionswert $z \leq 0$. Damit ist die Zielfunktion auf dem zulässigen Bereich nach oben beschränkt. Folglich gibt es entsprechend Satz 5.5 mindestens eine optimale Lösung. □

5.5.2 Mögliche Fälle

Aus den Eigenschaften der optimalen Lösung der Hilfsaufgabe kann man erkennen, ob die ursprüngliche LOA (G) unlösbar wegen eines leeren zulässigen Bereiches ist. Anderenfalls kann eine zulässige Anfangsbasislösung von (G) beschrieben werden.

Satz 5.11 *Ist der optimale Zielfunktionswert z^* der Hilfsaufgabe (5.27) negativ, so besitzt die Aufgabe (G) keine zulässige Lösung. Gilt $z^* = 0$, so gibt es eine zulässige Basislösung von (G).*

Zur Begründung der Satzaussage unterscheiden wir zwei Fälle.

1. Fall: $z^* < 0$: Besäße (G) eine zulässige Lösung, so könnte diese durch die Komponenten $v_1 = 0, \ldots, v_m = 0$ zu einer zulässigen Lösung von (5.27) ergänzt werden, die den Zielfunktionswert $z^* = 0$ hätte, was ein Widerspruch zur Annahme wäre.

2. Fall: $z^* = 0$: Alle künstlichen Variablen $v_i, i = 1, \ldots, m$, in der Optimallösung (x^*, v^*) von (5.27) müssen den Wert null aufweisen, sodass der x-Anteil des optimalen Vektors zulässig in (G) ist. Wir sind aber nicht nur an einer zulässigen Lösung schlechthin, sondern an einer zulässigen Basislösung interessiert. Ist die Lösung (x^*, v^*) nichtentartet (m positive Komponenten), liegt diese auch sofort vor, denn nur die x-Komponenten können ja positiv sein. Im entarteten Fall (Zahl der positiven Komponenten ist kleiner als m) sind die Verhältnisse etwas komplizierter. Gibt es unter den Basisvariablen keine v_i's, liegt sofort eine (entartete) Basislösung von (G) vor. Gehören in der optimalen Lösung von (5.27) auch künstliche Variablen v_i zu den Basisvariablen, so kann man Vorschriften angeben, wie durch Austauschschritte eine zulässige Basislösung von (G) konstruiert werden kann. Allerdings kann es passieren, dass der Rang der Nebenbedingungsmatrix kleiner als m ist. Da die durch das Hinzufügen der künstlichen Variablen v_i entstehende Einheitsmatrix den Rang m besitzt, können nicht alle künstlichen Variablen eliminiert werden. Auf die letzten beiden Fälle soll hier nicht näher eingegangen werden.

Da nun eine zulässige Basislösung von (G) gefunden wurde, kann jetzt die in 5.4.4 beschriebene Simplexmethode für (G), die in diesem Zusammenhang *2. Phase* genannt wird, gestartet werden. Dabei ist zu beachten, dass wieder die ursprüngliche Zielfunktion aus (G) verwendet werden muss.

Bemerkungen

1) Oben erwähnten wir bereits, dass es vor allem bei Handrechnung vorteilhaft ist, die Anzahl künstlicher Variablen v_i von Anfang an zu reduzieren, indem bereits vorhandene Einheitsspalten genutzt werden. Das verringert nicht nur die Zahl der Variablen, sondern meist auch den Rechenaufwand. Da nämlich in jedem Simplexschritt jeweils nur eine Variable ausgetauscht wird, benötigt man bei m künstlichen Variablen mindestens m Schritte, um zunächst zu einer zulässigen Basislösung von (G) zu gelangen. Ein praktischer Hinweis: Sobald eine künstliche Variable keine Basisvariable mehr ist, kann die entsprechende Spalte in der Simplextabelle gestrichen werden.

2) Die letzte, zur optimalen Lösung der Hilfsaufgabe (5.27) gehörige Tabelle kann sofort als Starttabelle für (G) verwendet werden, indem nur folgende Daten geändert werden: Zum einen müssen die ursprünglichen Zielfunktionskoeffizienten $\boxed{c_j}$, $j = 1, \ldots, n$, in der obersten Zeile der Simplextabelle für alle Variablen sowie in der Spalte $\boxed{c_B}$ für die Basisvariablen neu eingetragen werden. Zum anderen ist eine Neuberechnung der Optimalitätsindikatoren $\Delta_j = \langle \boxed{c_B}, A_j \rangle - \boxed{c_j}$, $j = 1, \ldots, n$, und des aktuellen Zielfunktionswertes $z = \langle \boxed{c_B}, x_B \rangle$ in der letzten Zeile unter Verwendung der ursprünglichen Größen $\boxed{c_j}$ nötig. Alle zu künstlichen Variablen gehörenden Spalten können dagegen spätestens jetzt ersatzlos aus der Simplextabelle entfernt werden.

1. Phase der Simplexmethode

1. Überprüfe, ob in (G) alle rechten Seiten b_i nichtnegativ sind; gilt $b_i < 0$ für gewisse Zeilen i, so multipliziere diese Zeilen mit -1.

2. Füge nichtnegative künstliche Variablen zur Erzeugung einer Einheitsmatrix der Dimension m ein; eventuell bereits vorhandene Einheitsvektoren können mit genutzt werden.

3. Ändere die ursprüngliche Zielfunktion in $-\sum\limits_{i=1}^{m} v_i \longrightarrow \max$. Werden für gewisse i keine künstlichen Variablen v_i eingeführt, so fallen sie aus der Summenbildung heraus. Im Resultat entsteht die LOA (5.27).

4. Löse (5.27) mittels der Simplexmethode, wobei $(x^0, v^0) = (0, b)$ als Anfangsbasislösung dient.

5. Ist in (5.27) der optimale Zielfunktionswert $z^* = 0$? Falls ja, so wurde eine zulässige Basislösung von (G) gefunden und die 2. Phase der Simplexmethode kann nach Änderung der Simplextabelle gestartet werden. Falls nein, so ist die vorgelegte Aufgabe (G) nicht lösbar, da ihr zulässiger Bereich leer ist.

5.5.3 Beispiele

1. Die LOA

$$
\begin{aligned}
-3x_1 \ - \ 2x_2 \ - \ 5x_3 \ &\longrightarrow \ \max \\
x_1 \ + \ x_2 \qquad\qquad\quad &\geq \ 2 \\
x_1 \ + \ x_2 \ - \ x_3 \quad\ &\leq \ 0 \\
2x_1 \ + \ x_2 \ + \ 4x_3 \quad\ &\geq \ 20 \\
x_1, x_2, x_3 \ &\geq \ 0
\end{aligned}
$$

wird zunächst mithilfe von drei Schlupfvariablen ($-u_1$ in der ersten, $+u_2$ in der zweiten und $-u_3$ in der dritten Zeile) auf die (G)-Form gebracht. Überträgt man die resultierenden Nebenbedingungskoeffizienten in die entsprechende Anfangs-Simplextabelle, so findet man darin nur eine einzige echte Einheitsspalte (bei u_2):

Nr	BV	c_B	x_1	x_2	x_3	u_1	u_2	u_3	x_B	Θ
1			1	1	0	−1	0	0	2	
2			1	1	−1	0	1	0	0	
3			2	1	4	0	0	−1	20	

(Die „negativen Einheitsspalten" wie etwa bei u_1 und u_3 sind für den Simplexalgorithmus in der beschriebenen Form nicht verwendbar!)

Demzufolge müssen wir noch zwei künstliche Variable für die fehlenden Einheitsspalten einführen. Als Startbasislösung für die erste Phase können dann die Spalten u_2, v_1 und v_2 verwendet werden, wobei jedoch die richtige Zuordnung zu den Basiszeilen zu beachten ist (z. B. u_2 in Zeile 2, da die Einheitsspalte gerade in der zweiten Zeile die Eins enthält):

Nr	BV	c_B	x_1 0	x_2 0	x_3 0	u_1 0	u_2 0	u_3 0	v_1 -1	v_2 -1	x_B	Θ
1	v_1	−1	1	1	0	−1	0	0	1	0	2	%
2	u_2	0	1	1	−1	0	1	0	0	0	0	%
3	v_2	−1	2	1	4	0	0	−1	0	1	20	5
4			−3	−2	−4	1	0	1	0	0	−22	
1	v_1	−1	1	1	0	−1	0	0	1	0	2	2
2	u_2	0	3/2	5/4	0	0	1	−1/4	0	1/4	5	10/3
3	x_3	0	1/2	1/4	1	0	0	−1/4	0	1/4	5	10
4			−1	−1	0	1	0	0	0	1	−2	
1	x_1	0	1	1	0	−1	0	0	1	0	2	
2	u_2	0	0	−1/4	0	3/2	1	−1/4	−3/2	1/4	2	
3	x_3	0	0	−1/4	1	1/2	0	−1/4	−1/2	1/4	4	
4			0	0	0	0	0	0	1	1	0	

Da alle künstlichen Variablen die Basis verlassen haben, der optimale Zielfunktionswert in der 1. Phase folglich null ist, können wir nun zur 2. Phase übergehen, wobei sich die folgende Tabelle nur in den eingerahmten Werten vom Ergebnis der 1. Phase unterscheidet:

Nr	BV	c_B	x_1 -3	x_2 -2	x_3 -5	u_1 0	u_2 0	u_3 0	x_B	Θ
1	x_1	-3	1	1	0	-1	0	0	2	
2	u_2	0	0	$-1/4$	0	$3/2$	1	$-1/4$	2	
3	x_3	-5	0	$-1/4$	1	$1/2$	0	$-1/4$	4	
4			0	$1/4$	0	$1/2$	0	$5/4$	-26	

Hier sind alle Optimalitätsindikatoren nichtnegativ, die Anfangstabelle der 2. Phase zeigt also bereits den optimalen Zielfunktionswert $z^* = -26$ und die optimale Lösung $x^* = (x_1, x_2, x_3)^\top = (2, 0, 4)^\top$.

2. In der LOA

$$-x_1 + x_2 \longrightarrow \max$$
$$x_1 + 2x_2 \leq 4$$
$$2x_1 + x_2 \geq 10$$
$$x_1, x_2 \geq 0$$

sind zwei Schlupfvariablen ($+u_1$ und $-u_2$) und anschließend eine künstliche Variable ($+v_1$ in Zeile 2) einzufügen. Die 1. Phase der Simplexmethode führt dann zum optimalen Zielfunktionswert $-2 < 0$, d. h., die LOA ist wegen leerer zulässiger Menge unlösbar (die beiden Nebenbedingungen und die Nichtnegativitätsbedingung der Variablen bilden einen Widerspruch):

Nr	BV	c_B	x_1 0	x_2 0	u_1 0	u_2 0	v_1 -1	x_B	Θ
1	u_1	0	1	2	1	0	0	4	4
2	v_1	-1	2	1	0	-1	1	10	5
3			-2	-1	0	1	0	-10	
1	x_1	0	1	2	1	0	0	4	
2	v_1	-1	0	-3	-2	-1	1	2	
3			0	3	2	1	0	-2	

Übungsaufgabe 5.10 Überprüfen Sie, ob die folgenden LOA lösbar sind, und bestimmen Sie gegebenenfalls die optimalen Lösungen und den optimalen Zielfunktionswert:

a)
$$-x_1 + x_2 \longrightarrow \max$$
$$x_1 + 2x_2 \leq 4$$
$$2x_1 + x_2 \geq 6$$
$$x_1, x_2 \geq 0$$

b)
$$x_1 + x_2 \longrightarrow \max$$
$$3x_1 - 2x_2 + 2x_3 = 6$$
$$-2x_1 + x_2 - 3x_3 \leq 6$$
$$x_1, x_2, x_3 \geq 0$$

c)
$$-x_1 + x_2 \longrightarrow \max$$
$$x_1 + 2x_2 \leq 4$$
$$2x_1 + x_2 \geq 10$$
$$x_1, x_2 \geq 0$$

d)
$$-x_1 - \tfrac{1}{2}x_2 \longrightarrow \max$$
$$x_1 + 2x_2 \geq 2$$
$$2x_1 + x_2 \geq 2$$
$$x_1, x_2 \geq 0$$

Übungsaufgabe 5.11 Überprüfen Sie, ob das folgende System linearer Ungleichungen lösbar ist oder einen Widerspruch in sich enthält. Falls möglich, gebe man mindestens eine zulässige Lösung explizit an.

$$x_1 + x_2 + x_3 \leq 15$$
$$x_1 - 2x_2 + 3x_3 \leq 8$$
$$-2x_1 + x_2 - x_3 \geq 10$$
$$x_1 + x_3 \geq 2$$
$$x_1, x_2, x_3 \geq 0$$

5.6 Dualität in der linearen Optimierung

Dualität im Sinne des Zusammengehörens zweier unterschiedlicher Dinge ist ein sinnvolles und inhaltsreiches Konzept, in der Mathematik wie im Leben allgemein. Genannt seien z. B. die zwei zueinander dualen Aussagen in der Geometrie „Zwei Geraden schneiden sich in genau einem Punkt (sofern sie nicht identisch oder parallel sind)" und „Zwei (nicht identische) Punkte lassen sich durch genau eine Gerade verbinden". Erinnert sei weiterhin an das duale System der Berufsausbildung, welches Theorie und Praxis als sich ergänzende „Gegensätze" vereinigt. Schließlich gehören auch Faust und Mephisto trotz aller Gegensätzlichkeit zusammen.

In der linearen Optimierung tritt Dualität bei der Betrachtung zweier verschiedener linearer Optimierungsaufgaben, die jedoch in enger inhaltlicher Beziehung zueinander stehen, auf. Man spricht deshalb von einem *Paar dualer Aufgaben*. Dabei ist es möglich, aus der ersten – der *primalen* – LOA nach bestimmten einfachen Regeln die zweite – *duale* – Aufgabe zu konstruieren. Es erweist sich nun, dass gerade die Untersuchung eines solchen Paares von linearen Optimierungsaufgaben zu zusätzlichen Informationen und Erkenntnisgewinn führt. So gelingt es beispielsweise, Lösbarkeits- und Optimalitätskriterien unter Nutzung der Dualität zu formulieren, Abschätzungen der Entfernung zum optimalen Zielfunktionswert anzugeben oder die optimale Lösung der einen Aufgabe aus der der anderen in einfacher Weise zu gewinnen, was vor allem dann von Nutzen ist, wenn die eine Aufgabe komplizierter, die andere aber einfacher Natur ist.

Da die duale der dualen Aufgabe wieder die primale Aufgabe ist, ist es im Grunde genommen gleichgültig, welche der beiden LOA als erste und welche als zweite angesehen wird. Die Regeln, wie aus einer primalen LOA eine zugehörige duale LOA aufgestellt wird, muten zunächst recht willkürlich an, folgen aber einem „höheren Prinzip". Es wird sich ferner zeigen, dass es zwischen beiden Aufgaben eine Reihe wichtiger Beziehungen gibt, die tiefliegende ökonomische Interpretationen gestatten und damit die angewendeten Regeln rechtfertigen. Übrigens gibt es neben dem hier vorgestellten noch weitere Dualitätskonzepte.

5.6.1 Konstruktion der dualen Aufgabe

Um das Wesen der Dualität in seiner Vielfalt richtig zur Geltung zu bringen, gehen wir von der im Abschn. 5.1.2 betrachteten allgemeinen LOA aus, die in zwei Punkten verändert wird:

$$
\begin{array}{llllll}
c_1 x_1 & + & c_2 x_2 & + \ldots + & c_n x_n & \to & \max \\
a_{11} x_1 & + & a_{12} x_2 & + \ldots + & a_{1n} x_n & \diamond & b_1 \\
a_{21} x_1 & + & a_{22} x_2 & + \ldots + & a_{2n} x_n & \diamond & b_2 \\
& & & \ldots \ldots \ldots \ldots & & & \\
a_{m1} x_1 & + & a_{m2} x_2 & + \ldots + & a_{mn} x_n & \diamond & b_m \\
& & & x_1, x_2, \ldots, x_k & \geq & 0, & k \leq n.
\end{array}
\qquad \text{(P)}
$$

Die Bezeichnung (P) bedeutet primale Aufgabe. Es sei daran erinnert, dass das Symbol $\diamond$ für $\leq$, $\geq$ oder $=$ steht und von Zeile zu Zeile wechseln kann. Die Nichtnegativität ist nur für die Variablen $x_1, \ldots, x_k$ gefordert, während die Variablen $x_{k+1}, \ldots, x_n$ als nicht vorzeichenbeschränkt vorausgesetzt werden. Ferner legen wir uns im Optimierungsziel auf Maximierung fest, wodurch die Darlegungen etwas vereinfacht werden.

Die Zuordnung der dualen Aufgabe zu einem gegebenen Primalproblem geschieht nach den in der nachstehenden Tabelle angegebenen Regeln. Bei genauem Studium derselben stellt man fest, dass im Prinzip in beiden Aufgaben dieselben Informationen A, c, b enthalten sind, nur an unterschiedlicher Stelle stehend.

Primale LOA (P)	$\leftrightarrow$	Duale LOA (D)
Anzahl der Variablen: n	$\leftrightarrow$	Anzahl der Variablen: m
Anzahl der Nebenbedingungen: m	$\leftrightarrow$	Anzahl der Nebenbedingungen: n
Variablen: $x_j, j = 1 \ldots, n$	$\leftrightarrow$	Variablen: $y_i, i = 1, \ldots, m$
$c_j, j = 1, \ldots, n$, in Zielfunktion	$\leftrightarrow$	$c_j, j = 1, \ldots, n$, als rechte Seiten
$b_i, i = 1, \ldots, m$, als rechte Seiten	$\leftrightarrow$	$b_i, i = 1, \ldots, m$, in Zielfunktion
Maximierung der Zielfunktion	$\leftrightarrow$	Minimierung der Zielfunktion
Koeffizientenmatrix A	$\leftrightarrow$	Koeffizientenmatrix $A^\top$
$\leq$ in i-ter Nebenbedingung	$\leftrightarrow$	Forderung an i-te Variable: $y_i \geq 0$
$\geq$ in i-ter Nebenbedingung	$\leftrightarrow$	Forderung an i-te Variable: $y_i \leq 0$
= in i-ter Nebenbedingung	$\leftrightarrow$	y_i nicht vorzeichenbeschränkt
$x_j \geq 0$	$\leftrightarrow$	$\geq$ in j-ter Nebenbedingung
x_j nicht vorzeichenbeschränkt	$\leftrightarrow$	= in j-ter Nebenbedingung

Bemerkungen

1) Aus den angegebenen formalen Regeln wird deutlich, dass jeder Nebenbedingung in (P) eine Variable in der Dualaufgabe (D), die *Dualvariable* y_i, zugeordnet wird und umgekehrt. Damit haben die beiden Aufgaben (P) und (D) unterschiedliche Dimension.

2) Als Spezialfall ergibt sich zur Aufgabe (G) mit Gleichungsnebenbedingungen die duale Aufgabe (GD):

$$\left.\begin{array}{rcl} \langle c, x \rangle & \longrightarrow & \max \\ Ax & = & b \\ x & \geq & \mathbf{0} \end{array}\right\} \text{(G)} \qquad \left.\begin{array}{rcl} \langle b, y \rangle & \longrightarrow & \min \\ A^\top y & \geq & c \\ y \text{ beliebig} & & \end{array}\right\} \text{(GD)}$$

Hierbei ist zu beachten, dass die Nebenbedingungsmatrix A beim Dualisieren in die transponierte Matrix $A^\top$ übergeht, da Zeilen und Spalten vertauscht werden.

Beispiel 5.16   Die folgenden beiden LOA sind zueinander dual:

$$\left.\begin{array}{rcrcrcl} 2x_1 & + & 9x_2 & & & \longrightarrow & \max \\ x_1 & + & 3x_2 & + & 4x_3 & \leq & 7 \\ 5x_1 & - & x_2 & + & 6x_3 & = & 8 \\ & & & x_1, x_3 & & \geq & 0 \end{array}\right\} \text{(P1)} \qquad \left.\begin{array}{rcrcl} 7y_1 & + & 8y_2 & \longrightarrow & \min \\ y_1 & + & 5y_2 & \geq & 2 \\ 3y_1 & - & y_2 & = & 9 \\ 4y_1 & + & 6y_2 & \geq & 0 \\ & & y_1 & \geq & 0 \end{array}\right\} \text{(P1D)}$$

Übungsaufgabe 5.12 Bilden Sie die duale Aufgabe (P2D) zur LOA

$$\left.\begin{array}{rcl}
12x_1 + 13x_2 \qquad\quad + 9x_4 & \longrightarrow & \max \\
x_1 - x_2 + x_3 + x_4 & = & 5 \\
2x_1 + 7x_2 \qquad\quad - 2x_4 & \leq & 6 \\
3x_1 - 8x_2 + 4x_3 \qquad\quad & \geq & 3 \\
x_1 \geq 0,\ x_2 \geq 0,\ x_4 & \leq & 0.
\end{array}\right\} \quad \text{(P2)}$$

Übungsaufgabe 5.13 Formulieren Sie in Matrixschreibweise das Dualproblem zu der in Ungleichungsform gegebenen folgenden LOA.

$$\begin{array}{rcl}
\langle c, x \rangle & \longrightarrow & \max \\
Ax & \leq & b \qquad \text{(U)} \\
x & \geq & \mathbf{0}.
\end{array}$$

Übungsaufgabe 5.14 Weisen Sie für das obige Aufgabenpaar (P1) und (P1D) nach, dass die duale zur dualen Aufgabe wieder die primale ist. (Aus dieser Tatsache heraus erklärt sich auch die oben benutzte Sprechweise „Die Aufgaben sind *dual zueinander*".)

Hinweis: Formen Sie zunächst die Dualaufgabe (P1D) in ein Maximierungsproblem um und ordnen Sie den drei Nebenbedingungen die Variablen z_1, z_2, z_3 zu. Dualisieren Sie die entstandene Aufgabe und substituieren Sie anschließend die Variablen x_j für $-z_j$, $j = 1, 2, 3$.

5.6.2 Dualitätsbeziehungen

In diesem Abschnitt wird begründet, wozu die – zunächst rein formal gebildete – Dualaufgabe zu einer gegebenen LOA nützlich ist. Vor allem die in den nachstehenden Sätzen formulierten Dualitätsaussagen und -beziehungen für ein Paar dualer Aufgaben spielen in diesem Zusammenhang eine wichtige Rolle.

Satz 5.12 (i) *Die LOA* (P) *besitzt genau dann eine optimale Lösung, wenn die LOA* (D) *eine optimale Lösung besitzt.*

(ii) *Ist der Zielfunktionswert in* (P) *nach oben unbeschränkt, so ist der zulässige Bereich von* (D) *leer. Umgekehrt: Kann der Zielfunktionswert von* (D) *nach unten unbeschränkt fallen, so gibt es in* (P) *keine zulässige Lösung.*

Bemerkung Die beiden Aussagen (i) und (ii) stellen Lösbarkeitskriterien für das Paar (P) und (D) dar. Hinsichtlich der Mengen zulässiger Lösungen sind folgende Situationen möglich:

a) In beiden Aufgaben gibt es zulässige Lösungen.
b) Nur in einer der Aufgaben gibt es zulässige Lösungen.
c) In keiner der beiden Aufgaben gibt es zulässige Lösungen.

Fall a) zieht die Existenz optimaler Lösungen und damit die Lösbarkeit beider LOA nach sich.

Satz 5.13 (i) *Für jede zulässige Lösung x der Primalaufgabe* (P) *und jede zulässige Lösung y der Dualaufgabe* (D) *gilt*

$$\langle c, x \rangle \leq \langle b, y \rangle. \tag{5.28}$$

(ii) *Ist x^* eine optimale Lösung von* (P) *und y^* eine optimale Lösung von* (D), *so gilt*

$$\langle c, x^* \rangle = \langle b, y^* \rangle. \tag{5.29}$$

Umgekehrt, sind x^* und y^* zulässige Lösungen von (P) *bzw.* (D) *und gilt* (5.29), *so sind x^* und y^* auch optimal in der jeweiligen Aufgabe.*

Bemerkungen
1) Aussage (i) des Satzes 5.13 wird üblicherweise als *schwacher Dualitätssatz* bezeichnet. Er besagt, dass die Zielfunktionswerte zulässiger Lösungen in (P) nicht größer sein können als die Zielfunktionswerte zulässiger Lösungen in (D) und gestattet somit die Abschätzung der „Entfernung" einer primal zulässigen, aber i. Allg. noch nicht optimalen Lösung $\bar{x}$ vom Optimalwert (in Bezug auf die Zielfunktion): Verfügt man auf irgendeine Weise über eine dual zulässige Lösung $\bar{y}$, so kann die Differenz zwischen dem optimalen Zielfunktionswert z^* von (P) und dem aktuellen Zielfunktionswert $\langle c, \bar{x} \rangle$ nicht größer als $\langle b, \bar{y} \rangle - \langle c, \bar{x} \rangle$ sein. Diese Abschätzung kann beispielsweise zur Entscheidung genutzt werden, den Lösungsprozess von (P) vorzeitig – vor Erreichen der optimalen Lösung – abzubrechen, weil die Genauigkeit hinreichend gut ist bzw. „nicht mehr viel herausgeholt" werden kann.
2) Für das Paar (G) und (GD) lässt sich der Beweis von (i) einfach führen. Wegen der Eigenschaften des Skalarprodukts ist $\langle A^\top y, x \rangle = \langle y, Ax \rangle$, und auf Grund der Zulässigkeit von x und y in (G) bzw. (GD) sind die Beziehungen $Ax = b$, $c \leq A^\top y$, $x \geq 0$ gültig. Folglich gilt

$$\langle c, x \rangle \leq \langle A^\top y, x \rangle = \langle y, Ax \rangle = \langle y, b \rangle = \langle b, y \rangle.$$

Der Nachweis von (5.28) im allgemeinen Fall der Aufgabe (P) wird dem Leser überlassen.
3) Die Aussage (ii) von Satz 5.13 ist als *starker Dualitätssatz* bekannt. Sie kann genutzt werden, um die Optimalität einer zulässigen Lösung von (P) bzw. eines Paares zulässiger Lösungen in (P) und (D) zu überprüfen.

Satz 5.14 *Ist x^* optimal in* (P) *und y^* optimal in* (D), *so gilt:*

$$\left(\sum_{i=1}^{m} a_{ij} y_i^* - c_j \right) \cdot x_j^* = 0, j = 1, \dots, n, \tag{5.30}$$

$$\left(\sum_{j=1}^{n} a_{ij} x_j^* - b_i \right) \cdot y_i^* = 0, i = 1, \dots, m. \tag{5.31}$$

Bemerkungen

1) Die Beziehungen (5.30) und (5.31) werden *Komplementaritätsbedingungen* für die primale bzw. duale Aufgabe genannt. Sie sollen am Beispiel von (5.30) erläutert werden. Diese Beziehung stellt eine mathematische Kurzschreibweise für die Tatsache dar, dass bei fixiertem Index j für Optimallösungen stets mindestens einer der beiden Faktoren $\sum_{i=1}^{m} a_{ij} y_i^* - c_j$ und x_j^* gleich null sein muss. Speziell bedeutet das: Ist der Wert einer primalen Variablen x_j^* positiv, so muss die j-te Nebenbedingung in (D) für optimale Lösungen y^* als Gleichung erfüllt sein, d. h. $\sum_{i=1}^{m} a_{ij} y_i^* = c_j$ (der umgekehrte Schluss wäre nicht richtig). Ist andererseits die j-te Nebenbedingung in (D) für eine Optimallösung y^* von (D) als strenge Ungleichung $\sum_{i=1}^{m} a_{ij} y_i^* > c_j$ erfüllt, so muss zwangsläufig für jede Optimallösung von (P) $x_j^* = 0$ gelten. Für die Aufgabe (G) ist Bedingung (5.31) selbstverständlich inhaltsleer, da sie wegen des Vorliegens von Gleichungsnebenbedingungen stets automatisch erfüllt ist.

2) Die Beziehungen (5.30) und (5.31) sind hilfreich, um aus der optimalen Lösung einer der beiden Aufgaben (P) oder (D) mit einfachen Mitteln eine Optimallösung der anderen Aufgabe zu konstruieren, ohne diese erneut mittels der Simplexmethode zu lösen, was vor allem dann ein Vorteil ist, wenn eine von beiden – etwa wegen einer einfacheren Struktur – relativ leicht lösbar ist.

3) Übrigens stellt die Gültigkeit von (5.30) bzw. (5.31) auch eine hinreichende Bedingung dafür dar, dass zwei in (P) bzw. (D) zulässige Lösungen x^* und y^* optimal in diesen Aufgaben sind.

Beispiel 5.17 Gegeben ist das folgende Paar dualer LOA sowie eine primal zulässige Lösung $\widehat{x} = (\widehat{x}_1, \widehat{x}_2, \widehat{x}_3)^\top = (0, 14, 1)^\top$, die auf Optimalität untersucht werden soll:

$$
\begin{array}{rrrcl} \qquad\qquad\qquad
6x_1 + 10x_2 + 12x_3 &\longrightarrow& \max \\
x_1 + 2x_2 + 4x_3 &\leq& 32 \\
2x_1 + x_2 + 2x_3 &\leq& 42 \\
3x_1 + 2x_2 + 2x_3 &\leq& 30 \\
x_1, x_2, x_3 &\geq& 0
\end{array}
\qquad
\begin{array}{rrrcl}
32y_1 + 42y_2 + 30y_3 &\longrightarrow& \min \\
y_1 + 2y_2 + 3y_3 &\geq& 6 \\
2y_1 + y_2 + 2y_3 &\geq& 10 \\
4y_1 + 2y_2 + 2y_3 &\geq& 12 \\
y_1, y_2, y_3 &\geq& 0 \,.
\end{array}
$$

Beim Einsetzen von $\widehat{x}$ in die Nebenbedingungen der primalen LOA stellt man fest, dass in der zweiten Nebenbedingung eine echte Ungleichung vorliegt (16 < 42), sodass man aufgrund der zugehörigen Komplementaritätsbeziehung (5.31), die $(2\widehat{x}_1 + \widehat{x}_2 + 2\widehat{x}_3 - 42) \cdot \widehat{y}_2 = 0$ lautet, sofort $\widehat{y}_2 = 0$ findet. Da außerdem die primalen Variablen $\widehat{x}_2 = 14$ und $\widehat{x}_3 = 1$ positiv sind, ergibt sich aus den Komplementaritätsbedingungen $(2\widehat{y}_1 + \widehat{y}_2 + 2\widehat{y}_3 - 10) \cdot \widehat{x}_2 = 0$ und $(4\widehat{y}_1 + 2\widehat{y}_2 + 2\widehat{y}_3 - 12) \cdot \widehat{x}_3 = 0$, dass die zweite und die dritte Ungleichung der Dualaufgabe als Gleichung erfüllt sein müssen. Unter Berücksichtigung des bereits bestimmten Wertes $\widehat{y}_2 = 0$ folgt daraus $2\widehat{y}_1 + 2\widehat{y}_3 = 10$ und $4\widehat{y}_1 + 2\widehat{y}_3 = 12$, woraus man $\widehat{y}_1 = 1$ und $\widehat{y}_3 = 4$ berechnen kann. Dann ist nur noch das Erfülltsein aller dualen Nebenbedingungen (insbesondere der noch nicht überprüften ersten Ungleichung) zu kontrollieren und durch Einsetzen der primale und der duale Zielfunktionswert zu bestimmen. Da diese beiden Werte übereinstimmen ($z_P^* = z_D^* = 152$), sind laut Satz 5.13 die beiden zulässigen Lösungsvektoren $\widehat{x}$ und $\widehat{y}$ sogar optimal in den jeweiligen LOA.

5.6.3 Ökonomische Interpretation der Dualvariablen

Die Dualvariablen werden vor allem in der ökonomischen Literatur auch als (*bedingte*) *Zeilenbewertungen* oder *Schattenpreise* bezeichnet. Die Begründung hierfür soll nachstehend gegeben werden. Dabei stützen wir uns auf eine lineare Optimierungsaufgabe in Ungleichungsform

$$\sum_{j=1}^{n} c_j x_j \longrightarrow \max$$
$$\sum_{j=1}^{n} a_{ij} x_j \leq b_i, \qquad i = 1, 2, \ldots, m \tag{5.32}$$
$$x_j \geq 0, \qquad j = 1, 2, \ldots, n$$

und unterlegen ihr eine ganz bestimmte ökonomische Interpretation in Form eines Produktionsmodells, um die Bedeutung der Dualvariablen in einfacher und anschaulicher Weise darstellen zu können. Die Überlegungen sind auch auf andere Situationen übertragbar, bedürfen jedoch bei anderen Modellstrukturen oder abweichenden ökonomischen Fragestellungen einer entsprechenden Modifikation.

Eine Unternehmung stellt die Produkte $P_1, P_2, \ldots, P_n$ her, wofür die knappen Güter $G_1, G_2, \ldots, G_m$ eingesetzt werden. Da andere Güter als ausreichend verfügbar angenommen werden, spielen sie im Zusammenhang mit dem hier studierten Optimierungsmodell keine Rolle, sodass also nur die Engpässe Berücksichtigung finden. Die in der LOA (5.32) vorkommenden Größen mögen nun folgende Bedeutung besitzen:

c_j – Deckungsbeitrag je Mengeneinheit (ME) von P_j,

b_i – verfügbare Menge an Gut G_i (in ME),

x_j – zu produzierende Menge an Produkt P_j (in ME),

a_{ij} – aufzuwendende Menge an Gut G_i (in ME) für die Produktion einer ME des Produkts P_j.

Wir machen darauf aufmerksam, dass es sich bei den pauschal als Mengeneinheiten bezeichneten Größen für die einzelnen Produkte und Güter um völlig verschiedene Dimensionen handeln kann.

Mit dieser Interpretation zielt das lineare Optimierungsproblem (5.32) darauf ab, ein solches Produktionsprogramm zu ermitteln, das bei Einhaltung der Beschränkungen hinsichtlich der begrenzt verfügbaren Güter einen maximalen Deckungsbeitrag sichert.

Bisher waren die Mengen b_i der nicht unbegrenzt vorhandenen Güter G_i als fixiert angenommen worden. Häufig lassen sich diese Güter – in der Hoffnung auf die Überwindung von Engpässen und damit auf einen höheren erzielbaren Deckungsbeitrag – auch in größerer Menge beschaffen, natürlich mit einem bestimmten (finanziellen) Aufwand. Es ist also unter Umständen sinnvoll, die rechten Seiten als variabel anzusehen. Das führt auf folgende interessante Fragestellung.

Angenommen, für gegebene rechte Seiten b_i, $i = 1, \ldots, m$ sei die LOA (5.32) gelöst worden und es liegt eine optimale Lösung x^* dieser Aufgabe vor. Ändert sich die optimale Lösung der Aufgabe (5.32), wenn die Mengen b_i an verfügbaren Gütern verändert (vergrößert oder verkleinert) werden? Falls ja, in welcher Weise ändert sich dann der optimale Zielfunktionswert? Welchen Anteil haben daran die einzelnen Beschränkungen bzw. Güter G_i?

Eine Veränderung der einzelnen Gütermengen kann unterschiedliche Auswirkungen auf den optimalen Zielfunktionswert haben. So wird die Vergrößerung eines bestimmten (sehr knappen) Gutes G_s um eine Einheit eine viel größere Änderung des optimalen Zielfunktionswertes zur Folge haben als die Vergrößerung eines anderen (weniger knappen) Gutes G_t um ebenfalls eine Einheit. Es erweist sich nun, dass eine optimale Lösung $y^* = (y_1^*, \ldots, y_m^*)^\top$ der dualen Aufgabe zu (5.32) als *Bewertung* der Wichtigkeit der einzelnen Beschränkungen dienen kann. Diese Bewertung ist allerdings relativ, da sie von der betrachteten optimalen Lösung (und letztendlich von den gesamten Eingangsdaten A, b und c der Aufgabe (5.32)) abhängt.

Die weiteren Untersuchungen gehen von der Annahme aus, dass nur für eines der Güter G_i, $i = 1, \ldots, m$, sagen wir für das Gut G_s, die verfügbare Menge b_s als veränderlich angenommen wird, während alle anderen Mengen b_i, $i \neq s$, als konstant angesehen werden („ceteris paribus"-Bedingung). Ferner soll die Änderung Δb_s von b_s „klein" sein.

Vorsicht: Alle weiteren Aussagen, die auf den Dualitätsbeziehungen des vorangegangenen Abschn. 5.6.2 beruhen, gelten lediglich unter der Annahme (A), dass bei Änderung der Größe b_s die Basis nicht wechselt. Dies bedeutet, dass die Menge der Basisvariablen unverändert bleibt, während sich die Optimallösung natürlich i. Allg. verändern wird.

Entsprechend dem starken Dualitätssatz gilt für zwei Optimallösungen x^* von (5.32) und y^* von der dazu dualen Aufgabe die Beziehung

$$\langle c, x^* \rangle = \langle b, y^* \rangle = \sum_{i=1}^{m} b_i y_i^* . \tag{5.33}$$

Unter der Annahme (A) beträgt die Veränderung des optimalen Zielfunktionswertes Δz^* = $y_s^* \cdot \Delta b_s$ (für $\Delta b_s = 1$ also speziell $\Delta z^* = y_s^*$). Sofern man $\Delta b_s = 1$ als „kleine" Änderung bezeichnen kann, was von der konkreten LOA abhängt, ergibt sich folgende Interpretation: Wird die verfügbare Menge b_s des Gutes G_s um eine Einheit erhöht (verringert), so vergrößert (verkleinert) sich der maximale Zielfunktionswert der Aufgabe (5.32) um y_s^* Einheiten.

Es sei betont, dass diese Überlegungen mehr heuristischer Natur sind und eigentlich noch einer strengen mathematischen Begründung bedürfen.

Aus Satz 5.14 resultiert insbesondere die folgende, leicht einzusehende ökonomische Interpretation: Ist für eine optimale Lösung der primalen Aufgabe (5.32) die i-te Nebenbedingung als strenge Ungleichung erfüllt, d. h. gilt $\sum_{j=1}^{n} a_{ij}x_j^* < b_i$, so muss aufgrund von Beziehung (5.31) für die i-te Variable jeder dual optimalen Lösung $y_i^* = 0$ gelten. Die Bewertung der i-ten Beschränkung ist also gleich null, sodass eine Erhöhung oder Verringerung der Menge b_i keinen Einfluss auf den optimalen Zielfunktionswert hat. Das überrascht nicht, denn die vorhandene Menge b_i an Gut G_i wurde ja ohnehin nicht voll ausgeschöpft.

Große Werte einer Dualvariablen y_i^* kennzeichnen praktisch die Engpässe in der Produktion. Eine Vergrößerung der entsprechenden Ressource bringt den größten Effekt, während sich eine Verringerung (z. B. durch Lieferverzögerungen) am ungünstigsten auf den optimalen Zielfunktionswert auswirkt. Hat hingegen eine Nebenbedingung die Bewertung null, so kann die entsprechende Menge b_i in gewissen Grenzen ohne Auswirkungen auf den Zielfunktionswert geändert werden.

Wir wollen noch eine zweite Interpretation angeben, die darauf abzielt, aus ökonomischen Erwägungen heraus Bewertungen (Schattenpreise) für die Beschränkungen zu berechnen. Es zeigt sich, dass diese Schattenpreise gleich den Dualvariablen sind. Der Einfachheit halber beziehen wir uns im Weiteren auf eine nichtentartete Basislösung.

Gesucht sind Bewertungen λ_i, $i = 1, \ldots, m$, mit der Eigenschaft, dass der Aufwand für die Erhöhung der Einsatzgrößen b_i gleich dem dadurch erzielten Ergebnis ist. Zur Ermittlung dieser Größen wird $\lambda_i = 0$ gesetzt, sobald $\sum_{j=1}^{n} a_{ij}x_j^* < b_i$ für eine Zeile i gilt, während für alle Basisvariablen (die vereinbarungsgemäß positive Werte besitzen) die Gültigkeit der Beziehung

$$\sum_{i=1}^{m} a_{ij}\lambda_i = c_j \tag{5.34}$$

gefordert wird; man vergleiche die Komplementaritätsbedingungen (5.30) und (5.31). Die folgenden Überlegungen können als Erklärung für diesen Ansatz dienen:

Werden vom Produkt P_j, das wegen $x_j^* > 0$ tatsächlich produziert wird, Δx_j Einheiten mehr produziert, so kann dafür $c_j \cdot \Delta x_j$ mehr erlöst werden, während der zu erbringende Aufwand (Veränderung der Einsatzgrößen × Schattenpreise) gleich $\sum_{i=1}^{m} a_{ij}\lambda_i\Delta x_j$ beträgt. Das Gleichsetzen von Ergebnis und Aufwand führt dann gerade auf die Beziehung (5.34) für alle diejenigen Indizes j, die zu Basisvariablen gehören. Man kann sich überlegen, dass die so berechneten Schattenpreise λ_i gleich den Dualvariablen y_i^* sind und somit die oben beschriebene Bedeutung besitzen.

Schließlich sei noch erwähnt, dass für eine lineare Optimierungsaufgabe vom Ungleichungstyp (5.32) die Dualvariablen y_i^* direkt aus der zur optimalen Lösung x^* gehörigen Simplextabelle abgelesen werden können. Und zwar sind dies die in den Spalten der Schlupfvariablen stehenden Optimalitätsindikatoren. Auf eine genauere Begründung soll an dieser Stelle verzichtet werden; es sei lediglich erwähnt, dass die aktuelle Simplextabelle aus der Anfangstabelle durch Multiplikation mit der (aktuellen) inversen Basismatrix erhalten werden kann, d. h., die aktuelle Tabelle entspricht der Matrix $B^{-1}A$.

Beispiel 5.18 Bauer Leberecht hat 500 Hektar Land zum Anbau von Raps, Weizen, Gerste und Mais gepachtet und kann – da er im Nebenerwerb in der Landwirtsschaft tätig ist – nur in der Vegetationszeit (10 Wochen) ca. 55 Arbeitsstunden wöchentlich aufwenden.

Die folgende Tabelle gibt für die einzelnen Feldfrüchte den Flächenbedarf, den Arbeitsaufwand (Aussaat, Pflege, Ernte) sowie den erwarteten Gewinn bei durchschnittlichem Ernteergebnis jeweils pro eingesetztem Kilogramm Saatgut an:

	Flächenbedarf ha/kg Saatgut	Arbeitsaufwand Std./kg Saatgut	Ertrag €/kg Saatgut
Raps	1,2	1,6	18
Weizen	0,5	0,5	9
Gerste	0,8	1,0	17
Mais	1,6	2,0	20
Ressource	500 Hektar	550 Stunden	

a) Um die optimalen Pflanzmengen x_1, x_2, x_3, x_4 (einzusetzende Saatgutmengen in Kilogramm) zur Erzielung eines maximalen Marktertrags zu bestimmen, hat man die folgende primale LOA (P) aufzustellen:

$$
\left.
\begin{array}{lrcrcrcrl}
 & \text{Raps} & & \text{Weizen} & & \text{Gerste} & & \text{Mais} & \\
\text{Ertrag [€]} & 18\,x_1 & + & 9\,x_2 & + & 17\,x_3 & + & 20\,x_4 & \to \max \\
\text{Flächenbedarf [ha]} & 1,2\,x_1 & + & 0,5\,x_2 & + & 0,8\,x_3 & + & 1,6\,x_4 & \leq 500 \\
\text{Arbeitsaufwand [Std.]} & 1,6\,x_1 & + & 0,5\,x_2 & + & 1,0\,x_3 & + & 2,0\,x_4 & \leq 550 \\
\text{Mengen [kg]} & & & & & & & x_1, x_2, x_3, x_4 & \geq \quad 0
\end{array}
\right\} \text{(P)}
$$

b) Das obige Problem kann aber auch von einem ganz anderen Standpunkt betrachtet werden. Der Unternehmensberater Kluge schlägt Leberecht folgendes Geschäft vor: Die gesamte Anbaufläche wird für eine (noch zu vereinbarende) Bodenrente von y_1 Euro pro Hektar an Kluge verpachtet, der dann Leberecht im Gegenzug für die 550 Stunden

Arbeitszeit fest engagiert und dabei einen (ebenfalls noch zu vereinbarenden) Arbeitslohn von y_2 Euro pro Stunde zahlt.

Nun besteht das Interesse des Unternehmensberaters darin, einerseits möglichst geringe Ausgaben (Pacht, Lohn) zu haben, andererseits sollen die bei Verpachtung erwirtschafteten Erträge pro Kilogramm Saatgut mindestens gleich der Größe sein, die Leberecht für sich selbst erwartet hat.

Die zugehörige LOA zur Bestimmung der optimalen Bodenrente y_1 (in Euro pro Hektar) und des optimalen Arbeitslohns y_2 (in Euro pro Stunde) ist dann gerade das Dualproblem zur Aufgabe (P):

$$
\left.
\begin{array}{lrcrcl}
 & \text{Bodenrente} & & \text{Arbeitslohn} & & \\
\text{Kosten [€]} & 500\,y_1 & + & 550\,y_2 & \longrightarrow & \min \\
\text{Ertrag Raps [€/kg]} & 1{,}2\,y_1 & + & 1{,}6\,y_2 & \geq & 18 \\
\text{Ertrag Weizen [€/kg]} & 0{,}5\,y_1 & + & 0{,}5\,y_2 & \geq & 9 \\
\text{Ertrag Gerste [€/kg]} & 0{,}8\,y_1 & + & 1{,}0\,y_2 & \geq & 17 \\
\text{Ertrag Mais [€/kg]} & 1{,}6\,y_1 & + & 2{,}0\,y_2 & \geq & 20 \\
 & & & y_1, y_2 & \geq & 0
\end{array}
\right\} \;(D)
$$

Die optimale Lösung von Aufgabe (D), die grafisch oder mit der Simplexmethode ermittelbar ist, lautet: $y_1^* = 5$, $y_2^* = 13$, $z_D^* = 9650$, d. h., bei einer Pacht von 5 € pro Hektar und einem Stundenlohn von 13 € erzielt der Unternehmensberater minimale Ausgaben in Höhe von 9650 €.

c) Aus der optimalen Lösung von (D) kann man nun – wegen der vorliegenden Dualität – leicht auf die optimale Lösung von (P) schließen: Durch Einsetzen von y_1^* und y_2^* in die vier Nebenbedingungen von (D) erkennt man, dass die erste und vierte Nebenbedingung als echte Ungleichungen, die zweite und dritte dagegen als Gleichungen erfüllt sind.

Aufgrund der Komplementaritätsbeziehungen müssen dann die zu den echten Ungleichungen gehörenden Primalvariablen x_1^* und x_4^* offensichtlich gleich null sein (da z. B. die Variable x_1^* aus Aufgabe (P) gleichzeitig Zeilenbewertung im zugehörigen Dualproblem (D) für die erste Ungleichung ist). Andererseits sind die Variablen y_1 und y_2 aus (D) gleichzeitig Zeilenbewertungen im entsprechenden Dualproblem (P), sodass aus $y_1^* \neq 0$ und $y_2^* \neq 0$ unmittelbar folgt, dass beide Ungleichungen in (P) als Gleichungen erfüllt sein müssen. Durch Einsetzen von $x_1^* = x_4^* = 0$ in diese Gleichungen erhält man nun ein Gleichungssystem, aus dem sich die restlichen beiden Komponenten der optimalen Lösung bestimmen lassen:

$$1{,}2\,x_1^* + 0{,}5\,x_2^* + 0{,}8\,x_3^* + 1{,}6\,x_4^* = 0{,}5\,x_2^* + 0{,}8\,x_3^* = 500$$

$$1{,}6\,x_1^* + 0{,}5\,x_2^* + 1{,}0\,x_3^* + 2{,}0\,x_4^* = 0{,}5\,x_2^* + 1{,}0\,x_3^* = 550 \;.$$

Dieses Gleichungssystem hat die eindeutige Lösung $x_2^* = 600$ und $x_3^* = 250$, d. h., bei Aussaat von 600 Kilogramm Weizen und 250 kg Gerste (kein Raps, kein Mais) erzielt

Bauer Leberecht einen maximalen Gewinn in Höhe von ebenfalls 9650 €, was zum einen aus der Dualität zu Aufgabe (D) ersichtlich ist, zum anderen durch einfaches Einsetzen von $x^* = \left(x_1^*, x_2^*, x_3^*, x_4^*\right)^\top = (0, 600, 250, 0)^\top$ in die Zielfunktion von (P) folgt.

d) Leberecht hat die Möglichkeit, seine Anbaufläche um 40 ha zu erweitern, wofür er insgesamt 180 € an Kosten aufzuwenden hat. Ihn interessiert nun natürlich, ob der erzielbare Mehrertrag auch diese Kosten aufwiegt. Analog zum oben Gesagten kann eine Abschätzung für die Auswirkungen einer Ressourcenveränderung (in diesem Fall: Erhöhung von $b_1 = 500$ um $\Delta b_1 = 40$) mithilfe der optimalen Dualvariablen $y_1^* = 5$ wie folgt vorgenommen werden:

$$\Delta z_P^* = \Delta b_1 \cdot y_1^* = 40 \cdot 5 = 200 \,.$$

Das bedeutet: Bei einer Anbaufläche von 540 ha sind ca. 200 € Mehreinnahmen (also insgesamt 9850 €) zu erwarten. Die exakte Berechnung mittels Simplexmethode bestätigt, dass dieser Wert sogar genau stimmt, d. h., dass die Annahme (A) (s. o.) in diesem Fall vermutlich erfüllt ist. Der zu erwartende Mehrertrag ist damit geringfügig höher als die entstehenden Kosten.

5.6.4   Nicht behandelte Fragen

Nicht eingegangen wurde in den Darlegungen dieses Kapitels auf die folgenden Probleme:

- andere Lösungsverfahren als die beschriebene so genannte *primale* Simplexmethode, wie z. B. die duale Simplexmethode (bei der als erstes diejenige Variable festgelegt wird, die aus der Menge der Basisvariablen auszuschließen ist), Innere-Punkte-Methoden (vgl. [1]), die auf ganz anderen Lösungsprinzipien beruhen, und weitere Verfahren,
- numerische Aspekte: verfeinerte Auswahlregeln für die aufzunehmende Basisvariable, multiplikative Speicherung der Basismatrix, Varianten der Simplexmethode für beidseitig beschränkte Variablen usw.,
- parametrische Optimierung/Postoptimalität: Änderung der optimalen Lösung und des Zielfunktionswertes bei Störung der Eingangsdaten (in der Zielfunktion, den rechten Seiten oder der Nebenbedingungsmatrix), Stabilitätsbereiche (vgl. [1]),
- Dekomposition (Zerlegung) großer linearer Optimierungsaufgaben,
- lineare Optimierung unter mehreren Zielen (Mehrziel- oder mehrkriterielle Optimierung), Begriff einer Kompromisslösung,
- Theorie der Lösung inkonsistenter (d. h. unlösbarer) Aufgaben,
- Lösungsmethoden der Transportoptimierung, Transportproblem als spezielle LOA,
- Zusammenhänge zwischen linearer Optimierung und Spieltheorie,
- nichtlineare Optimierungsprobleme und Methoden ihrer Lösung.

Literatur

1. Dempe, S., Unger, T.: Lineare Optimierung: Modell, Lösung, Anwendung, Vieweg + Teubner, Wiesbaden (2010)

2. Huang, D. S., Schulz, W.: Einführung in die Mathematik für Wirtschaftswissenschaftler (9. Auflage), Oldenbourg Verlag, München (2002)

3. Kemnitz, A.: Mathematik zum Studienbeginn: Grundlagenwissen für alle technischen, mathematisch-naturwissenschaftlichen und wirtschaftswissenschaftlichen Studiengänge (11. Auflage), Springer Spektrum, Wiesbaden (2014)

4. Kurz, S., Rambau J.: Mathematische Grundlagen für Wirtschaftswissenschaftler (2. Auflage), Kohlhammer, Stuttgart (2012)

5. Luderer, B.: Klausurtraining Mathematik und Statistik für Wirtschaftswissenschaftler (4. Auflage), Springer Gabler, Wiesbaden (2014)

6. Luderer, B., Nollau, V., Vetters, K.: Mathematische Formeln für Wirtschaftswissenschaftler (7. Auflage), Vieweg + Teubner, Wiesbaden (2011)

7. Luderer, B., Paape, C., Würker, U.: Arbeits- und Übungsbuch Wirtschaftsmathematik (6. Auflage), Vieweg + Teubner, Wiesbaden (2011)

8. Pfeifer, A., Schuchmann, M.: Kompaktkurs Mathematik: Mit vielen Übungsaufgaben und allen Lösungen (3. Auflage), Oldenbourg, München (2009)

9. Purkert, W.: Brückenkurs Mathematik für Wirtschaftswissenschaftler (7. Auflage), Vieweg + Teubner, Wiesbaden (2011)

10. Schäfer, W., Georgi, K., Trippler, G.: Mathematik-Vorkurs: Übungs- und Arbeitsbuch für Studienanfänger (6. Auflage), Vieweg + Teubner, Wiesbaden (2006)

11. Tietze, J.: Einführung in die angewandte Wirtschaftsmathematik: Das praxisnahe Lehrbuch – inklusive Brückenkurs für Einsteiger (17. Auflage), Springer Spektrum, Wiesbaden (2014)

12. Tietze, J: Übungsbuch zur angewandten Wirtschaftsmathematik: Aufgaben, Testklausuren und Lösungen (7. Auflage), Vieweg + Teubner, Wiesbaden (2011)

Differenzialrechnung für Funktionen einer Variablen

In diesem Kapitel steht das mathematische Objekt „Funktion" im Mittelpunkt der Darlegungen. Funktionen einer reellen Veränderlichen gehören zu den wichtigsten Untersuchungs- und Darstellungsmitteln für die Beschreibung und Veranschaulichung ökonomischer Sachverhalte und Zusammenhänge. Der sichere Umgang mit ihnen ist deshalb sowohl für den Wirtschaftswissenschaftler als auch für den Wirtschaftspraktiker unabdingbar. Funktionen sind zentrale Untersuchungsobjekte des mathematischen Teilgebietes *Analysis*, deren Grundlagen vor ca. 300 Jahren gelegt wurden.

Der Begriff einer Funktion ist einerseits fundamental für viele mathematische, darunter auch angewandte Disziplinen, andererseits gibt es zahlreiche direkte Anwendungen des Funktionsbegriffs auf wirtschaftswissenschaftliche Fragestellungen in der Produktionstheorie, Mikro- und Makroökonomie, Ökonometrie, Statistik usw. Prognosemodelle und Trendberechnungen, die Untersuchung von Wachstumsprozessen, die Modellierung komplexer ökonomischer Zusammenhänge, das Studium von Spar-, Gewinn- oder Verbrauchsfunktionen – in all diesen Anwendungsgebieten bildet Funktionen einen unverzichtbaren Bestandteil.

In Kap. 1 wurden bereits mathematische Grundfunktionen, deren Darstellungsformen und Eigenschaften studiert. Diese Untersuchungen werden im vorliegenden Kapitel weitergeführt, wobei vor allem die Mittel der Differenzialrechnung genutzt werden, um Funktionen zu charakterisieren. Damit im Zusammenhang stehend ist insbesondere der Grenzwertbegriff von großer Wichtigkeit, dessen Wesen nicht leicht zu erfassen ist, dem aber eine zentrale Bedeutung zukommt. Im folgenden wird ein relativ anschaulicher Zugang gewählt, der den Grenzwert- und Konvergenzbegriff für Funktionen auf den von Folgen zurückführt. Letzterer wurde in Abschn. 1.5 behandelt. Anknüpfend an Abiturkenntnisse werden weiterhin wichtige Begriffe und Methoden der Analysis systematisch dargestellt und durch wirtschaftswissenschaftliche Anwendungen ergänzt.

B. Luderer, U. Würker, *Einstieg in die Wirtschaftsmathematik*,
Studienbücher Wirtschaftsmathematik, DOI 10.1007/978-3-658-05937-8_6,
© Springer Fachmedien Wiesbaden 2015

6.1   Grenzwert und Stetigkeit

In Abschn. 2.2.4 wurden Funktionen als Spezialfall einer Abbildung des Bereiches $\mathbb{R}$ der reellen Zahlen auf sich selbst eingeführt, geschrieben als $f : \mathbb{R} \to \mathbb{R}$. Dabei wird der unabhängigen Variablen (zumeist als x bezeichnet) in eindeutiger Weise eine abhängige Variable (häufig y genannt) mittels der Vorschrift $y = f(x)$ zugeordnet. Die Menge aller x, für die eine Funktion f definiert ist, wird *Definitionsbereich* der Funktion f genannt und mit $D(f)$ bezeichnet. Der Definitionsbereich muss nicht mit ganz $\mathbb{R}$ übereinstimmen, sondern kann eine echte Teilmenge davon sein; in diesem Fall gibt es *Randpunkte*, die in einigen Fragestellungen gesondert untersucht werden müssen. Auch die in Abschn. 1.5 behandelten Zahlenfolgen können als (diskrete) Funktionen aufgefasst werden, wobei der Definitionsbereich aus den natürlichen Zahlen $\mathbb{N}$ besteht, die innerhalb des Zahlbereiches $\mathbb{R}$ nur isolierte Punkte darstellen. Damit kann eine Zahlenfolge $\{a_n\}$ auch in der Form $a_n = f(n)$, $n \in \mathbb{N}$, $a_n \in \mathbb{R}$ notiert werden. Die Untersuchung von Zahlenfolgen, insbesondere deren Grenzverhalten, stellt eine wichtige Vorstufe zum Studium von Funktionen dar.

6.1.1   Grenzwert von Funktionen

Nachdem in Abschn. 1.5.4 Grenzwerte von Zahlenfolgen untersucht wurden, soll jetzt erklärt werden, was man unter dem Grenzwert einer Funktion f in einem bestimmten Punkt $\bar{x}$ versteht.

Es sei $\{x_n\}$ eine Folge von Argumentwerten, die gegen den Grenzwert $\bar{x}$ konvergiert. Streben nun bei diesem Annäherungsprozess die Funktionswerte $f(x_n)$ ebenfalls einem festen Wert a zu und ist dieser Wert derselbe für **beliebige** Zahlenfolgen aus dem Definitionsbereich von f, so wird a *Grenzwert* der Funktion f im Punkt $\bar{x}$ genannt:

$$\lim_{x \to \bar{x}} f(x) = a \quad \Longleftrightarrow \quad \tag{6.1}$$

$$\lim_{n \to \infty} f(x_n) = a \quad \forall \ \{x_n\} \ \text{ mit } \ x_n \in D(f), \ x_n \neq \bar{x}, \lim_{n \to \infty} x_n = \bar{x}.$$

In diesem Fall sagt man, die Funktion f *konvergiere* für $x \to \bar{x}$ gegen den Grenzwert a. Damit wurde der Konvergenzbegriff für Funktionen auf den für Zahlenfolgen zurückgeführt.

Bemerkungen

1) Bei Betrachtung der Grenzwerte von Funktionen haben wir es also mit **zwei** Zahlenfolgen zu tun: Zum einen streben die Argumente einem Grenzwert zu, was durch die Zahlenfolge $\{x_n\}$ mit $x_n \to \bar{x}$ zum Ausdruck kommt, zum anderen interessiert das Verhalten der zugehörigen Funktionswerte, wozu die Folge $\{f(x_n)\}$ untersucht werden muss.

Abb. 6.1 Funktion ohne
Grenzwert in $x = 0$

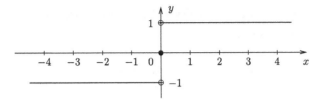

2) Damit in (6.1) alles ordentlich definiert ist, müssen die Glieder der Folge $\{x_n\}$ alle aus dem Definitionsbereich der Funktion f stammen und ungleich dem Grenzpunkt $\bar{x}$ sein.
3) Ein Grenzwert **muss nicht existieren**, wie das Beispiel der so genannten *Vorzeichenfunktion*

$$f(x) = \operatorname{sign} x = \begin{cases} 1, & \text{falls } x > 0 \\ 0, & \text{falls } x = 0 \\ -1, & \text{falls } x < 0 \end{cases}$$

zeigt (siehe Abb. 6.1).

Dieses Beispiel belegt gleichzeitig, dass auch die Verwendung der Begriffe *linksseitiger* und *rechtsseitiger* Grenzwert, die beide schwächere Begriffe darstellen, von Nutzen sein kann. Unterwirft man nämlich die in der obigen Definition des Grenzwertes vorkommende Zahlenfolge $\{x_n\}$ zusätzlich der Beschränkung, dass für alle Glieder $x_n > \bar{x}$ gilt und damit die entsprechenden Punkte rechts von $\bar{x}$ liegen, so lässt sich sinnvoll der Wert eins als Grenzwert für $\bar{x} = 0$ definieren, da $f(x_n) = 1\ \forall n \in \mathbb{N}$. Man schreibt $\lim_{x \downarrow 0} f(x) = 1$ und verwendet den Pfeil $\downarrow$ als ein Symbol für den Sachverhalt, dass die Konvergenz der Zahlen x_n von rechts (also zahlenmäßig von oben) gegen null erfolgt. Entsprechend gilt für den linksseitigen Grenzwert $\lim_{x \uparrow 0} f(x) = -1$. Da im vorliegenden Beispiel die beiden einseitigen Grenzwerte nicht übereinstimmen, existiert der Grenzwert als solcher für $\bar{x} = 0$ nicht.

Eine andere Erklärung für die Nichtexistenz des Grenzwertes von $f(x) = \operatorname{sign} x$ im Punkt $\bar{x} = 0$ erhält man durch Betrachtung der gegen null konvergierenden Folge von Argumentwerten $\{x_n\}$ mit $x_n = \left(-\frac{1}{n}\right)^n$, deren zugehörige Funktionswerte in alternierender Weise zwischen $+1$ und -1 wechseln und somit nicht konvergieren. Wählt man hingegen irgendeine von oben gegen null konvergierende Folge $\{\tilde{x}_n\}$, etwa $\tilde{x}_n = \frac{1}{n+1}$, so gilt für deren Funktionswerte $f(\tilde{x}_n) = 1$ für beliebiges n, so dass – wie oben erwähnt – Konvergenz gegen den (Funktions-) Wert eins vorliegt. Die Analyse der Funktion $f(x) = \operatorname{sign} x$ im Punkt $\bar{x} = 0$ zeigt, dass nicht nur $\lim_{x \downarrow 0} f(x) \neq \lim_{x \uparrow 0} f(x)$ gilt, sondern auch $f(0) \neq \lim_{x \downarrow 0} f(x)$ sowie $f(0) \neq \lim_{x \uparrow 0} f(x)$.

Grenzwertberechnungen sind dann einfach, wenn es gelingt, durch (geschickte) Umformungen den zu untersuchenden Ausdruck so zu transformieren, dass er auf bekannte Grenzwerte zurückgeführt werden kann (z. B. auf gegen null konvergierende Ausdrücke). Bei Polynomfunktionen $p(x) = a_n x^n + a_{n-1} x^{n-1} + \ldots + a_1 x + a_0$ ist dies für Grenzwerte der Art $\lim\limits_{x\to\pm\infty} p(x)$ auf einfache Weise möglich, indem die höchste vorkommende Potenz ausgeklammert wird:

$$\lim\nolimits_{x\to\infty} p(x) = \lim\nolimits_{x\to\infty}\left(a_n x^n + a_{n-1}x^{n-1} + \ldots + a_1 x + a_0\right)$$

$$= \lim\nolimits_{x\to\infty} x^n \left(a_n + \frac{a_{n-1}}{x} + \ldots + \frac{a_1}{x^{n-1}} + \frac{a_0}{x^n}\right) = \begin{cases} +\infty, & \text{für } a_n > 0 \\ -\infty, & \text{für } a_n < 0 \end{cases}.$$

Die Begründung ist darin zu suchen, dass der Ausdruck in Klammern den Grenzwert a_n und der Faktor x^n den (uneigentlichen) Grenzwert $+\infty$ besitzt und dass der Grenzwert eines Produkts gleich dem Produkt der einzelnen Grenzwerte ist, insoweit dieses Produkt Sinn macht. Analoge Überlegungen ergeben sich für $\lim\limits_{x\to-\infty} p(x)$, wobei allerdings zu beachten ist, dass der Grenzwert von x^n für $x \to -\infty$ davon abhängig ist, ob n gerade oder ungerade ist.

Bei gebrochen rationalen Funktionen hat man – sofern der Grad des Zählerpolynoms größer oder gleich dem des Nennerpolynoms ist – zunächst mittels Partialdivision den ganzen rationalen Anteil abzuspalten; dieser ist dann der für Grenzwertberechnungen der Form $\lim\limits_{x\to\pm\infty} f(x)$ bestimmende, da der Rest gegen null konvergiert, wie man (wiederum durch Ausklammern der höchsten Potenz in Zähler und Nenner) leicht erkennen kann.

Beispiel 6.1

a) $\lim\limits_{x\to\infty}\left(5x^3 - 2x^2 - 4\right) = \lim\limits_{x\to\infty} x^3 \left(5 - \frac{2}{x} - \frac{4}{x^3}\right) = \lim\limits_{x\to\infty} x^3 \cdot 5 = \infty;$

b) $\lim\limits_{x\to-\infty}\left(-x^2 + 3x - 15\right) = \lim\limits_{x\to-\infty} x^2 \left(-1 + \frac{3}{x} - \frac{15}{x^2}\right) = -\infty;$

c) $\lim\limits_{x\to\infty} \dfrac{x^2 + 2x - 1}{x^3 - 3x^2 + 11} = \lim\limits_{x\to\infty} \dfrac{x^2\left(1 + \frac{2}{x} - \frac{1}{x^2}\right)}{x^3\left(1 - \frac{3}{x} + \frac{11}{x^3}\right)} = \lim\limits_{x\to\infty} \dfrac{1}{x}\cdot\dfrac{1}{1} = 0;$

d) $\lim\limits_{x\to-\infty} \dfrac{x^2 + x + 2}{x + 1} = \lim\limits_{x\to-\infty}\left(x + \frac{2}{x + 1}\right) = \lim\limits_{x\to-\infty} x = -\infty.$

Grenzwertberechnungen sind immer dann kompliziert, wenn unbestimmte Ausdrücke der Art $\frac{0}{0}$, $0 \cdot \infty$ usw. auftreten, da in diesen Fällen das Verhältnis von Zähler und Nenner bzw. der beiden Faktoren gegeneinander abgewogen werden muss, wie etwa bei Ausdrücken der Form $G_1 = \lim\limits_{x\to 0} \frac{\sin x}{x}$ oder $G_2 = \lim\limits_{x\to\infty} x \cdot e^{-x}$. Hierauf können wir im Rahmen des vorliegenden Buches aus Platzgründen nicht näher eingehen und verweisen daher auf einschlägige mathematische Lehrbücher (z. B. [1]) und Formelsammlungen (z. B. [6]). Wir machen jedoch auf ein sehr nützliches Hilfsmittel – die *L'Hospitalschen Regeln* – aufmerksam, die in Abschn. 6.2.3 dargelegt werden.

6.1.2 Stetigkeit von Funktionen

Auf unserem Weg zum Begriff der stetigen Funktion gehen wir jetzt noch einen Schritt weiter und fordern neben der Existenz des Grenzwertes einer Funktion f in einem Punkt $\bar{x}$ dessen Übereinstimmung mit dem Funktionswert im betrachteten Punkt.

Definition Eine Funktion $y = f(x)$ wird *stetig* im Punkt $\bar{x} \in D(f)$ genannt, wenn sie für $x \to \bar{x}$ einen Grenzwert besitzt und dieser mit dem Funktionswert in $\bar{x}$ übereinstimmt:

$$\lim_{x \to \bar{x}} f(x) = f(\bar{x}).$$

Bisher wurde die Stetigkeit in einem Punkt definiert. Ist nun eine Funktion in jedem Punkt ihres Definitionsbereiches stetig, so wird sie *stetig* genannt. Etwas unmathematisch, dafür umso anschaulicher gesprochen ist eine Funktion stetig, wenn es gelingt, sie in einem Zuge, d. h., ohne den Stift abzusetzen, zu zeichnen. Typische und gleichzeitig für wirtschaftswissenschaftliche Betrachtungen äußerst wichtige Beispiele stetiger Funktionen liefern die in Abschn. 1.2.3 studierten Potenzfunktionen $f(x) = x^n$ und die daraus gebildeten Polynomfunktionen $f(x) = \sum_{i=0}^{n} a_i x^i$. Aber auch Exponentialfunktionen $f(x) = a^x$, die trigonometrischen Funktionen $f(x) = \sin x$ und $f(x) = \cos x$ sowie die Logarithmusfunktionen $f(x) = \log_a x$ sind auf ihren Definitionsbereichen $\mathbb{R}$ bzw. $\{x \mid x > 0\}$ stetig.

Stetigkeit bedeutet, dass sich bei einer (infinitesimal, d. h. unendlich) kleinen Veränderung des Argumentwertes der Funktionswert nicht sprunghaft ändern darf. Ferner muss die Funktion natürlich in den Bereichen definiert sein, wo sie stetig sein soll.

Funktionen, die in einem Punkt nicht stetig sind, werden dort *unstetig* genannt. Gründe für Unstetigkeiten können sein:

- *endliche Sprünge*,
- *Polstellen*,
- *unendliche Sprünge*,
- *Lücken*.

Die genannten Effekte sollen an typischen Beispielen kurz erläutert werden.

Bei *endlichen Sprüngen* existieren die einseitigen Grenzwerte, sind aber verschieden. Endliche Sprünge des Funktionswertes liegen z. B. bei der oben betrachteten Vorzeichenfunktion $f(x) = \operatorname{sign} x$ vor oder bei der Funktion $L(t)$ (siehe Abb. 6.2), die den Vorrat in einem Lager in Abhängigkeit von der Zeit beschreibt, wobei vorausgesetzt wird, dass die Auslieferung des gelagerten Gutes gleichmäßig erfolgt und das Lager wieder aufgefüllt wird, sobald es leer ist.

Polstellen treten vor allem bei gebrochen rationalen Funktionen (siehe Abschn. 1.2.3) sowie bei den trigonometrischen Funktionen $\tan x$ und $\cot x$ auf. Es sind Werte x_P, für die

Abb. 6.2 Lagervorrat als un-
stetige Funktion

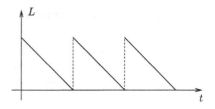

die Funktion f nicht definiert ist, während bei Annäherung an x_P von rechts oder links die Funktionswerte gegen $+\infty$ oder $-\infty$ streben.

Unendliche Sprünge bilden gewissermaßen ein Zwischending zwischen endlichen Sprüngen und Polstellen, da ein einseitiger Grenzwert, z. B. der linksseitige, als endlicher Wert existiert, während der rechtsseitige Grenzwert nur im uneigentlichen Sinne (als $+\infty$ oder $-\infty$) gebildet werden kann. Als Beispiele von Funktionen mit unendlichem Sprung im Punkt $\bar{x} = 0$ können Stückkostenfunktionen (siehe Abschn. 6.3.6) genannt werden. Diese werden in der Regel stillschweigend nur für positive Stückzahlen x erklärt, können aber auch ökonomisch sinnvoll für $x = 0$ (bzw. allgemeiner für $x \leq 0$) fortgesetzt werden:

$$k(x) = \begin{cases} x^2 - 15x + 100 + \frac{3000}{x}, & \text{falls } x > 0 \\ 0, & \text{falls } x \leq 0. \end{cases}$$

Lücken sind Stellen, an denen die Funktion zunächst nicht definiert ist, wie z. B. bei der Funktion $f(x) = \frac{x^2 - 1}{x - 1}$ für $x = 1$. Da jedoch für alle anderen Werte $x \neq 1$ die Beziehung $f(x) = x + 1$ gilt, ist es sinnvoll, den Funktionswert an der Stelle $x = 1$ durch die Festlegung $f(1) = 2$ stetig zu ergänzen und somit „den Schaden zu beheben"; man spricht hier von einer *hebbaren Unstetigkeitsstelle*.

Übungsaufgabe 6.1 Überprüfen Sie, ob die folgenden Funktionen im Punkt $x = 0$ stetig sind:

a) $f(x) = \begin{cases} \sin\left(\frac{1}{x}\right), & \text{falls } x \neq 0 \\ 0, & \text{falls } x = 0 \end{cases}$
b) $g(x) = x \cdot f(x).$

6.1.3 Eigenschaften stetiger Funktionen

Satz 6.1 *Sind die Funktionen f und g stetig auf ihren Definitionsbereichen, so sind auch die Funktionen $f + g$, $f - g$, $f \cdot g$ und $\frac{f}{g}$ (letztere für $g(x) \neq 0$) stetig auf dem Bereich $D(f) \cap D(g)$.*

Satz 6.2 *Die Funktion f sei im abgeschlossenen Intervall $[a, b]$ stetig. Dann nimmt die Funktion f auf $[a, b]$ ihren größten und kleinsten Wert $f_{\max}$ bzw. $f_{\min}$ an. Ferner wird jeder* *zwischen* f_{min} *und* f_{max} *liegende Wert der Funktion* f *(mindestens einmal) als Funktions-wert angenommen.*

Bemerkung   Die erste Aussage findet vor allem in der Extremwertrechnung Anwendung, sie impliziert gleichzeitig die Beschränktheit (siehe Abschn. 6.3.1) einer stetigen Funktion über einem Intervall, eine für wirtschaftswissenschaftliche Fragestellungen bedeutsame Tatsache. Die zweite Aussage ist wichtig für Feststellungen über die Existenz von Nullstellen einer Funktion, wie man sie z. B. bei der näherungsweisen Bestimmung von Nullstellen eines Polynoms höheren Grades benötigt (siehe Abschn. 6.4).

Zum Abschluss dieses Abschnittes bringen wir der Vollständigkeit und Exaktheit halber noch die Definition der Stetigkeit in der so genannten „ε-δ-Sprache".

Definition   Die Funktion f heißt *stetig im Punkt* $\bar{x}$, wenn es zu jeder (beliebig kleinen) Zahl $\varepsilon > 0$ eine Zahl $\delta > 0$ gibt derart, dass $|f(x) - f(\bar{x})| < \varepsilon$, falls $|x - \bar{x}| < \delta$.

Übungsaufgabe 6.2   Der Leser mache sich den Inhalt dieser Definition am Beispiel $f(x) = x^2$ für den Punkt $\bar{x} = 1$ klar.

6.2   Die Ableitung einer Funktion

Als Motivation soll die kubische Funktion

$$y = f(x) = -\frac{1}{80}x^3 + \frac{5}{2}x^2 + 8x \tag{6.2}$$

betrachtet werden, die im Bereich von $x = 0$ bis etwa $x = 200$ die Getreideerträge y in Abhängigkeit von der eingesetzten Düngermenge x (jeweils in gewissen Mengeneinheiten pro Hektar) beschreiben soll; $y = f(x)$ kann damit als Beispiel einer so genannten *ertrags-gesetzlichen Produktionsfunktion* dienen.

Studiert man diese Funktion, so sind u. a. folgende Fragen von Interesse:

- Gibt es einen größten oder kleinsten Funktionswert?
- Verläuft die Funktion monoton wachsend oder fallend?
- An welcher Stelle ist das Wachstum der Funktion am größten?
- In welchen Teilbereichen ist die Funktion progressiv wachsend?
- Ist die Funktion nach unten oder oben gekrümmt?
- Wie ändert sich der Funktionswert bei kleinem Zuwachs des Arguments?

Die unmittelbare Beantwortung der aufgeworfenen Fragen unter Zuhilfenahme der Definitionen aus Abschn. 6.1 ist häufig nicht einfach und führt z. B. bei Monotonie- oder Extremwertuntersuchungen auf das Lösen von Ungleichungen, bei der Überprüfung der

Abb. 6.3 Beispiel einer kubischen (Produktions-)Funktion

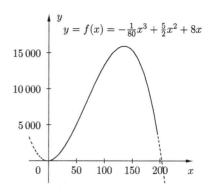

$$y = f(x) = -\tfrac{1}{80}x^3 + \tfrac{5}{2}x^2 + 8x$$

Stetigkeit auf die Berechnung von Grenzwerten, was durchaus recht kompliziert sein kann. Handelt es sich jedoch – wie im obigen Beispiel – um eine Funktion einer Veränderlichen, so ließen sich im Grunde genommen alle Fragen dadurch beantworten, dass man die Funktion grafisch darstellt und aus der entsprechenden Abbildung alles herausliest (vgl. z. B. Abb. 6.3).

Moderne Taschenrechner, z. B. programmierbare oder mit Grafikdisplay, unterstützen diesen Lösungsweg. Trotzdem hat diese Herangehensweise entscheidende Nachteile, denn

- es kann sehr aufwändig sein, die Funktion grafisch exakt darzustellen,
- selbst bei genauer Darstellung können die gestellten Fragen auf grafischem Wege nur näherungsweise beantwortet werden,
- für Funktionen mit mehreren Variablen verbietet sich ein grafischer Zugang, da sie sich nur schwer oder gar nicht darstellen lassen,
- gewisse Begriffe, wie z. B. die des progressiven oder degressiven Wachstums lassen sich mit herkömmlichen Mitteln schlecht beschreiben.

Interessanterweise hängen viele der beschriebenen Probleme mit dem Begriff des „Anstiegs" einer Funktion (in einem Punkt) zusammen, ein Begriff, der sich seinerseits auf einen anderen Begriff, nämlich den der Ableitung einer Funktion, zurückführen lässt. Letzterer ermöglicht es, auf alle oben gestellten Fragen eine vollständige Antwort geben zu können. Der Ableitungsbegriff und die entsprechenden Methoden der Differenzialrechnung – von Leibniz[1] und Newton[2] im 17./18. Jh. entwickelt – erlauben es, in relativ einfacher Weise Funktionen hinsichtlich ihrer Eigenschaften zu charakterisieren. Damit wird der Begriff der Ableitung mittelbar in mathematischen Untersuchungen angewandt; er besitzt aber auch eine Reihe unmittelbarer wirtschaftswissenschaftlicher Anwendungen und Interpretationen.

---

[1] Leibniz, Gottfried Wilhelm (1646–1716), deutscher Philosoph, Mathematiker, Diplomat, Physiker, Historiker, Politiker und Bibliothekar; Doktor des weltlichen und des Kirchenrechts.
[2] Newton, Isaac (1643–1727), engl. Physiker, Mathematiker und Astronom.

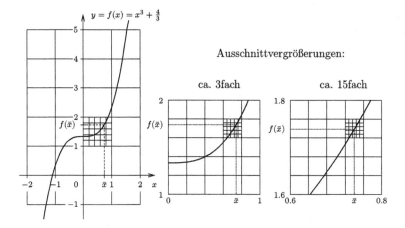

Abb. 6.4 Anstieg einer Kurve in einem Punkt

Die Ableitung selbst wird ebenfalls mithilfe des Grenzwertbegriffes definiert, woraus aber nicht folgt, dass man zu ihrer Berechnung Grenzwerte benötigt. Das heißt, ursprünglich schon, jedoch wurde diese „Denkarbeit" bereits vor 300 Jahren erledigt, sodass man sich heutzutage darauf beschränken kann, die Ableitungen einiger weniger Grundfunktionen zu kennen (diese gewissermaßen wie Vokabeln zu lernen) und zu wissen, wie man mit Funktionen umzugehen hat, die aus solchen Grundfunktionen zusammengesetzt sind (das sind nochmals einige wenige Regeln, die man sich einzuprägen hat). Das in wirtschaftswissenschaftlichen Modellen und wirtschaftspraktischen Problemen benötigte Arsenal an Grundfunktionen ist relativ beschränkt, zudem gibt es genügend viele Formelsammlungen, die man nutzen kann. Wichtig ist vor allem die Kenntnis des Wesens der Ableitung und deren richtige Interpretation!

6.2.1 Das Tangentenproblem

Gegeben sei eine Funktion $y = f(x)$, deren Graph in einem bestimmten Bereich eine nach oben gekrümmte Kurve darstellt.

Von den oben gestellten Fragen soll zunächst die nach der Veränderung des Funktionswertes von y auf $y + \Delta y$ bei (kleiner) Änderung des Argumentwertes von x auf $x + \Delta x$ beantwortet werden. Wäre die betrachtete Funktion linear, ihr Graph demzufolge eine Gerade (mit einem Anstieg von, sagen wir, m), so ließe sich die Frage leicht beantworten: bei einem Zuwachs der unabhängigen Variablen x um Δx änderte sich die abhängige Variable y um $\Delta y = m \cdot \Delta x$. Ist aber der Graph der untersuchten Funktion keine Gerade, sondern eine gekrümmte Kurve, muss man zunächst festlegen, was unter dem „Anstieg" der Funktion zu verstehen ist. Ist es überhaupt sinnvoll, von einem Anstieg zu sprechen? Zumindest ändert er sich ja zusammen mit dem Punkt, in dem er berechnet werden soll. Deshalb ist

Abb. 6.5 Anstieg der Sekante
(Differenzenquotient)

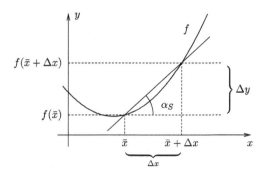

es sachgemäß, vom Anstieg der Funktion f **im Punkt** x zu sprechen und als Anstieg der Kurve den der zugehörigen Tangente zu verstehen. Die Bildfolge der Abb. 6.4, die jeweils Kurvenausschnitte vergrößert, verdeutlicht die Sinnfälligkeit dieses Zugangs in eindrucksvoller Weise.

Was versteht man unter der Tangente an eine (glatte) Kurve? Bei einer Kreislinie ist das bekanntlich diejenige Gerade, die einen und nur einen Punkt mit dem Kreis gemeinsam hat. Im allgemeinen Fall wird so vorgegangen, dass man – ausgehend von einem festen Punkt der Funktionskurve – Sekanten betrachtet, die durch den fixierten Punkt $(\bar{x}, f(\bar{x}))$ und den beweglichen Punkt $(\bar{x} + \Delta x, f(\bar{x} + \Delta x))$ verlaufen, wobei der Zuwachs Δx des Arguments x als kleine Größe angesehen wird, die gegen null konvergiert (siehe Abb. 6.5 und 6.6). Als Tangente wird dann diejenige Gerade angesehen, deren Anstieg gleich dem Grenzwert der Anstiege der Sekanten ist.

Jede Sekante besitzt einen Anstieg, der definiert ist durch den Tangens des Winkels α_S (Winkel zwischen der x-Achse des Koordinatensystems und der Sekante). Dieser Anstieg beträgt

$$\tan \alpha_S = \frac{\Delta y}{\Delta x} = \frac{f(\bar{x} + \Delta x) - f(\bar{x})}{\Delta x} . \tag{6.3}$$

Der Wert $\Delta y = f(\bar{x} + \Delta x) - f(\bar{x})$ gibt die Änderung des Funktionswertes, d. h. der abhängigen Variablen y, bei Änderung des Argumentwertes, d. h. der unabhängigen Variablen x, um Δx an, weshalb der Ausdruck (6.3) entsprechend *Differenzenquotient* genannt wird. Er beschreibt die durchschnittliche Steigung der Funktion f im Intervall $[\bar{x}, \bar{x} + \Delta x]$. Verkleinert man jetzt Δx, sodass sich das Argument $\bar{x} + \Delta x$ immer mehr dem Argument $\bar{x}$ annähert, wird die Angabe über den durchschnittlichen Anstieg von f immer genauer: die jeweiligen Sekanten nähern sich dabei immer mehr der *Tangente*, vorausgesetzt, eine Tangente an den Graphen von f existiert im Punkt $\bar{x}$ (was z. B. dann nicht der Fall ist, wenn die Kurve eine *Knickstelle* in $\bar{x}$ besitzt). Im Grenzfall, d. h. beim Grenzübergang $\Delta x \to 0$, gehen die Sekanten in die Tangente der Funktion f im Punkt $\bar{x}$ über (siehe Abb. 6.6), sofern dieser Grenzwert existiert. Der Anstieg der Tangente beträgt somit

$$\tan \alpha_T = \lim_{\Delta x \to 0} \frac{\Delta y}{\Delta x} = \lim_{\Delta x \to 0} \frac{f(\bar{x} + \Delta x) - f(\bar{x})}{\Delta x} . \tag{6.4}$$

Abb. 6.6 Anstieg der Tangente (Differenzialquotient)

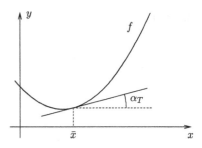

Der Ausdruck (6.4) wird traditionell als *Differenzialquotient*, meist jedoch als *(erste)* *Ableitung* der Funktion f im Punkt $\bar{x}$ bezeichnet. Existiert der Grenzwert (6.4), so heißt die Funktion *im Punkt $\bar{x}$ differenzierbar*. Ist sie in allen Punkten ihres Definitionsbereiches oder eines Intervalls differenzierbar, so heißt sie dort *differenzierbar*. Ist darüber hinaus die Ableitung eine stetige Funktion, so wird f *stetig differenzierbar* genannt.

Für den Differenzialquotienten als Grenzwert des Differenzenquotienten existieren verschiedene gebräuchliche Schreibweisen:

$$\lim_{\Delta x \to 0} \frac{\Delta y}{\Delta x} = \frac{\mathrm{d}y}{\mathrm{d}x} = \frac{\mathrm{d}f}{\mathrm{d}x}(\bar{x}) = y' = f'(x)|_{x=\bar{x}}$$

(lies: „$\mathrm{d}y$ nach $\mathrm{d}x$", „$\mathrm{d}f$ nach $\mathrm{d}x$ an der Stelle $\bar{x}$", „y Strich", „f Strich von x an der Stelle $\bar{x}$").

Wir machen nachdrücklich darauf aufmerksam, dass es sich bei diesen Bezeichnungen um **Symbole** handelt. So stellt der Differenzialquotient $\frac{\mathrm{d}y}{\mathrm{d}x}$ eben **keinen Quotienten** dar. Allerdings ist die Schreibweise, die historische Wurzeln hat, sehr geschickt gewählt. Erstens besitzt der Differenzialquotient eine zum Differenzenquotienten analoge Form. Zweitens kann man in gewissen Fällen mit ihm doch wie mit einem Quotienten rechnen und kommt dabei auch auf sinnvolle Ergebnisse: bei der Substitutionsregel in der Integralrechnung (s. Abschn. 9.1.2), bei der Trennung der Veränderlichen in der Theorie der Differenzialgleichungen (s. Abschn. 9.3.2) etc. Dies ist aber nur eine „Eselsbrücke" und bedarf jeweils einer strengen mathematischen Fundierung.

In der wirtschaftswissenschaftlichen Literatur wird anstelle von erster Ableitung meist von einer *Grenzgröße* (Grenzkosten, Grenzumsatz, Grenzertrag, Grenzgewinn, …) bzw. im gleichen Sinne von einer *marginalen* Größe (marginale Sparquote, marginale Konsumquote, …) gesprochen (siehe auch Abschn. 6.3.6). Die Ableitung kann ebenso als *Intensität* des Flusses ökonomischer Größen oder als *Dichte* (wie etwa in der Wahrscheinlichkeitsrechnung oder in Form der *Investitionsdichte*) interpretiert werden.

Die Berechnung des Differenzialquotienten über die Grenzwertbetrachtung (6.4) ist relativ aufwändig, wie nachstehend an einem einfachen Beispiel demonstriert werden soll.

Beispiel 6.2 $f(x) = x^2$

$$f'(x) = \lim_{\Delta x \to 0} \frac{f(x + \Delta x) - f(x)}{\Delta x} = \lim_{\Delta x \to 0} \frac{(x + \Delta x)^2 - x^2}{\Delta x} =$$

$$= \lim_{\Delta x \to 0} \frac{x^2 + 2x\Delta x + (\Delta x)^2 - x^2}{\Delta x} = \lim_{\Delta x \to 0} (2x + \Delta x) = 2x$$

Für die Funktion $f(x) = x^2$ erhält man somit als erste Ableitung $f'(x) = 2x$. Allgemein stellt die erste Ableitung einer Funktion selbst eine Funktion von x dar, während die Ableitung in einem konkreten Punkt eine Zahl ist. Für Beispiel 6.2 würde sich beispielsweise für $x = 5$ der Wert 10 als Ableitung ergeben. Letzterer ist der Anstieg der Tangente an den Graphen der Funktion $f(x) = x^2$ im Punkt $(5, 25)$.

6.2.2 Differenzial

Wir führen einen weiteren, insbesondere für Anwendungen wichtigen Begriff ein. Als *Differenzial* der Funktion f im Punkt $\bar{x}$ bezeichnet man den Ausdruck $dy = f'(\bar{x}) \, dx$ (siehe Abb. 6.7). Es wird auch mit $df(\bar{x})$ bezeichnet und stellt bei einer differenzierbaren Funktion den Hauptanteil der Funktionswertänderung dar, wenn $\bar{x}$ um die endliche Größe dx (oder Δx) geändert wird. Geometrisch bedeutet die Verwendung des Differenzials das Ersetzen des Graphen der Funktion $f(x)$ durch die Tangente im Punkt $(\bar{x}, f(\bar{x}))$, also eine lineare Approximation.

Die vorrangige Nutzung des Differenzials liegt in der Approximation von Funktionen sowie in der Fehlerrechnung. Betrachtet man die Änderung des Arguments $\bar{x}$ um Δx, so liefert der Ausdruck $f'(\bar{x})\Delta x$ näherungsweise den Zuwachs Δy des Funktionswertes $y = f(\bar{x})$:

$$\Delta y = f(\bar{x} + \Delta x) - f(\bar{x}) \approx f'(\bar{x}) \cdot \Delta x \,. \tag{6.5}$$

Mit Hilfe des Ausdrucks (6.5) wird dabei die exakte Funktionswertänderung lokal, d. h. in der Umgebung eines festen Punktes $\bar{x}$, durch einen einfacheren Ausdruck ersetzt. Dies entspricht der Approximation der Funktion f durch eine lineare Funktion (Tangente). Genauere Approximationen lassen sich mithilfe der Taylor-Entwicklung der Funktion f gewinnen (s. Abschn. 6.2.5).

Beispiel 6.3 $y = f(x) = x^2$
Für $\bar{x} = 4$ und $\Delta x = 0{,}1$, d. h., $\bar{x} + \Delta x = 4{,}1$, ergeben sich die Funktionswerte $f(\bar{x}) = 16$ und $f(\bar{x} + \Delta x) = 16{,}81$, die exakte Differenz beträgt somit $\Delta y = 0{,}81$. Aus der Beziehung (6.5) erhält man mit Hilfe der oben ermittelten Ableitung für die Funktion $y = x^2$ wegen $f'(\bar{x}) = 2\bar{x} = 8$ den näherungsweisen Funktionswertzuwachs

$$\Delta y \approx dy = f'(\bar{x}) \cdot \Delta x = 8 \cdot 0{,}1 = 0{,}8.$$

Abb. 6.7 Differenzial

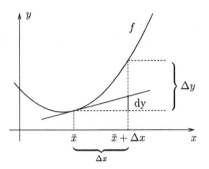

Der Unterschied zwischen Δy und dy beträgt im betrachteten Beispiel also 0,01; er wird immer kleiner, je kleiner Δx wird. Allgemein gilt für eine in $\tilde{x}$ differenzierbare Funktion

$$\Delta f(\tilde{x}) = df(\tilde{x}) + o(\Delta x) \quad \text{mit} \quad \lim_{\Delta x \to 0} \frac{o(\Delta x)}{\Delta x} = 0,$$

d. h., der Ausdruck $o(\Delta x)$ (lies: „klein o von Delta x") ist *von höherer Ordnung klein* als Δx. Das Symbol $o(\Delta x)$ beschreibt also den Rest, der verbleibt, nähert man den exakten Funktionswertunterschied durch das Differenzial an. Seine genaue Größe ist uninteressant, wichtig ist, dass dieses Glied „schneller" gegen null konvergiert als Δx.

6.2.3   Differenziationsregeln

Ableitungen werden zwar mithilfe von Grenzwerten definiert, jedoch ist es im Allgemeinen nicht erforderlich, zu ihrer Bestimmung Grenzwerte berechnen zu müssen. Wie oben erwähnt, muss man nur die Ableitungen von Grundfunktionen kennen sowie über Regeln zur Berechnung der Ableitungen zusammengesetzter Funktionen verfügen.

Nachstehend sind die für wirtschaftswissenschaftliche Anwendungen wichtigsten Standardfunktionen gemeinsam mit ihren Ableitungen in Form einer kleinen Tabelle zusammengestellt:

Name	$f(x)$	$f'(x)$	Bedingungen
Potenzfunktion	x^n	$n \cdot x^{n-1}$	x bel., $n \in \mathbb{N}$ (bzw. $n \in \mathbb{R}$)
Exponentialfunktion	a^x	$a^x \ln a$	$a > 0, a \neq 1$
Logarithmusfunktion	$\ln x$	$\dfrac{1}{x}$	$x > 0$
Winkelfunktionen	$\sin x$	$\cos x$	
	$\cos x$	$-\sin x$	
	$\tan x$	$1 + \tan^2 x$	$x \neq (2k+1)\frac{\pi}{2}, k \in \mathbb{Z}$
	$\cot x$	$-(1 + \cot^2 x)$	$x \neq k\pi, k \in \mathbb{Z}$

Bemerkungen

1) Spezialfälle von Potenzfunktionen sind u. a.:

$$f(x) = x^0 = 1, \qquad f'(x) = 0$$

$$f(x) = x^{1/2} = \sqrt{x}, \quad f'(x) = \tfrac{1}{2}x^{-1/2} = \tfrac{1}{2\sqrt{x}}$$

$$f(x) = x^{-1} = \tfrac{1}{x}, \qquad f'(x) = -x^{-2} = -\tfrac{1}{x^2}.$$

2) Als vielleicht wichtigster Spezialfall von Exponentialfunktionen ist $f(x) = e^x$ mit $f'(x) = e^x$ zu nennen.

3) Die in der obigen Tabelle angegebenen Ableitungen von Grundfunktionen sollte man (vielleicht mit Ausnahme der letzten beiden) „im Schlaf beherrschen", weitere können bei Bedarf nachgeschlagen werden.

Da Grundfunktionen selten in reiner Form vorkommen, muss man in der Lage sein, zusammengesetzte Funktionen differenzieren zu können, wobei die entsprechenden Regeln wiederum auf Grenzwertbetrachtungen und -gesetzen beruhen. In der nächsten Tabelle sind die wesentlichsten Regeln aufgeführt. Dabei ist c eine reelle Zahl, während $u(x)$ bzw. $v(x)$ einzelne Bestandteile zusammengesetzter Funktionen sind und $u'(x)$, $v'(x)$ deren Ableitungen darstellen.

Regel	$f(x)$	$f'(x)$
Konstanter Summand	c	0
Konstanter Faktor	$a \cdot u(x)$	$a \cdot u'(x)$
Summenregel	$u(x) \pm v(x)$	$u'(x) \pm v'(x)$
Produktregel	$u(x) \cdot v(x)$	$u'(x) \cdot v(x) + u(x) \cdot v'(x)$
Quotientenregel	$\dfrac{u(x)}{v(x)}$	$\dfrac{u'(x) \cdot v(x) - u(x) \cdot v'(x)}{[v(x)]^2}$
Kettenregel	$u(v(x))$ bzw. $y = u(z), z = v(x)$	$u'(z) \cdot v'(x)$

Bemerkungen

1) Im letzten Fall ist $f(x) = u(v(x))$ eine *mittelbar* von x abhängige Funktion, die mithilfe der (äußeren) Funktion $u(z)$ sowie der inneren Funktion $z = v(x)$ erklärt ist; die Größen $u'(z)$ und $v'(x)$ werden entsprechend als *äußere* bzw. *innere* Ableitung bezeichnet. Die Kettenregel besagt dann, dass zunächst die äußere und die innere Ableitung einzeln zu berechnen und danach miteinander zu multiplizieren sind. Anschließend ist die Substitution $z = v(x)$ rückgängig zu machen. Ist eine Funktion mehrfach zusammengesetzt (geschachtelt), gilt eine analoge Regel.

2) Die Quotientenregel kann man umgehen, indem man den Quotienten $\frac{u(x)}{v(x)}$ als Produkt $u(x) \cdot [v(x)]^{-1}$ schreibt und die Produktregel anwendet. Generell lassen sich mitunter verschiedene Differenziationsregeln anwenden, wobei eine geschickte Wahl günstige Auswirkungen auf den Rechenaufwand haben kann.

Beispiel 6.4

a) $f(x) = 5$, $f'(x) = 0$

b) $f(x) = 5 \cdot x^3$, $f'(x) = 5 \cdot 3x^2 = 15x^2$

c) $f(x) = 4x^2 - 3x$, $f'(x) = 8x - 3$

d) $f(x) = x \cdot \ln x$, $f'(x) = 1 \cdot \ln x + x \cdot \frac{1}{x} = \ln x + 1$

e) $f(x) = \frac{x-1}{2x+3}$, $f'(x) = \frac{1 \cdot (2x+3) - (x-1) \cdot 2}{(2x+3)^2} = \frac{5}{(2x+3)^2}$

f) $f(x) = e^{3x+1}$, $f'(x) = 3 \cdot e^{3x+1}$

Hinweis: Setzt man im Beispiel f) $z = v(x) = 3x + 1$, so ist $u(z) = e^z$, und es ergibt sich zunächst $u'(z) = e^z$, $v'(x) = 3$, sodass gilt $f'(x) = u'(z) \cdot v'(x) = e^z \cdot 3$. Nach der Rücksubstitution $z = 3x + 1$ erhält man das angegebene Resultat.

Ableitungen können auch nützlich bei der Berechnung von Grenzwerten sein, wie die so genannten *L'Hospital'schen Regeln*[3] zeigen, die zunächst für unbestimmte Ausdrücke der Form $\frac{0}{0}$ bzw. $\frac{\infty}{\infty}$ beschrieben werden.

Satz 6.3 (L'Hospital'sche Regel) [4] *Die Funktionen f und g seien in einer Umgebung des Punktes $\bar{x}$ definiert und differenzierbar, $\lim\limits_{x \to \bar{x}} \dfrac{f'(x)}{g'(x)} = K$ existiere (als endlicher oder unendlicher Wert), und es sei $g'(\bar{x}) \neq 0$. Ferner gelte $\lim\limits_{x \to \bar{x}} f(x) = \lim\limits_{x \to \bar{x}} g(x) = 0$ oder $\lim\limits_{x \to \bar{x}} |f(x)| = \lim\limits_{x \to \bar{x}} |g(x)| = \infty$. Dann gilt auch $\lim\limits_{x \to \bar{x}} \dfrac{f(x)}{g(x)} = K$.*

Mit anderen Worten, liegt ein unbestimmter Ausdruck der Form $\frac{0}{0}$ oder $\frac{\infty}{\infty}$ vor, so bilde man in Zähler und Nenner die Ableitungen und untersuche die dadurch entstandene neue Quotientenfunktion. Falls diese einen Grenzwert besitzt, ist er gleich dem der ursprünglichen Funktion. Vielfach ist es nämlich leichter, den Grenzwert des Quotienten der Ableitungen zu berechnen. Gegebenenfalls hat man auch die zweite, dritte, ... Ableitung des Zählers und des Nenners zu bilden, bis der Nenner ungleich null wird.

Der **Beweis** kann mithilfe des Satzes von Taylor (Satz 6.4) geführt werden; siehe [1]. Sinngemäß gilt der Satz auch für Grenzwerte $x \to \infty$ bzw. $x \to -\infty$ sowie für einseitige Grenzwerte $x \downarrow \bar{x}$, $x \uparrow \bar{x}$.

Beispiel 6.5 Man berechne $\lim\limits_{x \to 0} \frac{e^x - 1}{x}$. Für den Grenzwert des Quotienten aus den Ableitungen erhält man $\lim\limits_{x \to 0} \frac{e^x}{1} = 1$. Dies ist nach Satz 6.3 der gesuchte Grenzwert.

Unbestimmte Ausdrücke der Form $0 \cdot \infty$ oder $\infty - \infty$ lassen sich durch Umformung auf die Gestalt $\frac{0}{0}$ oder $\frac{\infty}{\infty}$ bringen, während Ausdrücke der Art 0^0, ∞^0 oder 1^∞ mittels der Transformation $f(x)^{g(x)} = e^{g(x) \ln f(x)}$ auf die Form $0 \cdot \infty$ zurückgeführt werden können.

---

[3] L'Hospital, Guillaume François Antoine, Marquis de Sainte-Mesme (1661–1704), frz. Mathematiker; verfasste das erste Lehrbuch der Infinitesimalrechnung.

[4] auch Regel von Bernoulli-L'Hospital genannt; Bernoulli, Johann (1667-1748), Schweizer Mathematiker, einer seiner Schüler war L. Euler.

Übungsaufgabe 6.3 Leiten Sie die Ableitungsregel für einen konstanten Summanden aus denen für einen konstanten Faktor und die Ableitung einer Potenzfunktion her.

Übungsaufgabe 6.4 Bilden Sie die Ableitungen folgender Funktionen, wobei die Größen a, b, c, d jeweils fest vorgegeben seien:

a) Stückkostenfunktion: $k(x) = \frac{ax^3 + bx^2 + cx + d}{x}$
b) Sättigungsfunktion: $s(t) = \frac{a}{1 + be^{-ct}}$
c) Losgrößenabhängige Kostenfunktion: $l(x) = ax + \frac{b}{x}$
d) Periodische Trendfunktion: $t(x) = a \cdot \sin(bx + c)$
e) Wachstumsfunktion: $w(t) = a + b^t,\ \ b > 1$.

Übungsaufgabe 6.5 Berechnen Sie die Grenzwerte $\lim\limits_{x \to 0} \frac{\sin x}{x}$ und $\lim\limits_{x \to \infty} \frac{\ln x}{x}$.

6.2.4 Höhere Ableitungen

Oben wurde darauf hingewiesen, dass die Ableitung einer Funktion $f(x)$ im Allgemeinen wieder eine Funktion von x darstellt. Deshalb ist es nahe liegend und – wie wir im Weiteren sehen werden – auch nützlich, die Ableitung dieser Funktion zu studieren, sofern die erforderlichen Voraussetzungen zu ihrer Differenzierbarkeit erfüllt sind. Setzt man $g(x) = f'(x)$, so heißt die Ableitung von g *zweite Ableitung* oder *Ableitung zweiter Ordnung* von f und wird mit $f''(x)$ (lies: „f zwei Strich von x") bezeichnet. Analog werden die dritte, vierte usw., allgemein *höhere Ableitungen* von f berechnet.

Beispiel 6.6

$$
\begin{aligned}
f(x) &= 4x^3 - 20x^2 + 5x - 20 \\
f'(x) &= 12x^2 - 40x + 5 \\
f''(x) &= 24x - 40 \\
f'''(x) &= 24 \\
f^{(4)}(x) &= 0 \\
f^{(5)}(x) &= 0 \\
&\ldots
\end{aligned}
$$

Hinweis: Ab der vierten Ableitung verwendet man üblicherweise die Bezeichnung $f^{(n)}(x)$, $n = 4, 5, \ldots$

Bemerkungen

1) Beispiele unendlich oft differenzierbarer Funktionen liefern die Polynomfunktionen, die e-Funktion und die trigonometrischen Funktionen. Dabei sind für eine Polynomfunktion n-ten Grades alle Ableitungen ab der $(n + 1)$-ten identisch null.

2) Wichtige Anwendungsgebiete höherer Ableitungen sind die Extremwertrechnung (vgl. Abschn. 6.3.2) bzw. die Kurvendiskussion (vgl. Abschn. 6.3.4). Dabei werden normalerweise Ableitungen bis einschließlich dritter Ordnung untersucht.

3) Nicht jede Funktion muss beliebig oft differenzierbar sein; entscheidend ist jeweils die Existenz der entsprechenden Grenzwerte. Ein Beispiel einer Funktion, die (im Punkt $x = 0$) nur einmal differenzierbar ist, liefert die zusammengesetzte Funktion

$$f(x) = \begin{cases} x^2, & x \geq 0 \\ -x^2, & x < 0 \end{cases}, \qquad f'(x) = \begin{cases} 2x, & x \geq 0 \\ -2x, & x < 0 \end{cases} = 2|x|.$$

Übungsaufgabe 6.6 Geben Sie allgemeine Formeln für die Ableitungen n-ter Ordnung der folgenden Funktionen an:

a) $f(x) = e^{ax}$,
b) $g(x) = x \cdot e^x$,
c) $h(x) = a \cdot \sin(bx + c)$.

Dabei sollen a, b und c gegebene Konstante sein.

6.2.5 Taylor-Entwicklung einer Funktion

Mitunter besteht der Wunsch, eine (komplizierte) Funktion durch eine „einfachere" zu ersetzen. Gründe dafür können z. B. darin liegen, ein mathematisch-ökonomisches Modell zu vereinfachen oder das Integral einer nicht in geschlossener Form integrierbaren Funktion berechnen zu wollen. Als „einfache" Funktionen bieten sich beispielsweise die Polynomfunktionen $p_n(x) = \sum_{i=1}^{n} a_i x^i$ an. Für $n = 1$ spricht man dann von *linearer* Aproximation, für $n = 2$ von *quadratischer* usw. Geometrisch bedeutet dies, dass man den Graphen der ursprünglichen Funktion durch eine Gerade (die Tangente), durch eine Parabel (die Schmiegparabel) oder durch Polynome höherer Ordnung ersetzt.

Aus Abschn. 6.2.2 wissen wir bereits, dass im Falle der Differenzierbarkeit der Funktion f im Punkt $\bar{x}$ die *Linearisierungsformel*

$$f(x) = f(\bar{x}) + f'(\bar{x}) \cdot (x - \bar{x}) + o(x - \bar{x}) = l(x) + o(x - \bar{x}) \qquad (6.6)$$

gilt, wobei für das Restglied $o(x - \bar{x})$ in (6.6) die Beziehung

$$\lim_{x \to \bar{x}} \frac{o(x - \bar{x})}{x - \bar{x}} = 0$$

gültig ist und $l(x)$ die Gleichung der Tangente an den Graphen der Funktion f im Punkt $\bar{x}$ darstellt. Die Funktion f wird also durch die Funktion

$$l(x) = f(\bar{x}) + f'(\bar{x}) \cdot (x - \bar{x})$$

linear (oder *in erster Näherung*) approximiert:

$$f(x) \approx f(\bar{x}) + f'(\bar{x}) \cdot (x - \bar{x}). \tag{6.7}$$

Es sei daran erinnert, dass aus (6.7) unmittelbar die Beziehung

$$f(x) - f(\bar{x}) \approx f'(\bar{x}) \cdot (x - \bar{x}) = \mathrm{d}f(\bar{x}) \tag{6.8}$$

folgt, was bedeutet, dass das auf der rechten Seite in (6.8) stehende *Differenzial* (Abschn. 6.2.2) eine Näherung für die exakte Funktionswertdifferenz darstellt.

Diese Approximationsidee soll nun „verfeinert" werden.

Problemstellung: Die Funktion f soll in einer Umgebung des Punktes $\bar{x}$ durch ein Polynom n-ten Grades approximiert werden, sodass demnach gilt:

$$f(x) \approx p_n(x) = \sum_{i=0}^{n} a_i \cdot (x - \bar{x})^i$$

Mit anderen Worten, es sind Koeffizienten (reelle Zahlen) a_i, $i = 0, 1, \dots, n$, gesucht, für die das Polynom p_n die Funktion f möglichst gut annähert.[5] Es ist allerdings noch zu klären, in welchem Sinne eine „möglichst" gute Annäherung erfolgen soll.

Für die oben betrachtete lineare Näherung gilt offensichtlich

$$l(\bar{x}) = f(\bar{x}), \qquad l'(\bar{x}) = f'(\bar{x}).$$

Davon ausgehend und voraussetzend, dass die Funktion f beliebig oft differenzierbar ist, präzisieren wir nun die Anforderungen an die Approximation: Wähle p_n (und damit die Koeffizienten a_i) derart, dass

$$
\begin{aligned}
p_n(\bar{x}) &= f(\bar{x}) \\
p_n'(\bar{x}) &= f'(\bar{x}) \\
&\vdots \\
p_n^{(n)}(\bar{x}) &= f^{(n)}(\bar{x}),
\end{aligned}
\tag{6.9}
$$

d. h., im Punkt $\bar{x}$ sollen die Funktionswerte, die erste, zweite, ..., n-te Ableitung von p_n und f übereinstimmen.

---

[5] Für unsere Zwecke erweist sich diese Form der Polynomdarstellung gegenüber einem Polynom der Art $\widetilde{p}_n(x) = \sum a_i x^i$ als vorteilhafter.

Aus dem Ansatz

$$p_n(x) = a_0 + a_1(x - \bar{x}) + a_2(x - \bar{x})^2 + \ldots + a_n(x - \bar{x})^n \qquad (6.10)$$

ergibt sich

$$
\begin{aligned}
p_n'(x) &= a_1 + 2a_2(x - \bar{x}) + 3a_3(x - \bar{x})^2 + \ldots + na_n(x - \bar{x})^{n-1} \\
p_n''(x) &= 2a_2 + 6a_3(x - \bar{x}) + \ldots + n(n-1)a_n(x - \bar{x})^{n-2} \\
&\cdots\cdots\cdots\cdots\cdots\cdots\cdots\cdots\cdots\cdots\cdots\cdots\cdots \\
p_n^{(n)}(x) &= n(n-1)(n-2) \cdot \ldots \cdot 2 \cdot 1 \cdot a_n = n! \cdot a_n
\end{aligned}
$$

bzw.

$$
\begin{aligned}
p_n(\bar{x}) &= a_0 \\
p_n'(\bar{x}) &= a_1 \\
p_n''(\bar{x}) &= 2a_2 \\
&\;\;\vdots \\
p_n^{(k)}(\bar{x}) &= k! \cdot a_k.
\end{aligned}
\qquad (6.11)
$$

Letztere Beziehung gilt für beliebiges $k = 0, 1, \ldots, n$. Berücksichtigt man die Forderungen (6.9), so ergibt sich aus (6.11)

$$a_k = \frac{1}{k!} \cdot f^{(k)}(\bar{x}), \quad k = 0, 1, \ldots, n. \qquad (6.12)$$

Dabei hat man zu beachten, dass $0! \overset{\text{def}}{=} 1$ und $f^{(0)}(x) \overset{\text{def}}{=} f(x)$ gilt. Setzt man schließlich die Darstellung (6.12) in (6.10) ein, so erhält man das *n-te Taylor-Polynom*[6]

$$p_n(x) = \sum_{i=0}^{n} \frac{f^{(i)}(\bar{x})}{i!} \cdot (x - \bar{x})^i. \qquad (6.13)$$

Beispiel 6.7 Gegeben sei die Funktion $f(x) = e^{2 - \frac{1}{2}x^2}$. Gesucht sind $p_1(x)$ und $p_2(x)$ an der Stelle $\bar{x} = 2$. Zunächst berechnet man

$$
\begin{aligned}
f(x) &= e^{2 - \frac{1}{2}x^2}, & f(2) &= e^0 = 1, \\
f'(x) &= -x \cdot e^{2 - \frac{1}{2}x^2}, & f'(2) &= -2, \\
f''(x) &= [x^2 - 1] \cdot e^{2 - \frac{1}{2}x^2}, & f''(2) &= 3.
\end{aligned}
$$

Als lineare Näherung der Funktion f erhält man dann

$$p_1(x) = l(x) = 1 + \frac{-2}{1}(x - 2) = -2x + 5,$$

---

[6] Taylor, Broke (1685–1731), engl. Mathematiker, Mitglied der Royal Society.

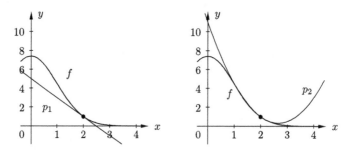

Abb. 6.8 Lineare und quadratische Approximation einer Funktion

und als quadratische Näherung der Funktion f ergibt sich

$$p_2(x) = 1 + \frac{-2}{1}(x - 2) + \frac{3}{2}(x - 2)^2 = \frac{3}{2}x^2 - 8x + 11.$$

Die Funktion f ist gemeinsam mit dem linearen und dem quadratischen Approximations-polynom p_1 bzw. p_2 in Abb. 6.8 dargestellt.

Betrachtet man die ursprüngliche Funktion f zusammen mit dem n-ten Taylor-Polynom p_n (berechnet im Punkt $\bar{x}$) als Näherung für f, so kann man sich die Frage stellen, wie groß die maximale Abweichung beider Funktionen

$$R_n(x) = f(x) - p_n(x) \tag{6.14}$$

in einem festen Intervall $[a, b]$ ist. Gesucht ist also der Wert

$$F = \max_{a \leq x \leq b} |R_n(x)| \tag{6.15}$$

bzw. eine obere Schranke für F. Ein erster Schritt zur Beantwortung dieser Frage besteht in der analytischen Darstellung des *Restglied* genannten Ausdrucks $R_n(x)$ aus (6.14).

Satz 6.4 (Taylor) *Die Funktion f sei $(n + 1)$-mal differenzierbar auf dem Intervall (a, b). Dann existiert für beliebige Punkte $\bar{x}, x \in (a, b)$ eine Zahl $\theta \in (0, 1)$ mit der Eigenschaft*

$$f(x) = \sum_{i=0}^{n} \frac{f^{(i)}(\bar{x})}{i!}(x - \bar{x})^i + \frac{f^{(n+1)}(\bar{x} + \theta(x - \bar{x}))}{(n + 1)!}(x - \bar{x})^{n+1}. \tag{6.16}$$

Zum Beweis siehe [1].

Der letzte Summand in (6.16) wird *Restglied in Lagrange-Form* genannt; die davor ste-hende Summe stellt das uns bereits bekannte n-te Taylor-Polynom dar; vgl. (6.13). Man überlegt sich leicht, dass der Punkt $\xi = \bar{x} + \theta(x - \bar{x})$ für $\theta \in (0, 1)$ zwischen den Stellen $\bar{x}$ (für $\theta = 0$) und x (für $\theta = 1$) liegt, mithin eine „Zwischenstelle" darstellt.

Mit Hilfe der Restglieddarstellung kann oftmals die maximale Abweichung F aus (6.15) über einem Intervall abgeschätzt werden.

Beispiel 6.8 Unter Verwendung des Restglieds in Lagrange-Form soll der maximale Fehler im Intervall $[0, \frac{1}{2}]$ abgeschätzt werden, der begangen wird, wenn die Funktion $f(x) = \sin x$ linear approximiert wird, wobei die Taylor-Entwicklung im Punkt $\bar{x} = 0$ erfolgen soll.

Es gilt:
$$
\begin{aligned}
f(x) &= \sin x, & f(0) &= 0, \\
f'(x) &= \cos x, & f'(0) &= 1, \\
f''(x) &= -\sin x, & f''(\xi) &= -\sin \xi.
\end{aligned}
$$

Aus der Darstellung (6.16) folgt

$$f(x) = f(0) + f'(0)(x - 0) + \frac{1}{2}f''(\xi)(x - 0)^2 = x - \frac{x^2}{2}\sin \xi,$$

wobei $0 < \xi < x \le \frac{1}{2}$ gilt. Das Restglied $R_1(x)$ lässt sich betragsmäßig nach oben abschätzen (bekanntlich gilt $-1 \le \sin \xi \le 1$):

$$|R_1(x)| = \left| \frac{x^2}{2} \cdot \sin \xi \right| = \left| \frac{x^2}{2} \right| \cdot |\sin \xi| \le \frac{x^2}{2} \cdot 1.$$

Beachtet man noch die Annahme $0 \le x \le \frac{1}{2}$, so ergibt sich

$$|R_1(x)| \le \frac{1}{2} \cdot \left(\frac{1}{2} \right)^2 = 0{,}125.$$

Zum Vergleich: Der tatsächliche maximale Abstand von $f(x) = \sin x$ und $p_1(x) = x$ wird bei $x = \frac{1}{2}$ angenommen und beträgt

$$R_1\left(\frac{1}{2} \right) = f\left(\frac{1}{2} \right) - p_1\left(\frac{1}{2} \right) = \sin \frac{1}{2} - \frac{1}{2} = 0{,}4794 - 0{,}5 = -0{,}0206.$$

Die Frage, ob bzw. unter welchen Voraussetzungen das Polynom p_n für $n \to \infty$ (*Taylor-Reihe*) die Funktion f in jedem zu $\bar{x}$ benachbarten Punkt oder evtl. sogar für jedes $x \in \mathbb{R}$ beliebig genau annähert, soll hier nicht weiter erörtert werden (vgl. dazu z. B. [6]). Es sei lediglich bemerkt, dass z. B. für die Funktion $f(x) = e^x$ bei Entwicklung im Punkt $\bar{x} = 0$ die Beziehung

$$\lim_{n \to \infty} R_n(x) = 0 \qquad \forall\, x \in \mathbb{R} \tag{6.17}$$

gültig ist (wegen $\lim_{n \to \infty} \frac{x^n}{n!} = 0$ für festes x; vgl. Abschn. 1.5.5), was

$$\lim_{n \to \infty} p_n(x) = e^x \qquad \forall\, x \in \mathbb{R} \tag{6.18}$$

bedeutet (vgl. [1]).

Übungsaufgabe 6.7 Man approximiere die Funktion $f(x) = e^{-x}$ im Punkt $\bar{x} = 1$ linear bzw. quadratisch.

6.3   Untersuchung von Funktionen mithilfe von Ableitungen

In den vorangegangenen Abschnitten wurde bereits ausgeführt, dass es von großer Bedeutung ist, Eigenschaften von Funktionen und Funktionenklassen zu kennen und das charakteristische Verhalten konkreter Funktionen zu untersuchen. Neben den bereits behandelten Begriffen der Stetigkeit und Differenzierbarkeit gehören dazu beispielsweise die Untersuchung der Beschränktheit und Monotonie einer Funktion, das Bestimmen größter und kleinster Werte, das Auffinden von Wendepunkten und die Untersuchung des Krümmungsverhaltens sowie das Studium des Grenzverhaltens einer Funktion, Eigenschaften, die alle von eminenter Bedeutung gerade im Hinblick auf wirtschaftswissenschaftliche Anwendungen des Funktionsbegriffs sind. Neben den Definitionen dieser Begriffe und den damit direkt im Zusammenhang stehenden Überlegungen sollen im Weiteren vor allem die Mittel, die uns die Differenzialrechnung in die Hand gibt, nutzbar gemacht werden.

6.3.1   Monotonie und Beschränktheit

Definition Die Funktion f wird *monoton wachsend (fallend)* im Intervall $[a, b]$ genannt, wenn für beliebige, der Eigenschaft $x_1 < x_2$ genügende Werte $x_1, x_2 \in [a, b]$ die Ungleichung $f(x_1) \leq f(x_2)$ (bzw. $f(x_1) \geq f(x_2)$) gültig ist. Gilt für alle diese Werte x_1, x_2 die strenge Ungleichung $f(x_1) < f(x_2)$ (bzw. $f(x_1) > f(x_2)$), so heißt f *streng monoton wachsend bzw. fallend* (vgl. Abb. 6.9).

Die Begriffe des Wachsens oder Fallens einer Funktion lassen zu, dass die Funktion über einem Teilintervall konstant bleibt („Nullwachstum"). Soll dies ausdrücklich ausgeschlossen werden, spricht man von streng oder echt monotonem Verhalten. Die in Abb. 6.10 dargestellte Funktion ist streng monoton fallend in den Intervallen I_1 und I_4, streng monoton wachsend in I_2 und konstant im Intervall I_3. Genauso gut könnte man sagen, die Funktion sei monoton fallend über dem Intervall $I_3 \cup I_4$.

Während es im Allgemeinen leicht ist, das Monotonieverhalten einer Funktion aus ihrer grafischen Darstellung zu erkennen, ist die Bestimmung von Monotoniebereichen allein aus der analytischen Darstellung meist kompliziert, da sie entsprechend der obigen Definition der Monotonie auf die Analyse von Ungleichungen führt.

Abb. 6.9 Streng monoton
wachsende Funktion

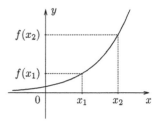

Abb. 6.10 Monotoniebereiche
einer Funktion

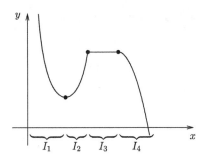

Bessere Möglichkeiten der Untersuchung des Monotonieverhaltens von Funktionen liefert die Differenzialrechnung. So lässt sich Monotonie mittels der ersten Ableitung wie folgt charakterisieren.

Satz 6.5 *Die Funktion f sei im Intervall $[a, b]$ definiert und differenzierbar. Dann gelten folgende Aussagen:*

(i) $f'(x) = 0$ $\forall x \in [a, b] \Longleftrightarrow f$ *ist konstant auf* $[a, b]$,

(ii) $f'(x) \geq 0$ $\forall x \in [a, b] \Longleftrightarrow f$ *ist monoton wachsend auf* $[a, b]$,

    $f'(x) \leq 0$ $\forall x \in [a, b] \Longleftrightarrow f$ *ist monoton fallend auf* $[a, b]$,

(iii) $f'(x) > 0$ $\forall x \in [a, b] \Longrightarrow f$ *ist streng monoton wachsend auf* $[a, b]$,

    $f'(x) < 0$ $\forall x \in [a, b] \Longrightarrow f$ *ist streng monoton fallend auf* $[a, b]$.

Bemerkung Die Umkehrung der Aussage (iii) gilt nur in einer abgeschwächten Form: aus streng monotonem Wachsen (Fallen) von f auf $[a, b]$ folgt lediglich $f'(x) \geq 0$ $(f'(x) \leq 0)$ $\forall x \in [a, b]$.

Übungsaufgabe 6.8 Untersuchen Sie das Monotonieverhalten der folgenden Funktionen mittels Definition bzw. Satz 6.5:

a) $f(x) = x^3$

b) $s(t) = \dfrac{a}{1 + be^{-ct}}$ (Sättigungsfunktion)

c) $d(x) = \dfrac{1}{\sigma\sqrt{2\pi}}e^{-\frac{(x-\mu)^2}{2\sigma^2}}$ (aus der Wahrscheinlichkeitsrechnung stammende Dichtefunktion der Normalverteilung).

Definition Eine Funktion f wird über dem Intervall $[a, b]$ *nach oben (unten) beschränkt* genannt, falls es eine Zahl C_o (bzw. C_u) gibt derart, dass

$$f(x) \leq C_o \quad (\text{bzw. } f(x) \geq C_u) \quad \forall \, x \in [a, b];$$

Abb. 6.11 Sättigungsfunktion

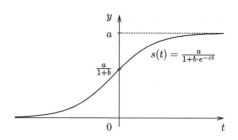

sie heißt (*beidseitig*) *beschränkt* über $[a, b]$, wenn eine Zahl C existiert, die die Eigenschaft

$$- C \le f(x) \le C, \quad \text{d. h.} \quad |f(x)| \le C \ \forall \ x \in [a, b] \tag{6.19}$$

besitzt.

Insbesondere kann das Intervall $[a, b]$ der gesamte Definitionsbereich $D(f)$, z. B. die gesamte Zahlengerade, sein.

Die Beschränktheit einer Funktion bedeutet, dass die Funktionswerte nicht beliebig groß oder klein werden können, was insbesondere im Kontext einer ökonomischen Interpretation wichtig sein kann. So haben viele praktisch relevante Funktionen null als eine natürliche untere Schranke ihrer Funktionswerte, und häufig kann auch eine obere Schranke (wie etwa $C = 100\,\%$ für Kennziffern der Auslastung, des Ausstattungsgrades usw.) angegeben werden.

Die direkte Überprüfung der Beschränktheit einer Funktion mit Hilfe der Definitionsgleichung (6.19) ist im Allgemeinen schwierig, während die Kombination aus Grenzwert- und Extremwertberechnungen (siehe Abschn. 6.3.2) sowie Monotonieuntersuchungen erfolgversprechender scheint.

Beispiel 6.9 Die Funktion $y = s(t) = \dfrac{a}{1 + b \cdot e^{-ct}}$, $a, b, c > 0$, die zur näherungsweisen Beschreibung von Sättigungsprozessen (etwa dem Ausstattungsgrad aller Haushalte in Deutschland mit Smartphones in Abhängigkeit von der Zeit) dient, ist nach unten durch 0 und nach oben durch a beschränkt (siehe Abb. 6.11). Dies lässt sich aus $\lim\limits_{t \to -\infty} s(t) = 0$, $\lim\limits_{t \to \infty} s(t) = a$ sowie dem monotonen Wachstum (siehe Übungsaufgabe 6.8) erkennen.

Beispiel 6.10 Die Funktion $f(x) = e^x$ ist nach unten durch 0 beschränkt, nach oben unbeschränkt, da ihre Funktionswerte (mit wachsendem x) beliebig groß werden können.

Übungsaufgabe 6.9 Man weise mithilfe der obigen Definition nach, dass eine Funktion, die nach unten und nach oben beschränkt ist, beidseitig beschränkt ist, d. h., man gebe eine Konstante C an, die von C_o und C_u abhängt und der Beziehung (6.19) genügt.

Abb. 6.12 Lokale Minimum- und Maximumstellen

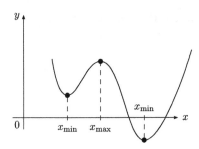

Übungsaufgabe 6.10 Durch welche Werte ist die Funktion $d(x) = \frac{1}{\sigma\sqrt{2\pi}}e^{-\frac{(x-\mu)^2}{2\sigma^2}}$ (vgl. Übungsaufgabe 6.8) nach oben bzw. nach unten beschränkt?

6.3.2 Extremwerte

Außerordentlich wichtig bei der Untersuchung von Funktionen ist das Ermitteln von Extremwerten, genauer, der Stellen, wo die Funktion ihre größten bzw. kleinsten Werte über dem gesamten Definitionsbereich oder über einem bestimmten Intervall annimmt. Diese Fragestellung führt auf den folgenden Begriff.

Definition Ein Punkt $\bar{x}$ heißt *lokale Minimumstelle (Maximumstelle)* der Funktion f, falls alle Punkte aus einer Umgebung $\mathcal{U}_\varepsilon(\bar{x})$ (vgl. (1.45) in Abschn. 1.5.4) einen nichtkleineren (nichtgrößeren) Funktionswert besitzen, d. h., $\bar{x}$ ist lokale Minimumstelle, falls $\exists\ \varepsilon > 0$ derart, dass

$$f(x) \geq f(\bar{x}) \quad \forall x \in \mathcal{U}_\varepsilon(\bar{x}) \cap D(f), \tag{6.20}$$

und lokale Maximumstelle, falls

$$f(x) \leq f(\bar{x}) \quad \forall x \in \mathcal{U}_\varepsilon(\bar{x}) \cap D(f). \tag{6.21}$$

Über die Größe der in der Definition vorkommenden Umgebung kann im Allgemeinen keine Aussage getroffen werden, lediglich ihre Existenz ist entscheidend (vgl. Abb. 6.12).

Gelten die Ungleichungen in (6.20) bzw. (6.21) nicht nur für eine Umgebung von $\bar{x}$, sondern für **beliebige** Vergleichspunkte $x \in D(f)$, so spricht man von *globaler Minimum-* bzw. *Maximumstelle*. Der zu einer Minimumstelle gehörende Funktionswert wird als *Minimum* bezeichnet (analog: *Maximum*). Die gemeinsame Bezeichnung für Minimum und Maximum ist *Extremum* oder *Extremwert*.

Offensichtlich ist jeder globale Extrempunkt auch ein lokaler Extrempunkt, während die Umkehrung im Allgemeinen nicht gilt. Gibt es Randpunkte des Definitionsbereiches $D(f)$, was auftritt, wenn der Definitionsbereich eine echte Teilmenge der Zahlengeraden

Abb. 6.13 Waagerechte Tan-
genten in Extrempunkten

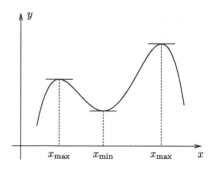

ist, d. h. die Funktion nicht für beliebige Werte x definiert ist, so gehören diese Randpunkte
stets zur Menge der lokalen Extremstellen.

Mit Mitteln der Differenzialrechnung lassen sich nur Aussagen hinsichtlich **lokaler** Extremstellen treffen. Ob es sich dabei sogar um **globale** Extrema handelt, kann nur aus
zusätzlichen Informationen über die untersuchte Funktion wie etwa deren Konvexität
(vgl. Abschn. 6.3.3) geschlossen werden.

Aus Abb. 6.13 ist ersichtlich, dass in einem Extrempunkt x_E (als gemeinsame Bezeichnung für $x_{\min}$ und $x_{\max}$), der nicht auf dem Rand von $D(f)$ liegt, die Tangente an den
Graphen von f waagerecht verläuft und somit den Anstieg null besitzt. Da der Anstieg der
Tangente mit der ersten Ableitung der Funktion $f(x)$ im Punkt x_E korrespondiert, ergibt
sich die folgende **notwendige Bedingung für einen Extrempunkt**.

Satz 6.6 *Ist $x_E \in (a, b)$ eine (lokale oder globale) Minimum- oder Maximumstelle der auf
(a, b) differenzierbaren Funktion f, so muss notwendigerweise die Gleichung*

$$f'(x_E) = 0 \tag{6.22}$$

gelten.

Bemerkungen
1) Aus der Gültigkeit der Beziehung (6.22) kann noch nicht geschlussfolgert werden, dass
   es sich bei x_E tatsächlich um eine Extremstelle handelt, es könnte auch ein so genannter *Horizontalwendepunkt* (siehe Beispiel 6.19) vorliegen. Ferner lassen sich auch
   Minimum- und Maximumstellen vorerst nicht voneinander unterscheiden. Aus diesem Grunde bezeichnet man Punkte, die der Beziehung (6.22) genügen, zunächst nur
   als *extremwertverdächtige* oder *stationäre* Punkte.
2) Die Satzaussage trifft nur auf innere Punkte des Definitionsbereiches $D(f)$, nicht
   aber für Randpunkte zu; falls es deshalb solche gibt, müssen sie gesondert untersucht
   werden. Im Falle $D(f) = \mathbb{R}$ gibt es keine Randpunkte, und Satz 6.6 ist generell zutreffend.

Hat man mittels (6.22) extremwertverdächtige Punkte bestimmt, ist man natürlich daran interessiert zu ermitteln, ob es sich um lokale Minima oder Maxima handelt. Dies ist bei grafischer Lösung aus dem Kurvenverlauf unmittelbar ersichtlich; bei einem rein analytischen Lösungszugang dienen so genannte **hinreichende Bedingungen**, die ihrerseits auf dem Kurvenverhalten in der Nähe eines Extrempunktes basieren, der Entscheidungsfindung. Betrachtet man in Abb. 6.13 eine (isolierte) lokale Maximumstelle, so stellt man fest, dass – bei Bewegung von links nach rechts – die Funktionswerte zunächst wachsen, dann fallen, was für den Anstieg der Tangente bedeutet, dass er erst positiv, dann im Maximumpunkt gleich null und danach negativ ist. Damit weist der Graph der ersten Ableitung $f'(x)$ ein fallendes Kurvenverhalten auf, sodass die Ableitung von $f'(x)$, also $f''(x)$, negativ ist. Analog muss in einem Minimumpunkt die zweite Ableitung positiv sein. Diese Überlegungen führen auf die nachstehende Aussage.

Satz 6.7 *Die Funktion f sei im offenen Intervall (a, b) zweimal differenzierbar, und x_E sei ein stationärer Punkt, d. h. $f'(x_E) = 0$. Dann gilt:*

(i) *Ist $f''(x_E) > 0$, so ist x_E eine lokale Minimumstelle.*

(ii) *Ist $f''(x_E) < 0$, so ist x_E eine lokale Maximumstelle.*

Bemerkung Gilt unter den Voraussetzungen des Satzes 6.7 die Beziehung $f''(x_E) = 0$, so kann zunächst keine Aussage über das Vorliegen von Minima oder Maxima getroffen werden. In diesem Fall kann man:

▸ die Funktionswerte von f in einer Umgebung von x_E untersuchen (gibt es dabei unter systematisch oder zufällig ausgewählten Punkten aus einer Umgebung von x_E solche, die einen größeren Funktionswert als $f(x_E)$ besitzen und andere, deren Funktionswert kleiner ist, so kann kein Extremum vorliegen; sind dagegen alle berechneten Werte größer oder gleich $f(x_E)$, ist die Wahrscheinlichkeit hoch, dass man es mit einem lokalen Minimum zu tun hat, analog für ein Maximum),

▸ das Vorzeichenverhalten der ersten Ableitung in einer Umgebung $\mathcal{U}_\varepsilon(x_E)$ von x_E betrachten (wechselt dabei das Vorzeichen von $f'(x)$ in $\mathcal{U}_\varepsilon(x_E)$ nicht, so hat f in x_E kein Extremum, während bei Vorzeichenwechsel ein Minimum oder Maximum vorliegt; Genaueres hierzu siehe [10]),

▸ die Werte höherer Ableitungen in x_E überprüfen, indem man von der folgenden Aussage Gebrauch macht.

Satz 6.8 *Die Funktion f besitze im Intervall $(a, b) \in D(f)$ alle Ableitungen bis einschließlich der n-ten, und es gelte*

$$f'(x_E) = f''(x_E) = \ldots = f^{(n-1)}(x_E) = 0, \quad f^{(n)}(x_E) \neq 0.$$

Dann ist:

(i) x_E eine Minimumstelle, wenn n gerade ist und $f^{(n)}(x_E) > 0$,
(ii) x_E eine Maximumstelle, wenn n gerade ist und $f^{(n)}(x_E) < 0$.

Bemerkungen

1) Ist unter den Bedingungen von Satz 6.8 die Ordnung n der ersten nichtverschwindenden Ableitung ungerade, so handelt es sich bei x_E nicht um einen Extrempunkt, sondern um einen Wendepunkt (siehe den nachfolgenden Abschn. 6.3.3).

2) Konsequenterweise müsste man eigentlich so lange eine neutrale Bezeichnung für den Punkt x_E wählen (etwa die Bezeichnung x_s), bis man sich sicher ist, dass auch wirklich eine Extremstelle vorliegt. Da man aber nach Extremwerten sucht, ist es schon angebracht, die Bezeichnung x_E zu verwenden, auch wenn es sich nachträglich herausstellt, dass es sich in Wahrheit um einen Wendepunkt handelt.

Nachstehend sind noch einmal die Schritte zur Bestimmung von Extremwerten kurz zusammengefasst.

Bestimmung von Extremstellen

1. Berechne die erste Ableitung $f'(x)$.
2. Setze $f'(x) = 0$ und löse diese Bestimmungsgleichung nach x auf, sofern das explizit möglich ist, anderenfalls berechne ihre Lösungen x_E (stationäre Punkte) näherungsweise.
3. Berechne die zweite Ableitung $f''(x)$.
4. Überprüfe für alle stationären Punkte x_E von f den Wert $f''(x_E)$. Gilt $f''(x_E) > 0$, so liegt ein lokales Minimum vor, gilt $f''(x_E) < 0$, handelt es sich um ein lokales Maximum. Ist $f''(x_E) = 0$, lässt sich zunächst keine Entscheidung treffen. Gegebenenfalls sind die Funktionswerte von Punkten zu untersuchen, die dem Punkt x_E benachbart sind.
5. Berechne die Funktionswerte $f(x_E)$ in allen Extremstellen x_E.

Beispiel 6.11 Die Funktion $f(x) = xe^x$ soll auf Extremwerte untersucht werden. Wegen $f'(x) = (1 + x)e^x$ ergibt sich als Lösung der Gleichung $f'(x) = 0$ der einzige stationäre Punkt $x_E = -1$. Die Überprüfung des Wertes der 2. Ableitung $f''(x) = (2 + x)e^x$ im Punkt x_E ergibt $f''(-1) = 1 \cdot e^{-1} = 0{,}3679 > 0$, sodass ein lokales (und – wie man sich überlegen kann – sogar globales) Minimum vorliegt.

Abb. 6.14 Wendepunkt

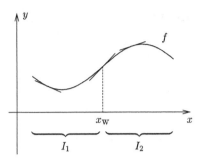

Beispiel 6.12 Welche Extrema besitzt die Funktion $f(x) = \frac{1}{8}x^4 - \frac{1}{3}x^3$? Zunächst berechnet man die erste Ableitung $f'(x) = \frac{1}{2}x^3 - x^2$ sowie die zweite Ableitung $f''(x) = \frac{3}{2}x^2 - 2x$. Die Beziehung $f'(x) = 0$ führt dann auf die Gleichung

$$\frac{1}{2}x^3 - x^2 = x^2\left(\frac{x}{2} - 1\right) = 0,$$

die die beiden Lösungen $x_{E1} = 0$ und $x_{E2} = 2$ besitzt. Wegen $f''(0) = 0$ lässt sich im ersten Fall keine Aussage treffen, während es sich bei x_{E2} um eine lokale Minimumstelle handelt, da $f''(2) = 2 > 0$ gilt.

6.3.3   Wendepunkte. Krümmungsverhalten

Wendepunkte sind Stellen, an denen sich das Krümmungsverhalten einer Funktion ändert.

Die in Abb. 6.14 dargestellte Funktion $f(x)$ weist im Intervall I_1 ein *nach oben gekrümmtes* oder, wie man sagt, *konvexes* Verhalten auf, während sie im Intervall I_2 nach unten gekrümmt, d. h. *konkav* ist. Der Übergang zwischen den beiden unterschiedlich gekrümmten Kurvenstücken wird als Wendepunkt und sein x-Wert im folgenden mit x_W bezeichnet.

Funktionen, die über ganz $D(f)$ konvex oder konkav sind, nehmen in der Optimierungstheorie, aber auch in vielen wirtschaftswissenschaftlichen Fragestellungen einen besonderen Platz ein, da sie eine Reihe nützlicher Eigenschaften besitzen. Im Rahmen des vorliegenden Buches kann darauf nicht im Detail eingegangen werden, jedoch sollen verschiedene Möglichkeiten zur Charakterisierung des Krümmungsverhaltens angegeben werden. Neben der Untersuchung einer Funktion auf Konvexität oder Konkavität an sich ist es auch von Interesse, Teilbereiche von $D(f)$ anzugeben, wo diese Eigenschaften vorliegen.

Abb. 6.15 Sekante einer konvexen Funktion

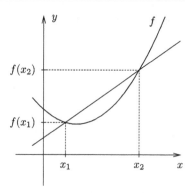

Definition Eine Funktion f wird über dem Intervall I *konvex* genannt, wenn für beliebige Punkte $x_1, x_2 \in I$ und eine beliebige Zahl $\lambda \in [0,1]$ die so genannte *Jensen'sche Ungleichung*

$$f(\lambda \cdot x_1 + (1 - \lambda) \cdot x_2) \leq \lambda \cdot f(x_1) + (1 - \lambda) \cdot f(x_2) \tag{6.23}$$

gilt. Eine Funktion f heißt über dem Intervall I *konkav*, wenn die Funktion $-f$ konvex ist, was gleichbedeutend damit ist, dass in (6.23) das Relationszeichen $\geq$ gültig ist.

Bemerkung Geometrisch lässt sich (6.23) so interpretieren, dass die Sekante durch die beiden Punkte $(x_1, f(x_1))$ und $(x_2, f(x_2))$ im Intervall (x_1, x_2) **oberhalb** des Graphen von $f(x)$ verlaufen muss (siehe Abb. 6.15). Exakter müsste man formulieren: Die Sekante darf nicht unterhalb des Graphen verlaufen; die Formulierung „oberhalb" ist allerdings kürzer und anschaulicher.

Übungsaufgabe 6.11 Man überlege sich, dass die Darstellung in Abb. 6.15 gerade der Ungleichung (6.23) entspricht, indem man die Gleichung der Sekante aufstellt und deren Wert im Punkt $x_\lambda = \lambda x_1 + (1 - \lambda) x_2$ mit dem Funktionswert $f(x_\lambda)$ vergleicht.

Weiter lässt sich eine über I konvexe und differenzierbare Funktion f auch dadurch charakterisieren, dass die Tangente an den Graphen von f in diesem Intervall **unterhalb** (exakter: nicht oberhalb) der Kurve liegt (vgl. Abb. 6.14). Dieser Sachverhalt ist gleichbedeutend mit der Gültigkeit der Ungleichung

$$f'(\bar{x}) \cdot (x - \bar{x}) \leq f(x) - f(\bar{x}) \quad \forall\, x \in I, \tag{6.24}$$

die für beliebige Punkte $\bar{x} \in I$ gelten muss. Analog liegt für eine im Intervall I konkave Funktion die Tangente in diesem Bereich stets oberhalb des Graphen von f, was der Ungleichung entspricht:

$$f'(\bar{x}) \cdot (x - \bar{x}) \geq f(x) - f(\bar{x}) \quad \forall\, x \in I \tag{6.25}$$

entspricht.

Schließlich weist in einem Bereich, wo f konvex ist, die Funktion folgendes Verhalten auf: Der Anstieg von $f(x)$, also $f'(x)$, ist eine in x monoton wachsende Funktion, was gemäß Satz 6.5 bedeutet, dass in I die Beziehung $f''(x) \geq 0$ gelten muss.

Damit lassen sich für Funktionen, die über einem Intervall I konvex bzw. konkav sind, folgende Bedingungen angeben.

Konvexe Funktion	Konkave Funktion
nach oben gekrümmt	nach unten gekrümmt
Sekante liegt oberhalb	Sekante liegt unterhalb
$f(x_\lambda) \leq \lambda f(x_1) + (1-\lambda)f(x_2)$ $\forall x_1, x_2 \in I,\ \lambda \in [0,1],$ $x_\lambda = \lambda \cdot x_1 + (1-\lambda) \cdot x_2$	$f(x_\lambda) \geq \lambda f(x_1) + (1-\lambda)f(x_2)$ $\forall x_1, x_2 \in I,\ \lambda \in [0,1],$ $x_\lambda = \lambda \cdot x_1 + (1-\lambda) \cdot x_2$
Tangente liegt unterhalb	Tangente liegt oberhalb
$f(\bar{x}) + f'(\bar{x}) \cdot (x - \bar{x}) \leq f(x)$ $\forall \bar{x}, x \in I$	$f(\bar{x}) + f'(\bar{x}) \cdot (x - \bar{x}) \geq f(x)$ $\forall \bar{x}, x \in I$
$f''(x) \geq 0 \ \forall x \in I$	$f''(x) \leq 0 \ \forall x \in I$

Wie lassen sich nun Wendepunkte bzw. deren x-Werte ermitteln? Man kann sich überlegen, dass sich in einem Wendepunkt gleichzeitig mit dem Krümmungsverhalten auch das Steigungsverhalten der Funktion $f(x)$ ändert (bei der in Abb. 6.14 dargestellten Funktion z. B. wächst der Anstieg im Intervall I_1 und fällt in I_2). Daraus kann geschlussfolgert werden, dass die erste Ableitung $f'(x)$ im Punkt x_W einen Extremwert aufweist. Ein Wendepunkt lässt sich aber auch dadurch beschreiben, dass er den Übergang bildet von einem Bereich, in dem $f''(x) \geq 0$ gilt, zu einem solchen, wo $f''(x) \leq 0$ ist oder umgekehrt. Aus beiden Überlegungen lässt sich die nachstehende **notwendige Bedingung für Wendepunkte** ableiten.

Satz 6.9 *Liegt an der Stelle x_W ein Wendepunkt vor, so gilt notwendigerweise*

$$f''(x_W) = 0. \tag{6.26}$$

Die auf diese Weise ermittelten Punkte sind *wendepunktverdächtig*, sie können Wendepunkte sein, müssen es aber nicht unbedingt. Zur Überprüfung, ob an der Stelle x_W tatsächlich ein Wendepunkt vorliegt, kann man folgende Überlegungen anstellen: Die erste Ableitung weist mit Sicherheit dann einen Extremwert auf, wenn ihre zweite Ableitung, also die dritte Ableitung der Ausgangsfunktion, entweder größer oder kleiner als null ist (vgl. die hinreichende Bedingung aus Satz 6.7). Dies führt auf die nachstehend formulierte **hinreichende Bedingung für Wendepunkte**.

Satz 6.10 *Hinreichend dafür, dass in einem Punkt x_W mit $f''(x_W) = 0$ ein Wendepunkt vorliegt, ist die Gültigkeit der Bedingung $f'''(x_W) \neq 0$.*

Bemerkungen

1) Eine Verallgemeinerung der Aussage von Satz 6.10 liefern die in Abschn. 6.3.2 im Zusammenhang mit höheren Ableitungen angestellten Überlegungen.

2) Die Art eines Wendepunktes (konkav-konvexer bzw. konvex-konkaver Übergang) lässt sich noch genauer beschreiben, indem man zwischen den Beziehungen $f'''(x_W) > 0$ und $f'''(x_W) < 0$ unterscheidet.

Bestimmung von Wendepunkten

1. Berechne die zweite Ableitung $f''(x)$.
2. Bestimme alle wendepunktverdächtigen Punkte x_W (explizit oder näherungsweise) als Lösungen der Gleichung $f''(x_W) = 0$.
3. Berechne die dritte Ableitung $f'''(x)$.
4. Überprüfe für alle Punkte x_W den Wert $f'''(x_W)$. Ist dieser ungleich null, so liegt wirklich ein Wendepunkt vor, ist er gleich null, kann keine Aussage getroffen werden werden.
5. Berechne die Funktionswerte $f(x_W)$ aller Wendepunkte x_W.

Beispiel 6.13 (Fortsetzung von Beispiel 6.11)

$$f(x) = xe^x, \ f'(x) = (x+1)e^x, \ f''(x) = (x+2)e^x, \ f'''(x) = (x+3)e^x$$

Aus $f''(x) = 0$ resultiert der einzige wendepunktverdächtige Punkt $x_W = -2$, da e^x niemals null wird. Wegen $f'''(-2) = 1 \cdot e^{-2} = 0{,}1353 \neq 0$ liegt tatsächlich ein Wendepunkt vor.

Beispiel 6.14 (Fortsetzung von Beispiel 6.12)
$$f(x) = \tfrac{1}{8}x^4 - \tfrac{1}{3}x^3, \ f'(x) = \tfrac{1}{2}x^3 - x^2, \ f''(x) = \tfrac{3}{2}x^2 - 2x, \ f'''(x) = 3x - 2$$
Die Beziehung $f''(x) = 0$ ist gleichbedeutend mit $\tfrac{3}{2}x^2 - 2x = 0$ oder, nach Ausklammern, $x(\tfrac{3}{2}x - 2) = 0$, woraus sich $x_{W1} = 0$ und $x_{W2} = \tfrac{4}{3}$ ergeben. Im ersten Fall gilt $f'''(0) = -2 \neq 0$, im zweiten $f'''(\tfrac{4}{3}) = 3 \cdot \tfrac{4}{3} - 2 = 2 \neq 0$, sodass beide Male tatsächlich Wendepunkte vorliegen.

Beispiel 6.15 Die als *Dichtefunktion der standardisierten Normalverteilung* (Gauß'sche Glockenkurve, s. Abb. 6.16) bezeichnete Funktion $f(x) = \frac{1}{\sqrt{2\pi}}e^{-\frac{x^2}{2}}$, die in der Wahrscheinlichkeitsrechnung und Statistik eine herausragende Rolle spielt, besitzt Wendepunkte für $x_W = 1$ und $x_W = -1$. Dies ergibt sich aus der Beziehung $f''(x) = 0$ mit $f''(x) = \frac{1}{\sqrt{2\pi}}(x^2 - 1)e^{-\frac{x^2}{2}}$ und der Tatsache, dass $f'''(x) = \frac{1}{\sqrt{2\pi}}x(3 - x^2)e^{-\frac{x^2}{2}}$ an diesen Stellen ungleich null ist. Ferner ist die Funktion nach unten durch 0, nach oben durch $\frac{1}{\sqrt{2\pi}} \approx 0{,}4$ beschränkt, was dem Funktionswert im Maximumpunkt $x_E = 0$ entspricht.

Abb. 6.16 Gauß'sche Glockenkurve

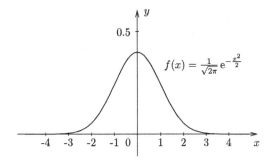

6.3.4 Kurvendiskussion

Es wurde bereits mehrfach erwähnt, dass die Modellierung ökonomischer Gesetzmäßigkeiten und Zusammenhänge oftmals auf Funktionen führt. Liegt eine Funktion in grafischer Form vor, kann man ihren typischen Verlauf sofort erkennen, wenngleich die genauen Werte relevanter Bestimmungsstücke meist nur näherungsweise abgelesen werden können. Häufig ist aber eine Funktion durch einen analytischen Ausdruck, d. h. eine Formel, gegeben, die zudem weitere, wertmäßig zunächst unbekannte Größen, so genannte *Parameter*, enthalten kann. Will man dann wichtige Charakteristika wie Nullstellen, Monotoniebereiche, Krümmungsverhalten, Extremwerte usw. exakt bestimmen oder ist die grafische Darstellung der Funktion von Interesse, so ist eine *Kurvendiskussion* hilfreich. Dazu gehören neben der bereits ausführlich besprochenen Ermittlung von Extrem- und Wendepunkten noch eine Reihe weiterer Schritte, die in Form einer tabellarischen Übersicht „Bestandteile einer Kurvendiskussion" aufgeführt sind. Einige der Schritte sollen nachstehend noch etwas detaillierter erläutert werden.

Definitions- und Wertebereich Für die Angabe des Definitionsbereichs $D(f)$ einer Funktion hat man diejenigen Werte zu bestimmen, für die die Funktion definiert bzw. nicht definiert ist. Bei Wurzel- oder Logarithmusfunktionen z. B. muss das Argument nichtnegativ bzw. positiv sein; bei gebrochen rationalen Funktionen darf der Nenner nicht gleich null sein usw. Der Wertebereich $W(f)$ ist im Allgemeinen a priori schwer angebbar, von Sonderfällen, wie etwa quadratischen Funktionen, einmal abgesehen. Er ist jedoch vor allem im Zusammenhang mit der Beschränktheit einer Funktion von Bedeutung.

Nullstellenbestimmung, Extremwerte, Wendepunkte Bei allen drei Aufgaben sind Bestimmungsgleichungen der Form $F(x) \overset{!}{=} 0$ (mit $F(x) = f(x)$, $F(x) = f'(x)$ bzw. $F(x) = f''(x)$) zu lösen. Dies kann in Sonderfällen eine einfache Aufgabe sein, im allgemeinen Fall hat man numerische Näherungsverfahren anzuwenden (vgl. Abschn. 6.4). Ausführlicher wurde über Extremwerte und Wendepunkte in den Abschn. 6.3.2 und 6.3.3 gesprochen.

Verhalten an Polstellen und im Unendlichen An Polstellen x_P, die typischerweise bei gebrochen rationalen Funktionen auftreten, sind die betrachteten Funktionen nicht definiert, während sie in einer Umgebung von x_P gegen $+\infty$ oder $-\infty$ streben. Hier muss man – wie auch beim Verhalten im Unendlichen – zu Grenzwertbetrachtungen Zuflucht nehmen (vgl. Abschn. 6.1.1). Will man Grenzwerte an Polstellen berechnen, kann man folgenden Zugang wählen: Man setzt $x = x_P + \frac{1}{z}$ sowie $\widetilde{f}(z) = f(x)$ und betrachtet anstelle von $\lim\limits_{x \to x_P} f(x)$ den Grenzwert $\lim\limits_{z \to \infty} \widetilde{f}(z)$ (bei Annäherung an x_P von rechts, d. h. $x \downarrow x_P$) bzw. $\lim\limits_{z \to -\infty} \widetilde{f}(z)$ (bei Annäherung von links, d. h. $x \uparrow x_P$). Die entstehenden Ausdrücke werden so umgeformt, dass gebrochen rationale Funktionen entstehen.

Beispiel 6.16 Es soll $\lim\limits_{x \downarrow 1} \frac{x+1}{x-1}$ berechnet werden. Der Punkt $x_P = 1$ ist offensichtlich (einzige) Polstelle. Setzt man $x = x_P + \frac{1}{z}$, ergibt sich

$$f(x) = \frac{x+1}{x-1} = \frac{x_P + \frac{1}{z} + 1}{x_P + \frac{1}{z} - 1} = \frac{2 + \frac{1}{z}}{\frac{1}{z}} = \frac{2z+1}{1} = 2z + 1.$$

Hieraus folgt $\widetilde{f}(z) = 2z + 1$ und

$$\lim\limits_{x \downarrow 1} f(x) = \lim\limits_{z \to \infty} \widetilde{f}(z) = \lim\limits_{z \to \infty} (2z + 1) = \infty.$$

Übungsaufgabe 6.12 Man berechne $\lim\limits_{x \uparrow 1} \frac{x+1}{x-1}$.

Monotoniebereiche und Krümmungsverhalten Hier sind jeweils Ungleichungen (wie z. B. $f'(x) \geq 0$ oder $f''(x) \geq 0$) zu überprüfen bzw. zu lösen, was – in Abhängigkeit von der betrachteten Funktion – eine relativ einfache oder sehr komplizierte Aufgabe sein kann (hinsichtlich weiterer Kriterien vgl. die Abschn. 6.3.1 und 6.3.3).

Bemerkung Zwischen Monotonie und Krümmungsverhalten besteht kein unmittelbarer Zusammenhang (was insofern klar ist, da die entsprechenden Kriterien zum einen die erste, zum anderen die zweite Ableitung benutzen).

Beispiel 6.17
a) $f(x) = x^4$ ist konvex in $\mathbb{R}$, monoton fallend für $x \leq 0$ und monoton wachsend für $x \geq 0$.
b) $f(x) = x^3$ ist wegen $f'(x) = 3x^2 \geq 0$ auf ganz $\mathbb{R}$ monoton wachsend. Wegen $f''(x) = 6x$ ist f konvex für $x \geq 0$ und konkav für $x \leq 0$.

Funktionswerte Mitunter liefern alle bisher untersuchten Aspekte nur spärliche Hinweise auf den Kurvenverlauf der betrachteten Funktion. In diesem Fall ist es günstig, neben $f(0)$, $f(x_E)$, $f(x_W)$ die Funktionswerte für weitere ausgewählte Werte x zu berechnen, vorrangig für solche x, wo ein „interessantes" Kurvenverhalten zu erwarten ist, etwa in der Nähe von Polstellen, Wende- und Extrempunkten usw.

Bestandteile einer Kurvendiskussion

1. Definitionsbereich $D(f)$:   Wo ist f definiert und wo nicht?

2. Wertebereich $W(f)$:   Welche Werte kann $f(x)$ annehmen?

3. Schnittpunkt mit der y-Achse: Setze $x = 0$ und berechne $f(0)$.

4. Nullstellen (Schnittpunkte mit der x-Achse):
   Löse die Aufgabe $f(x) \overset{!}{=} 0$.

5. Extrempunkte: Löse die Aufgabe $f'(x) \overset{!}{=} 0$ zur Bestimmung stationärer Punkte x_E und berechne die zugehörigen Funktionswerte und zweiten Ableitungen. Gilt $f''(x_E) > 0$, liegt ein lokales Minimum vor, für $f''(x_E) < 0$ ein lokales Maximum. Bei $f''(x_E) = 0$ ist zunächst keine Aussage möglich.

6. Wendepunkte: Löse die Aufgabe $f''(x) \overset{!}{=} 0$ zur Bestimmung wendepunktverdächtiger Stellen x_W und bestimme die Funktionswerte in den erhaltenen Punkten. Gilt $f'''(x_W) \neq 0$, liegt tatsächlich ein Wendepunkt vor, anderenfalls ist zunächst keine Aussage möglich.

7. Verhalten an Polstellen: Untersuche das Verhalten von f in der Nähe von Polstellen x_P, d. h., bestimme $\lim\limits_{x \uparrow x_P} f(x)$ und $\lim\limits_{x \downarrow x_P} f(x)$.

8. Verhalten im Unendlichen:
   Bestimme $\lim\limits_{x \to +\infty} f(x)$ sowie $\lim\limits_{x \to -\infty} f(x)$.

9. Monotoniebereiche: Untersuche das Vorzeichen von f'. Ist in einem Intervall $f'(x) \geq 0$, so ist f dort monoton wachsend, bei $f'(x) \leq 0$ monoton fallend.

10. Krümmungsverhalten: Untersuche das Vorzeichen von f''. Ist in einem Intervall $f''(x) \geq 0$, so ist f dort konvex, bei $f''(x) \leq 0$ konkav.

11. Beschränktheit: Gibt es Zahlen C_o und C_u derart, dass gilt $f(x) \leq C_o$ und/oder $f(x) \geq C_u \ \forall \ x \in D(f)$?

12. Funktionswerte: Berechne für weitere sinnvoll ausgewählte Punkte die zugehörigen Funktionswerte.

13. Grafische Darstellung: Skizziere die Funktion unter Ausnutzung aller gewonnenen Informationen.

6.3.5   Beispiele zur Kurvendiskussion

Beispiel 6.18 $y = f(x) = x \cdot e^x$

Diese Funktion wurde bereits in den Abschn. 6.3.2 und 6.3.3 betrachtet. Ihre Ableitungen lauten

$$f'(x) = (x+1)e^x, \quad f''(x) = (x+2)e^x, \quad f'''(x) = (x+3)e^x.$$

Definitionsbereich: $D(f) = \mathbb{R}$

Schnittpunkt mit der y-Achse: $f(0) = 0$

Abb. 6.17 Grafische Darstellung zu Beispiel 6.18

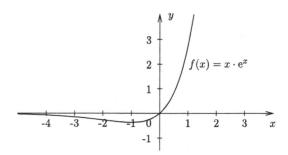

Nullstellen: Der Wert $x_0 = 0$ ist einzige Nullstelle, da der Faktor e^x stets größer als null ist.

Extrempunkte: Der Punkt $x_E = -1$ mit $f(-1) = -0{,}3679$ liefert wegen der Beziehung $f''(-1) = 1 \cdot e^{-1} > 0$ ein lokales Minimum.

Wendepunkte: Der Punkt $x_W = -2$ mit $f(-2) = -0{,}2707$ stellt aufgrund von $f'''(-2) \neq 0$ einen Wendepunkt dar.

Verhalten im Unendlichen: $\lim\limits_{x \to +\infty} x \cdot e^x = \infty$; ferner ergibt sich unter Anwendung der L'Hospital'schen Regel $\lim\limits_{x \to -\infty} x \cdot e^x = \lim\limits_{x \to -\infty} \frac{x}{e^{-x}} = \lim\limits_{x \to -\infty} \frac{1}{-e^{-x}} = 0$.

Monotonie: Die Funktion ist wegen $f'(x) \geq 0$ für $x \geq -1$ (streng) monoton wachsend und wegen $f'(x) \leq 0$ im Bereich $x \leq -1$ (streng) monoton fallend.

Krümmungsverhalten: Wegen $f''(x) \geq 0$ für $x \geq -2$ ist dort die Funktion konvex, während sie im Bereich $x \leq -2$ wegen $f''(x) \leq 0$ konkav ist.

Grafische Darstellung: Siehe Abb. 6.17.

Beispiel 6.19 $f(x) = \dfrac{1}{8}x^4 - \dfrac{1}{3}x^3$

Die Ableitungen lauten

$$f'(x) = \frac{1}{2}x^3 - x^2, \quad f''(x) = \frac{3}{2}x^2 - 2x, \quad f'''(x) = 3x - 2.$$

Definitionsbereich: $D(f) = \mathbb{R}$

Schnittpunkt mit der y-Achse: $f(0) = 0$

Nullstellen: Aus der Bedingung $f(x) \overset{!}{=} 0$ erhält man nach Ausklammern von x^3 die Gleichung $x^3\left(\frac{x}{8} - \frac{1}{3}\right) = 0$, woraus sich durch Fallunterscheidung die (dreifache) Nullstelle $x_{01} = 0$ sowie die (einfache) Nullstelle $x_{02} = \frac{8}{3}$ ergeben.

Extrempunkte: Die Forderung $f'(x) \overset{!}{=} 0$ liefert $x^2\left(\frac{x}{2} - 1\right) = 0$. Daraus ergibt sich als ein stationärer Punkt $x_{E1} = 0$ mit $f(0) = 0$ und $f''(0) = 0$, weshalb zunächst keine Aussage über die Art des Extremums möglich ist, sowie $x_{E2} = 2$ mit $f(2) = -\frac{2}{3}$ und $f''(2) = 2 > 0$, sodass hier ein lokales Minimum vorliegt.

Wendepunkte: Die Gleichung $f''(x) \overset{!}{=} 0$ führt auf $x\left(\frac{3}{2}x - 2\right) = 0$, woraus folgt $x_{W1} = 0$ mit $f(0) = 0$ und $f'''(0) = -2 \neq 0$, sowie $x_{W2} = \frac{4}{3}$ mit $f\left(\frac{4}{3}\right) = -0{,}395$ und $f'''\left(\frac{4}{3}\right) = 2 \neq 0$,

Abb. 6.18 Graphische Darstellung zu Beispiel 6.19

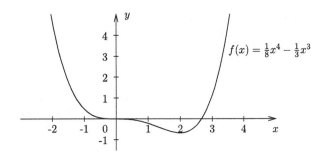

sodass in beiden Fällen tatsächlich Wendepunkte vorliegen; beim ersten spricht man wegen $f'(x_{W1}) = 0$ von einem *Horizontalwendepunkt*. Damit ist $x = 0$ kein Extrempunkt.

Verhalten im Unendlichen:

$$\lim_{x \to \pm\infty} f(x) = \lim_{x \to \pm\infty} x^4 \left(\frac{1}{8} - \frac{1}{3x} \right) = \infty,$$

Monotonie: Wegen $f'(x) \geq 0$ für $x \geq 2$ ist die Funktion in diesem Bereich monoton wachsend, im Bereich $x \leq 2$ wegen $f'(x) \leq 0$ monoton fallend.

Krümmungsverhalten: Die Funktion ist in den beiden Intervallen $\left[\frac{4}{3}, \infty \right)$ und $(-\infty, 0]$ konvex, während sie im Intervall $\left[0, \frac{4}{3} \right]$ konkav ist, da in diesen Bereichen $f''(x)$ entsprechend größer bzw. kleiner als null ist.

Wertetabelle:

x	-2	-1	1	3
y	4,667	0,458	$-0,21$	1,125

Grafische Darstellung: Siehe Abb. 6.18.

Beispiel 6.20 $f(x) = \dfrac{x^2 - 2x - 2}{2 - x}$

Die Ableitungen lauten

$$f'(x) = \frac{-x^2 + 4x - 6}{(2 - x)^2}, \quad f''(x) = \frac{-4}{(2 - x)^3}, \quad f'''(x) = \frac{-12}{(2 - x)^4}.$$

Definitionsbereich: $D(f) = \mathbb{R} \setminus \{2\}$

Schnittpunkt mit der y-Achse: $f(0) = -1$

Nullstellen: Setzt man den Zähler gleich null, ergibt sich die quadratische Gleichung $x^2 - 2x - 2 = 0$, die die beiden Lösungen $x_{01} = 1 + \sqrt{3} = 2,732$ und $x_{02} = 1 - \sqrt{3} = -0,732$ hat, für die jeweils der Nenner ungleich null ist.

Extrempunkte: Setzt man in $f'(x)$ den Zähler gleich null, ergibt sich die quadratische Gleichung $x^2 - 4x + 6 = 0$, die keine reelle Lösung besitzt, sodass es keine Extremstellen gibt.

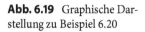

Abb. 6.19 Graphische Darstellung zu Beispiel 6.20

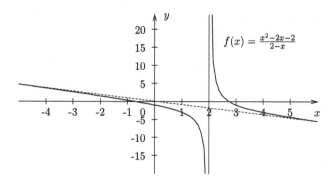

$$f(x) = \frac{x^2 - 2x - 2}{2 - x}$$

Wendepunkte: Da der Zähler in $f''(x)$ gleich -4 ist, kann es keine Nullstellen und somit keine Wendepunkte geben.

Polstellen: Es liegt eine (ungerade) Polstelle im Punkt $x_P = 2$ vor (Nenner gleich null, Zähler ungleich null).

Grenzverhalten in der Nähe der Polstelle:

$$\lim_{x \downarrow 2} f(x) = \left(\lim_{x \downarrow 2} (x^2 - 2x - 2) \right) : \left(\lim_{x \downarrow 2} (2 - x) \right) = \frac{-2}{\lim_{x \downarrow 2} (2 - x)} = +\infty$$

(der Grenzwert eines Quotienten ist gleich dem Quotienten der Grenzwerte, sofern letzterer sinnvoll definiert ist),

$$\lim_{x \uparrow 2} f(x) = -\infty$$

Verhalten im Unendlichen: Partialdivision führt auf die Darstellung $f(x) = -x - \frac{2}{2-x}$, sodass die Funktion $g(x) = -x$ die Asymptote darstellt; folglich gilt

$$\lim_{x \to \infty} f(x) = -\infty, \quad \lim_{x \to -\infty} f(x) = +\infty.$$

Monotonie: Für den Zähler in $f'(x)$ gilt (nach quadratischer Ergänzung) $-x^2 + 4x - 6 = -(x - 2)^2 - 2 < 0$, während der Nenner positiv ist. Folglich ist die Funktion in ganz $\mathbb{R}$ monoton fallend.

Krümmungsverhalten: Der Zähler in $f''(x)$ ist negativ, während der Nenner für $x > 2$ negativ und für $x < 2$ positiv ist. Mithin ist die Funktion im Intervall $(2, \infty)$ konvex und im Intervall $(-\infty, 2)$ konkav.

Wertetabelle:

x	-1	0	1	$1{,}9$	$2{,}1$	3	4
y	$0{,}33$	-1	-3	$-21{,}9$	$17{,}9$	-1	-3

Grafische Darstellung: Siehe Abb. 6.19.

Übungsaufgabe 6.13 Führen Sie für die Funktion $y = s(t) = \dfrac{a}{1 + be^{-ct}}$ eine vollständige Kurvendiskussion durch. Benutzen Sie dafür entweder allgemeine Parameterwerte $a, b, c > 0$ oder wählen Sie die speziellen Werte $a = 100$, $b = 19$, $c = 1$.

6.3.6   Anwendungen in der Marginalanalyse

Bisher haben wir die Differenzialrechnung aus ganz pragmatischen Gründen eingeführt: wir wollten eine gegebene mathematische Funktion auf bestimmte Eigenschaften wie das Vorliegen von Extrema, Wachstums- und Krümmungsverhalten usw. untersuchen, was ohne den Begriff der Ableitung oftmals auf komplizierte Ungleichungen führt. Es stellt sich jedoch heraus, dass gerade auch bei der Analyse wirtschaftlicher Gegebenheiten und Sachverhalte die Differenzialrechnung ein sehr wirksames Instrument darstellt, das in vielen Bereichen von Betriebs- und Volkswirtschaftslehre eine wesentliche Rolle spielt. Stellvertretend für die vielen speziellen Einzelanwendungen, die meist mit dem Sammelbegriff *Marginalanalyse* bezeichnet werden, sollen im folgenden einige Grundtypen ökonomischer Anwendungen näher vorgestellt werden: die Begriffe der Grenz- und Durchschnittsfunktionen, Elastizitätsbetrachtungen, Fehlerrechnung sowie die Klassifikation von Wachstum.

Grenz- und Durchschnittsfunktion

Die ökonomische Interpretation der ersten Ableitung z. B. einer Kostenfunktion $K(x)$ bezieht sich auf deren Definition unter Verwendung des Differenzenquotienten. Die Differenz $\Delta K(x) = K(x + \Delta x) - K(x)$ gibt zunächst an, um wie viel sich die Kosten K (absolut) ändern, wenn die Fertigungsmenge x um eine (kleine) Zahl Δx verändert wird. Dividiert man diese so genannten *marginalen Kosten* durch die Mengenänderung, so erhält man ein relatives Maß für die Kostenänderung, beim Grenzübergang zu infinitesimal kleinen Mengenänderungen dann den Differenzialquotienten

$$K'(x) = \frac{\mathrm{d}K(x)}{\mathrm{d}x} = \lim_{\Delta x \to 0} \frac{K(x + \Delta x) - K(x)}{\Delta x},$$

der gleichzeitig den Anstieg der Kostenkurve im Punkt x angibt. Dieser Anstieg ist damit identisch mit dem ökonomischen Begriff der *marginalen Kostenquote* bzw. der *Grenzkostenfunktion* GK.

Dieses Vorgehen bezüglich des Änderungsverhaltens einer ökonomischen Funktion ist mathematisch immer gleichbedeutend mit der Bildung der ersten Ableitung dieser Funktion (und Einsetzen des jeweiligen konkreten Punktes x in die Ableitungsfunktion), und ist beispielsweise für die in der nachstehenden Übersicht aufgeführten Funktionen sinnvoll anwendbar.

Ökonomische Funktion	Zugehörige Grenzfunktion
Kostenfunktion $K(x)$	Grenzkosten $GK = K'(x)$
Umsatzfunktion $U(x)$	Grenzumsatz $GU = U'(x)$
Gewinnfunktion $G(x)$	Grenzgewinn $G'(x)$
Steuerfunktion $S(x)$	Grenzsteuer $S'(x)$

Beispiel 6.21 Wir betrachten die von der Produktionsmenge x abhängige Kostenfunktion $K(x) = x^3 - 15x^2 + 100x + 3000$. Die entsprechende Grenzkostenfunktion lautet dann $GK = K'(x) = 3x^2 - 30x + 100$.

Konkret erhalten wir beispielsweise bei einer Produktionsmenge von $x = 8$ die Grenzkostenquote $K'(8) = 52$. Dies bedeutet, dass bei einer kleinen Veränderung der Produktionsmenge um Δx in etwa eine Kostenänderung von $K'(8) \cdot \Delta x = 52 \cdot \Delta x$ zu erwarten ist. Setzen wir z. B. für Δx den Wert 1 ein (im Vergleich zur Absolutgröße von $x = 8$ ist dies allerdings recht groß), so müssten sich bei einer Erhöhung der Stückzahl x von 8 auf 9 die Kosten um ca. 52 Einheiten erhöhen. Exaktes Nachrechnen ergibt $K(8) = 3352$ und $K(9) = 3414 = K(8) + 62$, d. h., die tatsächliche Kostenänderung ist mit 62 Einheiten noch größer als es die Grenzkostenquote angibt. Dieser Unterschied entspricht dem Fehler, der bei der Ersetzung eines Differenzenquotienten durch den Differenzialquotienten gemacht wird, und ist im Übrigen umso geringer, je kleiner die betrachtete Größe Δx ist und je weniger die untersuchte Funktion gekrümmt ist.

Neben der Grenzfunktion ist insbesondere bei Kosten-, Umsatz- und Gewinnfunktionen auch die entsprechende *Durchschnittsfunktion* von ökonomischem Interesse. Diese entsteht einfach durch Division des Funktionswertes durch die unabhängige Variable x. Auch wenn der Wert von x zunächst nicht bekannt ist (und etwa im Rahmen einer Minimierung erst später bestimmt wird), ist eine solche Darstellung korrekt (selbstverständlich für $x \neq 0$).

Definition Die Durchschnittsfunktion der stetigen Funktion $f(x)$ berechnet sich zu $d(x) = \frac{f(x)}{x}$ (für $x \neq 0$).

Besonders nahe liegend ist diese Festlegung, wenn x eine Stückzahl darstellt und $f(x)$ z. B. die Kosten in Abhängigkeit von der produzierten Menge angibt. Dann entspricht nämlich der Quotient $\frac{f(x)}{x}$ gerade den durchschnittlichen Kosten *pro produziertem Stück*, d. h. den Stückkosten $k(x) = \frac{K(x)}{x}$.

Beispiel 6.22 Der Kostenfunktion $K(x) = x^3 - 15x^2 + 100x + 3000$ aus Beispiel 6.21 entsprechen die Stückkosten $k(x) = \frac{K(x)}{x} = x^2 - 15x + 100 + \frac{3000}{x}$ (die natürlich nur für positive Stückzahlen $x > 0$ sinnvoll sind).

Bemerkung Zwischen einer ökonomischen Funktion $f(x)$, ihrer Grenzfunktion $f'(x)$ sowie ihrer Durchschnittsfunktion $d(x)$ bestehen mathematisch wie ökonomisch sehr interessante Zusammenhänge. Zum einen schneiden sich wegen der Beziehungen $f(1) = d(1) = \frac{f(1)}{1}$ die Funktionen f und $\frac{f}{x}$ immer an der Stelle $x = 1$, sodass also dort z. B. Kosten und Durchschnittskosten übereinstimmen.

Zum anderen kann auch die Ableitung der Durchschnittsfunktion $d(x)$ betrachtet werden: Ein Punkt mit maximalem Wert der Durchschnittsfunktion ist dadurch gekennzeichnet, dass dort ein Übergang von wachsenden ($d'(x) > 0$) zu fallenden ($d'(x) < 0$) Durchschnittskosten stattfindet (bei minimalem Wert der Durchschnittsfunktion entsprechend umgekehrt), und kann mittels der Gleichung

$$d'(x) = \left(\frac{f(x)}{x}\right)' = \frac{f'(x) \cdot x - f(x) \cdot 1}{x^2} = 0 \tag{6.27}$$

Abb. 6.20 Kostenfunktion, Grenzkosten und Stückkosten

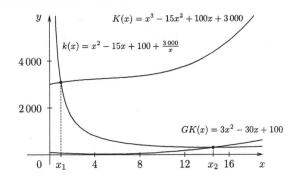

berechnet werden, wobei die Quotientenregel der Differenzialrechnung benutzt wurde. Zur Lösung von (6.27) hat man den Zähler null zu setzen. Nach Umformung ergibt sich daraus $f'(x) = \frac{f(x)}{x} = d(x)$. Ökonomisch bedeutet dies z. B. für die Kostenfunktion $K(x) = f(x)$, dass die Werte von Grenzkosten $GK = f'(x)$ und Durchschnittskosten $k(x) = \frac{f(x)}{x}$ genau in Punkten mit maximalen bzw. minimalen Durchschnittskosten einander gleich sind, die beiden Funktionsgraphen sich also dort schneiden.

Beispiel 6.23 Wir betrachten nochmals die Kostenfunktion aus den Beispielen 6.21 und 6.22, die in Abb. 6.20 gemeinsam mit der zugehörigen Grenzkosten- und Stückkostenfunktion dargestellt ist.

Es gilt:

$$\text{Kostenfunktion} \quad K(x) \quad = \quad x^3 - 15x^2 + 100x + 3000;$$

$$\text{Grenzkosten} \quad GK(x) \quad = \quad 3x^2 - 30x + 100;$$

$$\text{Stückkosten} \quad k(x) \quad = \quad x^2 - 15x + 100 + \frac{3000}{x}.$$

Der Schnittpunkt von Kosten- und Stückkostenfunktion $(K(x_1) = k(x_1))$ liegt dann, wie bereits erwähnt, bei $x_1 = 1$, während der Schnittpunkt von Stückkosten und Grenzkosten $(GK(x_2) = k(x_2))$ aus der Abbildung mit $x_2 \approx 14{,}5$ abzulesen ist. Letzterer Punkt zeigt gerade die minimalen Stückkosten an und kann aus der Beziehung $3x_2^2 - 30x_2 + 100 = x_2^2 - 15x_2 + 100 + \frac{3000}{x_2}$ exakt berechnet werden. Diese stellt allerdings – nach Multiplikation mit x_2 – eine kubische Gleichung dar und erfordert zur Nullstellenbestimmung i. Allg. die Benutzung eines Näherungsverfahrens (siehe Abschn. 6.4).

Elastizitätsbetrachtungen

In den Wirtschaftswissenschaften wird häufig der Begriff *Elastizität* verwendet. Allgemein versteht man darunter die Anpassungsfähigkeit einer ökonomischen Größe an veränderte Rahmenbedingungen, genauer gesagt, ein Maß für die relative Änderung einer abhängigen Größe im Verhältnis zur relativen Änderung einer unabhängigen Größe. Die relativen (oder prozentualen) Änderungen von x und y stellen dabei selbst Quotienten dar indem die Änderungen Δy bzw. Δx der abhängigen Variablen y bzw. unabhängigen Variablen x jeweils auf den Wert bezogen werden, in dem die Änderung vorgenommen wird. Dadurch werden die entsprechenden Größen dimensionslos.

Für die endliche Größe Δx erhält man zunächst die zur Funktion $y = f(x)$ über dem Intervall $[x, x + \Delta x]$ gehörige *mittlere Elastizität* (als Quotient der prozentualen Änderungen von x und y):

$$E_f(x) = \frac{\Delta y}{y} : \frac{\Delta x}{x} = \frac{\Delta y}{\Delta x} : \frac{y}{x}. \tag{6.28}$$

Nach Grenzübergang $\Delta x \to 0$ ergibt sich die so genannte *Punktelastizität* im Punkt x:

$$\varepsilon_{y,x} = f'(x) \cdot \frac{x}{y} = f'(x) \cdot \frac{x}{f(x)}. \tag{6.29}$$

Beträgt der Nenner $\frac{\Delta x}{x}$ in (6.28) 1 %, so gibt die Zahl $E_f(x)$ die Änderung von y in Prozent an. Dasselbe trifft auf $\varepsilon_{y,x}$ zu (hier allerdings nur näherungsweise). Ändert sich die unabhängige Variable nicht um ein, sondern um a Prozent, so ändert sich die abhängige Variable y (näherungsweise) um $a \cdot \varepsilon_{y,x}$ Prozent.

Aus den entsprechenden Regeln der Differenzialrechnung lassen sich dabei folgende Rechenregeln für Elastizitäten ableiten:

Multiplikation mit konstantem Faktor c	$\varepsilon_{c \cdot y, x}$	$= \varepsilon_{y,x}$
Summe von Funktionen	$\varepsilon_{y+z, x}$	$= \dfrac{y \cdot \varepsilon_{y,x} + z \cdot \varepsilon_{z,x}}{y + z}$
Produkt von Funktionen	$\varepsilon_{y \cdot z, x}$	$= \varepsilon_{y,x} + \varepsilon_{z,x}$
Quotient von Funktionen	$\varepsilon_{\frac{y}{z}, x}$	$= \varepsilon_{y,x} - \varepsilon_{z,x}$
verkettete Funktion	$\varepsilon_{y(z), x}$	$= \varepsilon_{y,z} \cdot \varepsilon_{z,x}$

Im wirtschaftlichen Bereich gibt es eine Vielzahl an Möglichkeiten zur Ermittlung von Elastizitäten wirtschaftlicher Beziehungen, die durch Funktionen gegeben sind. Je nach den möglichen Wertausprägungen der Elastizität heißt die entsprechende ökonomische Funktion $y = f(x)$

▸ *elastisch* (im Punkt x), wenn $|\varepsilon_{y,x}| > 1$ gilt,

▸ *proportional-elastisch* (im Punkt x), wenn $|\varepsilon_{y,x}| = 1$,

▸ *unelastisch* (im Punkt x), wenn $|\varepsilon_{y,x}| < 1$.

Beispiel 6.24 Die *Preis-Absatz-Funktion* $x = f(p) = -\frac{1}{10}p + 50$ soll die Abhängigkeit der nachgefragten Menge x vom jeweiligen Preis p eines Erzeugnisses beschreiben. Die relative Änderung dieser Nachfrage bei relativer Änderung des Preises heißt *direkte Preiselastizität* und wird entsprechend (6.29) durch

$$\varepsilon_{x,p} = f'(p) \cdot \frac{p}{x} = -\frac{1}{10} \cdot \frac{p}{x}$$

bestimmt. Die Art der Preiselastizität kann daraus mithilfe einer kleinen Wertetabelle, in der die *Elastizitätsbereiche* angegeben sind, gut abgelesen werden:

p	0	100	200	250	300	400	500
$x = f(p)$	50	40	30	25	20	10	0
$\varepsilon_{x,p}$	0	−0,25	−0,67	−1,0	−1,5	−4,0	nicht definiert
Nachfrage		unelastisch				elastisch	

Insbesondere bedeutet dies, dass bei $p < 250$ die (relative) Nachfrageänderung betragsmäßig kleiner als die (relative) Preisänderung ist ($-1 < \varepsilon_{x,p} < 0$), für $p = 250$ gerade übereinstimmt und für $p > 250$ größer ist ($\varepsilon_{x,p} < -1$). Je höher also in diesem Beispiel der Preis, desto stärker wirkt sich eine weitere Preisänderung direkt auf die Nachfrage aus. So verursacht bei $p = 400$ eine Preiserhöhung um 1 Prozent bereits eine Nachfrageminderung um 4 Prozent (wegen $\varepsilon_{x,p} = -4,0$).

Abschließend untersuchen wir noch einen wichtigen Zusammenhang zwischen der Durchschnittsfunktion $d(x) = \frac{f(x)}{x}$, der Grenzfunktion $f'(x)$ sowie den Elastizitäten $\varepsilon_{f,x}$ und $\varepsilon_{d,x}$. Aus (6.29) sowie (6.27) folgt zunächst

$$\varepsilon_{f,x} = f'(x)\frac{x}{f(x)} = \frac{f'(x)}{d(x)} \text{ und } d'(x) = \frac{xf'(x) - f(x)}{x^2},$$

woraus man die Elastizität der Durchschnittsfunktion

$$\varepsilon_{d,x} = \frac{xf'(x) - f(x)}{x^2} \cdot \frac{x}{d(x)} = f'(x)\frac{x}{f(x)} - 1 = \varepsilon_{f,x} - 1$$

erhält. Die daraus abgeleitete Beziehung

$$f'(x) = \varepsilon_{f,x} \cdot d(x) = d(x) \cdot (1 + \varepsilon_{d,x})$$

ist in der wirtschaftswissenschaftlichen Literatur unter der Bezeichnung *allgemeine Amoroso-Robinson-Gleichung* zu finden.[7,8]

Klassifikation von Wachstum

Neben dem in Abschn. 6.3.1 eingeführten allgemeinen Monotoniebegriff für Funktionen gibt es weitere Möglichkeiten zur Beschreibung von Wachstumsverhalten, die besonders zur Charakterisierung von ökonomischen, meist zeitabhängigen Größen verwendet werden. Die Funktion $y = f(t)$ werde im betrachteten Intervall $[a, b]$, $a \geq 0$, als positiv vorausgesetzt.

---

[7] Amoroso, Luigi (1886–1965), ital. Mathematiker und Wirtschaftswissenschaftler.
[8] Robinson, Joan Violet (1903–1983), britische Ökonomin.

Definition Eine Funktion f heißt im Intervall $[a, b]$

(a) *progressiv wachsend*, wenn $f'(t) > 0, f''(t) > 0 \quad \forall t \in [a, b]$;
(b) *degressiv wachsend*, wenn $f'(t) > 0, f''(t) < 0 \quad \forall t \in [a, b]$;
(c) *linear wachsend*, wenn $f'(t) > 0, f''(t) = 0 \quad \forall t \in [a, b]$;
(d) *fallend*, wenn $f'(t) < 0 \quad \forall t \in [a, b]$.

Definition Ist $y = f(t)$ eine zeitabhängige positive Größe, so bezeichnet der Quotient

$$w(t, f) = \frac{f'(t)}{f(t)} \tag{6.30}$$

das *Wachstumstempo* der Funktion f zum Zeitpunkt t.

Dieses Wachstumstempo ist – wie die oben eingeführten Elastizitäten – ein relativer Wert, der nicht vom benutzten Maßstab von f abhängt und damit gut zum Vergleich des Wachstums unterschiedlicher ökonomischer Größen geeignet ist. Allerdings ist $w(t, f)$ nicht dimensionslos wie $\varepsilon_{y,x}$, sondern besitzt immer die Einheit $\frac{1}{ZE}$, wobei ZE der Maßstab der Zeitmessung von t ist.

Mit Hilfe des Begriffs Wachstumstempo lässt sich ebenfalls das Wachstumsverhalten einer Funktion beschreiben. So nennen manche Autoren die monoton wachsende Funktion f im Intervall $[a, b]$

(i) *progressiv wachsend*, wenn $w(t, f)$ dort monoton wächst;
(ii) *exponentiell wachsend*, wenn $w(t, f)$ dort konstant ist;
(iii) *degressiv wachsend*, wenn $w(t, f)$ dort monoton fällt.

Bemerkung Jede exponentiell oder sogar progressiv wachsende Größe im Sinne von (ii) bzw. (i) ist auch progressiv wachsend im Sinne von (a). Die Umkehrung gilt im Allgemeinen nicht.

Beispiel 6.25

a) Das Wachstumstempo der Exponentialfunktion $f(t) = a_1 \cdot e^{a_2 t}$, $a_1 > 0$, berechnet sich zu

$$w(t, f) = \frac{a_1 a_2 \cdot e^{a_2 t}}{a_1 \cdot e^{a_2 t}} = a_2 = \text{const}, \text{ diese Größe ist also gerade exponentiell wachsend}$$
(daher auch der Name).

b) Jede lineare Funktion $f(t) = a_1 + a_2 t$, $a_2 > 0$, ist wegen $f'(t) = a_2 > 0$, $f''(t) = 0$ linear wachsend. Quadratische Funktionen $f(t) = a_1 + a_2 t + a_3 t^2$, $a_2, a_3 > 0$, wachsen dagegen progressiv im Sinne von (a); wegen $f''(t) = 2a_3 = \text{const}$ spricht man hier auch von *konstanter Beschleunigung des Wachstums*.

6.4 Numerische Methoden der Nullstellenberechnung

Die Bestimmung von Nullstellen einer beliebigen (stetigen) Funktion $f(x)$, d. h. die Ermittlung der Lösungen von Gleichungen der Form

$$f(x) \overset{!}{=} 0 \qquad (6.31)$$

ist häufig nicht exakt möglich. Außer bei linearen und quadratischen Funktionen f, für die jeweils einfache Formeln für die Nullstellen bekannt sind (die bereits in der Schule behandelt werden und auch im Kap. 1 noch einmal wiederholt wurden), existieren im allgemeinen Fall entweder gar keine derartigen Formeln (z. B. bei Polynomfunktionen mit Potenzen größer als vier) oder diese sind sehr kompliziert und praktisch schlecht handhabbar (z. B. bei Polynomfunktionen vom Grad drei oder vier).

In solchen Fällen besteht – zumindest im Fall ganzzahliger Lösungen – eine Lösungsmöglichkeit von (6.31) im „Erraten" von „verdächtigen" x-Werten durch Probieren oder „scharfes Hinsehen". Ansonsten bleibt jedoch nur die **näherungsweise Bestimmung** der Lösungen der Bestimmungsgleichung (6.31) im Rahmen einer vorgegebenen Genauigkeitsschranke als Ausweg.

Einfachste Methode dabei: Man stellt eine Wertetabelle auf, sucht jeweils den betragsmäßig kleinsten in der Tabelle gefundenen Funktionswert und bestimmt weitere Funktionswerte in der Nähe des zugehörigen Arguments x. Mit dieser bereits oben beschriebenen Vorgehensweise ist es möglich, den ungefähren Kurvenverlauf von $f(x)$ und damit auch die ungefähre Lage der gesuchten Nullstellen zu bestimmen. Je genauer die Lösungen sein sollen (d. h., je mehr Stellen des berechneten x-Wertes exakt stimmen sollen), desto mehr Funktionswerte müssen für die entsprechende Tabelle berechnet werden.

Als gutes Hilfsmittel sind in diesem Zusammenhang programmierbare oder grafikfähige Taschenrechner zu erwähnen, mit deren Hilfe auf einen Tastendruck hin ein neuer, genauerer Funktionswert oder sogar eine komplette grafische Darstellung des Funktionsverlaufes inklusive Ausschnittvergrößerung (Zoom) zur Verfügung steht.

Im Folgenden diskutieren wir zunächst zwei Näherungsmethoden zur Nullstellenbestimmung, die ohne Nutzung der Differenzialrechnung auskommen, ehe sich im Abschn. 6.4.3 mit dem Newton-Verfahren ein effektiver Algorithmus unter Benutzung von Ableitungen anschließt.

Die ableitungsfreien Verfahren beruhen auf einem sehr einfachen, aus der grafischen Darstellung einer stetigen Funktion abgeleiteten Grundprinzip: Eine Nullstelle einer Funktion wird immer an solchen Stellen auf dem Zahlenstrahl vermutet, die z. B. links von einem x_L mit negativem Funktionswert ($f(x_L) < 0$) und rechts von einem x_R mit positivem Funktionswert ($f(x_R) > 0$) begrenzt werden (oder genau umgekehrt). Denn es ist intuitiv klar, dass aufgrund der Stetigkeit der Funktion f ihr Graph irgendwo zwischen x_L und x_R die x-Achse schneiden muss (da er die Punkte $(x_L, f(x_L))$ und $(x_R, f(x_R))$ verbindet). Diese Schnittstelle x^* mit der x-Achse stellt aber aufgrund der Beziehung $f(x^*) = 0$ gerade

Abb. 6.21 Funktionsverläu-
fe zwischen zwei gegebenen
Punkten

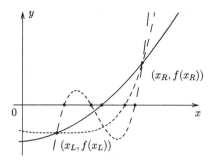

eine der gesuchten Nullstellen dar. Der konkrete Verlauf zwischen den beiden gegebenen
Punkten ist dabei in der Praxis meist nicht bekannt. Wie Abb. 6.21 zeigt, können deshalb
in dem gegebenen Intervall eigentlich beliebig viele Nullstellen der Funktion liegen, nur
eine davon wird durch die folgenden Verfahren bestimmt. Streng mathematisch kann man
nur nachweisen, dass es in der beschriebenen Situation stets mindestens eine Nullstelle im
Intervall (x_L, x_R) geben muss (so genannter *Zwischenwertsatz*).

Die Unterschiede der beiden folgenden Näherungsmethoden bestehen einzig in der Art
und Weise, wie aus den (gegebenen) Begrenzungspunkten x_L und x_R eine neue Näherung
für die gesuchte Nullstelle x^* bestimmt wird. Voraussetzung ist in beiden Fällen jedoch,
dass die Funktionswerte $f(x_L)$ und $f(x_R)$ unterschiedliche Vorzeichen haben.

6.4.1   Intervallhalbierung

Da der exakte Verlauf der Funktion $f(x)$ zwischen x_L und x_R ja nicht bekannt ist, kann die
gesuchte Nullstelle x^* eigentlich an jeder beliebigen Stelle innerhalb des Intervalls (x_L, x_R)
liegen. Als einfachste Möglichkeit für die Bestimmung einer neuen Näherung für x^* wählt
man daher mit

$$x_M = \frac{x_L + x_R}{2} \tag{6.32}$$

den Mittelpunkt dieses Intervalls und berechnet den zugehörigen Funktionswert $f(x_M)$
(siehe Abb. 6.22a). Erhält man dabei $f(x_M) = 0$, so gilt $x^* = x_M$, d. h., die Suche nach der
Nullstelle war erfolgreich und endete sogar mit dem exakten Wert. Gilt dagegen $f(x_M) < 0$,
so liegt x^* offensichtlich im Intervall (x_M, x_R), bei $f(x_M) > 0$ (wie in Abb. 6.22a) muss x^*
nun in (x_L, x_M) gesucht werden.

Das neue Intervall (x_L, x_M) bzw. (x_M, x_R) ist nur noch halb so lang wie das ursprüngliche Intervall (x_L, x_R), was bedeutet, dass sich die Genauigkeit, mit der x^* bekannt ist,
sozusagen verdoppelt hat. Dieser Suchprozess kann nun mit der Halbierung des Intervalls
(x_L, x_M) bzw. (x_M, x_R) solange fortgesetzt werden, bis die gewünschte Genauigkeit erreicht ist, d. h., bis entweder die Länge des aktuellen Intervalls oder aber der absolute Betrag
des aktuellen Funktionswertes kleiner ist als eine vorgegebene Schranke.

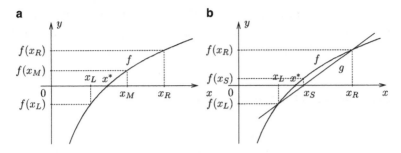

Abb. 6.22 a Intervallhalbierung. **b** Lineare Interpolation

Beispiel 6.26 Die Funktion $f(x) = x^4 - 11x^3 + 35x^2 - 13x - 30$ soll auf Nullstellen untersucht werden. Dazu wird zunächst eine Wertetabelle aufgestellt, um einen Grobüberblick über den Funktionsverlauf und die Lage der Nullstellen zu erhalten.

x	-1	0	1	2	3	4	5
$f(x)$	30	-30	-18	12	30	30	30

Man erkennt, dass mindestens eine Nullstelle im Intervall $(1, 2)$ liegt.

Die Descartes'sche Vorzeichenregel (Satz 1.2) liefert folgendes Ergebnis: Die Vorzeichen der Koeffizienten von f ergeben die Folge $+ - + - -$, die drei Wechsel aufweist. Daher gibt es im vorliegenden Beispiel drei oder eine positive Nullstelle (eine genauere Anlayse zeigt: genau eine Nullstelle). Die Vorzeichen von $f(-x)$ lauten $+ + + + -$, sodass ein Wechsel auftritt und es somit genau eine negative Nullstelle gibt.

Um die positive Nullstelle möglichst genau zu finden, berechnen wir unter Anwendung der Intervallhalbierungsmethode die folgenden Funktionswerte:

Iteration	x_L	$f(x_L)$	x_R	$f(x_R)$	x_M	$f(x_M)$
1	1,000	$-18,000$	2,000	12,000	1,500	$-2,813$
2	1,500	$-2,813$	2,000	12,000	1,750	4,863
3	1,500	$-2,813$	1,750	4,863	1,625	1,069
4	1,500	$-2,813$	1,625	1,069	1,563	$-0,864$
5	1,563	$-0,864$	1,625	1,069	1,594	0,104
6	1,563	$-0,864$	1,594	0,104	1,578	$-0,380$

Es zeigt sich, dass in der ersten Iteration $f(x_M)$ kleiner als null ist und deshalb die nächste Iteration im Intervall (x_M, x_R) durchgeführt werden muss, d. h., x_M übernimmt nun die Rolle von x_L. In der zweiten und auch in der dritten Iteration ist dagegen $f(x_M)$ größer als null, sodass der Prozess jeweils in (x_L, x_M) weitergeht.

Die erreichte Genauigkeit kann wie folgt interpretiert werden: Da x^* zwischen 1,563 und 1,594 liegen muss, ist z. B. eine Ergebnisangabe in der Form $x^* = 1{,}58 \pm 0{,}02$ möglich, d. h., der exakte Wert von x^* kann noch um maximal 0,02 vom letzten (gerundeten) Mittelwert 1,58 abweichen. Das bedeutet insbesondere, dass bei einer geforderten Genauigkeit von einer Nachkommastelle der gerundete Wert für x^* 1,6 lauten muss.

6.4.2 Sekantenverfahren. Regula Falsi

Anstelle der in gewissem Sinne „blinden" Wahl des Intervallmittelpunktes ist es möglich, die meist unterschiedliche Größe der Funktionswerte $f(x_L)$ und $f(x_R)$ in die Rechnung einzubeziehen. Dabei geht man davon aus, dass eine Nullstelle x^* im Intervall (x_L, x_R) wahrscheinlich näher an x_L als an x_R liegt, wenn bereits der Funktionswert $f(x_L)$ wesentlich näher an null liegt als der Funktionswert $f(x_R)$. Eine i. Allg. bessere Schätzung für x^* erhält man, indem der Graph der Funktion f zwischen den bekannten Punkten $(x_L, f(x_L))$ und $(x_R, f(x_R))$ durch eine lineare Funktion (Gerade g) ersetzt und der Schnittpunkt x_S dieser Geraden mit der x-Achse als neuer Näherungswert anstelle der Intervallmitte gewählt wird (siehe Abb. 6.22b). Aufgrund dieser in gewissem Sinne „falschen" Annahme, dass die Funktion f zwischen $f(x_L)$ und $f(x_R)$ näherungsweise linear ist, d. h., die Zuwächse von Funktion und Argument einander proportional sind, ist für das Sekantenverfahren auch der Name „Regula Falsi" gebräuchlich (wörtlich: „Regel des Falschen").

Der Punkt x_S ist leicht mit einer expliziten Formel berechenbar, indem man die Gleichung der Verbindungsgeraden g aufstellt und deren Nullstelle berechnet. Die Geradengleichung lautet

$$y = g(x) = f(x_L) + \frac{f(x_R) - f(x_L)}{x_R - x_L} \cdot (x - x_L)$$

und besitzt die Nullstelle

$$x_S = x_L - \frac{x_R - x_L}{f(x_R) - f(x_L)} \cdot f(x_L). \tag{6.33}$$

Ist der erhaltene Näherungswert noch nicht genau genug, so wird analog wie im vorigen Punkt das Verfahren wiederholt, wobei wiederum je nach Vorzeichen von $f(x_S)$ entweder (x_L, x_S) oder (x_S, x_R) als neues Ausgangsintervall benutzt wird.

Beispiel 6.27 Wir kehren zu der oben mit der Intervallhalbierungsmethode auf Nullstellen untersuchten Funktion $f(x) = x^4 - 11x^3 + 35x^2 - 13x - 30$ zurück (Beispiel 6.26). Die gleichen Anfangswerte $x_L = 1$ mit $f(x_L) = -18$ und $x_R = 2$ mit $f(x_R) = 12$ führen bei Anwendung von (6.33) zu folgenden Iterationspunkten:

Iteration	x_L	$f(x_L)$	x_R	$f(x_R)$	x_S	$f(x_S)$
1	1,000	−18,000	2,000	12,000	1,600	0,298
2	1,000	−18,000	1,600	0,298	1,590	−0,004
3	1,590	− 0,012	1,600	0,298	1,590	0,001

Abb. 6.23 Prinzip des
Newton-Verfahrens

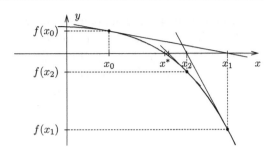

Hier wird analog zu oben nach der ersten Iteration im Intervall (x_L, x_S) bzw. nach der zweiten Iteration in (x_S, x_R) fortgesetzt. Dabei zeigt sich, dass die gewonnenen neuen Schranken für x^* bereits nach den ersten beiden Rechenschritten extrem klein sind: x^* muss zwischen dem letzten $x_S = 1{,}590$ und $x_R = 1{,}600$ liegen, d. h., mit $x^* \approx 1{,}59$ sind bereits mindestens zwei Nachkommastellen exakt bekannt. (Zum Vergleich: Genauere Rechnung ergibt $x^* \approx 1{,}5903774$.)

Das in diesem Abschnitt vorgestellte Verfahren der linearen Interpolation war im Übrigen vor noch gar nicht langer Zeit wesentlicher Bestandteil des Schulstoffs. Da Werte von trigonometrischen (z. B. $\sin x$, $\cos x$), logarithmischen oder Wurzelfunktionen nicht wie heute auf Tastendruck des Taschenrechners zur Verfügung standen, waren Zahlentafeln meist einzige Quelle für entsprechende Rechnungen. Mit Hilfe der linearen Interpolation ist es nun analog zum oben Dargelegten möglich, die Werte aus der Zahlentafel noch zu verfeinern: Ist z. B. die Quadratwurzel aus 1,66 gesucht, so findet man in einer vierstelligen Tafel die Werte $\sqrt{1{,}6} = 1{,}265$ und $\sqrt{1{,}7} = 1{,}304$. Lineare Interpolation der Funktion $f(x) = \sqrt{x}$ im Intervall von 1,6 bis 1,7 ergibt den (näherungsweisen) Zwischenwert $f(1{,}66) = \sqrt{1{,}66} \approx 1{,}265 + \frac{1{,}304-1{,}265}{1{,}7-1{,}6} \cdot (1{,}66 - 1{,}6) = 1{,}2884$, der offensichtlich viel näher als die Ausgangswerte am exakten Ergebnis von ca. 1,28841 liegt.

6.4.3 Newton-Verfahren

Mit Hilfe der Differenzialrechnung und insbesondere dem in Abschn. 6.2 eingeführten Begriff der Tangente ist eine weitere Herangehensweise an das Problem der näherungsweisen Nullstellenbestimmung möglich, die in Abb. 6.23 illustriert wird. Gegeben sei ein Startpunkt x_0 in der Nähe einer Nullstelle x^* der differenzierbaren Funktion $f(x)$. Dann kann im Punkt $(x_0, f(x_0))$ die Tangente an den Graphen der Funktion gelegt und deren Schnittpunkt x_1 mit der x-Achse bestimmt werden. Wie man sich überlegen kann, ist dann – unter bestimmten Zusatzvoraussetzungen – dieser Punkt x_1 eine bessere Näherung der gesuchten Nullstelle, d. h., x_1 liegt näher an x^* als x_0. Anschließend wird dieselbe Prozedur für x_1 wiederholt, d. h., die Tangente im Punkt $(x_1, f(x_1))$ an den Funktionsgraphen gelegt, ein neuer Schnittpunkt x_2 bestimmt usw.

Die Bestimmung des Schnittpunktes der Tangenten mit der x-Achse ist relativ einfach: Der Anstieg der Tangente in einem Punkt $(x_n, f(x_n))$ beträgt $f'(x_n)$, ihr dortiger Abstand zur x-Achse gerade $|f(x_n)|$. Damit liegt der gesuchte Schnittpunkt in einer Entfernung von $\left|\frac{f(x_n)}{f'(x_n)}\right|$ von x_n, sodass man mit einer zusätzlichen Vorzeichenuntersuchung zu der allgemeinen Iterationsformel des Newton-Verfahrens gelangt:

$$x_{n+1} = x_n - \frac{f(x_n)}{f'(x_n)}. \tag{6.34}$$

Übungsaufgabe 6.14 Weisen Sie die Richtigkeit von Formel (6.34) nach, indem Sie die Gleichung der Tangente an den Graphen der Funktion f im Punkt $(x_n, f(x_n))$ aufstellen und deren Nullstelle berechnen.

Beispiel 6.28 Nun soll die oben betrachtete Funktion $f(x) = x^4 - 11x^3 + 35x^2 - 13x - 30$ mithilfe des Newton-Verfahrens untersucht werden. Ihre Ableitung lautet $f'(x) = 4x^3 - 33x^2 + 70x - 13$. Wählt man nun in Kenntnis der oben erzielten Resultate als Startpunkt den Wert $x_0 = 1{,}59$, so ergibt sich gemäß der Iterationsvorschrift (6.34) die folgende Tabelle:

n	x_n	$f(x_n)$	$f'(x_n)$
0	1,5900	−0,0117	30,951
1	1,5904	0,0007	30,950
2	1,5904	/	/

Da der Startwert bereits sehr genau war, konvergiert die Folge der Iterationspunkte rasch gegen die exakte Nullstelle und der Iterationsprozess kann bei einer Genauigkeit von mindestens drei Nachkommastellen bereits im zweiten Schritt abgebrochen werden.

Bei Anwendung der Formel (6.34) sind zwei Spezialfälle von Interesse. Im Fall $f'(x_n) = 0$ (horizontale Tangente) kann wegen Division durch null kein neuer Iterationspunkt x_{n+1} berechnet werden; das Verfahren muss in einem anderen Punkt neu gestartet werden. Im Fall $f(x_n) = 0$ dagegen ergibt sich $x_{n+1} = x_n$, d. h., nach dem Finden eines Iterationspunktes mit Funktionswert null bleibt das Verfahren konstant in diesem Punkt, der gleichzeitig die gesuchte Nullstelle ist. In allen anderen Fällen wird durch das Newton-Verfahren eine unendliche Folge von Iterationspunkten erzeugt. Bei der Anwendung sollte man jeweils prüfen, ob die erreichte Genauigkeit zum Abbruch des Algorithmus ausreicht. Dazu sind entweder die Funktionswerte $f(x_n)$ heranzuziehen (die möglichst nahe bei null liegen müssen) oder die Differenz $|x_{n+1} - x_n|$ zweier aufeinander folgender Iterationspunkte zu betrachten; diese muss entsprechend klein werden.

Zusammenfassung zu Näherungsverfahren

Verfahren	Voraussetzungen	Stabilität	Konvergenz
Intervall-halbierung	je ein Startwert mit positivem bzw. negativem Funktionswert	stets konvergent	langsam
Sekanten-verfahren/ Regula Falsi	je ein Startwert mit positivem bzw. negativem Funktionswert	stets konvergent	mittel
Newton-Verfahren	Startwert in der Nähe einer Nullstelle, Berechenbarkeit der Ableitung	nicht immer konvergent	schnell

Ist eine Nullstelle einer analytisch gegebenen Funktion zu bestimmen, von der man auch die erste Ableitung in beliebigen Punkten leicht berechnen kann, so liefert in der Regel das Newton-Verfahren am einfachsten und schnellsten die gesuchte Lösung, insbesondere, wenn bereits – z. B. aus dem ökonomischen Hintergrund – eine gute Näherung der Nullstelle bekannt ist. Versagt das Newton-Verfahren, so müssen zunächst zwei Startwerte mit unterschiedlichem Vorzeichen ihrer Funktionswerte gefunden werden, ehe entweder das Intervallhalbierungs- oder das Sekantenverfahren anwendbar ist und dann auf jeden Fall zur gesuchten Nullstelle führt.

Literatur

1. Heuser, H.: Lehrbuch der Analysis. Teil 1, 2 (17./14. Auflage), Vieweg + Teubner, Wiesbaden (2009/2008)

2. Huang, D. S., Schulz, W.: Einführung in die Mathematik für Wirtschaftswissenschaftler (9. Auflage), Oldenbourg Verlag, München (2002)

3. Kemnitz, A.: Mathematik zum Studienbeginn: Grundlagenwissen für alle technischen, mathematisch-naturwissenschaftlichen und wirtschaftswissenschaftlichen Studiengänge (11. Auflage), Springer Spektrum, Wiesbaden (2014)

4. Kurz, S., Rambau, J.: Mathematische Grundlagen für Wirtschaftswissenschaftler (2. Auflage), Kohlhammer, Stuttgart (2012)

5. Luderer, B.: Klausurtraining Mathematik und Statistik für Wirtschaftswissenschaftler (4. Auflage), Springer Gabler, Wiesbaden (2014)

6. Luderer, B., Nollau, V., Vetters, K.: Mathematische Formeln für Wirtschaftswissenschaftler (7. Auflage), Vieweg + Teubner, Wiesbaden (2011)

7. Luderer, B., Paape, C., Würker, U.: Arbeits- und Übungsbuch Wirtschaftsmathematik (6. Auflage), Vieweg + Teubner, Wiesbaden (2011)

8. Pfeifer, A., Schuchmann, M.: Kompaktkurs Mathematik: Mit vielen Übungsaufgaben und allen Lösungen (3. Auflage), Oldenbourg, München (2009)

9. Purkert, W.: Brückenkurs Mathematik für Wirtschaftswissenschaftler (7. Auflage), Vieweg + Teubner, Wiesbaden (2011)

10. Schäfer, W., Georgi, K., Trippler, G.: Mathematik-Vorkurs: Übungs- und Arbeitsbuch für Studienanfänger (6. Auflage), Vieweg + Teubner, Wiesbaden (2006)

11. Tietze, J.: Einführung in die angewandte Wirtschaftsmathematik: Das praxisnahe Lehrbuch – inklusive Brückenkurs für Einsteiger (17. Auflage), Springer Spektrum, Wiesbaden (2014)

12. Tietze, J: Übungsbuch zur angewandten Wirtschaftsmathematik: Aufgaben, Testklausuren und Lösungen (7. Auflage), Vieweg + Teubner, Wiesbaden (2011)

Funktionen mehrerer Veränderlicher

7

Während im Kap. 6 Funktionen einer Variablen betrachtet wurden, sind in diesem Kapitel Funktionen mehrerer Veränderlicher Untersuchungsobjekt. Beide gehören zum „Handwerkszeug" des Wirtschaftswissenschaftlers.

Nach der Betrachtung einiger instruktiver Beispiele, die belegen, dass Kenngrößen wirtschaftswissenschaftlicher und wirtschaftspraktischer Natur oftmals von mehreren Einflussgrößen abhängig sind, werden die Wirkungen einzelner Einflussfaktoren sowie deren Gesamteinfluss auf eine Ausgangsgröße untersucht, was mathematisch auf die Begriffe der partiellen Ableitung bzw. des vollständigen Differenzials führt. Die hier dargelegten Grundlagen werden vor allem im nächsten Kapitel zur Extremwertrechnung für Funktionen mit mehreren Variablen Anwendung finden.

7.1 Begriff und Beispiele

7.1.1 Funktionsbegriff

Gegenstand des vorliegenden Kapitels sind Abbildungen aus dem Raum $\mathbb{R}^n$ in den Raum $\mathbb{R}$, funktionale Beziehungen, die einem Vektor $x = (x_1, x_2, \ldots, x_n)^\top$ in eindeutiger Weise eine Zahl y gemäß der Vorschrift

$$y = f(x) = f(x_1, x_2, \ldots, x_n)$$

zuordnen, sodass gilt $f : \mathbb{R}^n \to \mathbb{R}$. Man spricht hierbei von *Funktionen mehrerer Variablen* (oder *mehrerer Veränderlicher*) und hat zu beachten, dass im Gegensatz zu den Bezeichnungen in früheren Kapiteln die Größe x jetzt für einen (Spalten-)Vektor aus n Komponenten und nicht mehr für ein eindimensionales Objekt steht. Die Anzahl n von *unabhängigen Variablen* (Inputs, Eingangsgrößen) ist zunächst nicht näher festgelegt, ist aber auf jeden Fall endlich. Die Größe y wird *abhängige Variable* (Output, Ausgangsgrö-

B. Luderer, U. Würker, *Einstieg in die Wirtschaftsmathematik*,
Studienbücher Wirtschaftsmathematik, DOI 10.1007/978-3-658-05937-8_7,
© Springer Fachmedien Wiesbaden 2015

Abb. 7.1 Funktion zweier
Veränderlicher

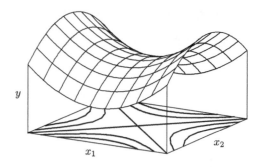

ße) genannt. Wie früher wird mit $D(f)$ der *Definitionsbereich* von f, d. h. die Menge aller
Vektoren $x = (x_1, x_2, \ldots, x_n)^{\top}$, für die f definiert ist, und mit $W(f)$ der *Wertebereich* bezeichnet, also die Menge derjenigen Werte y, für die es (mindestens) ein x gibt, so dass gilt
$y = f(x)$:

$$D(f) = \{x \in \mathbb{R}^n \mid \exists y \in \mathbb{R} : y = f(x)\},$$
$$W(f) = \{y \in \mathbb{R} \mid \exists x \in \mathbb{R}^n : y = f(x)\}.$$

Die Darstellungsmöglichkeiten einer Funktion mehrerer Veränderlicher sind im Prinzip
analog zu denen, die in den Kap. 1 und 6 für Funktionen einer Variablen angegeben wurden:

- analytische Darstellung durch eine Formel,
- tabellarische Darstellung; zur einzigen abhängigen Variablen y gehören nunmehr n unabhängige Variable, wodurch die Wertetabellen entsprechend größer ausfallen,
- grafische Darstellung; diese ist allerdings im Allgemeinen nur im Ausnahmefall $n = 2$,
  d. h. für $y = f(x) = f(x_1, x_2)$ möglich. Funktionen zweier Veränderlicher lassen sich
  mithilfe *räumlicher* Koordinatensysteme darstellen; dabei treten – im Gegensatz zum
  kartesischen x, y-Koordinatensystem – gewisse perspektivische „Verzerrungen" auf.

Das grafische Bild einer Funktion zweier unabhängiger Veränderlicher wird durch die
Fläche wiedergegeben, auf der alle Punkte mit den Koordinaten $(x_1, x_2, f(x_1, x_2))$ liegen
(vgl. den oberen Teil von Abb. 7.1), sodass die y-Koordinate, *Applikate*[1] genannt, gerade
dem Funktionswert $f(x_1, x_2)$ an der Stelle (x_1, x_2) entspricht.

Für Werte $n > 2$ ist eine geometrische Veranschaulichung in der Regel nicht möglich,
da das menschliche Vorstellungsvermögen in höheren Dimensionen versagt.

Schneidet man die Oberfläche der betrachteten Funktion mit einer zur x_1, x_2-Ebene
parallelen Ebene (in der Höhe c) und projiziert die entstehende Schnittkurve in die
x_1, x_2-Ebene, erhält man die *Höhen-* oder *Niveaulinien* der Funktion. Im Falle **linearer**
Funktionen sind das Geraden, wie wir aus der linearen Optimierung wissen, im allge-
meinen Fall sind es krummlinige Gebilde in der x_1, x_2-Ebene (siehe den unteren Teil von
Abb. 7.1).

---

[1] applicare: lat. „an etw. anschließen", „zu etw. hinzufügen".

Abb. 7.2 Rotationsparaboloid

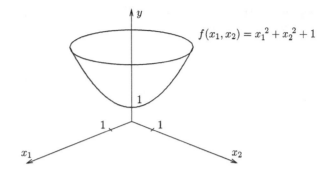

$$f(x_1, x_2) = x_1{}^2 + x_2{}^2 + 1$$

7.1.2 Beispiele für Funktionen mehrerer Veränderlicher

Beispiel 7.1 Im Kapitel „Lineare Optimierung" wurden verschiedene Zielfunktionen behandelt, die alle linearer Natur waren und somit die Gestalt

$$z = f(x) = c_1 x_1 + c_2 x_2 + \ldots + c_n x_n = \sum_{j=1}^{n} c_j x_j$$

besaßen.

Beispiel 7.2 Im Kapitel Finanzmathematik wurde über Zinsen gesprochen. Diese hängen von den drei Einflussgrößen Kapital K, Laufzeit t und Zinssatz p ab (entspricht $n = 3$, $x_1 = K, x_2 = t, x_3 = p$):

$$Z = f(K, t, p) = K \cdot t \cdot \frac{p}{100}.$$

Beispiel 7.3 Im Gebiet Analytische Geometrie werden unter anderem so genannte *Kurven und Flächen zweiter Ordnung* formelmäßig und geometrisch dargestellt. Eine dieser Oberflächen ist das *Rotationsparaboloid*

$$y = f(x_1, x_2) = x_1^2 + x_2^2 + 1.$$

Die grafische Darstellung der Funktion ist in Abb. 7.2 wiedergegeben; ihre Schnittkurven mit der x_1, y-Ebene bzw. mit der x_2, y-Ebene und Parallelebenen dazu sind Parabeln. Schneidet man dagegen die Kurvenoberfläche mit zur x_1, x_2-Ebene parallelen Ebenen, so gibt es entweder keine Schnittfigur oder es entstehen Kreise, deren Radien mit zunehmender Höhe der Schnittebene wachsen.

Beispiel 7.4 In der Produktionstheorie werden verschiedene Produktionsfunktionen, die den Zusammenhang zwischen dem Produktionsergebnis P und quantifizierbaren Einflussfaktoren $x_1, \ldots, x_n$ beschreiben, benutzt. Ein Beispiel dafür ist die so genannte

Abb. 7.3 Cobb-Douglas-
Funktion

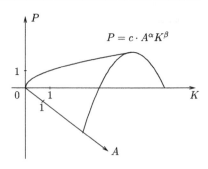

Cobb-Douglas-Funktion[2]. Sie stellt für $n = 2$ den Output P (Produktionsergebnis) in Abhängigkeit von den beiden Inputs $x_1 = A$ (Arbeitskräfte) und $x_2 = K$ (für Produktionsmittel aufgewendetes Kapital) dar und besitzt die allgemeine Gestalt

$$P = f(A, K) = cA^\alpha K^\beta$$

mit geeignet gewählten Parametern $c, \alpha, \beta > 0$, wobei häufig $\alpha + \beta = 1$ gewählt wird. Sie ist nur sinnvoll für $A \geq 0$, $K \geq 0$ definiert und für $\alpha + \beta < 1$ in Abb. 7.3 dargestellt.

Analoge Funktionen kann man auch für $n > 2$ Einflussfaktoren $x_1, \ldots, x_n$ betrachten. Die allgemeine Gestalt dieser so genannten *Funktionen vom Cobb-Douglas-Typ* lautet dann:

$$P = f(x_1, \ldots, x_n) = c \cdot x_1^{\alpha_1} \cdot \ldots \cdot x_n^{\alpha_n}, \quad \alpha_1 + \ldots + \alpha_n = 1, \quad \alpha_i > 0.$$

Beispiel 7.5 Aus der Standortplanung, wo es um die Transportkostenminimierung geht, stammt das so genannte *Steiner-Weber-Problem*[3], eine Aufgabe, mit der sich bereits Viviani[4], Torricelli[5], Fermat[6] und andere befassten.

Gegeben seien k Produktionsstandorte $P_i, i = 1, \ldots, k$, für die ein gemeinsames Lager L errichtet werden soll (vgl. Abb. 7.4). Dessen Standort soll nun so festgelegt werden, dass die entstehenden Gesamttransportaufwendungen minimal werden.
Wir wollen folgende Bezeichnungen einführen:

(x_i, y_i)	–	Koordinaten des i-ten Produktionsstandortes P_i
t_i	–	Transportkosten pro Kilometer und Einheit des von P_i nach L zu transportierenden Gutes
m_i	–	Menge an zu transportierendem Gut von P_i nach L.

---

[2] von den amerikanischen Wirtschaftswissenschaftlern C.W. Cobb und Paul H. Douglas im Jahre 1928 aufgestellt.
[3] Steiner, Jakob (1796–1863), Schweizer Mathematiker; Weber, Alfred (1868-1958), deutscher Nationalökonom und Soziologe, begründete die industrielle Standortlehre.
[4] Viviani, Vincenzo (1622–1703), ital. Mathematiker und Historiker, Mitarbeiter von G. Galilei.
[5] Torricelli, Evangelista (1608–1647), italien. Physiker und Mathematiker.
[6] Fermat, Pierre de (1601–1665), frz. Mathematiker.

Abb. 7.4 Standortproblem

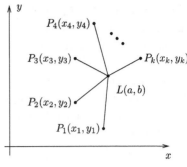

Abb. 7.5 Abstandsberechnung

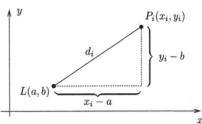

Bemerkung Aufgrund verschiedener zum Einsatz kommender Transportmittel (Lkw, Eisenbahn, Schiff) und differierender Bedingungen können die spezifischen Transportkosten unterschiedlich sein.

Alle bisher genannten Größen sind gegeben. Gesucht sind die Koordinaten (a, b) des zu errichtenden Lagers, die minimale Gesamttransportkosten versprechen.

Wie aus Abb. 7.5 ersichtlich ist, beträgt entsprechend dem Satz von Pythagoras die Entfernung zwischen dem i-ten Produktionsstandort $P_i(x_i, y_i)$ und dem Lager L mit den (noch unbekannten) Koordinaten (a, b)

$$d_i = \sqrt{(x_i - a)^2 + (y_i - b)^2}. \tag{7.1}$$

Nunmehr lassen sich die Gesamttransportkosten K in Abhängigkeit von den Koordinaten des zu errichtenden Lagers unter Beachtung von (7.1) wie folgt beschreiben:

$$K(a, b) = t_1 m_1 d_1 + \ldots + t_k m_k d_k = \sum_{i=1}^{k} t_i m_i \sqrt{(x_i - a)^2 + (y_i - b)^2}.$$

Wir erhielten eine Funktion zweier Veränderlicher (die aufgrund der enthaltenen Wurzelausdrücke allerdings nicht überall differenzierbar ist; vgl. hierzu die Ausführungen in Abschn. 7.3). Diese Funktion ist nun auf ein Minimum zu untersuchen, d. h., die beiden unbekannten Parameter a und b sind so festzulegen, dass sich der kleinstmögliche Funktionswert ergibt. Die Extremwertrechnung ist Gegenstand des Kap. 8.

Übungsaufgabe 7.1 Stellen Sie für ausgewählte Werte von x_1, x_2 bzw. A, K Wertetabellen auf, in denen die Funktionswerte der in den Abb. 7.2 und 7.3 dargestellten Funktionen ermittelt werden und vergleichen Sie die Tabellenwerte mit den beiden Abbildungen.

Übungsaufgabe 7.2 Weisen Sie nach, dass die Schnittfiguren des oben betrachteten Rotationsparaboloids mit zu den Koordinatenebenen parallelen Ebenen Parabeln bzw. Kreise sind, indem sie für eine beliebige Konstante C in der Funktionsgleichung jeweils $x_1 = C$, $x_2 = C$ bzw. $y = C$ setzen.

7.2 Grenzwert und Stetigkeit

Nachdem im vorigen Abschnitt Funktionen mehrerer Veränderlicher eingeführt und einige praktisch relevante Beispiele betrachtet wurden, interessieren wir uns in diesem Abschnitt für folgende Frage, die bereits im Kap. 6 eine wichtige Rolle spielte:

▸   Verursachen kleine Änderungen der Einflussfaktoren x_i auch nur kleine Änderungen der abhängigen Variablen y?

Wie wir sehen werden, hängt die Antwort mit dem Begriff der Stetigkeit einer Funktion zusammen. Die Ausführungen im vorliegenden Abschnitt sind insofern wichtig, als sie eine notwendige und korrekte Grundlage für die weiteren, im Zusammenhang mit der Differenzierbarkeit einer Funktion stehenden Begriffe bilden; für das praktische Rechnen sind sie jedoch nicht unbedingt erforderlich.

Die im Weiteren angewendete Vorgehensweise und Begriffsbildung stellt nichts prinzipiell Neues dar und ist völlig analog zu der im Abschn. 6.1. Sie kann deshalb als eine Art Wiederholung angesehen werden, mit dem Unterschied, dass infolge der höheren Raumdimension einige Begriffe, insbesondere die Begriffe Abstand und Umgebung, allgemeiner gefasst werden müssen.

Umgebung eines Punktes Im Fall $n = 1$ verstanden wir unter der ε-Umgebung eines Punktes $\bar{x}$ die Menge $\mathcal{U}_\varepsilon(\bar{x}) = \{x \in \mathbb{R} : |x - \bar{x}| < \varepsilon\} = (\bar{x} - \varepsilon, \bar{x} + \varepsilon)$, ein offenes Intervall, welches $\bar{x}$ als inneren Punkt enthält. Ist $x \in \mathbb{R}^n$, so benötigen wir zunächst zur Abstandsmessung den Begriff der *Norm* eines Elements (bzw. *Betrag* eines Vektors), der den Begriff des Betrags einer Zahl verallgemeinert:

$$\|x\| = \sqrt{x_1^2 + x_2^2 + \ldots + x_n^2} \tag{7.2}$$

(lies: „Norm von x"). Für $n = 2$ beträgt $\|x\| = \sqrt{x_1^2 + x_2^2}$, was dem Betrag (der Länge) eines Vektors in der Ebene entspricht und eng mit dem Satz von Pythagoras zusammenhängt. Entsprechend steht für $n = 3$ hinter der Größe $\|x\| = \sqrt{x_1^2 + x_2^2 + x_3^2}$ der so genannte „räumliche Pythagoras".

Abb. 7.6 Kugelumgebung

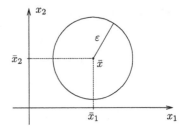

Der *Abstand zweier Vektoren* $\bar{x} = (\bar{x}_1, \ldots, \bar{x}_n)^\top$ und $\widehat{x} = (\widehat{x}_1, \ldots, \widehat{x}_n)^\top$ lässt sich dann sinnvoll definieren als

$$\|\bar{x} - \widehat{x}\| = \sqrt{\sum_{i=1}^{n} (\bar{x}_i - \widehat{x}_i)^2}, \tag{7.3}$$

was im Falle $n = 2$ auf folgende Beziehung führt (vgl. Abb. 7.5):

$$\|\bar{x} - \widehat{x}\| = \sqrt{(\bar{x}_1 - \widehat{x}_1)^2 + (\bar{x}_2 - \widehat{x}_2)^2}.$$

Nun kann man erklären, was unter der *ε-Umgebung* (*Kugelumgebung*) eines Punktes $\bar{x}$ verstanden werden soll:

$$\mathcal{U}_\varepsilon(\bar{x}) = \{x \in \mathbb{R}^n \mid \|x - \bar{x}\| < \varepsilon\}. \tag{7.4}$$

Dies bedeutet, dass zu $\mathcal{U}_\varepsilon(\bar{x})$ alle diejenigen Punkte gehören, deren Abstand von $\bar{x}$ weniger als ε beträgt. Für den Fall $n = 2$ ist dieser Sachverhalt in Abb. 7.6 dargestellt.

Konvergenz einer Punktfolge Man sagt, die Folge von Punkten $\{x^{(k)}\}$ (lies: „x oben k"; die Zahl k stellt den Iterationszähler und nicht etwa einen Exponenten dar) mit der Darstellung $x^{(k)} = (x_1^{(k)}, x_2^{(k)}, \ldots, x_n^{(k)})^\top$ *konvergiere* gegen das *Grenzelement* $\bar{x} = (\bar{x}_1, \bar{x}_2, \ldots, \bar{x}_n)^\top$, wenn es für jede Zahl $\varepsilon > 0$ eine Zahl $\bar{k} = \bar{k}(\varepsilon)$ gibt mit der Eigenschaft, dass $x^{(k)} \in \mathcal{U}_\varepsilon(\bar{x}) \;\; \forall k \geq \bar{k}$.

Mit anderen Worten, von einem gewissen Index $\bar{k}$ an (der von ε abhängig ist und in der Regel umso größer wird, je kleiner ε ist) müssen alle Punkte der Folge $\{x^{(k)}\}$ in der ε-Umgebung von $\bar{x}$ liegen, und dies für beliebig vorgegebenes ε.

Konvergenz gegen $\bar{x}$ lässt sich auch so beschreiben: $\forall \varepsilon > 0 \; \exists \bar{k}(\varepsilon)$ derart, dass

$$\|x^{(k)} - \bar{x}\| = \sqrt{\sum_{i=1}^{n} \left(x_i^{(k)} - \bar{x}_i\right)^2} \leq \varepsilon \;\;\; \forall k \geq \bar{k}(\varepsilon),$$

wofür man folgende Schreibweise verwendet:

$$\lim_{k \to \infty} x^{(k)} = \bar{x}. \tag{7.5}$$

Abb. 7.7 Konvergenz im $\mathbb{R}^2$

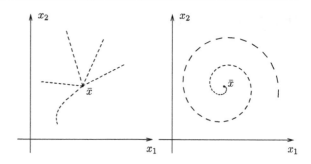

Übungsaufgabe 7.3 Man überlege sich, dass (7.5) äquivalent zu den n Beziehungen $\lim\limits_{k\to\infty} x_i^{(k)} = \bar{x}_i$, $i = 1, \ldots, n$, ist, was bedeutet, dass Konvergenz einer Folge von Vektoren $x^{(k)}$ gegen einen Vektor $\bar{x}$ gleichbedeutend mit der Konvergenz jeder einzelnen Komponente ist.

Beispiel 7.6 Es gelte $n = 2$, also $\bar{x} = (\bar{x}_1, \bar{x}_2)^\top$, $x^{(k)} = (x_1^{(k)}, x_2^{(k)})^\top$, $k = 1, 2, \ldots, x_1^{(k)} = \frac{1}{k}$, $x_2^{(k)} = 2 - \frac{1}{k}$. Dann konvergiert die Punktfolge $\{x^{(k)}\}$ gegen den Vektor $\bar{x} = \binom{0}{2}$, denn der Ausdruck

$$\left\| x^{(k)} - \bar{x} \right\| = \sqrt{\sum_{i=1}^{2} \left(x_i^{(k)} - \bar{x}_i \right)^2} = \sqrt{\left(x_1^{(k)} - \bar{x}_1 \right)^2 + \left(x_2^{(k)} - \bar{x}_2 \right)^2}$$

$$= \sqrt{\left(\tfrac{1}{k} - 0 \right)^2 + \left(2 - \tfrac{1}{k} - 2 \right)^2} = \sqrt{\left(\tfrac{1}{k} \right)^2 + \left(\tfrac{1}{k} \right)^2} = \sqrt{2} \cdot \tfrac{1}{k}$$

strebt für $k \to \infty$ gegen den Grenzwert 0. Dies ist auch gut erkennbar, wenn man die ersten Folgenglieder notiert:

k	1	2	3	4	...	10	...
$x_1^{(k)}$	1	$\frac{1}{2}$	$\frac{1}{3}$	$\frac{1}{4}$	...	$\frac{1}{10}$	...
$x_2^{(k)}$	1	$\frac{3}{2}$	$\frac{5}{3}$	$\frac{7}{4}$	...	$\frac{19}{10}$	...

Konvergenz bedeutet also Annäherung, was im Zwei- und Dreidimensionalen auch geometrisch anschaulich ist, während man sich ab $n = 4$ mit dem Nachweis entsprechender Ungleichungen zufrieden geben muss.

Freilich ist die Art der Annäherung der Punkte $x^{(k)}$ an den Grenzpunkt $\bar{x}$ völlig beliebig. Während es im eindimensionalen Fall faktisch nur zwei Richtungen gibt (von rechts und von links), gibt es schon für $n = 2$ vielfältige Varianten: geradlinige Annäherung aus allen Richtungen, krummlinige oder spiralförmige Annäherung usw. Die Verhältnisse liegen hier also wesentlich komplizierter als im Fall $n = 1$ (siehe Abb. 7.7).

Grenzwert einer Funktion Wie im eindimensionalen Fall wird der Begriff des Grenzwertes einer Funktion auf den des Grenzwertes von Punktfolgen zurückgeführt, wobei man **zwei** Grenzwerte unterscheiden muss: den der Argumente und den der Funktionswerte.

Definition Gilt für eine **beliebige** Punktfolge $\{x^{(k)}\}$ mit den Eigenschaften $x^{(k)} = (x_1^{(k)}, \ldots, x_n^{(k)})^\top \in D(f)$, $x^{(k)} \neq \bar{x}$, $k = 1, 2, \ldots$, $\lim\limits_{k \to \infty} x^{(k)} = \bar{x}$ die Beziehung $\lim\limits_{k \to \infty} f(x^{(k)}) = a$, so wird a (*n-facher*) *Grenzwert* von f in $\bar{x}$ genannt. Man sagt, die Funktion f *konvergiere gegen* a *für* $x \to \bar{x}$ und schreibt $\lim\limits_{x \to \bar{x}} f(x) = a$.

Bemerkungen
1) Ein Grenzwert muss nicht in jedem Fall existieren; insbesondere können sich bei Annäherung auf verschiedenen Wegen unterschiedliche Werte ergeben.
2) Wie auch im Fall $n = 1$ gelten bestimmte Regeln für das Rechnen mit Grenzwerten: Existieren die Grenzwerte $a = \lim\limits_{x \to \bar{x}} f(x)$ und $b = \lim\limits_{x \to \bar{x}} g(x)$, so sind die Grenzwerte der Funktionen $f \pm g$, $f \cdot g$, $\frac{f}{g}$ gleich $a \pm b$, $a \cdot b$, $\frac{a}{b}$ (für $b \neq 0$), d. h., der Grenzwert einer Summe von Funktionen ist gleich der Summe der Grenzwerte usw., sofern alle eingehenden Grenzwerte im eigentlichen oder uneigentlichen Sinne erklärt sind (vgl. die Regeln für das Rechnen mit stetigen Funktionen einer Variablen (Abschn. 6.1.3)).
3) Der Vielfalt der Annäherungsmöglichkeiten einer Punktfolge $\{x^{(k)}\}$ an ein Grenzelement $\bar{x}$ sind eine Reihe von Schwierigkeiten geschuldet, die im Zusammenhang mit den Begriffen Grenzwert, Stetigkeit und Differenzierbarkeit stehen. Im Rahmen des vorliegenden Buches können wir jedoch nicht darauf eingehen und erachten dies auch nicht für unbedingt notwendig, umsomehr, als diese Fragen für das praktische Rechnen zunächst keine Rolle spielen. Für weitere Details sei z. B. auf [1] verwiesen.

Stetigkeit Gilt unter den obigen Bedingungen zusätzlich $a = f(\bar{x})$ sowie $\bar{x} \in D(f)$, so spricht man von einer in $\bar{x}$ stetigen Funktion. Mit anderen Worten, f heißt *stetig im Punkt* $\bar{x}$, wenn

$$\lim_{x \to \bar{x}} f(x) = f(\bar{x}). \tag{7.6}$$

Bemerkungen
1) Für die Stetigkeit in einem Punkt $\bar{x}$ genügt also nicht die bloße Existenz des Grenzwertes in diesem Punkt, er muss außerdem mit dem Wert der Funktion in $\bar{x}$ übereinstimmen.
2) Wie früher im Falle $n = 1$ wird die Funktion f auf ihrem Definitionsbereich $D(f)$ *stetig* genannt, wenn sie in allen Punkten $x \in D(f)$ stetig ist.

3) Ein Beispiel einer unstetigen Funktion zweier Veränderlicher ist leicht konstruiert: Wir nehmen das Paraboloid aus Abb. 7.2, „bohren es unten an" und setzen den entsprechenden Punkt um eine Einheit tiefer. Exakter, wir betrachten die Funktion

$$g(x_1, x_2) = \begin{cases} x_1^2 + x_2^2 + 1, & \text{falls } x_1 \neq 0, x_2 \neq 0, \\ 0, & \text{falls } x_1 = x_2 = 0. \end{cases}$$

Diese Funktion ist offensichtlich im Punkt $\bar{x} = \begin{pmatrix} 0 \\ 0 \end{pmatrix}$ unstetig.

4) Aufgrund der Vielfalt möglicher Effekte ist es für Funktionen mehrerer Veränderlicher nicht sinnvoll, Unstetigkeitsstellen ihrer Art nach zu klassifizieren, wie es für $n = 1$ gelingt.

5) Glücklicherweise ist eine Vielzahl von wirtschaftswissenschaftlich relevanten Funktionen stetig, wie beispielsweise lineare Funktionen, Polynomfunktionen und Exponentialfunktionen von n Variablen etc.

Nun kann die Antwort auf die eingangs gestellte Frage formuliert werden: Ist eine Funktion stetig, so bewirken kleine Änderungen im Argument auch nur kleine Änderungen des Funktionswertes, während bei Unstetigkeit eine sprunghafte Veränderung des Funktionswertes möglich ist.

Übungsaufgabe 7.4 Der Leser überzeuge sich zunächst davon, dass die in Bemerkung 3 eingeführte Funktion g tatsächlich eine Funktion (d. h. eine eindeutige Abbildung) ist und weise dann mithilfe der Stetigkeitsdefinition nach, dass g im Nullpunkt unstetig ist, wenngleich die Unstetigkeit im vorliegenden Fall (be)hebbar ist.

Da in den meisten Problemstellungen Funktionen nicht in „reiner" Form vorkommen, sind die nachstehenden Aussagen über Stetigkeitseigenschaften zusammengesetzter Funktionen von Wichtigkeit.

Satz 7.1 *Die Funktionen mehrerer Veränderlicher f und g seien über ihren Definitionsbereichen $D(f)$ bzw. $D(g)$ stetig. Dann sind die Funktionen $f \pm g$, $f \cdot g$, $\dfrac{f}{g}$ auf dem Bereich $D(f) \cap D(g) \subset \mathbb{R}^n$ ebenfalls stetig, letztere Funktion für Argumente x mit $g(x) \neq 0$.*

Vor allem im Hinblick auf wirtschaftswissenschaftliche Anwendungen ist eine weitere Eigenschaft einer Funktion von Bedeutung – die *Homogenität*. So spielt in manchen Zusammenhängen für Funktionen mehrerer Variabler die Möglichkeit eine große Rolle, einen gemeinsamen Faktor aus dem Argument sozusagen „ausklammern" zu können.

Definition Eine stetige Funktion $f : \mathbb{R}^n \to \mathbb{R}$ heißt *homogen vom Grade $\alpha \geq 0$*, wenn für beliebige Argumente x aus ihrem Definitionsbereich und beliebige reelle Zahlen $\lambda \geq 0$ gilt:

$$f(\lambda x_1, \lambda x_2, \ldots, \lambda x_n) = \lambda^\alpha \cdot f(x_1, x_2, \ldots, x_n). \tag{7.7}$$

Insbesondere wird f bei $\alpha = 1$ *linear homogen*, bei $\alpha > 1$ *überlinear homogen* sowie bei $\alpha < 1$ *unterlinear homogen* genannt.

Gilt zusätzlich zu (7.7) noch die Beziehung

$$f(x_1, \ldots, x_{i-1}, \lambda x_i, x_{i+1}, \ldots, x_n) = \lambda^{\alpha_i} \cdot f(x_1, x_2, \ldots, x_n), \qquad (7.8)$$

so heißt die Funktion $f(x)$ *partiell homogen*.

Bemerkung Linear homogene Funktionen ($\alpha = 1$) besitzen die Eigenschaft, dass eine proportionale Vergrößerung bzw. Verkleinerung der Variablen direkt zu einer proportionalen Veränderung des Funktionswertes führt. So führt für $\alpha = 1$ beispielsweise eine 5%ige Erhöhung aller Inputvariablen x_i zu einer ebenfalls 5%igen Vergrößerung der Outputvariablen y.

Beispiel 7.7 Die bereits in Abb. 7.3 eingeführte Cobb-Douglas-Funktion $P(A, K) = cA^\alpha K^\beta$, $c, \alpha, \beta > 0$, ist wegen

$$P(\lambda A, \lambda K) = c\lambda^\alpha A^\alpha \lambda^\beta K^\beta = \lambda^{\alpha+\beta} \cdot P(A, K)$$

homogen vom Grade $\alpha + \beta$ sowie partiell homogen bezüglich beider Variabler, denn es gilt

$$P(\lambda A, K) = \lambda^\alpha \cdot P(A, K) \quad \text{bzw.} \quad P(A, \lambda K) = \lambda^\beta \cdot P(A, K).$$

7.3 Differenziation von Funktionen mehrerer Veränderlicher

Falls die Antwort auf die Frage nach der Stetigkeit einer Funktion positiv ausfiel und somit kleine Änderungen des Vektors x nur kleine Änderungen von y hervorrufen, ist folgende Frage von Interesse:

▸   Wie stark wirken sich Änderungen der Größen x_i auf die Veränderung von y aus?

In diesem Kontext sind die partiellen Ableitungen, das vollständige Differenzial und – aus ökonomischer Sicht – die partiellen Elastizitäten von Bedeutung, Begriffe, die alle mit der Differenzierbarkeit einer Funktion zusammenhängen.

Die Differenzierbarkeit einer Funktion von mehrerer Variablen bildet die Grundlage für Methoden der Extremwertbestimmung (siehe Kap. 8), wie dies auch bei Funktionen einer Variablen der Fall war.

7.3.1   Begriff der Differenzierbarkeit

Für eine Funktion einer Veränderlichen $f : \mathbb{R}^1 \to \mathbb{R}$ bedeutete Differenziation das Berechnen der Ableitung $f'(x)$, oder anders ausgedrückt, den Übergang von der Funktion $f(x)$ zu ihrer Ableitung $f'(x)$. Im Zusammenhang mit dem Begriff des Differenzials hatten wir uns weiterhin von der Gültigkeit der Beziehung

$$f(\bar{x} + \Delta x) = f(\bar{x}) + f'(\bar{x}) \cdot \Delta x + o(\Delta x) \tag{7.9}$$

mit $\lim\limits_{\Delta x \to 0} \frac{o(\Delta x)}{\Delta x} = 0$ überzeugt. Gleichung (7.9) lässt sich wie folgt umformen:

$$\lim_{\Delta x \to 0} \frac{f(\bar{x} + \Delta x) - f(\bar{x}) - f'(\bar{x}) \cdot \Delta x}{\Delta x} = \lim_{\Delta x \to 0} \frac{o(\Delta x)}{\Delta x} = 0. \tag{7.10}$$

Gehen wir nun zum n-dimensionalen Fall $x \in \mathbb{R}^n$ über, so haben wir die eindimensionalen Größen $f'(\bar{x})$ und Δx durch vektorielle Größen der Dimension n zu ersetzen und anstelle des Produkts $f'(\bar{x}) \cdot \Delta x$ das Skalarprodukt zu verwenden, was (in Verallgemeinerung von (7.10)) auf die folgende Definition führt.

Definition   Die Funktion $f : \mathbb{R}^n \to \mathbb{R}$ heißt *im Punkt $\bar{x}$ (vollständig) differenzierbar*, wenn es einen Vektor **g** gibt, für den gilt

$$\lim_{\Delta x \to 0} \frac{f(\bar{x} + \Delta x) - f(\bar{x}) - \langle \mathbf{g}, \Delta x \rangle}{\|\Delta x\|} = 0. \tag{7.11}$$

Die Größe $\|\Delta x\|$ (Norm von Δx) bezeichnet die „Länge" des Vektors Δx. Der Vektor $\mathbf{g} \in \mathbb{R}^n$ ist zunächst nicht bekannt, und man macht lediglich von seiner Existenz Gebrauch. Trotzdem lässt sich nachweisen, dass **g** – sofern überhaupt existent – eindeutig bestimmt ist. Der Vektor **g** wird *Gradient* von f an der Stelle $\bar{x}$ genannt und mit

$$\mathbf{g} = \nabla f(\bar{x})$$

(lies: „Gradient f" bzw. „Nabla f"[7]) bezeichnet. Wie üblich, wird f *differenzierbar auf* $D(f)$ genannt, wenn die Funktion f differenzierbar im Punkt x für jedes $x \in D(f)$ ist.

Leider ist die Beziehung (7.11) nicht konstruktiver Natur. Selbst wenn man weiß, dass $\nabla f(\bar{x})$ existiert, steht einem noch keine Methode zur Verfügung, um $\nabla f(\bar{x})$ zu ermitteln. Glücklicherweise gibt es weitere Größen, die einerseits eng mit dem Gradienten verknüpft und andererseits auch konstruktiv berechenbar sind – die *partiellen Ableitungen*.

---

[7] Nabla: hebräisches Saiteninstrument, das etwa die Form des Zeichens ∇ hatte.

7.3.2 Partielle Ableitungen und Elastizitäten

Um zu erklären, was unter einer partiellen Ableitung verstanden wird, betrachten wir die Funktion $f(x) = f(x_1, x_2, \ldots, x_n)$ im Punkt $\bar{x} = (\bar{x}_1, \ldots, \bar{x}_n)^\top$. Von den n Variablen fixieren wir $n-1$ Stück und sehen nur eine, sagen wir die i-te, als veränderlich an. Auf diese Weise wird eine Funktion $\widetilde{f}$ definiert, die nur von dieser einen Variablen x_i abhängig ist, d. h.

$$\widetilde{f}(x_i) = f(\bar{x}_1, \ldots, \bar{x}_{i-1}, x_i, \bar{x}_{i+1}, \ldots, \bar{x}_n). \tag{7.12}$$

Definition Ist die gemäß (7.12) erklärte Funktion $\widetilde{f}(x_i)$ im Punkt $\bar{x}_i$ differenzierbar, d. h., existiert der Grenzwert

$$\lim_{\Delta x_i \to 0} \frac{\widetilde{f}(\bar{x}_i + \Delta x_i) - \widetilde{f}(\bar{x}_i)}{\Delta x_i}$$

$$= \lim_{\Delta x_i \to 0} \frac{f(\bar{x}_1, \ldots, \bar{x}_{i-1}, \bar{x}_i + \Delta x_i, \bar{x}_{i+1}, \ldots, \bar{x}_n) - f(\bar{x}_1, \ldots, \bar{x}_n)}{\Delta x_i}, \tag{7.13}$$

so nennt man f im Punkt $\bar{x}$ *partiell nach x_i differenzierbar*. Der Grenzwert (7.13) wird *partielle Ableitung (erster Ordnung)* von f nach x_i im Punkt $\bar{x}$ genannt und mit

$$\frac{\partial y}{\partial x_i}, \quad \frac{\partial f}{\partial x_i}(\bar{x}) \quad \text{oder} \quad f_{x_i}(\bar{x})$$

bezeichnet (lies: „dy nach dx", „df nach dx_i" oder „f nach x_i"). Man beachte, dass es sich um **Symbole** für einen Grenzwert handelt und **nicht** um Quotienten. Ist f bezüglich aller Variablen partiell differenzierbar und gilt dies für alle Punkte $x \in D(f)$, so wird f *partiell differenzierbar* genannt. Sind alle partiellen Ableitungen stetige Funktionen, so nennt man f *stetig partiell differenzierbar*.

Wie bei Funktionen einer Veränderlichen, liefert die obige, auf einer Grenzwertberechnung beruhende Definition die theoretische Grundlage. Für die praktische Berechnung partieller Ableitungen greift man jedoch auf all die Regeln für Funktionen einer Variablen zurück, über die im Abschn. 6.2 gesprochen wurde. Dabei hat man zu beachten, dass diejenigen Variablen, nach denen nicht differenziert wird, fixiert sind, sodass sie die Rolle konstanter Faktoren bzw. konstanter Summanden spielen. Bei der Berechnung der partiellen Ableitung nach x_1 sind dies die Variablen $x_2, \ldots, x_n$, bei der partiellen Ableitung nach x_2 alle Variablen außer x_2 usw.

Beispiel 7.8 $f(x_1, x_2, x_3) = x_1^2 + 3x_1 x_2 + 2x_1 e^{x_3} + x_3$

$$f_{x_1}(x) = 2x_1 + 3x_2 + 2e^{x_3}$$

$$f_{x_2}(x) = 3x_1$$

$$f_{x_3}(x) = 2x_1 e^{x_3} + 1$$

Abb. 7.8 Partielle Ableitung
als Anstieg der Tangente

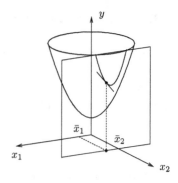

Beispiel 7.9 $f(x_1, x_2) = \sqrt{x_1 \sin x_2} + e^{x_1 x_2}$

$$f_{x_1}(x) = \frac{\sin x_2}{2\sqrt{x_1 \sin x_2}} + x_2 e^{x_1 x_2}$$

$$f_{x_2}(x) = \frac{x_1 \cos x_2}{2\sqrt{x_1 \sin x_2}} + x_1 e^{x_1 x_2}$$

Partielle Ableitungen lassen sich auf verschiedene Art interpretieren. Zunächst beschreiben sie den isolierten Einfluss, den eine Veränderung der i-ten Komponente des Arguments auf den Funktionswert hat, unter der Voraussetzung, dass alle anderen Komponenten unverändert bleiben. Insbesondere ist damit eine Verallgemeinerung der in Abschn. 6.3.6 für eindimensionale Funktionen eingeführten Elastizitäten möglich.

Definition Die Funktion $f : \mathbb{R}^n \to \mathbb{R}$ sei partiell differenzierbar. Dann heißt

$$\varepsilon_{f,x_i}(x) = f_{x_i}(x)\frac{x_i}{f(x)}, \qquad i = 1, \ldots, n, \tag{7.14}$$

partielle Elastizität von $y = f(x)$ im Punkt x.

Die dimensionslose Größe $\varepsilon_{f,x_i}(x)$ beschreibt damit die relative Änderung von $f(x)$ in Abhängigkeit von der relativen Änderung der i-ten Komponente x_i.

Für den zweidimensionalen Fall ($n = 2$) lässt sich auch eine geometrische Interpretation partieller Ableitungen angeben. Schneidet man die zur Funktion $y = f(x_1, x_2)$ gehörige Oberfläche, die aus allen Punkten der Gestalt $(x_1, x_2, f(x_1, x_2))$ besteht, mit der Ebene E, die alle Punkte der Form $(x_1, \bar{x}_2, y)$ enthält (in der also $x_2 = \bar{x}_2$ fixiert und x_1, y beliebig sind), ergibt sich eine Schnittkurve S, die aus Punkten der Art $(x_1, \bar{x}_2, \widetilde{f}(x_1))$ besteht, wobei $\widetilde{f}(x_1) = f(x_1, \bar{x}_2)$ gesetzt wurde (siehe Abb. 7.8). Schränkt man die Betrachtung nun ein auf die Ebene E und die darin liegende Schnittkurve S, die durch $\widetilde{f}(x_1)$ erzeugt wird, so hat die Tangente an S im Punkt $\bar{x}_1$ gerade den Anstieg $f_{x_1}(\bar{x}_1, \bar{x}_2) = \dfrac{\partial f}{\partial x_1}(\bar{x})$.

Während bei der Übertragung der Differenziationsregeln für die Summen, das Produkt oder den Quotienten von Funktionen keine besonderen Schwierigkeiten auftreten, wenn man von einem einzigen Argument auf n Variable übergeht, bedarf die Regel zur Ableitung einer mittelbaren (oder zusammengesetzten) Funktion, die so genannte *Kettenregel*, im Falle mehrerer Veränderlicher einiger gesonderter Erläuterungen. Dazu wird die Funktion $y = f(x) = u(v(x))$ betrachtet, wobei $x = (x_1, x_2, \ldots, x_n)^\top$ und $v(x) = (v_1(x), v_2(x), \ldots, v_m(x))^\top$ gelte. Wir setzen $z_i = v_i(x)$, $i = 1, \ldots, m$, $z = (z_1, z_2, \ldots, z_m)^\top$ und erhalten $u(z) = u(z_1, z_2, \ldots, z_m)$. Dabei sollen die (äußere) Funktion mehrerer Veränderlicher u und die (inneren) Funktionen mehrerer Veränderlicher z_i, $i = 1, \ldots, m$, partiell differenzierbar bezüglich aller Komponenten sein und die Funktionen v_i einen gemeinsamen Definitionsbereich $D(v_i) = D$, $i = 1, \ldots, m$ besitzen. Ferner mögen die Wertebereiche der v_i so beschaffen sein, dass $v(x) = (v_1(x), \ldots, v_m(x))^\top \in D(u)$. Mit anderen Worten, die mittelbare Funktion f soll wohldefiniert sein. Dann gilt die folgende Aussage über die Berechnung partieller Ableitungen der mittelbaren Funktion f.

Satz 7.2 *Wenn die partiellen Ableitungen $\dfrac{\partial u}{\partial z_i}$, $i = 1, \ldots, m$, sowie $\dfrac{\partial z_i}{\partial x_j}$, $i = 1 \ldots, m$, $j = 1, \ldots, n$, existieren und die ersteren stetig sind, so existieren auch die partiellen Ableitungen $\dfrac{\partial f}{\partial x_j}$ und berechnen sich nach der Vorschrift*

$$\frac{\partial f}{\partial x_j} = \sum_{i=1}^{m} \frac{\partial f}{\partial z_i} \cdot \frac{\partial z_i}{\partial x_j}, \quad j = 1, \ldots, n. \tag{7.15}$$

Mit anderen Worten, um die partielle Ableitung der (mittelbaren) Funktion f nach x_j zu berechnen, hat man zunächst die äußere Funktion nach allen m Variablen partiell abzuleiten, mit den partiellen Ableitungen der inneren Funktionen nach x_j zu multiplizieren und die Produkte aufzusummieren. Im Fall $m = 1$ ergibt sich für fixiertes j praktisch die Kettenregel aus Abschn. 6.2.3.

Beispiel 7.10 $f(x_1, x_2) = (3x_1 + x_2)^2 + e^{x_1 - 2x_2}$

Setzt man $z_1 = 3x_1 + x_2$, $z_2 = x_1 - 2x_2$, so ergibt sich $f = u(z_1, z_2) = z_1^2 + e^{z_2}$ und folglich

$$\frac{\partial f}{\partial x_1} = \frac{\partial f}{\partial z_1} \cdot \frac{\partial z_1}{\partial x_1} + \frac{\partial f}{\partial z_2} \cdot \frac{\partial z_2}{\partial x_1} = 2z_1 \cdot 3 + e^{z_2} \cdot 1 = 6(3x_1 + x_2) + e^{x_1 - 2x_2}$$

sowie

$$\frac{\partial f}{\partial x_2} = \frac{\partial f}{\partial z_1} \cdot \frac{\partial z_1}{\partial x_2} + \frac{\partial f}{\partial z_2} \cdot \frac{\partial z_2}{\partial x_2} = 2z_1 + e^{z_2}(-2) = 2(3x_1 + x_2) - 2e^{x_1 - 2x_2}.$$

Beispiel 7.11 $f(x_1, x_2) = x_1 + 2x^2$, $x_1 = a \cdot \sin t$, $x_2 = b \cdot \cos t$

Hier gilt $m = 2$, $n = 1$, und wir erhalten

$$\frac{\partial f}{\partial t} = \frac{\partial f}{\partial x_1} \cdot \frac{\partial x_1}{\partial t} + \frac{\partial f}{\partial x_2} \frac{\partial x_2}{\partial t}$$

$$= 1 \cdot a \cos t + 2x_2 \cdot (-b \sin t) = a \cos t - 2b \sin t \cos t.$$

(Übrigens stellt $x_1 = a \sin t, x_2 = b \cos t$ die Parameterdarstellung einer Ellipse dar, denn es gilt $\frac{x_1^2}{a^2} + \frac{x_2^2}{b^2} = \sin^2 t + \cos^2 t = 1$.)

Hinweise: 1) Anstelle $\frac{\partial x_i}{\partial t}$ schreibt man oftmals auch $\frac{dx_i}{dt}$, da es sich bei x_i um Funktionen **einer** Variablen handelt.

2) Wir wiederholen, dass sowohl $\frac{dy}{dx}$ als auch $\frac{\partial f}{\partial z_i}$ und $\frac{\partial z_i}{\partial x_j}$ **keine Quotienten** sind, sondern lediglich eine symbolische Schreibweise für entsprechende Grenzwerte darstellen, weshalb sie auch nicht etwa „gekürzt" werden dürfen.

Beispiel 7.12 In der Finanzmathematik gilt für die ewige Rente (bei nachschüssiger Zahlung) die folgende Barwertformel:

$$B_\infty = \frac{r}{i} \quad \left(\text{bzw. } r = B_\infty i, \quad i = \frac{r}{B_\infty} \right).$$

Betrachtet man alle eingehenden Größen als variabel, lassen sich die partiellen Ableitungen $\frac{\partial B_\infty}{\partial r} = \frac{1}{i}$, $\frac{\partial r}{\partial i} = B_\infty$, $\frac{\partial i}{\partial B_\infty} = -\frac{r}{B_\infty^2}$ berechnen Aus diesen Beziehungen folgt $\frac{\partial B_\infty}{\partial r} \cdot \frac{\partial r}{\partial i} \cdot \frac{\partial i}{\partial B_\infty} = \frac{1}{i} \cdot B_\infty \cdot \left(-\frac{r}{B_\infty^2} \right) = -1$. Fehlerhaftes „Kürzen" würde zum falschen Ergebnis $\frac{\partial B_\infty}{\partial r} \cdot \frac{\partial r}{\partial i} \cdot \frac{\partial i}{\partial B_\infty} = 1$ führen.

7.3.3 Gradient einer Funktion. Verschiedene Interpretationen

In diesem Abschnitt kommen wir auf das oben aufgeworfene Problem der konstruktiven Bestimmung des Gradienten einer Funktion (siehe Formel (7.11)) zurück, das mithilfe der partiellen Ableitungen positiv beantwortet werden kann. Die folgende Aussage zeigt einen Zusammenhang zwischen den partiellen Ableitungen und dem Gradienten auf.

Satz 7.3 *Besitzt die Funktion $f : \mathbb{R}^n \to \mathbb{R}$ auf $\mathbb{R}^n$ stetige partielle Ableitungen nach den Variablen $x_1, \ldots, x_n$, so ist f auf $\mathbb{R}^n$ (vollständig) differenzierbar, wobei der Gradient $\nabla f(x)$ gerade der aus den partiellen Ableitungen gebildete Spaltenvektor ist:*

$$\nabla f(x) = \begin{pmatrix} f_{x_1}(x) \\ f_{x_2}(x) \\ \vdots \\ f_{x_n}(x) \end{pmatrix}.$$

Bemerkungen

1) Oben hatten wir betont, das die Definition der vollständigen Differenzierbarkeit aus Abschn. 7.3.1 nicht konstruktiver Natur ist, d. h., es ist in der Regel sehr schwer, auf direktem Wege einen Vektor **g** zu finden, der der Beziehung (7.11) genügt. Unter Beachtung von Satz 7.3 ist dies jedoch eine einfache Aufgabe, da lediglich die n partiellen

Ableitungen zu berechnen und als Spaltenvektor zusammenzufassen sind, um den Gradienten $\mathbf{g} = \nabla f(x)$ zu ermitteln.

2) Im allgemeinen Fall stellt der Gradient $\nabla f(x)$ eine von x abhängige Größe dar. Fixiert man hingegen die Größe $x = \bar{x}$, so erhält man einen festen Zahlenvektor.

Beispiel 7.13 $f(x_1, x_2) = \frac{1}{4}x_1^2 + \frac{1}{3}x_2^2 + \frac{1}{4}$, $f_{x_1}(x) = \frac{1}{2}x_1$, $f_{x_2}(x) = \frac{2}{3}x_2$,

$\nabla f(x) = \begin{pmatrix} \frac{1}{2}x_1 \\ \frac{2}{3}x_2 \end{pmatrix}$; für $\bar{x} = \begin{pmatrix} \frac{1}{2} \\ \frac{3}{2} \end{pmatrix}$ ergibt sich $\nabla f(\bar{x}) = \begin{pmatrix} \frac{1}{4} \\ 1 \end{pmatrix}$.

3) Der Gradient spielt vor allem im Zusammenhang mit notwendigen Optimalitätsbedingungen eine wichtige Rolle. Er lässt sich ferner unmittelbar geometrisch deuten, was auf Interpretationen führt, die auch und besonders unter wirtschaftswissenschaftlichem Aspekt von Bedeutung sind. Mit Hilfe des Gradienten lässt sich

- die Richtung des steilsten Anstiegs in einem Punkt beschreiben,
- die Tangente an eine Niveaulinie der betrachteten Funktion darstellen,
- der Stellungsvektor der Tangentialebene an die Funktionsoberfläche konstruieren und damit die Gleichung der Tangentialebene aufstellen.

Gradient als Richtung des steilsten Aufstiegs Insbesondere in der nichtlinearen Optimierung ist es im Zusammenhang mit der Entwicklung von numerischen Optimierungsalgorithmen wichtig, Richtungen des steilsten Aufstiegs (bei Maximierung) bzw. des steilsten Abstiegs (bei Minimierung) zu finden, Richtungen, die – bei gegebener „Schrittlänge" – am steilsten „hinauf" oder „hinab" (im Sinne des Funktionswertes) führen. Anschaulich stellt man sich das am besten so vor, dass man sich im dreidimensionalen Raum auf der Oberfläche befindet, die durch die Funktion $f(x_1, x_2)$ erzeugt wird. Steht man dann im Punkt $(\bar{x}_1, \bar{x}_2, f(\bar{x}_1, \bar{x}_2))$ und lässt eine Kugel die Oberfläche hinunterrollen, so wird sie den Weg nehmen, der – zumindest lokal gesehen – am steilsten hinabführt. Diese so genannte *Richtung des steilsten Abstiegs* wird durch den *Antigradienten* (das ist der dem Gradienten entgegengerichtete Vektor) gewiesen. Die dazu entgegengesetzte, also die Gradientenrichtung, ist entsprechend die *Richtung des steilsten Aufstiegs*. Dies lässt sich mathematisch exakt nachweisen.

Für die oben im Beispiel 7.13 betrachtete Funktion $f(x_1, x_2) = \frac{1}{4}x_1^2 + \frac{1}{3}x_2^2 + \frac{1}{4}$ und den Punkt $\bar{x} = (\frac{1}{2}, \frac{3}{2})^\top$ ist der Sachverhalt in Abb. 7.9 wiedergegeben. Die Aussage bleibt für beliebiges n richtig, lässt sich allerdings für $n > 2$ nicht mehr veranschaulichen.

Übrigens lässt sich unter Zuhilfenahme der eben durchgeführten Überlegungen die Methode der grafischen Lösung linearer Optimierungsaufgaben etwas modifizieren. Anstelle die Maximierungsrichtung der Zielfunktion aus dem Vergleich der Funktionswerte, die zu entsprechenden Niveaulinien gehören, zu ermitteln, kann man die Richtung des steilsten Aufstiegs, d. h. die Gradientenrichtung nutzen. Für $f(x) = \langle c, x \rangle$ ist dies gerade die Richtung $\nabla f(x) = c$ (der Leser mache sich dies klar!). Diese Richtung steht senkrecht auf den Niveaulinien.

Abb. 7.9 Richtung des steilsten Aufstiegs

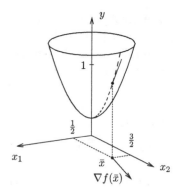

Gradient als Stellungsvektor der Tangente zur Niveaulinie Wir nutzen das eben betrachtete Beispiel zur Demonstration eines weiteren Fakts. Schneidet man die Oberfläche in Abb. 7.9 mit Ebenen, die zur x_1, x_2-Ebene parallel verlaufen, und projiziert die entsprechenden Schnittkurven (im vorliegenden Fall: Ellipsen) in die x_1, x_2-Ebene, so ergeben sich die Höhen- oder Niveaulinien zur jeweiligen, dem Funktionswert entsprechenden Höhe (siehe Abb. 7.10).

Alle Punkte, die sich auf der gleichen Niveaulinie befinden, haben denselben Funktionswert, weshalb man auch von *Isofunktionswertkurven* spricht. In volkswirtschaftlichen Fragestellungen hat man es z. B. mit so genannten *Isogewinnkurven* oder *Isokostenlinien* zu tun.

Sucht man – von einem bestimmten Punkt $\bar{x}$ ausgehend – nach Punkten mit gleichem Funktionswert, so lassen sich diese meist nicht oder nur sehr schwer explizit bestimmen, wohingegen es einfach ist, eine lineare Näherung zu beschreiben. Mit anderen Worten, man ersetzt die (gekrümmte) Niveaulinie durch eine Gerade, nämlich die Tangente in $\bar{x}$. Diese approximiert die Niveaulinie in einer Umgebung $\mathcal{U}_\varepsilon(\bar{x})$ des Punktes $\bar{x}$ sehr gut und kann mithilfe des Gradienten leicht beschrieben werden. Man kann nämlich nachweisen, dass der Gradient ein Stellungsvektor zur Tangente ist und somit senkrecht auf dieser steht, was anschaulich insofern klar ist, als der Gradient steilste Aufstiegsrichtung ist. Folglich wird

Abb. 7.10 Niveaulinien und Gradient

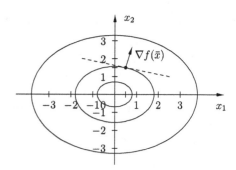

Abb. 7.11 Tangentialebene an
eine Oberfläche

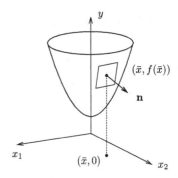

die Tangente aus denjenigen Punkten x gebildet, für die

$$\langle \nabla f(\tilde{x}), x - \tilde{x} \rangle = 0 \tag{7.16}$$

gilt; vgl. Formel (1.29) aus Abschn. 1.4.1. Eine andere Interpretation lässt sich mithilfe des unten betrachteten vollständigen Differenzials geben (siehe Abschn. 7.3.5): Für Punkte x mit gleichem Funktionswert wie $f(\tilde{x})$ muss die Funktionswertänderung beim Übergang von $\tilde{x}$ zu x gleich null sein. Da diese näherungsweise durch das vollständige Differenzial beschrieben wird und demzufolge gleich $\langle \nabla f(\tilde{x}), \Delta x \rangle$ ist, ergibt sich mit $\Delta x = x - \tilde{x}$ Beziehung (7.16).

Gradient als Teil des Stellungsvektors der Tangentialebene Mitunter möchte man – wie etwa in der Fehlerrechnung üblich – die Funktionsoberfläche in der Nähe eines Punktes $(\tilde{x}, f(\tilde{x}))$ durch ein lineares Gebilde, nämlich die *Tangentialebene T*, ersetzen. Deren Gleichung lautet entsprechend Formel (1.36) aus Abschn. 1.4.2

$$\left\langle \mathbf{n}, \begin{pmatrix} x \\ y \end{pmatrix} - \begin{pmatrix} \tilde{x} \\ f(\tilde{x}) \end{pmatrix} \right\rangle = 0 \quad \text{mit} \quad \mathbf{n} = \begin{pmatrix} \nabla f(\tilde{x}) \\ -1 \end{pmatrix}, \tag{7.17}$$

wobei $\mathbf{n}$ der $(n+1)$-dimensionale *Stellungsvektor* von T ist. Aus (7.17) ergibt sich für die Tangentialebene T (ab $n \geq 3$ spricht man von *Tangentialhyperebene*) die Gleichung

$$y = f(\tilde{x}) + \langle \nabla f(\tilde{x}), x - \tilde{x} \rangle. \tag{7.18}$$

Wir überlassen dem Leser den Nachweis der Richtigkeit dieser Beziehung.

Beispiel 7.14 $y = f(x) = \frac{1}{4}x_1^2 + \frac{1}{3}x_2^2 + \frac{1}{4}$ (vgl. Abb. 7.9)

$$\nabla f(x) = \begin{pmatrix} \frac{1}{2}x_1 \\ \frac{2}{3}x_2 \end{pmatrix}, \quad \tilde{x} = \begin{pmatrix} \frac{1}{2} \\ \frac{3}{2} \end{pmatrix}, \quad \nabla f(\tilde{x}) = \begin{pmatrix} \frac{1}{4} \\ 1 \end{pmatrix},$$

$$\mathbf{n} = \begin{pmatrix} \nabla(\tilde{x}) \\ -1 \end{pmatrix} = \left(\frac{1}{4}, 1, -1 \right)^\top, \quad f(\tilde{x}) = \frac{17}{16}.$$

Die Gleichung der Tangentialebene T im Punkt $(\bar{x}, f(\bar{x}))$ lautet dann:

$$y = f(\bar{x}) + \nabla^{\mathsf{T}} f(\bar{x})(x - \bar{x}) = \frac{17}{16} + \left(\frac{1}{4}, 1\right)\begin{pmatrix} x_1 - \frac{1}{2} \\ x_2 - \frac{3}{2} \end{pmatrix}$$

$$= \frac{17}{16} + \frac{1}{4}\left(x_1 - \frac{1}{2}\right) + \left(x_2 - \frac{3}{2}\right) = -\frac{9}{16} + \frac{1}{4}x_1 + x_2$$

bzw. $4x_1 + 16x_2 - 16y = 9$.

7.3.4 Partielle Ableitungen höherer Ordnung. Hesse-Matrix

Ausgangspunkt ist wiederum eine Funktion $y = f(x) = f(x_1, x_2, \ldots, x_n)$. Entsprechend den Ausführungen im Abschn. 7.3.2 sind deren partielle Ableitungen erster Ordnung

$$f_{x_1}(x), \quad f_{x_2}(x), \quad \ldots \quad f_{x_n}(x)$$

wieder Funktionen der n Variablen $x_1, \ldots, x_n$. Unter der Voraussetzung der Existenz entsprechender Grenzwerte können diese deshalb erneut partiell nach $x_1, x_2, \ldots, x_n$ abgeleitet werden. Auf diesem Wege kommt man zu den *zweiten partiellen Ableitungen* oder *partiellen Ableitungen zweiter Ordnung* der Funktion f (in einem Punkt $\bar{x}$ bzw. im Bereich $D(f)$).

Man verwendet die folgenden Bezeichnungen:

$$\frac{\partial^2 f}{\partial x_i \partial x_j}(x) = f_{x_i x_j}(x) = \frac{\partial}{\partial x_j}\left(\frac{\partial f}{\partial x_i}(x)\right)$$

(lies: „d zwei f von x nach $\mathrm{d}x_i, \mathrm{d}x_j$"). Die Berechnung erfolgt dabei so, dass zuerst nach x_i und dann nach x_j partiell differenziert wird. Für den Spezialfall $i = j$ hat sich eine gesonderte Schreibweise eingebürgert:

$$\frac{\partial^2 f}{\partial x_i^2}(x) = f_{x_i x_i}(x) = \frac{\partial}{\partial x_i}\left(\frac{\partial f}{\partial x_i}(x)\right)$$

(lies: „d zwei f von x nach $\mathrm{d}x_i$ Quadrat"). Partielle Ableitungen höherer Ordnung werden auf analoge Weise gebildet, wobei aber (insbesondere in der Extremwertrechnung) die partiellen Ableitungen zweiter Ordnung von besonderer Bedeutung sind.

Beispiel 7.15

$$f(x_1, x_2) = x_1^2 + 2x_1 x_2 + x_1 \sin x_2$$

$$f_{x_1}(x) = 2x_1 + 2x_2 + \sin x_2, \quad f_{x_2}(x) = 2x_1 + x_1 \cos x_2$$

$$f_{x_1 x_1}(x) = 2, \quad f_{x_1 x_2}(x) = 2 + \cos x_2,$$

$$f_{x_2 x_1}(x) = 2 + \cos x_2, \quad f_{x_2 x_2}(x) = -x_1 \sin x_2$$

Der Leser wird bemerkt haben, dass die gemischten Ableitungen $f_{x_1x_2}(x)$ und $f_{x_2x_1}(x)$ im vorstehenden Beispiel gleich sind. Das ist kein Zufall, denn es gilt die folgende Aussage.

Satz 7.4 *Wenn die Funktion $f : \mathbb{R}^n \to \mathbb{R}$ in $D(f)$ die partiellen Ableitungen $f_{x_ix_j}(x)$ besitzt und diese stetig sind, so gilt*

$$f_{x_ix_j}(x) = f_{x_jx_i}(x), \quad i, j = 1, \dots, n, \ i \neq j. \tag{7.19}$$

Mit anderen Worten, unter bestimmten Voraussetzungen sind die gemischten partiellen Ableitungen zweiter Ordnung unabhängig von der Reihenfolge, in der sie gebildet werden.

Die aus den partiellen Ableitungen zweiter Ordnung bestehende Matrix

$$H_f(x) = \begin{pmatrix} f_{x_1x_1}(x) & f_{x_1x_2}(x) & \cdots & f_{x_1x_n}(x) \\ f_{x_2x_1}(x) & f_{x_2x_2}(x) & \cdots & f_{x_2x_n}(x) \\ & \cdots\cdots\cdots\cdots\cdots & & \\ f_{x_nx_1}(x) & f_{x_nx_2}(x) & \cdots & f_{x_nx_n}(x) \end{pmatrix}$$

wird *Hesse-Matrix*[8] der Funktion f im Punkt x genannt. Sie ist offensichtlich quadratisch, aufgrund von Satz 7.4 symmetrisch und hängt im Allgemeinen von x ab. Für fixiertes $x = \bar{x}$ geht sie in eine Zahlenmatrix über. Ihre Eigenschaften spielen in der Extremwertrechnung bei der Formulierung hinreichender Optimalitätsbedingungen eine wichtige Rolle (vgl. Abschn. 8.1 und 8.2).

Beispiel 7.16 $f(x_1, x_2) = x_1^2 + 2x_1x_2 + x_1 \sin x_2$ (siehe oben Beispiel 7.15)

$$H_f(x) = \begin{pmatrix} 2 & 2 + \cos x_2 \\ 2 + \cos x_2 & -x_1 \sin x_2 \end{pmatrix}$$

$$H_f(0, 0) = \begin{pmatrix} 2 & 3 \\ 3 & 0 \end{pmatrix}, \qquad H_f\left(3, \frac{\pi}{2}\right) = \begin{pmatrix} 2 & 2 \\ 2 & -3 \end{pmatrix}$$

Es sei noch auf folgende Interpretation partieller Ableitungen zweiter Ordnung hingewiesen. Die partielle Ableitung $f_{x_1x_1}(x)$ beschreibt das Kurvenverhalten der Schnittkurve, die sich ergibt, wenn man die Funktionsoberfläche mit Ebenen schneidet, die senkrecht auf der x_1, x_2-Ebene stehen und für die $x_2 = $ const gilt (vgl. beispielsweise Abb. 7.8). Die Beziehung $f_{x_1x_1}(x) > 0$ bedeutet dann die Konvexität solcher Schnitte.

---

[8] Hesse, Otto (1811–1874), deutscher Mathematiker.

7.3.5 Vollständiges Differenzial

Die (vollständige) Differenzierbarkeit einer Funktion $f : \mathbb{R}^n \to \mathbb{R}$ war im Abschn. 7.3.1 durch die Grenzwertbeziehung (7.11) charakterisiert worden. Diese lässt sich auch in der Form

$$f(\bar{x} + \Delta x) - f(\bar{x}) = \langle \mathbf{g}, \Delta x \rangle + o(\|\Delta x\|) \tag{7.20}$$

aufschreiben, wobei $\bar{x}$, Δx, $\mathbf{g}$ jeweils n-dimensionale Größen sind und die Beziehungen $\lim\limits_{\Delta x \to 0} \frac{o(\|\Delta x\|)}{\|\Delta x\|} = 0$ sowie $\|\Delta x\| = \sqrt{\sum\limits_{i=1}^{n} (\Delta x_i)^2}$ gelten (vgl. Formel (7.2) aus Abschn. 7.2). Analog zum Fall $n = 1$ wird der Ausdruck

$$\langle \mathbf{g}, \Delta x \rangle = \langle \nabla f(\bar{x}), \Delta x \rangle = f_{x_1}(\bar{x}) \Delta x_1 + \ldots + f_{x_n}(\bar{x}) \Delta x_n \tag{7.21}$$

vollständiges Differenzial der Funktion f im Punkt $\bar{x}$ genannt und mit $\mathrm{d}f(\bar{x})$ bezeichnet.

Bemerkungen

1) Das vollständige Differenzial stellt bei Änderung des Arguments $\bar{x}$ um $\Delta x = (\Delta x_1, \ldots, \Delta x_n)^\top$ den Hauptanteil des Funktionswertzuwachses dar:

$$\Delta f(\bar{x}) = f(\bar{x} + \Delta x) - f(\bar{x}) \approx \mathrm{d}f(\bar{x}).$$

   Wenn sich also $\bar{x}_1$ um Δx_1, $\bar{x}_2$ um Δx_2 usw. ändern, beträgt die Änderung von $f(\bar{x})$ näherungsweise $\mathrm{d}f(\bar{x})$.

2) Das vollständige Differenzial ist linear in Δx, denn die Glieder Δx_i kommen nur in der ersten Potenz vor. Deshalb stellt es eine **lineare Approximation** dar. Geometrisch bedeutet die Ersetzung der exakten Differenz $\Delta f(\bar{x})$ durch die lineare Näherung $\mathrm{d}f(\bar{x})$ den Übergang von der Funktionsoberfläche zu deren Tangentialebene im Punkt $(\bar{x}, f(\bar{x}))$ (vgl. Abb. 7.11). Dabei ist die Näherung umso genauer, je kleiner $\|\Delta x\|$ ist.

3) Oftmals findet man in der Literatur auch noch die Bezeichnungen $\mathrm{d}x_i$ anstelle von Δx_i (dabei sind beide als **endliche** Größen aufzufassen). Die Formel

$$\mathrm{d}f(\bar{x}) = \sum_{i=1}^{n} f_{x_i}(\bar{x}) \mathrm{d}x_i$$

   zeigt dann, dass sich der Gesamtzuwachs $\Delta f(\bar{x})$ von f näherungsweise zusammensetzt aus der Summe der Zuwächse $f_{x_i}(\bar{x}) \mathrm{d}x_i$ der isolierten Einwirkungen jeder einzelnen Variablen x_i. Letztere sind vermittels der partiellen Ableitungen leicht berechenbar.

4) Anwendungen des vollständigen Differenzials findet man in der Fehlerrechnung, wo es darum geht, den maximalen Fehler eines Ausdrucks abzuschätzen, falls bekannt ist, mit welchem maximalen Fehler die einzelnen Größen in dem Ausdruck behaftet sind. In engem Zusammenhang damit stehen auch unmittelbare ökonomische Anwendungen, wenn die Veränderung des Wertes einer Funktion mehrerer Veränderlicher in Abhängigkeit von der Änderung der Argumente (näherungsweise) beschrieben werden soll.

Beispiel 7.17 Wir betrachten wieder die in Beispiel 7.4 eingeführte Cobb-Douglas-Funktion $P(A, K) = cA^\alpha K^\beta$ ($c, \alpha, \beta > 0$). Deren partielle Ableitungen nach A und K lauten

$$\frac{\partial P}{\partial A}(A, K) = c\alpha A^{\alpha-1} K^\beta = \frac{\alpha}{A} \cdot P, \qquad \frac{\partial P}{\partial K}(A, K) = c\beta A^\alpha K^{\beta-1} = \frac{\beta}{K} \cdot P.$$

Die partiellen Elastizitäten bezüglich der beiden vorkommenden Variablen A und K lauten folglich $\varepsilon_{P,A}(A, K) = c\alpha A^{\alpha-1} K^\beta \cdot \frac{A}{cA^\alpha K^\beta} = \alpha$ bzw. $\varepsilon_{P,K}(A, K) = c\beta A^\alpha K^{\beta-1} \cdot \frac{A}{cA^\alpha K^\beta} = \beta$, d. h., die Konstanten α und β sind gerade die partiellen Elastizitäten der Cobb-Douglas-Funktion.

Zur näherungsweisen Berechnung von Funktionswertänderungen gilt nun:

$$\Delta P = P(A + \Delta A, K + \Delta K) - P(A, K)$$

$$\approx \mathrm{d}P = \frac{\partial P}{\partial A}\Delta A + \frac{\partial P}{\partial K}\Delta K = \frac{\alpha P}{A}\Delta A + \frac{\beta P}{K}\Delta K. \tag{7.22}$$

Zur Verdeutlichung setzen wir konkrete Werte für die vorkommenden Größen ein. Es seien $c = 1$, $\alpha = \beta = \frac{1}{2}$, sodass $P(A, K) = A^{1/2} K^{1/2} = \sqrt{AK}$ gilt. Ferner wählen wir $A = 4$, $K = 9$, $\Delta A = 0{,}1$ und $\Delta K = 0{,}2$. Dann ergibt sich zunächst $P(4,9) = \sqrt{36} = 6$, und aus (7.22) erhält man

$$\mathrm{d}P = \frac{\frac{1}{2} \cdot 6}{4} \cdot 0{,}1 + \frac{\frac{1}{2} \cdot 6}{9} \cdot 0{,}2 = 0{,}141667.$$

Andererseits beträgt der exakte Funktionswertzuwachs

$$\Delta P = P(4{,}1; 9{,}2) - P(4,9) = 6{,}141667 - 6 = 0{,}141661,$$

sodass die Differenz zwischen ΔP und $\mathrm{d}P$ weniger als $1 \cdot 10^{-5}$ beträgt. Dass $\mathrm{d}P > \Delta P$ gilt, lässt sich damit erklären, dass die Funktion $P(A, K)$ konkav ist (vgl. Abb. 7.3) und die Tangentialebene somit oberhalb der Funktionsoberfläche liegt.

Übrigens gilt für linear homogene Funktionen (7.7), für die eine Veränderung der Variablen $x_1, \ldots, x_n$ um einen festen Faktor λ eine λ-fache Veränderung der abhängigen Variablen y bewirkt, der folgende bemerkenswerte *Satz von Euler über homogene Funktionen*.

Satz 7.5 *Die Funktion $f(x_1, \ldots, x_n)$ sei partiell differenzierbar und homogen vom Grade α. Dann ist die folgende Beziehung gültig:*

$$\sum_{i=1}^{n} \frac{\partial f}{\partial x_i} \cdot x_i = \alpha \cdot f(x_1, \ldots, x_n). \tag{7.23}$$

Ferner gilt für die partiellen Elastizitäten:

$$\sum_{i=1}^{n} \varepsilon_{f,x_i}(x) = \alpha. \tag{7.24}$$

Beweis Differenziert man die Homogenitätsbeziehung $f(\lambda x_1, \ldots, \lambda x_n) = \lambda^\alpha f(x_1, \ldots, x_n)$ nach λ, so ergibt sich (wenn man $z_i = \lambda x_i$, $i = 1, \ldots, n$, setzt) entsprechend (7.15)

$$\frac{\partial f}{\partial z_1} \cdot \frac{\partial z_1}{\partial \lambda} + \ldots + \frac{\partial f}{\partial z_n} \cdot \frac{\partial z_n}{\partial \lambda} = \alpha \lambda^{\alpha-1} f(x_1, \ldots, x_n).$$

Diese Gleichung gilt für beliebige Werte λ, speziell also auch für $\lambda = 1$, woraus unmittelbar Beziehung (7.23) folgt. Dividiert man noch durch den Funktionswert $f(x)$, erhält man (7.24) für die partiellen Elastizitäten. $\square$

7.3.6 Implizite Funktionen

Der Begriff der impliziten Funktion soll zunächst an einer Funktion zweier Veränderlicher erklärt werden, ehe Eigenschaften solcher Funktionen auch in allgemeineren Situationen beschrieben werden. Die erhaltenen Ergebnisse finden z. B. in der Extremwertrechnung für Funktionen mehrerer Veränderlicher Anwendung (s. Abschn. 8.2), sind aber auch von eigenständiger Bedeutung.

Angenommen, die beiden Variablen x und y seien durch eine Gleichung der Form

$$F(x, y) = 0 \tag{7.25}$$

verknüpft. Gibt es zu jedem x (in einem gewissen Bereich) genau ein y, das zusammen mit x die Gleichung (7.25) erfüllt, so wird dadurch eine eindeutige Abbildung, also eine Funktion

$$y = f(x) \tag{7.26}$$

definiert; für diese gilt dann $F(x, f(x)) = 0$ als Identität in x. Die Funktion f wird *implizite* Funktion genannt. Wichtig ist allein, dass sie als funktionaler Zusammenhang existiert. Ihre genaue Kenntnis ist nicht in jedem Fall erforderlich, und meist kann sie auch nicht explizit dargestellt werden. Trotzdem ist es unter bestimmten Voraussetzungen möglich, Eigenschaften von f anzugeben und die Ableitung von f zu berechnen. Gelingt es jedoch, Beziehung (7.25) nach y aufzulösen, so wird die Funktion f aus (7.26) als *explizite* Funktion bezeichnet.

Beispiel 7.18 $F(x, y) = x^2 + 5y^3 = 0$

Hier ist die explizite Auflösung nach y möglich: $y = f(x) = -\sqrt[3]{\frac{x^2}{5}}$.

Beispiel 7.19 $F(x, y) = x + y + y^5 = 0$

Eine explizite Auflösung nach y ist in diesem Beispiel nicht möglich, obwohl ein eindeutiger Zusammenhang $y = f(x)$ besteht, wie man z. B. durch Monotoniebetrachtungen nachweisen kann. Das bedeutet: Für jedes x gibt es nur **einen** Wert y, der zusammen mit x der Gleichung $x + y + y^5 = 0$ genügt.

Abb. 7.12 Lösungsmenge einer impliziten Kurvengleichung

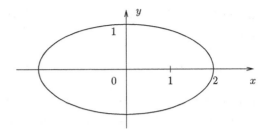

Beispiel 7.20 $F(x, y) = x^2 + 4y^2 - 4 = 0$

Hier ist eine Auflösung nach y für $x \in [-2, 2]$ mittels **Fallunterscheidungen** realisierbar: Für $y \geq 0$ ergibt sich $y = \frac{1}{2}\sqrt{4 - x^2}$, während man für $y \leq 0$ die Gleichung $y = -\frac{1}{2}\sqrt{4 - x^2}$ erhält. Eine geometrische Veranschaulichung erscheint uns nützlich. Durch die Gleichung

$$F(x, y) = x^2 + 4y^2 - 4 = 0 \tag{7.27}$$

wird eine Ellipse in der x, y-Ebene beschrieben (siehe Abb. 7.12), sodass alle Punktepaare (x, y), die auf dieser Kurve liegen, der Gleichung (7.27) genügen und umgekehrt.

Will man es nur mit eindeutigen Zusammenhängen $y = f(x)$ zu tun haben, muss man die obere und die untere Halbebene einzeln betrachten.

Der Nachweis der Existenz einer durch die Gleichung (7.25) definierten impliziten Funktion $y = f(x)$ gelingt meist nur in der Umgebung eines bestimmten Punktes $(\bar{x}, \bar{y})$, der ebenfalls der Gleichung (7.25) genügt und somit auf der durch F beschriebenen Kurve liegt. Da uns im Weiteren nicht nur an der Existenz von f, sondern vor allem an deren Differenzierbarkeit gelegen ist, werden wir sofort eine entsprechende Aussage formulieren (ginge es nur um die Existenz allein, könnten die Voraussetzungen etwas abgeschwächt werden).

Satz 7.6 *Die Funktion zweier Veränderlicher $F(x, y)$ sei stetig auf $\mathbb{R}^2$, ihre partiellen Ableitungen F_x und F_y mögen existieren und stetig sein. Weiterhin gelte $F(\bar{x}, \bar{y}) = 0$ und $F_y(\bar{x}, \bar{y}) \neq 0$. Dann gibt es in einer (kleinen) Umgebung von $(\bar{x}, \bar{y})$ eine Funktion f derart, dass gilt $y = f(x)$ für alle (x, y), die (7.25) genügen, wobei $f(\bar{x}) = \bar{y}$. Die Funktion f ist stetig und besitzt eine stetige Ableitung.*

Wir wollen die Voraussetzungen des Satzes für die obigen Beispiele überprüfen.

Beispiel 7.21 $F(x, y) = x^2 + 5y^3$, $\quad F_x(x, y) = 2x$, $\quad F_y(x, y) = 15y^2$ (vgl. Beispiel 7.18)

Die Stetigkeit und stetige partielle Differenzierbarkeit von F ist offensichtlich. Die Bedingung $F_y(x, y) \neq 0$ ist nur für $\bar{y} = 0$, wozu $\bar{x} = 0$ gehört, nicht erfüllt. Für diesen Punkt kann also die Existenz von f' nicht garantiert werden. Tatsächlich existiert $f'(0)$ auch nicht, denn mit der oben berechneten Funktion $y = f(x) = -\sqrt[3]{\frac{x^2}{5}} = -\left(\frac{x^2}{5}\right)^{1/3}$ ergibt sich $f'(x) = -\frac{1}{3}\left(\frac{x^2}{5}\right)^{-2/3}\frac{2x}{5} = -\frac{2}{3\sqrt[3]{5x}}$. Diese Funktion ist aber für $x = 0$ nicht definiert.

Beispiel 7.22 $F(x, y) = x + y + y^5$, $F_x(x, y) = 1$, $F_y(x, y) = 1 + 5y^4 > 0$ (vgl. Beispiel 7.19)

Hier existiert für beliebige, der Gleichung (7.25) genügende Paare (x, y) eine implizite Funktion $y = f(x)$; diese ist überall differenzierbar.

Beispiel 7.23 $F(x, y) = x^2 + 4y^2 - 4$, $F_x(x, y) = 2x$, $F_y(x, y) = 8y$ (vgl. Beispiel 7.20)

Nur für $\bar{y} = 0$, wozu $\bar{x} = \pm 2$ gehört, gilt nicht $F_y(\bar{x}, \bar{y}) \neq 0$. Für diese Punkte kann also die Existenz von $f'(\bar{x})$ nicht gesichert werden. Die Ableitung existiert auch nicht in $\bar{x} = \pm 2$, denn für $y = f(x) = \pm\frac{1}{2}\sqrt{4 - x^2}$ gilt $f'(x) = \pm\frac{1}{2}\frac{-x}{\sqrt{4-x^2}}$. Somit ist $f'(\pm 2)$ nicht erklärt.

Eine Aussage über die Existenz der Ableitung $f'(x)$ allein ist nicht konstruktiv; man benötigt noch eine Vorschrift zur Berechnung derselben. Diese kann man durch folgende Überlegungen gewinnen. Weiß man, dass eine implizite Funktion $y = f(x)$ und ihre Ableitung $f'(x)$ existieren, so gilt zunächst die Identität $F(x, f(x)) = 0$, und diese Gleichung kann nach x differenziert werden. Auf der rechten Seite ergibt sich (als Ableitung einer Konstanten) null, auf der linken Seite kann die Kettenregel (7.15) mit $n = 1$, $m = 2$, $z_1 = x$, $z_2 = f(x)$ angewendet werden. Dies führt auf die Beziehung

$$\frac{\partial F}{\partial x}(x, y) + \frac{\partial F}{\partial y}(x, y) \cdot \frac{dy}{dx} = 0,$$

woraus

$$f'(x) = \frac{dy}{dx} = -\frac{\frac{\partial F(x,y)}{\partial x}}{\frac{\partial F(x,y)}{\partial y}} = -\frac{F_x(x, y)}{F_y(x, y)} \tag{7.28}$$

folgt. Gleichung (7.28) verdeutlicht, dass die Voraussetzung $F_y(\bar{x}, \bar{y}) \neq 0$ wesentlich ist.

Unterstellt man höhere Differenzierbarkeitseigenschaften von F und differenziert man die Beziehung $F(x, y) = 0$ zweimal nach x, so kann man analog zu oben auch die zweite Ableitung der impliziten Funktion $y = f(x)$ angeben:

$$f''(x) = \frac{2F_x F_y F_{xy} - (F_y)^2 F_{xx} - (F_x)^2 F_{yy}}{(F_y)^3}.$$

Wir wollen nun die Anwendung von Formel (7.28) auf die beiden oben betrachteten Beispiele 7.18 und 7.20 demonstrieren, in denen uns die impliziten Funktionen explizit bekannt sind.

Beispiel 7.24 (vgl. Beispiel 7.18)

$F(x, y) = x^2 + 5y^3$, $F_x(x, y) = 2x$, $F_y(x, y) = 15y^2$, $y = -\sqrt[3]{\frac{x^2}{5}}$

Dies liefert $f'(x) = -\frac{2x}{15y^2} = -\frac{2x}{15\sqrt[3]{\frac{x^4}{25}}} = -\frac{2}{3\sqrt[3]{5x}}$, was mit dem oben durch direktes Ableiten von $y = f(x)$ erzielten Ergebnis übereinstimmt.

Beispiel 7.25 (vgl. Beispiel 7.20)

$F(x, y) = x^2 + 4y^2 - 4, F_x = 2x, F_y = 8y, y = \pm\frac{1}{2}\sqrt{4 - x^2}$

Vorschrift (7.28) führt auf

$$f'(x) = -\frac{2x}{8y} = -\frac{2x}{\pm 4\sqrt{4 - x^2}} = \frac{-x}{\pm 2\sqrt{4 - x^2}}$$

was mit dem früher erhaltenen Ergebnis identisch ist.

Also: Obwohl die implizite Funktion $y = f(x)$ im Allgemeinen unbekannt ist (die eben betrachteten Beispiele dienten lediglich der Demonstration und dem Vergleich), gelingt es erstaunlicherweise, unter entsprechenden Voraussetzungen die Ableitung von f zu berechnen.

Beispiel 7.26 Unter welchen Bedingungen existiert die Ableitung der Umkehrfunktion zur Funktion $y = \varphi(x)$ und wie kann man diese berechnen?

Wir führen die Funktion $F(x, y) = \varphi(x) - y$ ein und betrachten die Gleichung $F(x, y) = 0$. Die Ableitung der Umkehrfunktion von φ existiert (lokal) und kann berechnet werden, wenn die Voraussetzungen von Satz 7.6 erfüllt sind. Dazu muss φ stetig differenzierbar sein, überdies muss $F_x(\bar{x}, \bar{y}) = \varphi'(\bar{x}) \neq 0$ gelten. Dann existiert in der Umgebung eines Punktes $(\bar{x}, \bar{y})$ mit $\bar{y} = \varphi(\bar{x})$ die Umkehrfunktion $x = f(y) = \varphi^{-1}(y)$ zur Funktion $\varphi(x)$, und deren Ableitung berechnet sich gemäß

$$f'(y) = \left(\varphi^{-1}\right)'(y) = -\frac{F_y(x, y)}{F_x(x, y)} = -\frac{-1}{\varphi'(x)} = \frac{1}{\varphi'(x)}. \tag{7.29}$$

Man beachte, dass im vorliegenden Beispiel x und y gegenüber Satz 7.6 die Rollen getauscht haben.

Also: Die Ableitung der Umkehrfunktion $\varphi^{-1}(x)$ ist gleich dem Kehrwert der Ableitung der Funktion $\varphi(x)$.

Zur Illustration betrachten wir die Funktion $y = \varphi(x) = x^3$ mit der Ableitung $\varphi'(x) = 3x^2$ und der Umkehrfunktion $x = \varphi^{-1}(y) = \sqrt[3]{y}$. Deren Ableitung lautet $(\varphi^{-1})'(y) = \frac{1}{3\sqrt[3]{y^2}}$. Berechnet man diese Ableitung entsprechend Formel (7.29), ergibt sich

$$\left(\varphi^{-1}\right)'(x) = \frac{1}{\varphi'(x)} = \frac{1}{3x^2} = \frac{1}{3\sqrt[3]{y^2}}.$$

Es zeigt sich Übereinstimmung mit dem auf direktem Wege berechneten Ergebnis.

Abschließend soll das System von m Gleichungen mit n Veränderlichen

$$
\begin{aligned}
g_1(x_1, \ldots, x_m, x_{m+1}, \ldots, x_n) &= 0 \\
g_2(x_1, \ldots, x_m, x_{m+1}, \ldots, x_n) &= 0 \\
\cdots\cdots\cdots\cdots \\
g_m(x_1, \ldots, x_m, x_{m+1}, \ldots, x_n) &= 0
\end{aligned}
\tag{7.30}
$$

betrachtet werden, das wir im Abschn. 8.2 als Nebenbedingungen einer Extremwertaufgabe wiederfinden werden. Die obigen Untersuchungen werden hierbei in zwei Richtungen verallgemeinert: anstelle von zwei Variablen liegen nun n Variablen und anstelle einer Gleichung m Gleichungen vor. Wir interessieren uns für die Existenz von m impliziten Funktionen

$$x_i = f_i(x_{m+1}, \ldots, x_n), \quad i = 1, \ldots, m, \tag{7.31}$$

die die Eigenschaft

$$g_1\big(f_1(x_{m+1}, \ldots, x_n), \ldots, f_m(x_{m+1}, \ldots, x_n), x_{m+1}, \ldots, x_n\big) \quad = \quad 0$$
$$g_2\big(f_1(x_{m+1}, \ldots, x_n), \ldots, f_m(x_{m+1}, \ldots, x_n), x_{m+1}, \ldots, x_n\big) \quad = \quad 0$$
$$\cdots\cdots\cdots\cdots\cdots\cdots\cdots$$
$$g_m\big(f_m(x_{m+1}, \ldots, x_n), \ldots, f_m(x_{m+1}, \ldots, x_n), x_{m+1}, \ldots, x_n\big) \quad = \quad 0$$

besitzen, für die also nach Einsetzen der Ausdrücke (7.31) in das System (7.30) Identitäten (bezüglich der Variablen $x_{m+1}, \ldots, x_n$, nach denen nicht aufgelöst wurde) entstehen.

Im Falle $F(x, y) = 0$ war die Schlüsselvoraussetzung für die Existenz und Differenzierbarkeit einer impliziten Funktion die Bedingung $F_y(\bar{x}, \bar{y}) \neq 0$. Die Verallgemeinerung dieser Bedingung lautet: Die so genannte *Funktionaldeterminante*

$$|\mathcal{J}(x)| = \begin{vmatrix} g_{1x_1}(x) & g_{1x_2}(x) & \cdots & g_{1x_m}(x) \\ g_{2x_1}(x) & g_{2x_2}(x) & \cdots & g_{2x_m}(x) \\ & \cdots\cdots\cdots\cdots & \\ g_{mx_1}(x) & g_{mx_2}(x) & \cdots & g_{mx_m}(x) \end{vmatrix}$$

der Funktionen $g_1, \ldots, g_m$ nach den Variablen $x_1, \ldots, x_m$ darf im betrachteten Punkt $\bar{x} = (\bar{x}_1, \ldots, \bar{x}_m, \bar{x}_{m+1}, \ldots, \bar{x}_n)^\top$ nicht null sein. Die entsprechende Aussage lässt sich dann folgendermaßen formulieren.

Satz 7.7 *Die Funktionen* $g_1, \ldots, g_m$ *seien stetig über* $\mathbb{R}^n$, *und ihre partiellen Ableitungen nach allen Variablen mögen existieren und stetig sein. Der Punkt* $\bar{x} = (\bar{x}_1, \ldots, \bar{x}_n)^\top$ *genüge dem System (7.30), und in* $\bar{x}$ *gelte* $|\mathcal{J}(\bar{x})| \neq 0$. *Dann definiert das System (7.30) in einer Umgebung von* $\bar{x}$ *die stetigen impliziten Funktionen* $x_i = f_i(x_{m+1}, \ldots, x_n)$, $i = 1, \ldots, m$, *es gilt* $f_i(\bar{x}_{m+1}, \ldots, \bar{x}_n) = \bar{x}_i$, $i = 1, \ldots, m$, *und die Funktionen* $f_1, \ldots, f_m$ *haben stetige partielle Ableitungen nach allen Argumenten.*

Literatur

1. Heuser, H.: Lehrbuch der Analysis. Teil 1, 2 (17./14. Auflage), Vieweg + Teubner, Wiesbaden (2009/2008)

2. Huang, D. S., Schulz, W.: Einführung in die Mathematik für Wirtschaftswissenschaftler (9. Auflage), Oldenbourg Verlag, München (2002)

3. Kemnitz, A.: Mathematik zum Studienbeginn: Grundlagenwissen für alle technischen, mathematisch-naturwissenschaftlichen und wirtschaftswissenschaftlichen Studiengänge (11. Auflage), Springer Spektrum, Wiesbaden (2014)

4. Kurz, S., Rambau, J.: Mathematische Grundlagen für Wirtschaftswissenschaftler (2. Auflage), Kohlhammer, Stuttgart (2012)

5. Luderer, B.: Klausurtraining Mathematik und Statistik für Wirtschaftswissenschaftler (4. Auflage), Springer Gabler, Wiesbaden (2014)

6. Luderer, B., Nollau, V., Vetters, K.: Mathematische Formeln für Wirtschaftswissenschaftler (7. Auflage), Vieweg + Teubner, Wiesbaden (2011)

7. Luderer, B., Paape, C., Würker, U.: Arbeits- und Übungsbuch Wirtschaftsmathematik (6. Auflage), Vieweg + Teubner, Wiesbaden (2011)

8. Pfeifer, A., Schuchmann, M.: Kompaktkurs Mathematik: Mit vielen Übungsaufgaben und allen Lösungen (3. Auflage), Oldenbourg, München (2009)

9. Purkert, W.: Brückenkurs Mathematik für Wirtschaftswissenschaftler (7. Auflage), Vieweg + Teubner, Wiesbaden (2011)

10. Tietze, J.: Einführung in die angewandte Wirtschaftsmathematik: Das praxisnahe Lehrbuch – inklusive Brückenkurs für Einsteiger (17. Auflage), Springer Spektrum, Wiesbaden (2014)

11. Tietze, J: Übungsbuch zur angewandten Wirtschaftsmathematik: Aufgaben, Testklausuren und Lösungen (7. Auflage), Vieweg + Teubner, Wiesbaden (2011)

Extremwerte von Funktionen mehrerer Veränderlicher

In diesem Abschnitt wird es darum gehen, Funktionen auf ihren größten oder kleinsten Wert zu untersuchen, eine Aufgabenstellung, die bereits für Funktionen einer Variablen von großer Bedeutung war. Häufig werden die unabhängigen Variablen durch weitere Forderungen eingeschränkt, was auf Extremwertprobleme unter Nebenbedingungen führt. Eine der vielleicht bedeutsamsten Anwendungen der Extremwertrechnung ist die Methode der kleinsten Quadratsumme, die bei Prognose- und Trendrechnungen, bei der Regressionsanalyse in der Statistik und in anderen Bereichen benutzt wird. Ihr ist ein eigener Abschnitt gewidmet. Eine Anzahl von Beispielen demonstriert sowohl mathematische als auch anwendungsorientierte Aspekte der Extremwertrechnung für Funktionen mehrerer Variablen. Eine wichtige generelle Voraussetzung ist die Differenzierbarkeit aller eingehenden Funktionen.

Neu gegenüber früheren Untersuchungen sind im vorliegenden Kapitel:

- der für lokale Extremstellen benötigte Umgebungsbegriff,
- die Verwendung der Größen Gradient und Hesse-Matrix anstelle der Begriffe erste und zweite Ableitung, was der Dimension n des Arguments geschuldet ist,
- die Möglichkeit der Untersuchung so genannter *bedingter* Extrema, d.h. Extrema unter Nebenbedingungen, wobei man den besten Punkt nicht unter allen möglichen Punkten des Raumes $\mathbb{R}^n$ sucht, sondern nur unter solchen, die zusätzlichen Gleichungsnebenbedingungen genügen.

Unverändert hingegen bleiben die Definitionen lokaler bzw. globaler Minimum- und Maximumstellen für Aufgaben ohne Nebenbedingungen, freilich unter Beachtung der Tatsache, dass jetzt $x \in \mathbb{R}^n$ gilt.

B. Luderer, U. Würker, *Einstieg in die Wirtschaftsmathematik*,
Studienbücher Wirtschaftsmathematik, DOI 10.1007/978-3-658-05937-8_8,
© Springer Fachmedien Wiesbaden 2015

8.1 Extremwerte ohne Nebenbedingungen

Wie bisher sei $f : \mathbb{R}^n \to \mathbb{R}$ eine Funktion der im Vektor x zusammengefassten n Veränderlichen $x_1, \ldots, x_n$, und es gelte $\bar{x} \in D(f)$. Da zur Definition lokaler Extremstellen der Umgebungsbegriff benötigt wird, erinnern wir daran, dass gilt

$$\mathcal{U}_\varepsilon(\bar{x}) = \left\{ x : \|x - \bar{x}\| = \sqrt{\sum_{i=1}^{n}(x_i - \bar{x}_i)^2} < \varepsilon \right\}, \quad \varepsilon > 0.$$

Definition Man sagt, der Punkt $\bar{x}$ sei

globale Minimumstelle von f	$\Longleftrightarrow$	$f(\bar{x}) \le f(x) \ \forall \ x \in D(f)$,
globale Maximumstelle von f	$\Longleftrightarrow$	$f(\bar{x}) \ge f(x) \ \forall \ x \in D(f)$,
lokale Minimumstelle von f	$\Longleftrightarrow$	$f(\bar{x}) \le f(x) \ \forall \ x \in D(f) \cap \mathcal{U}_\varepsilon(\bar{x})$,
lokale Maximumstelle von f	$\Longleftrightarrow$	$f(\bar{x}) \ge f(x) \ \forall \ x \in D(f) \cap \mathcal{U}_\varepsilon(\bar{x})$.

Bemerkungen
1) Globale (lokale) Minimumstellen zeichnen sich dadurch aus, dass es (in einer Umgebung) nur Punkte mit gleichem oder größerem Funktionswert gibt; bei Maximumstellen gibt es nur Vergleichspunkte mit nichtgrößerem Funktionswert. Ein Punkt, der weder Minimum- noch Maximumstelle darstellt, ist folglich dadurch charakterisiert, dass es jeder Umgebung sowohl Punkte mit kleinerem als auch solche mit größerem Funktionswert gibt. Ein markantes Beispiel sind so genannte *Sattelpunkte*; obwohl in solchen Punkten alle partiellen Ableitungen verschwinden, stellen sie trotzdem keine Extremstellen dar (vgl. hierzu Abb. 7.1).
2) Extremstellen müssen keine isolierten Punkte sein, es kann davon durchaus endlich oder unendlich viele geben, die alle denselben Funktionswert besitzen (vgl. Abb. 8.1).

Wie können lokale oder globale Extrema gefunden werden?

Analog zum eindimensionalen Fall werden zunächst notwendige, dann hinreichende Optimalitätsbedingungen benutzt. Der Einfachheit halber unterstellen wir meist $D(f) = \mathbb{R}^n$, sodass die zu untersuchende Funktion überall definiert ist, ansonsten müssten die Betrachtungen über so genannten *offenen Mengen*, die keine Randpunkte besitzen, geführt werden.

8.1.1 Notwendige und hinreichende Extremwertbedingungen

Für Funktionen einer Veränderlichen gab Satz 6.6 eine notwendige Bedingung für ein Extremum an, die in der Forderung $f'(x_E) = 0$ bestand, was gleichbedeutend damit ist, dass die Tangente an den Graphen der Funktion f im Punkt x_E waagerecht verläuft. Im mehrdimensionalen Fall besteht eine analoge Bedingung darin, dass die Tangential(hyper)ebene im Punkt x_E horizontal verlaufen muss, was entsprechend den Ausführungen in Abschn. 7.3.3 die Gültigkeit der Beziehung $\nabla f(x_E) = 0$ bedeutet. Auf diese Weise kommen wir zur folgenden **notwendigen Extremwertbedingung**.

Satz 8.1 *Besitzt die Funktion $f : \mathbb{R}^n \to \mathbb{R}$ im Punkt x_E ein lokales (oder globales) Extremum und existieren in diesem Punkt alle partiellen Ableitungen erster Ordnung, so gelten notwendigerweise die Bedingungen*

$$f_{x_1}(x_E) = 0, \quad f_{x_2}(x_E) = 0, \quad \ldots, \quad f_{x_n}(x_E) = 0, \tag{8.1}$$

was äquivalent ist zu

$$\nabla f(x_E) = \mathbf{0}. \tag{8.2}$$

Bemerkungen

1) Die Existenz der partiellen Ableitungen ist insbesondere dann gesichert, wenn f differenzierbar in x_E ist.
2) Falls f nicht auf ganz $\mathbb{R}^n$ definiert ist, gilt die Satzaussage nur für **innere** Punkte von $D(f)$; Randpunkte von $D(f)$ müssen gesondert untersucht werden.
3) Punkte, die das Gleichungssystem (8.1) bzw. die Vektorgleichung (8.2) erfüllen, werden *stationäre* (oder *extremwertverdächtige*) Punkte genannt.
4) Das Gleichungssystem (8.1) ist im Allgemeinen nichtlinear, sodass zu seiner Lösung eine so universelle Methode wie der Gauß'sche Algorithmus leider nicht zur Verfügung steht. Häufig kommt man jedoch mit Fallunterscheidungen zum Ziel.
5) Man könnte Satz 8.1 auch so formulieren: Hat die differenzierbare Funktion f im Punkt x_E ein lokales Extremum, so ist x_E entweder ein stationärer Punkt oder ein Randpunkt des Definitionsbereiches.

Beispiel 8.1 $f(x_1, x_2) = -x_1^2 - x_1 x_2 - x_2^2$
Die partiellen Ableitungen erster Ordnung lauten $f_{x_1}(x_1, x_2) = -2x_1 - x_2$, $f_{x_2}(x_1, x_2) = -x_1 - 2x_2$, weshalb Bedingung (8.1) auf das Gleichungssystem

$$
\begin{array}{rcrcl}
-2x_1 & - & x_2 & = & 0 \\
-x_1 & - & 2x_2 & = & 0
\end{array}
$$

führt. Dieses besitzt die eindeutige Lösung $x_1 = x_2 = 0$, sodass $x_E = (0,0)^\top$ mit $f(x_E) = 0$ einziger stationärer Punkt ist. Die Umformung der Funktion f in $f(x) = -(x_1 + \frac{1}{2}x_2)^2 - \frac{3}{4}x_2^2$ erlaubt die Zusatzüberlegung $f(x) < 0$ für $x \neq \mathbf{0}$, weswegen in x_E ein globales Maximum vorliegt.

Abb. 8.1 Unendlich viele
Minimumstellen

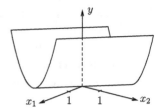

Beispiel 8.2 $f(x_1, x_2) = 2x_1x_2 + 3$

Das System $f_{x_1}(x) = 2x_2 = 0$, $f_{x_2}(x) = 2x_1 = 0$ liefert den einzigen stationären Punkt $x_E = (0, 0)^\top$. Dieser ist aber weder eine lokale Minimum- noch eine Maximumstelle, da

$$f(x_1, x_2) \begin{cases} < 3 & \text{für } x_1x_2 < 0 \quad \text{(2. und 4. Quadrant)}, \\ > 3 & \text{für } x_1x_2 > 0 \quad \text{(1. und 3. Quadrant)}, \end{cases}$$

während $f(x_E) = 3$ ist. Also gibt es in jeder Umgebung von x_E sowohl Punkte mit kleinerem als auch Punkte mit größerem Funktionswert.

Beispiel 8.3 $f(x_1, x_2) = x_1^2 + 2x_1x_2 + x_2^2 = (x_1 + x_2)^2$

Das Gleichungssystem

$$\begin{aligned} f_{x_1}(x) &= 2x_1 + 2x_2 &= 0 \\ f_{x_2}(x) &= 2x_1 + 2x_2 &= 0 \end{aligned}$$

besitzt unendlich viele Lösungen, die der Beziehung $x_1 = -x_2$ genügen. Setzt man $x_2 = t$, erhält man als allgemeine Lösungsdarstellung $x_E = t(1, -1)^\top$, $t \in \mathbb{R}$. All diese stationären Punkte sind dabei globale Minimumstellen, wie aus der Tatsache $f(x_1, x_2) = (x_1 + x_2)^2 \geq 0$ sowie $f(x_E) = (t - t)^2 = 0$ leicht erkennbar ist. Die Funktion ist in Abb. 8.1 dargestellt.

Beispiel 8.4 Die Funktion $f(t) = \frac{a}{1+be^{-ct}}$, $a, b, c > 0$ (vgl. Beispiel 6.9), soll auf Extrema untersucht werden, wobei der Definitionsbereich auf nichtnegative Werte eingeschränkt sei, d. h. $D(f) = \mathbb{R}^+$. (Im vorliegenden Fall gilt $n = 1$, d. h., es handelt sich um eine Funktion einer Veränderlichen.) Die Gleichung $f'(t) = \frac{abce^{-ct}}{(1+be^{-ct})^2} = 0$ besitzt keine Lösung, sodass es auch keinen stationären Punkt gibt. Der (einzige) Randpunkt $t = 0$ ist trotz der Tatsache, dass $f'(0) = \frac{abc}{(1+b)^2} > 0$ gilt, globale Minimumstelle, da die Funktion f wegen $f'(t) > 0$ $\forall\, t \geq 0$ streng monoton wachsend ist (vgl. hierzu die Übungsaufgabe 6.8).

Bemerkung Wenn wir in den eben studierten Beispielen etwas über das Vorliegen eines Minimums oder Maximums aussagen konnten, so beruhte dies auf „globalen" Überlegungen hinsichtlich der Struktur der Funktion oder Monotonieeigenschaften. Wünschenswert wäre jedoch ein ergänzendes Kriterium, welches es gestattet, aufgrund des lokalen

Kurvenverhaltens aus der Menge der stationären Punkte lokale Minimum- oder Maximumstellen „auszusortieren". Das ist mithilfe von **hinreichenden Bedingungen zweiter Ordnung** möglich. Diese gründen sich auf Definitheitseigenschaften (vgl. Abschn. 4.7.4) der Hesse-Matrix $H_f(x_E)$ im interessierenden stationären Punkt x_E. Wir vermerken, dass entsprechend Satz 7.4 die Matrix $H_f(x_E)$ symmetrisch ist.

Satz 8.2 *Die Funktion f sei zweimal stetig differenzierbar, und x_E sei ein extremwertverdächtiger Punkt von f, d. h., es gelte $\nabla f(x_E) = \mathbf{0}$. Ist dann die Matrix $H_f(x_E)$*

(i) *positiv definit, so ist x_E eine lokale Minimumstelle,*

(ii) *negativ definit, so ist x_E eine lokale Maximumstelle,*

(iii) *nicht definit, so liegt kein Extremum vor.*

Bemerkung In allen sonstigen Fällen kann zunächst keine Aussage über Extrema getroffen werden.

Der zweidimensionale Fall wird im Weiteren von besonderer Bedeutung sein, weshalb er detailliert betrachtet werden soll. Dazu führen wir den Ausdruck $\mathcal{A} = \det H_f(x_E) = f_{x_1 x_1}(x_E) f_{x_2 x_2}(x_E) - [f_{x_1 x_2}(x_E)]^2$ ein.

Folgerung 8.3 Es gelte $n = 2$, d. h. $f(x) = f(x_1, x_2)$. Ferner sei $x_E \in \mathbb{R}^2$ ein stationärer Punkt. Dann ist

(i) x_E eine lokale Minimumstelle, falls $\mathcal{A} > 0$ und $f_{x_1 x_1}(x_E) > 0$,

(ii) x_E eine lokale Maximumstelle, falls $\mathcal{A} > 0$ und $f_{x_1 x_1}(x_E) < 0$,

(iii) x_E keine lokale Extremalstelle, falls $\mathcal{A} < 0$,

(iv) keine Aussage möglich, falls $\mathcal{A} = 0$.

Bemerkung Für $n = 1$ ergibt sich aus Satz 8.2 das für Funktionen einer Variablen bekannte hinreichende Kriterium (siehe Satz 6.7 aus Abschn. 6.3), denn $H_f(x_E) = f''(x_E)$, und positive Definitheit von $H_f(x_E)$ bedeutet $\langle H_f(x_E)x, x \rangle = f''(x_E)x^2 > 0 \; \forall \, x \in \mathbb{R}, \, x \neq 0$, was äquivalent mit $f''(x_E) > 0$ ist. Analoges trifft auf die anderen Fälle zu.

Übungsaufgabe 8.1 Man weise nach, dass für $n = 1$ der Fall, dass $H_f(x_E)$ nicht definit ist, ausgeschlossen ist, während für $n = 2$ und $\mathcal{A} > 0$ der Fall $f_{x_1 x_1}(x_E) = 0$ nicht eintreten kann.

Abschließend sollen die Schritte zur Bestimmung von Extrema bei Funktionen mehrerer Veränderlicher ohne Nebenbedingungen nochmals kurz zusammengestellt werden. besonderes Augenmerk wird dabei auf Funktionen zweier Veränderlicher gelegt.

Bestimmung von Extremwerten

1. Berechne die partiellen Ableitungen 1. und 2. Ordnung und bilde den Gradienten $\nabla f(x)$ sowie die Hesse-Matrix $H_f(x)$ der Funktion f.

2. Bestimme alle extremwertverdächtigen (stationären) Punkte x_E von f als Lösungen des Gleichungssystems $\nabla f(x) = 0$.

3. Überprüfe die Gültigkeit hinreichender Bedingungen an den ermittelten Stellen x_E. Für $n = 2$ lauten diese:

Für $\mathcal{A} = \det H_f(x_E) < 0$ liegt kein Extremum vor.

Für $\mathcal{A} > 0, f_{x_1 x_1}(x_E) > 0$ liegt ein lokales Minimum vor.

Für $\mathcal{A} > 0, f_{x_1 x_1}(x_E) < 0$ liegt ein lokales Maximum vor.

Für $\mathcal{A} = 0$ ist keine Aussage möglich.

Für $n \geq 3$ sind entsprechende Definitheitseigenschaften zu untersuchen.

4. Untersuche gegebenenfalls Randpunkte von $D(f)$ sowie im Fall $\mathcal{A} = 0$ die Funktionswerte von f in einer Umgebung von x_E bzw. die Funktion im Ganzen.

8.1.2   Beispiele

Beispiel 8.5

$$f(x_1, x_2) = 2x_1^2 + x_2^2,$$
$$f_{x_1}(x) = 4x_1, \; f_{x_2}(x) = 2x_2,$$
$$f_{x_1 x_1}(x) = 4, \; f_{x_1 x_2}(x) = f_{x_2 x_1}(x) = 0, \; f_{x_2 x_2}(x) = 2$$
$$\nabla f(x) = \begin{pmatrix} 4x_1 \\ 2x_2 \end{pmatrix}, \; H_f(x) = \begin{pmatrix} 4 & 0 \\ 0 & 2 \end{pmatrix}$$

Die notwendige Bedingung $\nabla f(x) \overset{!}{=} 0$ für einen Extrempunkt liefert den einzigen stationären Punkt $x_E = (0, 0)^\top$. Dieser stellt eine lokale (und in Wahrheit sogar globale) Minimumstelle dar, da $H_f(x_E)$ wegen $\mathcal{A} = 4 \cdot 2 - 0^2 = 8 > 0$ und $f_{x_1 x_1}(x_E) = 4 > 0$ positiv definit ist.

Beispiel 8.6

$$f(x_1, x_2) = 2(x_1 - 1)^2 - x_2^3 - x_2^2,$$
$$f_{x_1}(x) = 4(x_1 - 1), \; f_{x_2}(x) = -3x_2^2 - 2x_2,$$
$$f_{x_1 x_1}(x) = 4, \; f_{x_1 x_2}(x) = f_{x_2 x_1}(x) = 0, \; f_{x_2 x_2}(x) = -6x_2 - 2$$
$$\nabla f(x) = \begin{pmatrix} 4x_1 - 4 \\ -3x_2^2 - 2x_2 \end{pmatrix}, \; H_f(x) = \begin{pmatrix} 4 & 0 \\ 0 & -6x_2 - 2 \end{pmatrix}$$

Aus der Bedingung $\nabla f(x) = 0$ resultieren die beiden extremwertverdächtigen Punkte $x_{E_1} = (1, 0)^\top$ und $x_{E_2} = (1, -\frac{2}{3})^\top$, da die Gleichung $-3x_2^2 - 2x_2 = 0$ nach Umformung in $-3x_2(x_2 + \frac{2}{3}) = 0$ übergeht, woraus sich mithilfe einer Fallunterscheidung die Lösungen $x_2 = 0$ und $x_2 = -\frac{2}{3}$ ablesen lassen (ein Produkt ist null, wenn mindestens einer der Faktoren null ist). Für x_{E_1} ist $H_f(x_{E_1}) = \begin{pmatrix} 4 & 0 \\ 0 & -2 \end{pmatrix}$ nicht definit, da $\mathcal{A} = 4 \cdot (-2) - 0^2 = -8 < 0$, sodass x_{E_1} keine Extremstelle ist, während x_{E_2} eine lokale Minimumstelle darstellt, denn $H_f(x_{E_2}) = \begin{pmatrix} 4 & 0 \\ 0 & 2 \end{pmatrix}$ ist wegen $\mathcal{A} = 4 \cdot 2 - 0^2 = 8 > 0$ und $f_{x_1 x_1}(x_{E_2}) = 4 > 0$ positiv definit.

Beispiel 8.7

$$f(x_1, x_2) = x_1 x_2^2,$$
$$f_{x_1}(x) = x_2^2, \quad f_{x_2}(x) = 2x_1 x_2,$$
$$f_{x_1 x_1}(x) = 0, \quad f_{x_1 x_2}(x) = f_{x_2 x_1}(x) = 2x_2, \quad f_{x_2 x_2}(x) = 2x_1$$
$$\nabla f(x) = \begin{pmatrix} x_2^2 \\ 2x_1 x_2 \end{pmatrix}, \quad H_f(x) = \begin{pmatrix} 0 & 2x_2 \\ 2x_2 & 2x_1 \end{pmatrix}$$

Extremwertverdächtig sind offensichtlich alle Punkte der Form $x_E(t) = (t, 0)^\top$, $t \in \mathbb{R}$ beliebig. Aufgrund der Beziehung $\mathcal{A} = 0 \cdot 2t - 0^2 = 0$, die für beliebiges t gilt, kann zunächst keine Aussage über das Vorliegen eines Extremwertes getroffen werden. Durch Zusatzuntersuchungen lassen sich jedoch präzisere Angaben machen. Zunächst gilt $f(t, 0) = 0$ und

$$f(x_1, x_2) = x_1 x_2^2 \begin{cases} > 0 & \text{für } x_1 > 0, x_2 \neq 0, \\ < 0 & \text{für } x_1 < 0, x_2 \neq 0. \end{cases}$$

Ist deshalb in $x_E(t) = (t, 0)$ die Zahl $t > 0$, so ist $x_E(t)$ eine Minimumstelle; für $t < 0$ liegt eine Maximumstelle vor. Der Punkt $(0, 0)^\top$ hingegen ist kein Extrempunkt, da man in einer beliebig kleinen Umgebung von $x_E = (0, 0)^\top$ sowohl Punkte mit größerem als auch solche mit kleinerem Funktionswert findet.

Beispiel 8.8 Die Funktion $f(x_1, x_2) = x_1^3 - x_2^3 + 3ax_1 x_2$, die einen (vorerst unbekannten) Parameter a enthält, soll auf Extrema untersucht werden. Es gilt

$$f(x_1, x_2) = x_1^3 - x_2^3 + 3ax_1 x_2,$$
$$f_{x_1}(x) = 3x_1^2 + 3ax_2, \quad f_{x_2}(x) = -3x_2^2 + 3ax_1,$$
$$f_{x_1 x_1}(x) = 6x_1, \quad f_{x_1 x_2}(x) = f_{x_2 x_1}(x) = 3a, \quad f_{x_2 x_2}(x) = -6x_2,$$
$$\nabla f(x) = \begin{pmatrix} 3x_1^2 + 3ax_2 \\ -3x_2^2 + 3ax_1 \end{pmatrix}, \quad H_f(x) = \begin{pmatrix} 6x_1 & 3a \\ 3a & -6x_2 \end{pmatrix}.$$

Zur Ermittlung stationärer Punkte ist das Gleichungssystem $\nabla f(x) = \mathbf{0}$, d. h.

$$\begin{aligned} 3x_1^2 + 3ax_2 &= 0 \\ -3x_2^2 + 3ax_1 &= 0 \end{aligned} \tag{8.3}$$

zu lösen.

Fall 1: $a = 0$. Dann ist $x_E = (0,0)^\top$ die einzige Lösung von (8.3). In diesem Fall lautet die Hesse-Matrix $H_f(0,0) = \begin{pmatrix} 0 & 0 \\ 0 & 0 \end{pmatrix}$, sodass keine Aussage möglich ist. Wegen $f(0,0) = 0$, $f(x_1, 0) > 0$ für $x_1 > 0$ und $f(0, x_2) < 0$ für $x_2 > 0$ ist $x_E = (0,0)^\top$ keine lokale Extremstelle, denn in jeder (noch so kleinen) Umgebung von x_E lassen sich größere und kleinere Funktionswerte finden.

Fall 2: $a \neq 0$. Dann lässt sich die erste Gleichung in (8.3) nach x_2 auflösen:

$$x_2 = -\frac{x_1^2}{a}. \tag{8.4}$$

Eingesetzt in die zweite Gleichung, ergibt sich

$$-3\left(-\frac{x_1^2}{a}\right)^2 + 3ax_1 = -\frac{3x_1^4}{a^2} + 3ax_1 = 0,$$

woraus folgt

$$3ax_1\left(1 - \frac{x_1^3}{a^3}\right) = 0. \tag{8.5}$$

Wegen $a \neq 0$ besitzt (8.5) die beiden Lösungen $x_1 = 0$ und $x_1 = a$, wozu gemäß (8.4) $x_2 = 0$ bzw. $x_2 = -a$ gehören. Wir erhielten also die beiden stationären Punkte $x_{E_1} = (0,0)^\top$ und $x_{E_2} = (a, -a)^\top$. Zur Überprüfung der hinreichenden Bedingungen haben wir die Hesse-Matrix zu untersuchen.

a) $H_f(x_{E_1}) = \begin{pmatrix} 0 & 3a \\ 3a & 0 \end{pmatrix}$; somit gilt $\mathcal{A} = 0 \cdot 0 - (3a)^2 < 0$, da $a \neq 0$. Also liegt kein Extremum vor.

b) $H_f(x_{E_2}) = \begin{pmatrix} 6a & 3a \\ 3a & 6a \end{pmatrix}$; $\mathcal{A} = 36a^2 - 9a^2 = 27a^2 > 0$, sodass ein Extremum vorliegt. Da

$$f_{x_1 x_1}(x_{E_2}) = 6a \begin{cases} > 0, & \text{falls } a > 0, \\ < 0, & \text{falls } a < 0, \end{cases}$$

liegt im Punkt $(a, -a)^\top$ für $a > 0$ ein Minimum, für $a < 0$ ein Maximum vor.

8.2 Extremwerte unter Nebenbedingungen

Häufig treten in wirtschaftswissenschaftlichen Fragestellungen Probleme auf, in denen Extremwerte einer Funktion unter zusätzlichen, auf ökonomischen Zusammenhängen basierenden Bedingungen gesucht sind. Diese schränken den für die Variablen zulässigen

Bereich ein und werden in der Mathematik meist als *Nebenbedingungen* oder *Restriktionen* bezeichnet. In der linearen Optimierung hatten sie die Form linearer Gleichungen oder Ungleichungen, in der nichtlinearen Optimierung handelt es sich in der Regel ebenfalls um Gleichungs- oder Ungleichungsrelationen, jedoch nichtlinearer Natur. Im Rahmen der in diesem Abschnitt behandelten Extremwertrechnung werden ausschließlich Nebenbedingungen in **Gleichungsform** betrachtet. Nach wie vor wird vorausgesetzt, dass alle auftretenden Funktionen (genügend oft) differenzierbar sind.

Beispiel 8.9   Die bereits oben in den Beispielen 7.4 und 7.17 studierte Cobb-Douglas-Produktionsfunktion $P = f(A, K) = cA^{\alpha}K^{\beta}$ soll auf größte Werte untersucht werden, wobei das für Arbeitskräfte (A) und Produktionsmittel (K) einsetzbare Kapital durch die Größe C beschränkt sei. Dies führt in natürlicher Weise auf die Problemstellung

$$\begin{aligned}
P = f(A, K) &= cA^{\alpha}K^{\beta} \to \max \\
A + K &= C.
\end{aligned} \tag{8.6}$$

Hier wurde dieselbe Symbolik ($\to$ max) wie in der linearen Optimierung verwendet, die andeuten soll, dass diejenigen Werte A und K gesucht sind, die dem Output P den größtmöglichen Funktionswert sichern. Selbstverständlich könnte man die Nebenbedingung im Modell (8.6) auch in der $\leq$-Form aufstellen, jedoch ist unmittelbar einsichtig, dass ein Maximum von P nur bei Gleichheit angenommen wird, was vollem Kapitaleinsatz entspricht.

Geometrische Interpretation: Die Nebenbedingung in der Form einer linearen Gleichung beschreibt in der A, K-Ebene eine Gerade, auf der alle zulässigen Lösungen liegen müssen. Unter diesen suchen wir nun denjenigen Punkt, für den der größtmögliche Funktionswert erreicht wird oder, anders ausgedrückt, der auf der Höhenlinie liegt, die der maximal möglichen Höhe entspricht. Die Gleichungen der Höhenlinien gewinnt man, indem man den Funktionswert gleich einer (beliebig wählbaren) Konstanten H setzt. Im Fall $c = 1$, $\alpha = \beta = \frac{1}{2}$ führt das auf $f(A, K) = \sqrt{AK} = H = $ const, woraus durch Quadrieren $AK = H^2$ bzw.

$$K = \frac{H^2}{A} \tag{8.7}$$

folgt. Beziehung (8.7) stellt für jedes $H \neq 0$ die Gleichung einer Hyperbel dar, wobei – des ökonomischen Hintergrunds halber – nur der im 1. Quadranten gelegene Hyperbelast von Interesse ist. Für $H = 0$ sind die auf den Achsen liegenden Punkte Lösungen von $f(A, K) = H$. In Richtung „Nordosten" wächst H und damit auch der Wert von $P = f(A, K)$. Auf diese Weise kommt man zum Punkt x^* als Maximumstelle (siehe Abb. 8.2).

Andere Interpretation: Man denkt sich in Abb. 7.3 die Kurvenoberfläche geschnitten mit einer Ebene, die entlang der Geraden $A + K = C$ verläuft und senkrecht auf der A, K-Ebene steht. Auf der so gebildeten Schnittkurve ist dann der höchste Punkt gesucht.

Abb. 8.2 Maximum unter
Nebenbedingungen

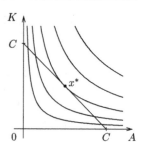

8.2.1 Allgemeine Aufgabenformulierung

Im Weiteren betrachten wir die folgende Aufgabe der Suche von Extremwerten einer Funktion f unter endlich vielen Gleichungsnebenbedingungen:

$$
\begin{aligned}
f(x) &= f(x_1, x_2, \ldots, x_n) &&\longrightarrow \quad \text{extr} \\
g_1(x) &= g_1(x_1, x_2, \ldots, x_n) &&= \quad 0 \\
&\quad\cdots\cdots\cdots\cdots\cdots \\
g_m(x) &= g_m(x_1, x_2, \ldots, x_n) &&= \quad 0.
\end{aligned}
\tag{A}
$$

Das Symbol „$\to$ extr" steht hier für die Forderung, f zu maximieren oder zu minimieren, wobei aber der zulässige Bereich durch die zu erfüllenden Bedingungen $g_i(x) = 0$, $i = 1, \ldots, m$, eingeschränkt wird.

Als *zulässige Lösung* $\bar{x} = (\bar{x}_1, \ldots, \bar{x}_n)^\top$ bezeichnet man einen solchen Vektor (Punkt), der alle m Nebenbedingungen erfüllt, für den also $g_1(\bar{x}) = 0, \ldots, g_m(\bar{x}) = 0$ gilt.

Die Anzahl der Nebenbedingungen m und die Anzahl an Variablen n stehen zunächst in keinem bestimmten Verhältnis, sinnvollerweise fordert man aber $m < n$, damit es mehrere (möglichst unendlich viele) zulässige Lösungen gibt (man erinnere sich an die Theorie der Lösung linearer Gleichungssysteme aus Kap. 4). Es sei aber nochmals ausdrücklich darauf hingewiesen, dass die Funktionen f und g_i im Allgemeinen als **nichtlinear** vorausgesetzt werden.

Definition Ein Punkt $\bar{x}$, der zulässig für die Aufgabe (A) ist und für den die Funktion f in einer (kleinen) Umgebung den kleinsten Funktionswert annimmt, wird *lokale Minimumstelle von* (A) oder *bedingte lokale Minimumstelle* genannt:

$$
\exists \; \varepsilon > 0 : \; f(\bar{x}) \le f(x) \quad \forall \, x \in \mathcal{U}_\varepsilon(\bar{x}), \; g_i(x) = 0, \; i = 1, \ldots, m,
$$

wobei $g_i(\bar{x}) = 0$, $i = 1, \ldots, m$.

Eine lokale Maximumstelle wird analog definiert.

Zur Lösung der Aufgabe (A) gibt es zwei prinzipielle Wege, die im Weiteren dargelegt werden sollen:

- die Eliminationsmethode und
- die Lagrange-Methode[1].

8.2.2 Die Eliminationsmethode

Es sei möglich (das ist nicht immer so!), die m Nebenbedingungen **explizit** nach m Variablen aufzulösen. Der Einfachheit halber seien das gerade die ersten m Variablen $x_1, x_2, \ldots, x_m$, was keine Einschränkung der Allgemeinheit darstellt, da man dies durch Umnummerierung der Variablen stets erreichen kann. Dann gibt es also m Funktionen, die nur noch von den restlichen Variablen $x_{m+1}, \ldots, x_n$ abhängig sind. Da sie durch Transformation aus den Funktionen g_i entstanden sind, werden sie im Folgenden mit $\widetilde{g}_i$ bezeichnet:

$$
\begin{aligned}
x_1 &= \widetilde{g}_1(x_{m+1}, \ldots, x_n) \\
&\cdots\cdots\cdots\cdots \\
x_m &= \widetilde{g}_m(x_{m+1}, \ldots, x_n)
\end{aligned}
\qquad (8.8)
$$

Eine Situation, in der die Nebenbedingungen in (A) garantiert nach $x_1, \ldots, x_m$ aufgelöst werden können, ist das Vorliegen linearer Gleichungen, wobei die zu den Variablen $x_1, \ldots, x_m$ gehörigen Spaltenvektoren linear unabhängig sein müssen (vgl. hierzu die Ausführungen in den Abschn. 4.4 und 4.5). Im allgemeinen Fall gelingt eine explizite Auflösung nach einer bestimmten Variablen nicht immer. So lässt sich beispielsweise die Beziehung $q^5 - 3q^4 - C = 0$ nicht explizit nach q auflösen, obwohl – wie man nachweisen kann – sie eine Funktion $q = \varphi(C)$, d. h. eine eindeutige Abbildung, implizit definiert.

Setzt man nun die nach den Variablen $x_1, \ldots, x_m$ aufgelösten Ausdrücke (8.8) in die zu untersuchende Funktion $f(x_1, x_2, \ldots, x_n)$ ein, verbleibt eine Funktion der $n - m$ Veränderlichen $x_{m+1}, \ldots, x_n$, die mit $\widetilde{f}$ bezeichnet werden soll:

$$
\widetilde{f}(x_{m+1}, \ldots, x_n) \overset{\text{def}}{=}
$$
$$
f(g_1(x_{m+1}, \ldots, x_n), \ldots, g_m(x_{m+1}, \ldots, x_n), x_{m+1}, \ldots, x_n).
$$

Die Nebenbedingungen sind gewissermaßen „verschwunden", da sie aufgrund der Gleichungen (8.8) automatisch erfüllt sind, und die Variablen $x_1, \ldots, x_m$ wurden eliminiert. Was übrig bleibt, ist eine auf Extrema zu untersuchende Funktion von $n - m$ Veränderlichen, sodass jetzt nur noch die freie Extremwertaufgabe

$$
\widetilde{f}(x_{m+1}, \ldots, x_n) \longrightarrow \text{extr}
$$

---

[1] Lagrange, Joseph Louis de (1736–1813), frz. Mathematiker.

ohne Nebenbedingungen zu lösen ist. Wie man dies macht, wurde im Abschn. 8.1.1 beschrieben. Im Ergebnis erhält man stationäre Punkte für $\widetilde{f}$, die selbstverständlich nur die Komponenten $x_{m+1}, \ldots, x_n$ enthalten; die restlichen m Komponenten ergeben sich durch Einsetzen der gefundenen Werte in (8.8).

Was lässt sich über hinreichende Extremalitätsbedingungen sagen? Man kann zeigen, dass unter denselben Forderungen an die Nebenbedingungen, wie sie der Satz 7.7 über die implizite Funktion aus Abschn. 7.3.6 verlangt, die hinreichenden Bedingungen für die Funktion $\widetilde{f}$ von $n - m$ Variablen gleichzeitig entsprechende Aussagen für die ursprüngliche Funktion f von n Variablen bezüglich der Nebenbedingungen g_i liefern.

Bemerkungen

1) Da die Funktion $\widetilde{f}$ vereinbarungsgemäß die Variablen $x_{m+1}, \ldots, x_n$ enthält, sodass die Nummerierung nicht mit x_1 beginnt, sind die Bezeichnungen in den Formeln aus Abschn. 8.1.1, z. B. im Ausdruck $\mathcal{A}$, in entsprechender Weise zu ändern oder die Variablen umzunummerieren.

2) Unter der Voraussetzung der Auflösbarkeit der Nebenbedingungen von (A) nach $x_1, \ldots, x_m$ ist per Konstruktion der Funktionen $\widetilde{g}_i$ aus (8.8) die Gültigkeit der m Nebenbedingungen automatisch gewährleistet, sodass bei Existenz impliziter Funktionen in der Umgebung eines bestimmten Punktes die Funktionen $\widetilde{g}_i$ und die Nebenbedingungen ein und dieselben Informationen enthalten. Insofern ist intuitiv klar, dass die hinreichenden Bedingungen für f und $\widetilde{f}$ übereinstimmen. Nichtsdestotrotz ist ein strenger mathematischer Beweis erforderlich. Näheres hierzu findet man beispielsweise in [1].

Beispiel 8.10 $f(x_1, x_2, x_3) = x_1^2 + x_2^2 + x_3^2 \longrightarrow \text{extr}$
$$g_1(x_1, x_2, x_3) = x_1 \qquad - x_3 - 2 = 0$$
$$g_2(x_1, x_2, x_3) = x_1 + x_2 + x_3 - 1 = 0$$

Hier ist $n = 3$, $m = 2$. Die Nebenbedingungen lassen sich (z. B. vermittels des Gauß'schen Algorithmus) nach x_1 und x_2 auflösen:

$$x_1 = 2 + x_3, \quad x_2 = 1 - x_1 - x_3 = 1 - (2 + x_3) - x_3 = -1 - 2x_3,$$

d. h.

$$\widetilde{g}_1(x_3) = 2 + x_3, \quad \widetilde{g}_2(x_3) = -1 - 2x_3. \tag{8.9}$$

Einsetzen der Beziehungen (8.9) in f führt zu der Funktion

$$\widetilde{f}(x_3) = f(2 + x_3, -1 - 2x_3, x_3) = (2 + x_3)^2 + (-1 - 2x_3)^2 + x_3^2$$
$$= 4 + 4x_3 + x_3^2 + 1 + 4x_3 + 4x_3^2 + x_3^2 = 6x_3^2 + 8x_3 + 5,$$

die nur noch von einer Variablen, nämlich x_3, abhängig ist. Nun wird $\widetilde{f}$ auf Extrema untersucht. Wegen $\widetilde{f}'(x_3) = 12x_3 + 8$ ergibt sich aus der Bedingung $\widetilde{f}'(x_3) = 0$ der (einzige) Wert $x_3 = -\frac{2}{3}$. Setzt man diesen in (8.9) ein, erhält man $x_1 = \frac{4}{3}, x_2 = \frac{1}{3}$. Somit ist $x_E = \left(\frac{4}{3}, \frac{1}{3}, -\frac{2}{3}\right)^\top$ der einzige extremwertverdächtige Punkt. Da weiterhin $\widetilde{f}''(x) = 12$ gilt, liegt aufgrund der Beziehung $\widetilde{f}''(x_E) > 0$ ein lokales Minimum vor. Dieses ist gleichzeitig globales Minimum. Geometrisch lässt sich nämlich die betrachtete Aufgabe so interpretieren, dass der maximale bzw. minimale Radius einer Kugel mit Zentrum im Ursprung gesucht ist, wobei die zulässigen Punkte auf der Schnittlinie zweier Ebenen, also auf einer Geraden, liegen. Dann ist sofort klar, dass zwar ein (globales) Minimum, aber kein Maximum existiert, Letzteres liegt im Unendlichen.

Beispiel 8.11 $f(A, K) = \sqrt{AK}$,

$\qquad\qquad g_1(A, K) = A + K - C = 0, \quad C > 0 \quad$ gegeben

(siehe Beispiel 8.9). Hier gilt $n = 2, m = 1$. Die Nebenbedingung kann infolge der Linearität leicht nach einer der beiden Variablen, etwa nach K, aufgelöst werden, was $K = C - A$ ergibt. Nach Substitution dieses Ausdrucks in f kommt man zu $\widetilde{f}(A) = f(A, C - A) = \sqrt{A(C - A)}$. Um Extrema dieser Funktion zu bestimmen, hat man deren Ableitung gleich null zu setzen:

$$\widetilde{f}'(A) = \frac{C - 2A}{2\sqrt{A(C - A)}} \stackrel{!}{=} 0. \tag{8.10}$$

Einzige Lösung von (8.10) ist $A_E = \frac{C}{2}$, wozu $K_E = C - \frac{C}{2} = \frac{C}{2}$ und der Funktionswert $f\left(\frac{C}{2}, \frac{C}{2}\right) = \sqrt{\frac{C}{2} \cdot \frac{C}{2}} = \frac{C}{2}$ gehören. Da

$$\widetilde{f}''(A) = \frac{(-2)2\sqrt{A(C - A)} - (C - 2A)\frac{2(C - 2A)}{2\sqrt{A(C - A)}}}{4A(C - A)}$$

die Beziehung $\widetilde{f}''(A_E) = \frac{-2C - 0}{C^2} = -\frac{2}{C} < 0$ impliziert, handelt es sich um ein (globales) Maximum (vgl. Abb. 8.2).

Bemerkung   Dem ökonomischen Hintergrund angemessen wären die zusätzlichen Bedingungen $A \geq 0, K \geq 0$. Mathematisch würden derartige Ungleichungsnebenbedingungen aber den Rahmen der bisher betrachteten Extremwertaufgaben sprengen und auf ein Problem der nichtlinearen Optimierung führen. Glücklicherweise ist im stationären Punkt $\left(\frac{C}{2}, \frac{C}{2}\right)$ die Nichtnegativität ohnehin gewährleistet.

Beispiel 8.12 $f(x_1, x_2, x_3) = 3x_1^2 + 2x_2^2 + x_3^2 \longrightarrow$ extr

$\qquad\qquad g_1(x_1, x_2, x_3) = x_1 + x_2 + x_3 - 1 = 0$

Auflösen der Nebenbedingung nach x_1 und Einsetzen in die Zielfunktion liefert $x_1 = 1 - x_2 - x_3$ und demzufolge $\widetilde{f}(x_2, x_3) = 3(1 - x_2 - x_3)^2 + 2x_2^2 + x_3^2$. Nun ist die Funktion zweier Veränderlicher $\widetilde{f}(x_2, x_3)$ auf Extrema zu untersuchen, wobei gelte $x = (x_2, x_3)^\top$:

$$\widetilde{f}_{x_2}(x) = -6(1 - x_2 - x_3) + 4x_2 \overset{!}{=} 0$$

$$\widetilde{f}_{x_3}(x) = -6(1 - x_2 - x_3) + 2x_3 \overset{!}{=} 0. \tag{8.11}$$

Die (eindeutige) Lösung von (8.11), die aufgrund der Linearität des Systems z. B. mittels des Gauß'schen Algorithmus gefunden werden kann, lautet $x_2 = \frac{3}{11}$, $x_3 = \frac{6}{11}$ (der Leser überprüfe dies!). Dazu gehört $x_1 = 1 - \frac{3}{11} - \frac{6}{11} = \frac{2}{11}$, sodass $x_E = (\frac{2}{11}, \frac{3}{11}, \frac{6}{11})^\top$ einziger stationärer Punkt ist.

Wir wollen die hinreichenden Bedingungen für Extrema überprüfen:

$$\widetilde{f}_{x_2 x_2} = 10, \quad \widetilde{f}_{x_2 x_3}(x) = \widetilde{f}_{x_3 x_2}(x) = 6, \quad \widetilde{f}_{x_3 x_3}(x) = 8,$$

$$\mathcal{A} = \widetilde{f}_{x_2 x_2}(x_E)\widetilde{f}_{x_3 x_3}(x_E) - \left(\widetilde{f}_{x_2 x_3}(x_E)\right)^2 = 10 \cdot 8 - 6^2 = 44 > 0.$$

Da demnach die Beziehungen $\mathcal{A} > 0$ und $\widetilde{f}_{x_2 x_2}(x_E) > 0$ gelten, liegt ein lokales (und sogar globales) Minimum vor.

Bemerkung In allen drei Beispielen war eine Auflösung der Nebenbedingungen nach m Variablen auf einfache Weise möglich, wobei die Voraussetzungen des Satzes 7.6 über die implizite Funktion aus Abschn. 7.3.6 erfüllt waren. Der Grund lag vor allem in der Linearität der Nebenbedingungen, wobei im Beispiel 8.10 zu beachten ist, dass die zu x_1 und x_2 gehörigen Spaltenvektoren linear unabhängig sind.

Abschließend soll noch ein Beispiel betrachtet werden, wo zum einen die Elimination von Variablen komplizierter ist, zum anderen die Voraussetzungen des Satzes über die implizite Funktion im interessierenden Punkt nicht erfüllt sind.

Beispiel 8.13 $f(x_1, x_2) = x_1^2 x_2 \longrightarrow \text{extr}$
$\qquad\qquad g_1(x_1, x_2) = x_1^2 + x_2^2 - 1 = 0$

Die Nebenbedingung soll zunächst nach x_1 aufgelöst werden, was auf

$$x_1 = \pm\sqrt{1 - x_2^2} \quad \text{bzw.} \quad x_1^2 = 1 - x_2^2 \tag{8.12}$$

führt. Aus der Substitution von (8.12) in f resultiert

$$\widetilde{f}(x_2) = f(\pm\sqrt{1 - x_2^2}, x_2) = (1 - x_2^2)x_2 = x_2 - x_2^3$$

(da die Variable x_1 in der Funktion f nur quadratisch vorkommt, spielt das Vorzeichen in (8.12) zunächst keine Rolle). Als Lösungen der Gleichung

$$\widetilde{f}'(x_2) = 1 - 3x_2^2 \overset{!}{=} 0$$

Abb. 8.3 Berechnete Extremstellen von $x_1^2 x_2$

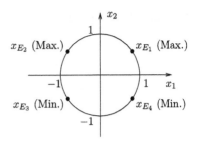

ergeben sich die beiden extremwertverdächtigen Größen $x_2 = \pm\frac{1}{3}\sqrt{3}$. Gemäß (8.12) gehören zu jeder dieser Zahlen die beiden Werte $x_1 = \pm\frac{1}{3}\sqrt{6}$, sodass sich insgesamt vier
stationäre Punkte ergeben:

$$x_{E_1} = \begin{pmatrix} \frac{1}{3}\sqrt{6} \\ \frac{1}{3}\sqrt{3} \end{pmatrix}, \ x_{E_2} = \begin{pmatrix} -\frac{1}{3}\sqrt{6} \\ \frac{1}{3}\sqrt{3} \end{pmatrix}, \ x_{E_3} = \begin{pmatrix} \frac{1}{3}\sqrt{6} \\ -\frac{1}{3}\sqrt{3} \end{pmatrix}, \ x_{E_4} = \begin{pmatrix} -\frac{1}{3}\sqrt{6} \\ -\frac{1}{3}\sqrt{3} \end{pmatrix}.$$

Wegen $\widetilde{f}''(x_2) = -6x_2$ handelt es sich bei x_{E_1} und x_{E_2} um lokale Maximumstellen, bei x_{E_3}
und x_{E_4} dagegen um Minimumstellen. Wir wollen das Ergebnis geometrisch veranschau-
lichen und diskutieren (siehe Abb. 8.3).

Die Nebenbedingung $g_1(x_1, x_2) = 0$ lässt sich auch in der Form $x_1^2 + x_2^2 = 1$ schreiben;
dies ist die Gleichung des Einheitskreises in der x_1, x_2-Ebene. Zulässig sind folglich alle auf
der Kreisperipherie liegenden Punkte. Von den vier gefundenen stationären Punkten sind
x_{E_1} und x_{E_2} benachbart, und beide sind Maximumstellen. Da kann doch etwas nicht stimmen! (Zwischen zwei „Bergen" muss ein „Tal" liegen.) Ist irgendetwas „verloren gegangen"?

Wir probieren es noch einmal auf anderem Weg und lösen nach x_2 auf:

$$x_2 = \pm\sqrt{1 - x_1^2}. \tag{8.13}$$

Da x_2 in f auch in der ersten Potenz vorkommt, müssen wir eine Fallunterscheidung vornehmen.

1. Fall: Es gelte $x_2 = +\sqrt{1 - x_1^2}$. In diesem Fall erhalten wir

$$\widetilde{f}(x_1) = x_1^2 \sqrt{1 - x_1^2},$$

$$\widetilde{f}'(x_1) = 2x_1\sqrt{1 - x_1^2} + x_1^2 \cdot \frac{-2x_1}{2\sqrt{1 - x_1^2}} = \frac{x_1(2 - 3x_1^2)}{\sqrt{1 - x_1^2}}.$$

Als Nullstellen von $\widetilde{f}'$ ermittelt man leicht $x_1^{(1)} = 0$, $x_1^{(2)} = \frac{1}{3}\sqrt{6}$, $x_1^{(3)} = -\frac{1}{3}\sqrt{6}$,
woraus sich mit $x_2 = +\sqrt{1 - x_1^2}$ die dazugehörigen Werte $x_2^{(1)} = 1$, $x_2^{(2)} = \frac{1}{3}\sqrt{3}$
und $x_2^{(3)} = \frac{1}{3}\sqrt{3}$ ergeben. Mithin gibt es die drei stationären Punkte

$$x_E^{(1)} = (0, 1)^\top, \quad x_E^{(2)} = \left(\frac{1}{3}\sqrt{6}, \frac{1}{3}\sqrt{3}\right)^\top, \quad x_E^{(3)} = \left(-\frac{1}{3}\sqrt{6}, \frac{1}{3}\sqrt{3}\right)^\top.$$

Abb. 8.4 Alle Extremstellen
von $x_1^2 x_2$

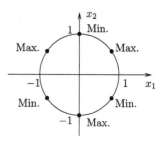

Nach etwas Rechnerei erhält man $\widetilde{f}''(x_1) = \dfrac{6x_1^4 - 9x_1^2 + 2}{(1 - x_1^2)^{3/2}}$, woraus

$$\widetilde{f}''(x_1^{(1)}) = 2 > 0, \quad \widetilde{f}''(x_1^{(2)}) = \widetilde{f}''(x_1^{(3)}) = -4\sqrt{3} < 0$$

folgt. Demnach sind $x_E^{(2)}$ und $x_E^{(3)}$ Maximumpunkte, $x_E^{(1)}$ hingegen ein Minimumpunkt. Die Ausführung der Details überlassen wir ebenso wie die Berechnungen
im zweiten Fall dem Leser.

2. Fall: Es gelte $x_2 = -\sqrt{1 - x_1^2}$. Dann erhält man die Extrempunkte

$$x_E^{(4)} = \begin{pmatrix} 0 \\ -1 \end{pmatrix}, \quad x_E^{(5)} = \begin{pmatrix} \frac{1}{3}\sqrt{6} \\ -\frac{1}{3}\sqrt{3} \end{pmatrix}, \quad x_E^{(6)} = \begin{pmatrix} -\frac{1}{3}\sqrt{6} \\ -\frac{1}{3}\sqrt{3} \end{pmatrix},$$

von denen $x_E^{(4)}$ eine Maximum-, die anderen beiden Minimumstellen sind.
Jetzt ergibt sich auch ein normales Bild: Entlang der Kreislinie zulässiger Punkte
wechseln Minima und Maxima einander ab (siehe Abb. 8.4).
Worin ist die Begründung zu suchen, dass der eine Weg (Elimination von x_2) funktioniert, der andere dagegen nicht (Elimination von x_1)?
Das Versagen der Methode liegt darin begründet, dass in den stationären Punkten
$\check{x} = \begin{pmatrix} 0 \\ 1 \end{pmatrix}$ und $\widehat{x} = \begin{pmatrix} 0 \\ -1 \end{pmatrix}$ die Voraussetzung $\dfrac{\partial g_1}{\partial x_1}(x) \neq 0$ von Satz 7.6 aus Abschn. 7.3.6
wegen $\dfrac{\partial g_1}{\partial x_1}(x) = 2x_1$ nicht erfüllt ist, sodass in einer Umgebung dieser Punkte keine
implizite Funktion existiert.

Zusammenfassend lässt sich zur Eliminationsmethode festhalten, dass sie dann güns-
tig anwendbar ist, wenn es gelingt, die Nebenbedingungen (in einfacher Weise) nach m
Variablen aufzulösen.
   Vorteile der Eliminationsmethode liegen in diesem Fall in:

- der Reduktion der Anzahl an Variablen,
- der Übertragbarkeit der aus hinreichenden Extremalitätsbedingungen für die Funktion $\widetilde{f}$ gewonnenen Aussagen auf die ursprüngliche Aufgabe (A).

Nachteile der Eliminationsmethode bestehen in:

- der Notwendigkeit von Fallunterscheidungen bei nichteindeutiger Auflösbarkeit der Nebenbedingungen,
- der Tatsache, dass nicht jede Gleichung nach den vorkommenden Variablen auflösbar ist,
- der Möglichkeit des „Verschwindens" von Extremstellen.

Ermittlung von Extremwerten mittels Eliminationsmethode

1. Löse die Nebenbedingungen $g_i(x_1, \ldots, x_n) = 0$, $i = 1, \ldots, m$, der Aufgabe (A) nach m Variablen auf:

$$x_i = \widetilde{g}_i(x_{m+1}, \ldots, x_n), \quad i = 1, \ldots, m. \tag{8.14}$$

2. Ersetze diese Variablen in der Funktion f durch die Ausdrücke (8.14); im Ergebnis entsteht eine Funktion $\widetilde{f}$, die nur von den restlichen $n - m$ Variablen abhängt.
3. Ermittle die Extrema von $\widetilde{f}$.
4. Berechne die übrigen Komponenten der Extremstellen von f in (A) aus den Beziehungen (8.14).

8.2.3   Die Lagrange-Methode

Um die Nachteile der Eliminationsmethode zu überwinden, kann man einen anderen, von Lagrange vor über 200 Jahren vorgeschlagenen Weg gehen, der nicht nur in der Extremwertrechnung, sondern in einer Reihe weiterer Gebiete der Mathematik, vor allem in der Optimierung und optimalen Steuerung, zu inhaltsreichen Ergebnissen führt. Dieser Zugang, das *Lagrange'sche Prinzip*, stellt zunächst eine Idee dar, die für jede Aufgabenklasse streng zu begründen ist. Es erweist sich jedoch, dass es in einer Vielzahl wichtiger Fälle, darunter für die von uns betrachtete Aufgabenklasse (A), tatsächlich gelingt, einen korrekten Beweis zu führen, sodass die von Lagrange aufgestellte Multiplikatorregel von großer Tragweite ist. Überdies besitzen die in der Methode vorkommenden Lagrange'schen Multiplikatoren eine interessante ökonomische Interpretation, ähnlich den Dualvariablen in der linearen Optimierung.

Ausgangspunkt der weiteren Betrachtungen ist wiederum Aufgabe (A) mit Gleichungsnebenbedingungen, in der alle eingehenden Funktionen als differenzierbar vorausgesetzt werden.

Ermittlung stationärer Punkte mittels Lagrange-Methode

1. Ordne jeder Nebenbedingung $g_i(x_1, \ldots, x_n) = 0$, $i = 1, \ldots, m$, der Aufgabe (A) eine (zunächst unbekannte) Zahl λ_i zu.
2. Stelle die zur Aufgabe (A) gehörige *Lagrange-Funktion*

$$L(x, \lambda) = f(x) + \sum_{i=1}^{m} \lambda_i g_i(x)$$

auf, wobei gilt $x = (x_1, \ldots, x_n)^\top$, $\lambda = (\lambda_1, \ldots, \lambda_m)^\top$.
3. Betrachte die Extremwertaufgabe ohne Nebenbedingungen

$$L(x, \lambda) \longrightarrow \text{extr},$$

die die $n + m$ Veränderlichen $x_1, \ldots, x_n, \lambda_1, \ldots, \lambda_m$ enthält.
4. Berechne die stationären Punkte von L, indem die notwendigen Extremalitätsbedingungen bezüglich der Gesamtheit an Variablen

$$\nabla_x L(x, \lambda) \overset{!}{=} 0, \quad \nabla_\lambda L(x, \lambda) \overset{!}{=} 0 \tag{8.15}$$

ausgewertet werden, wobei $\nabla_x L(x, \lambda) = (L_{x_1}(x, \lambda), \ldots, L_{x_n}(x, \lambda))^\top$, $\nabla_\lambda L(x, \lambda) = (L_{\lambda_1}(x, \lambda), \ldots, L_{\lambda_m}(x, \lambda))^\top$.

Bemerkungen

1) Beim Aufstellen der Lagrange-Funktion hat man wie folgt vorzugehen: Jeder Nebenbedingung g_i wird eine Unbekannte λ_i zugeordnet, die mit g_i zu multiplizieren ist. Die Summe aller Produkte wird dann zur ursprünglichen Zielfunktion addiert.
2) Auch bei der Lagrange-Methode werden – wie bei der Eliminationsmethode – die Nebenbedingungen „beseitigt", diesmal durch ihre Aufnahme in die Zielfunktion.
3) Das Gleichungssystem (8.15) hat $m + n$ Gleichungen und $m + n$ Unbekannte. Wir machen jedoch darauf aufmerksam, dass dieses System im Allgemeinen **nichtlinear** ist. Aus diesem Grunde kann einerseits nichts über die Anzahl möglicher Lösungen ausgesagt werden, andererseits gibt es leider auch keine universelle Lösungsmethode.
4) Wie man unschwer erkennt, entsprechen die im Gradienten $\nabla_\lambda L(x, \lambda)$ zusammengefassten partiellen Ableitungen $L_{\lambda_i}(x, \lambda)$, $i = 1, \ldots, m$, gerade den ursprünglichen Nebenbedingungen: $\nabla_{\lambda_i} L(x, \lambda) = g_i(x) \overset{!}{=} 0$.
5) Die Größen λ_i, $i = 1, \ldots, m$, werden zumeist *Lagrange'sche Multiplikatoren* genannt; sie werden gemeinsam mit den Größen x_i aus (8.15) berechnet.

6) Lösungen des Systems (8.15) sind extremwertverdächtige Punkte; unter diesen befinden sich die lokalen Minimum- und Maximumstellen. Nicht alle gefundenen Punkte müssen jedoch Extremstellen sein.

Die Rechtfertigung für das oben beschriebene Vorgehen liefert die nachstehende Aussage, die eine **notwendige Extremalitätsbedingung** darstellt.

Satz 8.4 *Jede bedingte lokale Extremalstelle $\bar{x}$ von (A), d. h. Extremalstelle von f unter den Nebenbedingungen $g_i(x)$, $i = 1, \ldots, m$, ist unter der Voraussetzung, dass die m Gradientenvektoren $\nabla g_i(\bar{x})$ linear unabhängig sind, stationärer Punkt der Lagrange-Funktion $L(x, \lambda)$ bei geeignet gewählten Multiplikatoren $\bar{\lambda}_i$, $i = 1, \ldots, m$.*

Bemerkungen

1) Die im Satz 8.4 genannte Bedingung der linearen Unabhängigkeit der Gradienten wird auch als *Regularitätsbedingung* bezeichnet. Sie sichert die Existenz und sogar Eindeutigkeit der Lagrange'schen Multiplikatoren. Man kann sie auch anders ausdrücken: Der Rang der so genannten *Jacobi-Matrix*[2]

$$
\mathcal{J}(x) = \begin{pmatrix}
\dfrac{\partial g_1}{\partial x_1}(x) & \cdots & \dfrac{\partial g_m}{\partial x_1}(x) \\[2mm]
\dfrac{\partial g_1}{\partial x_2}(x) & \cdots & \dfrac{\partial g_m}{\partial x_2}(x) \\[2mm]
\cdots\cdots\cdots \\[2mm]
\dfrac{\partial g_1}{\partial x_n}(x) & \cdots & \dfrac{\partial g_m}{\partial x_n}(x)
\end{pmatrix}
$$

muss im Punkt $x = \bar{x}$ gleich m sein (zur Erinnerung: wir hatten $m < n$ vorausgesetzt).

2) Satz 8.4 lässt sich auch so formulieren: Ist $\bar{x}$ eine lokale Extremstelle von (A), so gibt es einen Vektor Lagrange'scher Multiplikatoren $\bar{\lambda} = (\bar{\lambda}_1, \ldots, \bar{\lambda}_m)^\top$ derart, dass im Punkt $(\bar{x}, \bar{\lambda})$ das System (8.15) erfüllt ist.

Zum Vergleich sollen nachstehend alle vier bereits oben mittels der Eliminationsmethode gelösten Beispiele nochmals mit dem Lagrange'schen Zugang behandelt werden.

Beispiel 8.14 $\quad f(x_1, x_2, x_3) = x_1^2 + x_2^2 + x_3^2 \longrightarrow$ extr

$$g_1(x_1, x_2, x_3) = x_1 \quad\quad - x_3 - 2 = 0$$
$$g_2(x_1, x_2, x_3) = x_1 + x_2 + x_3 - 1 = 0$$

---

[2] Jacobi, Carl Gustav Jacob (1804–1851), deutscher Mathematiker.

(vgl. Beispiel 8.10). Die Lagrange-Funktion hat die Gestalt

$$L(x, \lambda) = x_1^2 + x_2^2 + x_3^2 + \lambda_1(x_1 - x_3 - 2) + \lambda_2(x_1 + x_2 + x_3 - 1),$$

und das System notwendiger Bedingungen lautet

$$
\begin{aligned}
L_{x_1}(x, \lambda) &= 2x_1 && +\lambda_1+\lambda_2 && \overset{!}{=} 0 \\
L_{x_2}(x, \lambda) &= && 2x_2 && +\lambda_2 && \overset{!}{=} 0 \\
L_{x_3}(x, \lambda) &= && && 2x_3-\lambda_1+\lambda_2 && \overset{!}{=} 0 \\
L_{\lambda_1}(x, \lambda) &= x_1 && - x_3 && -2 && \overset{!}{=} 0 \\
L_{\lambda_2}(x, \lambda) &= x_1+ && x_2+ && x_3 && -1 && \overset{!}{=} 0.
\end{aligned}
$$

Im vorliegenden Beispiel ist das hergeleitete Gleichungssystem zur Bestimmung stationärer Punkte (ausnahmsweise) linear, sodass es z. B. mit dem Gauß'schen Algorithmus gelöst werden kann. Ohne die Einzelheiten der Rechnung auszuführen (die wir – wie immer, wenn umfangreichere Rechnungen vonnöten sind – dem Leser überlassen), geben wir nur die (eindeutige) Lösung an:

$$x_1 = \frac{4}{3}, \ \ x_2 = \frac{1}{3}, \ \ x_3 = -\frac{2}{3}, \ \ \lambda_1 = -2, \ \ \lambda_2 = -\frac{2}{3}.$$

Beispiel 8.15 $f(A, K) = \sqrt{AK},$

$\qquad\qquad g_1(A, K) = A + K - C = 0, \quad C > 0 \quad$ gegeben

(vgl. Beispiele 8.9 und 8.11). Hier gilt

$$L(A, K, \lambda) = \sqrt{AK} + \lambda(A + K - C),$$

und wir erhalten

$$
\begin{aligned}
L_A(A, K, \lambda) &= \frac{K}{2\sqrt{AK}} + \lambda && \overset{!}{=} 0 \\
L_K(A, K, \lambda) &= \frac{A}{2\sqrt{AK}} + \lambda && \overset{!}{=} 0 \\
L_\lambda(A, K, \lambda) &= A + K - C && \overset{!}{=} 0.
\end{aligned}
$$

Dieses System ist nichtlinear. Aufgrund der Symmetrie folgert man aus den ersten beiden Beziehungen sofort die Gleichheit $A = K$, was zusammen mit der dritten Gleichung $A = K = \frac{C}{2}$ liefert. Schließlich ist dann $\lambda = -\frac{1}{2}$.

Beispiel 8.16 $f(x_1, x_2, x_3) = 3x_1^2 + 2x_2^2 + x_3^2 \longrightarrow$ extr

$\qquad\qquad g_1(x_1, x_2, x_3) = x_1 + x_2 + x_3 - 1 = 0$

(vgl. Beispiel 8.12). Mit der Lagrange-Funktion

$$L(x, \lambda) = 3x_1^2 + 2x_2^2 + x_3^2 + \lambda(x_1 + x_2 + x_3 - 1)$$

ergibt sich

$$
\begin{aligned}
L_{x_1}(x,\lambda) &= 6x_1 && + \lambda \overset{!}{=} 0 \\
L_{x_2}(x,\lambda) &= && 4x_2 && + \lambda \overset{!}{=} 0 \\
L_{x_3}(x,\lambda) &= && && 2x_3 + \lambda \overset{!}{=} 0 \\
L_{\lambda}(x,\lambda) &= x_1 && + x_2 && + x_3 - 1 \overset{!}{=} 0.
\end{aligned}
$$

Aufgrund dessen, dass f quadratisch und g_1 linear ist, hat sich ein lineares Gleichungssystem ergeben, dessen Auflösung zwar etwas rechenaufwändig, aber im Grunde einfach ist. Seine Lösung lautet:

$$
x_1 = \frac{2}{11}, \; x_2 = \frac{3}{11}, \; x_3 = \frac{6}{11}, \; \lambda = -\frac{12}{11}.
$$

Beispiel 8.17

$$
\begin{aligned}
f(x_1, x_2) &= x_1^2 x_2 \longrightarrow \text{extr} \\
g_1(x_1, x_2) &= x_1^2 + x_2^2 - 1 = 0
\end{aligned}
$$

(vgl. Beispiel 8.13). Hier gilt

$$
L(x,\lambda) = x_1^2 x_2 + \lambda(x_1^2 + x_2^2 - 1),
$$

woraus

$$
\begin{aligned}
L_{x_1}(x,\lambda) &= 2x_1 x_2 + 2\lambda x_1 \overset{!}{=} 0 \\
L_{x_2}(x,\lambda) &= x_1^2 + 2\lambda x_2 \overset{!}{=} 0 \\
L_{\lambda}(x,\lambda) &= x_1^2 + x_2^2 - 1 \overset{!}{=} 0
\end{aligned}
$$

resultiert. Dieses Gleichungssystem ist nichtlinear, sodass wir uns zu seiner Lösung „etwas einfallen lassen" müssen. Die erste Gleichung kann man so umschreiben: $2x_1(x_2 + \lambda) \overset{!}{=} 0$. Durch Fallunterscheidung ergibt sich $x_1 = 0$ bzw. $\lambda = -x_2$.

a) $x_1 = 0$: Aus der 3. bzw. 1. Beziehung folgt dann $x_2 = \pm 1$ sowie $\lambda = 0$.

b) $\lambda = -x_2$: Aus der 2. Beziehung errechnet man $x_1^2 - 2x_2^2 = 0$, woraus zusammen mit der 3. Gleichung $3x_2^2 = 1$, also $x_2 = \pm\frac{1}{3}\sqrt{3}$ resultiert. Unter nochmaliger Benutzung der 3. Beziehung ermittelt man die zu jedem der beiden Werte gehörigen Lösungen $x_1 = \pm\frac{1}{3}\sqrt{6}$. Es ergaben sich sechs stationäre Punkte:

$$
\begin{pmatrix} 0 \\ 1 \end{pmatrix}, \; \begin{pmatrix} 0 \\ -1 \end{pmatrix}, \; \begin{pmatrix} \frac{1}{3}\sqrt{6} \\ \frac{1}{3}\sqrt{3} \end{pmatrix}, \; \begin{pmatrix} -\frac{1}{3}\sqrt{6} \\ \frac{1}{3}\sqrt{3} \end{pmatrix}, \; \begin{pmatrix} \frac{1}{3}\sqrt{6} \\ -\frac{1}{3}\sqrt{3} \end{pmatrix}, \; \begin{pmatrix} -\frac{1}{3}\sqrt{6} \\ -\frac{1}{3}\sqrt{3} \end{pmatrix}.
$$

Die jeweils zugehörigen λ-Werte sind: $0, \; 0, \; -\frac{1}{3}\sqrt{3}, \; -\frac{1}{3}\sqrt{3}, \; \frac{1}{3}\sqrt{3}, \; \frac{1}{3}\sqrt{3}$.

Fazit: In allen vier Beispielen haben wir dieselben stationären Punkte erhalten, die bereits früher mit der Eliminationsmethode ermittelt wurden. Im Unterschied zur letzteren traten im Beispiel 8.17 keinerlei Schwierigkeiten auf.

Korrekterweise hätten wir in jedem Beispiel die Gültigkeit der Regularitätsbedingung überprüfen müssen. In den Beispielen 8.14–8.16 ist dies aufgrund der Linearität der Nebenbedingungen unkompliziert. Im Beispiel 8.17 gilt

$$\mathcal{J}(\bar{x}) = \nabla g_1(\bar{x}) = \begin{pmatrix} 2\bar{x}_1 \\ 2\bar{x}_2 \end{pmatrix}.$$

Folglich ist für jeden der sechs berechneten stationären Punkte die Bedingung rang $\mathcal{J}(\bar{x}) = m = 1$ erfüllt.

Was lässt sich im Zusammenhang mit der Lagrange-Methode über **hinreichende Bedingungen** sagen? Es gibt derartige Bedingungen; sie sind jedoch relativ kompliziert zu formulieren und zu überprüfen. Trotzdem wollen wir eine solche Bedingung angeben (hinreichende Bedingungen kann es ja durchaus verschiedene geben), um einen Eindruck von deren Art zu vermitteln. Dabei beschränken wir uns auf lokale Minima in (A).

Satz 8.5 *Der Punkt $\bar{x} = (\bar{x}_1, \ldots, \bar{x}_n)^\top$ sei zulässig und stationär in (A), sodass $g_i(\bar{x}) = 0$, $i = 1, \ldots, m$, gilt und ein Vektor Lagrange'scher Multiplikatoren $\bar{\lambda} = (\bar{\lambda}_1, \ldots, \bar{\lambda}_m)^\top$ existiert, der die Bedingungen $\nabla_x L(\bar{x}, \bar{\lambda}) = 0$, $\nabla_\lambda L(\bar{x}, \bar{\lambda}) = 0$ erfüllt. Ist dann der x-Anteil $\nabla_{xx}^2 L(\bar{x}, \bar{\lambda})$ der Hesse-Matrix von L positiv definit über der Menge $T = \{z \in \mathbb{R}^n \mid \langle \nabla g_i(\bar{x}), z \rangle = 0, \ i = 1, \ldots, m\}$, d. h.*

$$\langle \nabla_{xx}^2 L(\bar{x}, \bar{\lambda}) z, z \rangle > 0 \quad \forall z \in T, \ z \neq 0, \tag{8.16}$$

so stellt $\bar{x}$ eine lokale Minimumstelle in (A) dar.

Die Satzaussage bedarf einiger Erläuterungen. Da die Lagrange-Funktion von $n + m$ Variablen abhängt, ist ihre Hesse-Matrix vom Typ $(n + m, n + m)$:

$$H_L(x, \lambda) = \begin{pmatrix} \boxed{\begin{matrix} L_{x_1 x_1} & \cdots & L_{x_1 x_n} \\ \cdots\cdots\cdots\cdots\cdots \\ L_{x_n x_1} & \cdots & L_{x_n x_n} \end{matrix}} & \begin{matrix} L_{x_1 \lambda_1} & \cdots & L_{x_1 \lambda_m} \\ \cdots\cdots\cdots\cdots\cdots \\ L_{x_n \lambda_1} & \cdots & L_{x_n \lambda_m} \end{matrix} \\ \begin{matrix} L_{\lambda_1 x_1} & \cdots & L_{\lambda_1 x_n} \\ \cdots\cdots\cdots\cdots\cdots \\ L_{\lambda_m x_1} & \cdots & L_{\lambda_m x_n} \end{matrix} & \begin{matrix} L_{\lambda_1 \lambda_1} & \cdots & L_{\lambda_1 \lambda_m} \\ \cdots\cdots\cdots\cdots\cdots \\ L_{\lambda_m \lambda_1} & \cdots & L_{\lambda_m \lambda_m} \end{matrix} \end{pmatrix}.$$

Der eingerahmte linke obere Teil von H_L ist gerade $\nabla_{xx}^2 L$.

Übungsaufgabe 8.2 Man überlege sich, dass die rechts unten stehende Teilmatrix $\nabla_{\lambda\lambda}^2 L$ vom Typ (m, m) die Nullmatrix ist.

Die Menge T wird aus allen solchen Richtungen $z \in \mathbb{R}^n$ gebildet, die senkrecht auf allen Gradienten $\nabla g_i(\bar{x})$, $i = 1, \ldots, m$, stehen. Dies ist der so genannte *Tangentialraum* an die Nebenbedingungen, der eine lineare Approximation derselben darstellt (vgl. die Überlegungen in Abschn. 7.3.3). Nur über dieser eingeschränkten Menge muss $\nabla_{xx}^2 L$ positiv definit sein, nicht über dem gesamten Raum $\mathbb{R}^n$.

Wir wollen die eben formulierten hinreichenden Bedingungen in zwei der obigen vier Beispiele überprüfen.

Beispiel 8.18

$$f(x_1, x_2, x_3) = x_1^2 + x_2^2 + x_3^2 \longrightarrow \text{extr}$$
$$g_1(x_1, x_2, x_3) = x_1 \qquad - x_3 - 2 = 0$$
$$g_2(x_1, x_2, x_3) = x_1 + x_2 + x_3 - 1 = 0$$

(vgl. obige Beispiele 8.10 und 8.14). Einziger stationärer Punkt war $(\bar{x}, \bar{\lambda}) = (\frac{4}{3}, \frac{1}{3}, -\frac{2}{3}, -2, -\frac{2}{3})$. Die Hesse-Matrix der Lagrange-Funktion in einem beliebigen Punkt (x, λ) lautet

$$H_L(x, \lambda) = \begin{pmatrix} 2 & 0 & 0 & 1 & 1 \\ 0 & 2 & 0 & 0 & 1 \\ 0 & 0 & 2 & -1 & 1 \\ 1 & 0 & -1 & 0 & 0 \\ 1 & 1 & 1 & 0 & 0 \end{pmatrix}.$$

(Wie schon öfters, haben wir eine ganze Menge an Zwischenrechnungen „unterschlagen", die aber der interessierte Leser jederzeit leicht selbst durchführen kann.) Um die Menge T zu konstruieren, müssen wir zunächst die Gradienten $\nabla g_1(\bar{x}) = \begin{pmatrix} 1 \\ 0 \\ -1 \end{pmatrix}$ und $\nabla g_2(\bar{x}) = \begin{pmatrix} 1 \\ 1 \\ 1 \end{pmatrix}$ aufstellen und dann für $z = (z_1, z_2, z_3)^\top$ das System

$$\begin{array}{ccc} \langle \nabla g_1(\bar{x}), z \rangle = 0 \\ \langle \nabla g_2(\bar{x}), z \rangle = 0 \end{array} \quad \Longleftrightarrow \quad \begin{array}{rcl} z_1 \quad\quad -z_3 & = & 0 \\ z_1 +z_2 +z_3 & = & 0 \end{array}$$

lösen. Seine allgemeine Lösung lautet $z = t(1, -2, 1)^\top$, $t \in \mathbb{R}$ beliebig (zur Theorie linearer Gleichungssysteme siehe die Abschn. 4.3 und 4.4). Nun ist die Beziehung (8.16) zu überprüfen, d. h., es ist der Ausdruck

$$\left\langle \begin{pmatrix} 2 & 0 & 0 \\ 0 & 2 & 0 \\ 0 & 0 & 2 \end{pmatrix} \cdot \begin{pmatrix} z_1 \\ z_2 \\ z_3 \end{pmatrix}, \begin{pmatrix} z_1 \\ z_2 \\ z_3 \end{pmatrix} \right\rangle = \left\langle \begin{pmatrix} 2z_1 \\ 2z_2 \\ 2z_3 \end{pmatrix}, \begin{pmatrix} z_1 \\ z_2 \\ z_3 \end{pmatrix} \right\rangle = 2z_1^2 + 2z_2^2 + 2z_3^2$$

über allen Richtungen $z \in T \subset \mathbb{R}^3$ zu untersuchen. Da $2z_1^2 + 2z_2^2 + 2z_3^2 \geq 0$ und da Gleichheit nur für $z_1 = z_2 = z_3 = 0$ angenommen wird, liegt hier sogar positive Definitheit über ganz $\mathbb{R}^3$, also erst recht über der Menge T, vor. Folglich ist $(\bar{x}, \bar{\lambda})$ eine Minimumstelle.

Beispiel 8.19

$$f(x_1, x_2) = x_1^2 x_2 \longrightarrow \text{extr}$$
$$g_1(x_1, x_2) = x_1^2 + x_2^2 - 1 = 0$$

(vgl. die obigen Beispiele 8.13 und 8.17). Die Lagrange-Funktion $L(x_1, x_2, \lambda) = x_1^2 x_2 + \lambda(x_1^2 + x_2^2 - 1)$ besitzt im Punkt (x, λ) die folgenden partiellen Ableitungen erster Ordnung:

$$L_{x_1} = 2x_1 x_2 + 2\lambda x_1, \quad L_{x_2} = x_1^2 + 2\lambda x_2, \quad L_\lambda = x_1^2 + x_2^2 - 1.$$

Durch nochmaliges partielles Differenzieren ergibt sich hieraus die Hesse-Matrix

$$H_L(x, \lambda) = \begin{pmatrix} 2x_2 + 2\lambda & 2x_1 & 2x_1 \\ 2x_1 & 2\lambda & 2x_2 \\ 2x_1 & 2x_2 & 0 \end{pmatrix}.$$

Wir untersuchen exemplarisch den stationären Punkt $\bar{x} = (0, 1)^\top$ mit $\bar{\lambda} = 0$. In diesem Fall gilt $\nabla g_1(\bar{x}) = \begin{pmatrix} 2\bar{x}_1 \\ 2\bar{x}_2 \end{pmatrix} = \begin{pmatrix} 0 \\ 2 \end{pmatrix}$ sowie $H_L(\bar{x}, \bar{\lambda}) = \begin{pmatrix} 2 & 0 & 0 \\ 0 & 0 & 2 \\ 0 & 2 & 0 \end{pmatrix}$, wobei diesmal $\nabla^2_{xx} L(\bar{x}, \bar{\lambda})$ offensichtlich nicht positiv definit über ganz $\mathbb{R}^2$ ist. Zur Ermittlung der Menge $T \subset \mathbb{R}^2$ haben wir die Gleichung

$$\langle g(\bar{x}), z \rangle = \left\langle \begin{pmatrix} 0 \\ 2 \end{pmatrix}, \begin{pmatrix} z_1 \\ z_2 \end{pmatrix} \right\rangle = 2z_2 = 0$$

zu lösen, woraus $z_2 = 0$, z_1 beliebig, folgt. Dann gilt

$$\left\langle \nabla^2_{xx} L(\bar{x}, \bar{\lambda}) z, z \right\rangle = \left\langle \begin{pmatrix} 2 & 0 \\ 0 & 0 \end{pmatrix} \cdot \begin{pmatrix} z_1 \\ z_2 \end{pmatrix}, \begin{pmatrix} z_1 \\ z_2 \end{pmatrix} \right\rangle = 2z_1^2 > 0$$

$\forall z = (z_1, z_2)^\top \in T$, $z \neq 0$, denn da für $z \in T$ stets $z_2 = 0$ ist, muss $z_1 \neq 0$ und damit $2z_1^2 > 0$ gelten. Also stellt der Punkt $\bar{x} = (0, 1)^\top$ eine Minimumstelle in (A) dar.

Übungsaufgabe 8.3 Wir empfehlen dem Leser, in den übrigen Beispielen bzw. für die restlichen gefundenen stationären Punkte die hinreichenden Bedingungen gemäß Satz 8.5 zu überprüfen.

Vorteile der Lagrange-Methode sind:

- die nicht (oder erst später) benötigte Auflösbarkeit der Nebenbedingungen,
- der universelle Zugang, der z. B. auch in der nichtlinearen Optimierung von Nutzen ist,
- das gleichzeitige Berechnen der Lagrange'schen Multiplikatoren, die eine wichtige ökonomische Bedeutung besitzen (siehe hierzu den folgenden Abschn. 8.2.4).

Nachteile der Lagrange-Methode bestehen darin, dass

- sich die Anzahl der Variablen vergrößert,
- hinreichende Bedingungen relativ schwer überprüfbar sind.

Abschließend kurz einige Worte zum Wert notwendiger und hinreichender Extremalitätsbedingungen. Die betrachteten Beispiele haben gezeigt, dass man mithilfe dieser Bedingungen kleinere Extremwertaufgaben häufig vollständig lösen kann. Sie können auch dazu genutzt werden, einen Punkt, von dem vermutet wird, dass er ein Extremum darstellt, daraufhin zu untersuchen. Sobald jedoch die Anzahl der Variablen bzw. Nebenbedingungen größer wird, wie dies in realen Problemen schnell eintritt, ist der beschriebene analytische Zugang kaum anwendbar, sondern es müssen numerische Algorithmen eingesetzt werden, um Lösungen (näherungsweise) zu bestimmen. Die beschriebenen Extremalitätsbedingungen bilden eine wichtige Grundlage für solche Algorithmen.

8.2.4 Interpretation der Lagrange'schen Multiplikatoren

Die in der Lagrange-Methode vorkommenden Multiplikatoren besitzen neben ihrer mathematischen Bedeutung auch noch eine nützliche Interpretation als *Schattenpreise*, sodass sie – ähnlich den Dualvariablen in der linearen Optimierung – zur Bewertung der Nebenbedingungen dienen können.

Der Einfachheit halber betrachten wir zunächst ein Minimierungsproblem mit nur einer Nebenbedingung:

$$\begin{aligned} f(x) &\longrightarrow \min \\ g(x) &= b \, . \end{aligned} \tag{8.17}$$

In (8.17) werden f und g als Funktionen einer Variablen vorausgesetzt. Es soll nun untersucht werden, wie sich Änderungen der rechten Seite b auf den Extremwert von f unter der gegebenen Nebenbedingung auswirken, wozu die Größe b als **variabel** angesehen wird (in der Nähe eines Wertes $\bar{b}$, für den (8.17) eine Lösung besitzt). Mit der Lagrange-Funktion $L(x, \lambda) = f(x) + \lambda(g(x) - b)$ ergeben sich die notwendigen Minimumbedingungen

$$\begin{aligned} L_x(x, \lambda) &= f'(x) + \lambda g'(x) &= 0, \\ L_\lambda(x, \lambda) &= g(x) - b &= 0. \end{aligned} \tag{8.18}$$

Da b variabel sein soll, hängen die Lösungen des Systems (8.18) von b ab und werden deshalb mit $x(b)$ und $\lambda(b)$ bezeichnet. Unter der Voraussetzung der Existenz der inversen Funktion zu $g(x)$ in einer Umgebung von $\bar{b}$ ergibt sich aus der zweiten Gleichung in (8.18) die Lösung $x(b) = g^{-1}(b)$. Aus der ersten Beziehung von (8.18) folgt dann

$$\lambda(b) = -\frac{f'(x(b))}{g'(x(b))}, \tag{8.19}$$

vorausgesetzt, es gilt $g'(x(b)) \neq 0$. Aus der Formel über die Ableitung der inversen Funktion, die in Beispiel 7.26 hergeleitet wurde, wissen wir, dass $\frac{dx(b)}{db} = \frac{1}{g'(x(b))}$ gilt. Hieraus folgt mithilfe der Kettenregel und unter Beachtung von (8.19) für den Optimalwert $f^*(b) = f(x(b))$ der Zielfunktion in Abhängigkeit vom Parameter b der rechten Seite

$$\frac{df^*}{db}(b) = \frac{df}{dx}(x(b)) \cdot \frac{dx}{db}(b) = f'(x(b)) \cdot \frac{1}{g'(x(b))} = -\lambda(b).$$

Das bedeutet: Die Veränderung des minimalen Zielfunktionswertes in der Aufgabe (8.17) hat bei Änderung der auf der rechten Seite stehenden Größe $\bar{b}$ um die Größe db den Wert

$$df(x(\bar{b})) = -\lambda(\bar{b}) \cdot db,$$

sodass $-\lambda(\bar{b})$ den Anstieg von f^* im Punkt $\bar{b}$ beschreibt. Damit drückt $-\lambda(\bar{b})$ den (relativen) Wert der „Ressource" b (in der Umgebung von $\bar{b}$) aus und wird deshalb als *Schattenpreis* bezeichnet. Für (kleines) endliches Δb gilt diese Aussage näherungsweise, da $df = -\lambda(\bar{b})\Delta b$ den Hauptanteil an der Veränderung des Zielfunktionswertes darstellt (man erinnere sich an den Begriff des Differenzials aus Abschn. 6.2.2).

Beispiel 8.20 $f(x) = x^2 \to \min$, $g(x) = 3x = b$; $L(x,\lambda) = x^2 + \lambda(3x - b)$

In diesem sehr einfachen Beispiel gibt es für jedes b nur einen zulässigen und deshalb optimalen Punkt: $x(b) = \frac{b}{3}$. Damit hat die Zielfunktion den optimalen Wert $f^*(b) = f(x(b)) = \frac{1}{9}b^2$. (Im vorliegenden Fall gelingt es ausnahmsweise, die Abhängigkeit der Optimalwertfunktion f^* von b explizit darzustellen.) Aus den notwendigen Bedingungen

$$\begin{aligned} L_x(x,\lambda) &= 2x + 3\lambda &= 0 \\ L_\lambda(x,\lambda) &= 3x - b &= 0 \end{aligned}$$

ergibt sich $\lambda(b) = -\frac{2}{3}x(b) = -\frac{2}{9}b$, sodass der Schattenpreis $\frac{2}{9}b$ beträgt. Das bedeutet: Bei Veränderung der Größe b um Δb müsste sich $f^*(b) = \frac{1}{9}b^2$ näherungsweise um $-\lambda(b)\Delta b = \frac{2}{9}b\,\Delta b$ ändern. Tatsächlich beträgt die exakte Veränderung des optimalen Zielfunktionswertes

$$f^*(b + \Delta b) - f^*(b) = \frac{1}{9}(b + \Delta b)^2 - \frac{1}{9}b^2 = \frac{2}{9}b\,\Delta b + \frac{1}{9}(\Delta b)^2,$$

wobei Δb als kleine Größe verstanden wird, sodass der Summand $\frac{1}{9}(\Delta b)^2$ praktisch vernachlässigt werden kann.

Die Überlegungen, Lagrange'sche Multiplikatoren als Schattenpreise zu interpretieren, kann unter gewissen Voraussetzungen auch auf den Fall allgemeiner Extremwertaufgaben der Form (A) mit n Variablen und m Gleichungsnebenbedingungen übertragen werden. Ist z. B. für einen gegebenen Vektor der rechten Seite $\bar{b}$ die optimale Lösung $x(\bar{b})$ von (A) eindeutig und sind die Gradienten $\nabla g_i(x(\bar{b}))$, $i = 1,\dots,m$, linear unabhängig (woraus die

Eindeutigkeit der zu $x(\bar{b})$ gehörenden Lagrange'schen Multiplikatoren $\bar{\lambda}_1, \ldots, \bar{\lambda}_m$ folgt), so beschreibt $-\bar{\lambda}_i$ die i-te partielle Ableitung der Optimalwertfunktion $f^*(b) = f(x(b))$ im Punkt $b = \bar{b}$ und damit den Einfluss der i-ten rechten Seite auf die Veränderung des optimalen Zielfunktionswertes:

$$\frac{\partial f^*}{\partial b_i}(\bar{b}) = -\bar{\lambda}_i \, .$$

Aussagen dieser Art, auch für noch allgemeinere Problemstellungen, sind Untersuchungsgegenstand der so genannte *Sensitivitätsanalyse* als Teilgebiet der nichtlinearen Optimierung.

8.3 Methode der kleinsten Quadratsumme

8.3.1 Problemstellung. Lineare Regression

In der Ökonomie und auch in vielen naturwissenschaftlichen Bereichen hat man es häufig mit empirisch gewonnenen Messwerttabellen zu tun, bei denen eine Ergebnisgröße y implizit von einer Einflussgröße bzw. einem Merkmal x abhängt. Das heißt, gegeben sind Tabellen mit Messwertpaaren (x_i, y_i), $i = 1, \ldots, N$, und gesucht ist ein (näherungsweiser) funktionaler Zusammenhang der Art $y = f(x)$, der die Messwerte möglichst gut beschreibt: $y_i \approx f(x_i)$. Ist eine solche Approximationsfunktion f einmal bestimmt, kann sie zur weiteren Analyse der empirischen Daten verwendet werden, z. B. für die Aufstellung von Prognosewerten $\bar{y} = f(\bar{x})$ für weitere Merkmalswerte $\bar{x}$.

Die Ergebnisgrößen y_i stellen in ökonomischen Anwendungen meist Werte solcher Kenngrößen wie Bruttoinlandsprodukt, Teuerungsrate, Arbeitslosenquote usw. dar, die sich jeweils auf einen Zeitpunkt bzw. eine Periode x_i beziehen. Solche Tabellen, bei denen das zugehörige Merkmal x_i dem Zeitpunkt der Messung von y_i entspricht, werden *Zeitreihen* genannt. Um den temporalen Charakter des Merkmals x noch stärker zum Ausdruck zu bringen, schreibt man in diesem Fall auch häufig t_i statt x_i; mitunter ist auch $x_i = i$ als Nummer des Messwertes bzw. statistischen Wertes automatisch festgelegt.

Bei anderen Anwendungen (z. B. in der Statistik) können die beiden Merkmale x und y auch Realisierungen von Zufallsgrößen sein.

Beispiel 8.21 Im Rechenschaftsbericht eines Investmentfonds ist der Anlageerfolg (in Prozent des Vergleichswerts bei Auflegung) nachzulesen:

Periode	x_i	1	2	3	4	5	6	7	8
Anlageerfolg	y_i	105	95	130	140	185	205	186	220

Zur Bestimmung des formalen Zusammenhangs $y = f(x)$ zwischen dem Merkmal x und der Messgröße y sucht man nun eine solche (stetige) Funktion f, die zum einen aus einer vorgegebenen Funktionenklasse stammen muss, zum anderen die gegebene Zeitreihe am

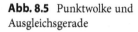

Abb. 8.5 Punktwolke und
Ausgleichsgerade

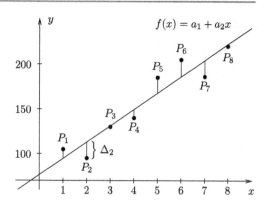

besten approximiert. Die Wahl der Funktionenklasse und die Art der Approximation[3] ist dabei aus mathematischer Sicht auf vielfältige Weise möglich, der ökonomische bzw. naturwissenschaftliche Hintergrund bestimmt allerdings in der Regel einen engen Rahmen, der durch so genannte *Trendfunktionen* vorgegeben ist. Dies können z. B. lineare, quadratische, Exponential- oder auch periodische Funktionen sein, je nach Art des zu beschreibenden Sachverhalts. Wichtig ist, dass der Graph der gewählten Trendfunktion möglichst gut mit der grafischen Darstellung der Zeitreihe, dem so genannten *Streuungsdiagramm* („Punktwolke"), übereinstimmt.

In Abb. 8.5 ist das Streuungsdiagramm für die Zeitreihe aus Beispiel 8.21 dargestellt: Jeder markierte Punkt $P_i(x_i, y_i)$ im x, y-Koordinatensystem entspricht genau einem Merkmal x_i und der zugehörigen Messgröße y_i. Beim Betrachten dieser Punktwolke liegt die Vermutung nahe, dass näherungsweise ein linearer Zusammenhang zwischen x_i und y_i besteht, der durch eine Gerade g der Form $y = a_1 + a_2 x$ beschrieben werden kann. Dabei sind a_1 und a_2 noch unbekannte Parameter der linearen Trendfunktion

$$y = a_1 + a_2 x\,, \qquad\qquad (8.20)$$

die gerade so zu wählen sind, dass die entstehende Gerade die einzelnen Punkte des Streuungsdiagramm möglichst gut annähert. Dieses Vorgehen – das Approximieren einer Punktwolke durch eine lineare Trendfunktion – wird auch *lineare Regression* genannt.

Für die Art und Weise dieser „bestmöglichen Approximation" gibt es wiederum verschiedene mögliche Ansätze. Ideal wäre natürlich eine Gerade g, auf der alle Messpunkte liegen. In diesem Fall spricht man nicht von Approximation, sondern von *Interpolation*. Im Allgemeinen benötigt man aber zur exakten Interpolation von N beliebigen Punkten der Ebene ein Polynom $(N-1)$-ten Grades, also z. B. bei vier Punkten bereits eine kubische Funktion.

Bei $N > 2$ Messpunkten ist die Existenz einer exakt interpolierenden Geraden also eher unwahrscheinlich. Es werden meist von null verschiedene Abweichungen Δ_i auftreten, die

---

[3] approximare: lat. „sich annähern".

sich in einer Differenz zwischen dem Wert auf der Regressionsgeraden $f(x_i) = a_1 + a_2 x_i$ und dem gemessenen Wert y_i äußern:

$$\Delta_i = f(x_i) - y_i = a_1 + a_2 x_i - y_i . \tag{8.21}$$

Als einen möglichen Approximationsansatz kann man nun z. B. den absolut größten auftretenden Fehler minimieren, d. h., das Maximum der Absolutbeträge von Δ_i, genommen über alle Messpunktpaare (x_i, y_i), $i = 1, \ldots, N$, soll möglichst klein werden:

$$\max \left\{ |\Delta_i| = |a_1 + a_2 x_i - y_i|, \; i = 1, \ldots, N \right\} \longrightarrow \min . \tag{8.22}$$

Diese nahe liegende Herangehensweise hat mindestens zwei entscheidende Nachteile: Zum einen verursacht schon ein einzelner in der Tabelle enthaltener stark abweichender Wert y_{i_0} (so genannter „Ausreißer", z. B. ein grober Messfehler) sofort eine starke Verschiebung der Ausgleichsgeraden weg von der großen Mehrheit der restlichen Punkte. Das so erhaltene Approximationsergebnis stimmt dann i. Allg. nur sehr schlecht mit den ursprünglich gemessenen Merkmalen überein. Zum anderen zeigt sich bei der rechnerischen Bestimmung der besten Regressionsgeraden, dass die in (8.22) enthaltenen Absolutbeträge wegen der Nichtdifferenzierbarkeit der Betragsfunktion Probleme bereiten.

Dem praktischen Hintergrund im Allgemeinen besser angepasst und sowohl analytisch als auch numerisch wesentlich besser handhabbar ist dagegen die auf Gauß zurückgehende Minimierung der Fehlerquadratsumme. Bei dieser so genannten *Methode der kleinsten Quadratsumme* werden, wie der Name schon sagt, die Approximationsfehler $\Delta_i = f(x_i) - y_i$, $i = 1, \ldots, N$, zunächst quadriert und anschließend summiert. Diese Summe, die von den Parametern a_1 und a_2 der linearen Trendfunktion f abhängt, wollen wir mit $S(a_1, a_2)$ bezeichnen und weiter untersuchen. Will man nun die „besten" Trendparameter a_1 und a_2 bestimmen, so ist also die Funktion $S(a_1, a_2)$ zu minimieren:

$$S(a_1, a_2) = \sum_{i=1}^{N} \Delta_i^2 = \sum_{i=1}^{N} (a_1 + a_2 x_i - y_i)^2 \longrightarrow \min . \tag{8.23}$$

Dieses Problem ist vom Typ der freien Extremwertaufgaben, wie sie ausführlich im Abschn. 8.1 diskutiert wurden. Zur Lösung sind folglich zunächst die partiellen Ableitungen von S nach den Variablen a_1 und a_2 zu bestimmen (unter Verwendung der Regel „Die Ableitung einer Summe ist gleich der Summe der Ableitungen") und danach gleich null zu setzen:

$$\frac{\partial S}{\partial a_1} = \sum_{i=1}^{N} 2 \cdot (a_1 + a_2 x_i - y_i) \overset{!}{=} 0$$

$$\frac{\partial S}{\partial a_2} = \sum_{i=1}^{N} 2 \cdot (a_1 + a_2 x_i - y_i) \cdot x_i \overset{!}{=} 0 .$$

Die entstandenen Gleichungen können nun durch zwei geteilt, die auftretenden Summen nach Ausdrücken mit den gesuchten Variablen a_1 und a_2 sortiert und alle konstanten Terme auf die rechte Seite gebracht werden:

$$
\begin{aligned}
a_1 \cdot N \quad + \quad a_2 \cdot \sum_{i=1}^{N} x_i &= \sum_{i=1}^{N} y_i \\
a_1 \cdot \sum_{i=1}^{N} x_i \quad + \quad a_2 \cdot \sum_{i=1}^{N} x_i^2 &= \sum_{i=1}^{N} x_i y_i .
\end{aligned}
\tag{8.24}
$$

Übungsaufgabe 8.4 Wiederholen Sie alle Schritte der Herleitung von (8.24) im Einzelnen. Achten Sie dabei besonders auf das Ausklammern der Variablen a_1 aus der Summe in der ersten Gleichung, wobei der Faktor 1 innerhalb der Summe zurückbleiben muss. Der entstandene Ausdruck $\sum_{i=1}^{N} 1$ ist dann durch seinen Wert N (Anzahl der Daten) zu ersetzen.

Bemerkung Für die in Formel (8.24) wiederholt vorkommenden Summen vom Typ $\sum_{i=1}^{N} z_i$ (mit wechselnden Ausdrücken z_i) ist die Abkürzungsschreibweise $[z_i]$ üblich, die *Gauß'sche Klammer* genannt wird und im Folgenden konsequent verwendet werden soll. Der Leser sollte sich aber stets vor Augen halten, dass hinter jedem der entstehenden Terme $[x_i^2]$, $[x_i]$, $[x_i y_i]$, $[y_i]$ eine Summe über N Teilausdrücke steht, wobei N in der Praxis eine sehr große Zahl sein kann.

Das entstandene lineare Gleichungssystem (8.24) zur Bestimmung der gesuchten Parameter a_1 und a_2 lautet dann in Kurzschreibweise

$$
\begin{aligned}
a_1 \cdot N \quad + \quad a_2 \cdot [x_i] &= [y_i] \\
a_1 \cdot [x_i] \quad + \quad a_2 \cdot [x_i^2] &= [x_i y_i]
\end{aligned}
\tag{8.25}
$$

und wird *Normalgleichungssystem* genannt.

Wegen der geringen Dimension (zwei Variable, zwei Gleichungen) kann man die Lösung sofort angeben. Aus der Theorie der LGS (Abschn. 4.3) ist dabei klar, dass es bei vollem Rang der Systemmatrix bzw. nichtverschwindender Systemdeterminante $D = N \cdot [x_i^2] - [x_i]^2 \neq 0$ eine eindeutige Lösung gibt. Diese berechnet sich wie folgt:

$$
a_1 = \frac{[x_i^2] \cdot [y_i] - [x_i y_i] \cdot [x_i]}{D} , \qquad a_2 = \frac{N \cdot [x_i y_i] - [x_i] \cdot [y_i]}{D} .
\tag{8.26}
$$

Bemerkung Man beachte den Unterschied zwischen den beiden Ausdrücken $[x_i^2]$ und $[x_i]^2$: Bei Ersterem werden zuerst die Quadrate der einzelnen Zahlen x_i gebildet und dann summiert, bei Letzterem dagegen werden die x_i sofort summiert und danach die Summe quadriert.

Übungsaufgabe 8.5 Überprüfen Sie, dass die berechneten Werte a_1 und a_2 wirklich Lösungen des Normalgleichungssystems (8.26) sind und dass die Fehlerquadratsumme $S(a_1, a_2)$ dort tatsächlich ein Minimum hat (und nicht etwa ein Maximum). Diskutieren Sie dabei, unter welchen Bedingungen die Systemdeterminante D null werden kann, das LGS also keine eindeutige Lösung besitzt.

Aus Gründen der Übersichtlichkeit verwendet man für die konkrete Berechnung der Regressionsgeraden in der Regel eine Tabelle, in der die Merkmalswerte x_i, die zugehörigen Quadrate x_i^2, die Messwerte y_i und die gemischten Produkte $x_i y_i$ gemeinsam aufgeführt sind und leicht addiert werden können:

i	x_i	x_i^2	y_i	$x_i y_i$
1	1	1	105	105
2	2	4	95	190
3	3	9	130	390
4	4	16	140	560
5	5	25	185	925
6	6	36	205	1230
7	7	49	186	1302
8	8	64	220	1760
$\sum$	36	204	1266	6462

Durch Einsetzen in Formel (8.26) berechnet man nacheinander die Werte

$$D = 8 \cdot 204 - 36^2 = 336,$$

$$a_1 = \frac{204 \cdot 1266 - 6462 \cdot 36}{336} = \frac{25.632}{336} = \frac{534}{7} \approx 76,29,$$

$$a_2 = \frac{8 \cdot 6462 - 36 \cdot 1266}{336} = \frac{6120}{336} = \frac{255}{14} \approx 18,21.$$

Dies bedeutet: Die beste Ausgleichsgerade für die gegebene Punktwolke lautet $y = f(x) = 18,21x + 76,29$. Diese ist in Abb. 8.5 eingezeichnet.

Ist nun z. B. eine Prognose für den Anlageerfolg in der 9. Periode gesucht, so ist einfach der entsprechende Merkmalswert (in diesem Fall also $x = 9$) in die berechnete Regressionsfunktion einzusetzen und der zugehörige Funktionswert $y = f(x)$ zu berechnen: $y = f(9) = 18,21 \cdot 9 + 76,29 = 240,18$. In der 9. Periode ist somit ein Anlageerfolg von ca. 240 % zu erwarten, wenn keine Trendveränderung eintritt.

Prognosen für Merkmalswerte x, die außerhalb der gegebenen Werte x_i, $i = 1, \ldots, N$, liegen, werden *Extrapolationen* genannt. Im Allgemeinen sind sie umso unzuverlässiger, je weniger Werte x_i bisher bekannt sind und je weiter x davon entfernt ist.

Dagegen sind Prognosen für Werte x innerhalb der gegebenen x_i meist sehr zuverlässig (wenn die Trendfunktion dem zugrunde liegenden Sachverhalt gut angepasst ist). Diese Prognosewerte werden *Interpolationen* genannt und sind uns für den Spezialfall $N = 2$ bereits im Abschn. 6.4 über numerische Methoden der Nullstellenberechnung begegnet.

Übungsaufgabe 8.6 Bestimmen Sie die Regressionsgerade für die Messreihe

x_i	1	3	4	5	7
y_i	67	74	72	78	85

Bereits beim Durchrechnen von kleinen Beispielen wird klar, dass die Summenbildung für die Terme $[x_i]$, $[x_i^2]$, $[y_i]$ und $[x_i y_i]$ meist eine aufwändige Angelegenheit ist, insbesondere wenn man es mit größeren Zahlen zu tun hat (wie z. B. mit den Jahreszahlen 2002, 2003 usw. als Merkmalswerten x_i). Oft kann man zwar einen „intelligenten" Taschenrechner mit entsprechenden eingebauten Funktionen (meist im Statistikteil) nutzen, trotzdem wäre eine Vereinfachung der umfangreichen Rechnerei günstig.

In der Tat kann man durch eine geschickte Transformation der Ausgangsdaten schneller zum Ziel kommen. Das Ziel der Umformung besteht dabei darin, in Formel (8.26) möglichst viele Terme wegfallen lassen zu können, weil Faktoren gleich null sind. Das wird z. B. erreicht, wenn $[x_i]$ gleich null ist, denn dann gelten die einfacheren Formeln

$$a_1 = \frac{[y_i]}{N}, \quad a_2 = \frac{[x_i y_i]}{[x_i^2]}. \qquad (8.27)$$

Wie ist nun aber $[x_i] = 0$ im allgemeinen Fall zu erreichen? Ganz einfach: Man muss von jedem einzelnen der N Merkmale x_i den N-ten Teil der bisherigen Summe $[x_i]$ abziehen. Dies entspricht gerade dem arithmetischen Mittel $\bar{x} = \frac{[x_i]}{N}$ der Merkmale x_i. Im Ergebnis führt diese lineare Transformation $x_i' := x_i - \bar{x}$ zu der neuen Summe $[x_i'] = [x_i] - N \cdot \frac{[x_i]}{N} = 0$. Besonders einfach berechnet sich der Mittelwert $\bar{x}$, wenn eine ungerade Anzahl von Stützstellen x_i äquidistant (d. h. mit gleichem Abstand) vorliegen, wenn also gilt $x_{i+1} = x_i + \Delta x$ mit $\Delta x = $ const.

Ein gleichartiger Ansatz ist auch für die Messgrößen y_i möglich, wobei aber nicht unbedingt um den Mittelwert der y_i verschoben werden muss. Man wird dies aber i. Allg. nur bei wirklich sehr großen Zahlenwerten tun.

Übungsaufgabe 8.7 Überprüfen Sie, dass der Mittelwert $\bar{x}$ einer ungeraden Anzahl von äquidistanten Stützstellen $x_1, \ldots, x_{2k-1}$ gleich dem mittleren Merkmal x_k ist, und stellen Sie eine analoge vereinfachte Formel für eine gerade Anzahl äquidistanter Stützstellen auf.

Beispiel 8.22 Gesucht ist die Regressionsgerade zur Zeitreihe

Jahr	x_i	1999	2000	2001	2002	2003
Wert	y_i	1050	1080	1090	1120	1160

Die Mittelwerte $\bar{x} = \frac{[x_i]}{N} = 2001$ bzw. $\bar{y} = \frac{[y_i]}{N} = \frac{1050+1080+1090+1120+1160}{5} = 1100$ führen zu den beiden Transformationsgleichungen

$$x_i' = x_i - 2001 \quad \text{und} \quad y_i' = y_i - 1100. \qquad (8.28)$$

(Alternativ könnte man beispielsweise von allen y-Werten die Zahl 1000 subtrahieren, um kleinere Werte zu bekommen.)

Die Hilfstabelle für die auszuführenden Summationen hat dann das folgende Aussehen:

i	x_i'	$x_i'^2$	y_i'	$x_i'y_i'$
1	-2	4	-50	100
2	-1	1	-20	20
3	0	0	-10	0
4	1	1	20	20
5	2	4	60	120
$\sum$	0	10	0	260

Einsetzen in (8.27) ergibt: $a_1 = \frac{0}{5} = 0$, $a_2 = \frac{260}{10} = 26$.

Die Regressionsgerade hat folglich die Gestalt $y' = 26x'$. Da in der Regel diese Gleichung nicht bezüglich der transformierten Variablen x' und y' gesucht ist, muss man die verwendete Substitution (8.28) wieder rückgängig machen. Das Endergebnis lautet dann:

$$y = 1100 + y' = 1100 + 26x' = 1100 + 26x - 26 \cdot 2001 = 26x - 50.926 \,.$$

Dasselbe Ergebnis hätten wir natürlich auch bei einer etwas umfangreicheren Rechnung ohne vorherige Transformation erhalten.

8.3.2   Allgemeinere Ansatzfunktionen

Im vorigen Abschnitt haben wir betont, dass die gesuchte Trendfunktion $y = f(x)$ aus einer vorgegebenen Funktionenklasse stammen muss, deren Graph möglichst gut mit der Form der *Punktwolke* übereinstimmen sollte. Die obige Herangehensweise zur Bestimmung der optimalen Approximationsfunktion lässt sich ohne weiteres auf andere Funktionsklassen verallgemeinern, wobei allerdings – im Interesse besserer Ergebnisse – der zu erwartende Rechenaufwand steigt.

Die im Abschn. 8.3.1 ermittelte Regressionsgerade stellt als lineare Funktion einen ökonomischen Zusammenhang *mit konstanter Wachstumsgeschwindigkeit* dar. Als nächste Verallgemeinerungsstufe empfiehlt sich daher eine quadratische Funktion

$$y = f(x) = a_1 + a_2x + a_3x^2, \tag{8.29}$$

die einen Zusammenhang *mit konstanter Beschleunigung des Wachstums* beschreibt. Dieser Ansatz ist immer dann gut geeignet, wenn die gegebene Punktwolke in etwa die Form einer Parabel hat.

Im Fall der Ansatzfunktion (8.29) ist die zu minimierende Fehlerquadratsumme von den drei Parametern a_1, a_2 und a_3 abhängig und hat die Gestalt

$$S(a_1, a_2, a_3) = \sum_{i=1}^{N} (a_1 + a_2 x_i + a_3 x_i^2 - y_i)^2 \longrightarrow \min . \tag{8.30}$$

Durch Nullsetzen der partiellen Ableitungen $\frac{\partial S}{\partial a_1}$, $\frac{\partial S}{\partial a_2}$ und $\frac{\partial S}{\partial a_3}$ erhält man analog zu oben das Normalgleichungssystem

$$
\begin{aligned}
a_1 \cdot N &+ a_2 \cdot [x_i] &+ a_3 \cdot [x_i^2] &= [y_i] \\
a_1 \cdot [x_i] &+ a_2 \cdot [x_i^2] &+ a_3 \cdot [x_i^3] &= [x_i y_i] \\
a_1 \cdot [x_i^2] &+ a_2 \cdot [x_i^3] &+ a_3 \cdot [x_i^4] &= [x_i^2 y_i].
\end{aligned}
\tag{8.31}
$$

Dieses System von drei Gleichungen mit drei Unbekannten kann einfacher gelöst werden, wenn $[x_i] = [x_i^3] = 0$ gilt, was z. B. bei einer äquidistanten Zeitreihe wieder durch die lineare Transformation $x_i' := x_i - \bar{x}$ erreicht werden kann. Die allgemeine Lösung in diesem Fall lautet:

$$a_1 = \frac{[y_i] \cdot [x_i^4] - [x_i^2] \cdot [x_i^2 y_i]}{N \cdot [x_i^4] - [x_i^2]^2}, \quad a_2 = \frac{[x_i y_i]}{[x_i^2]}, \quad a_3 = \frac{N \cdot [x_i^2 y_i] - [x_i^2] \cdot [y_i]}{N \cdot [x_i^4] - [x_i^2]^2} . \tag{8.32}$$

Die benötigten Summen $[x_i^2]$, $[x_i^4]$, $[y_i]$, $[x_i y_i^2]$ und $[x_i y_i^3]$ (sowie $[x_i]$ und $[x_i^3]$ im allgemeinen Fall) werden der Übersichtlichkeit halber wieder in einer Tabelle zusammengefasst.

Beispiel 8.23 Wir berechnen eine quadratische Approximation der Messwerte aus Übungsaufgabe 8.6 (ohne Transformation der x-Werte). Die für das Gleichungssystem (8.31) benötigten Größen sind in der folgenden Hilfstabelle zusammengestellt:

i	x_i	x_i^2	x_i^3	x_i^4	y_i	$x_i y_i$	$x_i^2 y_i$
1	1	1	1	1	67	67	67
2	3	9	27	81	74	222	666
3	4	16	64	256	72	288	1152
4	5	25	125	625	78	390	1950
5	7	49	343	2401	85	595	4165
$\sum$	20	100	560	3364	376	1562	8000

Hieraus resultiert das Normalgleichungssystem

$$
\begin{aligned}
5a_1 &+ 20a_2 &+ 100a_3 &= 376 \\
20a_1 &+ 100a_2 &+ 560a_3 &= 1562 \\
100a_1 &+ 560a_2 &+ 3364a_3 &= 8000 ,
\end{aligned}
$$

welches die eindeutige Lösung $a_1 = 65{,}8857$, $a_2 = 1{,}3762$ und $a_3 = 0{,}1905$ besitzt. Für das betrachtete Beispiel lautet folglich die quadratische Approximationsfunktion $f(x) = 0{,}1905x^2 + 1{,}3762x + 65{,}8857$.

Übungsaufgabe 8.8 Vergleichen Sie die erhaltenen Ergebnisse von Beispiel 8.23 und von Aufgabe 8.6 (unterschiedliche Ansatzfunktionen bei gleichen Daten). Welche Prognosen erhält man insbesondere für die Werte $x = 8$ und $x = 10$?

Übungsaufgabe 8.9 Bestimmen Sie eine quadratische Approximation der Messwerte

x_i	3	4	5	6	7
y_i	6	7	10	14	21

Hinweis: Benutzen Sie die lineare Transformation $x_i' := x_i - \bar{x}$.

Generell führt die Verwendung so genannter *verallgemeinert linearer Ansatzfunktionen* der Form

$$f(x, a) = \sum_{j=1}^{k} a_j \cdot g_j(x) \tag{8.33}$$

stets auf **lineare** Normalgleichungssysteme und lässt sich somit einfach behandeln. Andererseits ist die Klasse von Funktionen der Form (8.33) sehr umfangreich und kann an viele praktische Problemstellungen angepasst werden. Aus den notwendigen Bedingungen der Extremwertaufgabe

$$S(a_1, \ldots, a_k) = \sum_{i=1}^{N} \left(\sum_{j=1}^{k} a_j g_j(x_i) - y_i \right)^2 \rightarrow \min,$$

die

$$\frac{\partial S}{\partial a_1} = 2 \sum_{i=1}^{N} \left(\sum_{j=1}^{k} a_j g_1(x_i) - y_i \right) \cdot g_1(x_i) \overset{!}{=} 0$$

$$\vdots \qquad \vdots \qquad\qquad\qquad\qquad \vdots \tag{8.34}$$

$$\frac{\partial S}{\partial a_k} = 2 \sum_{i=1}^{N} \left(\sum_{j=1}^{k} a_j g_k(x_i) - y_i \right) \cdot g_1(x_i) \overset{!}{=} 0$$

lauten, kann man leicht die gesuchten Größen $a_1, \ldots, a_k$ berechnen (z. B. mithilfe des Gauß'schen Algorithmus).

Beispiele von verallgemeinert linearen Ansatzfunktionen sind etwa die rationale Funktion

$$y = f(x) = a_1 + \frac{a_2}{x} \tag{8.35}$$

oder die Trendfunktion mit periodischen Schwankungen

$$y = f(x) = a_1 + a_2 x + a_3 \sin x . \tag{8.36}$$

Bei diesen Ansatzfunktionen ändern sich lediglich die zu erstellenden Hilfstabellen. Durch geeignete Transformationen lassen sie sich auch auf bereits behandelte Fälle zurückführen. Am einfachsten ist dies beim rationalen Ansatz: Ersetzt man in (8.35) x durch $\frac{1}{x}$, so erhält man unmittelbar die lineare Ansatzfunktion (8.20). Für die praktische Anwendung heißt dies: Man ersetze alle Merkmale x_i aus der gegebenen Tabelle durch ihre reziproken Werte $\frac{1}{x_i}$ und berechne aus dieser transformierten Tabelle die Regressionsparameter a_1 und a_2 entsprechend den Beziehungen (8.26). Als Ergebnis erhält man unmittelbar die gesuchten Trendparameter a_1 und a_2 aus Ansatz (8.35).

Bemerkung Bei der Berechnung von $\frac{1}{x_i}$ wird vorausgesetzt, dass alle x_i von null verschieden sind (und gleiches Vorzeichen aufweisen). Dies ist bei diesem Ansatz aber eine natürliche Voraussetzung, da $y = f(x) = a_1 + \frac{a_2}{x}$ bei $x = 0$ eine Polstelle hat und man dort keinen sinnvollen Wert vorgeben kann.

Weitere ökonomisch sinnvolle Ansatzfunktionen sind die Exponentialfunktion

$$y = f(x) = a \cdot e^{bx} \tag{8.37}$$

sowie die Sättigungsfunktion

$$y = f(x) = \frac{a}{1 + b \cdot e^{-cx}}. \tag{8.38}$$

Bei diesen Funktionen ergeben sich jedoch zunächst nichtlineare Normalgleichungssysteme. Unter Verwendung geeigneter Transformationen kann man allerdings auch hier zu linearen Systemen gelangen.

Die Beziehung $y = ae^{bx}$ geht nach Logarithmieren in $\ln y = \ln a + bx$ über, was durch die Substitutionen $y' = \ln y$, $a_2 = b$ und $a_1 = \ln a$ wieder auf den linearen Ansatz $y' = a_1 + a_2 x$ führt. Die Funktion $y = \frac{a}{1+be^{-cx}}$ wird zunächst als $\frac{a}{y} - 1 = be^{-cx}$ geschrieben und anschließend ebenfalls logarithmiert. Im Ergebnis erhalten wir $\ln(\frac{a}{y} - 1) = \ln b - cx$, was mit den Substitutionen $y' = \ln(\frac{a}{y} - 1)$, $a_1 = \ln b$ und $a_2 = -c$ wieder zum linearen Ansatz $y' = a_1 + a_2 x$ führt.

Damit haben wir folgende Rechenregeln erhalten:

Beim Ansatz (8.37) sind alle y_i-Werte der gegebenen Tabelle zu logarithmieren ($y_i' = \ln y_i$). Anschließend sind aus der transformierten Tabelle die Regressionsparameter a_1 und a_2 entsprechend (8.26) sowie daraus die gesuchten Trendparameter $a = e^{a_1}$ und $b = a_2$ zu berechnen.

Beim Ansatz (8.38) setzen wir voraus, dass die Sättigungskonstante a bekannt ist (z. B. aus dem ökonomischen Hintergrund der zugrunde liegenden Aufgabe). Dann kann die gegebene Tabelle entsprechend der Vorschrift $y_i' = \ln(\frac{a}{y_i} - 1)$ transformiert werden, und die Regressionsparameter a_1 und a_2 lassen sich entsprechend (8.26) bestimmen. Durch die Rücksubstitution $b = e^{a_1}$ und $c = -a_2$ erhält man die gesuchten Trendparameter.

Bemerkung Bei allen nichtpolynomialen Ansatzfunktionen wie z. B. (8.35) bis (8.38) sind in der Regel keine unmittelbaren Transformationen der x-Werte möglich, wie sie im Abschn. 8.3.1 zum Erreichen von $[x_i] = 0$ vorgeschlagen wurden. Dies liegt daran, dass die Rücksubstitution $y = f(x) = \frac{a_2}{x' - \bar{x}} + a_1$ nicht unbedingt wieder auf eine Trendfunktion aus derselben Funktionenklasse führt; insbesondere haben Ansatzfunktionen der Gestalt (8.35) alle eine Polstelle bei $x = 0$, die transformierten Funktionen aber bei $x = \bar{x} \neq 0$. Deshalb sind solche Transformationen der gegebenen Tabelle nur unter exakter Prüfung ihrer Umkehrbarkeit erlaubt.

Übungsaufgabe 8.10 In einem statistischen Jahrbuch findet man u. a. eine Tabelle, die den Ausstattungsgrad von Haushalten der Bundesrepublik mit hochwertigen Hifi-Geräten im Laufe der Zeit angibt:

Periode	x_i	1	2	3	4	5	6	7
Ausstattungsgrad (in %)	y_i	36	45	60	70	80	85	90

Bestimmen Sie zu diesen Daten eine geeignete Trendfunktion. Hinweis: Wählen Sie diese aus der Klasse der Sättigungsfunktionen.

Übungsaufgabe 8.11 Verwenden Sie für die Daten aus Übungsaufgabe 8.10 die verallgemeinert lineare Ansatzfunktion $y = f(x) = a_1 - \frac{a_2}{x}$.

Literatur

1. Heuser, H.: Lehrbuch der Analysis. Teil 1, 2 (17./14. Auflage), Vieweg + Teubner, Wiesbaden (2009/2008)

2. Huang, D. S., Schulz, W.: Einführung in die Mathematik für Wirtschaftswissenschaftler (9. Auflage), Oldenbourg Verlag, München (2002)

3. Kemnitz, A.: Mathematik zum Studienbeginn: Grundlagenwissen für alle technischen, mathematisch-naturwissenschaftlichen und wirtschaftswissenschaftlichen Studiengänge (11. Auflage), Springer Spektrum, Wiesbaden (2014)

4. Kurz, S., Rambau, J.: Mathematische Grundlagen für Wirtschaftswissenschaftler (2. Auflage), Kohlhammer, Stuttgart (2012)

5. Luderer, B.: Klausurtraining Mathematik und Statistik für Wirtschaftswissenschaftler (4. Auflage), Springer Gabler, Wiesbaden (2014)

6. Luderer, B., Nollau, V., Vetters, K.: Mathematische Formeln für Wirtschaftswissenschaftler (7. Auflage), Vieweg + Teubner, Wiesbaden (2011)

7. Luderer, B., Paape, C., Würker, U.: Arbeits- und Übungsbuch Wirtschaftsmathematik (6. Auflage), Vieweg + Teubner, Wiesbaden (2011)

8. Pfeifer, A., Schuchmann, M.: Kompaktkurs Mathematik: Mit vielen Übungsaufgaben und allen Lösungen (3. Auflage), Oldenbourg, München (2009)

9. Purkert, W.: Brückenkurs Mathematik für Wirtschaftswissenschaftler (7. Auflage), Vieweg + Teubner, Wiesbaden (2011)

10. Tietze, J.: Einführung in die angewandte Wirtschaftsmathematik: Das praxisnahe Lehrbuch – inklusive Brückenkurs für Einsteiger (17. Auflage), Springer Spektrum, Wiesbaden (2014)

11. Tietze, J: Übungsbuch zur angewandten Wirtschaftsmathematik: Aufgaben, Testklausuren und Lösungen (7. Auflage), Vieweg + Teubner, Wiesbaden (2011)

Integralrechnung 9

In diesem Kapitel soll vorrangig der Begriff des Integrals eingeführt und erörtert werden; die Entwicklung besonderer Fertigkeiten im Integrieren steht nicht im Vordergrund. Die Integralrechnung dient neben der direkten Beschreibung und Lösung bestimmter wirtschaftswissenschaftlicher Probleme vor allem in der Wahrscheinlichkeitsrechnung und Statistik als Grundlage für eine korrekte Definition solcher Begriffe wie Dichtefunktion, Verteilungsfunktion, Erwartungswert usw.

Zwei – voneinander zunächst unabhängige – Fragestellungen führten zur Entwicklung der Integralrechnung: auf der einen Seite die Suche nach einer Funktion, deren Ableitung gleich einer vorgegebenen Funktion ist, was zum Begriff des *unbestimmten Integrals* führt, zum anderen der Wunsch, die Fläche unterhalb einer vorgegebenen Funktionskurve exakt zu bestimmen, woraus der Begriff des *bestimmten Integrals* resultiert. Interessanterweise hängen beide Probleme eng miteinander zusammen.

Auch für den Leser mit Vorkenntnissen in der Integralrechnung dürften sicherlich der Begriff des uneigentlichen Integrals sowie die Methode der näherungsweisen Integralberechnung mittels numerischer Integration neu sein. Ferner werden Integrale von Funktionen zweier Veränderlicher eingeführt.

Ein kleines Beispiel möge verdeutlichen, wie eng die Ideen der Integralrechnung mit Denkmodellen der Wirtschaftswissenschaften verknüpft sind. Das Wachstum einer kontinuierlichen volkswirtschaftlichen Kenngröße sei dadurch charakterisiert, dass der Zuwachs, den diese Größe innerhalb eines bestimmten Zeitintervalls erfährt, der Länge des betrachteten Intervalls direkt proportional ist. Durch welche Funktion lässt sich dann die Kenngröße beschreiben? Bezeichnet man mit $y = f(t)$ den Wert der Größe zum Zeitpunkt t, so folgt aus der beschriebenen Eigenschaft hinsichtlich des Zuwachses sofort die Beziehung

$$\Delta y = f(t + \Delta t) - f(t) = a \cdot \Delta t, \tag{9.1}$$

wobei Δy den Funktionswertzuwachs, Δt die Zeitänderung und a den Proportionalitätsfaktor darstellen. Unter der (im vorliegenden Fall nicht allzu einschneidenden) Annahme

B. Luderer, U. Würker, *Einstieg in die Wirtschaftsmathematik*,
Studienbücher Wirtschaftsmathematik, DOI 10.1007/978-3-658-05937-8_9,
© Springer Fachmedien Wiesbaden 2015

der Differenzierbarkeit von f kann man nach Division der Beziehung (9.1) durch Δt den Grenzübergang $\Delta t \to 0$ vollziehen und erhält für den Grenzwert $f'(t)$ des bereits in Abschn. 6.2 studierten Differenzenquotienten die Beziehung

$$f'(t) = \lim_{\Delta t \to 0} \frac{f(t + \Delta t) - f(t)}{\Delta t} = a.$$

Da uns aber nicht $f'(t)$, sondern die Funktion $f(t)$ selbst interessiert, muss man einen Weg finden, um von f' zu f zu kommen. Diesen liefert gerade die unbestimmte Integration. Gewisse Regeln der Integralrechnung bereits vorwegnehmend, vermerken wir, dass

$$y = f(t) = a \cdot t + c \tag{9.2}$$

den gesuchten funktionalen Zusammenhang beschreibt, wie man durch Differenzieren unschwer bestätigt. Hierbei ist c eine beliebige Konstante. Die oben verbal beschriebene Kenngröße genügt somit einem Zusammenhang linearer Natur in der Form (9.2).

9.1   Das unbestimmte Integral

9.1.1   Integration von Funktionen einer Veränderlichen

Wir gehen von der zur Differenziation entgegengesetzten Fragestellung aus, zu einer vorgegebenen Funktion f eine weitere Funktion F zu finden, deren Ableitung gerade die ursprüngliche Funktion ist: $F'(x) = f(x) \; \forall x \in D(f)$. Eine solche Funktion wird zu f gehörige *Stammfunktion* genannt. Sie ist nicht eindeutig bestimmt, denn jede Funktion der Gestalt $F_C(x) = F(x) + C$ mit einer beliebigen Konstanten C ist offensichtlich ebenfalls Stammfunktion von f, da die Ableitung einer Konstanten null ist. Somit ist es sachgemäß, von einer *Schar von Stammfunktionen* zu sprechen. Es ist ferner üblich, die Funktion F (bzw. auch F_C) *unbestimmtes Integral* der Funktion f zu nennen und mit $\int f(x)\,dx$ zu bezeichnen, ein Begriff, der seinen tieferen Sinn erst in Verbindung mit dem Begriff des bestimmten Integrals erhält (siehe Abschn. 9.2). In diesem Zusammenhang werden $f(x)$ *Integrand* und x *Integrationsvariable* genannt. Der Buchstabe x kann – wie der Summationsindex beim Summenzeichen – auch durch jeden anderen Buchstaben ersetzt werden.

Bemerkungen
1) Man muss sich dessen eingedenk sein, dass nicht zu jeder Funktion eine in geschlossener Form (d. h. als einheitliche Formel) darstellbare Stammfunktion existiert. Als Beispiel kann die Funktion $f(x) = e^{-x^2}$ dienen (eine vereinfachte Variante der Gauß'schen Glockenkurve, der wir in Abschn. 6.3.3 bereits begegnet sind). Zu dieser Funktion gibt es keine elementare Funktion F, deren Ableitung f ist. Dieser Fakt muss hier einfach zur Kenntnis genommen werden, da eine exakte Begründung zu kompliziert ist.

2) Auch wenn eine in geschlossener Form darstellbare Stammfunktion existiert, kann das Finden derselben mittels Integration schwierig sein.

3) Nach diesen beiden recht pessimistischen Aussagen noch eine frohe Nachricht: Es gibt eine sehr große Klasse von Funktionen, deren Stammfunktion mit mehr oder weniger Mühe berechnet werden kann. Allerdings ist im Gegensatz zum Differenzieren (wo man bei korrekter Anwendung weniger Regeln stets zum gewünschten Ziel kommt) Integrieren eher eine „Kunst", die man nur durch viel Übung erlernen kann. Dazu fehlt meist die Zeit; außerdem erachten wir es auch nicht für erforderlich, dass ein Wirtschaftswissenschaftler – angesichts immer besserer Taschenrechner und Computeralgebrasysteme – über besondere Fähigkeiten und Fertigkeiten im Integrieren verfügt.

9.1.2 Integrationsregeln

Was sollte ein Student der Wirtschaftswissenschaften mindestens über das Integrieren wissen?

Stammfunktionen elementarer Funktionen Es gibt umfangreiche Tafelwerke (z. B. [6]), in denen die Stammfunktionen der wichtigsten Funktionen und Funktionsklassen verzeichnet sind (so genannte *Grundintegrale*). Als Beispiele seien genannt:

Integrand f	Stammfunktion F
x^n	$\frac{1}{n+1} \cdot x^{n+1}$
e^x	e^x
$\frac{1}{x}$	$\ln|x|$
$\sin x$	$-\cos x$

Einfache Integrationsregeln Die Kenntnis der folgenden Integrationsregeln ist unbedingt erforderlich:

- Summe und Differenz: $\int (u(x) \pm v(x))\,dx = \int u(x)\,dx \pm \int v(x)\,dx$;
- Konstanter Faktor: $\int \alpha \cdot f(x)\,dx = \alpha \cdot \int f(x)\,dx, \quad \alpha \in \mathbb{R}$.

Beispiel 9.1
a) $\int (x^2 + 3x + 4)\,dx = \int x^2\,dx + 3 \cdot \int x\,dx + \int 4\,dx = \frac{1}{3}x^3 + \frac{3}{2}x^2 + 4x + C$;
b) $\int (9e^x + \frac{1}{x} + \sin x)\,dx = 9 \cdot \int e^x\,dx + \int \frac{1}{x}\,dx + \int \sin x\,dx = 9e^x + \ln|x| - \cos x + C$.

Es gibt weitere Regeln, die es gestatten, für gewisse Klassen von Funktionen die unbestimmten Integrale zu ermitteln, wozu unter anderem die Substitutionsmethode und die

Methode der partiellen Integration gehören, die als Umkehrungen zur Kettenregel bzw. zur Produktregel der Differenziation zu betrachten sind.

Substitutionsregel Für die mittelbare Funktion $y = f(g(x))$ sei die innere Funktion $z = g(x)$ stetig differenzierbar und die äußere Funktion $y = f(z)$ stetig. Mit der Substitution $z = g(x)$ und unter Beachtung des Ausdrucks $dz = g'(x) dx$ für das Differenzial von z gilt dann

$$\int f(g(x)) \cdot g'(x)\, dx = \int f(z)\, dz. \tag{9.3}$$

Bemerkungen
1) Man beachte, dass die Integrationsvariablen in den beiden Integralen verschieden sind.
2) Kennt man eine Stammfunktion von f, so ist das Integral auf der rechten Seite von (9.3) berechenbar. Um also einen „komplizierten" Integranden $k(x)$ integrieren zu können, hat man ihn durch „geschickte" Auswahl einer Substitution $z = g(x)$ auf die Form $k(x) = f(g(x)) \cdot g'(x)$ zu bringen, was einen „scharfen Blick" bzw. etwas Übung erfordert.

Beispiel 9.2 Um $\int \sin^2 x \cdot \cos x\, dx$ zu berechnen, setzt man $z = g(x) = \sin x$, woraus $dz = g'(x) dx = \cos x\, dx$ folgt. Dann ergibt sich

$$\int \sin^2 x \cos x\, dx = \int z^2\, dz = \frac{1}{3} z^3 + C = \frac{1}{3} \sin^3 x + C.$$

Als ein Spezialfall der Substitutionsregel (9.3) ergibt sich die Regel für die **lineare Substitution**:

$$\int f(ax + b)dx = \frac{1}{a} F(ax + b) + C, \quad a \neq 0.$$

Hierbei gelte $a, b \in \mathbb{R}$, $a \neq 0$, und $F(z)$ sei eine Stammfunktion von $f(z)$.

Beispiel 9.3 Zur Berechnung von $\int e^{2x-3}\, dx$ setzt man $z = g(x) = 2x - 3$, woraus $dz = g'(x) dx = 2dx$ bzw. $dx = \frac{1}{2} dz$ folgt und damit

$$\int e^{2x-3}\, dx = \frac{1}{2} \int e^z\, dz = \frac{1}{2} e^z + C = \frac{1}{2} e^{2x-3} + C.$$

Als weiterer Spezialfall aus der obigen Substitutionsregel (9.3) ergibt sich

$$\int \frac{g'(x)}{g(x)}\, dx = \ln |g(x)| + C, \tag{9.4}$$

wie man mittels der Substitution $z = g(x)$ für $f(z) = \frac{1}{z}$ unter Beachtung des Grundintegrals $\int \frac{1}{z} dz = \ln |z| + C$ bestätigt. Selbstverständlich muss $g(x) \neq 0$ sein und $g'(x)$ existieren. Formel (9.4) wird im Abschn. 9.3 mehrfach benutzt werden.

Beispiel 9.4 Man berechne $\int \sqrt{\frac{1-\sin x}{1+\sin x}}\,dx$. Unter Verwendung der Umformungen

$\sqrt{\frac{1-\sin x}{1+\sin x}} = \sqrt{\frac{(1-\sin x)(1+\sin x)}{(1+\sin x)^2}} = \frac{\sqrt{1-\sin^2 x}}{1+\sin x} = \frac{\cos x}{1+\sin x}$ wird der Integrand auf die Form $\frac{g'(x)}{g(x)}$

mit $g(x) = 1 + \sin x$ gebracht. Nun liefert die Anwendung von Formel (9.4) das Ergebnis $\ln|1 + \sin x| + C$.

Partielle Integration Sind die Funktionen u und v stetig differenzierbar, so gilt nach der Produktregel der Differenziation $(u \cdot v)' = u' \cdot v + u \cdot v'$. In Umkehrung dieser Regel ergibt sich

$$\int u(x) \cdot v'(x)\,dx = u(x) \cdot v(x) - \int u'(x) \cdot v(x)\,dx.$$

Hinweis: Bei der Aufteilung eines Integranden in u und v' hat man so zu verfahren, dass die Funktion u durch Differenzieren „einfacher" wird, während für v' eine Stammfunktion v bekannt sein muss.

Beispiel 9.5 Es soll $\int x \cdot e^x\,dx$ berechnet werden. Man setzt $u(x) = x$, $v'(x) = e^x$ und erhält wegen $u'(x) = 1$, $v(x) = e^x$ die Beziehung

$$\int xe^x\,dx = xe^x - \int 1 \cdot e^x\,dx = xe^x - e^x + C = e^x(x-1) + C.$$

9.2   Das bestimmte Integral

Das bestimmte Integral stellt eine Zahl dar, die aus der Problemstellung resultiert, die Fläche unter einer Kurve innerhalb fest vorgegebener Grenzen zu ermitteln. Wir beschränken uns im Weiteren auf den klassischen Integralbegriff (das so genannte *Riemann-Integral*[1]). Ferner werden Möglichkeiten der näherungsweisen Bestimmung eines bestimmten Integrals aufgezeigt und der Begriff des uneigentlichen Integrals eingeführt.

9.2.1   Integralbegriff für Funktionen einer Variablen

Gegeben seien zwei (endliche) Zahlen a und b sowie eine auf $\mathbb{R}$ definierte Funktion f, deren Funktionswerte im Intervall $[a, b]$ nichtnegativ sind: $f(x) \geq 0\ \forall x \in [a, b]$. Gesucht ist die Fläche zwischen dem Graphen der Funktion f und der x-Achse innerhalb der Grenzen a und b (vgl. Abb. 9.1).

Im Weiteren wird eine Vorschrift angegeben, wie die gesuchte Maßzahl des Flächeninhalts als Grenzwert bestimmter Zahlenfolgen definiert werden kann. Dazu unterteilen wir

---

[1] Riemann, Georg Friedrich Bernhard (1826–1866), deutscher Mathematiker.

Abb. 9.1 Bestimmtes Integral
als Flächeninhalt

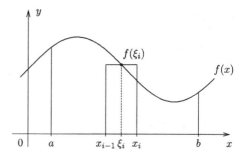

zunächst das Intervall $[a, b]$ in n Teilintervalle gleicher Länge $l = \frac{b-a}{n}$. Die Randpunkte des i-ten Teilintervalls seien x_{i-1} bzw. x_i, sein Mittelpunkt sei ξ_i. Dabei vereinbaren wir $x_0 = a$ und $x_n = b$. Im i-ten Teilintervall wird die Fläche unter dem Graph von f durch ein Rechteck mit der Breite l und der Höhe $f(\xi_i)$ approximiert (siehe Abb. 9.1). Dann beträgt die Gesamtfläche unter der Kurve näherungsweise

$$F_n = \sum_{i=1}^{n} f(\xi_i) \cdot \frac{b-a}{n}; \tag{9.5}$$

die Summe stellt dabei den Flächeninhalt der n Rechtecke dar.

Es ist nun zu vermuten, dass die Approximation des exakten Flächeninhalts durch die Summe der Rechteckflächen immer besser wird, je kleiner die Länge der Teilintervalle und je größer die Anzahl solcher Intervalle wird. Um den Integralbegriff für eine möglichst allgemeine Klasse von Funktionen sinnvoll zu definieren, wird jetzt noch die gleichmäßige Zerlegung des Intervalls $[a, b]$ durch eine **beliebige** Zerlegung in n Teilintervalle $[x_{i-1}, x_i]$ der Länge l_i ersetzt, wobei die Größen l_i der Forderung

$$\lim_{n \to \infty} \max_{i=1,\dots,n} l_i = 0$$

genügen müssen, sodass die Länge des größten Teilintervalls (und damit auch aller anderen Intervalle) für $n \to \infty$ gegen null strebt. Ferner werden die Punkte ξ_i nicht unbedingt als Mittelpunkt des i-ten Teilintervalls, sondern **beliebig** in $[x_{i-1}, x_i]$ gewählt.

Definition Existiert für die oben beschriebene Konstruktion der Grenzwert $F = \lim_{n \to \infty} F_n$, ist er endlich und hängt er weder von der Zerlegung noch von der Wahl der Punkte ξ_i ab, so wird er *bestimmtes Integral*[2] der Funktion f über dem Intervall $[a, b]$ genannt und mit $\int_a^b f(x)\, dx$ bezeichnet. In diesem Fall heißt die Funktion f *integrierbar* (im Riemann'schen Sinne). Die Zahlen a und b werden *Integrationsgrenzen* genannt.

---

[2] integer: lat. „ganz".

Bemerkungen

1) Für **stetige** Funktionen $f(x)$ genügt auch eine gleichmäßige Zerlegung von $[a, b]$ und eine feste Auswahl der Punkte ξ_i.

2) Im allgemeinen Fall muss der Grenzwert nicht existieren. Ohne Beweis vermerken wir, dass z. B. die so genannte Dirichlet-Funktion[3]

$$f(x) = \begin{cases} 0, & x \text{ ist rational,} \\ 1, & x \text{ ist irrational} \end{cases} \qquad (9.6)$$

im Intervall $[0, 1]$ nicht integrierbar ist.

3) Der Grenzwert $F = \lim\limits_{n \to \infty} F_n$ muss nicht endlich sein. Dieser Fall kann beispielsweise für unbeschränkte Funktionen eintreten.

4) Die obige, auf einem Grenzübergang beruhende Definition liefert zwar die theoretische Grundlage für den Integralbegriff, zur praktischen Berechnung ist sie jedoch kaum geeignet, vor allem auch deshalb nicht, weil **beliebige** Zerlegungen und **beliebige** Punkte ξ_i gefordert sind. Sie stellt jedoch einen Ausgangspunkt zur näherungsweisen Integralberechnung dar; vgl. die in Abschn. 9.2.3 beschriebenen Methoden der numerischen Integration.

5) Praktisch werden bestimmte Integrale durch Rückführung auf unbestimmte Integrale vermöge des Hauptsatzes der Differenzial- und Integralrechnung (siehe Satz 9.3) berechnet.

6) Ist $f(x) \le 0 \ \forall \, x \in [a, b]$ negativ, so stellt $\int\limits_a^b f(x)\,\mathrm{d}x$ die negative Maßzahl des Flächeninhalts zwischen Kurve und x-Achse in den Grenzen a und b dar.

Abschließend soll ein Beispiel angegeben werden, das die obige Definition des bestimmten Integrals verdeutlichen soll. Gleichzeitig wird damit eine Möglichkeit der numerischen Integralberechnung skizziert.

Beispiel 9.6 Die mit elementargeometrischen Mitteln trivial zu berechnende Fläche eines gleichschenkligen, rechtwinkligen Dreiecks mit Schenkellänge 1, die offensichtlich $\frac{1}{2}$ beträgt, soll mithilfe der Integralrechnung ermittelt werden. Dazu wird die Funktion $f(x) = x$ im Intervall $[0, 1]$ betrachtet. Wenn das bestimmte Integral existiert, so muss der Grenzwert $F = \lim\limits_{n \to \infty} F_n$ auch für jede konkrete Zerlegung und jede konkrete Wahl der Punkte ξ_i existieren, und alle derartigen Grenzwerte müssen übereinstimmen.

Wir geben eine Zahl $n \in \mathbb{N}$ vor und wählen äquidistante Intervalle $[x_{i-1}, x_i]$ der Länge $l_i = \frac{b-a}{n} = \frac{1}{n}$. Dann haben wir $x_i = i \cdot \frac{1}{n}$ für $i = 1, \ldots, n$. Ferner wählen wir $\xi_i = x_i = \frac{i}{n}$, sodass $f(\xi_i) = \frac{i}{n}$ gilt. Damit ergibt sich

$$F_n = \sum_{i=1}^{n} f(\xi_i) \cdot l_i = \sum_{i=1}^{n} \frac{i}{n} \cdot \frac{1}{n} = \frac{1}{n^2} \cdot \sum_{i=1}^{n} i.$$

---

[3] Dirichlet, Peter Gustav Lejeune (1805–1859), deutscher Mathematiker.

Unter Berücksichtigung der Beziehung $\sum\limits_{i=1}^{n} i = \frac{n(n+1)}{2}$ erhält man schließlich $F = \lim\limits_{n\to\infty} F_n =$ $\lim\limits_{n\to\infty} \frac{1+\frac{1}{n}}{2} = \frac{1}{2}$, was mit dem aus der Elementargeometrie bekannten Ergebnis übereinstimmt.

Übungsaufgabe 9.1 Führen Sie eine zu obiger Grenzwertbetrachtung analoge Berechnung durch, indem Sie jeweils die **linken** Grenzen der Teilintervalle als Punkte ξ_i verwenden.

9.2.2 Integrierbarkeit. Eigenschaften bestimmter Integrale

Welche Funktionen bzw. Klassen von Funktionen sind garantiert integrierbar?

Satz 9.1 *Eine Funktion ist im Intervall $[a, b]$ integrierbar, wenn sie*

(i)   in $[a, b]$ stetig ist oder

(ii) in $[a, b]$ beschränkt und monoton ist oder

(iii) in $[a, b]$ beschränkt ist und nur endlich viele Unstetigkeitsstellen aufweist.

Bemerkungen
1) Es gibt weitere Klassen integrierbarer Funktionen.
2) Beschränktheit allein ist nicht hinreichend für die Integrierbarkeit einer Funktion, wie die in (9.6) definierte Dirichlet-Funktion zeigt.
3) Die Lagerbestandsfunktion (Abb. 6.2) ist ein Vertreter einer Funktion mit endlich vielen Unstetigkeitsstellen, wenn sie über einem endlichen Intervall betrachtet wird.

Weiß man von einer Funktion, dass sie integrierbar ist, muss man nicht mehr alle denkbaren Zerlegungen von $[a, b]$ in Teilintervalle betrachten, sondern man kann sich auf äquidistante Zerlegungen mit fester Wahl der Punkte ξ_i beschränken. Diese Tatsache dient als Ausgangspunkt für Methoden der numerischen Integration, die im Abschn. 9.2.3 dargelegt sind.

Der folgende Satz beschreibt wichtige Eigenschaften bestimmter Integrale.

Satz 9.2 *Sind f und g im Intervall $[a, b]$ integrierbar, gilt ferner $\alpha \in \mathbb{R}$ und $c \in [a, b]$, so sind die Funktionen $\alpha \cdot f$, $f \pm g$, $f \cdot g$ sowie $|f|$ ebenfalls integrierbar. Dabei gilt:*

$$\int_a^b f(x)\,dx = \int_a^c f(x)\,dx + \int_c^b f(x)\,dx;$$

$$\int_a^b (f(x) \pm g(x))\, dx = \int_a^b f(x)\, dx \pm \int_a^b g(x)\, dx;$$

$$\int_a^b \alpha \cdot f(x)\, dx = \alpha \cdot \int_a^b f(x)\, dx;$$

$$\left| \int_a^b f(x)\, dx \right| \le \int_a^b |f(x)|\, dx.$$

Ist $f(x) \le g(x)$ $\quad \forall x \in [a, b]$, *so gilt die Ungleichung*

$$\int_a^b f(x)\, dx \le \int_a^b g(x)\, dx.$$

Bestimmtes Integral mit variabler oberer Grenze   Integrale dieser Art treten unter anderem in der Wahrscheinlichkeitsrechnung bei der Beschreibung von Verteilungsfunktionen auf. Sie stellen gleichsam eine Brücke zwischen bestimmter und unbestimmter Integration dar.

Ist die Funktion f in $[a, b]$ integrierbar, so ist sie auch für beliebiges $z \in [a, b]$ im Intervall $[a, z]$ integrierbar, d. h., das Integral $\int_a^z f(x)\, dx$ existiert für jedes $z \in [a, b]$ und hängt offensichtlich von z ab. Deshalb soll für das *bestimmte Integral mit variabler oberer Grenze* die Bezeichnung

$$F(z) = \int_a^z f(x)\, dx \tag{9.7}$$

vereinbart werden. Mitunter wird (9.7) auch *unbestimmtes Integral* von $f(x)$ genannt.

Ohne Beweis sollen zwei Eigenschaften des gemäß (9.7) definierten Integrals mit variabler oberer Grenze angegeben werden:

- ist $f(x)$ in $[a, b]$ integrierbar, so ist $F(z)$ stetig in $[a, b]$;
- ist $f(x)$ in $[a, b]$ stetig, so ist $F(z)$ differenzierbar in $[a, b]$, wobei $F'(z) = f(z)$ $\forall z \in [a, b]$ (mit anderen Worten, F ist eine Stammfunktion von f).

Man sieht also, dass Integrieren die Eigenschaften von Funktionen „verbessert": Aus einer integrierbaren Funktion f (die durchaus Sprungstellen besitzen kann) ergibt sich eine stetige Stammfunktion; aus einem stetigen Integranden, der Knickstellen aufweisen kann, wird eine differenzierbare und damit glatte Stammfunktion.

Auf diesen Überlegungen basiert auch der Beweis des nachstehenden *Hauptsatzes der Differenzial- und Integralrechnung*, der ein wichtiges Bindeglied zwischen bestimmter und unbestimmter Integration darstellt, da er es gestattet, die Berechnung eines bestimmten Integrals auf die Ermittlung einer Stammfunktion zurückzuführen, von der dann lediglich zwei Funktionswerte zu berechnen sind.

Satz 9.3 *Ist $f(x)$ im Intervall $[a, b]$ stetig und $F(x)$ eine zu $f(x)$ gehörige Stammfunktion, so gilt*

$$\int_a^b f(x)\, dx = F(b) - F(a)\,. \tag{9.8}$$

Bemerkungen
1) Häufig wird auch die Schreibweise $F(x)\big|_a^b$ verwendet.
2) Unter Verwendung der Gleichung (9.8) kann man den oben beschriebenen aufwändigen Grenzprozess zur Berechnung bestimmter Integrale umgehen.
3) Bei der Anwendung der Substitutionsregel (vgl. 9.3) hat man zu beachten, dass sich auch die Grenzen ändern, sodass mit $z = g(x)$ gilt:

$$\int_a^b f(g(x)) \cdot g'(x)\, dx = \int_{g(a)}^{g(b)} f(z)\, dz\,.$$

Übungsaufgabe 9.2 Berechnen Sie die folgenden Integrale mithilfe der Sätze 9.2 und 9.3:
a) $\int_0^1 x^2\, dx$;   b) $\int_{-1}^1 |x|\, dx$;   c) $\int_{-2}^2 \min\{x, x^2\}\, dx$.

9.2.3 Numerische Integration

Darunter versteht man die näherungsweise Berechnung des Wertes eines bestimmten Integrals. Hinter diesem Zugang steht eine ganz andere Philosophie als diejenige, die dem Hauptsatz der Differenzial- und Integralrechnung zugrunde liegt, wo Stammfunktionen exakt ermittelt werden. Vielmehr wird der durch die Definition des bestimmten Integrals gewiesene Weg gegangen, indem die zu berechnende Fläche unter der Kurve $f(x)$ durch einfache Teilflächen (Rechtecke, Trapeze,…) approximiert wird. Dies ist in den Fällen, wo sich Stammfunktionen leicht bestimmen lassen, zwar aufwändiger, aber letzten Endes eine universellere Methode, da sich – wie bereits erwähnt – nicht jede Funktion f in geschlossener Form (unbestimmt) integrieren lässt. Ferner ist die numerische Integration stets dann anzuwenden, wenn der Integrand nur tabellarisch gegeben ist; häufig findet sie auch bei mehrdimensionalen Integralen Anwendung.

Exemplarisch soll die *Trapezformel* angegeben und der Weg zu ihrer Herleitung skizziert werden. Dazu wird das Intervall $[a, b]$ in n gleichlange Teile der Länge $\frac{b-a}{n}$ aufgeteilt, deren Randpunkte mit x_i bezeichnet werden sollen. Mit dieser Festlegung gilt $x_i = a + i \cdot \frac{b-a}{n}$, $i = 0, 1, \ldots, n$. Nun wird die zu berechnende Fläche unter $f(x)$ durch n Trapezflächen ersetzt (siehe Abb. 9.2).

Die Fläche des i-ten Trapezes beträgt

$$F_i = \frac{b-a}{n} \cdot \frac{f(x_{i-1}) + f(x_i)}{2}$$

Abb. 9.2 Approximation
durch Trapezflächen

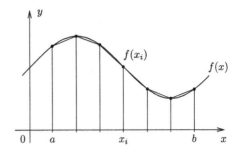

und die Gesamtfläche aller Trapeze folglich

$$F_T = \sum_{i=1}^{n} F_i = \frac{b-a}{n} \left[\sum_{i=1}^{n-1} f(x_i) + \frac{f(a)+f(b)}{2} \right], \tag{9.9}$$

da außer den beiden Randpunkten a und b alle Punkte x_i, $i = 1, \ldots, n-1$, in der Summe $\sum_{i=1}^{n} F_i$ zweimal vorkommen.

Übrigens lässt sich sogar der bei der Näherung begangene Fehler R abschätzen. Für die Trapezformel beträgt er

$$R = \frac{(b-a)^2}{12n^2} \cdot f''(\xi),$$

wobei ξ ein (zunächst nicht näher bestimmbarer) Punkt aus $[a, b]$ ist. Ist folglich $f''(\xi)$ beschränkt in $[a, b]$, so geht der Fehler für $n \to \infty$ gegen null.

Eine ähnliche Formel, die noch genauere Näherungswerte liefert, ist durch die *Simpson'sche*[4] oder *Kepler'sche Regel*[5] (für eine gerade Zahl n von Teilintervallen) gegeben:

$$\int_a^b f(x) \, dx = \frac{b-a}{3n} \left[f(a) + 4f(x_1) + 2f(x_2) + 4f(x_3) + \ldots + f(b) \right].$$

Weitere Vorschriften liefern die so genannten *Newton-Côtes-Formeln* für äquidistante sowie die *Gauß'schen Quadraturverfahren* für nichtäquidistante Stützstellen.

Zusammenfassend kann man sagen, dass sich die verschiedenen Methoden der numerischen Integration durch hohe Genauigkeit bei relativ geringem Rechenaufwand auszeichnen und bestens für die Implementierung auf einem Computer geeignet sind.

Beispiel 9.7 Das (nicht geschlossen auswertbare) Integral $\int_0^2 e^{-\frac{x^2}{2}} \, dx$ soll näherungsweise berechnet werden. Wählt man beispielsweise eine relativ grobe Zerlegung mit $n = 8$ Stützstellen, so hat man in den Punkten $x_0 = 0$, $x_1 = \frac{1}{4}$, $x_2 = \frac{1}{2}$, $\ldots$, $x_8 = 2$ die Funktionswerte

---

[4] Simpson, Thomas (1710–1761), engl. Mathematiker.
[5] Kepler, Friedrich Johannes (1571–1630), deutscher Astronom, Astrologe, Physiker, Mathematiker, Naturphilosoph und evangelischer Theologe.

$f(x_i) = e^{-\frac{x_i^2}{2}}$ zu berechnen. Diese lauten

$$f(x_0) = 1,0000, \quad f(x_1) = 0,9692, \quad f(x_2) = 0,8825,$$
$$f(x_3) = 0,7548, \quad f(x_4) = 0,6065, \quad f(x_5) = 0,4578,$$
$$f(x_6) = 0,3247, \quad f(x_7) = 0,2163, \quad f(x_8) = 0,1353.$$

Entsprechend Formel (9.9) erhält man aus diesen Werten eine Fläche von

$$F_T \;=\; \frac{2-0}{8}\left[\; 0,9692 + 0,8825 + 0,7548 + 0,6065 \right.$$
$$\left. +0,4578 + 0,3247 + 0,2163 + \frac{1,0000 + 0,1353}{2}\right] = 1,1949.$$

Man kann nachweisen (beispielsweise unter Zuhilfenahme einer Kurvendiskussion), dass für $\xi \in [0,2]$ die Ungleichung $|f''(\xi)| \le 1$ gilt. Folglich lässt sich der begangene Fehler durch

$$|R| = \frac{b-a}{12n^2}\cdot|f''(\xi)| \le \frac{2-0}{12\cdot 8^2}\cdot 1 = \frac{1}{384} = 0,0026$$

abschätzen, sodass der exakte Wert zwischen $1,1949 - 0,0026 = 1,1923$ und $1,1949 + 0,0026 = 1,1975$ liegt. Tatsächlich beträgt er $1,1963$. Diesen kann man z. B. aus einer Zahlentafel auf folgendem Wege ermitteln: Die Funktion $\Phi(z) = \frac{1}{\sqrt{2\pi}}\int_0^z e^{-\frac{x^2}{2}}\,dx$ ist als so genannte *Verteilungsfunktion der standardisierten Normalverteilung* z. B. in [6] tabelliert; für $z = 2$ liest man dort den Wert $\Phi(2) = 0,47725$ ab, der der Fläche unter der Gauß'schen Glockenkurve zwischen 0 und 2 entspricht. Daraus berechnet man den exakten Wert von $\int_0^2 e^{-\frac{x^2}{2}}\,dx$ zu $\sqrt{2\pi}\cdot 0,47725 = 1,1963$.

9.2.4 Uneigentliche Integrale

Bei der Behandlung bestimmter Integrale hatten wir bisher stets angenommen, dass die Integrationsgrenzen a und b endliche Zahlen sind. Ferner war der Integrand $f(x)$ als beschränkt vorausgesetzt worden. Bei Weglassen einer dieser Voraussetzungen ist die Existenz des Grenzwertes in der Definition des bestimmten Integrals nicht mehr gewährleistet, sodass beispielsweise Funktionen, die im interessierenden Intervall $[a, b]$ eine Polstelle aufweisen, aus der Betrachtung herausfallen. Einen Ausweg bietet der Übergang zu *uneigentlichen bestimmten Integralen*.

Man unterscheidet zwei Arten uneigentlicher Integrale: solche, bei denen die Integrationsgrenzen endlich sind, aber der Integrand Polstellen in $[a, b]$ besitzt, und solche, wo der Integrand beschränkt ist, aber eine oder alle beide Integrationsgrenzen unendlich sind. Da insbesondere die zweite Art uneigentlicher Integrale in der Wahrscheinlichkeitsrechnung typischerweise auftritt, werden wir uns in den weiteren Darlegungen darauf konzentrieren. Der Bestimmtheit halber soll angenommen werden, dass die linke Intervallgrenze bei $-\infty$ liegt, während die rechte Grenze b endlich sei.

Definition   Die Funktion f sei im Intervall $(-\infty, b]$ definiert, wobei b endlich sei. Weiterhin möge f in jedem Intervall $[B, b]$, $B < b$, integrierbar sein. Existiert dann der Grenzwert

$$\lim_{B \to -\infty} \int_B^b f(x)\,dx \tag{9.10}$$

und ist er endlich, so wird er *uneigentliches Integral* von f in $(-\infty, b]$ genannt und mit $\int\limits_{-\infty}^{b} f(x)\,dx$ bezeichnet.

Bemerkungen
1) Das uneigentliche Integral wird also als Grenzwert von Folgen (eigentlicher) bestimmter Integrale definiert, sofern dieser Grenzwert existent ist.
2) Die Fälle $[a, \infty)$ sowie $(-\infty, \infty)$ lassen sich analog behandeln, wobei die uneigentliche Integration über dem Intervall $(-\infty, \infty)$ auf die Summe der beiden uneigentlichen Integrale über $(-\infty, c]$ und $[c, \infty)$ für beliebiges, fixiertes c zurückgeführt wird.
3) Ist F eine Stammfunktion von f, so ergibt sich aus (9.10) unmittelbar die Beziehung

$$\int_{-\infty}^b f(x)\,dx = \lim_{B \to -\infty} F(x)\big|_B^b = F(b) - \lim_{B \to -\infty} F(B).$$

Da sich bestimmte Integration als Flächenberechnung interpretieren lässt, haben wir es hier eigentlich mit einem Phänomen zu tun: Es wird eine Fläche berechnet, bei der die „Länge" (d. h. die sich in Richtung x-Achse erstreckende Seite) **unendlich lang** ist. Kann denn eine solche Fläche überhaupt endlich sein? Sie kann. Allerdings in Abhängigkeit von der betrachteten Funktion $f(x)$.

Zunächst einmal ist sofort klar, dass $\lim\limits_{x \to -\infty} f(x) = 0$ gelten muss, da sonst die untersuchte Fläche selbstverständlich unendlich groß wäre. Aber selbst, wenn $\lim\limits_{x \to -\infty} f(x) = 0$ gilt, hängt die Existenz des Grenzwertes (9.10) davon ab, wie „schnell" sich die Funktionswerte $f(x)$ der x-Achse nähern.

Beispiel 9.8 $\displaystyle \int\limits_{-\infty}^{0} \frac{1}{1 + x^2}\,dx = \lim_{B \to -\infty} \int\limits_{B}^{0} \frac{1}{1 + x^2}\,dx = \lim_{B \to -\infty} \left(\arctan x\big|_B^0 \right)$

$$= \lim_{B \to -\infty} \left[\arctan 0 - \arctan B \right] = 0 - \left(-\frac{\pi}{2} \right) = \frac{\pi}{2}$$

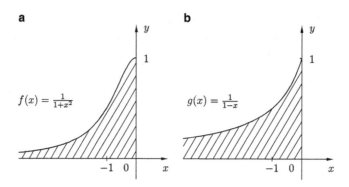

Abb. 9.3 Uneigentliche Integrale

In der obigen Berechnung wurden die Beziehungen $\int \frac{1}{1+x^2}\,dx = \arctan x + C$ und $\lim\limits_{x \to -\infty} \arctan x = -\frac{\pi}{2}$ ausgenutzt, die man jeder größeren Formelsammlung entnehmen kann. Der in Abb. 9.3a dargestellten Fläche wird damit der (endliche) Wert $\frac{\pi}{2}$ zugewiesen.

Beispiel 9.9
$$\int\limits_{-\infty}^{0} \frac{1}{1-x}\,dx = \lim\limits_{B \to -\infty} \int\limits_{B}^{0} \frac{1}{1-x}\,dx$$

$$= \lim\limits_{B \to -\infty} \left(-\ln(1-x)\big|_{B}^{0}\right) = \lim\limits_{B \to -\infty} \left[-\ln 1 + \ln(1-B)\right] = \infty$$

Hier hat man bei der unbestimmten Integration die innere Ableitung (-1) der Nennerfunktion $1 - x$ zu beachten. Im Unterschied zum vorhergehenden Beispiel 9.8 ist die in Abb. 9.3 (b) gekennzeichnete Fläche – obwohl ähnlich aussehend wie die in Abb. 9.3a – unendlich groß, was daran liegt, dass $g(x) = \frac{1}{1-x}$ langsamer gegen null konvergiert als $f(x) = \frac{1}{1+x^2}$.

9.2.5 Doppelintegral

In Verallgemeinerung des Problems, die Fläche unter einer krummlinigen Kurve zu berechnen, kann man die Frage nach dem Volumen einer „Säule" mit rechteckiger Grundfläche und krummliniger oberer Begrenzungsfläche stellen. Das die Grundfläche bildende Rechteckgebiet (G) sei mittels der Ungleichungen $a \leq x \leq b, c \leq y \leq d$ gegeben, während die obere Begrenzungsfläche durch die beschränkte Funktion $f(x, y)$ der beiden Veränderlichen x und y beschrieben werde (siehe Abb. 9.4).

Abb. 9.4 Volumenberech-
nung durch Integration

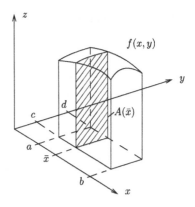

Dann wird das Volumen der Säule *Flächenintegral der Funktion* $f(x, y)$ *über* (G) genannt; üblicherweise verwendet man die Bezeichnung

$$V = \iint\limits_{(G)} f(x, y)\, \mathrm{d}G\,.$$

Auf die genaue Definition, die in Analogie zum bestimmten Integral von Funktionen
einer Variablen erfolgt (Zerlegung der Grundfläche (G) in Teilgebiete (G_i) mit Flächeninhalt G_i, Auswahl von Punkten (ξ_i, η_i) in den Teilgebieten, Summierung der Teilvolumina
$V_i = f(\xi_i, \eta_i) \cdot G_i$ und Grenzübergang zu einer immer feineren Zerlegung von (G)), wollen wir hier verzichten. Vielmehr soll kurz skizziert werden, wie das Flächenintegral auf die
Hintereinanderausführung zweier einfacher Integrationen (so genannte *iterierte Integrale*)
zurückgeführt werden kann.

Fixiert man $x = \tilde{x} \in [a, b]$ und legt eine senkrechte Ebene durch $\tilde{x}$ parallel zur y, z-
Ebene durch die Säule, so entsteht eine Schnittfläche $A(\tilde{x})$, die sich unter Beachtung der
Definition des bestimmten Integrals als $A(\tilde{x}) = \int_c^d f(\tilde{x}, y)\, \mathrm{d}y$ berechnen lässt. Analog gilt
für beliebiges x mit $a \le x \le b$

$$A(x) = \int_c^d f(x, y)\, \mathrm{d}y\,. \tag{9.11}$$

Das Volumen der Säule lässt sich nun berechnen, indem man die unendlich vielen Quer-
schnitte $A(x)$ „aufsummiert", d. h. $A(x)$ bezüglich x über $[a, b]$ integriert. Dies führt auf
das *Doppelintegral*

$$V = \int_a^b A(x)\, \mathrm{d}x = \int_a^b \left(\int_c^d f(x, y)\, \mathrm{d}y \right) \mathrm{d}x\,. \tag{9.12}$$

Schließlich kann man das Problem insofern verallgemeinern, dass man von Rechteckflächen (G) zu allgemeineren Gebieten in der x, y-Ebene übergeht, die im Intervall $a \le x \le b$

Abb. 9.5 Krummlinig beran-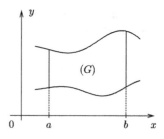
detes Gebiet

durch zwei krummlinige Kurven, beschrieben durch die beiden Funktionen $y = y_1(x)$ und $y = y_2(x)$, berandet werden (siehe Abb. 9.5).

In diesem allgemeineren Fall hängen die für die Berechnung der Querschnittsflächen $A(x)$ benötigten Integrationsgrenzen von x ab und sind gerade $y_1(x)$ bzw. $y_2(x)$. Damit ergibt sich abschließend die folgende Berechnungsvorschrift für das Säulenvolumen über (G):

$$V = \iint\limits_{(G)} f(x,y)\,\mathrm{d}G = \int_a^b \left(\int_{y_1(x)}^{y_2(x)} f(x,y)\,\mathrm{d}y \right) \mathrm{d}x. \tag{9.13}$$

Bemerkungen

1) Die Berechnung in (9.13) erfolgt von innen nach außen. Dabei ist im inneren Integral die Größe x als Konstante zu betrachten (analog zur partiellen Differenziation).

2) Die Existenz des Integrals (9.13) ist zumindest für stetige Integranden gesichert, wobei diese Voraussetzung an $f(x,y)$ auch noch abgeschwächt werden kann.

3) Wenn im Falle eines Rechteckgebietes (G) für jedes fixierte $y \in [c,d]$ auch das Integral $\int_a^b f(x,y)\,\mathrm{d}x$ existiert, so können die Rollen von x und y und damit die Reihenfolge der Integration getauscht werden, und es gilt

$$\int_a^b \left(\int_c^d f(x,y)\,\mathrm{d}y \right) \mathrm{d}x = \int_c^d \left(\int_a^b f(x,y)\,\mathrm{d}x \right) \mathrm{d}y.$$

Ähnliches gilt mit gewissen Einschränkungen auch für krummlinig berandete Gebiete (G).

Beispiel 9.10 Es soll das Integral $I = \iint\limits_{(G)} \frac{\mathrm{d}G}{(x+y)^2}$ über dem Rechteckgebiet $(G) = \{(x,y)\,|\,0 \le x \le 2,\ 5 \le y \le 10\}$ berechnet werden. Entsprechend Formel (9.13) gilt zunächst $I = \int_0^2 \left(\int_5^{10} \frac{\mathrm{d}y}{(x+y)^2} \right) \mathrm{d}x$. Für die Berechnung des inneren Integrals wird x als konstant angesehen. Somit erhält man

$$\int_5^{10} \frac{dy}{(x+y)^2} = \frac{-1}{x+y}\Bigg|_5^{10} = -\frac{1}{x+10} + \frac{1}{x+5}.$$

Setzt man das erhaltene Ergebnis in das äußere Integral ein, ergibt sich

$$\int_0^2 \left(\frac{1}{x+5} - \frac{1}{x+10} \right) dx = \left[\ln(x+5) - \ln(x+10) \right]\Bigg|_0^2$$

$$= \left(\ln \frac{x+5}{x+10} \right)\Bigg|_0^2 = \ln \frac{7}{12} - \ln \frac{5}{10} = \ln \frac{7}{6}.$$

Übungsaufgabe 9.3 Man überprüfe das Ergebnis, indem man die Berechnung mit umgekehrter Integrationsreihenfolge vornimmt.

Übungsaufgabe 9.4 Man berechne das Integral $\iint\limits_{(G)} x \cdot y \, dG$, wobei (G) der Bereich zwischen den Kurven $y_1(x) = x^2$ und $y_2(x) = \sqrt{x}$ in den Grenzen $a = 0$ und $b = 1$ sei.

Abschließend soll erwähnt werden, dass man auch uneigentliche Doppelintegrale einführen kann, die z. B. in der Wahrscheinlichkeitstheorie bei der Beschreibung mehrdimensionaler Verteilungsfunktionen auftreten.

9.3 Anwendungen der Integralrechnung und kurzer Ausblick auf Differenzialgleichungen

Die Integralrechnung besitzt vielfältige Anwendungen in Naturwissenschaft, Technik und Wirtschaftswissenschaften sowie innerhalb der Mathematik selbst, insbesondere in der Wahrscheinlichkeitsrechnung und Statistik. Nachstehend sollen einige Anwendungen dargelegt werden, die im Zusammenhang mit der Beschreibung von Wachstumsprozessen stehen. Ein einfaches Beispiel solcher Art wurde bereits zu Beginn dieses Kapitels betrachtet.

9.3.1 Untersuchung von Wachstumsprozessen

In Abschn. 8.3 über die Methode der kleinsten Quadrate wurde betont, dass es für möglichst genaue Prognosen wichtig ist, geeignete Typen von Trendfunktionen zu verwenden. Zu deren Ermittlung empfiehlt es sich, von charakteristischen Merkmalen des Wachstums der betreffenden Kenngröße auszugehen. Übrigens: Es gibt auch Nullwachstum oder negatives Wachstum.

Im Weiteren sollen drei Modelle von Wachstumsvorgängen untersucht werden, die sich in der Beschreibung des Wachstums bzw. der Wachstumsgeschwindigkeiten unterscheiden.

Beispiel 9.11 Der absolute Zuwachs der interessierenden ökonomischen Größe in einem bestimmten Zeitintervall sei direkt proportional zur Länge und zum Anfangszeitpunkt des Intervalls.

Bezeichnet man den Wert der Kenngröße zum Zeitpunkt t mit $y = f(t)$, so gilt

$$\Delta y = f(t + \Delta t) - f(t) = c \cdot t \cdot \Delta t. \tag{9.14}$$

In (9.14) stellt Δy den Zuwachs der Kenngröße im Intervall $[t, t + \Delta t]$ der Länge Δt dar, und c ist ein Proportionalitätsfaktor, der offensichtlich die Dimension von y dividiert durch das Quadrat der Zeiteinheit besitzen muss. Trifft man die – nicht zu strenge – Annahme, dass f differenzierbar ist, so ergibt sich aus (9.14) die Beziehung

$$f'(t) = \lim_{\Delta t \to 0} \frac{f(t + \Delta t) - f(t)}{\Delta t} = ct, \tag{9.15}$$

die eine Aussage über die Ableitung von f darstellt. Um jedoch die Funktion f selbst zu ermitteln, hat man beide Seiten von (9.15) zu integrieren, was auf $f(t) = \frac{c}{2}t^2 + C$ führt. Kennt man noch den Wert von y zum Zeitpunkt 0, der gleich $y_0 = f(0)$ sei, so ergibt sich wegen $f(0) = \frac{c}{2} \cdot 0 + C = C$, d. h. $C = y_0$, endgültig die Wachstumsfunktion

$$y = f(t) = \frac{c}{2}t^2 + y_0.$$

Beispiel 9.12 Das Wachstumstempo der Kenngröße sei konstant.

Der Begriff des Wachstumstempos wurde in Abschn. 6.3.6 eingeführt. Unter Nutzung der Bezeichnungen aus Beispiel 9.11 gilt also

$$w(f, t) = \frac{f'(t)}{f(t)} = \gamma, \tag{9.16}$$

wobei die Zahl γ auch *Wachstumsintensität* genannt wird. Formt man (9.16) um in

$$f'(t) = \gamma \cdot f(t),$$

so kann man das Wachstum auch folgendermaßen beschreiben: Die Geschwindigkeit, mit der sich die Größe y verändert, ist der Größe y selbst proportional.

Wir verwenden die Substitutionsregel (9.3) und erhalten nach Integration beider Seiten von (9.16) bezüglich t die Beziehung

$$\ln |f(t)| = \gamma t + C.$$

In ökonomisch sinnvollen Problemstellungen gilt in der Regel $y = f(t) > 0$; in diesem Fall kann man die Betragsstriche in $\ln |f(t)|$ weglassen. Hieraus ergibt sich

$$f(t) = e^{\gamma t + C} = e^C \cdot e^{\gamma t} = C_1 \cdot e^{\gamma t},$$

wobei $C_1 = e^C$ gesetzt wurde. Weiß man noch, dass $f(0) = y_0$ gilt, ergibt sich wegen $f(0) = C_1 e^0 = C_1$, d. h. $C_1 = y_0$, schließlich die Wachstumsfunktion

$$y = f(t) = y_0 \cdot e^{\gamma t}. \tag{9.17}$$

Die in Abschn. 3.1.6 vorgestellte kontinuierliche Verzinsung ist ein Beispiel für einen derartigen Wachstumsprozess. Dabei gilt

$$K_t = K_0 \cdot e^{jt} \tag{9.18}$$

($K_t = K(t)$ – Kapital zum Zeitpunkt t, K_0 – Anfangskapital, j – Zinsintensität), und das Wachstum $K_t' = K'(t)$ ist zu jedem Zeitpunkt proportional dem vorhandenen Kapital K_t, wie man durch Differenzieren von (9.18) leicht bestätigt.

Beispiel 9.13 Das Wachstumstempo der Kennziffer sei gleich einer vorgegebenen integrierbaren Funktion $y(t)$.

Mit den oben verwendeten Bezeichnungen gilt in diesem Modell

$$\frac{f'(t)}{f(t)} = y(t), \tag{9.19}$$

woraus sich nach Integration beider Seiten $\ln f(t) = \int_0^t y(z)\, dz + C$ bzw.

$$f(t) = e^{\int_0^t y(z)\, dz + C} = C_1 \cdot e^{\int_0^t y(z)\, dz} \tag{9.20}$$

ergibt. Die Konstante $C_1 = e^C$ lässt sich wiederum bestimmen, indem man in Beziehung (9.20) $t = 0$ setzt:

$$f(0) = C_1 \cdot e^{\int_0^0 y(z)\, dz} = C_1 e^0 = C_1.$$

Das vorliegende Modell liefert nunmehr endgültig die Funktion

$$f(t) = f(0) \cdot e^{\int_0^t y(z)\, dz} \tag{9.21}$$

zur Beschreibung des Wachstumsverhaltens der betrachteten Kenngröße.

Gilt beispielsweise $\gamma(t) = \frac{t}{50}$ und $f(0) = 200$, so ist

$$\int_0^t \gamma(z)\,\mathrm{d}z = \int_0^t \frac{z}{50}\,\mathrm{d}z = \frac{z^2}{100}\bigg|_0^t = \frac{t^2}{100},$$

und die gesuchte Funktion des Wachstums $f(t)$ hat die Darstellung $f(t) = 200 \cdot e^{\frac{t^2}{100}}$. Durch Differenzieren überzeugt man sich leicht davon, dass tatsächlich $\frac{f'(t)}{f(t)} = \frac{t}{50}$ gilt, denn es ist $f'(t) = 200 \cdot e^{\frac{t^2}{100}} \cdot \frac{t}{50}$.

Beispiel 9.14 Durch Kombination der in den Beispielen 9.12 und 9.13 betrachteten Modelle gelangt man auf natürliche Weise zu folgender Fragestellung: Welcher durchschnittlichen konstanten Wachstumsintensität $\overline{\gamma}$ im Zeitraum $[0, T]$ entspricht ein Wachstum entsprechend dem Gesetz (9.19)?

Dies ist eine Problemstellung, die der Renditeberechnung in der Finanzmathematik (Abschn. 3.4) verwandt ist. Zur Beantwortung hat man die Funktionen (9.17) und (9.21), bezogen auf den Zeitpunkt T, gleichzusetzen, wobei natürlich der Anfangswert $f(0) = y_0$ in beiden Beziehungen identisch sein muss:

$$f(T) = f(0) \cdot e^{\overline{\gamma} T} \overset{!}{=} f(0) \cdot e^{\int_0^T \gamma(z)\,\mathrm{d}z}.$$

Hieraus folgt unmittelbar

$$\overline{\gamma} T = \int_0^T \gamma(z)\,\mathrm{d}z \qquad \text{bzw.} \qquad \overline{\gamma} = \frac{1}{T}\int_0^T \gamma(z)\,\mathrm{d}z.$$

Für die konkrete Funktion $\gamma(t) = \frac{t}{50}$ und den Zeitraum von $T = 5$ Jahren ergibt sich

$$\overline{\gamma} = \frac{1}{5}\int_0^5 \frac{z}{50}\,\mathrm{d}z = \frac{1}{5} \cdot \frac{z^2}{100}\bigg|_0^5 = \frac{1}{20},$$

d. h., die betrachtete Kenngröße $y = f(t)$ wächst innerhalb von fünf Jahren mit einer durchschnittlichen konstanten Wachstumsintensität $\overline{\gamma} = \frac{1}{20}$ pro Jahr auf die gleiche Größe an, auf die sie mit der variablen Wachstumsintensität $\gamma(t) = \frac{t}{50}$ wachsen würde.

Abschließend bemerken wir, dass es eine Reihe weiterer Anwendungen der Integralrechnung auf wirtschaftswissenschaftliche Fragestellungen gibt. Exemplarisch seien die Berechnung der Konsumentenrente (siehe z. B. [2]), die kontinuierliche Tilgungsrechnung, die Kapitalwertberechnung kontinuierlicher Zahlungsströme, die Ermittlung des Ersatzzeitpunkts von Anlagen in der Erneuerungstheorie oder auch Fragen der Lagerhaltung bei verderblichen Gütern genannt.

9.3.2 Kurzer Ausblick auf Differenzialgleichungen

Neben den in Abschn. 9.3.1 betrachteten Modellen gibt es weitere, die zwar den oben behandelten auf den ersten Blick sehr ähnlich sind, aber über den Rahmen der Integralrechnung hinausgehen. Als Beispiel erwähnen wir den bereits mehrfach betrachteten Sättigungsprozess, der eine bedeutende Rolle bei Produktinnovationen spielt. Unterstellt man etwa, dass das Wachstumstempo der den Prozess beschreibenden Funktion zu jedem Zeitpunkt dem Abstand der Kenngröße y vom Sättigungsniveau a direkt proportional ist, so ergibt sich mit dem Proportionalitätsfaktor p die Beziehung

$$\frac{y'}{y} = p \cdot (a - y), \tag{9.22}$$

die sich nicht mithilfe der Integralrechnung lösen lässt. Bei (9.22) handelt es sich vielmehr um eine *Differenzialgleichung*.

Übungsaufgabe 9.5 Man weise für die im Beispiel 6.9 untersuchte Funktion $y = s(t) = \frac{a}{1+b \cdot e^{-ct}}$, $a, b, c > 0$, die Gültigkeit der Beziehung (9.22) nach und bestimme den Proportionalitätsfaktor.

Definition Eine Gleichung der Form

$$F(x, y, y', y'', \ldots, y^{(n)}) = 0$$

wird *gewöhnliche Differenzialgleichung* (in impliziter Form) genannt.

Differenzialgleichungen enthalten neben der gesuchten Funktion $y = f(x)$ deren Ableitungen bis zu einer bestimmten Ordnung. Im Rahmen dieses Buches werden wir nur lineare Differenzialgleichungen erster Ordnung behandeln. Bezüglich linearer Differenzialgleichungen höherer Ordnung und nichtlinearer Differenzialgleichungen verweisen wir z. B. auf [2, 6].

Definition Eine Differenzialgleichung der Form

$$y' = a(x)y + b(x) \tag{9.23}$$

heißt *lineare Differenzialgleichung erster Ordnung*. Eine Funktion $\bar{f}$ wird *Lösung* der Gleichung (9.23) genannt, wenn gilt $\bar{f}'(x) = a(x)\bar{f}(x) + b(x) \ \forall \ x \in D(\bar{f})$.

Für die Lösungsdarstellung von (9.23) gilt die folgende Aussage.

Satz 9.4. *Sind a und b reelle Funktionen mit $D = D(a) \cap D(b) \subset \mathbb{R}$, so besitzt die lineare Differenzialgleichung $y' = a(x)y + b(x)$ die Lösung*

$$y = \bar{f}(x) = e^{\int a(x)\,dx}\left[C + \int \left(b(x)e^{-\int a(x)\,dx}\right)dx\right] \quad \forall \, x \in D, \tag{9.24}$$

wobei $C \in \mathbb{R}$ beliebig wählbar ist.

Beispiel 9.15 Zu lösen sei die Differenzialgleichung $y' = \frac{y}{x} + x^2$.

Hier gilt: $a(x) = \frac{1}{x}$, $\int a(x)\,dx = \ln x$, $e^{\int a(x)\,dx} = x$, $e^{-\int a(x)\,dx} = \frac{1}{x}$, $b(x) = x^2$.
Gemäß Formel (9.24) ergibt sich $y = x\left[C + \int x^2 \cdot \frac{1}{x}\,dx\right] = x\left[C + \frac{x^2}{2}\right]$, also $y = Cx + \frac{x^3}{2}$.
Durch Differenzieren bestätigt man die Richtigkeit des Ergebnisses.

Der Nachweis der Gültigkeit der Satzaussage beruht auf zwei wichtigen Prinzipien, die in der Theorie der Differenzialgleichungen zur Anwendung kommen: *Trennung der Veränderlichen* und *Variation der Konstanten*.

Beweis

a) Zunächst wird die zu (9.23) gehörige **homogene** Differenzialgleichung betrachtet, für die also $b(x) \equiv 0$ gilt. Beim Prinzip der Trennung der Veränderlichen wird mit dem Differenzialquotienten wie mit einem Quotienten gearbeitet (vgl. aber die Ausführungen in Abschn. 6.2.1):

$$\frac{dy}{dx} = a(x)y \quad \Longrightarrow \quad \frac{dy}{y} = a(x)\,dx \quad \Longrightarrow$$

$$\int \frac{dy}{y} = \int a(x)\,dx \quad \Longrightarrow \quad \ln y = \int a(x)\,dx + C_1 \quad \Longrightarrow$$

$$y = e^{\int a(x)\,dx + C_1} = e^{C_1} \cdot e^{\int a(x)\,dx} = C \cdot e^{\int a(x)\,dx}. \tag{9.25}$$

b) Wir betrachten die ursprüngliche inhomogene Differenzialgleichung (9.23), fassen aber die Konstante C als von x abhängig auf: $C = C(x)$. Damit folgt aus (9.25)

$$y = C(x) \cdot e^{\int a(x)\,dx}.$$

Nach Differenzieren (Produktregel!) und Umformen erhält man hieraus

$$y' = C'(x)e^{\int a(x)\,dx} + C(x)a(x)e^{\int a(x)\,dx} \overset{!}{=} a(x)C(x)e^{\int a(x)\,dx} + b(x)$$

$$\Longrightarrow \quad C'(x)e^{\int a(x)\,dx} = b(x)$$

$$\Longrightarrow \quad C'(x) = b(x)e^{-\int a(x)\,dx}$$

$$\Longrightarrow \quad C(x) = \int \left(b(x)e^{-\int a(x)\,dx}\right)dx + C$$

$$\Longrightarrow \quad y(x) = \left[C + \int \left(b(x)e^{-\int a(x)\,dx}\right)dx\right] \cdot e^{\int a(x)\,dx}.$$

$\square$

Literatur

1. Heuser, H.: Lehrbuch der Analysis. Teil 1, 2 (17./14. Auflage), Vieweg + Teubner, Wiesbaden (2009/2008)

2. Huang, D. S., Schulz, W.: Einführung in die Mathematik für Wirtschaftswissenschaftler (9. Auflage), Oldenbourg Verlag, München (2002)

3. Kemnitz, A.: Mathematik zum Studienbeginn: Grundlagenwissen für alle technischen, mathematisch-naturwissenschaftlichen und wirtschaftswissenschaftlichen Studiengänge (11. Auflage), Springer Spektrum, Wiesbaden (2014)

4. Kurz, S., Rambau, J.: Mathematische Grundlagen für Wirtschaftswissenschaftler (2. Auflage), Kohlhammer, Stuttgart (2012)

5. Luderer, B.: Klausurtraining Mathematik und Statistik für Wirtschaftswissenschaftler (4. Auflage), Springer Gabler, Wiesbaden (2014)

6. Luderer, B., Nollau, V., Vetters, K.: Mathematische Formeln für Wirtschaftswissenschaftler (7. Auflage), Vieweg + Teubner, Wiesbaden (2011)

7. Luderer, B., Paape, C., Würker, U.: Arbeits- und Übungsbuch Wirtschaftsmathematik (6. Auflage), Vieweg + Teubner, Wiesbaden (2011)

8. Pfeifer, A., Schuchmann, M.: Kompaktkurs Mathematik: Mit vielen Übungsaufgaben und allen Lösungen (3. Auflage), Oldenbourg, München (2009)

9. Purkert, W.: Brückenkurs Mathematik für Wirtschaftswissenschaftler (7. Auflage), Vieweg + Teubner, Wiesbaden (2011)

10. Tietze, J.: Einführung in die angewandte Wirtschaftsmathematik: Das praxisnahe Lehrbuch – inklusive Brückenkurs für Einsteiger (17. Auflage), Springer Spektrum, Wiesbaden (2014)

11. Tietze, J: Übungsbuch zur angewandten Wirtschaftsmathematik: Aufgaben, Testklausuren und Lösungen (7. Auflage), Vieweg + Teubner, Wiesbaden (2011)

Lösungen zu den Aufgaben

10

In diesem Kapitel sind die Lösungen nahezu aller im Buch gestellten Übungsaufgaben angegeben; die meisten davon sind vollständig ausgearbeitet.

10.1 Lösungen zu Kapitel 1: Grundlagen

1.1 $\binom{6}{0} = \binom{6}{6} = 1$, $\binom{6}{1} = \binom{6}{5} = 6$, $\binom{6}{2} = \binom{6}{4} = 15$, $\binom{6}{3} = 20$.

1.2 Aus (1.4) folgt für $a = b = 1$ sofort $(1+1)^n = 2^n = \sum\limits_{i=0}^{n} \binom{n}{i}$.

1.3 Zur Umformung von $a < b$ nach $\frac{1}{a} < \frac{1}{b}$ bzw. $\frac{1}{a} > \frac{1}{b}$ ist die Ungleichung durch $(a \cdot b)$ zu dividieren. Dabei muss offensichtlich $a \neq 0$ und $b \neq 0$ gelten, und es ist eine Fallunterscheidung nötig:

> Fall 1: $a \cdot b > 0$ (d. h., $0 < a < b$ oder $a < b < 0$) $\Longrightarrow \frac{1}{b} < \frac{1}{a}$, also $\frac{1}{a} > \frac{1}{b}$
> Fall 2: $a \cdot b < 0$ (entspricht dem Fall $a < 0 < b$) $\Longrightarrow \frac{1}{b} > \frac{1}{a}$, also $\frac{1}{a} < \frac{1}{b}$

1.4 Aus der Dreiecksungleichung $|x + y| \leq |x| + |y|$ folgt für $x = a + b$ und $y = -b$ die Beziehung $|a| \leq |a + b| + |-b| = |a + b| + |b|$, woraus man $|a| - |b| \leq |a + b|$ erhält. Analog entsteht für $x = a + b$ und $y = -a$ die Relation $|b| - |a| = -(|a| - |b|) \leq |a + b|$, woraus man unter Beachtung von $|a| - |b| \leq ||a| - |b||$ und $-(|a| - |b|) \leq ||a| - |b||$ direkt die gesuchte Beziehung $||a| - |b|| \leq |a + b|$ nachweisen kann.

1.5 a) $y = \frac{9}{2} - \frac{1}{2}x$; b) $y = 3x - 2$; c) $y = 2x - 2$; d) $y = \frac{3}{2} - \frac{1}{2}x$.

1.7 Bei E handelt es sich um die x_1, x_3-Koordinatenebene mit der Gleichung $x_2 = 0$ und dem Stellungsvektor $\vec{n} = (0, 1, 0)$.

B. Luderer, U. Würker, *Einstieg in die Wirtschaftsmathematik*,
Studienbücher Wirtschaftsmathematik, DOI 10.1007/978-3-658-05937-8_10,
© Springer Fachmedien Wiesbaden 2015

1.8 Die Folge x_n ist streng monoton fallend ($x_{n+1} < x_n$), also gilt für alle Indizes $n > 19$ offenbar $x_n < x_{19} = 0,1$.

Aus (1.46) erhält man außerdem $\bar{n}(0,01) = 199$ sowie $\bar{n}(0,0001) = 19.999$.

1.9 Im Entartungsfall $a_1 = 0$ bleibt die geometrische Folge wie auch ihre n-te Partialsumme s_n konstant gleich null, sodass nichts zu untersuchen ist. Bei $a_1 \neq 0$ erhält man dagegen folgendes:

- Für $|q| < 1$ gilt $\lim\limits_{n \to \infty} s_n = a_1 \cdot \lim\limits_{n \to \infty} \frac{1-q^n}{1-q} = \frac{a_1}{1-q}$ wegen $\lim\limits_{n \to \infty} q^n = 0$.
- Für $q = 1$ ist $s_n = n \cdot a_1$ und demzufolge $\lim\limits_{n \to \infty} s_n = a_1 \cdot \infty$ (also $+\infty$ bei $a_1 > 0$ bzw. $-\infty$ bei $a_1 < 0$).
- Im Fall $q = -1$ unterscheiden sich a_n und a_{n+1} jeweils durch ihr Vorzeichen ($a_{n+1} = -a_n = \pm a_1$), sodass die n-te Partialsumme s_n stets entweder den Wert a_1 oder null annimmt. Folglich existiert der gesuchte Grenzwert nicht.
- Für $|q| > 1$ wird die n-te Partialsumme s_n offenbar mit wachsendem n betragsmäßig beliebig groß, sodass bei $q > 1$ bestimmte Divergenz gegen $a_1 \cdot \infty$ (siehe oben) vorliegt, bei $q < -1$ dagegen wegen der alternierenden Vorzeichen unbestimmte Divergenz.

10.2   Lösungen zu Kapitel 2: Logik und Mengenlehre

2.1

A	B	$A \vee B$	$\neg(A \vee B)$	$\neg A$	$\neg B$	$\neg A \wedge \neg B$
w	w	w	f	f	f	f
w	f	w	f	f	w	f
f	w	w	f	w	f	f
f	f	f	w	w	w	w

A	B	$A \wedge B$	$\neg(A \wedge B)$	$\neg A$	$\neg B$	$\neg A \vee \neg B$
w	w	w	f	f	f	f
w	f	f	w	f	w	w
f	w	f	w	w	f	w
f	f	f	w	w	w	w

2.2 „Für jede beliebige positive Zahl ε gibt es eine andere positive Zahl δ, sodass aus der Ungleichung $|x - y| < \delta$ sich die Ungleichung $|x^2 - y^2| < \varepsilon$ folgern lässt." (Vgl. auch Aufgabe 6.2.)

2.3 Der Nachweis der Beziehungen (2.4) lässt sich mittels vollständiger Induktion bezüglich der Anzahl n führen:

Induktionsanfang: (2.4) gilt offensichtlich für $n = 1$ (triviale Aussage $\neg A_1 = \neg A_1$) und auch für $n = 2$ (laut Beziehung (2.3));

Induktionsvoraussetzung: Es gelte (2.4) für alle Werte n von 1 bis k;

Induktionsschluss: Wir führen zunächst die Bezeichnungen $L = A_1 \vee A_2 \vee \ldots \vee A_k$ sowie $R = \neg A_1 \wedge \neg A_2 \wedge \ldots \wedge \neg A_k$ ein. Aus der Induktionsvoraussetzung folgt dann zum einen für $n = k$ die Relation $\neg L = R$, zum anderen folgt für $n = 2$ die Beziehung $\neg(L \vee A_{k+1}) = \neg L \wedge \neg A_{k+1}$. Ersetzt man in dieser Gleichung nun zunächst $\neg L$ durch den identischen Ausdruck R und substituiert anschließend die ursprünglichen Ausdrücke von L und R, so erhält man

$$\neg(A_1 \vee A_2 \vee \ldots \vee A_k \vee A_{k+1}) = \neg A_1 \wedge \neg A_2 \wedge \ldots \wedge \neg A_k \neg A_{k+1}.$$

Dies entspricht genau der Behauptung für den folgenden Parameterwert $n = k + 1$, sodass die Behauptung (i) für alle $n \geq 1$ bewiesen ist. Beziehung (ii) wird analog nachgewiesen.

2.4 $A \cup B = (-2, 2)$, $A \cup C = [-1, 2]$, $A \cap C = [0, 2)$, $B \cap C = [0, 1)$, $C \backslash A = \{2\}$, $C \backslash B = [1, 2]$, $C_{B \cup C} A = (-2, -1) \cup \{2\}$.

10.3 Lösungen zu Kapitel 3: Finanzmathematik

3.1 $T = 165$ Tage, $K_T = 3500 \cdot \left(1 + 0.03 \cdot \frac{165}{360}\right) = 3548,13\,€$

3.2 $K_{10} = 3000 \cdot 1,05^{10} = 4886,69\,€$

3.3 $K_{18} = 1000 \cdot 1,07^{18} = 3379,93\,€$

3.4 $K_0 = 5000/1,04^{10} = 3377,82\,€$

3.5 $q = \sqrt[n]{\frac{K_n}{K_0}} = \sqrt[10]{\frac{1376,90}{1000}} = \sqrt[10]{1,3769} = 1,0325$, d. h. $p = 3,25$

3.6 $n = \frac{\ln K_n - \ln K_0}{\ln q} = \frac{\ln 3000 - \ln 2000}{\ln 1,06} = \frac{8,006 - 7,6009}{0,058269} = 6,9585$, d. h. ca. 7 Jahre (Probe: $K_7 = K_0 \cdot q^7 = 2000 \cdot 1,06^7 = 3007,26\,€$)

3.8 a) $E_5^{\text{vor}} = rq \cdot \frac{q^5 - 1}{q - 1} = 3600 \cdot 1,0325 \cdot \frac{1,0325^5 - 1}{1,0325 - 1} = 19.832,90\,€$

b) $E_5^{\text{nach}} = r \cdot \frac{q^5 - 1}{q - 1} = 3600 \cdot \frac{1,0325^5 - 1}{1,0325 - 1} = 19.208,62\,€$

3.9 a) $B^{\text{nach}} = r \cdot \frac{1}{q^n} \cdot \frac{q^n - 1}{q - 1} = 2000 \cdot \frac{1}{1,07^6} \cdot \frac{1,07^6 - 1}{1,07 - 1} = 9533,08$

b) $B^{\text{vor}} = r \cdot \frac{1}{q^{n-1}} \cdot \frac{q^n - 1}{q - 1} = 2000 \cdot \frac{1}{1,07^5} \cdot \frac{1,07^6 - 1}{1,07 - 1} = 10.200,39$

3.10 $r = B_n^{\text{nach}} \cdot q^n \cdot \frac{q-1}{q^n-1} = 24.332{,}70 \cdot 1{,}04^{10} \frac{1{,}04-1}{1{,}04^{10}-1} = 3000$, d. h., werden jährlich 3000 €
abgehoben, so ist das Konto nach 10 Jahren leer; wird weniger abgehoben, so bleibt ein
Rest.

3.11 $r = E_n^{\text{vor}} \cdot \frac{q-1}{q(q^n-1)} = 73.918 \cdot \frac{1{,}07-1}{1{,}07 \cdot (1{,}07^{10}-1)} = 5000$

3.12 Umstellung der Formel (3.19) ergibt $n = \frac{1}{\ln q} \cdot \left(E_n^{\text{nach}} \cdot \frac{q-1}{r} + 1 \right)$, woraus $n = 8{,}2$ folgt.

3.13 Jahresersatzrate: Bei $p = 6$ ergibt sich $R = 5000 \left(12 + \frac{6}{100} \cdot 6{,}5 \right) = 61.950$, bei $p = 7$
erhält man $R = 62.275$.

Zu berechnen sind jeweils Barwerte (einer nachschüssigen Rente); siehe die folgende
Tabelle:

	$p = 6$	$p = 7$
$n = 40$	932.118	830.232
$n = 50$	976.447	859.441
$n = 60$	1.001.200	874.290
$n = \infty$	1.032.500	889.642

Man erkennt, dass die Laufzeit einen geringeren Einfluss hat als der Zinssatz.

3.14 Kapitalverzehr bedeutet, dass am Ende der Entnahmephase der Kontostand gleich
null ist. Der Endwert der Einzahlungen in der Sparphase ist gleich dem Barwert der Aus-
zahlungen in der Entnahmephase. Daraus folgt $R = 5000 \cdot 1{,}06 \cdot \frac{1{,}06^{20}-1}{0{,}06} \cdot \frac{1{,}05^{14} \cdot 0{,}05}{1{,}05^{15}-1} = 17.889$ €.

3.15 Sie verkürzt sich.

3.16

k	S_{k-1}	T_k	Z_k	A_k	S_k
1	10.000	2000	400	2400	8000
2	8000	2000	320	2320	6000
3	6000	2000	240	2240	4000
4	4000	2000	160	2160	2000
5	2000	2000	80	2080	0

3.17

k	S_{k-1}	T_k	Z_k	A_k	S_k
1	500.000,00	47.863,51	37.500,00	85.363,51	452.136,49
2	452.136,49	51.453,27	33.910,24	85.363,51	400.683,21
3	400.683,21	55.312,27	30.051,24	85.363,51	345.370,94
4	345.370,94	59.460,69	25.902,82	85.363,51	285.910,25
5	285.910,25	63.920,24	21.443,27	85.363,51	221.990,01
6	221.990,01	68.714,26	16.649,25	85.363,51	153.275,75
7	153.275,75	73.867,83	11.495,68	85.363,51	79.407,92
8	79.407,92	79.407,92	5.955,59	85.363,51	0,00

3.18 Mittels numerischer Lösungsverfahren ergibt sich $i \approx 9{,}96\,\%$.

3.19 $E_5 = 6894{,}49$, $p_{\text{eff}} = 5{,}48$.

10.4   Lösungen zu Kapitel 4: Lineare Algebra

4.1 $\begin{pmatrix} 4 & -2 & -6 \\ 9 & -5 & -7 \\ 3 & 0 & 10 \end{pmatrix}$

4.2 $X = A + B^{\mathsf{T}} + E = \begin{pmatrix} 5 & -1 \\ 0 & 3 \end{pmatrix}$

4.3 Bezeichnet man den Inhalt der für das 1999 gültigen Tabelle als Matrix A und analog die für 2009 geltende Tabelle als Matrix B, so erhält man:

a) $B - A = \begin{pmatrix} 480 & 335 & 760 \\ 165 & 200 & 215 \end{pmatrix} - \begin{pmatrix} 360 & 245 & 600 \\ 120 & 156 & 165 \end{pmatrix} = \begin{pmatrix} 120 & 90 & 160 \\ 45 & 44 & 50 \end{pmatrix}$

b) $\frac{1}{10} \cdot (B - A) = \frac{1}{10} \cdot \begin{pmatrix} 120 & 90 & 160 \\ 45 & 44 & 50 \end{pmatrix} = \begin{pmatrix} 12{,}0 & 9{,}0 & 16{,}0 \\ 4{,}5 & 4{,}4 & 5{,}0 \end{pmatrix}$

c) $1{,}30 \cdot A = 1{,}30 \cdot \begin{pmatrix} 360 & 245 & 600 \\ 120 & 156 & 165 \end{pmatrix} = \begin{pmatrix} 468{,}0 & 318{,}5 & 780{,}0 \\ 156{,}0 & 202{,}8 & 214{,}5 \end{pmatrix}$

4.5 $A \cdot B$ und $B \cdot A$ existieren nur bei $m = q$ und $n = p$.

4.6 Durch Multiplikation mit einer Matrix T_3 von rechts.

4.7 $\widehat{r} = (1.160.000, 840.000, 660.000, 240.000)^{\mathsf{T}}$

4.8 $G = A \cdot B = \begin{pmatrix} 32 & 32 \\ 18 & 33 \\ 32 & 17 \\ 8 & 8 \end{pmatrix}$, $\widehat{A} \cdot \widehat{B} = \begin{pmatrix} 32 & 42 \\ 18 & 33 \\ 32 & 17 \\ 8 & 8 \end{pmatrix}$

4.9 Bezeichnen A bzw. C die entsprechenden Matrizen aus der linken bzw. rechten gegebenen Tabelle, so gelten die folgenden Matrizengleichungen:

- Gesamtbedarf an Bauteilen b = Summe aus Bedarf für die Produktion der Produkte p sowie Ersatzteilbedarf b_{ET}: $b = A \cdot p + b_{\text{ET}}$

- Bedarf an Rohstoffen r für die Produktion aller Bauteile b: $r = C^\top \cdot b$

Einsetzen und Ausmultiplizieren ergibt:

$$r = C^\top \cdot (A \cdot p + b_{ET}) = \left(C^\top \cdot A\right) \cdot p + C^\top b_{ET}.$$

Mit $p = (200,100,300)^\top$ und $b_{ET} = (100,0,80)^\top$ folgt $r = (12.640,11.880,6580)^\top$. Insgesamt benötigt werden also 12.640 Rohstoffeinheiten von R_1, 11.880 von R_2 sowie 6580 von R_3.

Gesamtaufwandsmatrix (ohne Ersatzteile): $G = C^\top \cdot A = \begin{pmatrix} 12 & 14 & 28 \\ 12 & 18 & 24 \\ 8 & 6 & 14 \end{pmatrix}.$

4.10 Die in der Aufgabe gegebenen Matrizen bezeichnen wir mit A und C (linke Tabelle) bzw. D (rechte Tabelle), wobei die Matrix C mit Nullen aufzufüllen ist (nicht angegebene Produktionskoeffizienten bedeuten, dass die entsprechenden Teile nicht bzw. mit null Stück in den Fertigungsprozess eingehen). Bekannt sind außerdem die herzustellenden Gerätestückzahlen $g = (100,400,200)^\top$ sowie die Ersatzteil-Baugruppen $b_{ET} = (25,40)^\top$. Dann gilt:

- Gesamtbedarf an Baugruppen = Summe aus Bedarf für Produktion der Geräte g und Bedarf an Ersatzteilen: $b = A^\top \cdot g + b_{ET}$
- Gesamtbedarf an Teilen = Summe aus Bedarf für Produktion aller Bauteile b sowie Bedarf für Produktion Geräte g: $t = D \cdot b + C^\top \cdot g$

Einsetzen und Ausklammern ergibt:

$$t = D \cdot (A^\top \cdot g + b_{ET}) + C^\top \cdot g = \left(D \cdot A^\top + C^\top\right) \cdot g + D \cdot b_{ET}.$$

Gesuchter Teilebedarf: $t = (15.085, 7165, 7155)^\top$. Insgesamt werden 15.085 Teile T_1, 7165 Teile T_2 sowie 7155 Teile T_3 für die Produktion von Geräten und Ersatzteilen gebraucht.

Gesamtaufwandsmatrix (ohne Ersatzteile): $G = D \cdot A^\top + C^\top = \begin{pmatrix} 30 & 17 & 25 \\ 22 & 7 & 10 \\ 16 & 7 & 13 \end{pmatrix}.$

Alternativ: Ergänze D und A um jeweils eine 3. Spalte $\begin{pmatrix} 1 \\ 0 \\ 0 \end{pmatrix}$ bzw. $\begin{pmatrix} 2 \\ 4 \\ 0 \end{pmatrix}$ zu $\overline{D}$ bzw. $\overline{A}$. Dann gilt $G = \overline{D} \cdot \overline{A}^\top$.

4.11 Die erwartete Personalstärke für 2004 ist aus den gegebenen Vorjahreswerten $A_{2004} = (500, 850, 3600, 14.500, 8600, 1600, 3000, 6000)^\top$ mittels der Matrizengleichung $A_{2004} =$

$M \cdot A_{2003}$ berechenbar (wobei M die mit 0,01 multiplizierte Matrix aus der Tabelle ist, allerdings ohne die letzte Zeile).

Analog erhält man dann die Prognosen für die Jahre 2005, 2006 und 2007 zu $A_{2005} = M \cdot A_{2004} = M^2 \cdot A_{2003}$, $A_{2006} = M \cdot A_{2005} = M^3 \cdot A_{2003}$ sowie $A_{2007} = M \cdot A_{2006} = M^4 \cdot A_{2003}$. Durch Differenzbildung zum Sollwert $S_{2007} = (550, 920, 3900, 15.200, 9200, 1700, 3200, 6800)^\top$ für das Jahr 2007 berechnet man als Lösungsvektor:

$$\Delta = S_{2007} - A_{2007} = S_{2007} - M^4 \cdot A_{2003} =$$
$$(-243, 473; -628; 301; 5619, 5; 7891, 66; 406, 333; 919, 692; 5359, 4)^\top.$$

Nach sinnvollem Runden auf ganze Zahlen ist daraus als Ergebnis abzulesen: In den Kategorien Filialleiter und stellvertretende Filialleiter muss Personal abgebaut werden (243 bzw. 628 Personen), in den anderen Bereichen sind dagegen 301 Bereichsleiter(innen) und 5620 Stellvertreter(innen), 7892 Kassierer(innen), 407 Einkäufer(innen) und 920 Assistenten bzw. Assistentinnen sowie 5360 Lagerangestellte neu einzustellen.

4.13 Zwei Ebenen im Raum können entweder parallel liegen, identisch sein oder sich in einer gemeinsamen Geraden schneiden. Dementsprechend hat ein LGS mit drei Unbekannten und zwei Gleichungen entweder überhaupt keine Lösung oder aber unendlich viele Lösungen (mit zwei bzw. einem Parameter in der allgemeinen Lösungsdarstellung).

Berücksichtigt man eine dritte Ebene, so kann zusätzlich noch ein eindeutiger Schnittpunkt aller drei Ebenen entstehen. Ein entsprechendes LGS (mit drei Unbekannten und drei Gleichungen) kann also – im Gegensatz zum vorigen Fall – auch eine eindeutige Lösung besitzen.

4.15 Zwei gleiche Zeilen (Indizes i_1 und i_2) in einer Gauß-Tabelle werden zunächst solange identisch umgeformt, bis eine davon (z. B. i_1) zur neuen Arbeitszeile wird. In diesem Iterationsschritt wird dann die Arbeitszeile zunächst durch das Pivotelement $\widetilde{a}_{i_1 i_1}$ dividiert, anschließend u. a. das $\widetilde{a}_{i_2 i_2}$-Fache von Zeile i_2 subtrahiert. Wegen $\widetilde{a}_{i_1 i_1} = \widetilde{a}_{i_2 i_2}$ bedeutet das aber, dass in Zeile i_2 ausschließlich Nullen entstehen.

4.18 Ein homogenes LGS besitzt mindestens die Lösung $x = 0$.

4.19

a) Widerspruch, keine Lösung

b) $x = \begin{pmatrix} x_1 \\ x_2 \\ x_3 \end{pmatrix} = \begin{pmatrix} 0 \\ -2 \\ 4 \end{pmatrix}$,

c) $x = \begin{pmatrix} x_1 \\ x_2 \\ x_3 \\ x_4 \end{pmatrix} = \begin{pmatrix} -1/3 \\ -2/3 \\ -1/2 \\ 0 \end{pmatrix} + t_1 \cdot \begin{pmatrix} 1/3 \\ 2/3 \\ 1/2 \\ 1 \end{pmatrix}$, t_1 beliebig

d) $x = \begin{pmatrix} x_1 \\ x_2 \\ x_3 \\ x_4 \\ x_5 \end{pmatrix} = t_1 \cdot \begin{pmatrix} -1/2 \\ 1/2 \\ 3/2 \\ 1 \\ 0 \end{pmatrix} + t_2 \cdot \begin{pmatrix} 0 \\ 0 \\ 1 \\ 0 \\ 1 \end{pmatrix}$, t_1, t_2 beliebig

e) Widerspruch, keine Lösung

f) $x = \begin{pmatrix} x_1 \\ x_2 \\ x_3 \\ x_4 \\ x_5 \end{pmatrix} = \begin{pmatrix} 0 \\ 3 \\ 0 \\ 0 \\ 0 \end{pmatrix} + t_1 \cdot \begin{pmatrix} 1 \\ -2 \\ 1 \\ 0 \\ 0 \end{pmatrix} + t_2 \cdot \begin{pmatrix} 1/2 \\ -3 \\ 0 \\ 1 \\ 0 \end{pmatrix} + t_3 \cdot \begin{pmatrix} 2 \\ -4 \\ 0 \\ 0 \\ 1 \end{pmatrix}$, t_1, t_2, t_3 beliebig

Hier gibt es also unendlich viele Lösungen.

g) $x = \begin{pmatrix} x_1 \\ x_2 \\ x_3 \\ x_4 \\ x_5 \end{pmatrix} = \begin{pmatrix} 0 \\ 0 \\ 2 \\ 2 \\ 6 \end{pmatrix} + t_1 \cdot \begin{pmatrix} 1 \\ 0 \\ 6 \\ -4 \\ 1 \end{pmatrix} + t_2 \cdot \begin{pmatrix} 0 \\ 1 \\ 7 \\ -5 \\ 1 \end{pmatrix}$, t_1, t_2 beliebig

Hinweis: Diese Lösung ergibt sich, wenn man nach x_3, x_4, x_5 auflöst. Selbstverständlich gibt es weitere Darstellungen der allgemeinen Lösung.

4.20 Setzt man für jedes der drei Produkte jeweils die gegebene Nachfrage- und Angebotsfunktion einander gleich, so erhält man:

$$
\begin{aligned}
10 - p_1 + p_2 + p_3 &= p_1 \\
15 + p_1 - p_2 + 3p_3 &= 4p_2 \\
18 + 2p_1 + p_2 - p_3 &= 2p_3
\end{aligned}
\implies
\begin{aligned}
2p_1 - p_2 - p_3 &= 10 \\
-p_1 + 5p_2 - 3p_3 &= 15 \\
-2p_1 - p_2 + 3p_3 &= 18 \;.
\end{aligned}
$$

Die eindeutige Lösung errechnet sich dabei zu $p^* = (81, 69, 83)^\top$. Die außerdem gesuchten Absatzmengen erhält man nun durch Einsetzen dieser Preise in die Nachfrage- oder in die Angebotsfunktion (zur Kontrolle des Rechenergebnisses können beide Werte berechnet werden, sie müssen übereinstimmen):

$$(N_1, N_2, N_3)^\top = (A_1, A_2, A_3)^\top = (81, 276, 166)^\top \;.$$

4.21 Setzt man die gesuchten Anzahlen von Schachteln der einzelnen Sorten mit x_1, x_2 und x_3 an, so entspricht die betrachtete Situation dem Gleichungssystem

$$
\begin{aligned}
20x_1 + 10x_2 + 98x_3 &= 1170 \\
20x_1 + 20x_2 &= 260 \\
50x_2 + 100x_2 + 50x_3 &= 1500 \;.
\end{aligned}
$$

a) Dieses System hat die eindeutige Lösung $x_1 = 6$, $x_1 = 7$ und $x_3 = 10$, d. h., es waren ursprünglich 6 Schachteln der Sorte S_1, 7 Schachteln S_2 und 10 Schachteln S_3 in der Kiste.

b) Es ist leicht einzusehen, dass schon geringe Änderungen der Stückzahlen an Nägeln zu einem Gleichungssystem führen können, das unter Berücksichtigung der zusätzlichen Ganzzahligkeits- und Nichtnegativitätsforderung unlösbar ist. So befinden sich z. B. im vorliegenden Fall in jeder Schachtel eine gerade Anzahl von Nägeln jeder Sorte, folglich kann niemals eine ungerade oder gebrochene Gesamtzahl entstehen.

4.22 Bezeichnet man die zu produzierenden Mengen (in Tonnen) der einzelnen Waschmittel mit x_i, $i = 1, \ldots, 4$, so erhält man das LGS

$$
\begin{array}{rcrcrcrcl}
\tfrac{1}{2}x_1 & & & + & \tfrac{1}{2}x_3 & + & \tfrac{1}{4}x_4 & = & 2 \\
\tfrac{3}{5}x_1 & + & \tfrac{3}{5}x_2 & & & + & \tfrac{3}{5}x_4 & = & 3 \\
& & x_2 & + & \tfrac{3}{5}x_3 & + & \tfrac{3}{5}x_4 & = & 1 \, .
\end{array}
$$

Der Gauß'sche Algorithmus liefert hier die allgemeine Lösung

$$
x = \begin{pmatrix} x_1 \\ x_2 \\ x_3 \\ x_4 \end{pmatrix} = \begin{pmatrix} 4 \\ 1 \\ 0 \\ 0 \end{pmatrix} + t \cdot \frac{1}{16} \begin{pmatrix} -7 \\ -9 \\ -1 \\ 16 \end{pmatrix}, \quad t \text{ beliebig.}
$$

Da nur nichtnegative Produktionsmengen x_i praktisch relevant sind, sieht man leicht, dass als einzige realisierbare Lösung diejenige mit dem Parameterwert $t = 0$, d. h. $x^* = (4, 1, 0, 0)^\top$ in Frage kommt. Folglich sind 4 t des Waschmittels W_1 sowie 1 t von W_2 herzustellen, während W_3 und W_4 bis zu den Betriebsferien gar nicht mehr produziert werden.

4.23 Dem gegebenen Sachverhalt entspricht das System

$$
\begin{array}{rcrcrcrcl}
x_1 & + & x_2 & & & & & \geq & 3 \\
x_1 & & & + & x_3 & & & \geq & 2 \\
2x_1 & + & 4x_2 & + & 6x_3 & + & 8x_4 & \geq & 40 \, ,
\end{array}
$$

wobei die Variable x_i, $i = 1, \ldots, 4$, angibt, wie oft die Stanzvariante V_i benutzt werden soll, und offenbar nichtnegativ sein muss.

Ist der Zuschnittplan genügend umfangreich, was bei praktischen Problemen in der Regel der Fall ist, so kann man auf Grund der wesentlich größeren entstehenden Systeme die den herzustellenden Mindeststückzahlen entsprechenden Ungleichungen häufig durch Gleichungen ersetzen, was der Herstellung der exakten Anzahl entspricht. Die allgemeine

Lösung des entsprechenden LGS lautet:

$$x = \begin{pmatrix} x_1 \\ x_2 \\ x_3 \\ x_4 \end{pmatrix} = \begin{pmatrix} -2 \\ 5 \\ 4 \\ 0 \end{pmatrix} + t \cdot \begin{pmatrix} 1 \\ -1 \\ -1 \\ 1 \end{pmatrix}, \; t \text{ beliebig.}$$

Nichtnegative ganzzahlige Lösungskomponenten ergeben sich dabei nur für $t = 2$, 3 und 4. Die zugehörigen Zuschnittpläne sind $x^{(1)} = (0, 3, 2, 2)^\top$, $x^{(2)} = (1, 2, 1, 3)^\top$ und $x^{(3)} = (2, 1, 0, 4)^\top$. Dabei werden in jedem Falle genau sieben Bleche zerschnitten, die drei Pläne sind vom Materialverbrauch her also gleich.

Die Entscheidung, welcher Plan letztendlich benutzt wird, liegt außerhalb der mathematischen Betrachtung (z. B. könnte eine Rolle spielen, dass beim ersten und dritten Plan nur 3 verschiedene Varianten zum Einsatz kommen, also evtl. weniger Umrüstaufwand entsteht).

4.24 Wird in der Formel $x = \sum\limits_{i=1}^{k} \lambda_i x^{(i)}$ der konvexen Linearkombination auf die Bedingung $\lambda_i \geq 0$ verzichtet, so erhält man z. B. im Fall $k = 2$ alle Punkte der $x^{(1)}$ und $x^{(2)}$ verbindenden Geraden (nicht nur die Geradenpunkte, die zwischen $x^{(1)}$ und $x^{(2)}$ liegen).

Verzichtet man dagegen auf $\sum\limits_{i=1}^{k} = 1$, so wird durch $x = \sum\limits_{i=1}^{k} \lambda_i x^{(i)}$ ein Kegel beschrieben, der durch die vom Nullpunkt **0** ausgehenden Strahlen zu allen Elementen der ursprünglichen konvexen Linearkombination entsteht.

Werden beide Bedingungen weggelassen, so erhält man wieder den vorher eingeführten Begriff der Linearkombination von Vektoren.

4.26 Ein homogenes LGS mit n Gleichungen und mehr als n Variablen besitzt immer unendlich viele Lösungen.

4.27 $\mathrm{rang} \begin{pmatrix} 1 & 1 & 2 \\ 1 & 2 & 3 \\ 3 & 3 & 6 \end{pmatrix} = \mathrm{rang} \begin{pmatrix} 1 & 1 & 2 \\ 0 & 1 & 1 \\ 0 & 0 & 0 \end{pmatrix} = \mathrm{rang} \begin{pmatrix} 1 & 0 & 1 \\ 0 & 1 & 1 \\ 0 & 0 & 0 \end{pmatrix} = 2$

4.29 Setzt man in der Matrixgleichung $AX = XA$ für X eine beliebige Potenz der Matrix A oder ihrer Inversen A^{-1} (falls diese existiert) ein, so entstehen jeweils Identitäten:

$$A \cdot A^n = A^{n+1} = A^n \cdot A \quad \text{bzw.} \quad A \cdot \left(A^{-1}\right)^n = \left(A^{-1}\right)^{n-1} = \left(A^{-1}\right)^n \cdot A$$

Folglich sind neben den Triviallösungen $X = \mathbf{0}$ und $X = E$ auch alle Potenzen der Gestalt $X = A, X = A^2, X = A^3, \ldots$ sowie $X = A^{-1}, X = \left(A^{-1}\right)^2, X = \left(A^{-1}\right)^3, \ldots$ und schließlich auch noch beliebige Linearkombinationen davon Lösungen von (4.51).

4.30 Für das Invertieren einer Matrix mit n^2 Elementen wie auch für das Auflösen eines entsprechenden LGS benötigt man jeweils wesentliche Operationen in einer Größenordnung von ca. n^3 Stück. Dagegen ist eine einfache Matrixmultiplikation mit ca. n^2 Operationen wesentlich weniger aufwändig.

4.31 Im Fall $m > n$ = rang A besitzt das LGS entweder eine eindeutige Lösung oder enthält einen Widerspruch.

Bei rang $A < n$ und rang $A < m$ hat ein lösbares LGS immer unendlich viele Lösungen.

4.32 Als Lösung erhält man aus (4.47): $X = C + B - A = \begin{pmatrix} 13 & 9 \\ 7 & 1 \end{pmatrix}$, aus (4.48): $X = 4 \cdot A = \begin{pmatrix} 4 & 8 \\ 12 & 16 \end{pmatrix}$, aus (4.49): $X = A^{-1} \cdot B = \begin{pmatrix} -3 & -4 \\ 4 & 5 \end{pmatrix}$, aus (4.51): $X = \begin{pmatrix} x & y \\ \frac{3}{2}y & x + \frac{3}{2}y \end{pmatrix}$ (mit beliebigen Zahlenwerten von x und y), sowie aus (4.52): $X = A^{-1} \cdot b = \begin{pmatrix} 0 \\ 50 \end{pmatrix}$. Für Gleichung (4.50) gibt es dagegen keine Lösung X, da $(A - B)$ nicht invertierbar ist.

4.33 Gegeben ist der zu deckende Bedarf $l = (5, 5, 10)^\top$, die Eigenverbrauchsgleichung $e = l + B^\top e$ für die zu produzierenden Produkte und die Verflechtungsbeziehung $r = A^\top e$ für die zu beschaffenden Rohstoffe. Daraus ergibt sich die Lösung $r = A^\top (E - B^\top)^{-1} l = (100, 160, 520)^\top$.

4.34 Wir bezeichnen mit $\begin{array}{c|c} A & B \\ \hline C & D \end{array}$ die Matrizen aus der gegebenen Tabelle, mit r den gesuchten Rohstoffvektor (mit vier Komponenten entsprechend R_1 bis R_4), mit z den Vektor der insgesamt herzustellenden Zwischenprodukte (Z_1 bis Z_3) sowie mit e den Vektor der Endprodukte (E_1 und E_2). Entsprechend dem durch die Matrix B beschriebenen Eigenverbrauch berechnet sich der Produktionsoutput z_0 an Zwischenprodukten als

$$z_0 = z - B \cdot z \quad \text{bzw. umgekehrt} \quad z = (E - B)^{-1} \cdot z_0.$$

Dann gelten die Verflechtungsbeziehungen $r = C \cdot e + D \cdot z$ und $z_0 = A \cdot e$. Einsetzen und Ausklammern ergibt:

$$r = (C + D \cdot (E - B)^{-1} \cdot A) \cdot e = G \cdot e.$$

Dabei ist G die gesuchte Gesamtaufwandsmatrix. Mit den konkreten Zahlenwerten berechnet man

$$G = \begin{pmatrix} 9 & 7 \\ 24 & 28 \\ 44 & 64 \\ 42 & 69 \end{pmatrix} \quad \text{und } r = \begin{pmatrix} 2300 \\ 8000 \\ 17.200 \\ 18.000 \end{pmatrix}.$$

4.35 Entwicklung der Determinante det A z. B. nach der 2. bzw. 3. Zeile:

$$|A| = -2 \cdot \begin{vmatrix} 1 & 2 & 4 \\ 0 & 1 & 1 \\ 2 & 1 & 0 \end{vmatrix} + 3 \cdot \begin{vmatrix} 1 & 2 & 3 \\ 0 & 1 & 0 \\ 2 & 1 & 0 \end{vmatrix} = -2 \cdot (-5) + 3 \cdot (-6) = -8;$$

$$|A| = -1 \cdot \begin{vmatrix} 1 & 3 & 4 \\ 0 & 2 & 3 \\ 2 & 0 & 0 \end{vmatrix} - 1 \cdot \begin{vmatrix} 1 & 2 & 3 \\ 0 & 0 & 2 \\ 2 & 1 & 0 \end{vmatrix} = -1 \cdot 2 - 1 \cdot 6 = -8.$$

4.36 Entwicklung z. B. nach der ersten Zeile ergibt:

$$|A| = \begin{vmatrix} a_{11} & a_{12} & a_{13} \\ a_{21} & a_{22} & a_{23} \\ a_{31} & a_{32} & a_{33} \end{vmatrix} = a_{11} \cdot \begin{vmatrix} a_{22} & a_{23} \\ a_{32} & a_{33} \end{vmatrix} - a_{12} \cdot \begin{vmatrix} a_{21} & a_{23} \\ a_{31} & a_{33} \end{vmatrix} + a_{13} \cdot \begin{vmatrix} a_{21} & a_{22} \\ a_{31} & a_{32} \end{vmatrix}$$

$$= a_{11} \cdot (a_{22}a_{33} - a_{32}a_{23}) - a_{12} \cdot (a_{21}a_{33} - a_{31}a_{23}) + a_{13} \cdot (a_{21}a_{32} - a_{31}a_{22})$$

$$= a_{11}a_{22}a_{33} - a_{11}a_{32}a_{23} - a_{12}a_{21}a_{33} + a_{12}a_{31}a_{23} + a_{13}a_{21}a_{32} - a_{13}a_{31}a_{22}$$

(Übereinstimmung mit Formel (4.56)).

4.37 $\det B = \lambda^n \cdot \det A$, da aus n Zeilen (bzw. Spalten) jeweils der Faktor λ ausgeklammert werden kann.

4.39 Das homogene LGS $(A - \lambda_2 E)x = \mathbf{0}$ besitzt die konkrete Gestalt $\begin{pmatrix} -2 & 2 \\ 1 & -1 \end{pmatrix} x = \mathbf{0}$ mit der allgemeinen Lösung $x = t \cdot \begin{pmatrix} 1 \\ 1 \end{pmatrix}$, t – beliebig, sodass $x^{(2)} = (1,1)^\top$ einer der gesuchten Eigenvektoren zu λ_2 ist.

4.40 a) positiv definit,   b) negativ definit,   c) nicht definit.

10.5   Lösungen zu Kapitel 5: Lineare Optimierung

5.2 Die (aus einem rechteckigen Schema entstandenen) Variablen x_{ij} können z. B. zeilenweise neu nummeriert werden. Man erhält dann die von 1 bis $m \cdot n$ fortlaufend indizierten Variablen $x_{n \cdot (i-1)+j} = x_{ij}$.

5.3 Die Nebenbedingungen lauten in diesem Fall: $x_1 - x_2 \geq 15.000$, $x_1 + x_2 \leq 5000$, $x_1 \geq 0$ und $x_2 \geq -15.000$, die Zielfunktion unterscheidet sich nur durch eine Konstante. Die zugehörige optimale Lösung ist $x_1^* = 10.000$ und $x_2^* = -5000$, der Kunde muss also amerikanische Aktien für 5000 € verkaufen und deutsche Aktien für 15.000 € kaufen.

5.5 Die Konstante c bewirkt nur eine Parallelverschiebung der Zielfunktion.

5.7 Aus (5.20) erhält man die erreichte Zielfunktionswertverbesserung $z - \bar{z} = -\Delta_k \cdot x_k = -\Delta_k \cdot \Theta_r = -\Delta_k \cdot \widetilde{b}_r / \widetilde{a}_{rk} > 0$, da sowohl $-\Delta_k$, $\widetilde{b}_r$ als auch $\widetilde{a}_{rk}$ alles positive Zahlen sind.

Aus einer nichtentarteten Basislösung muss nicht wieder eine nichtentartete Basislösung entstehen, man vergleiche etwa Beispiel 5.7.

5.9

a)

Nr	BV	c_B	x_1 2	x_2 -1	x_3 3	x_4 -2	x_5 1	x_B	Θ
1	x_3	3	-1	1	1	0	0	1	%
2	x_4	-2	[1]	-1	0	1	0	1	[1]
3	x_5	1	1	1	0	0	1	2	2
			[-6]	7	0	0	0	3	
1	x_3	3	0	0	1	1	0	2	
2	x_1	2	1	-1	0	1	0	1	
3	x_5	1	0	2	0	-1	1	1	
			0	1	0	6	0	9	

Optimale Lösung:

$$x^* = \left(x_1, x_2, x_3, x_4, x_5\right)^\top$$
$$= (1, 0, 2, 0, 1)^\top$$

Optimaler Zielfunktionswert:

$$z^* = 9.$$

b)

Nr	BV	c_B	x_1 -5	x_2 4	x_3 -2	u_1 0	u_2 0	u_3 0	x_B	Θ
1	u_1	0	3	2	-4	1	0	0	5	5/2
2	u_2	0	-2	[1]	-1	0	1	0	2	[2]
3	u_3	0	4	3	-3	0	0	1	7	7/3
			5	[-4]	2	0	0	0	0	
1	u_1	0	7	0	-2	1	-2	0	1	1/7
2	x_2	4	-2	1	-1	0	1	0	2	%
3	u_3	0	[10]	0	0	0	-3	1	1	[1/10]
			[-3]	0	-2	0	4	0	8	
1	u_1	0	0	0	-2	1	1/10	-7/10	3/10	%
2	x_2	4	0	1	-1	0	2/5	1/5	11/5	%
3	x_1	-5	1	0	0	0	-3/10	1/10	1/10	%
			0	0	-2	0	31/10	3/10	83/10	

Die Zielfunktion ist unbeschränkt – es gibt keine optimale Lösung.
($z^* = +\infty$)

c) Optimale Lösung: $x^* = (x_1, x_2, x_3)^\top = \left(\frac{5}{4}, 0, \frac{1}{2}\right)^\top$
   Optimaler Zielfunktionswert:

$$z^* = 26.$$

d)

Nr	BV	c_B	x_1 2	x_2 2	x_3 2	x_4 2	u_1 0	u_2 0	u_3 0	x_B	Θ
1	u_1	0	1	1	1	1	1	0	0	4	4
2	u_2	0	3	2	1	0	0	1	0	6	2
3	u_3	0	0	0	2	3	0	0	1	9	%
			−2	−2	−2	−2	0	0	0	0	
1	u_1	0	0	1/3	2/3	1	1	−1/3	0	2	2
2	x_1	2	1	2/3	1/3	0	0	1/3	0	2	%
3	u_3	0	0	0	2	3	0	0	1	9	3
			0	−2/3	−4/3	−2	0	2/3	0	4	
1	x_4	2	0	1/3	2/3	1	1	−1/3	0	2	6
2	x_1	2	1	2/3	1/3	0	0	1/3	0	2	3
3	u_3	0	0	−1	0	0	−3	1	1	3	%
			0	0	0	0	2	0	0	8	
1	x_4	2	−1/2	0	1/2	1	1	−1/2	0	1	%
2	x_2	2	3/2	1	1/2	0	0	1/2	0	3	2
3	u_3	0	3/2	0	1/2	0	−3	3/2	1	6	4
			0	0	0	0	2	0	0	8	

Es gibt hier mehrere optimale Lösungen, z. B.

$$(2, 0, 0, 2)^\top, (0, 3, 0, 1)^\top, (1, 0, 2, 1)^\top, (0, 0, 4, 0)^\top$$

die alle den Zielfunktionswert $z^* = 8$ haben.

5.10

a) Phase 1:

Nr	BV	c_B	x_1 0	x_2 0	u_1 0	u_2 0	v_1 −1	x_B	Θ
1	u_1	0	1	2	1	0	0	4	4
2	v_1	−1	2	1	0	−1	1	6	3
			−2	−1	0	1	0	−6	
1	u_1	0	0	3/2	1	1/2	−1/2	1	
2	x_1	0	1	1/2	0	−1/2	1/2	3	
			0	0	0	0	1	0	

Phase 2:

Nr	BV	c_B	x_1 -1	x_2 1	u_1 0	u_2 0	x_B	Θ
1	u_1	0	0	3/2	1	1/2	1	2/3
2	x_1	-1	1	1/2	0	$-1/2$	3	6
			0	$-3/2$	0	1/2	-3	
1	x_2	1	0	1	2/3	1/3	2/3	
2	x_1	-1	1	0	$-1/3$	$-2/3$	8/3	
			0	0	1	1	-2	

Optimale Lösung:

$$x^* = (x_1, x_2)^\top = \left(\frac{8}{3}, \frac{2}{3}\right)^\top .$$

Optimaler Zielfunktionswert:

$$z^* = -2 .$$

b) Phase 1:

Nr	BV	c_B	x_1 0	x_2 0	x_3 0	u_1 0	v_1 -1	x_B	Θ
1	v_1	-1	3	-2	2	0	1	6	2
2	u_1	0	-2	1	-3	1	0	6	%
			-3	2	-2	0	0	-6	
1	x_1	0	1	$-2/3$	2/3	0	1/3	2	
2	u_1	0	0	$-1/3$	$-5/3$	1	2/3	10	
			0	0	0	0	1	0	

Phase 2:

Nr	BV	c_B	x_1 1	x_2 1	x_3 0	u_1 0	x_B	Θ
1	x_1	1	1	$-2/3$	2/3	0	2	%
2	u_1	0	0	$-1/3$	$-5/3$	1	10	%
			0	$-5/3$	2/3	0	2	

Der Zielfunktionswert kann unbeschränkt anwachsen, es gibt folglich keine optimale Lösung ($z^* = +\infty$).

c) Phase 1:

			x_1	x_2	u_1	u_2	v_1		
Nr	BV	c_B	0	0	0	0	-1	x_B	Θ
1	u_1	0	$\boxed{1}$	2	1	0	0	4	$\boxed{4}$
2	v_1	-1	2	1	0	-1	1	10	5
			$\boxed{-2}$	-1	0	1	0	-10	
1	x_1	0	1	2	1	0	0	4	
2	v_1	-1	0	-3	-2	-1	1	2	
			0	3	2	1	0	-2	

Leerer zulässiger Bereich (Phase 1 endete mit $z^* = -2 < 0$).

d) Phase 1:

			x_1	x_2	u_1	u_2	v_1	v_2		
Nr	BV	c_B	0	0	0	0	-1	-1	x_B	Θ
1	v_1	-1	1	2	-1	0	1	0	2	2
2	v_2	-1	$\boxed{2}$	1	0	-1	0	1	2	$\boxed{1}$
			$\boxed{-3}$	-3	1	1	0	0	-4	
1	v_1	-1	0	$\boxed{3/2}$	-1	1/2	1	-1/2	1	$\boxed{2/3}$
2	x_1	0	1	1/2	0	-1/2	0	1/2	1	2
			0	$\boxed{-3/2}$	1	-1/2	0	3/2	-1	
1	x_2	0	0	1	-2/3	1/3	2/3	-1/3	2/3	
2	x_1	0	1	0	1/3	-2/3	-1/3	2/3	2/3	
			0	0	0	0	1	1	0	

Phase 2:

			x_1	x_2	u_1	u_2		
Nr	BV	c_B	-1	-1/2	0	0	x_B	Θ
1	x_2	-1/2	0	1	-2/3	1/3	2/3	%
2	x_1	-1	1	0	$\boxed{1/3}$	-2/3	2/3	$\boxed{2}$
			0	0	$\boxed{0}$	1/2	-1	
1	x_2	-1/2	2	1	0	-1	2	1
2	u_1	0	$\boxed{3}$	0	1	-2	2	$\boxed{2/3}$
			$\boxed{0}$	0	0	1/2	-1	

Zwei optimale Basislösungen (entsprechend der vorletzten bzw. letzten Simplextabelle):

$$x^* = (x_1, x_2)^\top = \left(\frac{2}{3}, \frac{2}{3}\right)^\top,$$

$$x^{**} = (x_1, x_2)^\top = (0,2)^\top.$$

Optimaler Zielfunktionswert:

$$z^* = -1.$$

Optimale Lösungen sind alle konvexen Linearkombinationen der beiden optimalen Basislösungen x^* und x^{**}, d. h., alle Vektoren der Form

$$x = \lambda \cdot x^* + (1 - \lambda) \cdot x^{**}, \quad 0 \le \lambda \le 1.$$

Es gibt also unendlich viele verschiedene optimale Lösungen.

5.11 Lösung mittels Simplextabelle

Phase 1:

Nr	BV	c_B	x_1 0	x_2 0	x_3 0	u_1 0	u_2 0	u_3 0	u_4 0	v_1 −1	v_2 −1	x_B	Θ
1	u_1	0	1	1	1	1	0	0	0	0	0	15	15
2	u_2	0	1	−2	3	0	1	0	0	0	0	8	%
3	v_1	−1	−2	1	−1	0	0	−1	0	1	0	10	10
4	v_2	−1	1	0	1	0	0	0	−1	0	1	2	%
			1	−1	0	0	0	1	1	0	0	−12	
1	u_1	0	3	0	2	1	0	1	0	−1	0	5	5/3
2	u_2	0	−3	0	1	0	1	−2	0	2	0	28	%
3	x_2	0	−2	1	−1	0	0	−1	0	1	0	10	%
4	v_2	−1	1	0	1	0	0	0	−1	0	1	2	2
			−1	0	−1	0	0	0	1	1	0	−2	
1	x_1	0	1	0	2/3	1/3	0	1/3	0	−1/3	0	5/3	5/2
2	u_2	0	0	0	3	1	1	−1	0	1	0	33	11
3	x_2	0	0	1	1/3	2/3	0	−1/3	0	1/3	0	40/3	40
4	v_2	−1	0	0	1/3	−1/3	0	−1/3	−1	1/3	1	1/3	1
			0	0	−1/3	1/3	0	1/3	1	2/3	0	−1/3	
1	x_1	0	1	0	0	1	0	1	2	−1	−2	1	
2	u_2	0	0	0	0	4	1	2	9	−2	−9	30	
3	x_2	0	0	1	0	1	0	0	1	0	−1	13	
4	x_3	0	0	0	1	−1	0	−1	−3	1	3	1	
			0	0	0	0	0	0	0	1	1	0	

Aus der Endtabelle der Phase 1 (die keine künstlichen Variablen mehr in der Basis enthält!) kann man die zulässige Basislösung $x = (x_1, x_2, x_3)^\top = (1, 13, 1)^\top$ ablesen, das Ungleichungssystem enthält also keinen Widerspruch.

5.12 Das Dualproblem lautet:

$$
\begin{array}{rcrcrcl}
5y_1 & + & 6y_2 & + & 3y_3 & \longrightarrow & \min \\
y_1 & + & 2y_2 & + & 3y_3 & \geq & 12 \\
-y_1 & + & 7y_2 & - & 8y_3 & \geq & 13 \\
y_1 & & & + & 4y_3 & = & 0 \\
y_1 & - & 2y_2 & & & \leq & 9 \\
& & & y_2 \geq 0, & y_3 & \leq & 0
\end{array}
$$

.

5.13 Dual zu (U) ist:

$$
\begin{array}{rcl}
\langle b, y \rangle & \longrightarrow & \min \\
A^\top y & \geq & c \\
y & \geq & \mathbf{0}.
\end{array}
$$

5.14 Nach Multiplikation der Zielfunktion von (P1D) mit −1 erhält man eine Maximierungsaufgabe, deren Dualproblem wie folgt lautet:

$$
\begin{array}{rcrcrcl}
2z_1 & + & 9z_2 & & & \longrightarrow & \min \\
z_1 & + & 3z_2 & + & 4z_3 & \geq & -7 \\
5z_1 & - & z_2 & + & 6z_3 & = & -8 \\
& & & z_1, & z_3 & \leq & 0
\end{array}
$$

.

Diese Aufgabe ist äquivalent zu (P1), wovon man sich nach Multiplikation der Nebenbedingungen und der Zielfunktion mit −1 und nach Anwendung der Substitution $x_j = -z_j$, $j = 1, 2, 3$, überzeugt.

10.6 Lösungen zu Kapitel 6: Differenzialrechnung für Funktionen einer Variablen

6.1

a) Die Funktion $f(x)$ ist in $x = 0$ nicht stetig, da weder der linksseitige noch der rechtsseitige Grenzwert $\lim_{x \to 0} f(x)$ existiert (es lassen sich jeweils gegen null konvergierende Teilfolgen $\{x_i\}$ konstruieren, deren zugehörige Funktionswertfolge $\{f(x_i)\}$ gegen einen beliebigen Wert aus dem Intervall $[-1, +1]$ strebt). Anschaulich bedeutet dies, dass der Graph der Funktion $f(x)$ in jeder Umgebung des Nullpunktes ständig zwischen den Werten −1 und +1 hin und her schwankt.

b) Die Funktion $g(x) = x \cdot f(x)$ schwankt zwar ebenfalls in jeder Umgebung des Nullpunktes zwischen einer unteren und einer oberen Grenze hin und her, diese Schranke wird jedoch durch den Faktor x entsprechend kleiner, je näher der Nullpunkt rückt. Dies bedeutet, dass in diesem Fall die beiden einseitigen Grenzwerte existieren und gleich dem Funktionswert $g(0) = 0$ sind, d. h., $g(x)$ ist (sogar auf ganz $\mathbb{R}$) stetig.

6.2 Für eine gegebene kleine Zahl $\varepsilon \in (0,1)$ setzen wir z. B. $\delta = \frac{1}{3}\varepsilon$ (wobei offenbar $\delta > 0$ ist). Dann gilt für alle x mit $|x-1| < \delta$ zunächst die Einschränkung $x-1 < \delta < \frac{1}{3}$ und damit $x+1 < 2+\frac{1}{3} = \frac{7}{3}$. Zum anderen kann daraus die Ungleichungskette $|f(x) - f(1)| = |x^2 - 1| = |x-1| \cdot |x+1| < \frac{1}{3}\varepsilon \cdot \frac{7}{3} = \frac{7}{9}\varepsilon < \varepsilon$ und damit der Beweis der Stetigkeit abgeleitet werden.

6.3 Statt $f(x) = c$ kann man auch $f(x) = c \cdot x^0$ schreiben, woraus mithilfe der Regel vom konstanten Faktor und der Regel für die Ableitung einer Potenzfunktion (mit $n = 0$) sofort $f'(x) = c \cdot (x^0)' = c \cdot (0 \cdot x^{-1}) = 0$ folgt.

6.4

a) $k'(x) = \left(ax^2 + bx + c + \frac{d}{x}\right)' = 2ax + b - \frac{d}{x^2}$

b) $s'(t) = \dfrac{abce^{-ct}}{(1 + be^{-ct})^2}$

c) $l'(x) = a - \frac{b}{x^2}$

d) $t'(x) = ab \cdot \cos(bx + c)$

e) $w'(t) = b^t \cdot \ln b$.

6.5 Leitet man jeweils Zähler und Nenner ab (Regel von L'Hospital), so lassen sich anschließend die Grenzwerte einfach berechnen:

$$\lim_{x \to 0} \frac{\sin x}{x} = \lim_{x \to 0} \frac{\cos x}{1} = 1, \qquad \lim_{x \to \infty} \frac{\ln x}{x} = \lim_{x \to \infty} \frac{\frac{1}{x}}{1} = 0$$

6.6

a) $f'(x) = a \cdot e^{ax}, f''(x) = a^2 \cdot e^{ax}, \ldots, f^{(n)}(x) = a^n \cdot e^{ax};$

b) $g'(x) = e^x + x \cdot e^x = (x+1) \cdot e^x, g''(x) = e^x + (x+1) \cdot e^x = (x+2) \cdot e^x, \ldots, g^{(n)}(x) = (x+n) \cdot e^x;$

c) $\begin{aligned} h'(x) &= ab \cdot \cos(bx + c) \\ h''(x) &= -ab^2 \cdot \sin(bx + c) \\ h'''(x) &= -ab^3 \cdot \cos(bx + c) \\ h^{(4)}(x) &= ab^4 \cdot \sin(bx + c) \end{aligned}$

$\ldots$

$$h^{(n)}(x) = \begin{cases} ab^n \cdot \sin(bx + c), & \text{falls } n = 4k, k \in \mathbb{N} \\ ab^n \cdot \cos(bx + c), & \text{falls } n = 4k + 1, k \in \mathbb{N} \\ -ab^n \cdot \sin(bx + c), & \text{falls } n = 4k + 2, k \in \mathbb{N} \\ -ab^n \cdot \cos(bx + c), & \text{falls } n = 4k + 3, k \in \mathbb{N} \end{cases}$$

6.7 $f(x)$ $=$ e^{-x} $f(1)$ $=$ $0{,}36788$
         $f'(x)$ $=$ $-e^{-x}$ $f'(1)$ $=$ $-0{,}36788$
         $f''(x)$ $=$ e^{-x} $f''(1)$ $=$ $0{,}36788$

Lineare Approximation: $p_1(x) = -0{,}36788x + 0{,}73576$
Quadratische Approximation: $p_2(x) = 0{,}18394x^2 - 0{,}73576x + 0{,}91970$

6.8

a) $f(x) = x^3$ ist auf ganz $\mathbb{R}$ streng monoton wachsend

b) $s(t) = \frac{a}{1+be^{-ct}}$ ist (für $a, b, c > 0$) ebenfalls auf ganz $\mathbb{R}$ streng monoton wachsend (vgl. auch Abb. 6.11).

c) $d(x) = \frac{1}{\sigma\sqrt{2\pi}}e^{-\frac{(x-\mu)^2}{2\sigma^2}}$ ist auf $(-\infty, 0]$ streng monoton wachsend und auf $[0, \infty)$ streng monoton fallend (vgl. auch Abb. 6.16).

6.9 Aus $f(x) \le C_o$ und $f(x) \ge C_u$ $\forall\, x \in [a, b]$ folgt unmittelbar $|f(x)| \le C$ $\forall\, x \in [a, b]$, wenn man für die Konstante C z. B. das Maximum der Absolutbeträge $|C_o|$ und $|C_u|$ wählt.

6.10 $d(x) = \frac{1}{\sigma\sqrt{2\pi}}e^{-\frac{(x-\mu)^2}{2\sigma^2}}$ ist nach oben durch $d(0) = \frac{1}{\sigma\sqrt{2\pi}}$ sowie nach unten durch null beschränkt (vgl. auch Abb. 6.16).

6.12 Mit $x = 1 - \frac{1}{z}$ ergibt sich $\frac{x+1}{x-1} = \frac{1-\frac{1}{z}+1}{1-\frac{1}{z}-1} = \frac{2z-1}{-1} = 1 - 2z$, woraus $\lim\limits_{x\uparrow 1} \frac{x+1}{x-1} = \lim\limits_{z\to\infty} (1 - 2z) = -\infty$ folgt.

6.13 Die Funktion $y = s(t) = \frac{a}{1+be^{-ct}}$ ist überall definiert ($D(s) = \mathbb{R}$), hat bei $s(0) = \frac{a}{1+b}$ ihren Schnittpunkt mit der y-Achse und besitzt wegen $s(t) > 0$ $\forall\, t$ keine Nullstellen. Wegen $s'(t) = \frac{abce^{-ct}}{(1+be^{-ct})^2} > 0$ $\forall\, t$ liegen auch keine Extrempunkte vor, die Funktion ist auf ganz $\mathbb{R}$ streng monoton wachsend. Das Verhalten im Unendlichen und die entsprechenden unteren und oberen Schranken wurden bereits in Beispiel 6.9 diskutiert.

Aus $s''(t) = -\frac{abc^2e^{-ct}(1-be^{-ct})}{(1+be^{-ct})^3} = 0$ ermittelt man den einzigen Wendepunkt $t_W = \frac{\ln b}{c}$. Im Intervall $(-\infty, t_W]$ ist die Funktion $s(t)$ dann offensichtlich konvex, in $[t_W, \infty)$ konkav. Eine grafische Darstellung des Kurvenverlaufs von $s(t)$ findet man in Abb. 6.11.

6.14 Die Tangente verläuft durch den Punkt $(x_n, f(x_n))$ und besitzt den Anstieg $m = f'(x_n)$. Entsprechend der Punkt-Richtungs-Gleichung gilt:

$$a - f(x_n) = m \cdot (x - x_n), \text{d. h. } y = f(x_n) + f'(x_n) \cdot (x - x_n).$$

Setzt man $y = 0$ und löst nach x auf, so ergibt sich unter der Voraussetzung $f'(x_n) \neq 0$ die

Beziehung $f(x_n) + f'(x_n)(x - x_n) = 0$, d. h. $x - x_n = -\dfrac{f(x_n)}{f'(x_n)}$. Bezeichnet man die Lösung

mit x_{n+1}, erhält man die gesuchte Gleichung (6.34).

10.7 Lösungen zu Kapitel 7: Funktionen mehrerer Veränderlicher

7.2 Die Gleichung $y = x_1^2 + x_2^2 + 1 = C$ (Schnittfigur mit einer zur x_1, x_2-Ebene parallelen Fläche) entspricht für $C \geq 1$ einer Kreisgleichung (mit dem Radius $r = \sqrt{C - 1}$) und stellt für $C < 1$ einen Widerspruch dar (keine gemeinsamen Punkte bei zu tief liegender Schnittebene).

Setzt man aber $x_1 = C$ bzw. $x_2 = C$ in die Funktionsgleichung ein, erhält man mit $y = C^2 + x_2^2 + 1$ bzw. $y = x_1^2 + C^2 + 1$ stets eine quadratische Gleichung für y, d. h., die entsprechenden Schnittfiguren mit Flächen parallel zur x_2, y- bzw. x_1, y-Ebene stellen (für jeden Wert von C) nach oben geöffnete Parabeln dar.

7.4 Der Ausdruck $g(x_1, x_2)$ ist für jeden beliebigen Argumentwert (x_1, x_2) eindeutig definiert, g stellt also tatsächlich eine Funktion dar. Im Nullpunkt $\bar{x} = \mathbf{0}$ gilt einerseits $\lim\limits_{x \to \bar{x}} g(x) = 1$, andererseits ist per Definition $g(\bar{x}) = 0$. Da diese Werte unterschiedlich sind, liegt eine (hebbare) Unstetigkeit vor.

10.8 Lösungen zu Kapitel 8: Extremwerte von Funktionen mehrerer Veränderlicher

8.1 Für $n = 1$ ist $H_f(x_E) = f''(x_E)$ eine Zahl, sodass die quadratische Form $\langle H_f x, x \rangle$ aus Abschn. 4.7.4 die Gestalt $f''(x_E) \cdot x^2$ annimmt. Je nach Vorzeichen von $f''(x_E)$ ist dann entweder $f''(x_E) \cdot x^2 \geq 0$ oder $f''(x_E) \cdot x^2 \leq 0$ für alle Zahlen x, d.h., $H_f(x_E)$ ist auf jeden Fall mindestens semidefinit.

Für $n = 2$ liefert $\mathcal{A} > 0$ die Relation $f_{x_1 x_1}(x_E) f_{x_2 x_2}(x_E) - [f_{x_1 x_2}(x_E)]^2 > 0$, was gleichbedeutend mit $f_{x_1 x_1}(x_E) f_{x_2 x_2}(x_E) > [f_{x_1 x_2}(x_E)]^2 \geq 0$ ist. Daraus lässt sich unmittelbar $f_{x_1 x_1}(x_E) f_{x_2 x_2}(x_E) > 0$, also $f_{x_1 x_1}(x_E) \neq 0$ und $f_{x_2 x_2}(x_E) \neq 0$ ableiten.

8.2 Der Gradient $\nabla_\lambda L(x, \lambda)$ entspricht gerade den ursprünglichen Nebenbedingungen und ist damit unabhängig von λ. Folglich sind alle davon abgeleiteten zweiten partiellen Ableitungen $\nabla^2_{\lambda\lambda} L$ gleich null.

8.5 Die Fehlerquadratsumme $S(a_1, a_2)$ ist eine konvexe (quadratische) Funktion, was sich z. B. durch Betrachtung der Hesse-Matrix H_S nachweisen lässt:

$$H_S(a_1, a_2) = \begin{pmatrix} 2N & 2\sum_{i=1}^{K} x_i \\ 2\sum_{i=1}^{K} x_i & 2\sum_{i=1}^{K} x_i^2 \end{pmatrix} = \begin{pmatrix} 2N & 2[x_i] \\ 2[x_i] & 2[x_i^2] \end{pmatrix}.$$

Dazu ist zu zeigen, dass H_S (für beliebiges a_1 und a_2) eine positiv definite Matrix ist, d.h., dass sowohl $\frac{\partial^2 S}{\partial a_1^2} \cdot \frac{\partial^2 S}{\partial a_2^2} - \left(\frac{\partial^2 S}{\partial a_1 \partial a_2}\right)^2 = 4N[x_i^2] - 4[x_i]^2 = 4D$ als auch $\frac{\partial^2 S}{\partial a_1^2} = 2N$ positive Zahlen sind.

Durch ausführliche Umformungen kann D auch als Summe von Quadraten dargestellt werden:

$$D = N[x_i^2] - [x_i]^2 = N \cdot \sum_{i=1}^{N} \left(x_i - \frac{[x_i]}{N}\right)^2.$$

Dies bedeutet aber, dass bei $N > 1$ und mindestens zwei voneinander abweichenden Merkmalen x_i jeweils mindestens ein Summand in den Ausdrücken $[x_i^2]$ und D von null verschieden sind und damit beide Summen tatsächlich positive Zahlen darstellen.

Also ist unter diesen Voraussetzungen die hinreichende Bedingung zweiter Ordnung aus Abschn. 8.1 erfüllt, die berechneten Regressionsparameter gewährleisten ein Minimum der Fehlerquadratsumme und die Eindeutigkeit der berechneten Lösung.

8.6

i	x_i	x_i^2	y_i	$x_i y_i$
1	1	1	67	67
2	3	9	74	222
3	4	16	72	288
4	5	25	78	390
5	7	49	85	595
$\sum$	20	100	376	1562

$$\begin{aligned} 20a_1 &+ 100a_2 &=& 1562 \\ 5a_1 &+ 20a_2 &=& 376 \end{aligned}$$

$$d = 100 \cdot 5 - 20^2 = 100$$

$$a_1 = \frac{100 \cdot 376 - 20 \cdot 1562}{100} = 63{,}6$$

$$a_2 = \frac{1562 \cdot 5 - 20 \cdot 376}{100} = 2{,}9$$

Regressionsgerade: $y = 2{,}9x + 63{,}6$.

8.7 Der aus einer geraden Anzahl äquidistanter Stützstellen $x_1, \ldots, x_{2k}$ gebildete Mittelwert ist gleich dem arithmetischen Mittel der beiden „mittleren" Merkmale x_k und x_{k+1}, d. h. $\bar{x} = \frac{x_k + x_{k+1}}{2}$.

8.8 Die quadratische Approximation (näherungsweise $y = 0{,}19x^2 + 1{,}38x + 65{,}89$) unterscheidet sich im betrachteten Bereich $1 \leq x \leq 7$ nicht wesentlich von der Regressionsgeraden $y = 2{,}9x + 63{,}6$. Problematisch wird es erst, wenn Prognosen z. B. für $x > 7$ getroffen werden sollen (Extrapolation). Dann liefert der quadratische Ansatz größere Werte als der lineare, ist also optimistischer:

	Prognosewert bei	
	linearem Ansatz	quadratischem Ansatz
$x = 8$	86,8	89,1
$x = 10$	92,6	98,7

8.9 Die lineare Transformation $x_i' := x_i - 5$ ergibt:

i	x_i'	$x_i'^2$	$x_i'^3$	$x_i'^4$	y_i	$x_i' y_i$	$x_i'^2 y_i$
1	-2	4	-8	16	6	-12	24
2	-1	1	-1	1	7	-7	7
3	0	0	0	0	10	0	0
4	1	1	1	1	14	14	14
5	2	4	8	16	21	42	84
Σ	0	10	0	34	58	37	129

Das zugehörige Normalgleichungssystem

$$
\begin{array}{rcrcrcl}
5a_1 & & & + & 10a_3 & = & 58 \\
& & 10a_2 & & & = & 37 \\
10a_1 & & & + & 34a_3 & = & 129
\end{array}
$$

besitzt die eindeutige Lösung

$$a_1 = \frac{682}{70} \approx 9{,}74;$$

$$a_2 = \frac{37}{10} = 3{,}7;$$

$$a_3 = \frac{65}{70} \approx 0{,}93;$$

die gesuchten quadratischen Approximationsfunktionen lauten also:

$$y = 0{,}93x'^2 + 3{,}7x' + 9{,}74 \quad \text{bzw.}$$
$$y = 0{,}93x^2 - 5{,}59x + 14{,}46 \quad \text{(nach Rücktransformation).}$$

8.10 Als geeignete Trendfunktion empfiehlt sich im gegebenen Beispiel eine Sättigungs-funktion vom Typ (8.38) mit einem Sättigungswert von $a = 100$ (Prozent). Die transfor-mierte Tabelle lautet dann:

x_i	1	2	3	4	5	6	7
y_i'	0,5754	0,2007	$-0{,}4055$	$-0{,}8473$	$-1{,}3863$	$-1{,}7346$	$-2{,}1972$

Die Methode der kleinsten Quadratsummen für diese sieben Werte liefert:

i	x_i	x_i^2	y_i'	$x_i y_i'$
1	1	1	0,5754	0,5754
2	2	4	0,2007	0,4013
3	3	9	$-0{,}4055$	$-1{,}2164$
4	4	16	$-0{,}8473$	$-3{,}3892$
5	5	25	$-1{,}3863$	$-6{,}9315$
6	6	36	$-1{,}7346$	$-10{,}4076$
7	7	49	$-2{,}1972$	$-15{,}3806$
$\sum$	28	140	$-5{,}7948$	$-36{,}3485$

$$D = 140 \cdot 7 - 28^2 = 196;$$

$$a_1 = \frac{-140 \cdot 5{,}7948 + 28 \cdot 36{,}3485}{196} = 1{,}0535;$$

$$a_2 = \frac{-36{,}3485 \cdot 7 + 28 \cdot 5{,}7948}{196} = -0{,}4703;$$

$$b = e^{a_1} = 2{,}8677; \qquad c = -a_2 = 0{,}4703$$

Endergebnis:

$$y = f(x) = \frac{a}{1 + b \cdot e^{-cx}} = \frac{100}{1 + 2{,}8677 \cdot e^{-0{,}4703x}}.$$

8.11 Rundet man alle Ergebnisse auf zwei Nachkommastellen, so ergibt sich die Approxi-mationsfunktion $y = f(x) = 89{,}13 - \dfrac{60{,}91}{x}$.

10.9 Lösungen zu Kapitel 9: Integralrechnung

9.2

a) $\int_0^1 x^2 \, dx = \left(\frac{1}{3}x^3\right)\Big|_0^1 = \frac{1}{3} \cdot 1^3 - \frac{1}{3} \cdot 0^3 = \frac{1}{3}$;

b) Wegen $|x| = \begin{cases} x, & x \geq 0 \\ -x, & x < 0 \end{cases}$ erhalten wir:

$$\int_{-1}^{1} |x| \, dx = \int_{-1}^{0} (-x) \, dx + \int_{0}^{1} x \, dx = \left(-\frac{1}{2}x^2\right)\Big|_{-1}^{0} + \left(\frac{1}{2}x^2\right)\Big|_{0}^{1} = \left(0 - \left(-\frac{1}{2}\right)\right) + \left(\frac{1}{2} - 0\right) = 1 ;$$

c) Wegen $\min\{x, x^2\} = \begin{cases} x, & x \leq 0 \text{ oder } x \geq 1 \\ x^2, & 0 < x < 1 \end{cases}$ gilt:

$$\int_{-2}^{2} \min\{x, x^2\} \, dx = \int_{-2}^{0} x \, dx + \int_{0}^{1} x^2 \, dx + \int_{1}^{2} x \, dx = \left(\frac{1}{2}x^2\right)\Big|_{-2}^{0} + \left(\frac{1}{3}x^3\right)\Big|_{0}^{1} + \left(\frac{1}{2}x^2\right)\Big|_{1}^{2}$$

$$= \left(0 - \frac{1}{2}(-2)^2\right) + \left(\frac{1}{3} - 0\right) + \left(\frac{1}{2}2^2 - \frac{1}{2}\right) = -2 + \frac{1}{3} + 2 - \frac{1}{2} = -\frac{1}{6} .$$

9.4

$$\iint_{(G)} x \cdot y \, dx \, dy = \int_0^1 \left(\int_{x^2}^{\sqrt{x}} xy \, dy \right) dx = \int_0^1 \left(\frac{1}{2}xy^2 \Big|_{x^2}^{\sqrt{x}} \right) dx$$

$$= \int_0^1 \left(\frac{1}{2}x^2 - \frac{1}{2}x^5 \right) dx = \left[\frac{x^3}{6} - \frac{x^6}{12} \right]\Big|_0^1 = \frac{1}{6} - \frac{1}{12} = \frac{1}{12} .$$

9.5 Aus $y = s(t) = \dfrac{a}{1 + b \cdot e^{-ct}}$ und $y' = s'(t) = \dfrac{abc \cdot e^{-ct}}{(1 + b \cdot e^{-ct})^2}$ (vgl. Aufgabe 6.4) folgt

$\dfrac{y'}{y} = \dfrac{bc \cdot e^{-ct}}{1 + b \cdot e^{-ct}} = \dfrac{c}{a}(a - y)$, der gesuchte Proportionalitätsfaktor lautet folglich $p = \dfrac{c}{a}$.

Klausurbeispiel

11

Die folgende Klausur wurde vor einigen Jahren nach dem zweisemestrigen Grundkurs „Mathematik für Studenten der Wirtschaftswissenschaften" an der TU Chemnitz gestellt. Zur Bearbeitung der Aufgaben standen vier Stunden zur Verfügung, als Hilfsmittel waren beliebige Nachschlagewerke (ohne Rechenbeispiele) sowie Taschenrechner zugelassen. Zum Bestehen waren 50 % der erreichbaren 120 Punkte notwendig. In den letzten Jahren wird nach dem ersten Semester eine Klausur zu den Themengebieten Lineare Algebra und Analysis und nach dem zweiten Semester eine Klausur zur Linearen Optimierung und Finanzmathematik geschrieben (Dauer jeweils 90 Minuten).

11.1 Klausuraufgaben

Tobias hat sein Studium der Wirtschaftswissenschaften im 3. Semester abgebrochen und auf dem Uni-Campus einen Spezialitätenkiosk „Tobbis Shop" eröffnet. Trotzdem ist er noch sehr an Anwendungen der Mathematik interessiert.

Aufgabe 1 (16 Punkte)
In Tobbis „Shop" gibt es zum Essen einen Gratisdrink, sobald ein Kunde auf nachfolgendem Fragebogen mindestens 15 von 16 möglichen Punkten erzielt. Sind Sie dabei?

a) Kann ein homogenes lineares Gleichungssystem unlösbar sein?

b) Stimmt es, dass die Zahlenfolge $\{a_n\}$ mit $a_n = \dfrac{3n + 3 \cdot (-1)^n}{3n}$ für $n \to +\infty$ den Grenzwert 3 hat?

c) Kann die Matrix $M = \begin{pmatrix} 1 & 1 & 1 \\ 2 & 2 & 2 \\ 3 & 3 & 3 \end{pmatrix}$ eine Inverse besitzen?

B. Luderer, U. Würker, *Einstieg in die Wirtschaftsmathematik*,
Studienbücher Wirtschaftsmathematik, DOI 10.1007/978-3-658-05937-8_11,
© Springer Fachmedien Wiesbaden 2015

d) Was versteht man unter der Vereinigung zweier Mengen (exakte Definition)?

e) Können drei Vektoren im vierdimensionalen Raum linear unabhängig sein? (Evtl. Beispiel angeben.)

f) Ist die Folge 2, −4, 8, −16, 32, … bestimmt divergent?

g) Wie lautet die duale Aufgabe (D) zur nachstehenden linearen Optimierungsaufgabe (P), und wie lauten die optimalen Lösungen beider Aufgaben?

$$\begin{aligned} x_1 + 2x_2 &\to \max \\ 2x_1 + x_2 &\le 5 \quad (P) \\ x_1, x_2 &\ge 0 \end{aligned}$$

Aufgabe 2 (10 + 2 Punkte)

Mit seiner Spezialität „Chemnitzer Dreierlei" (Kartoffelpuffer, Champignons, Preiselbeeren) ist Tobias Monopolist auf dem Uni-Campus. Um eine Preis-Absatz-Funktion für das „Dreierlei" zu ermitteln, startet Tobias mithilfe von AIESEC eine Umfrage unter den Studenten, bei welchem Preis wie viele Portionen pro Woche verzehrt werden würden. Die Umfrage ergibt folgendes Bild:

Preis pro Portion (in €)	2,50	3,00	3,50	4,00	4,50
Nachfrage (in Portionen)	1000	760	550	400	270

a) Berechnen Sie mittels der Methode der kleinsten Quadrate bei einem linearen Ansatz eine Preis-Absatz-Funktion $f(p)$, die die Umfrageergebnisse bestmöglich widerspiegelt. Für welchen Preis $\widetilde{p}$ wird der Absatz null?

b) Tobias hat mit einem anderen Ansatz die Funktion $x = g(p) = \frac{2000}{2p-3}$ ermittelt. Schätzen Sie deren Brauchbarkeit ein.

c) Da ihm die Funktion aus b) zu kompliziert ist, möchte Tobias an ihrer statt eine lineare Funktion verwenden, die er durch Linearisierung der Funktion $g(p)$ im Punkt $\bar{p} = 3,5$ gewinnt, d. h., er ersetzt die Funktion $g(p)$ durch die lineare Funktion $l(p) = g(\bar{p}) + g'(\bar{p}) \cdot (p - \bar{p})$ (geometrisch: Ersetzung der Kurve $x = g(p)$ durch deren Tangente im Punkt $\bar{p} = 3,5$). Berechnen Sie die linearisierte Preis-Absatz-Funktion $l(p)$.

Zusatz: Vergleichen Sie das Resultat von c) mit Ihrem Ergebnis aus a).

Aufgabe 3 (14 + 4 Punkte)

Die Ansätze aus Aufgabe 2 befriedigen Tobias noch nicht, weshalb er mittels eines weiteren Ansatzes die Preis-Absatz-Funktion

$$x = h(p) = \frac{100.800}{p + 8} + 400p - 9600 \qquad (11.1)$$

ermittelt (p – Preis in € pro Portion, x – Menge in Portionen), die die wöchentlich abgesetzte Menge beschreibt.

a) Skizzieren Sie diese Funktion im Bereich $p \in [0, 8]$.

b) Stellen Sie für die Funktion (11.1) die zugehörige Umsatz- sowie die Gewinnfunktion (in Abhängigkeit vom Preis p) auf, wenn die Kostenfunktion

$$K(x) = 1{,}5x + 100 \qquad\qquad (11.2)$$

unterstellt wird.

c) Bei welchem Preis ergibt sich das Gewinnmaximum? Wie groß ist der maximale Gewinn? Wie viele Portionen verkauft Tobias zum optimalen Preis?

Hinweis: In c) ist eine Polynomgleichung 3. Grades oder eine dazu äquivalente Gleichung zu lösen, was sinnvollerweise nur **näherungsweise** mit einem numerischen Verfahren geschehen kann. Es wird das Newtonverfahren empfohlen.

Zusatz: Schätzen Sie die Brauchbarkeit der Ansatzfunktion $h(p)$ ein. Weisen Sie außerdem nach, dass für den in c) berechneten Preis tatsächlich ein Maximum des Gewinns vorliegt.

Aufgabe 4 (8 Punkte)

Nach einiger Zeit kennt Tobias genau seinen wöchentlichen Bedarf an Kartoffeln, Champignons und Preiselbeeren: 800 Pfund, 320 Pfund, 160 Pfund. Er hat auch vier Lieferanten gefunden, die ihm alles zu günstigen Konditionen anbieten, allerdings in fest vorgegebenen Relationen. So liefert z. B. der 1. Lieferant grundsätzlich nur Sets à 25 kg Kartoffeln, 5 kg Champignons und 2 kg Preiselbeeren oder ein Vielfaches davon, während der 2. Lieferant nur Paletten liefert, die 20 kg Kartoffeln, 9 kg Champignons und keine Preiselbeeren enthalten usw. Dies führt auf das lineare Gleichungssystem

$$
\begin{array}{rcrcrcrcl}
50x_1 & + & 40x_2 & & & + & 20x_4 & = & 800 \\
10x_1 & + & 18x_2 & + & 10x_3 & & & = & 320 \\
4x_1 & & & + & 10x_3 & + & 10x_4 & = & 160\,,
\end{array}
$$

wobei x_i die Liefermenge des Lieferanten i sei.

a) Ermitteln Sie die Menge aller möglichen Lieferungen als Lösungsmenge des linearen Gleichungssystems (ohne Berücksichtigung der Nichtnegativität bzw. Ganzzahligkeit der x_i).

b) Geben Sie eine nichtnegative Lösung an, die (durch sinnvolles Runden) auch ganzzahlig ist, und interpretieren Sie diese in Form eines Antwortsatzes.

Aufgabe 5 (10 + 2 Punkte)

Tobias hat durch Beobachtungen und Befragungen den Verbrauch v nichtalkoholischer Getränke in Abhängigkeit von den verzehrten Portionen x an Kartoffelpuffern ermittelt:

$$v = f(x) = x^4 + 10x^3 + 1100\,.$$

Abb. 11.1 Materialfluss zu
Aufgabe 6

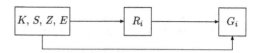

a) Führen Sie eine Kurvendiskussion durch (Extremwerte, Wendepunkte, Grenzwertverhalten für $x \to \pm \infty$; **keine Nullstellenbestimmung**) und skizzieren Sie die Funktion.

b) Beweisen oder begründen Sie, dass $f(x) \geq 0 \quad \forall\, x$.

Zusatz: Beweisen Sie, dass die Funktion f für alle sinnvollen Werte von x (d. h. $x \geq 0$) monoton wachsend ist.

Aufgabe 6 (8 Punkte)

Kartoffelpuffer ist nicht gleich Kartoffelpuffer. Deshalb bietet Tobias drei Geschmacksrichtungen G_1, G_2, G_3 an, die aus zwei Sorten Rohmasse R_1, R_2 sowie zusätzlich aus saurer Sahne und Zwiebeln gemixt werden. Die Rohmasse ihrerseits besteht aus Kartoffeln, saurer Sahne, Zwiebeln und Eiern (K, S, Z, E) (Maßeinheiten: G_i – Portionen, R_i – Kellen, K, S, Z – g, E – Stück).

Die jeweils zum Einsatz kommenden Mengen (vgl. Abb. 11.1) sind aus nachstehenden Tabellen abzulesen:

	je Kelle	
	R_1	R_2
K	100	90
S	15	10
Z	0	5
E	1	0,5

	R_1	R_2	S	Z
G_1	2	1	0	0
G_2	1	2	20	0
G_3	2	1	0	15

je Portion

Tobias verkauft wöchentlich 200 Portionen G_1, 260 von G_2 und 230 Portionen von G_3. Welche Mengen an Viktualien benötigt er?

Aufgabe 7 (16 Punkte)

Für seine Sahnechampignons ist Tobias campusweit berühmt. Das Geheimnis liegt in der richtigen Mischung, die aus frischen Champignons, saurer und süßer Sahne, Butter, Zwiebeln und Gewürzen besteht, wobei folgende Regeln gelten:

Die Menge an Champignons beträgt mindestens 60 % der Gesamtmenge von 100 g pro Portion. Es ist mindestens so viel süße wie saure Sahne enthalten; Butter ist doppelt soviel enthalten wie Zwiebeln; Butter, Zwiebeln und Gewürze machen mindestens 10 % der Gesamtmenge aus.

a) Stellen Sie das Modell einer linearen Optimierungsaufgabe auf, die obige Bedingungen berücksichtigt und eine kostenminimale Mischung bestimmt (Kilogrammpreise: Champignons: 3,50 €, saure Sahne: 5,50 €, süße Sahne: 6,50 €, Butter: 3,20 €, Zwiebeln: 0,80 €, Gewürze: 28 €).

b) Unter Weglassung der Bestandteile Butter, Zwiebeln, Gewürze und bei Zusammenfassung von saurer und süßer Sahne zu Sahne ist Tobias (auf welchem Wege auch immer) zu folgendem Modell gekommen:

$$
\begin{aligned}
3{,}5x + 6y &\to \min \\
x + y &= 100 \\
x &\geq 60 \\
x - y &\leq 70 \\
x, y &\geq 0 \, .
\end{aligned}
$$

Lösen Sie diese Aufgabe sowohl grafisch als auch rechnerisch mithilfe der Simplexmethode.

Aufgabe 8 (10 + 2 Punkte)

Tobias denkt ständig über neue Kartoffelpuffer-Kreationen nach. Seine neuesten Produkte sind der „Starke Sachse" (mit Kümmel und Majoran), dessen Herstellungskosten für x Portionen

$$
K_{SS}(x) = 2{,}8x + 150
$$

betragen, sowie der „Grüne Chemnitzer" (mit Pistazien), der Gesamtkosten von

$$
K_{GC}(x) = 3x + 220
$$

verursacht. Die Verkaufspreise pro Portion betragen 4,70 € beim „Starken Sachsen" und 5,00 € für den „Grünen Chemnitzer".

a) Ab welcher Stückzahl verspricht der Verkauf des „Grünen Chemnitzers" größeren Gewinn als der des „Starken Sachsen"?

b) Tobias ist bei seiner Modellierung auf die Ungleichung

$$
\frac{1{,}9x - 150}{2x - 220} < 1
$$

gekommen. Bestimmen Sie deren vollständige Lösungsmenge.

Zusatz: Woraus ergeben sich die Unterschiede der Ergebnisse von a) und b)?

Aufgabe 9 (12 Punkte)

Da Tobias und seine Mitarbeiter selbst gern von ihren Produkten essen, tritt ein gewisser Eigenverbrauch auf (Matrix A). Zur Bestimmung der Bruttoproduktion bei gegebener Nettoproduktion (= Absatz) muss Tobias deshalb die Matrizengleichung

$$
x - Ax = y \tag{11.3}
$$

lösen.

Abb. 11.2 Lageskizze zu Aufgabe 10

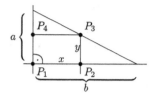

a) Lösen Sie (11.3) nach x auf.

b) Gegeben sei $A = \begin{pmatrix} 0{,}1 & 0 & 0{,}05 \\ 0 & 0{,}04 & 0 \\ 0{,}06 & 0 & 0{,}03 \end{pmatrix}$. Welchen Rang besitzt A?

c) Berechnen Sie die inverse Matrix $(E - A)^{-1}$, wobei die Elemente mindestens auf fünf Nachkommastellen genau (oder als exakte Brüche) angegeben werden müssen.

d) Welchen Rang besitzt die Matrix $E - A$?

e) Berechnen Sie die Lösung x von (11.3) für $y = \begin{pmatrix} 200 \\ 260 \\ 230 \end{pmatrix}$ und A aus b).

Aufgabe 10 (8 Punkte)

Tobias hat vom Kanzler der Universität ein Stückchen Land in Erbpacht bekommen, das er mit einem festen Gebäude mit maximaler rechteckiger Grundfläche bebauen will. Das Grundstück ist an einer rechtwinkligen Wegkreuzung gelegen (siehe Abb. 11.2).

a) Für welche Seitenlängen x und y ergibt sich eine maximale Grundfläche?
   Hinweis: Bestimmen Sie eine Gleichung, der die Koordinaten des Punktes P_3 genügen müssen, indem Sie ein Koordinatensystem mit dem Ursprung in P_1 einführen und beachten, dass P_3 auf einer bestimmten Geraden liegt.

b) Wie groß ist die maximale Gebäudegrundfläche bei den konkreten Zahlen $a = 16$ m und $b = 24$ m?

Aufgabe 11 (8 + 6 Punkte)

Tobias hat im Januar ein Darlehen zur Finanzierung seines Bauvorhabens in Höhe von $D = 300.000\,€$ aufgenommen, dessen vollständige Rückzahlung innerhalb von zehn Jahren durch Zahlung gleichmäßiger Raten (jeweils am Jahresende) in Höhe von $R = 44.000\,€$ erfolgen soll. Seine Bank teilt ihm mit, dass die vereinbarten Zahlungen einer Effektivverzinsung von $\overline{p} = 7{,}1$ (% pro Jahr) entsprächen.

a) Auf welchen Betrag wächst ein Kapital K nach n Jahren bei einer jährlichen Verzinsung p an?

b) Geben Sie eine Formel für den Gesamtendwert der zehn Ratenzahlungen in Höhe von R nach Ablauf der zehn Jahre an.

c) Berechnen Sie den Endwert für die konkreten Raten $R = 44.000$ und den Zinssatz $\overline{p} = 7{,}1$.

d) Vergleichen Sie den in c) berechneten Endwert mit demjenigen, der sich bei Verzinsung eines Kapitals $K = 300.000$ (€) mit demselben Zinssatz $\bar{p} = 7{,}1$ nach zehn Jahren ergibt.

Zusatz 1: Liegt der tatsächliche Effektivzinssatz p_{eff} höher oder niedriger als der von der Bank angegebene?

Zusatz 2: Tobias stiftet außerdem einen Preis für die beste Matheklausur eines Wiwistudenten. Am 1.1.1994 stellte er dafür eine Summe von x Euro zur Verfügung, die vom Dekan der Fakultät für Wirtschaftswissenschaften zu 6 % jährlicher Verzinsung angelegt wurde. Jeweils am Jahresende wird der Preis in stets gleichbleibender Höhe von 500 € überreicht. Welche Summe hat Tobias gestiftet?

11.2 Klausurlösungen

Lösung zu Aufgabe 1

a) Nein, weil $(0, \ldots, 0)^\top$ immer eine Lösung ist.
b) Nein, der Grenzwert ist gleich 1.
c) Nein (det $M = 0$ bzw. alle Spalten gleich und damit linear abhängig).
d) $A \cup B = \{x \mid x \in A \vee x \in B\}$, d. h. x aus A oder aus B (oder aus beiden).
e) Ja, z. B. $(1, 0, 0, 0)^\top$, $(0, 1, 0, 0)^\top$, $(0, 0, 1, 0)^\top$.
f) Nein, da die Folge alternierend ist; weder $+\infty$ noch $-\infty$ ist uneigentlicher Grenzwert.
g) $5y \to \min$; $2y \geq 1$, $y \geq 2$, $y \geq 0$; $y^* = 2$, $z_D^* = 10$; $x_1^* = 0$, $x_2^* = 5$, $z_P^* = 10$.

Lösung zu Aufgabe 2

a) $\bar{p} = p - 3{,}5$, $\quad f(\bar{p}) = a\bar{p} + b$.

	$\bar{p}_i$	x_i	$\bar{p}_i^{\,2}$	$\bar{p}_i x_i$	$\bar{p}_i^2 x_i$	$\bar{p}_i^3$	$\bar{p}_i^4$
	-1	1000	1	-1000	1000	-1	1
	$-0{,}5$	760	0,25	-380	190	$-0{,}125$	0,0625
	0	550	0	0	0	0	0
	0,5	400	0,25	200	100	0,125	0,0625
	1	270	1	270	270	1	1
$\sum:$	0	2980	2,5	-910	1560	0	2,125

Das Gleichungssystem

$$
\begin{aligned}
a \sum \bar{p}_i^2 \;+\; b \sum \bar{p}_i &= \sum \bar{p}_i x_i \\
a \sum \bar{p}_i \;+\; 5b &= \sum x_i
\end{aligned}
$$

hat die Lösungen $a = -364$ und $b = 596$, was auf die Funktion $f(\bar{p}) = -364\bar{p} + 596$ bzw. $f(p) = -364p + 1870$ führt. Die Nullstelle liegt bei $\widetilde{p} = 5{,}14$ (€).

Abb. 11.3 Lösung Aufgabe 3a)

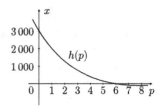

b) Für wachsendes p fällt die Funktion $g(p) = 2000/(2p - 3)$, was zutreffend ist. Für $p \to 1{,}5$ strebt $g(p)$ gegen unendlich, was praktisch nicht sinnvoll ist. Für $p \to \infty$ strebt $g(p)$ gegen null, was vernünftig ist. Allerdings wird bei realen Preis-Absatz-Funktionen bereits für endliches p der Wert null erreicht. Ansonsten beschreibt die Funktion $g(p)$ die Umfrageergebnisse relativ gut.

c) $g'(p) = -4000(2p - 3)^{-2}$, $\bar{p} = 3{,}5$,
   $g(\bar{p}) = 500$, $g'(\bar{p}) = -250$, $l(p) = 1375 - 250p$

Zusatz: Wegen $l(0) = 1375$ und $l(5{,}5) = 0$ verläuft die Gerade l flacher als die Gerade f aus a); insgesamt verlaufen die beiden Geraden aber ähnlich.

Lösung zu Aufgabe 3

a) siehe Abb. 11.3

  b) $U(p) = x \cdot p = \dfrac{100.800\,p}{p+8} + 400p^2 - 9600p$, $\widetilde{K}(p) = \dfrac{151.200}{p+8} + 600p - 14.300$,
   $G(p) = U(p) - \widetilde{K}(p) = \dfrac{100.800p - 151.200}{p+8} + 400p^2 - 10.200p + 14.300$

  c) $G'(p) = \dfrac{957.600}{(p+8)^2} + 800p - 10.200 \overset{!}{=} 0$

Dies führt auf die Gleichung $p^3 + 3{,}25p^2 - 140p + 381 = 0$. Mit Hilfe eines numerischen Verfahrens (z. B. Newtonverfahren) berechnet man den optimalen Preis zu 3,19 €. Damit gilt $G(3{,}19) = 1056$ €, $x(3{,}19) = 684$ Portionen.

Zusatz: Aus $G''(p) = -2 \cdot 957.600 \cdot (p + 8)^{-3} + 800$ folgt $G''(3{,}19) = -567 < 0$, sodass ein Maximum vorliegt.

Lösung zu Aufgabe 4

a) $x = \begin{pmatrix} x_1 \\ x_2 \\ x_3 \\ x_4 \end{pmatrix} = \begin{pmatrix} 12{,}12 \\ 4{,}85 \\ 11{,}15 \\ 0 \end{pmatrix} + t \cdot \begin{pmatrix} -1{,}15 \\ 0{,}94 \\ -0{,}54 \\ 1 \end{pmatrix}$, t beliebig

b) Z. B. $\bar{x} = (12, 5, 11, 0)^{\top}$, d. h., Tobias bestellt 12 Sets beim ersten, 5 beim zweiten und 11 beim dritten Lieferanten.

Lösung zu Aufgabe 5

Betrachtet man S und Z gleichzeitig als Zwischenprodukte, so erhält man mit

$$\bar{A} = \begin{pmatrix} 100 & 90 & 0 & 0 \\ 15 & 10 & 1 & 0 \\ 0 & 5 & 0 & 1 \\ 1 & 0{,}5 & 0 & 0 \end{pmatrix}$$

die Gesamtaufwandsmatrix G als Matrizenprodukt

$$G = \bar{A} \cdot B^{\mathsf{T}} = \begin{pmatrix} 290 & 280 & 290 \\ 40 & 55 & 40 \\ 5 & 10 & 20 \\ 2{,}5 & 2 & 2{,}5 \end{pmatrix}.$$

Der Bedarf an Ausgangsprodukten beläuft sich somit auf

$$a = \begin{pmatrix} 290 & 280 & 290 \\ 40 & 55 & 40 \\ 5 & 10 & 20 \\ 2{,}5 & 2 & 2{,}5 \end{pmatrix} \begin{pmatrix} 200 \\ 260 \\ 230 \end{pmatrix} = \begin{pmatrix} 197.500 \\ 31.500 \\ 8200 \\ 1595 \end{pmatrix} \begin{matrix} K \\ S \\ Z \\ E \end{matrix}.$$

Es sind also wöchentlich 197,5 kg Kartoffeln, 31,5 kg saure Sahne, 8,2 kg Zwiebeln und 1595 Eier zu beschaffen.

Lösung zu Aufgabe 6

a) $f(x) = x^4 + 10x^3 + 1100,\quad f'(x) = 4x^3 + 30x^2,\quad f''(x) = 12x^2 + 60x,$
$\quad f'''(x) = 24x + 60$

Extremwerte: $x_{E_{1,2}} = 0$ sind extremwertverdächtig, aber zunächst keine Aussage über die Art des Extremums; $x_{E_3} = -7{,}5$ ist Minimumstelle.

Wendepunkte: $x_{w_1} = 0$, $x_{w_2} = -5$ (x_{w_1} ist ein Horizontalwendepunkt).

Grenzverhalten: $\lim\limits_{x \to \infty} f(x) = \lim\limits_{x \to \infty} x^4 \left(1 + \frac{10}{x} + \frac{1100}{x^4}\right) = \infty;\ \lim\limits_{x \to -\infty} f(x) = \infty$

Grafische Darstellung siehe Abb. 11.4

b) Da für $x = -7{,}5$ die einzige Minimumstelle vorliegt, die auf Grund des Grenzverhaltens ein globales Minimum liefert und deren Funktionswert 45,3 größer als Null ist, gilt für beliebiges x die Beziehung $f(x) \geq 45{,}3 > 0$.

Zusatz: Monotonie der Funktion $f(x)$ für $x \geq 0$ liegt vor, da in diesem Bereich sowohl x^4 als auch x^3 monoton wachsend sind.

Andere Begründung: $f'(x) = 4x^3 + 30x^2 \geq 0 \quad \forall x \geq 0$, was monoton wachsendes Verhalten von f in diesem Bereich zur Folge hat.

Abb. 11.4 Lösung zu Aufgabe 6

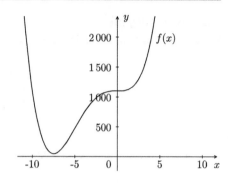

Abb. 11.5 Lösung zu Aufgabe 7

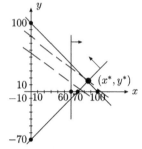

Lösung zu Aufgabe 7

a) $x_1, \ldots, x_6$ – Menge an Champignons, saurer Sahne, … (jeweils in g)

Modell:

$$
\begin{aligned}
5{,}5x_1 + 7{,}5x_2 + 8{,}5x_3 + 7{,}7x_4 + 1{,}4x_5 + 38x_6 \;&\to\; \min \\
x_1 \qquad\qquad\qquad\qquad\qquad\qquad\qquad\quad &\geq\; 60 \\
-\,x_2 + x_3 \qquad\qquad\qquad\qquad\qquad\quad &\geq\; 0 \\
x_4 - 2x_5 \qquad\qquad\qquad &=\; 0 \\
x_4 + x_5 + x_6 \;&\geq\; 10 \\
x_1 + x_2 + x_3 + x_4 + x_5 + x_6 \;&=\; 100 \\
x_1, \ldots, x_6 \;&\geq\; 0
\end{aligned}
$$

b) Aus der Skizze (Abb. 11.5) erkennt man, dass die optimale Lösung im Schnittpunkt der Geraden $x + y = 100$ und $x - y = 70$ liegt. Die Lösung dieses Gleichungssystems lautet $x^* = 85$, $y^* = 15$ mit dem zugehörigen Zielfunktionswert $z^* = 387{,}5$ (Cent/kg).

Nach Überführung in eine Maximierungsaufgabe sowie Einführung von Schlupfvariablen und künstlichen Variablen ergibt sich:

$$
\begin{aligned}
-3{,}5x - 6y \qquad\qquad\qquad\qquad\qquad\quad &\to\; \max \\
x + y \qquad\qquad + v_1 \qquad\; &=\; 100 \\
x \qquad - u_1 \qquad\qquad + v_2 \;&=\; 60 \\
x - y \qquad + u_2 \qquad\qquad\quad &=\; 70 \\
x, y, u_i, v_i \;&\geq\; 0
\end{aligned}
$$

Diese Aufgabe hat natürlich die gleiche optimale Lösung wie oben angegeben.

Lösung zu Aufgabe 8

a) Gleichheit der Gewinne:

$$
\begin{aligned}
G_{SS}(x) &= G_{GC}(x) \\
U_{SS}(x) - K_{SS}(x) &= U_{GC}(x) - K_{GC}(x) \\
4{,}7x - 2{,}8x - 150 &= 5x - 3x - 220 \\
70 &= 0{,}1x \\
x &= 700
\end{aligned}
$$

Zum Vergleich:

$$
\begin{aligned}
G_{SS}(0) = -150 &> G_{GC}(0) = -220 \\
G_{SS}(1000) = 1750 &< 1780 = G_{GC}(1000)
\end{aligned}
$$

Falls mehr als 700 Portionen verkauft werden, bringt der „Grüne Chemnitzer" mehr Gewinn als der „Starke Sachse".

b) Fall 1: $2x - 220 > 0$, d. h. $2x > 220$, d. h. $\boxed{x > 110}$. Aus $1{,}9x - 150 < 2x - 220$ ergibt sich $\boxed{x > 700}$. Teillösungsmenge: $L_1 = \{x \mid x > 700\}$.

Fall 2: $2x - 220 < 0$, d. h. $\boxed{x < 110}$ Aus $1{,}9x - 150 > 2x - 220$ folgt $\boxed{x < 700}$. Teillösungsmenge: $L_2 = \{x \mid x < 110\}$.

Gesamtlösungsmenge: $L = L_1 \cup L_2 = (-\infty, 110) \cup (700, \infty) = \mathbb{R} \setminus [110, 700]$.

Zusatz: Die Unterschiede ergeben sich daraus, dass in der Break-Even-Analyse korrekterweise die Gewinne $G_{GC}(x)$ und $G_{SS}(x)$ direkt verglichen werden, während der Quotienten-Ansatz nur sinnvoll interpretierbar ist für $G_{GC}(x) > 0$ (Fall 1).

Lösung zu Aufgabe 9

a) $Ex - Ax = (E - A)x = y$, $x = (E - A)^{-1} \cdot y$.

b) rang $A = 2$, da det $A = 0$, aber z.B. $\begin{vmatrix} 0{,}1 & 0 \\ 0 & 0{,}04 \end{vmatrix} = 0{,}004 \neq 0$.

Andere Überprüfungsmöglichkeit: Anwendung des Gauß'schen Algorithmus auf die Matrix A.

c)

$$
E - A = \begin{pmatrix} 0{,}9 & 0 & -0{,}05 \\ 0 & 0{,}96 & 0 \\ -0{,}06 & 0 & 0{,}97 \end{pmatrix},
$$

$$
(E - A)^{-1} = \begin{pmatrix} 1{,}11494 & 0 & 0{,}05741 \\ 0 & 1{,}04167 & 0 \\ 0{,}06897 & 0 & 1{,}03448 \end{pmatrix}
$$

d) Wegen $\det(E - A) = 0{,}8352 \neq 0$ gilt rang $(E - A) = 3$.

   Andere Begründung: Da $(E - A)^{-1}$ existiert, ist rang $(E - A) = 3$.

e) $x = (E - A)^{-1}\, y = (236{,}19;\ 270{,}83;\ 251{,}72)^{\top}$

Um 200 Portionen von G_1, 260 von G_2 und 230 von G_3 zu verkaufen, sind 236, 271 bzw. 252 Portionen herzustellen, weil 36, 11 bzw. 22 Portionen selbst gegessen werden.

Lösung zu Aufgabe 10

a) Die Gerade, auf der P_3 liegt, verläuft durch die Punkte $(b, 0)$ und $(0, a)$ und besitzt somit die Gleichung $y = a - \frac{a}{b}x$.

   Aus der Extremwertaufgabe $F(x, y) = x \cdot y \to \max$, $y = a - \frac{a}{b} \cdot x$ ergibt sich nach Einsetzen der Nebenbedingung in die Zielfunktion die freie Extremwertaufgabe $\widetilde{F}(x) = x \cdot \left(a - \frac{a}{b}x\right) = ax - \frac{a}{b}x^2 \to \max$.

   Aus der notwendigen Bedingung $\widetilde{F}'(x) = a - \frac{2a}{b}x \overset{!}{=} 0$ folgt $x_E = \frac{b}{2}$, $y_E = \frac{a}{2}$. Wegen $\widetilde{F}''(x_E) = -\frac{2a}{b} < 0$ liegt ein Maximum vor.

b) Mit $a = 16\,\mathrm{m}$, $b = 24\,\mathrm{m}$ ergibt sich $F_{\max} = 96\,\mathrm{m}^2$.

Lösung zu Aufgabe 11

a) $K_n = K\left(1 + \frac{p}{100}\right)^n = K \cdot (1 + i)^n = Kq^n$

b) $E_n = R \cdot \left(q^{n-1} + q^{n-2} + \ldots + q + 1\right) = R \cdot \frac{q^n - 1}{q - 1}$

c) $E_{10} = 44.000 \cdot \frac{1{,}071^{10} - 1}{0{,}071} = 610.802$

d) $K_{10} = 300.000 \cdot 1{,}071^{10} = 595.684$

Zusatz 1: Wegen $E_{10} > K_{10}$ ist $p_{\mathrm{eff}} > \overline{p} = 7{,}1$.

Zusatz 2: Damit das Stiftungskapital konstant bleibt, kann pro Jahr nur genau so viel ausgezahlt werden, wie Zinsen anfallen. Dies führt auf die Gleichung $x \cdot 0{,}06 = 500$ und damit zu $x = 8333{,}33\,€$.

Sachverzeichnis

B. Luderer, U. Würker, *Einstieg in die Wirtschaftsmathematik*,
Studienbücher Wirtschaftsmathematik, DOI 10.1007/978-3-658-05937-8,
© Springer Fachmedien Wiesbaden 2015